Das schmiedbare Eisen

Konstitution und Eigenschaften

Von

Dr.-Ing. Paul Oberhoffer

o. Professor der Eisenhüttenkunde, Vorsteher des Eisenhüttenmännischen
Instituts an der Technischen Hochschule Breslau

Mit 345 Textfiguren und einer Tafel

Berlin

Verlag von Julius Springer

1920

ISBN-13: 978-3-642-90206-2 e-ISBN-13: 978-3-642-90263-9
DOI: 10.1007/978-3-642-90263-9

Softcover reprint of the hardcover 1st edition 1920

Herrn Kommerzienrat Dr.-Ing. h. c. **O. Niedt**

in Dankbarkeit und Verehrung

gewidmet

Vorwort.

Das vorliegende Werk ist dem schmiedbaren Eisen in der allgemeinsten Bedeutung dieser Bezeichnung gewidmet und zwar ebensowohl dem Massenprodukt, wie dem durch besondere Zusätze veredelten Spezialstahl; dem durch Walzen, Schmieden, Pressen verarbeiteten schmiedbaren Eisen, wie dem im unverarbeiteten Zustande verwendeten Stahlformguß.

Es ist in folgende Abschnitte gegliedert:

I. Definition und Einteilung des schmiedbaren Eisens,

II. Die Konstitution des schmiedbaren Eisens in Abhängigkeit von seiner chemischen Zusammensetzung,

III. Die technischen Eigenschaften des schmiedbaren Eisens in Abhängigkeit von seiner chemischen Zusammensetzung,

IV. Anwendungen der Konstitutionslehre.

Die Abschnitte I—III sind im wesentlichen die Modernisierung der Abschnitte von Ledeburs klassischer Eisenhüttenkunde, die der metallurgischen Chemie (Bd. I, S. 282—401), sowie der Einteilung und den Eigenschaften des schmiedbaren Eisens (Bd. III, S. 3—76) gewidmet sind. Der modernen Anfassung folgend, ist lediglich metallurgische Chemie durch Konstitution ersetzt worden.

Der IV. Abschnitt behandelt die Anwendungen der Konstitutionslehre auf Fragen der Herstellung, Verarbeitung und Wärmebehandlung des schmiedbaren Eisens. Die Sichtung, Ordnung und zusammenfassende Darstellung des bisher auf diesem Gebiete Geleisteten, unter Berücksichtigung des in der Literatur verstreuten Materials sowie der eigenen Erfahrungen, schien dem Verfasser eine lösenswerte Aufgabe zu sein für die in gleichem Maße vom Standpunkt der Technik wie des Unterrichts ein Bedürfnis vorlag. Wenn die versuchte Lösung dieser Aufgabe zweifellos nicht frei von Mängeln und Unvollkommenheiten ist, so liegt dies außer an der Neuheit der Aufgabe an der steten und raschen Fortentwicklung des Gegenstandes.

Mit vollem Recht wird man in diesem Werk dasjenige vermissen, was Ledebur insbesondere auf den Seiten 76—89 des III. Bandes niederlegte, nämlich eine Einführung in die Methoden und Grundsätze der Konstitutionslehre oder Metallographie sowie der Ermittlung der Eigenschaften oder Materialprüfung. Das Fortlassen dieser Abschnitte geschah zwar erst nach einigem Zögern, dann aber mit voller Absicht aus der Auffassung heraus, daß der Inhalt dieses Buches einen integrierenden Teil, die erwähnten fortgelassenen Teile dagegen, wie etwa die Chemie, Hilfs- und Einführungsfächer der modernen Eisenhüttenkunde sind, deren Beherrschung für das Verständnis dieses

Buches Vorbedingung ist. Der Entschluß, die genannten Gebiete fortzulassen, fiel um so leichter, als bereits die ausgezeichneten Einführungswerke von Goerens, Ruer, Heyn-Martens u. a. bestehen.

Der natürlichen Einteilung des Stoffes entspricht ferner der Umstand, daß vorerst das schmiedbare Eisen als selbständiger Gegenstand aufgefaßt und das Roheisen nicht berücksichtigt wurde.

Es sei dem Verfasser schließlich gestattet, an dieser Stelle seinen Dank denen auszusprechen, die die Entstehung und Fertigstellung dieses Buches bebesonders förderten:

Herrn Kommerzienrat Dr.-Ing. h. c. O. Niedt, Generaldirektor der oberschlesischen Eisenbahn-Bedarfs-Aktien-Gesellschaft, der dem Verfasser während vier Jahren Gelegenheit bot, in den ausgedehnten Betrieben der genannten Gesellschaft fast alle in diesem Buche behandelten Probleme aus nächster Nähe kennen zu lernen. Für die Erlaubnis, einen Teil seiner dort gesammelten Erfahrungen in dem vorliegenden Werk mit niederzulegen, gebührt mein besonderer Dank;

den am Lesen der Korrekturen sowie an der Anfertigung der Figuren mit Verständnis und Hingabe beteiligten Herren Dr.-Ing. v. Keil, Piwowarski, Fry, sowie Dipl.-Ing. Schneider.

Breslau, Januar 1920.

Eisenhüttenmännisches Institut der Technischen Hochschule.

Paul Oberhoffer.

Inhaltsverzeichnis.

Verzeichnis der bei Literaturangaben angewandten Abkürzungen.

All. Mét.	= Alliages métalliques, L. Guillet.
Am. Mach.	= American Machinist.
Am. test.	= Proceedings of the american society for testing materials.
An. Chem.	= Zeitschrift für anorganische Chemie.
Ann. Chim. et Phys.	= Annales de Chimie et de physique.
Ann. d. Phys.	= Annalen der Physik.
Ann. Min.	= Annales des Mines.
Atti ac. Tor.	= Atti dell' accademia di Torino.
Baumat.	= Zeitschrift für Baumaterialienkunde.
Ber. Chem. Ges.	= Berichte der chemischen Gesellschaft.
Bull. d'Enc.	= Bulletin de la société d'encouragement pour l'industrie nationale.
Centr. Hütten- und Walzw.	= Centralblatt für Hütten- und Walzwerke.
Chem. Ind.	= Journal of the society of chemical Industry.
Chem. Met. Eng.	= The chemical and metallurgical Engineer.
Civ. Eng.	= Proceedings of the institution of Civil Engineers.
Contr. All.	= Contribution à l'étude des alliages.
C. R.	= Comptes rendus de l'académie des sciences.
Ding. Pol.	= Dinglers polytechnisches Journal.
Elektrochem.	= Zeitschrift für Elektrochemie.
Electrochem. Met. Ind.	= Electrochemical and metallurgical Industry.
Electrochem. Met. Eng.	Electrochemical and metallurgical Engineer.
Eng.	= Engineering.
Eng. Min.	= Engineering and Mining Journal.
Enz.	= Enzyklopädie der technischen Chemie, herausgegeben von F. Ullmann.
Fer.	= Ferrum.
Forsch. Arb.	= Forschungsarbeiten auf dem Gebiete des Ingenieurwesens, herausgegeben vom Verein deutscher Ingenieure.
Fr. Inst.	= Journal of the Franklin Institute.
Gaz. Chim. it.	= Gazetta chimica italiana.
Gieß. Ztg.	= Gießerei-Zeitung.
Ing. civ.	= Mémoires de la société des Ingenieurs civils de France.
Int. Verb.	= Mitteilungen des Internationalen Verbandes für die Materialprüfungen der Technik.
Int. Z. Met.	Internationale Zeitschrift für Metallographie.
Ir. Age	= Iron Age.
Ir. coal. Tr. Rev.	= Iron and coal trades Review.
Ir. st. Inst.	= Journal of the Iron and steel Institute.
(Ir. st. Inst.)-C. Sc. M.	= Carnegie Scholarship memoires.
Journ. Phys.	= Journal de Physique théorique et appliquée.
Mat. Kde.	= Materialkunde, Heyn-Martens.
Mat. Prüf.	= Mitteilungen aus dem Materialprüfungsamt Groß-Lichterfelde.
Met.	= Metallurgie.

Metallogr.	= The Metallographist.
Met. it.	= La metallurgia italiana.
N. Z. Min.	= Neue Zeitschrift für Mineralogie.
Phil. Mag.	= Philosophical Magazine.
Phil. Trans.	= Philosophical transactions.
Proc. Am. soc. mech. Eng.	= Proceedings of the american society of mechanical Engineers.
Proc. Inst. mech. Eng.	= Proceedings of the Institution of mechanical Engineers.
Proc. railw. Eng.	= Proceedings of the american railway Engineering association.
Proc. Roy. Soc.	= Proceedings of the Royal Society.
Phys. Chem.	= Zeitschrift für physikalische Chemie.
Phys. Z.	= Physikalische Zeitschrift.
Rass. Min.	= Rassegna mineraria.
Rev. gén. sc.	= Revue générale des sciences.
Rev. méc.	= Revue de mécanique.
Rev. Mét.	= Revue de métallurgie. Extr. = Extraits.
Soc. chim. di Roma	= Societa chimica di Roma.
St. E.	= Stahl und Eisen.
Techn. Wirtsch.	= Rundschau für Technik und Wirtschaft.
Trans. Dubl. soc.	= Scientific Transaction of the Royal Dublin Society.
Trans. Am. min.	= Transactions of the american Institute of mining Engineers.
Verh. Gew.	= Verhandlungen zur Beförderung des Gewerbefleißes.
V. d. I.	= Zeitschrift des Vereins deutscher Ingenieure.
Wiss. Abh. R. A.	= Wissenschaftliche Abhandlungen der physikalisch-technischen Reichsanstalt.
Z. f. Krist..	= Zeitschrift für Kristallographie.
Z. phys. Chem.	= Zeitschrift für physikalische Chemie.

Druckfehler-Berichtigung.

S. 21 statt: $x = \frac{121 - 90}{5,67} = 5,4$ Gew.-%

soll es heißen:

$$x = \frac{121 - 90}{5,77} = 5,37 \text{ Gew.-\%}$$

ferner statt:

$$x = \frac{170 - 90}{5,67} = 13,9 \text{ Gew.-\%}$$

soll es heißen:

$$x = \frac{170 - 90}{5,77} = 13,85 \text{ Gew.-\%}$$

I. Definition und Einteilung des schmiedbaren Eisens.

Das technische Eisen enthält eine Reihe von anderen Elementen als Eisen, die bei seiner Herstellung teils unbeabsichtigterweise infolge der in den Ausgangsprodukten enthaltenen Verunreinigungen hineingelangen, teils zur Erzielung besonderer Eigenschaften absichtlich zugesetzt werden. Zur ersten Gruppe dieser sogenannten Fremdkörper gehören Kohlenstoff, Phosphor, Schwefel, Arsen, Kupfer, Silizium und Mangan, von der letzteren seien Nickel, Chrom, Wolfram, Molybdän, Vanadium, Titan, Kobalt und Aluminium erwähnt. Obwohl Kohlenstoff, Silizium, Mangan und Phosphor in keinem technischen Eisen vollständig fehlen dürften, kann auch der Gehalt an diesen Elementen zur Regelung der Eigenschaften mit Absicht bemessen werden. In besonders hervorragendem Maße ist dies der Fall für den Kohlenstoff. Der Gehalt an diesem Element bildet die Grundlage für die Einteilung der technischen Eisensorten, weil bis zu einem Kohlenstoffgehalt von 1,8—2% das Eisen die technisch äußerst wichtige Eigenschaft besitzt, bei höheren Temperaturen ein gewisses Maß von Bildsamkeit oder Formänderungsfähigkeit aufzuweisen, die zu seiner Verarbeitung durch Walzen, Schmieden, Pressen und dergleichen erforderlich ist. Diese Eigenschaft heißt Schmiedbarkeit oder Warmbildsamkeit und man nennt alle technischen Eisensorten mit weniger als 1,8—2% Kohlenstoff schmiedbares Eisen. Die nicht schmiedbaren Eisensorten mit mehr als 1,8—2% Kohlenstoff heißen Roheisen. Eine scharfe Grenze zwischen beiden Gruppen technischer Eisensorten läßt sich nicht ziehen, weil die Schmiedbarkeit einerseits mit steigendem Kohlenstoffgehalt des Eisens allmählich abnimmt und nicht plötzlich verschwindet, andererseits durch die gleichzeitige Anwesenheit anderer Fremdkörper beeinflußt wird.

Das schmiedbare Eisen wird in Schmiedeeisen und Stahl eingeteilt. Bei Anwesenheit geringer Mengen anderer Fremdkörper liegt die Grenze zwischen diesen beiden Untergruppen bei einem Kohlenstoffgehalt von 0,4%. Die Unterteilung erfolgt auf Grund der Tatsachen, daß Stahl härter, fester und spröder ist als Schmiedeeisen und durch Abschrecken oder Härten (Erhitzung auf hohe Temperaturen und nachfolgende, sehr rasche Abkühlung) eine größere Härtesteigerung aufweist als Schmiedeeisen. Da aber die erwähnten Eigenschaften wie Härte, Festigkeit, Sprödigkeit und Härtbarkeit sich mit steigendem Kohlenstoffgehalt kontinuierlich verändern, ist eine solche Unterteilung willkürlich. Weder der englische, noch der französische Sprachgebrauch kennt eine Unterscheidung zwischen Schmiedeeisen und Stahl, vielmehr heißt jedes schmiedbare Eisen, unabhängig vom Kohlenstoffgehalt Stahl. Zur besonderen Kennzeichnung wird lediglich ein Eigenschaftswort wie weich, mittelweich, extraweich bzw. hart, mittelhart, extrahart hinzugefügt. Auch im deutschen Sprachgebrauch macht sich, wie schon Ledebur[1]) ausführt, eine zunehmende Verwischung des erwähnten Unterschiedes bemerkbar. Es ist daher durchaus erklärlich, daß die vom internationalen Verband für die Materialprüfungen der Technik eingesetzte Kommission, deren spezielle Aufgabe die Aufstellung einer einheitlichen Nomenklatur des Eisens war, dem im Jahre 1912 in New-York tagenden Kongreß die Abschaffung der Unterteilung und die einheitliche Benennung jedes schmiedbaren Eisens, unabhängig vom Kohlenstoffgehalt, mit „Stahl" vorschlug. Die Annahme dieses Vorschlages scheiterte jedoch insbesondere am Widerstand der deutschen Mitglieder des Kongresses, die auf die Schwierigkeiten wirtschaftlicher Natur hinwiesen, die eine Veränderung des jetzigen Sprachgebrauches für Deutschland im Gefolge haben würde. Die Kommission zog infolgedessen ihren Antrag zurück. Der deutsche Verband für die Materialprüfung der Technik und die Behörden halten auch heute noch an der Unterscheidung zwischen Schmiedeeisen oder (kurzweg Eisen) und Stahl im erwähnten Sinne fest.

Je nachdem, ob das schmiedbare Eisen im teigigen oder im flüssigen Zustande gewonnen, d. h. nach dem älteren Puddel- oder nach einem der neueren Verfahren zur Gewinnung des Eisens im flüssigen Zustande hergestellt worden ist, unterscheidet man Schweiß-Schmiedeeisen, bzw. Fluß-Schmiedeeisen (oder kurzweg Schweiß- bzw. Flußeisen), sowie Schweißstahl und Flußstahl. Die im flüssigen Zustande erzeugten schmiedbaren Eisensorten benennt man häufig nach dem spezielleren Herstellungsverfahren. Hieraus ergeben sich Bezeichnungen wie Thomas-, Bessemer-, Siemens-Martineisen und -Stahl, ferner auch basisches oder saures Eisen bzw. ebensolcher Stahl. Nach irgendeinem dieser Verfahren hergestellter, sodann im Tiegel umgeschmolzener Stahl heißt Tiegelstahl, Tiegelgußstahl oder Gußstahl. Stahlguß oder besser Stahlformguß ist ebenfalls schmiedbares Eisen, dessen typische Eigenschaft, die Schmiedbarkeit, nicht ausgenutzt wird, das vielmehr durch Gießen in die gewünschte Form gebracht wird. Im elektrischen Ofen hergestelltes schmiedbares Eisen heißt Elektroflußeisen bzw. -Stahl. Der durch Einführung von Kohlenstoff in hocherhitztes, aber festes Eisen (Zementation) erzeugte Stahl heißt Zementstahl.

Häufig legt man dem schmiedbaren Eisen noch die Bezeichnung des Verwendungszweckes bei und unterscheidet beispielsweise Konstruktionsstahl, Werkzeugstahl usw.

Spezialstähle heißen diejenigen schmiedbaren Eisensorten, die zur Erzielung besonderer Eigenschaften mit beabsichtigtem Zusatz besonderer Elemente erzeugt wurden. Die Art der Zusatzelemente dient zur Kennzeichnung des Stahls z. B. Nickelstahl, Nickelchromstahl usw. Kohlenstoffhaltige Spezialstähle mit einem Zusatzelement heißen ternäre, mit zwei Zusatzelementen quaternäre, mit mehr als zwei Zusatzelementen komplexe Spezialstähle.

---

[1]) Handbuch der Eisenhüttenkunde, 5. Auflage 1906.

II. Die Konstitution des schmiedbaren Eisens in Abhängigkeit von der chemischen Zusammensetzung.

1. Einleitung.

Wie aus den vorhergehenden Darlegungen hervorgeht, ist das technische Eisen kein reines Metall, sondern eine Legierung. Nach der modernen Anschauung ist die Beschreibung einer Legierung erst dann vollständig, wenn zur Angabe von Zahl und prozentualen Mengenanteilen der beteiligten chemischen Elemente die der Form und Anordnung dieser Elemente hinzukommt. Ersteres ist die Aufgabe der chemischen Analyse, letzteres die der Konstitutionslehre oder Metallographie. Bei der Erforschung der Konstitution des schmiedbaren Eisens geht man vom reinen Metall aus und untersucht die Veränderung der Konstitution durch den Zusatz derjenigen Elemente, die für das schmiedbare Eisen von praktischer Bedeutung sind. Dabei verfährt man systematisch in der Weise, daß zunächst der Einfluß je eines Elementes in steigenden Mengen, also beispielsweise der Einfluß des Kohlenstoffs auf die Konstitution des Eisens ermittelt wird. Man stellt sich also reine Eisenkohlenstoff-Legierungen her, damit der Einfluß anderer Fremdkörper den des Kohlenstoffs nicht verdeckt. Die Gesamtheit der Legierungen des Eisens mit einem Element nennt man ein binäres oder Zweistoffsystem oder ein System mit zwei Komponenten. Dem Studium der binären Systeme folgt sodann das der bereits weit verwickelteren ternären, aus drei Komponenten aufgebauten Systeme. Der überragenden Bedeutung des Kohlenstoffs für das schmiedbare Eisen entsprechend bildet dieses Element einen der Grundbestandteile einer ersten Reihe von zu untersuchenden ternären Systemen wie Eisen-Kohlenstoff-Phosphor, Eisen-Kohlenstoff-Schwefel usw. Folgerichtig müßten dann die quaternären, sodann die Systeme höherer Ordnung untersucht werden. Obgleich man bisher bei der systematischen Untersuchung über die binären Systeme wenig hinausgekommen ist, genügen doch schon die vorhandenen Unterlagen für eine zusammenhängende Darstellung der Konstitution des schmiedbaren Eisens.

2. Reines Eisen.

Die Aufnahme der Abkühlungs- bzw. Erhitzungskurve von praktisch reinem Eisen ergibt prinzipiell das in Fig. 1 dargestellte Bild. Das Eisen schmilzt und erstarrt bei 1528° C, was durch den bekannten horizontalen Abschnitt der Abkühlungs- bzw. Erhitzungskurve zum Ausdruck gelangt. Innerhalb des Existenzgebietes des festen Eisens begegnen wir auf der Abkühlungskurve bei 1401, 898 bzw. 768, und auf der Erhitzungskurve bei 768, 906 bzw. 1401° C je einer weiteren Unregelmäßigkeit. Dies bildet die Grundlage der Annahme, daß das feste Eisen in vier mit δ, γ, β bzw. α bezeichneten Modifikationen, Zustandsformen oder Phasen vorkommen kann, deren Umwandlung reversibel ist. Der Existenzbereich der vier Modifikationen erstreckt sich demnach auf folgende Temperaturen:

Bei der Abkühlung	Bei der Erhitzung
δ-Eisen 1528—1401°	α-Eisen bis 768°
γ-Eisen 1401— 898°	β-Eisen 768— 906°
β-Eisen 898— 768°	γ-Eisen 906—1401°
α-Eisen unter 768°	δ-Eisen 1401—1528°

Die Punkte der Temperaturskala, bei denen die Umwandlungen erfolgen, heißen Umwandlungs-, Halte- oder kritische Punkte. Nach dem Vorgang Osmonds[1]) bezeichnet man sie der Einfachheit halber mit dem Buchstaben A (Arrêt = Halten), dem man, falls die Abkühlungskurve gemeint ist, r (refroidissement = Abkühlung), falls die Erhitzungskurve dagegen gemeint ist, c (chauffage = Erhitzung) beifügt. Zur Unterscheidung der einzelnen Umwandlungen erhalten Ar und Ac für die $\delta \rightleftarrows \gamma$-Umwandlung den Index 4, für die

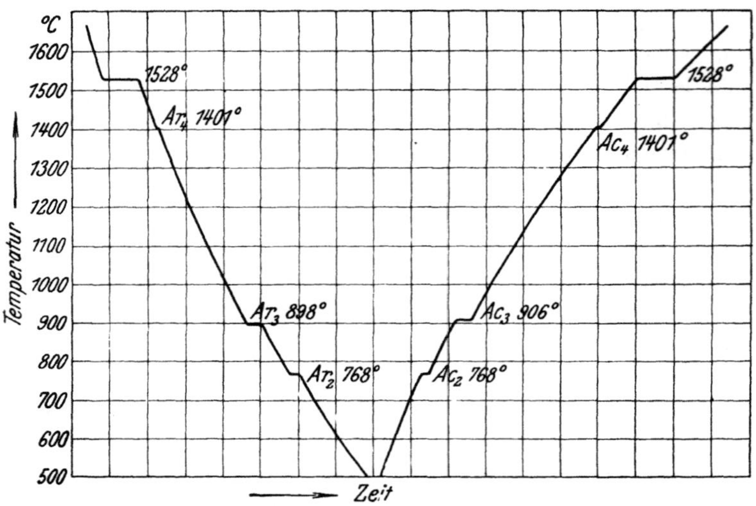

Fig. 1. Schematische Erhitzungskurve (rechts) und Abkühlungskurve (links) von reinem Eisen.

$\gamma \rightleftarrows \beta$-Umwandlung den Index 3 und für die $\beta \rightleftarrows \alpha$-Umwandlung den Index 2, so daß die Bezeichnungen für die Umwandlungen des Eisens folgende sind:

Umwandlung bei der Abkühlung	Umwandlung bei der Erhitzung
$\delta \rightarrow \gamma$ Ar_4	$\gamma \rightarrow \delta$ Ac_4
$\gamma \rightarrow \beta$ Ar_3	$\beta \rightarrow \gamma$ Ac_3
$\beta \rightarrow \alpha$ Ar_2	$\alpha \rightarrow \beta$ Ac_2

Wie man aus Fig. 1 ersieht, stimmen Ar_3 und Ac_3 in ihrer Lage nicht miteinander überein. Ac_3 liegt vielmehr um 8° höher als Ar_3. Durch diese Erscheinung, die sogenannte Hysteresis, äußert sich die Neigung des γ-Eisens zur Verzögerung seiner Umwandlung in β-Eisen. Die Hysteresis ist in hohem Maße von der Abkühlungsgeschwindigkeit abhängig. So fanden Ruer und F. Goerens[2])

[1]) Transformations du fer et de l'acier, Paris 1887.
[2]) Fer. 1916, 1.

bei einer Abkühlungsgeschwindigkeit von °/Min.	Ar_3 bei °C
12	892
6	895
4	896
3	897
2	899
1	900

Weit geringer ist nach Ruer und F. Goerens die Neigung des β-Eisens zur Verzögerung seiner Umwandlung in γ-Eisen. Jedenfalls aber sind die Abweichungen zwischen den Angaben der einzelnen Forscher über die Lage der Haltepunkte in erster Linie auf Verschiedenheiten der Abkühlungs- und Erhitzungsgeschwindigkeiten zurückzuführen.

Ehe auf die Bedeutung der Modifikationen des Eisens eingegangen wird, soll untersucht werden, welche weiteren Unterlagen sich aus dem Studium anderer Eigenschaften für ihr Vorhandensein bzw. ihren Charakter gewinnen lassen.

Die Bestimmung des Wärmeinhaltes in Abhängigkeit von der Temperatur ergibt direkt und quantitativ die bei den einzelnen Haltepunkten

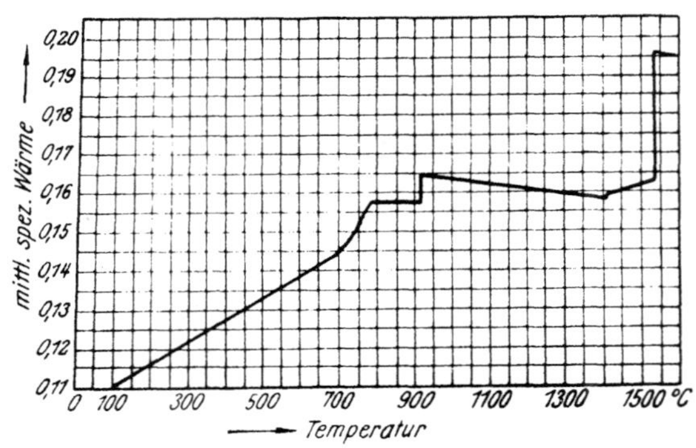

Fig. 2. Mittlere spezifische Wärme von reinem Eisen in Abhängigkeit von der Temperatur. (Durrer.)

vorhandenen Wärmetönungen (Umwandlungswärmen). Fig. 2 nach Durrer[1]) zeigt die Abhängigkeit der mittleren spezifischen Wärme des reinen Eisens von der Temperatur. A_4 und A_3 gelangen durch diskontinuierliche Änderungen der Kurve bei 1404 bzw. 919° in hinreichender Übereinstimmung mit den Ergebnissen der thermischen Untersuchung zum Ausdruck. Dagegen ist der Charakter der mit A_2 bezeichneten Umwandlung offenbar verschieden von dem der übrigen und dadurch gekennzeichnet, daß bei 725° eine Änderung und zwar ein steiles Aufsteigen der Kurve einsetzt, das bis 785° währt. Es ist sehr wahrscheinlich, daß diese Unregelmäßigkeit des Kurvenverlaufs mit dem kritischen Punkt A_2, also mit der $\alpha \rightleftarrows \beta$-Umwandlung zusammenhängt, indessen tritt hier der allmähliche Charakter der Erscheinung deutlich zutage. Die Intensität der einzelnen Wärmetönungen erhellt aus der nachfolgenden Zusammenstellung nach Durrer.

[1]) Diss. Aachen sowie Wüst, Durrer und Meuthen, Forsch. Arb. Heft 204.

Schmelzwärme	. . . .	49,35 g/cal.
Umwandlungswärme	A_4	1,94 „ „
„	A_3	6,67 „ „
„	A_2	6,56 „ „ [1])

Daß die Möglichkeit, Eisen zu magnetisieren, in der Umgebung des Haltepunktes A_2 während der Erhitzung aufhört, um bei der Abkühlung wieder einzutreten, ist durch zahlreiche Untersuchungen[2]) nachgewiesen worden. Nicht ganz mit Recht wird jedoch häufig angegeben α-Eisen sei magnetisch, β- und γ-Eisen dagegen seien unmagnetisch.

Die Curieschen Untersuchungen zeigten aber bereits, daß:

1. die Stärke der Magnetisierbarkeit zwischen 0° und A_2 allmählich abnimmt und zwar um so stärker, je größer die angewendete Feldstärke ist;
2. der größte Verlust der Magnetisierbarkeit bei A_2 erfolgt;
3. die Magnetisierbarkeit oberhalb A_2 zwar recht gering, jedoch nicht gleich Null ist und mit steigender Temperatur
   a) zwischen A_2 und A_3 rascher,
   b) oberhalb A_3 langsamer sinkt, um bei 1280° C plötzlich wieder anzusteigen und oberhalb dieser Temperatur wieder zu sinken.

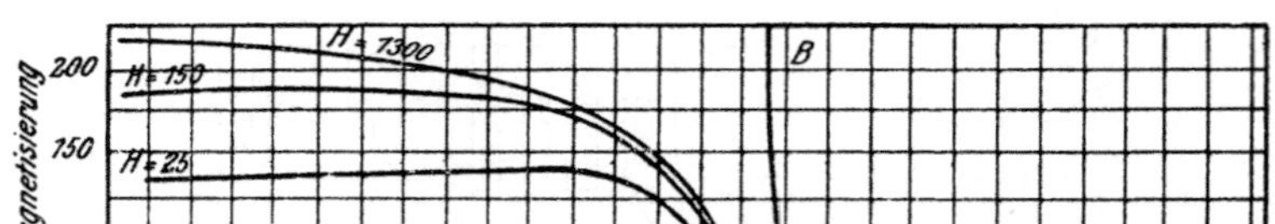

Fig. 3. Magnetisierungsintensität von weichem Flußeisen in Abhängigkeit von der Temperatur für verschiedene Feldstärken. (Curie.)

Es sei jedoch gleich zu 3b erwähnt, daß Weiß und Foëx[3]) das Wiederansteigen der Magnetisierungsintensität bei rd. 1400°, also in hinreichender Übereinstimmung mit den Ergebnissen der thermischen Untersuchungen bei A_4 fanden.

Die vorstehend geschilderten Verhältnisse gelangen durch die Fig. 3 nach Curie besser zum Ausdruck. Zur Verdeutlichung der Verhältnisse oberhalb A_2 ist im rechten Teile der Figur die Fortsetzung der Kurve für die Feldstärke = 1000 cgs Einheiten in dem Kurvenstück B in 100facher Vergrößerung des Maßstabes im rechten Teil der Figur wiedergegeben. Aus der Figur geht der unter 1 erwähnte Einfluß der Feldstärke auf den Verlauf der magnetischen Umwandlung hervor. Durch geeignete Wahl der Versuchs-

---

[1]) Berechnet durch Extrapolation der beiden angrenzenden Kurven bis zur Mitte (755°) des Umwandlungsintervalls.

[2]) Vgl. Hopkinson, Phil. Trans. 1889, 443; P. Curie, thèse, Ganthier-Villars, Paris 1895; Morris, Phil. mag. 1897, **44**, 213; Weiß und Foëx, Phys. Z. 1911, **12**, 935, sowie Journ. Phys. 1911, **1**, 745; Rümelin und Maire, Fer. 1915, 141 u. v. a.

[3]) a. a. O.

bedingungen gelang es Rümelin und Maire[1]), bei $Ar_2 = Ac_2 = 768^0$ ein scharf ausgeprägtes rechtwinkliges Umbiegen der Kurve zu finden. Dagegen fanden auch diese Forscher, daß oberhalb Ac_2 der Magnetismus nicht plötzlich, sondern allmählich verschwindet. Die Untersuchungen von Weiß und Foëx[2]) zeigten ferner, daß erst bei Ac_3 diskontinuierlich fast völliges Verschwinden des Magnetismus (Paramagnetismus) eintritt. Dies gelangt zum Ausdruck in Fig. 4 nach Weiß und Foëx, in der zur besseren Verdeutlichung als Ordinate der reziproke Wert der magnetischen Suszeptibilität für die Masseneinheit (ein der Magnetisierungsintensität proportionaler Wert) eingetragen ist. Weiß[3]) entwickelt auf Grund dieser Tatsachen folgende Anschauungen über das Wesen der A_2-Umwandlung. Er unterscheidet zunächst ein mit dem α-Bereich zusammenfallendes Gebiet des spontanen Ferromagnetismus, der deshalb als spontan bezeichnet wird, weil er vor Einwirkung eines äußeren Feldes (Magnetisierung) allen ferromagnetischen Metallen eigen, aber ungeordnet ist

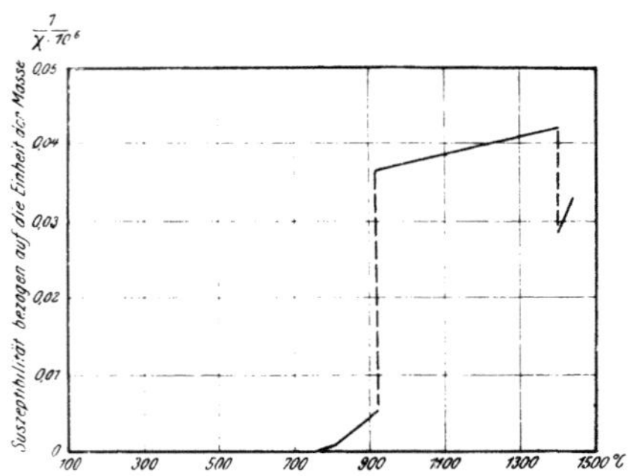

Fig. 4. Suszeptibilität von reinem Eisen, bezogen auf die Einheit der Masse in Abhängigkeit von der Temperatur. (Weiß und Foëx.)

und erst durch die genannte Einwirkung geordnet und der Beobachtung zugänglich wird. Mit steigender Temperatur setzt die thermische Agitation der Moleküle dem Ordnen oder Ausrichten einen immer größer werdenden Widerstand entgegen, bis bei A_2 das Eisen in ein Gebiet gelangt, in dem durch Einwirkung des äußeren Feldes nur eine schwache, erzwungene Magnetisierung hervorgebracht werden kann. Dieses Gebiet wäre also identisch mit dem Existenzgebiet des β-Eisens, man könnte es bezeichnen als das Gebiet des erzwungenen Ferromagnetismus. Bei A_3 endlich fände die Umwandlung des ferromagnetischen in das para-(schwach)magnetische Eisen statt, so daß der γ-Bereich mit dem Gebiete des Paramagnetismus zusammenfallen würde. Der Charakter der magnetischen Umwandlung der beiden übrigen ferro-(stark)magnetischen Metalle Nickel und Kobalt ist nach den Untersuchungen von Weiß der gleiche, wie der des Eisens, und es ist bemerkenswert, daß auch die Änderung der spezifischen Wärme, wie Weiß und Beck[4]) zeigten und wie Wüst, Durrer und Meuthen[5]) bestätigten, in der Gegend von A_2

[1]) a. a. O. [2]) a. a. O.
[3]) Rev. Mét. 1909, 680, C. R. **190**, 7, **145**, 1417, sowie Phys. Z. 1908, 362; 1911, 935.
[4]) Journ. Phys. 1908 (4), 7, 249.
[5]) a. a. O.

allmählich verläuft und bei den drei ferromagnetischen Metallen Eisen, Nickel und Kobalt den gleichen Verlauf aufweist. Weiß erblickt darin eine Bestätigung seiner Theorie des Ferromagnetismus, aus dessen Wesen hervorgehe, daß die mit steigender Temperatur erfolgende Entmagnetisierung mit einem Wärmeverbrauch verknüpft sei. Dieser Wärmeverbrauch, der sich im übrigen rechnerisch ermitteln lasse und mit dem experimentell gefundenen übereinstimme, sei die Ursache des auf der Abkühlungskurve auftretenden Haltepunktes A_2 und das β-Eisen sei demzufolge im Gegensatz zum α- und γ-Eisen nicht als besondere Phase anzusehen.

In Fig. 5 ist die Änderung des elektrischen Leitwiderstandes pro Temperatureinheit, oder des spezifischen Temperaturkoeffizienten des Eisens nach Untersuchungen von Burgess und Kellberg[1]) wiedergegeben. Die gestrichelte Kurve stellt die Abhängigkeit dieser Eigenschaft von der Temperatur bei der Erhitzung, die ausgezogene das Gleiche bei der Abkühlung dar. Auch hier ist das Vorhandensein der beiden Unregelmäßigkeiten bei A_2 und A_3, der reversible Charakter der A_2-Umwandlung, die Hysteresis bei A_3 und endlich der verschiedene Charakter der beiden Umwandlungen unverkennbar.[2])

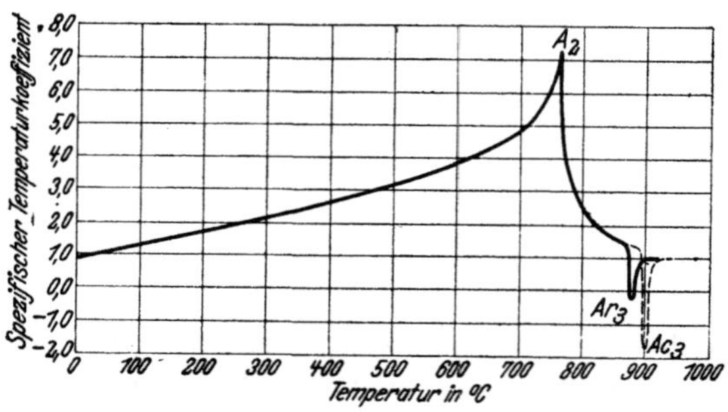

Fig. 5. Spezifischer Temperaturkoeffizient des elektrischen Leitwiderstandes von reinem Eisen in Abhängigkeit von der Temperatur. (Burgess und Kellberg.)
- - - - - Erhitzung, ——— Abkühlung.

Fig. 6 stellt die Längenänderung bezogen auf die Längeneinheit, Fig. 7 zur besseren Verdeutlichung der Verhältnisse die Änderung der Länge zwischen zwei benachbarten Temperaturen nach den Untersuchungen von Driesen[3]) dar. Ganz besonders die Darstellung Fig. 7 zeigt deutlich das Vorhandensein von Unregelmäßigkeiten bei A_3 (885^0) und A_2 (755^0). Die Ursache der Unregelmäßigkeit bei 745^0 hängt mit den nicht unerheblichen Verunreinigungen des von Driesen benutzten Eisens zusammen und kann erst später erörtert werden. An und für sich bemerkenswert ist die mit Ac_3 zusammenfallende, plötzliche Ausdehnung bzw. die mit Ac_3 zusammenfallende plötzliche Zusammenziehung des Eisens (Fig. 6).

[1]) Washington Academy of Sciences 1914, 436.

[2]) Vgl. ferner über denselben Gegenstand: Fournel, C. R. 1906, **143**, 46, 285; Boudouard, Bull. d'Enc. 1903, **105**, 449; Broniewski, C. R. 1913, **156**, 699.

[3]) Fer. 1914, 130 sowie 1916, 27.

Die Veränderung der elektromotorischen Kraft eines Thermoelementes Platin-Eisen (Themoelektrische Kraft) mit der Temperatur ist nach Bellocs[1])

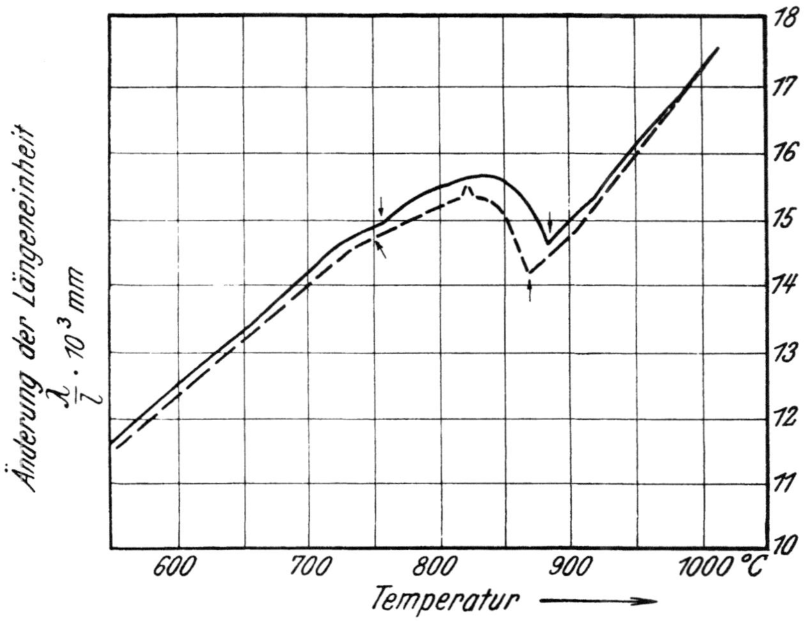

Fig. 6. Änderung der Längeneinheit von weichem Flußeisen in Abhängigkeit von der Temperatur. (Driesen.)
——— Erhitzung, - - - - Abkühlung.

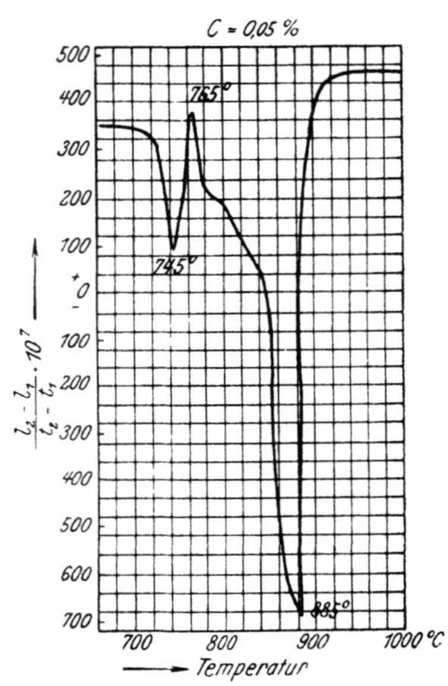

Fig. 7. Längenänderung bezogen auf die Längseinheit von weichem Flußeisen in Abhängigkeit von der Temperatur. (Driesen.)

[1]) Thèse, Gauthier-Villars, Paris 1903.

Untersuchungen in Eig. 8 dargestellt. Auch hier gelten die gleichen Bemerkungen wie für Fig. 5—7.[1])

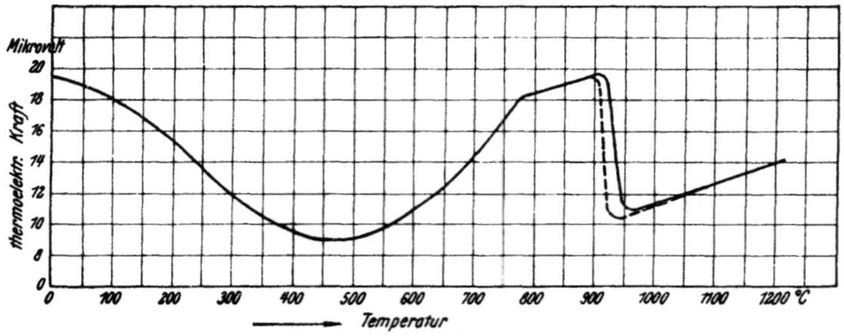

Fig. 8. Thermoelektrische Kraft eines Elementes: Platin-weiches Flußeisen in Abhängigkeit von der Temperatur. (Belloc.)
——— Erhitzung, - - - - - - Abkühlung.

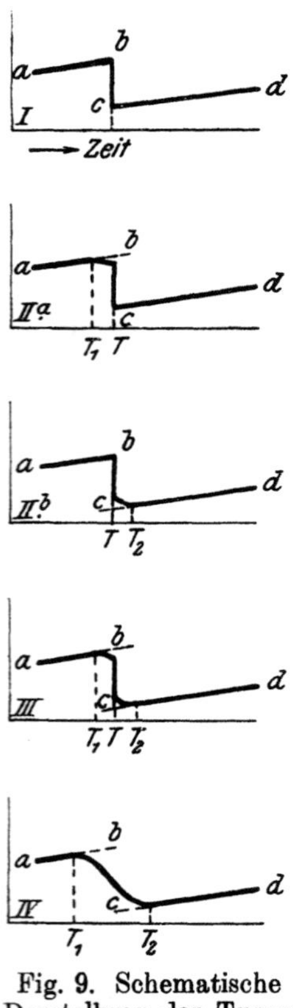

Fig. 9. Schematische Darstellung der Typen von allotropischen Umwandlungen. (Benedicks.)

Ein Überblick über das vorhandene Versuchsmaterial lehrt zunächst, daß die auf der Abkühlungs- bzw. Erhitzungskurve durch A_3 gekennzeichnete Umwandlung einer plötzlichen Veränderung aller bisher untersuchten Eigenschaften entspricht und die Annahme einer bei A_3 stattfindenden Modifikationsänderung daher berechtigt ist. Soweit Ergebnisse vorliegen, ist das gleiche für A_4 der Fall. Bezüglich A_2 dagegen scheint die Deutung der Resultate, vielleicht aus Mangel an analogen Untersuchungen von Körpern mit ähnlichem Verhalten, recht schwierig zu sein. Die meisten Eigenschaften weisen zwar in der Umgebung von A_2 Anomalien auf, deren Charakter jedoch von dem der bei A_3 beobachteten im allgemeinen abweicht. Die ältere Osmondsche Ansicht, nach der auch A_2 eine bei konstanter Temperatur erfolgende Modifikationsänderung darstelle, verliert an Boden, und die Tatsache, daß sich die Änderung der Eigenschaften in der Nähe von A_2 auf ein größeres Temperaturintervall zu erstrecken scheint, hat zu neuen Deutungen dieses Vorganges Veranlassung gegeben, von denen die Weißsche bereits erwähnt wurde.

Nach Benedicks[2]) bestehen vier Möglichkeiten allotroper Umwandlungen, die schematisch in Fig. 9 dargestellt sind. Es bedeutet

I. Vollkommene Unlöslichkeit der α-Modifikation (unterhalb T) in der β-Modifikation (oberhalb T).

[1]) Vgl. auch die Änderung der Zugfestigkeit von Eisen (0,1 $^0/_0$ Kohlenstoff) mit der Temperatur nach Rosenhain und Humfrey (Ir. st. Inst. 1913, I, 219) im Abschnitt IV, 9 dieses Buches.

[2]) Ir. st. Inst. 1913, I, 315.

IIa. Teilweise Löslichkeit der β-Modifikation in der α-Modifikation.
IIb. Teilweise Löslichkeit der α-Modifikation in der β-Modifikation.
III. Gegenseitige beschränkte Löslichkeit beider Modifikationen ineinander.
IV. Vollkommene Löslichkeit beider Modifikationen ineinander.

Benedicks gelangt zu dem Schluß, daß die Umwandlung A_3 des Eisens der Form IIa entspricht. Hiernach wäre β-Eisen nicht vorhanden, vielmehr das vermeintliche β-Eisen als Lösung von γ- in α-Eisen anzusehen. Betrachtet man die bisher mitgeteilten Versuchsergebnisse, so erkennt man, daß nur das Verhalten der thermoelektrischen Kraft (Fig. 7) die Benedicksche Annahme bestätigt. Die Benedicksche Erklärung der magnetischen Umwandlung auf Grund des Verhaltens von Legierungen aus einem ferromagnetischen (α-Eisen) und einem nicht ferromagnetischen Stoff (γ-Eisen) ist nach Wüst, Durrer und Meuthen[1]) gezwungen. Diese deuten die A_2-Umwandlung auf Grund des Verhaltens der spezifischen Wärme (Fig. 2) nach Form IV der Fig. 9 und nehmen demgemäß vollkommene Löslichkeit von α- und β-Eisen, letzteres als selbständige Phase aufgefaßt, an. Mit dieser Deutung lassen sich tatsächlich alle übrigen Erscheinungen besser in Einklang bringen.

Einige Verfasser versuchen die Deutung der Vorgänge auf Grund atomistischer Überlegungen. Weiß zeigt bereits, daß sich gewisse Unstimmigkeiten zwischen Theorie und experimentellen Befund leicht durch die Annahme beseitigen lassen, γ-Eisen bestehe aus Fe_2-, β-Eisen aus Fe_3-Molekülen. Auch Smits[2]) mißt allgemein atomistischen Überlegungen für die Erklärung allotropischer Erscheinungen große Bedeutung zu. Endlich sucht auch Heyn[3]) auf gleichem Wege zu einer Deutung der Vorgänge zu gelangen. Den Übergang der γ- in die β-Modifikation hätte man sich unter allen Umständen als eine sprungweise, bei einer einzigen Temperatur erfolgende Veränderung der im Molekül vorhandenen Atomzahl vorzustellen. Eine allmähliche Veränderung der Eigenschaften bei A_2 könnte man in gleicher Weise durch allmähliche Veränderung der Atomzahl erklären. Man hätte nur anzunehmen, daß in dem der allmählichen Änderung der Eigenschaften entsprechenden Temperaturintervall eine besonders intensive Veränderung der Atomzahl erfolgt. Weitere Versuche mit verfeinerten Hilfsmitteln sind zur Klärung der Frage erforderlich.

Eine große Zahl der bisher untersuchten Eigenschaften des Eisens weist bei 250—500° C Störungen im Verlauf der Kurven ihrer Abhängigkeit von der Temperatur auf.[4]) So zeigt beispielsweise Fig. 8 bei 500° ein deutlich ausgeprägtes Minimum der thermoelektrischen Kraft. Ob hieraus auf das Auftreten einer weiteren Umwandlung im reinen Eisen geschlossen werden muß, müssen weitere, eingehendere Untersuchungen am bisher hierbei wenig berücksichtigten reinen Eisen lehren.

Die Annahme liegt nahe, daß die wahrscheinlich mit allotropen Umwand-

[1]) a. a. O.
[2]) Z. phys. Chem. **76**, 421, **77**, 269, 361.
[3]) Int. Verb. 1912, Nr. 11, II 1.
[4]) Vgl. die Zusammenstellung] dieser Anomalien von Robin, Int. Verb. **6.** Kongreß, New-York, 1912, II, 5; s. a. Abschnitt IV, 9 dieses Buches.

lungen verknüpften Änderungen des kristallographischen Aufbaues (Raumgitter) bei der mikroskopischen Untersuchung (Ätzfiguren, Zwillings- und Translationslinien usw.[1]) hervortreten müßten.

Die mit größter Sorgfalt an orientierten Kristallflächen mit Hilfe des Mikroskops durchgeführten Untersuchungen von Osmond und Cartaud[2]) über kristallographische Merkmale der Eisen-Modifikationen zeigten nun, daß die drei Modifikationen γ, β und α im regulären System kristallisieren. Wenn die genannten Verfasser weiter schließen, daß alle diese Modifikationen wohl ausgeprägte spezifische Merkmale besitzen und nicht von gleicher innerer Struktur sein können, so lehrt ein Blick auf die nachfolgende Zusammenstellung ihrer Ergebnisse, daß die Unterschiede recht geringfügig sind.

	α-Eisen	β-Eisen	γ-Eisen
Translations-Ebenen	(111) (schwer)	unbekannt	(111) (leicht)
Faltungen	Hauptwürfel	ausschließlich	nicht vorhanden
Mechan. Zwillingsbildung	Zwillingsflächen (111) Verwachsungsflächen (112)	nicht bekannt ,,	(111) (111)
Zwillingsbildung durch Ausglühen	Zwillingsflächen nicht bekannt Verwachsungsflächen nicht bekannt	,, ,,	(111) (111)
Fläche maximaler Härte	(111)	?	(011)?
Flächen leichtester Ätzung . . .	(001)	(001)	(001)

Möglicherweise bleibt es der neuesten Methode zur Untersuchung der Kristallstruktur, der Röntgentechnik vorbehalten, Aufschluß über das exakte Wesen der Eisenmodifikationen zu geben.

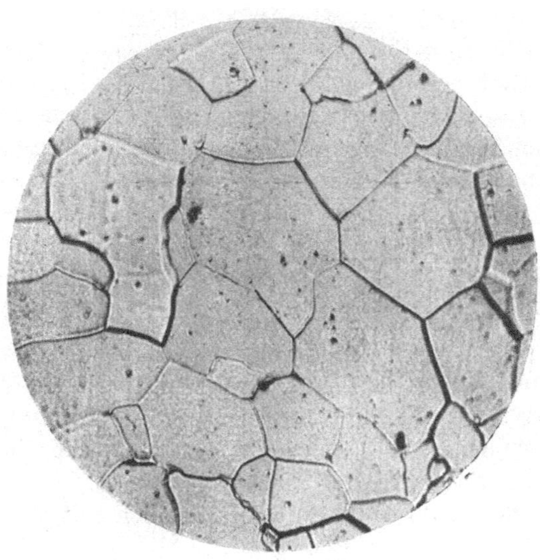

Fig. 10. Reines Eisen, Korngrenzenätzung x 200.

[1]) Vgl. Abschnitt IV, 3 dieses Buches.

[2]) Osmond, Ann. Min. 1900, **17**, 110; Osmond und Cartaud, Ibid. 1900, **18**, 113.

Die in der Metallographie übliche mikroskopische Untersuchung an polierten Schnitten im schräg auffallenden Licht wird bei Zimmertemperatur, d. h. innerhalb des Stabilitätsbereiches von α-Eisen vorgenommen. Eine polierte und mit alkoholischer Pikrinsäure geätzte Schliffebene einer Probe von reinem, langsam von der Herstellungs- auf Zimmertemperatur abgekühltem

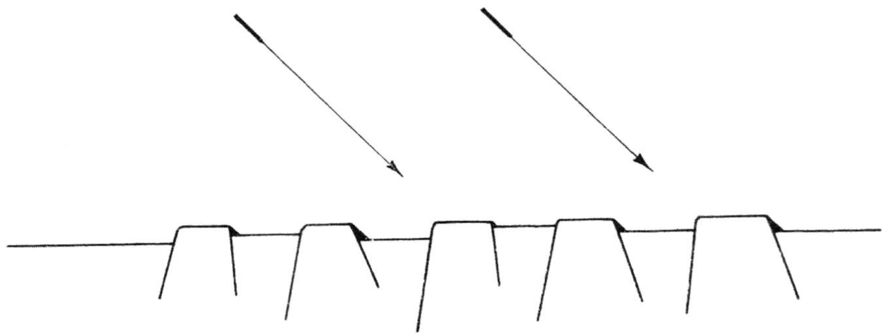

Fig. 11. Schematische Darstellung eines senkrechten Schnittes durch geätzte Ferritkörner.

Eisen, das sich also im α-Zustand befindet, besitzt das durch die Fig. 10 gekennzeichnete Aussehen. Das α-Eisen trägt die metallographische Bezeichnung Ferrit. Der Gefügebestandteil Ferrit besteht aus unregelmäßigen Polygonen (Körnern), die durch das erwähnte Ätzmittel nicht gefärbt, aber ungleichmäßig angegriffen werden. Dies veranschaulicht schematisch der in Fig. 11 dar-

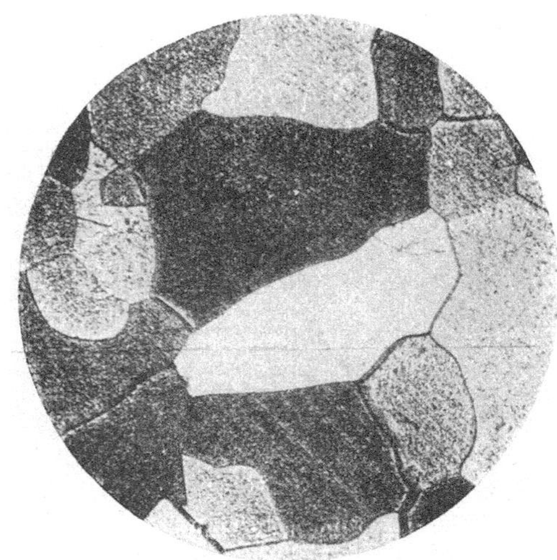

Fig. 12. Reines Eisen, Kornfärbungsätzung, x 200.

gestellte Schnitt durch einige Körner. Denkt man sich das Licht in der Pfeilrichtung schräg einfallend, so erklären sich die dunklen Kornbegrenzungen durch die auftretenden Schattenwirkungen. Beim Angriff durch stärkere Ätzmittel (z. B. längere Einwirkung von alkoholischer Salpetersäure, besser noch 12 prozentige wässrige Kupferammoniumchloridlösung oder 10 prozentige wässrige Ammoniumpersulfatlösung) werden die Ferritkörner verschiedenartig gefärbt, wie dies Fig. 12 zeigt. Durch Tiefätzung läßt sich der Nachweis führen, daß jedes Ferritkorn aus gleichorientierten Kristallelementen aufgebaut und die Orientierung der Kristallelemente von Korn zu Korn verschieden ist. Die

Fig. 13. Tiefgeätztes Eisen. x 200.

Verschiedenheit der Orientierung der Kristallelemente von Korn zu Korn bedingt verschiedene Angreifbarkeit durch das Ätzmittel und, bei sehr starker Ätzung, verschiedenes Reflexionsvermögen für das Licht. In der Tiefätzung Fig. 13 verläuft die Begrenzung zweier Körner durch die Mitte des Gesichts-

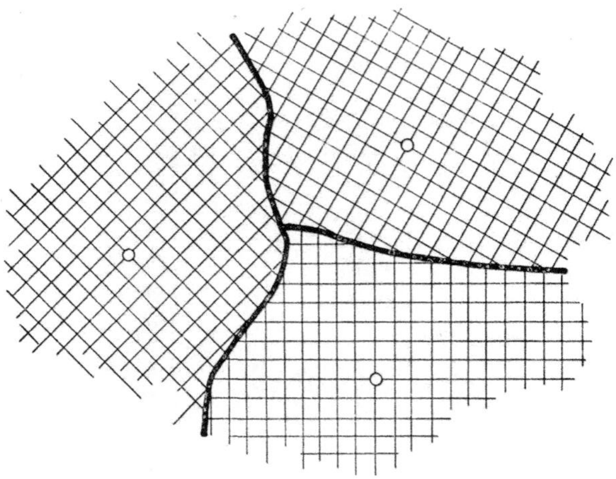

Fig. 14. Schematische Darstellung der Entstehung der Ferritkörner.

feldes. In dem einen Korn fällt offenbar die Schliffebene mit der Würfelfläche zusammen, in dem anderen dagegen ist letztere zur Schliffebene schräg orientiert.

Man kann sich die Entstehungsweise der Körner folgendermaßen vorstellen. Gemäß der schematischen Fig. 14 geht die Erstarrung von Kristallisationszentren[1]) aus. Um die einzelnen Zentren ordnen sich die Massenteilchen in

[1]) Vgl. a. Kristallisation im Abschnitt IV, 1 dieses Buches.

gleicher kristallographischer Orientierung, die Einzelkristalle wachsen, bis sie notwendigerweise zusammenstoßen und so die Kornbegrenzungen bilden. In Fig. 14 ist der Einfachheit halber vorausgesetzt, daß in den drei betrachteten Körnern die Schnittfläche parallel zur Würfelfläche liegt, was natürlich durchaus nicht der Fall zu sein braucht. Die Anzahl der Kristallisationszentren und die Kristallisationsgeschwindigkeit sind maßgebend für die Größe der Ferritkörner oder die Korngröße (im Schnitt die Kornfläche) des Ferrits. Das Ferritkorn ist also ein Kristall, der durch die umliegenden Kristalle an der kristallographischen Ausbildung seiner freien Begrenzungsflächen gehindert wurde. Ist ein derartiges Hindernis nicht vorhanden, wie beispielsweise an der freien Oberfläche erstarrender Eisenmassen, so wachsen die Kristalle meistens in der charakteristischen Form, die ihnen die Bezeichnung Tannenbaumkristalle eingetragen hat (vgl. Tafel nach S. 204).

Man sollte annehmen, daß die mikroskopische Beobachtung polierter Eisenflächen unter dem Mikroskop während der Erhitzung unter Luftabschluß mit gleichzeitiger Ätzung, ein vom Verfasser[1]) angewendetes Verfahren, über etwa vorhandene Unterschiede des Gefüges der Eisenmodifikationen Aufschluß geben müßte. Praktisch lieferte jedoch das Verfahren kein Ergebnis, weil eine bei hoher Temperatur unter Luftabschluß geätzte Metallfläche bei gewöhnlicher Temperatur das bei der Ätztemperatur vorhandene Gefüge beibehält. Gerade dieser Umstand gestattet aber andererseits auch die Bestimmung der Gefügemerkmale von β- und γ-Eisen am abgekühlten Metall. Das Heißätzen erfolgt entweder nach Saniter[2]) durch Einführung des polierten Schliffes in ein Bad von geschmolzenem Chlorkalzium, oder nach Baykoff[3]) durch Überleiten von Salzsäuregas über die in einem evakuierten Gefäße befindliche polierte Metallfläche oder nach ähnlichen Methoden (Osmond,[4]) Osmond und Cartaud,[5]) Rosenhain und Humfrey,[6]) Wark.[7])

Das durch den Heißätzversuch bei gewöhnlicher Temperatur erhaltene β-Eisen unterscheidet sich in keiner Hinsicht von α-Eisen. Das γ-Eisen zeichnet sich dagegen, wie Fig. 15, eine mit Chlorkalzium bei 1000° C heißgeätzte Probe von reinstem Elektrolyteisen, veranschaulicht, durch Zwillingsstreifung innerhalb der Körner vor den anderen Modifikationen aus.

Es ist bisher nicht gelungen β- oder γ-Eisen durch Abschrecken von einer innerhalb ihres Existenzbereiches gelegenen Temperatur bei gewöhnlicher Temperatur im metastabilen (unterkühlten) Zustande zu erzeugen.

3. Eisen und Kohlenstoff.

Der Kohlenstoff kommt im Eisen in mehreren Formen vor. Für das schmiedbare Eisen besitzt jedoch im allgemeinen nur das Eisenkarbid Fe_3C mit 6,67% Kohlenstoff eine praktische Bedeutung. In der nachfolgenden

1) Oberhoffer, Met. 1909, 554.
2) Ir. st. Inst. 1897, II, 115.
3) Mét. 1909, 829.
4) Ann. Min. 1900, **18**, 113.
5) Ann. Min. 1900, **17**, 110.
6) Proc. Roy. Soc. A. 1909, **83**, 200.
7) Met. 1911. 731, Ir. st. Inst. 1913, I. 219.

Besprechung des binären Systems Eisen-Kohlenstoff wird daher zunächst angenommen, daß die Gesamtmenge des Kohlenstoffs als Eisenkarbid zugegen

Fig. 15. Bei 1000° in Chlorkalzium heißgeätztes Elektrolyteisen. (γ-Eisen.)

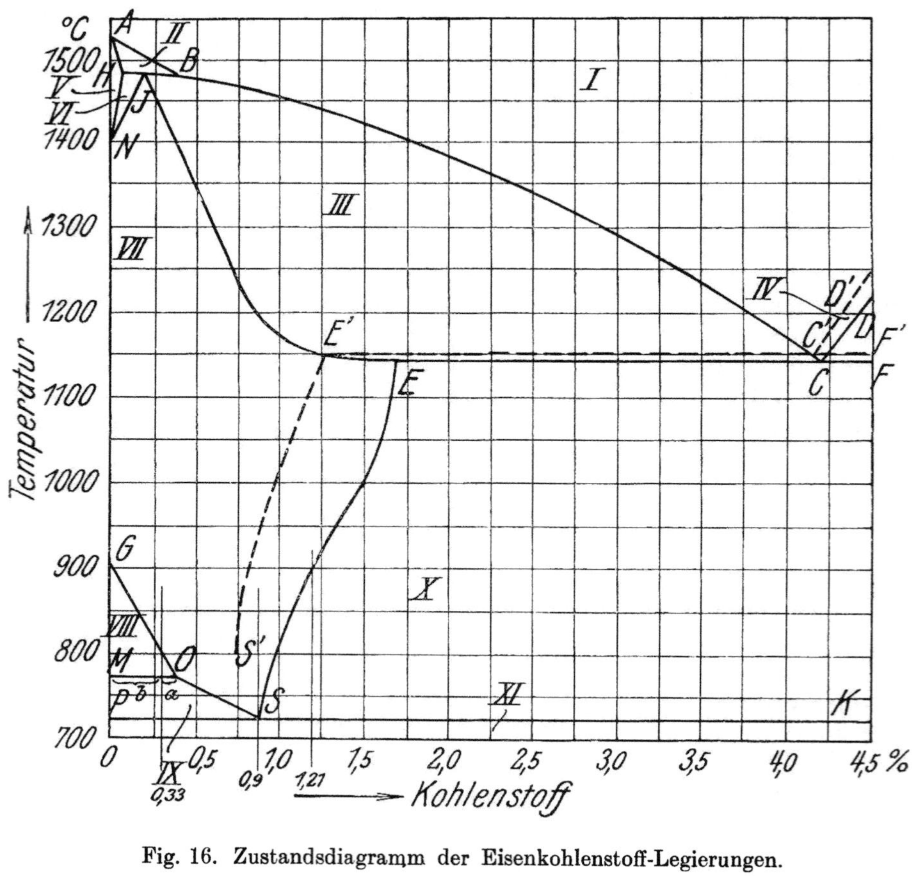

Fig. 16. Zustandsdiagramm der Eisenkohlenstoff-Legierungen.

sei. Die beiden Komponenten des Systems sind demnach Eisen und Eisenkarbid. Unter dieser Voraussetzung ergibt sich das durch die ausgezogenen Linien der Fig. 16 veranschaulichte Zustandsdiagramm.[1])

Der Teil des Diagramms, der die Vorgänge bei der Erstarrung veranschaulicht, besteht aus folgenden Kurven:

A B Beginn der Ausscheidung von δ-Mischkristallen,
B C „ „ „ „ γ- „
C D „ „ „ „ Eisenkarbid,
A H Ende „ „ „ δ-Mischkristallen,
J E „ „ „ „ γ- „
H J B Umsetzung der Schmelze B mit δ-Mischkristallen H zu γ-Mischkristallen J,
E C F Erstarrung des Eutektikums C: gesättigter γ-Mischkristall E und Eisenkarbid Fe_3C

Die Konzentration der besonders ausgezeichneten Punkte ist folgende:

E = 1,7 % Kohlenstoff: Maximales Lösungsvermögen des γ-Eisens für Eisenkarbid, gesättigter γ-Mischkristall.
C = 4,2 % „ : Eutektikum, bestehend aus gesättigtem γ-Mischkristall E und Eisenkarbid Fe_3C.
H = 0,07 % „ : Maximales Lösungsvermögen des δ-Eisens für Eisenkarbid, gesättigter δ-Mischkristall.
J = 0,18 % „ : Mit H und B im Gleichgewicht befindlicher γ-Mischkristall.
B = 0,36 % „ : Mit H und J im Gleichgewicht befindliche Schmelze.

Die besonders ausgezeichneten Temperaturen dieses Diagrammteils sind:

A = 1528°: Schmelz- bzw. Erstarrungspunkt des reinen Eisens.
H J B = 1486°: Temperatur der Umsetzung von δ-Mischkristallen H mit Schmelze B zu γ-Mischkristallen J.
E C F = 1145°: Schmelz- bzw. Erstarrungstemperatur des Eutektikums C.

Die erstarrten Legierungen lassen sich nach Vorstehendem in folgende Gruppen einteilen:

1. 0—0,07 % Kohlenstoff: δ-Mischkristalle oder feste Lösung von Eisenkarbid in δ-Eisen.
2. 0,07—0,18 % „ : δ + γ-Mischkristalle.
3. 0,18—1,7 % „ : γ-Mischkristalle.
4. 1,7—4,2 % „ : Primär ausgeschiedene gesättigte γ-Mischkristalle (1,7 % C) + Eutektikum (4,2 % C): gesättigte γ-Mischkristalle + Eisenkarbid Fe_3C.
5. über 4,2 % „ : Primär ausgeschiedenes Eisenkarbid Fe_3C + Eutektikum wie unter 4.

Die drei ersten Gruppen besitzen für die Zwecke dieses Buches besonderes Interesse, da sie, soweit der Kohlenstoffgehalt allein in Frage kommt, die Gesamtheit der schmiedbaren Eisensorten darstellen. Die beiden letzteren Gruppen entsprechen dagegen dem Roheisen. Gruppe 4 könnte man als unter-, Gruppe 5 als übereutektisches Roheisen bezeichnen. Roheisen mit 4,2 % wäre eutektisches Roheisen. Aus der Voraussetzung, daß der Kohlenstoff als Fe_3C zugegen ist, folgt, daß die Gruppen 4 und 5 den sogenannten weißen Roheisensorten entsprechen.

Die Vorgänge bei der Erstarrung der Gruppe 1 sind die bei der Mischkristallbildung üblichen. Legierungen mit 0,07 bis 0,18 % Kohlenstoff (Gruppe 2)

[1]) Vgl. Ruer und F. Goerens, Fer. 1917, 161.

erstarren zunächst in gleicher Weise. Bei 1486° erfolgt die Umsetzung der δ-Mischkristalle H mit der Schmelze B zu γ-Mischkristallen J. Die Menge der letzteren wächst mit steigendem Kohlenstoff linear von 0 auf 100%. Es wären also beispielsweise bei 0,15% Kohlenstoff vorhanden:

$$\frac{100 \times 8}{11} = 72{,}7\,\% \ \gamma\text{-Mischkristalle}$$

$$\text{und } 100 - 72{,}7 = 27{,}3\,\% \ \delta\text{-Mischkristalle.}$$

Bei 0,18% Kohlenstoff reicht demnach ferner die Menge der Schmelze gerade zur ausschließlichen Bildung von γ-Mischkristallen aus. Zwischen 0,18 bis 0,36% Kohlenstoff bleibt nach erfolgter Umsetzung zu γ-Mischkristallen noch Schmelze B übrig, die mit sinkender Temperatur in der bei der Mischkristallbildung üblichen Weise erstarrt. Von 0,36 bis 1,7% Kohlenstoff werden δ-Mischkristalle überhaupt nicht mehr gebildet, vielmehr setzt der Erstarrungsvorgang sofort unter Bildung von γ-Mischkristallen ein. Die Homogenität der festen Lösung ist natürlich um so vollkommener, je vollständiger der Ausgleich der Zusammensetzungen zwischen festem und flüssigem Anteil der Legierung innerhalb des Erstarrungsintervalls durch Diffusion erfolgen kann, d. h. je langsamer das genannte Intervall durchlaufen wird. Der Erstarrungsvorgang des untereutektischen Roheisens (1,7—4,2% Kohlenstoff) wird durch die Ausscheidung primärer gesättigter Mischkristalle mit 1,7% Kohlenstoff eingeleitet und durch die Bildung des Eutektikums mit 4,2% Kohlenstoff beendet. Die Temperatur des Beginnes der Ausscheidung primärer Mischkristalle in Abhängigkeit vom Kohlenstoffgehalt ist durch den dem Konzentrationsintervall 1,7 bis 4,2% Kohlenstoff entsprechenden Teil der Kurve B C gekennzeichnet; die Bildung des Eutektikums erfolgt bei der eutektischen Temperatur 1145°. Kurz nach der Erstarrung bestehen demnach alle Legierungen mit 1,7 bis 4,2% aus primären Mischkristallen in einer Grundmasse von Eutektikum. Letzteres trägt zu Ehren des deutschen Eisenhüttenmannes Ledebur die metallographische Bezeichnung Ledeburit. Das eutektische Roheisen mit 4,2% Kohlenstoff erstarrt demnach bei 1145° und besteht ausschließlich aus Ledeburit. In den Legierungen mit einem Kohlenstoffgehalte von mehr als 4,2% wird der Erstarrungsvorgang durch die primäre Ausscheidung von Eisenkarbid eingeleitet, und er findet sein Ende in der Bildung des Ledeburits bei 1145°. Die Temperatur des Beginnes der primären Eisenkarbidausscheidung in Abhängigkeit vom Kohlenstoffgehalt ist durch die Kurve C D gekennzeichnet. Nach der Erstarrung bestehen alle Legierungen mit mehr als 4,2% Kohlenstoff aus primärem Eisenkarbid in einer eutektischen Grundmasse. Die für die letzte Gruppe von Legierungen gegebene Erläuterung des Erstarrungsvorganges bedingt die Unlöslichkeit des Eisens im Eisenkarbid. Die Kurve C D müßte daher bis zum Schmelzpunkt des Eisenkarbides, die eutektische Horizontale bis 6,67% Kohlenstoff verlängert werden. Dies ist in Fig. 16 nicht geschehen, da über diesen Teil des Zustandsdiagrammes widersprechende Ansichten bestehen. Im übrigen ist dieser Teil des Diagrammes von keiner praktischen Bedeutung.

Die Vorgänge bei der Erkaltung von Eisenkohlenstofflegierungen, deren Kohlenstoffgehalt ausschließlich aus Eisenkarbid besteht, werden durch die Kurven N H, N J, G O S, S E, M O und P S K der Fig. 16 erläutert. Die beiden ersten Kurven N H und N J hängen mit der im reinen Eisen bei 1401° erfolgenden $\delta \rightleftarrows \gamma$-Umwandlung zusammen, die mit steigendem Kohlenstoffgehalt erhöht wird und sich, wie die Mischkristallbildung, in einem Temperaturintervall vollzieht. N H ist demnach die Kurve beginnender, N J die Kurve beendeter Umwandlung der δ- in γ-Mischkristalle. Da nur in den Gruppen 1 und 2 δ-Mischkristalle vorhanden sind, kommt diese Umwandlung nur für Legierungen bis 0,18% Kohlenstoff in Frage.

Die Existenz der Kurven G O S, S E, M O und P S K ist darauf zurückzuführen, daß β- und α-Eisen im Gegensatz zum γ-Eisen praktisch keinen Kohlenstoff zu lösen vermögen. Es bedeuten:

G O den Beginn der Ausscheidung von β-Eisen aus dem γ-Mischkristallen; die entsprechenden Haltepunkte werden mit A_3 bezeichnet,

M O die Umwandlung des β-Eisens in α-Eisen; die entsprechenden Haltepunkte werden mit A_2 bezeichnet,

O S den Beginn der Ausscheidung von α-Eisen aus den γ-Mischkristallen; die entsprechenden Haltepunkte werden mit $A_{3,2}$ (häufig auch A_3) bezeichnet,

E S den Beginn der Ausscheidung von Eisenkarbid Fe_3C aus den γ-Mischkristallen bzw. die Löslichkeit von Fe_3C in γ-Eisen (meist mit A_3 bezeichnet),

P S K die gleichzeitige (eutektische) Ausscheidung von α-Eisen und Eisenkarbid Fe_3C aus den γ-Mischkristallen; der entsprechende Punkt wird A_1 genannt.

Die Konzentrationen der besonders ausgezeichneten Punkte sind:

O = 0,4% Kohlenstoff.

S = 0,9% „ : Eutektikum bestehend aus α-Eisen und Eisenkarbid Fe_3C, Löslichkeit des γ-Eisens für Eisenkarbid bei der Temperatur P S K.

Die besonders ausgezeichneten Temperaturen dieses Diagrammteils sind:

H = 1401° = $\delta \rightleftarrows \gamma$ Umwandlung des reinen Eisens A_4,

G = 906° = $\gamma \rightleftarrows \beta$ „ „ „ „ A_3,

M O = 768° = $\beta \rightleftarrows \alpha$ „ „ „ „ A_2,

P S K = 721° = Bildungstemperatur des Eutektikums S.

Die erkalteten Legierungen lassen sich in folgende Gruppen einteilen:

A. 0—0,9% Kohlenstoff: a) 0—0,4% Kohlenstoff: aus den γ-Mischkristallen ausgeschiedenes β-Eisen, das bei 768° in α Eisen umgewandelt wurde + Eutektikum α-Eisen-Eisenkarbid Fe_3C.
b) 0,4—0,9% Kohlenstoff: aus den γ-Mischkristallen ausgeschiedenes α-Eisen + Eutektikum wie unter a.

B. 0,9—1,7% „ : aus den γ-Mischkristallen ausgeschiedenes Eisenkarbid Fe_3C + Eutektikum wie unter A a und A b.

C. 1,7—4,2% „ : wie S. 17 unter 4, jedoch statt gesättigte γ-Mischkristalle: aus den γ-Mischkristallen ausgeschiedenes Eisenkarbid Fe_3C + Eutektikum wie unter A a und A b.

D. über 4,2% „ : wie S. 17 unter 5, jedoch statt usw. wie unter C.

Die beiden ersten Gruppen besitzen, wie bereits erwähnt wurde, für die Zwecke des vorliegenden Buches besonderes Interesse. Gruppe A könnte man als untereutektisches schmiedbares Eisen, besser als untereutektischen Stahl, Gruppe B als übereutektischen Stahl bezeichnen. Die Legierung mit 0,9% Kohlenstoff wäre eutektischer Stahl. Howe schlägt zum Unterschiede von dem aus dem Schmelzfluß erstarrten Eutektikum mit 4,2% Kohlenstoff die zweckmäßigere Bezeichnung „Eutektoid" vor und unterscheidet eutektoidischen Stahl mit 0,9%, untereutektoidische Stähle mit 0 bis 0,9% und übereutektoidische mit 0,9 bis 1,7% Kohlenstoff.

Die Vorgänge innerhalb des Konzentrationsintervalls 0 bis 1,7% sind bei der Erkaltung folgende. Die Legierungen der Gruppe A bestehen oberhalb G O aus fester Lösung von Kohlenstoff in γ-Eisen. Beispielsweise beginnt eine Legierung mit 0,33% Kohlenstoff bei 800° aus der γ-Lösung β-Eisen auszuscheiden. Dieses wandelt sich bei 768° in α-Eisen um. Mit sinkender Temperatur scheidet sich aus der γ-Lösung direkt α-Eisen aus. Bei 721° sind im Gleichgewicht α-Eisen und γ-Mischkristalle mit 0,9% Kohlenstoff. Letztere zerfallen bei 721° in α-Eisen und Eisenkarbid Fe_3C. Die Menge des ausgeschiedenen β-Eisens nimmt bis 768° zu. Sie läßt sich mit Hilfe der Hebelbeziehung leicht ermitteln. Bei 768° sind im Gleichgewicht: β-Eisen $+ \gamma$-Mischkristalle mit 0,4% Kohlenstoff. Letztere enthalten also den gesamten Kohlenstoff. Ist die Menge der Mischkristalle gleich x bei einer Gesamtmenge von 100 g, so besteht die Beziehung

$$x \times 0{,}40 = 100 \times 0{,}33$$
$$\text{oder } x = 82{,}5 \text{ g;}$$

demnach wäre die Menge der β-Kristalle 17,5% der Gesamtmenge. Bei 721° wäre die Menge der Mischkristalle bzw. ihres Zerfallproduktes, des Eutektoids,

$$x \times 0{,}90 = 100 \times 0{,}33$$
$$\text{oder } x = 36{,}7\,\%$$

der Gesamtmenge und demnach die Menge der α-Kristalle = 63,3 g. Allgemein gilt also die Beziehung: Menge der ausgeschiedenen β- oder α-Kristalle $= \frac{a}{a+b}$.

Eine Legierung mit 0,5% Kohlenstoff besteht oberhalb 761° aus fester γ-Lösung. Bei 761° beginnt die Abscheidung von α-Eisen. Die Menge des ausgeschiedenen α-Eisens nimmt mit sinkender Temperatur zu, wobei der Kohlenstoffgehalt der zurückbleibenden festen Lösung steigt. Dieser Vorgang erreicht sein Ende, wenn die Temperatur auf 721° gesunken ist. Bei dieser Temperatur zerfällt die zurückbleibende feste Lösung mit 0,9% Kohlenstoff in α-Eisen und Eisenkarbid.

Eine Legierung mit 0,9% Kohlenstoff besteht oberhalb 721° aus fester γ-Lösung. Bei 721° zerfällt sie in α-Eisen und Eisenkarbid, und die Temperatur bleibt solange konstant, bis dieser Vorgang sich vollständig vollzogen hat.

Eine Legierung mit 1,21% Kohlenstoff, deren Konzentration also zwischen 0,9 und 1,7% gelegen ist, besteht oberhalb 900° aus fester γ-Lösung. Bei dieser Temperatur beginnt Eisenkarbid sich aus der Lösung auszuscheiden. Die mit sinkender Temperatur vermehrte Menge des ausgeschiedenen Eisenkarbides bewirkt eine Verarmung der Lösung an Eisenkarbid, ihre Konzentration verschiebt sich daher nach links. Der Vorgang der Eisenkarbidbildung aus der festen Lösung ist beendet, wenn die Temperatur auf 721° gesunken ist. Bei dieser Temperatur beträgt der Kohlenstoffgehalt der zurückgebliebenen festen Lösung 0,9% und der Zerfall dieses Restes der festen Lösung in α-Eisen und Eisenkarbid findet bei konstanter Temperatur statt.

Der gesättigte Mischkristall mit 1,7% Kohlenstoffgehalt verhält sich ähnlich, nur daß in dieser Legierung die maximale Eisenkarbidmenge auf der Kurve E S zur Abscheidung gelangt.

Alle in den Legierungen mit mehr als 1,7% Kohlenstoff enthaltenen gesättigten Mischkristalle, mögen sie primärer oder eutektischer Natur sein, zerfallen demnach ebenfalls während der Abkühlung von 1145 auf 721° in Eisenkarbid und eutektoidisches Gemisch, α-Eisen + Eisenkarbid, verhalten sich also wie die Legierung mit 1,7% Kohlenstoff.

Auch in den übereutektoidischen Legierungen läßt sich die Menge des abgeschiedenen Eisenkarbides für eine beliebige zwischen E S und S K gelegene Temperatur leicht ermitteln. Betrachten wir z. B. eine Legierung mit 1,21% Kohlenstoff bei 800°. Die Ausgangsmenge sei 100 g, x die Menge des Eisenkarbids, so ist $100 - x$ die Menge der γ-Mischkristalle. Die Legierung enthält insgesamt 1,21 g Kohlenstoff, das Eisenkarbid $x \times 6,67$ g, die Mischkristalle $(100 - x)\,1,0$ g. Es besteht die Beziehung:

$$x \times 6,67 + (100 - x) \times 1,0 = 100 \times 1,21$$

oder

$$x = \frac{121 - 100}{5,67} = 3,7 \text{ Gew.-\%}$$

oder bei 721°

$$x = \frac{121 - 90}{5,67} = 5,4 \text{ Gew.-\%}.$$

Eine Legierung mit 1,7% Kohlenstoff würde bei 721° enthalten

$$\frac{170 - 90}{5,67} = 13,9 \text{ Gew.-\%}$$

und dies würde die höchste Eisenkarbidmenge darstellen, die sich nach der Kurve E S abscheiden kann.

Für 0,1% Zunahme des Kohlenstoffgehaltes ergibt sich zwischen 0,9 und 1,7% eine Zunahme des Eisenkarbidgehaltes von nur **1,73%**, während die Abnahme des α-Eisen-Gehaltes zwischen 0 und 0,9% für 0,1% Zunahme des Kohlenstoffgehaltes **11,1%** beträgt.

Im Diagramm Fig. 16 ergeben sich folgende Zustandsfelder:

I	Schmelze
II	δ-Mischkristalle + Schmelze
III	γ- „ + „
IV	Eisenkarbid + „
V	δ-Mischkristalle
VI	δ- „ + γ-Mischkristalle
VII	γ- „
VIII	„ + β-Eisen
IX	„ + α-Eisen
X	„ + Eisenkarbid
XI	α-Eisen + „

Das Zustandsdiagramm Fig. 16 ist im wesentlichen[1]) das Resultat der thermischen Untersuchung. Es soll nunmehr untersucht werden, wieweit die mikroskopische Untersuchung die Ergebnisse der thermischen bestätigt und ergänzt. Da die im Gebiet VII vorhandene feste γ-Lösung in ihre Bestandteile α-Eisen und Eisenkarbid zerfällt, wird in langsam abgekühlten Legierungen nicht das charakteristische Gefügebild der festen Lösung, das ja dem des reinen Metalles durchaus ähnlich ist, zu erkennen sein, vielmehr werden die Zerfallsprodukte der Legierung, α-Eisen und Eisenkarbid nebeneinander unter dem Mikroskop erscheinen. Die Legierung mit 0,9% Kohlen-

[1]) Vgl. Ruer und F. Goerens, Fer. 1917, 161.

stoff besteht in ihrer Gesamtheit aus dem Eutektoid: α-Eisen und Eisenkarbid. Die Menge des Eutektoides muß von 0,9 bis 0% Kohlenstoff von 100 auf 0% ab- und die des α-Eisens dementsprechend zunehmen. Die Legierungen mit mehr als 0,9% Kohlenstoff enthalten neben dem Eutektoid Eisenkarbid und zwar in um so größeren Mengen, je höher der Kohlenstoffgehalt ist. Da aber die Menge des Eisenkarbides erst bei einem Kohlenstoffgehalte von 6,67% gleich 100% ist, muß die Zunahme des Eisenkarbides in den schmiedbaren Legierungen (0,9 bis 1,7% Kohlenstoff) mit dem Kohlenstoffgehalt eine relativ langsame sein. Dementsprechend nimmt auch die Menge des Eutektoides langsam ab.[1]) In den Fig. 17 bis 25 sind Gefügebilder von einigen schmiedbaren Eisenkohlenstoff-Legierungen wiedergegeben. Alle Legierungen sind langsam abgekühlt, d. h. die durch die Linien G O S, M O, E S bzw. P S K gekennzeichneten Umwandlungen hatten Zeit, vollständig vor sich zu gehen. Fig. 17 ist eine Legierung mit 0,11% Kohlenstoff. Beim Vergleich dieser

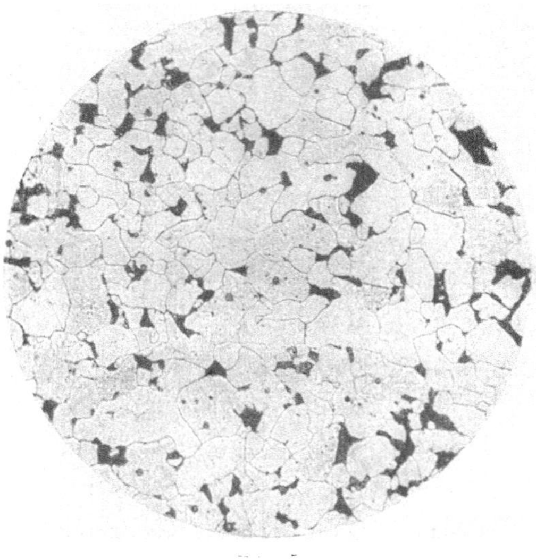

Fig. 17. Eisen-Kohlenstoff-Legierung mit 0,11% C, Ätzung II[2]), x 100.

Figur mit der das reine α-Eisen, den Ferrit, darstellenden Figur 12 erkennt man neben den unregelmäßigen Polygonen des Ferrits dunkel erscheinende Inseln eines neuen Bestandteiles. Es kann sich, wie ein Blick auf das Zustandsdiagramm lehrt, nur um das Eutektoid: α-Eisen und Eisenkarbid handeln, das wegen seines bei der Ätzung auftretenden perlmutterartigen Glanzes die metallographische Bezeichnung Perlit trägt. Daß der Perlit tatsächlich aus zwei Bestandteilen aufgebaut ist, zeigt Fig. 18, die eine Perlitinsel in sehr starker Vergrößerung darstellt. Man erkennt deutlich zwei streifenförmig gelagerte Bestandteile, die beide hell erscheinen, aber den Ätzmitteln gegenüber verschiedene Löslichkeit aufweisen, da der eine von ihnen im Relief steht und demzufolge in der Lichtrichtung Schatten wirft. Dieser letztere

[1]) Bezüglich der quantitativen Verhältnisse vgl. S. 21.

[2]) Ätzung II bedeutet: Ätzung mit einer mineralischen Säure in alkoholischer Lösung. Über die Bedeutung dieser Ätzung siehe Abschnitt IV, 1.

Bestandteil ist das Eisenkarbid Fe_3C. Ein Schnitt durch die Perlitinsel ist schematisch in Fig. 19 veranschaulicht. Es ist angenommen, daß das Licht in der Pfeilrichtung einfällt. Fig. 20 ist eine Legierung mit 0,26% Kohlenstoff. Die Menge des bei schwachen Vergrößerungen fast gleichmäßig dunkel erscheinenden Perlits hat, wie ein Vergleich mit Fig. 17 lehrt, erheblich zugenommen. Bei 0,53% Kohlenstoff (Fig. 21) ist außer einer weiteren Zunahme des Perlit-Flächenanteils eine prinzipielle Änderung des Gefüges festzustellen.

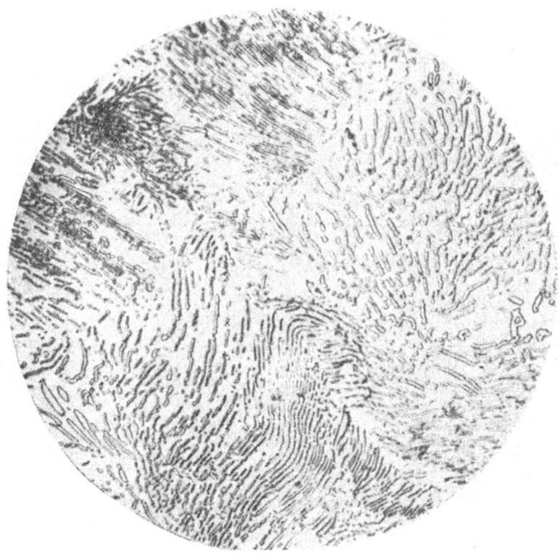

Fig. 18. Perlit. Ätzung II, x 500.

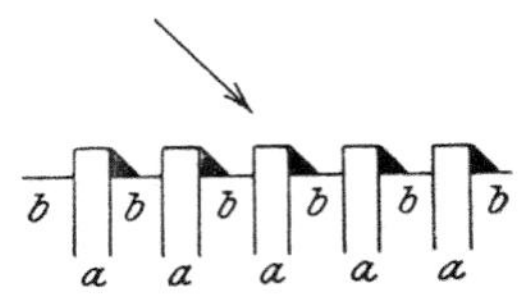

Fig. 19. Schematische Darstellung eines Schnitts durch Perlit,
a = Zementit Eisenkarbid,
b = Ferrit.

Während die bisherige Anordnung von Ferrit und Perlit eine sogenannte körnige war, d. h. die Gefügebestandteile nach allen Richtungen praktisch gleiche Ausdehnung besaßen und die Perlitinseln zwischen den Ferritkörnern eingelagert waren, tritt nunmehr der Ferrit in Form eines Netzwerkes auf, dessen Maschen der Perlit anfüllt. Man spricht daher von Netzwerk- oder auch von Zellengefüge. Fig. 22 ist eine Legierung mit 0,64% Kohlenstoff.

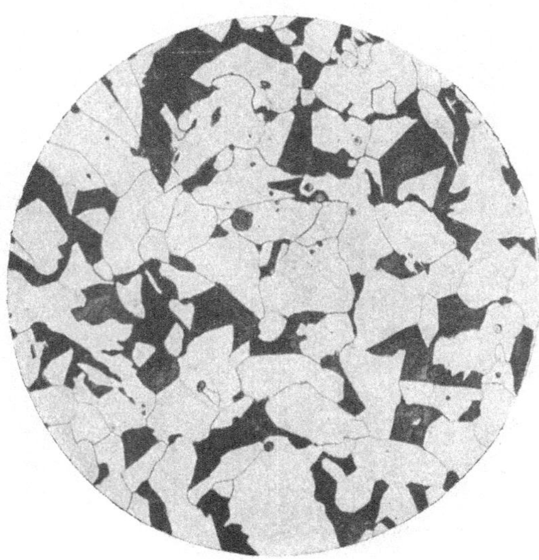

Fig. 20. Eisen-Kohlenstoff-Legierung mit 0,26% C. Ätzung II, x 100.

Die Dicke der Zellenwände des Ferrits hat erheblich abgenommen. Fig. 23 zeigt eine eutektoidische Legierung mit 0,9% Kohlenstoff. Das ganze Gesichtsfeld ist von Perlit eingenommen. Eine Legierung mit 1.5% Kohlenstoff

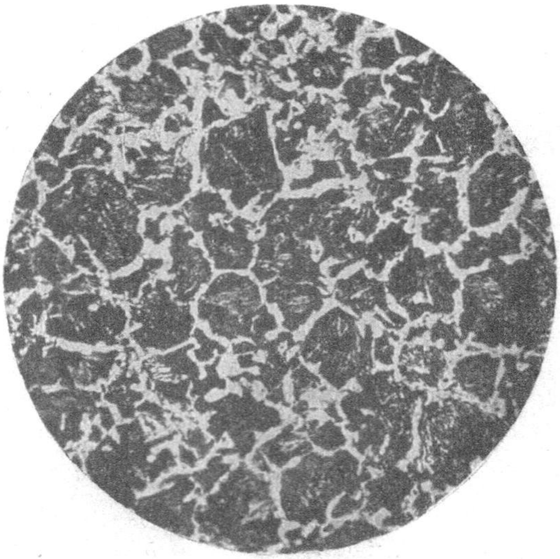

Fig. 21. Eisen-Kohlenstoff-Legierung mit 0,53% C, Ätzung II, x 100.

(Fig. 24) ist übereutektoidisch und es erscheint daher ein neuer Gefügebestandteil, das Eisenkarbid Fe_3C mit der metallographischen Bezeichnung Zementit, weil er im Zementstahl in großen Mengen vorkommt. Der Zementit umschließt

Fig. 22. Eisen-Kohlenstoff-Legierung mit 0,64% C, Ätzung II, x 100.

hier ähnlich dem Ferrit die Perlitmaschen in Form von Zellen. Gleichzeitig erscheinen auch im Innern des Netzwerkes Zementitnadeln, deren Ausbildung von der kristallographischen Orientierung des Kornes beherrscht wird. Auch der übereutektoidische Zementit wird durch die gewöhnlichen Ätzmittel nicht gefärbt. Er unterscheidet sich jedoch durch seine größere Härte vom Ferrit. Eine gesättigte Natriumpikratlösung färbt den Zementit dunkel, läßt dagegen

Fig. 23. Eisen-Kohlenstoff-Legierung mit 0,9 % C, Ätzung II, x 100.

den Ferrit hell. Fig. 25 ist die in Fig. 24 dargestellte, jedoch mit Natriumpikrat geätzte Stelle. Mit steigendem Kohlenstoffgehalt wächst die Zementitmenge, jedoch wie bereits erwähnt, sehr langsam.

Fig. 24. Eisen-Kohlenstoff-Legierung mit 1,5 % C, Ätzung II, x 100.

Mit Hilfe des Heißätzversuchs ist es möglich, das Gefüge der Eisenkohlenstofflegierungen auch in dem Gebiete VII oberhalb des Kurvenzuges G O S E, d. h. im Gebiete der festen Lösung des Eisenkarbides in γ-Eisen festzustellen. Dieser Weg ist von Wark[1]) beschritten worden. Fig. 26 zeigt eine in Wasser-

[1]) Met. 1911, 731.

stoffatmosphäre auf 1260° erhitzte Legierung mit 0,4% Kohlenstoff. Statt des bei langsamer Abkühlung zu erwartenden Gemisches von Ferrit und Perlit (vgl. Fig. 17) tritt hier rein polygonales (Ätzfiguren aufweisendes) Gefüge auf,

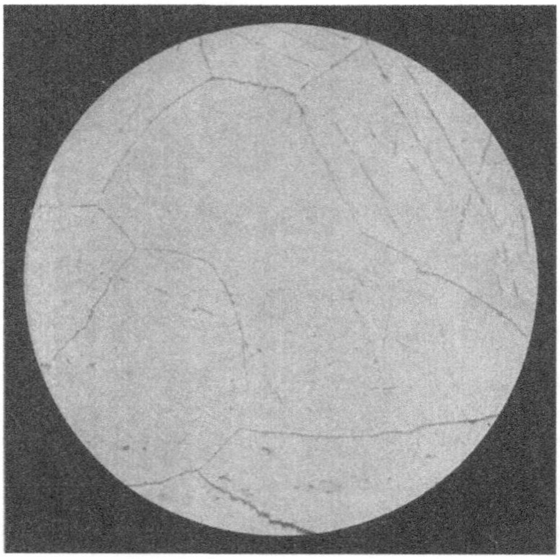

Fig. 25. Dieselbe Stelle wie 24, jedoch mit Natriumpikrat geätzt.

wie wir es beim reinen Eisen kennen lernten, von diesem lediglich unterschieden durch Zwillingsstreifung in den Körnern. Letzteres lernten wir in Fig. 15 als Kennzeichen des γ-Eisens kennen. Dieser Umstand, sowie das völlige

Fig. 26. Stahl mit 0,43% C bei 1260° im Wasserstoffstrom geätzt, x 200.

Fehlen eines zweiten Gefügebestandteils, beweist, daß ähnlich wie in flüssigen Lösungen, der gelöste Stoff (Eisenkarbid) im Lösungsmittel (γ-Eisen) verschwunden ist und wir es tatsächlich mit einer festen Lösung zu tun haben.

Die feste Lösung in dieser idealen Ausbildungsform trägt die metallographische Bezeichnung Austenit, zu Ehren des englischen Forschers Roberts-Austen, der das erste Zustandsdiagramm der Eisenkohlenstofflegierungen aufstellte.

Der zweite, häufiger begangene Weg zur Ermittelung des Gefüges der festen Lösung ist durch die praktisch seit Urzeiten bekannte Härtbarkeit des Stahls gegeben, die auf der Möglichkeit beruht, den Zerfall der festen Lösung durch Abschrecken, d. h. möglichst rasche Abkühlung im Temperaturgebiet des Zerfalls zu verhindern. Die auf den Linien G O S, S E, M O und P S K stattfindenden Vorgänge werden dadurch hintangehalten und es wird bei gewöhnlicher Temperatur, aber nicht im stabilen, sondern im labilen Gleichgewicht der Zustand oberhalb der erwähnten Kurvenzüge festgehalten. Es ist verständlich, daß dieses durch Abschrecken erzeugte labile Gleichgewicht durch Wärmezufuhr oder Anlassen in das stabile überführbar ist.

Fig. 27. Gemisch von Austenit (dunkel) — Martensit (hell), Ätzung II, x 200.

Es wäre nun zunächst zu erwarten, daß die durch Abschrecken erzeugte feste Lösung stets das in Fig. 17 dargestellte Normalgefüge von festen Lösungen aufweist, also rein austenitisch ist. Das wirkliche, durch Abschrecken erhaltene Gefüge der festen Lösung ist indessen in reinen Eisenkohlenstofflegierungen von ganz anderer Beschaffenheit, die von den Bedingungen beim Abschreckversuch abhängig ist. Es ergeben sich je nach diesen statt des Austenits eine ganze Reihe von Erscheinungsformen der festen Lösung, deren Wesen und Entstehungsbedingungen im Kapitel Härten und Anlassen (Abschnitt IV, 7 dieses Buches) ausführlich geschildert sind. An dieser Stelle sollen nur die einzelnen Erscheinungsformen mit ihren metallographischen Kennzeichen erwähnt werden.

Von der idealen festen Lösung, dem reinen Austenit, bis zum vollkommenen Zerfallsprodukt Perlit, dem eutektoiden Gemisch von Ferrit und Zementit ergeben sich folgende Stufen:

Austenit → Martensit[1] → Troostit[2] → Osmondit[3] → Sorbit[4] → Perlit.

Von diesen Gefügebestandteilen können mehrere gleichzeitig auftreten. Fig. 27 (s. S. 27) zeigt ein Gemisch von Austenit und Martensit. Die dunkle Grundmasse ist Austenit, die charakteristischen hellen Nadeln werden allgemein als Martensit angesprochen. Manchmal tritt (wahrscheinlich infolge von Anlaßwirkung) umgekehrte Färbung auf. Je nach chemischer Zusammensetzung und Wärmebehandlung ändert sich die Körnung oder Größe der beiden Bestandteile des Gemisches. Ist das Gemisch so fein, daß kaum noch die beiden Bestandteile zu differenzieren sind, so nennt man die Gesamtheit des Gemisches Martensit. Der typische Martensit, Fig. 28, ist ein Konglomerat unter dem Mikroskop schwer oder gar nicht scharf einstellbarer Nadeln, deren Ausbildungsform gewisse geometrische oder besser kristallographische Eigentümlichkeiten aufweist. In der Tat beherrschen kristallographische Gesetze die Ausbildung

Fig. 28. Martensit, Ätzung II, x 300.

des nadeligen Gefüges. So schneiden sich z. B. häufig die Nadeln unter Winkeln von 60°, gleichseitige Dreiecke bildend, oder der Winkel beträgt 90°, und es entstehen Rechtecke oder Quadrate. Im ersten Falle liegt der beobachtete Schnitt parallel zur Oktaeder-, im letzten zur Würfelfläche.

Troostit ist ein strukturloser, gleichförmig dunkelgefärbter Gefügebestandteil, der neben den anderen Gefügebestandteilen auftreten kann. Er wird von allen Gefügebestandteilen durch die üblichen Ätzmittel am stärksten angegriffen bzw. am dunkelsten gefärbt. Fig. 29 zeigt dunkle Troostitfelder im Gemisch mit Ferrit und Martensit. Selbst bei den stärksten Vergrößerungen

[1]) Nach dem Begründer der Materialprüfungs-Anstalt in Groß-Lichterfelde, A. Martens.

[2]) Nach dem französischen Forscher Troost.

[3]) Nach dem französischen Forscher Osmond, dessen Arbeiten über die Konstitution des Eisens vorbildlich bleiben werden.

[4]) Nach dem englischen Forscher Sorby, der die mikroskopische Metalluntersuchung besonders förderte.

ist Troostit nicht aufzulösen. Geringere Gleichmäßigkeit der Färbung und geringere Angreifbarkeit durch die üblichen Ätzmittel kennzeichnen den mit Sorbit bezeichneten Gefügebestandteil. Der Sorbit ist fast strukturlos. An

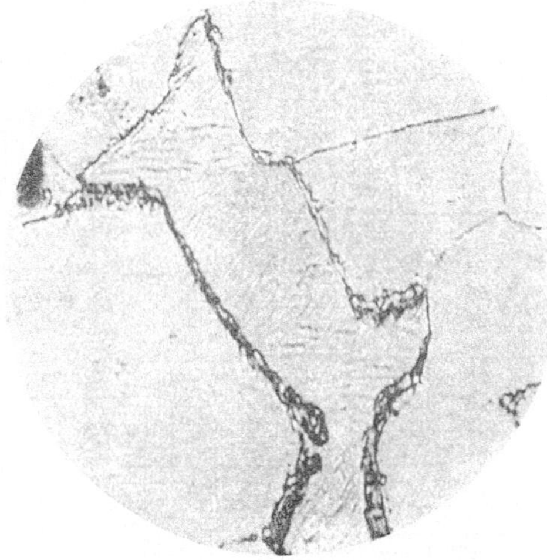

Fig. 29. Troostit mit Ferrit und Martensit, Ätzung II, x 300.

der Luft abgekühlte Handelsmaterialien enthalten statt des Perlits Sorbit. Fig. 30 zeigt in einem solchen Material Sorbit (nicht aufgelöste Flecken von verschiedener Färbung) im Gemisch mit feinlamellarem Perlit. Heyn und Bauer[1]) schieben

Fig. 30. Sorbit mit feinlammellarem Perlit, Ätzung II, x 300.

zwischen die Erscheinungsformen Troostit und Sorbit eine weitere, den Osmondit ein. Der Osmondit ist jedoch nicht wie die anderen Gefügebestandteile durch

[1]) St. E. 1906, 778.

metallographische Kennzeichen zu definieren, sein Wesen muß vielmehr auf anderem Wege gekennzeichnet werden. Durch Wärmezufuhr (Anlassen) ist es möglich, die bei gewöhnlicher Temperatur im labilen Gleichgewichtszustande befindlichen Gefügebestandteile Austenit, Martensit, Troostit und Sorbit in den stabilen Gleichgewichtszustand zu überführen. Die in irgendeiner der beschriebenen Formen vorhandene feste Lösung zerfällt durch Austreten des Karbides aus der festen Lösung, die beim Abschrecken unterdrückten, durch die Linien G O S, M O, E S bzw. P S K angedeuteten Vorgänge finden statt und führen je nach dem Kohlenstoffgehalt zur Bildung der Gefügearten: Ferrit + Perlit, Perlit, Perlit + Zementit. Dabei braucht die Wärmezufuhr nicht etwa so groß zu sein, daß die den genannten Linien entsprechenden Temperaturen erreicht werden, vielmehr liegen die zur Erzielung der stabilen Gefügearten erforderlichen Anlaßtemperaturen ziemlich weit unterhalb der erwähnten

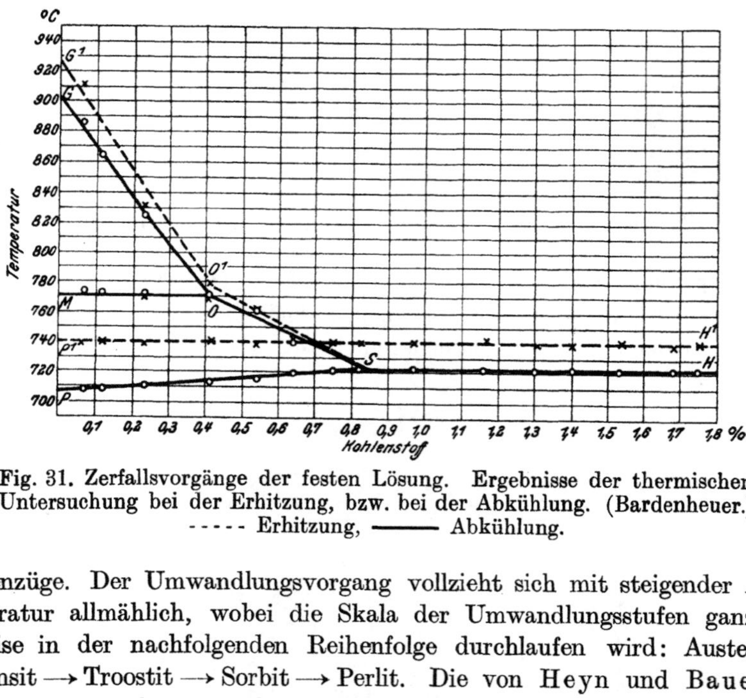

Fig. 31. Zerfallsvorgänge der festen Lösung. Ergebnisse der thermischen Untersuchung bei der Erhitzung, bzw. bei der Abkühlung. (Bardenheuer.)
- - - - - Erhitzung, ——— Abkühlung.

Kurvenzüge. Der Umwandlungsvorgang vollzieht sich mit steigender Anlaßtemperatur allmählich, wobei die Skala der Umwandlungsstufen ganz oder teilweise in der nachfolgenden Reihenfolge durchlaufen wird: Austenit → Martensit → Troostit → Sorbit → Perlit. Die von Heyn und Bauer vorgeschlagene Zwischenstufe Osmondit entsteht beim Anlassen abgeschreckter Stähle und ist durch ein Maximum der Löslichkeit des Stahls in verdünnten Säuren gekennzeichnet.

Für eine große Zahl technischer Operationen sind die durch die Linien G O S, S E und P S K gekennzeichneten Vorgänge von ausschlaggebender Bedeutung. Der Bestimmung dieser Linien ist daher von jeher eine besondere Sorgfalt zugewendet worden. Außer der thermischen Methode (Aufnahme der Abkühlungs- und Erhitzungskurven) stehen noch einige andere Methoden zur Verfügung, deren Ergebnisse wegen der Wichtigkeit des Gegenstandes hier kurz besprochen werden sollen.

Vorerst sollen aber an die Ergebnisse der thermischen Untersuchung einige ergänzende Bemerkungen geknüpft werden. Die Linien des Zustandsdiagrammes, Fig. 16, sind Gleichgewichtslinien. Wir sahen bereits, daß die Lage des Haltepunktes A_3 durch die Abkühlungs- und Erhitzungsgeschwindigkeit beeinflußt wird und daß die Verschiedenheit dieser Beeinflussung zur Entstehung der sogenannten Hysteresis Anlaß gibt. Gleiches trifft auch für die Haltepunkte der Eisenkohlenstofflegierungen zu und die Abweichungen der Versuchsergebnisse der einzelnen Beobachter[1]) sind, abgesehen von der Verschiedenheit der chemischen Zusammensetzung der benutzten Proben, auch auf Verschiedenheiten in diesem Sinne zurückzuführen. So fanden z. B. Ruer und F. Goerens[2]) folgende Abhängigkeit der Lage des Perlitpunktes Ar_1 von der Abkühlungsgeschwindigkeit:

Abkühlungsgeschwindigkeit ^{0}C/sek.	Ar_1 ^{0}C
0,35	696
0,15	702
0,06	705

In Fig. 31 sind nach Ergebnissen von Bardenheuer[3]) für Geschwindigkeiten von 1 bis $1^1/_2{}^0$ pro Minute die Lage der Kurven G O S, M O und P S K in äußerst reinen Eisen-Kohlenstofflegierungen dargestellt.

Man ersieht daraus, daß unter den gewählten Abkühlungsbedingungen:

1. Die Hysteresis von A_3 bzw. $A_{3.2}$ mit steigendem Kohlenstoffgehalt abnimmt;
2. A_2 keine Hysteresis aufweist;
3. Ac_1 unabhängig vom Kohlenstoffgehalt bei 740^0 liegt;
4. Ar_1 von 0 bis 0,9$^0/_0$ Kohlenstoff ansteigt; um von letzterem Gehalt an konstant zu bleiben (721^0); daher
5. die Hysteresis des Perlitpunktes mit abnehmendem Ferritgehalt (von 33 auf 19^0) abnimmt, um mit dem Verschwinden des Ferrits aus dem Gefüge konstant zu bleiben und daß
6. selbst bei sehr geringen Geschwindigkeiten der Perlitpunkt eine beträchtliche Hysteresis aufweist.

Die Lage des Perlitpunktes bei der Abkühlung ist nicht nur von der Geschwindigkeit der letzteren, sondern bei gleicher Abkühlungsgeschwindigkeit auch von der Höhe der vorangegangenen Erhitzung abhängig. Dies erläutert folgende Tabelle nach Ruer und F. Goerens:[4])

Vorgeschichte	Ar_1
Nach der Erhitzung auf 950^0 C	695
„ 5 Min. langer Erhitzung auf 810^0 C	700
„ „ „ „ „ 790^0 „	703
„ „ „ „ „ 770^0 „	708
„ „ „ „ „ 750^0 „	708
„ „ „ „ „ 740^0 „	711
„ „ „ „ „ 733^0 „	715

Mit steigender Erhitzungstemperatur sinkt also unter sonst gleichen Umständen der Perlitpunkt.

Zur Bestimmung der Lage der Linie E S ist die thermische Methode nicht geeignet, wahrscheinlich weil die bei der Ausscheidung bzw. Lösung des Ze-

1) Vgl. z. B. Howe, Trans. Am. Min. 1913, 1099.
2) Fer. 1917, 161.
3) Fer. 1917, 219.
4) Fer. 1917, 161.

mentits auftretende Wärmetönung zu geringfügig ist, um auf der Abkühlungs- bzw. Erhitzungskurve bemerkbar zu werden. Zur Ermittelung dieser, im übrigen aber auch der Linie G O S, bedient man sich einer anderen, der sogenannten Abschreck- oder mikroskopischen Methode. Das Prinzip dieser Methode ist folgendes: Man erhitzt Proben der zu untersuchenden Legierungen auf eine Reihe von in der Nähe der mutmaßlichen Temperatur des Beginnes beispielsweise der Ferritbildung gelegenen Temperatur und schreckt sie, um das der Versuchstemperatur entsprechende Gefügebild bei gewöhnlicher Temperatur zu erhalten, möglichst energisch ab. Ist T_L die niedrigste Temperatur, bei der das Gefügebild ausschließlich aus fester Lösung (in irgendeiner der bekannten Erscheinungsformen, etwa Martensit) besteht und T_F die höchste Temperatur, bei der man Ferrit neben Martensit erkennen kann, so muß offenbar die Temperatur des Beginnes der Ferritabscheidung zwischen $T_L - T_F$ gelegen sein. Wählt man das Intervall $T_L - T_F$ klein genug, so muß sich die Temperatur des Beginnes der Ferritbildung mit einigen Graden Genauigkeit ermitteln lassen. In der Tat ist die Lage der Kurve G O S mehrmals und die der Kurve E S ausschließlich nach diesem Verfahren bestimmt worden. Fig. 32 veranschaulicht die Ergebnisse der Versuche von P. Goerens und Saldau.[1])

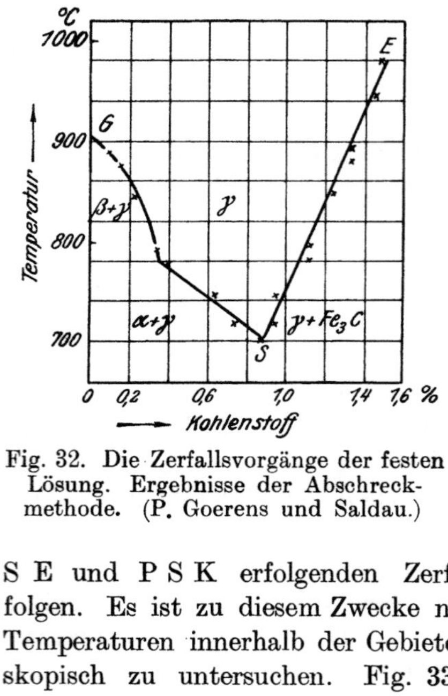

Fig. 32. Die Zerfallsvorgänge der festen Lösung. Ergebnisse der Abschreckmethode. (P. Goerens und Saldau.)

Aus dem über die Anwendung der Abschreckmethode auf die Bestimmung des Linienzuges G O S E Gesagten läßt sich folgern, daß es möglich sein muß, an Hand dieser Methode den auf den Linien G O S, S E und P S K erfolgenden Zerfallsvorgang der festen Lösung zu verfolgen. Es ist zu diesem Zwecke nur nötig, die Legierung bei verschiedenen Temperaturen innerhalb der Gebiete VIII, IX, X abzuschrecken und mikroskopisch zu untersuchen. Fig. 33 zeigt eine bei 750°, also entsprechend Fig. 31 etwa 10° unter Ar_3 abgeschreckte Legierung mit 0,53% Kohlenstoff. In der Grundmasse von fester Lösung in Martensitform erscheinen vereinzelte helle Ferritkörner. In der bei 730° abgeschreckten Legierung muß der Hebelbeziehung gemäß mehr Ferrit vorhanden sein. Dies trifft, wie Fig. 34 veranschaulicht, tatsächlich zu. Die Anordnung des Ferrits zeigt bereits Andeutungen des Netzwerkcharakters.

Durch Bestimmung der Flächenanteile von Ferrit und fester Lösung ist es prinzipiell möglich, den Verlauf der Kurve G O S zu bestimmen, indessen haben derartige Messungen kein befriedigendes Resultat ergeben. Dies kann darauf zurückzuführen sein, daß der Genauigkeitsgrad der planimetrischen Methode zu gering ist; vielleicht ist aber auch das geringe, seiner absoluten Größe nach jedoch unbekannte Lösungsvermögen des β- und α-Eisens für Eisenkarbid eine noch nicht genügend berücksichtigte Fehlerquelle.

[1]) St. E. 1918, 15.

Die Bestimmung des Wärmeinhaltes einer Reihe von Legierungen gestattete Levin und Meuthen[1]) die Ermittlung des Verlaufes der Linien G O S, M O und P S K. Die durch diese Linien angedeuteten Zerfalls- bzw. Umwandlungsvorgänge sind mit Wärmetönungen verknüpft, deren Auftreten ja die Grundlage der thermischen Methode bildet. Die Kurven der Abhängigkeit

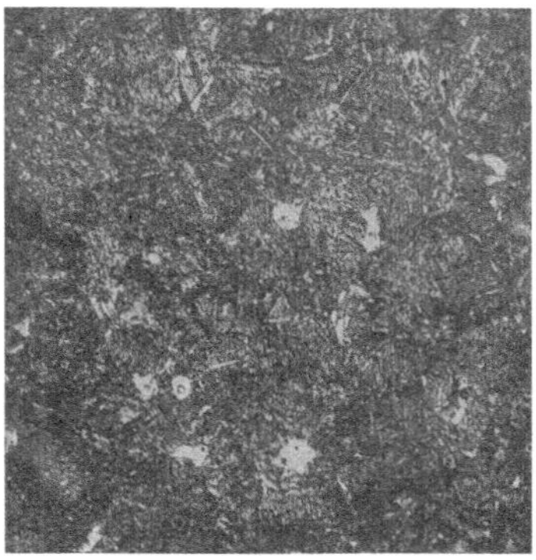

Fig. 33. Eisen-Kohlenstoff-Legierung mit 0,53 % C bei 750° abgeschreckt. Ferrit + Martensit. Ätzung II, x 150.

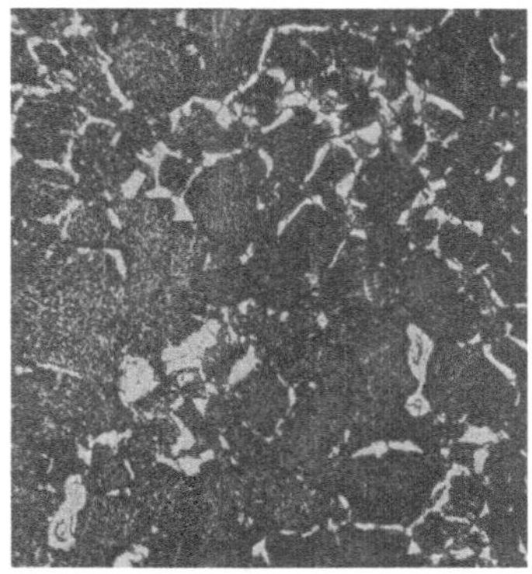

Fig. 34. Dieselbe Legierung wie Fig. 33, jedoch bei 730° abgeschreckt.

des Wärmeinhaltes von der Temperatur liefern also nicht allein quantitativ die Größe der fraglichen Wärmetönungen, sondern auch ihre Lage auf der Temperaturskala und damit den Verlauf der erwähnten Linien. Bezüglich des ersten Punktes ergibt sich:

1. für die Ausscheidung von 1 g α-Eisen aus der festen Lösung eine Wärmeentwicklung von 14,1 cal.
2. für die Bildung von 1 g Perlit aus der festen Lösung eine Wärmeentwicklung von 15,9 cal.

Der Verlauf der Linien G O S. M O und P S K ergab sich entsprechend Fig. 35.

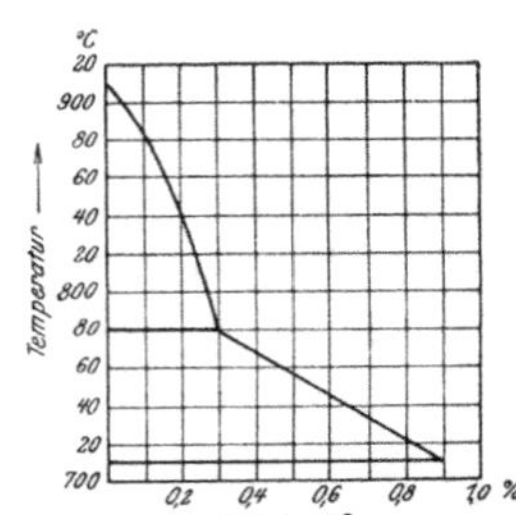

Fig. 35. Die Zerfallsvorgänge der festen Lösung. Ergebnisse der kalorimetrischen Methode. (Meuthen.)

Auch die Bestimmung der Längenänderung eignet sich, wie Driesen[2]) nachwies, zur Ermittlung der Linien G O S. M O und P S K, während die Zementitabscheidung E S auf diesem Wege nicht bestimmt werden konnte. Wie im Kapitel: Reines Eisen durch die Fig. 6 und 7 gezeigt wurde, ist die graphische Darstellung der Längenänderung zwischen zwei benachbarten Temperaturen: $\frac{l_2 - l_1}{t_2 - t_1}$ besser als die Längenänderung der Längeneinheit in Abhängigkeit von der Temperatur zur Kenntlichmachung der Vorgänge bei den kritischen Punkten geeignet. Aus Fig. 7 ging die Lage und der Charakter der Punkte A_2 und A_3 hervor. Ersterer ent-

[1]) Fer. 1912, 1.
[2]) Fer. 1914, 130; 1916, 27.

sprach einem Maximum, letzterer einem Minimum von großer Intensität. Ferner tritt ein zweites Minimum bei 745° auf, das zweifellos auf den nicht unerheblichen, Perlitbildung veranlassenden Kohlenstoffgehalt der von Driesen benutzten Probe zurückzuführen ist und demnach A_1 entspricht. Fig. 36 ist eine Auswahl einer Reihe von Originalkurven nach Driesen. Zum Vergleich ist die in Fig. 7 dargestellte Kurve wieder mit aufgenommen. Man erkennt aus diesen Kurven, daß die A_2-Umwandlung zwischen 0,33 und 0,4% Kohlenstoff (Maximum) verschwindet, die Intensität von A_3 (Minimum) ab- und die von A_1 (Minimum) mit steigendem Kohlenstoffgehalt zunimmt. Damit dürfte der Charakter der Maxima und der Minima sichergestellt sein. Über die Lage der dilatometrisch ermittelten Haltepunkte orientiert die Zusammenstellung der Maxima und Minima Fig. 37 nach Driesen.

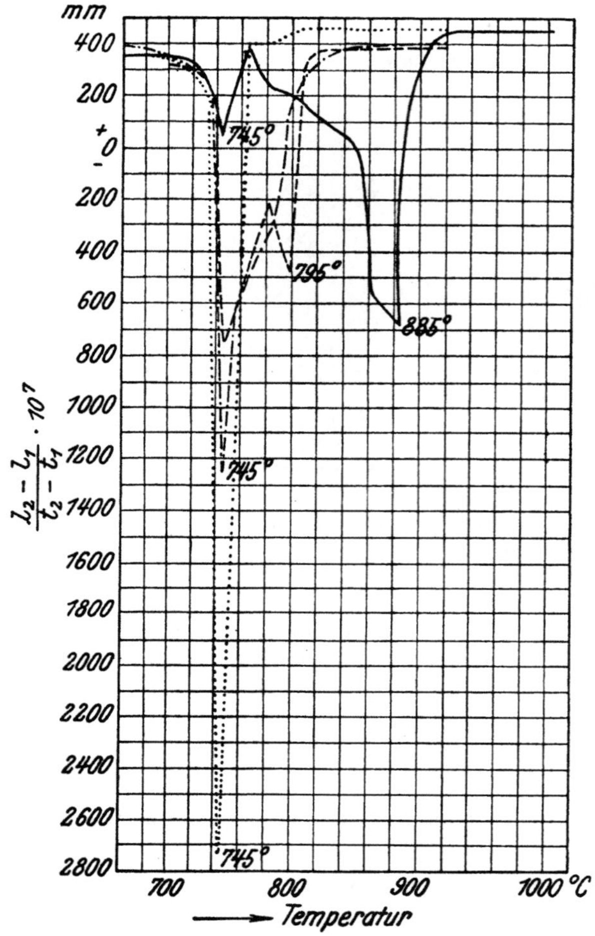

Fig. 36. Längenänderung bezogen auf die Längeneinheit in Abhängigkeit von der Temperatur. (Driesen.)
—— 0,05% C, - - - - 0,33% C, -·-·-· 0,40% C, ... 0,65% C.

Saldau[1]) wies nach, daß auch auf den Kurven der Abhängigkeit des elektrischen Widerstandes von der Temperatur Unregelmäßigkeiten auftreten, die mit den Haltepunkten der Eisen-Kohlenstofflegierungen zusammenfallen. Seine Ergebnisse sind in Fig. 38 dargestellt, aus der hervorgeht, daß diese Methode (im übrigen als einzige) auch die Ermittelung der Zementitabscheidungskurve E S gestattet. Die Kurven entsprechen den bei

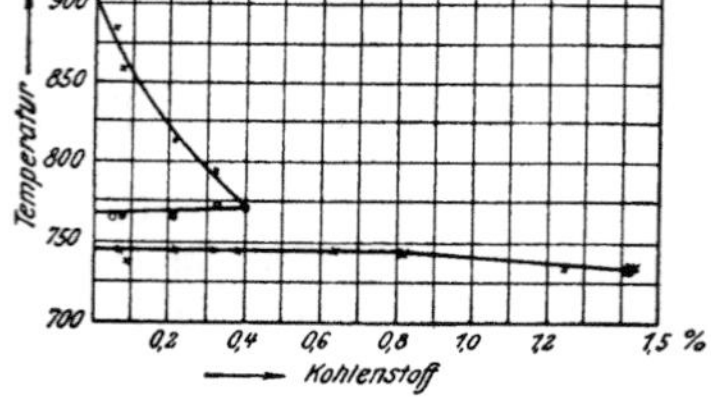

Fig. 37. Die Zerfallsvorgänge der festen Lösung. Ergebnisse der dilatometrischen Methode. (Driesen.)
x = Minima, o = Maxima.

[1]) Referat St. E. 1918, 39.

der Abkühlung gewonnenen Ergebnissen. Die Abkühlungsgeschwindigkeit betrug 2°/min.

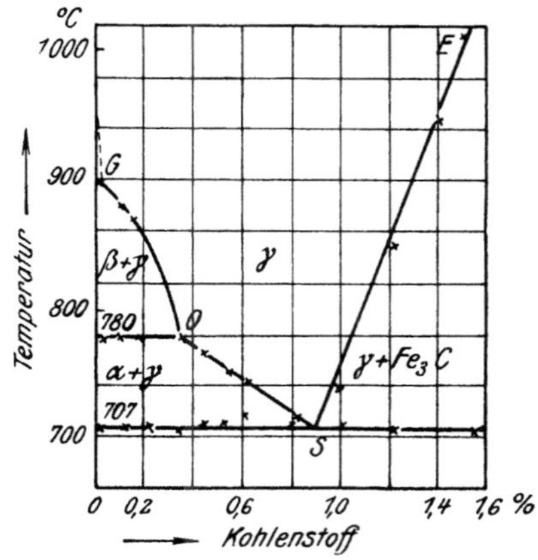

Fig. 38. Die Zerfallvorgänge der festen Lösung. Ergebnisse der resistometrischen Methode. (Saldau.)

Die Untersuchung der magnetischen Umwandlung von Eisen-Kohlenstofflegierungen lieferte nach Rümelin und Maire[1]) das in Fig. 39 dargestellte Diagramm. Bis 0,4% Kohlenstoff ergibt sich bei $Ar_2 = Ac_2$ eine scharf ausgeprägte reversible magnetische Umwandlung, wenn die Abkühlungs- und Erhitzungsgeschwindigkeit klein genug gewählt wird. Oberhalb A_2 sind die Legierungen, wie reines Eisen, noch schwach ferromagnetisch; wie beim reinen Eisen ändert sich auch bei den Legierungen mit 0 bis 0,4% Kohlenstoff dieser Teil des Magnetismus kontinuierlich und reversibel zwischen A_2 und der vom Kohlenstoffgehalt abhängigen Lage von A_3, wo der Ferromagnetismus gänzlich verschwindet. Wie erwähnt ist die Temperaturhysteresis des magnetischen Umwandlungspunktes A_2 bei geeigneter Wahl der Versuchsgeschwindigkeit praktisch gleich Null, sie wächst aber zwischen 0 und 0,4% Kohlenstoff mit dem Kohlenstoffgehalt, ohne jedoch beträchtliche Werte zu erreichen, gleichzeitig sinkt die Linie MO ein wenig (um 5°). Der Einfluß der Versuchsgeschwindigkeit auf die Temperaturhysteresis erhellt aus Fig. 40 nach den Ermittelungen von Rümelin und Maire an einer Legierung mit 0,11% Kohlenstoff.

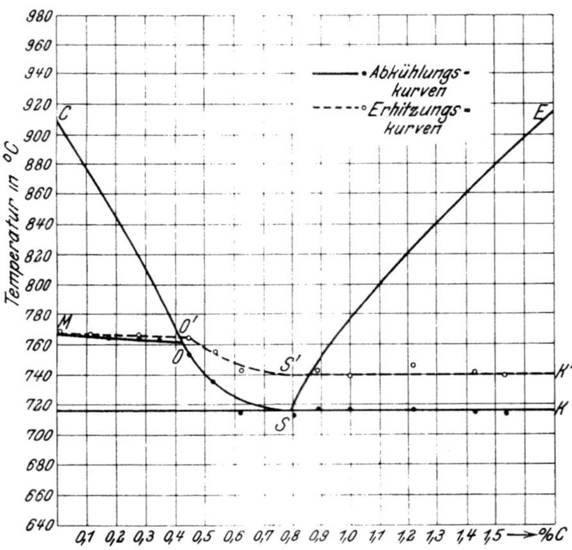

Fig. 39. Die Zerfallvorgänge der festen Lösung. Ergebnisse der magnetischen Methode (Rümelin und Maire).

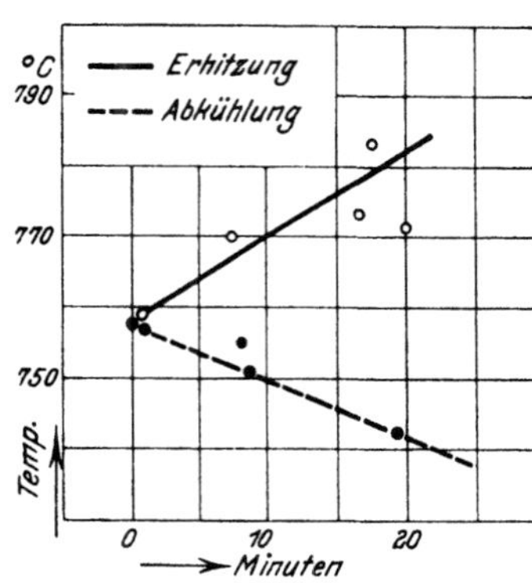

Fig. 40. Einfluß der Erhitzungs- und Abkühlungsgeschwindigkeit auf die Lage von A_2.

[1]) Fer. 1915, 153.

Zwischen 0,4 und 0,8% Kohlenstoff wächst die Temperaturhysteresis beträchtlich und die Temperatur der Umwandlung sinkt bis Ac_1 bzw. Ar_1. Gleichzeitig erfolgt bei diesen Legierungen die Umwandlung in einem Temperaturintervall in Übereinstimmung mit der Tatsache, daß die Lösung bzw. Abscheidung des α-Eisen in gleicher Weise stattfindet. Die eutektoidischen und übereutektoidischen Legierungen weisen lediglich bei Ac_1 bzw. Ar_1 eine magnetische Umwandlung auf, die aber scharf ausgeprägt ist, d. h. bei konstanter Temperatur erfolgt. Die Hysteresis dieser Umwandlung ist unabhängig vom Kohlenstoffgehalt und beträgt etwa 22°.

Zwei Punkte sind bemerkenswert und zwar:

1. daß in Legierungen mit 0—0,8% Kohlenstoff der Perlitpunkt durch keine Unregelmäßigkeit des Magnetismus (scharfes Umbiegen der Kurve), wie die Zustandsänderung (Perlitbildung) dies verlangen würde, zum Ausdruck gelangt,
2. daß in übereutektoidischen Legierungen die Zementitbildung im Verhalten des Magnetismus keinen Ausdruck findet.

Bezüglich Punkt 1 schließen Rümelin und Maire, daß der ganze Ferromagnetismus an das bei Ar_2 oder $Ar_{3,2}$ ausgeschiedene α-Eisen gebunden ist. Bezüglich Punkt 2 verweisen die gleichen Verfasser auf die bereits von Wologdine[1]) aufgedeckte Tatsache, daß der Zementit bei 180° einen magnetischen Umwandlungspunkt besitzt, also beim Erhitzen schon bei dieser Temperatur seinen Magnetismus verliert. Diese Umwandlung des Zementits fand auch Driesen[2]) bei der Untersuchung der Längenänderung mit der Temperatur und zwar ebenfalls bei im Mittel 180°. Ihre Intensität nahm deutlich mit steigendem Kohlenstoffgehalt zu und die Umwandlung äußerte sich durch ein Minimum auf der Kurve des wahren Ausdehnungskoeffizienten. Levin und Schottky[3]) machten im übrigen ähnliche Beobachtungen auf Grund kalorimetrischer Messungen, so daß diese Umwandlung sicher zu stehen scheint. Vielleicht steht sie im Zusammenhange mit den im Kapitel: Reines Eisen erwähnten Beobachtungen über Unregelmäßigkeiten bei niedriger Temperatur[4]) (unter A_2 bzw. A_1), die für reines Eisen bisher noch nicht sicher nachgewiesen sind.

Betrachtet man zusammenfassend die Ergebnisse der einzelnen Methoden zur Ermittelung des Verlaufes der Linien G O S, O M, E S und P S K, so ergibt sich, daß

1. G O S mit Hilfe der thermischen, kalorimetrischen, mikroskopischen, dilatometrischen, teilweise der magnetischen und der resistometrischen Methode zum Ausdruck gelangt;
2. das gleiche für P S K der Fall ist; nur ergibt die magnetische Untersuchung diese Linie erst bei Kohlenstoffgehalten von mehr als 0,8%;
3. daß ferner M O lediglich auf mikroskopischem Wege nicht ermittelt werden kann;

---

1) C. R. 1909, **148**, 776.
2) Fer. 1914, 130.
3) Fer. 1912, 113.
4) Vgl. auch Abschnitt IV dieses Buches.

4. E S sich lediglich auf Grund der mikroskopischen und der resistometrischen Methode ergibt;
5. die quantitative Übereinstimmung der Ergebnisse der einzelnen Methoden mit Rücksicht auf ihre große Verschiedenheit eine zufriedenstellende ist.

Die vorstehenden Ausführungen gelten nur unter der Voraussetzung, daß der Kohlenstoff in seiner Gesamtheit als Eisenkarbid Fe_3C zugegen ist. Diese Voraussetzung braucht jedoch notwendigerweise nicht zuzutreffen. Das Eisenkarbid ist keine stabile Verbindung. Bei Wärmezufuhr zersetzt sie sich unter Bildung von Eisen und elementarem Kohlenstoff. Saniter[1]) erhitzte reines Eisenkarbid Fe_3C und fand:

nach der Erhitzung auf	800°	0,4 %	elementare Kohle
„ „ „ „	1000°	2,45 %	„ „
„ „ „ „	1400°	3,05 %	„ „

Die elementare Form des Kohlenstoffs ist längst unter den Bezeichnungen Graphit und Temperkohle bekannt. Erstere Form bildet einen wichtigen Bestandteil des grauen Roheisens und des Gußeisens, letztere des Temper- oder schmiedbaren Gusses. Auch die elementare Form des Kohlenstoffs ist im flüssigen Eisen löslich und vermag sich bis zu einem gewissen Prozentgehalte auch im festen Eisen zu lösen. Einen exakten Ausdruck findet das Verhalten von Eisen zu elementarem Kohlenstoff in dem Zustandsdiagramm, dessen beide Komponenten Eisen und elementarer Kohlenstoff sind. Man unterscheidet also zwischen dem System Eisen-Eisenkarbid und Eisen-elementarer Kohlenstoff. Ersteres wird metastabiles System oder System von geringerer Stabilität, letzteres stabiles System genannt. Fig. 16 enthält die Gleichgewichtslinien beider Systeme, und zwar gehören die punktierten Linien dem stabilen System an. Beiden Diagrammen gemeinsam sind die Kurven A B C′, A H, H J B, N H und N J, neu hinzugetreten C″ D′, E′ C″ F′ und E′ S′. Die Bedeutung dieser Linien ist analog derjenigen von C D, E C F und E S im metastabilen System. Hiernach wäre:

C′ D′ = primäre Abscheidung von elementarem Kohlenstoff. Diese Kohlenstoffform trägt die Bezeichnung primärer oder Garschaumgraphit.

E′ C″ F′ = Erstarrung des Eutektikums γ-Mischkristalle — Graphit. Der eutektische Graphit tritt in weit feinerer Form auf als der Garschaumgraphit.

E′ S′ = Ausscheidung von Kohlenstoff in elementarer Form aus den γ-Mischkristallen. Diese Form des elementaren Kohlenstoffs wird Temperkohle genannt. Die Fortsetzung des Diagramms nach unten ist nicht bekannt.

Die Konzentrationen besonders ausgezeichneter Punkte sind folgende:

E′ = 1,3 % Löslichkeit des elementaren Kohlenstoffs im γ-Eisen.

C″ = 4,15 % Kohlenstoffgehalt des Graphiteutektikums. Erstarrungstemperatur 1152°.

Bezüglich des Verlaufs der im übrigen in diesem Zusammenhange unwichtigen Kurve C″ D′ bestehen Meinungsverschiedenheiten, weshalb diese Kurve wie C D nur angedeutet ist. Es sei hier auf die Arbeiten von Hanemann,[2]) Ruff und Goecke,[3]) Ruff,[4]) Ruff und Bormann[5]) und

1) Ir. st. Inst. 1897, II, 115.
2) St. E. 1911, 333; An. Chem. 1913, **84**, 1.
3) Met. 1911, 417.
4) Met. 1911, 497; An. Chem. 1914, **89**, 39.
5) An. Chem. 1914, **88**, 397.

Wittorf[1]) verwiesen. Hier sei nur hervorgehoben, daß die Ausscheidungsgeschwindigkeit des Kohlenstoffs als Temperkohle aus der festen Lösung im Vergleich zu der des Zementits außerordentlich gering ist. Bei der Abkühlung einer Eisenkohlen stofflegierung wird daher die Linie E′ S′ meist überschritten werden, ohne daß Temperkohlebildung einsetzt; mit Erreichung der Linie E S erfolgt dann Zementitbildung. Hierdurch erklärt es sich, daß in den seltensten Fällen rein stabile Eisenkohlenstofflegierungen, vielmehr fast stets, wie z. B. auch im grauen Roheisen, Gemische des stabilen mit dem metastabilen System entstehen, normale schmiedbare Eisensorten aber stets praktisch metastabile Gebilde darstellen.[2]) Erhitzt man aber metastabile Eisensorten längere Zeit auf hohe Temperaturen, so erfolgt die bereits erwähnte Zersetzung des Eisenkarbides unter Bildung von Temperkohle mehr oder minder vollständig. Hiervon macht man bei der Herstellung des Temper- oder schmiedbaren Gusses aus weißem, d. h. den Kohlenstoff in seiner Gesamtheit als Eisenkarbid enthaltenden Roheisen Gebrauch.

4. Eisen und Phosphor.

Das Zustandsdiagramm der binären Legierungen von Eisen und Phosphor ist in Fig. 41 dargestellt. Bis zu einem Prozentgehalte von 1,7 % löst sich Phosphor im festen Eisen. Die Erstarrung setzt bei Phosphorgehalten von

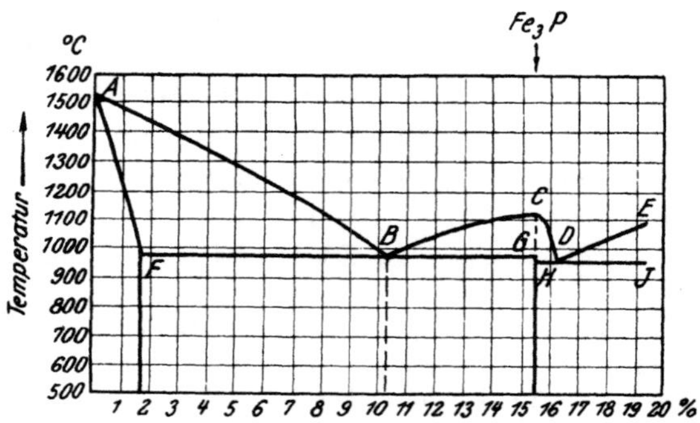

Fig. 41. Zustandsdiagramm der Eisen-Phosphor-Legierungen. (Gercke, Saklatwalla.)

0 bis 1,7 % auf der Kurve A B ein. Das Ende der Erstarrung wird durch A F dargestellt. In Legierungen mit 1,7 bis 10,2 % Phosphor beginnt auf der Kurve A B die Ausscheidung gesättigter Mischkristalle mit 1,7 %. Der Kurvenast B C bedeutet für die Legierungen mit 10,2 % bis 15,58 % den Beginn der Ausscheidung des Eisenphosphides Fe_3P. Das Ende der Erstarrung von Legierungen mit 1,7 bis 15,58 % Phosphor wird durch die bei 980° verlaufende eutektische Horizontale F B G angedeutet. Das Eutektikum besteht aus gesättigten Mischkristallen mit 1,7 % Phosphor und Eisenphosphid Fe_3P und enthält 10,2 %

[1]) An. Chem. 1912, **79,** 1; vgl. auch Smits, Elektrochem. 1912, 51, 362, sowie Wüst. Met. 1906 und Elektrochem. 1909, 365; Charpy, C. R. 1905, 141, 948; P. Goerens, Met. 1906, 175 und 1907, 137, 173; Heyn und Bauer, St. E. 1907, 1565.

[2]) Ausnahmen s. Silizium und Aluminium in diesem Teil.

Phosphor. Die Temperatur beginnender Erstarrung wird durch 1% Phosphor durchschnittlich um 53,7° erniedrigt (1% Kohlenstoff erniedrigt die gleiche Temperatur durchschnittlich um 91°). Wie bei den Eisenkohlenstofflegierungen kommt auch bei den Eisenphosphorlegierungen prinzipiell für das schmiedbare Eisen lediglich der Teil des Diagrammes von 0 bis 1,7% Phosphor und auch dieser nicht einmal in seiner vollen Ausdehnung in Betracht, weil schmiedbare Eisensorten mit mehr als 0,2—0,3% Phosphor nicht vorkommen dürften.[1]) Von größtem Interesse ist dagegen die Frage, ob die feste Lösung ähnlich wie im System Eisenkohlenstoff infolge der Modifikationsänderungen des Eisens Zerfallsvorgängen ausgesetzt ist. Für einen solchen Zerfallsvorgang glaubt Gercke[1]) sowohl im Gefüge wie bei der thermischen Untersuchung Anhaltspunkte gefunden zu haben. Gercke fand bei rd. 640° einen Haltepunkt auf den Abkühlungskurven einiger seiner Legierungen, insbesondere bei Phosphorgehalten über 4%; bei diesen Gehalten wiesen die Mischkristalle, statt homogen zu sein, perlitartige Struktur auf. Solange der Phosphorgehalt eine gewisse Grenze, etwa 0,7—0,8% nicht überschreitet, besitzen langsam abgekühlte Eisenphosphorlegierungen durchaus das charakteristische Aussehen fester Lösungen ohne Spuren von Zerfallsvorgängen aufzuweisen. Eigene Versuche, durch besonders langsame Abkühlung (0,6°/min) den Zerfall der festen Lösung zu befördern, schlugen fehl. Aus bisher nicht aufgeklärten Gründen fanden sich mitunter sowohl in reinen, wie in kohlenstoffhaltigen Eisenphosphor-Legierungen, ferner aber auch in gewöhnlichem Schweißeisen Gefügeerscheinungen von der in Fig. 42 dargestellten Art, über deren Natur vorläufig nichts ausgesagt werden kann. Die Korngröße des Eisens wird durch Phosphor ganz enorm vergrößert. Phosphorhaltige Mischkristalle besitzen meist eine gewisse Heterogenität, die bereits beim Ätzen mit den gewöhnlichen Ätzmitteln erscheint und durch Spezialätzmittel auf Phosphorverteilung[2]) noch wesentlich verstärkt werden kann, dann aber bereits bei sehr schwachen Vergrößerungen bzw. mit bloßem Auge zu erkennen ist. Fig. 43 erläutert dies an einer Legierung mit 0,8% Phosphor. Die bei der gewählten Beleuchtung hellen Teile der Figur sind phosphorärmer als die dunklen. Unvollständiger Ausgleich der Konzentrationen während des Erstarrungsvorganges durch Diffusion ist die Ursache dieser wichtigen Erscheinung der sogenannten Schichtkristallbildung, auf die im Kapitel Kristallisation noch näher eingegangen werden wird.

Der auf die Erstarrungsvorgänge bezügliche Teil des Raumdiagramms der ternären Eisen-Phosphor-Kohlenstofflegierungen ist nach den Untersuchungen von Wüst[3]) sowie von P. Goerens und Dobbelstein[4]) in Fig. 44 in der Projektion veranschaulicht.

Die nachfolgende Zusammenstellung gibt über den Aufbau der in den

[1]) Aus diesem Grunde ist es für die Zwecke der vorliegenden Abhandlung gleichgültig, ob die von N. Konstantinow, St. E. 1910, 1120 auf neuen Versuchen fußende Modifikation des Diagrammes jenseits 1,7% den tatsächlichen Verhältnissen entspricht. Das Diagramm ist daher in der älteren einfachen Form (nach Gercke) Met. 1908, 604 bzw. Saklatwalla, Ir. st. Inst. 1908, II, 92) wiedergegeben.

[2]) Vgl. z. B. Oberhoffer, St. E. 1916, 798.

[3]) Met. 1908, 73.

[4]) Met. 1908, 561 sowie P. Goerens, Met. 1909, 537.

verschiedenen Gebieten gelegenen Eisen-Phosphor-Kohlenstofflegierungen kurz nach ihrer Erstarrung Aufschluß.[1])

	Primär I (Eine Kristallart)	Sekundär II (Zwei Kristallarten)	Tertiär III (Drei Kristallarten)
Gebiet I . . .	ternärer Mischkristall	—	—
„ II . .	„ „	ternärer Mischkristall + Eisenkarbid	—
„ III . .	Eisenkarbid	„ „	—
„ IV . .	ternärer Mischkristall	ternärer Mischkristall + Eisenphosphid	—
„ V . . .	Eisenphosphid	„ „	—
„ VI . .	ternärer Mischkristall	ternärer Mischkristall + Eisenkarbid	ternärer Mischkristall + Eisenkarbid + Eisenphosphid
„ VII . .	Eisenkarbid	„ „	„ „
Kurve E C .	—	„ „	„ „
Gebiet VIII .	ternärer Mischkristall	ternärer Mischkristall + Eisenphosphid	„ „
„ IX . .	Eisenphosphid	„ „	„ „
Kurve B E	—	„ „	„ „
„ H E .	ternärer Mischkristall	—	„ „
Punkt E; 953° 6,89 % P 1,96 % C	—	—	„ „

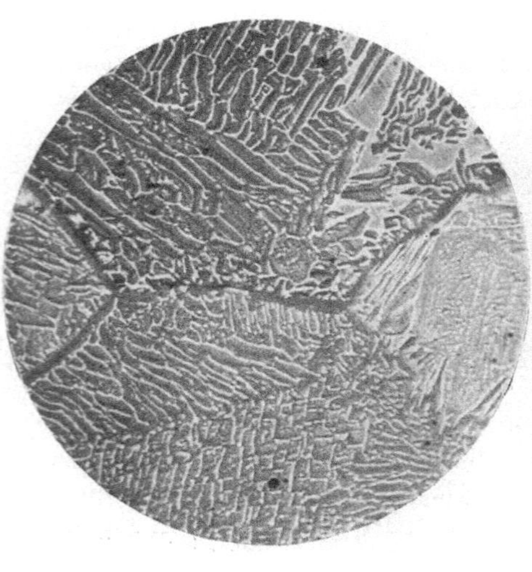

Fig. 42. Besondere Gefügeerscheinung in einer Eisen-Phosphor-Legierung, Ätzung I[2]), x 100.

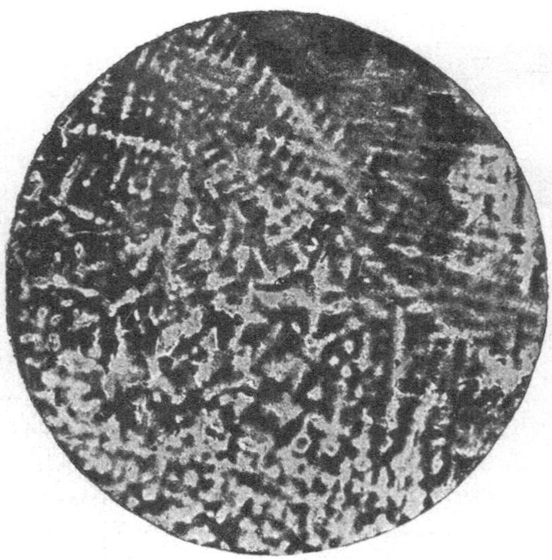

Fig. 43. Schichtkristalle in einer Eisen-Phosphor-Legierung mit 0,8 % P, Ätzung I, x 4.

Für die Konstitution des schmiedbaren Eisens kommen im wesentlichen nur die Legierungen des Gebietes I in Betracht. Sie müßten kurz nach ihrer

[1]) Allgemeines über ternäre Diagramme vgl. Tammann, Metallographie, sowie insbesondere Sahmen und Vegesack, Phys. Chem. 1907, **59**, 257 und Sahmen, Phys. Chem. 1912, **79**, 421.

[2]) Ätzung I bedeutet: Primäre Ätzung, z. B. mit dem vom Verfasser umgeänderten Rosenhain'schen Ätzmittel.

Erstarrung aus homogenen ternären Mischkristallen von Eisen, Eisenkarbid und Eisenphosphid bestehen. Zahlreiche Beobachtungen ergeben aber, daß wahrscheinlich infolge mangelnden Ausgleiches der Konzentrationen während des Erstarrungsvorganges kein homogener Mischkristall zustande kommt, vielmehr die Kristalle an ihren Begrenzungsflächen weit höhere Gehalte an Phosphor aufweisen, als in der Mitte. Es ist dies eine ähnliche Erscheinung, wie die bei den reinen Eisen - Phosphorlegierungen beobachtete.

Wie die binären Mischkristalle von γ-Eisen und Eisenkarbid zerfallen auch die ternären Mischkristalle des Gebietes I. In der exakten Form des Zustandsdiagrammes haben aber diese Vorgänge mangels experimenteller Unterlagen noch keinen Ausdruck gefunden. Es ist aus diesem Grunde noch nicht möglich, diese Zerfallsvorgänge im Diagramm Fig. 44 anzugeben. Immerhin liegen zahlreiche Einzelbeobachtungen über langsam abgekühlte, phosphorhaltige Eisenkohlenstofflegierungen vor. Wüst[1]) sowie P. Goerens und Dobbelstein[2]) fanden selbst bis zu den höchsten Phosphorgehalten den Perlitpunkt Ar_1 unverändert bei im Mittel 712°. Die geschilderte ungleichmäßige Verteilung des Phosphors bei der Erstarrung bleibt auch in der langsam erkalteten Legierung erhalten, so daß durch sie mit Hilfe der Spezialätzmittel auf Phosphorverteilung ein getreues Abbild der Erstarrungsvorgänge selbst erhalten werden kann Fig. 45 ist eine langsam abgekühlte, auf Phosphor geätzte Eisenphosphorkohlenstofflegierung mit 0,8 % Kohlenstoff und 0,10 % Phosphor. Die Zwischenräume der Kristalliten sind an Phosphor angereichert. Das gleiche Material in normaler Ätzung (auf Kohlenstoff) zeigt gleichmäßige Verteilung des Kohlenstoffs. Bei Gegenwart von freiem Ferrit findet sich dieser fast immer in den phosphorreichen Teilen der Legierung.

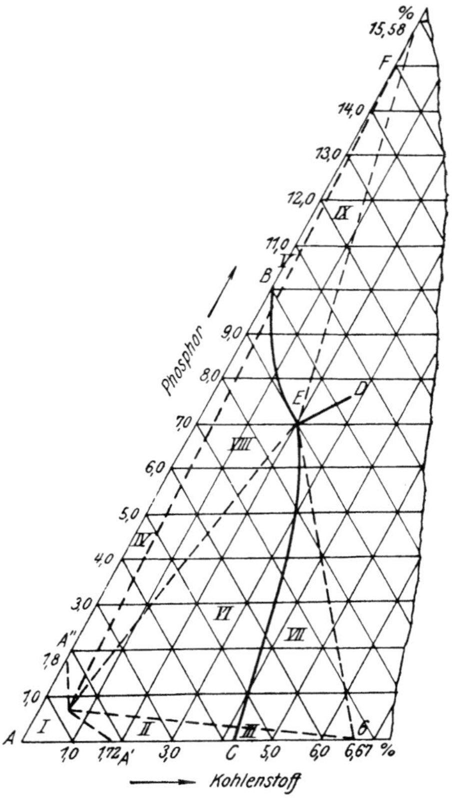

Fig. 44. Projektion des ternären Zustandsdiagramms Eisen-Kohlenstoff-Phosphor. (Wüst, P. Goerens und Dobbelstein.)

Über die praktische Bedeutung dieser Gefügeeinzelheiten wird später noch ausführlicher die Rede sein. Für die vorliegenden Zwecke genügt die

1) Met. 1908, 73.
2) Met. 1908, 561.

Feststellung, daß abgesehen von der hauptsächlich durch die Phosphorätzung vermittelten ungleichmäßigen Verteilung des Phosphors, dieser innerhalb der

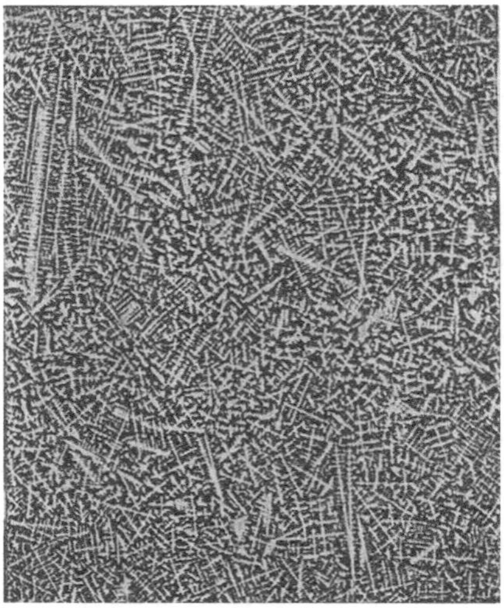

Fig. 45. Dendritische Schichtkristalle in einem Stahl mit 0,8 % C und 0,13 % P, Ätzung I, x 2.

im technischen schmiedbaren Eisen vorkommenden Gehalte keine prinzipielle Änderung des Gefüges der Eisen-Kohlenstofflegierungen, im besonderen kein Auftreten neuer Gefügebestandteile veranlaßt.

5. Eisen und Schwefel.

Das Zustandsdiagramm der Eisen-Schwefel-Legierungen ist in Fig. 46 nach den Untersuchungen von Becker[1]) dargestellt. Die beiden Endglieder des Systemes sind Eisen und Eisensulfid FeS mit 36,36% Schwefel. Beide lösen sich im flüssigen Zustand, im festen Zustand jedoch nicht. Das Diagramm besteht daher aus zwei Ästen primärer Abscheidung, die von den Schmelzpunkten 1528 bzw. 1193° der beiden Komponenten Eisen bzw. Schwefel-Eisen ausgehen und sich auf der bei 985° verlaufenden eutektischen Horizontalen schneiden. Der Schwefeleisengehalt des Eutektikums beträgt 85% = 30,8% Schwefel. 1% Schwefel erniedrigt also die Temperatur beginnender Erstarrung im Mittel um 17,6°. Die Lage der Umwandlungspunkte des Eisens bleibt unbeeinflußt. Wie γ-Eisen löst daher weder β- noch α-Eisen Schwefel. Die bei 898° verlaufende Horizontale bedeutet demnach die Umwandlung von γ- in β-Eisen, die bei 768° verlaufende die Umwandlung von β- in α-Eisen. Natürlich muß die Intensität dieser Haltepunkte mit steigendem Schwefelgehalt abnehmen, was Becker bestätigt fand. Das Schwefeleisen weist zwei Modifikationen auf. Die bei 298° bzw. 138° verlaufenden Horizontalen deuten die entsprechenden Umwandlungen an. Hier sei lediglich hervorgehoben, daß die obere der beiden Umwandlungen mit einer ziemlich beträchtlichen

[1]) St. E. 1912, 1017.

Zusammenziehung bei der Abkühlung verknüpft ist, während der unteren bei der Abkühlung eine nicht unbeträchtliche Ausdehnung entspricht.

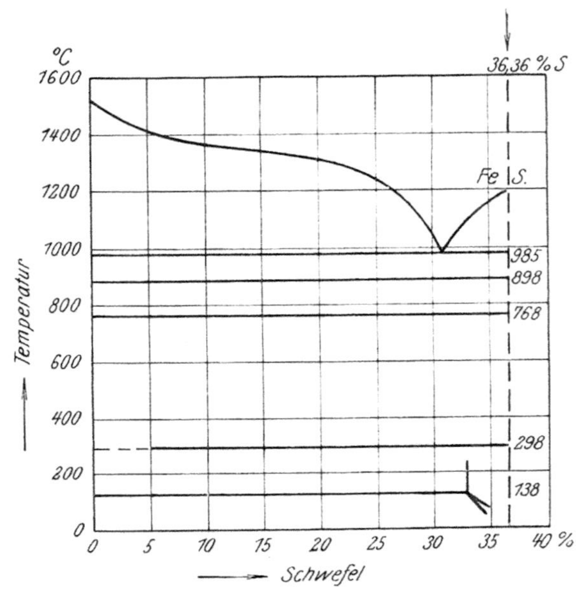

Fig. 46. Zustandsdiagramm der Eisen-Schwefel-Legierungen. (Becker.

Im Gefügebild der Eisen-Schwefellegierungen muß gemäß den Angaben des Zustandsdiagrammes das Eutektikum mit 30,8% Schwefel in um so größeren Mengen erscheinen, je mehr sich der Schwefelgehalt dem eutektischen

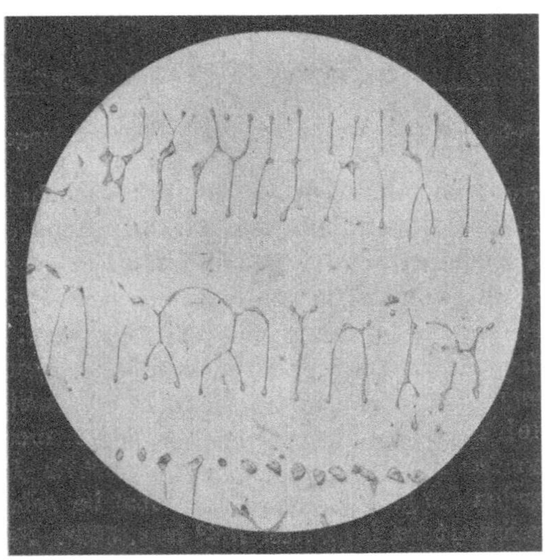

Fig. 47. Eisen-Schwefel-Legierung mit 2% Schwefel, ungeätzt. x 50.

nähert. Der eutektische Gefügebestandteil besitzt, wie die Betrachtung des Gefügebildes einer Legierung mit 2,0% Schwefel in Fig. 47 lehrt, ein einheitliches Aussehen und unter dem Mikroskop die charakteristische gelblich-braune Färbung des Schwefeleisens. Von dem zweiten Bestandteil des Eutektikums, dem Eisen, ist nichts zu erkennen. Man muß aber berücksichtigen, daß das Eutektikum nur 15% reines Eisen enthält. Ferner kommen für die Beurteilung des Gefügebildes nicht Gewichts- sondern Volumprozente in Frage. Unter Zugrundelegung eines spezifischen Gewichts von 4,72 (Becker) für reines Schwefeleisen beträgt der Volumenanteil des Eisens am Eutektikum nur rund 9%. Die wenigen Eisenkörner, die demnach im Gefügebild des Eutektikums erscheinen müßten, werden kaum zu erkennen sein, außerdem, wie Becker annimmt, beim Schleifen bzw. Polieren leicht aus der Schlifffläche herausgerissen werden. Es ist ferner möglich, daß der ferritische Bestandteil des Eutektikums sich an die bereits ausgeschiedenen primären Eisenkristalle

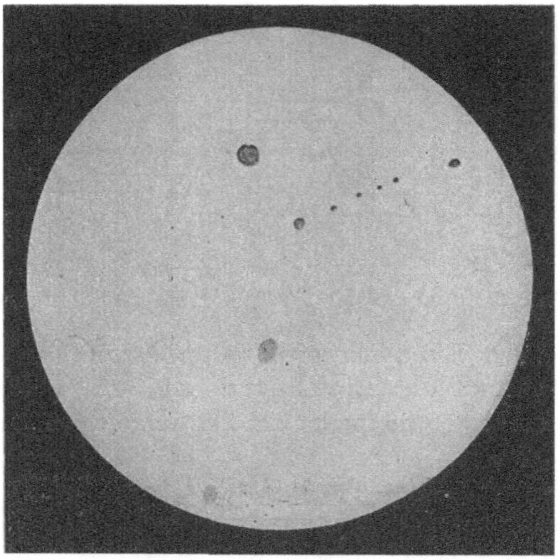

Fig. 48. Eisen-Schwefel-Legierung mit 0,2% Schwefel, ungeätzt, x 500.

anzuschließen bestrebt ist. Je niedriger der Schwefelgehalt, um so dünner erscheint das Netzwerk, dessen Maschen mit den primären Eisenkristallen angefüllt sind. Bei niedrigen Schwefelgehalten fehlt es ganz und statt seiner erscheinen rundliche Ansammlungen von Schwefeleisen. Fig. 48 zeigt dies an einer reinen Eisen-Schwefel-Legierung mit 0,2% Schwefel.

Über die ternären Eisen-Kohlenstoff-Schwefellegierungen liegen zwar vereinzelte Beobachtungen vor, doch genügen sie nicht zur Aufstellung des Raumdiagrammes. Liesching[1]) bzw. Levy[2]) stellten eine Erniedrigung der Temperatur der beginnenden Erstarrung um 50° bzw. 75° für 1% Schwefel fest. Den Perlitpunkt fanden die gleichen Verfasser selbst bei sehr hohen Schwefelgehalten noch unverändert bei im Mittel 706° bzw. 695°. Es ist anzunehmen, daß innerhalb der im schmiedbaren Eisen beobachteten Grenzen des Schwefelgehaltes (bis höchstens 0,2%) der Erstarrungsvorgang mit der Abscheidung

[1]) Met. 1910, 565.
[2]) Ir. st. Inst. 1908, II, 45.

des gegenüber reinen Schwefel-Eisenlegierungen wenig veränderten Schwefel-Eiseneutektikums abschließt. Die Wahrscheinlichkeit dieser Annahme bestärkt eine Beobachtung von Levy, der in Eisen-Kohlenstoffschwefellegierungen von etwa 1% Schwefel an bei 980° einen Haltepunkt fand, der der Erstarrung des Schwefeleiseneutektikums entsprechen dürfte. Im Gefüge findet sich dieses Eutektikum zwischen den Begrenzungen der Mischkristalle und verändert infolge seiner Unlöslichkeit im Eisen seine Lage nicht mehr. Bei langsamer Abkühlung zerfällt die feste Lösung wie in reinen Eisen-Kohlenstofflegierungen je nach dem Kohlenstoffgehalte in Gemische von Ferrit + Perlit, Perlit oder Perlit + Zementit, ohne daß die Zerfallstemperaturen eine wesentliche Änderung erleiden. Die Lage der Schwefeleisenzellen läßt also in langsam abgekühlten Legierungen einen Schluß auf die Größe und Anordnung der Kristalle primärer Erstarrung zu.

Die schwefelreichen Gefügebestandteile sind an ihrer bereits auf dem ungeätzten Schliff hervortretenden Farbe zu erkennen. Ein Mittel zur Bestimmung der Verteilung des Schwefels bieten die sogenannten Schwefelproben.[1])

Bei Hinzutritt von Mangan zum System Eisen-Schwefeleisen scheinen die Verhältnisse wesentlich geändert zu werden. Mangan besitzt eine größere Affinität zum Schwefel als Eisen. Dies ist ein Grund für die Verwendung des Mangans als Entschweflungsmittel. Auch hier liegen zahlreiche wichtige Einzelbeobachtungen vor. Osmond[2]) sowie Carnot und Goutal[3]) isolierten auf analytischem Wege die Verbindung MnS in schwefel- und manganhaltigem Eisen. Von Arnold und Waterhouse[4]) sowie von Le Chatelier und Ziegler[5]) sind diese Beobachtungen bestätigt und erweitert worden. Es gelang Arnold und Waterhouse festzustellen, daß das Schwefelmangan sich unter dem Mikroskop auf der ungeätzten Schliffläche durch seine taubengraue Färbung kennzeichnet und daher leicht von dem gelblich-braunen Schwefeleisen zu unterscheiden ist.

Röhl[6]) fand, daß 1%ige Lösungen organischer Säuren in Äthylalkohol bei 5 Min. Ätzdauer das Schwefeleisen stärker dunkeln, als das Schwefelmangan. Auch die Ätzanlaßmethode erwies sich als brauchbar zur Unterscheidung der beiden Sulfide. Beim Anlassen auf dunkelgelb färbt sich das Eisensulfid blau, das Mangansulfid dagegen fahlweißlich. Über den Schmelzpunkt des Schwefelmangans gehen die Ansichten weit auseinander, wahrscheinlich, weil die untersuchten Produkte recht verschiedenartiger Natur waren. Röhl bestimmte den Schmelzpunkt von sehr reinem Schwefelmangan zu 1620°. Das Schwefelmangan ist nach dem gleichen Verfasser mit Schwefeleisen in allen Verhältnissen misch-

[1]) Vgl. Heyn, St. E. 1906, 8; Baumann, Met. **1906**, **416**, 579; Oberhoffer, St. E. **1910**. 239; Oberhoffer und Knipping, St. E. demnächst; s. auch P. Goerens, Metallographie, 2. Aufl., 285.

[2]) Ann. Min. 1888, Juli.

[3]) Metallogr. 1901. 286.

[4]) Ir. st. Inst. 1903. I, 136.

[5]) Bull. d'Enc. 1902. **101**, 368.

[6]) Beiträge zur Kenntnis der sulfidischen Einschlüsse in Eisen und Stahl, Diss. Freiberg 1913.

bar, wie das Zustandsdiagramm Fig. 49 nach Röhl[1]) zeigt. Festes Schwefeleisen löst kein Schwefelmangan, dagegen löst festes Schwefelmangan bis zu 40⁰/₀ Schwefeleisen. Dieser gesättigte Mischkristall bildet mit Schwefeleisen ein bei 1181⁰ erstarrendes Eutektikum mit 7⁰/₀ Schwefelmangan. Es ist nicht wahrscheinlich, daß die Entschwefelung des Eisens mit Mangan nach der Gleichung $FeS + Mn = Mn\,S + Fe$ verläuft. Aus dem Verhalten von Schwefeleisen zu Schwefelmangan ergibt sich, wie das Zustandsdiagramm zeigt, eine gewisse Löslichkeit von Schwefeleisen in Schwefelmangan. Das Produkt der Entschwefelung wird danach vom Mangangehalt abhängig sein und sich dem MnS um so mehr nähern, je höher jener ist.

Hiermit in gewisser Übereinstimmung befindet sich die von Arnold[2]) auf Grund umfangreicher Untersuchungen vertretene Ansicht, daß der Schwefel bei Mangangehalten von 0,05—0,09 und Schwefelgehalten von 0,55—0 67⁰/₀ in Form eines Eisensulfidnetzwerkes, dagegen bei Schwefelgehalten von 0,20—0,58

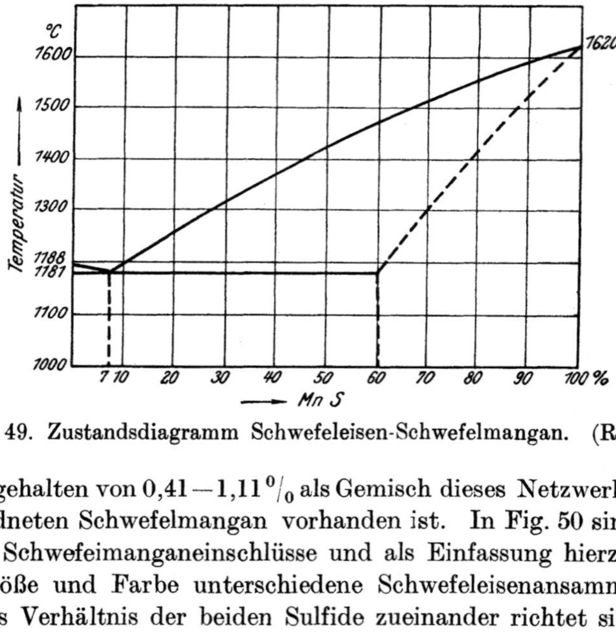

Fig. 49. Zustandsdiagramm Schwefeleisen-Schwefelmangan. (Röhl.)

und Mangangehalten von 0,41—1,11⁰/₀ als Gemisch dieses Netzwerks mit eutektisch angeordneten Schwefelmangan vorhanden ist. In Fig. 50 sind eutektisch angeordnete Schwefeimanganeinschlüsse und als Einfassung hierzu durch Anordnung, Größe und Farbe unterschiedene Schwefeleisenansammlungen dargestellt. Das Verhältnis der beiden Sulfide zueinander richtet sich nach dem Schwefel- und Mangangehalt; bei einem Schwefelgehalt von 0,28⁰/₀ und einem Mangangehalt von 1,01⁰/₀ ist die Gesamtmenge des Sulfides als Schwefelmangan (feste Lösung von FeS und MnS?) vorhanden.

Beim Erhitzen an der Luft nehmen schwefelreiche Legierungen, wie Becker nachwies, Sauerstoff in größeren Mengen auf und das Eutektikum Eisen-Schwefeleisen verwandelt sich in ein anderes, sauerstoffhaltiges, mit deutlich eutektischer Struktur. Der eine der beiden Bestandteile ist das gelbliche FeS, der andere ein dem FeO nahestehender, unter dem Mikroskop dunkelgrauer Körper. Dieses Eutektikum wurde bereits von Le Chatelier und

[1]) Die Existenz einer von Röhl bis 60⁰/₀ MnS angenommenen Verbindung ist unwahrscheinlich.

[2]) J. O. Arnold und Bolsover, St. E. 1914, 973.

Ziegler in Handelsschwefeleisen gefunden. Es entsteht durch Erhitzung des Fe-FeS-Eutektikums in sauerstoffhaltiger Atmosphäre und zwar um so vollständiger, je höher die Temperatur ist. Ob durch festes Eisen Schwefel hindurchdiffundieren kann, ist unsicher, da widersprechende Versuchsergebnisse vorliegen.[1]) Daß Eisen aus der schwefligen Säure von Verbrennungsgasen

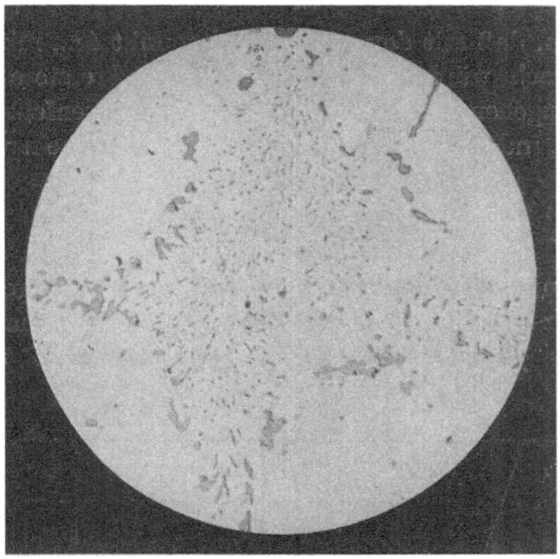

Fig. 50. Schwefelmangan und schwefeleisenhaltiges Eutektikum in Stahlguß, ungeätzt, x 200.

Schwefel aufzunehmen vermag, kann als sicher gelten. Da diese Gase meist oxydierend sind, bildet sich auf dem Eisen Glühspan, das den Schwefel, wahrscheinlich unter Bildung des oben erwähnten Eutektikums, begierig aufnimmt, auf diese Weise aber auch das Eisen selber vor Schwefelaufnahme schützt. Eine vom Verfasser untersuchte Probe von Glühspan aus einem Ofen für große Schmiedestücke enthielt 0,2% Schwefel.

6. Eisen und Arsen.

Es liegt kein vollständiges Zustandsdiagramm der Eisen-Arsenlegierungen vor. Es ist jedoch nach den Untersuchungen Friedrichs[2]) wahrscheinlich, daß die im technischen schmiedbaren Eisen vorkommenden Arsenmengen (höchstens 0,2%) sich im γ-, β- und α-Eisen lösen und durch diese Mengen das Gefüge in keiner Weise beeinflußt wird. Nach den wenigen Versuchen Osmonds[3]) würde A_3 durch Arsen erhöht, A_2 bliebe unbeeinflußt. Liedgens[4]) teilt folgende Zahlen für die Haltepunkte von weichem Flußeisen mit etwa 0,08% Kohlenstoff, 0,43% Mangan, 0,2% Kupfer und steigendem Arsengehalt mit.

[1]) Vgl. Campbell, Ir. st. Inst. 1897, II, 80, 1898, II, 256; Arnold, Ir. st. Inst. 1899 I, 85; Campbell, Ir. st. Inst. 1903, II, 338; Le Chatelier und Ziegler a. a. O.

[2]) Met. 1907, 129.

[3]) Osmond, Ir. st. Inst. 1890, I, 38.

[4]) Diss. Berlin, 1912; St. E. 1912, 2109.

% Arsen	Oberer (?) Haltepunkt	Unterer (?) Haltepunkt
0,3	858°	678°
0,7	859°	659°
1,4	848°	658°
1,9	—	655°
2,5	—	650°
3,3	—	639°
3,5	—	630°

Es ist anzunehmen, daß mit dem oberen Haltepunkt Ar_3, mit dem unteren Ar_1 gemeint ist. Danach würden beide erniedrigt und ersterer bei etwa 1,5% verschwinden. Eingehendere Untersuchungen sind jedenfalls zur Klärung der Frage erforderlich, indessen ist das Interesse an ihr ein rein wissenschaftliches.

7. Eisen und Kupfer.

Die im technischen Eisen vorhandenen Kupfermengen (bis höchstens 0,2%), lösen sich im δ-, γ-, β- und α-Eisen, da die maximale Löslichkeit des δ-Eisens 5%, des γ-Eisens etwa 21%, des β-Eisens 2,2 und des α-Eisens

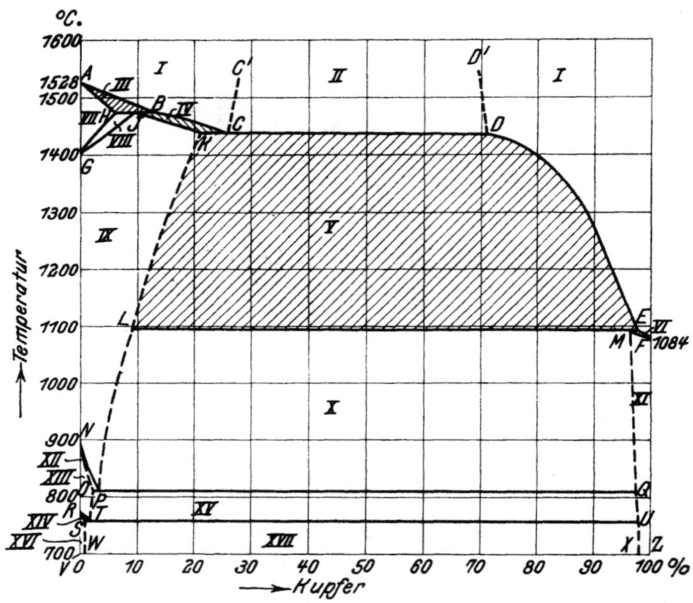

Fig. 51. Zustandsdiagramm Eisen-Kupfer. (Ruer und Fick).

0,8% beträgt. Kupfer erhöht die $\delta \rightleftarrows \gamma$-Umwandlung und erniedrigt die $\gamma \rightleftarrows \beta$- bzw. die $\beta \rightleftarrows \alpha$-Umwandlung. Erstere Umwandlung wird durch 4% Kupfer um 88° erniedrigt und bleibt dann konstant; auch die $\beta \rightleftarrows \alpha$-Umwandlung wird um einige Grade erniedrigt, um dann konstant zu bleiben.

Aus dem Zustandsdiagramm Fig. 51 der Eisenkupferlegierungen nach Ruer und Fick[1]) gehen diese Verhältnisse deutlich hervor. Andererseits erhellt daraus auch, daß im flüssigen Zustande eine ziemlich erhebliche Mischungslücke

[1]) Fer. 1913, 39.

besteht. Wegen der geringeren praktischen Bedeutung sei hier auf Einzelheiten nicht eingegangen und das Diagramm lediglich durch Aufzählung der Zustandsgebiete beschrieben. Es bedeutet:

Gebiet	I	Homogene eisenreiche- bezw. kupferreiche Schmelze,
„	II	2 Schichten: kupfer- und eisenreiche Schmelze,
„	III	δ-Mischkristalle + eisenreiche Schmelze,
„	IV	γ- „ + „ „
„	V	γ- „ + kupferreiche „
„	VI	Kupferreicher Mischkristall + kupferreiche Schmelze,
„	VII	δ-Mischkristalle,
„	VIII	δ + γ-Mischkristalle,
„	IX	γ- „
„	X	γ- „ + kupferreicher Mischkristall,
„	XI	Kupferreicher Mischkristall,
„	XII	γ- + β-Mischkristalle,
„	XIII	β- „
„	XIV	α- + β- „
„	XV	a) von O bis P: β-Mischkristall + Eutektoid P,
		b) von P bis Q: kupferreiche Mischkristalle + Eutektoid P
„	XVI	α-Mischkristalle,
„	XVII	a) von S bis T: α-Mischkristalle + Eutektoid T,
		b) von S bis U: kupferreicher Mischkristall + Eutektoid T.

Die gestrichelten Kurven des Diagramms sind nicht das Ergebnis der thermischen Untersuchung, sondern das der Überlegung. Das Eutektoid T konnte mikroskopisch nicht ermittelt werden, vielmehr waren die Legierungen bis zu 9% Kupfer homogen. Ruer und Fick schließen daher auf eine submikroskopische Ausscheidungsform der kupferreichen Mischkristalle. Durch den Eintritt von Kohlenstoff in das System Eisen-Kupfer wird die Schichtenbildung wesentlich begünstigt und die Mischungslücke wahrscheinlich erweitert.[1]) Ruer und Fick führen dies auf die desoxydierende Wirkung des Kohlenstoffs zurück, die die Bildung von Oxydhäutchen um die Eisentröpfchen und damit die Entstehung einer scheinbar homogenen Emulsion, wie sie in kohlenstofffreien Legierungen häufig beobachtet wurde, verhindert.

Breuil[2]) untersuchte zwar den Einfluß des Kupfers auf die Haltepunkte der Eisenkohlenstoff-Legierungen, doch sind seine Ergebnisse schwer zu deuten. Es ist aber wahrscheinlich, daß ebensowenig wie das Gefüge auch diese Punkte durch die im technischen schmiedbaren Eisen vorkommenden Kupfermengen beeinflußt werden.

8. Eisen und Silizium.

Das Zustandsdiagramm der Eisensiliziumlegierungen[3]) ist in Fig. 52 dargestellt. Silizium und Eisen lösen sich im flüssigen Zustande in allen Verhältnissen. Festes Eisen löst Silizium bis zu einem Gehalte von 18%. Auf dem Aste A B beginnt die Abscheidung der festen Lösung, sie ist beendet auf dem Kurvenaste A F. 1% Silizium erniedrigt die Temperatur beginnender Er-

[1]) Pfeiffer, Met. 1906, 281.
[2]) C. R. 1906, **142,** 1421.
[3]) Guertler und Tammann, An. Chem. 1905, **47,** 163, sowie Gontermann, An. Chem. 1908, **59,** 373.

starrung durchschnittlich um 13,3°, die beendeter Erstarrung um 16,2°. Das Erstarrungsintervall ist also sehr klein. Übersteigt der Siliziumgehalt 18%, so beginnt auf dem Ast A B die Ausscheidung von gesättigten Mischkristallen mit einem Endgehalt von 18% Silizium; B C entspricht der beginnenden Ausscheidung der Verbindung FeSi mit 33,6% Silizium, die bei 1443° einheitlich schmilzt und erstarrt; auf der bei 1245° verlaufenden Horizontalen F B H erstarrt das Eutektikum von gesättigten Mischkristallen und FeSi mit 22,5% Silizium. Auf dem Aste C D erfolgt ebenfalls die Ausscheidung der Verbindung FeSi, auf dem Aste D E die des reinen Siliziums und endlich auf der bei 1250° verlaufenden Horizontalen J D K die des Eutektikums von FeSi und Silizium mit 61% Silizium. Im übrigen ist für die Konstitution des schmiedbaren Eisens lediglich der erste Teil des Diagrammes mit den Mischkristallen von FeSi und Eisen von Bedeutung.

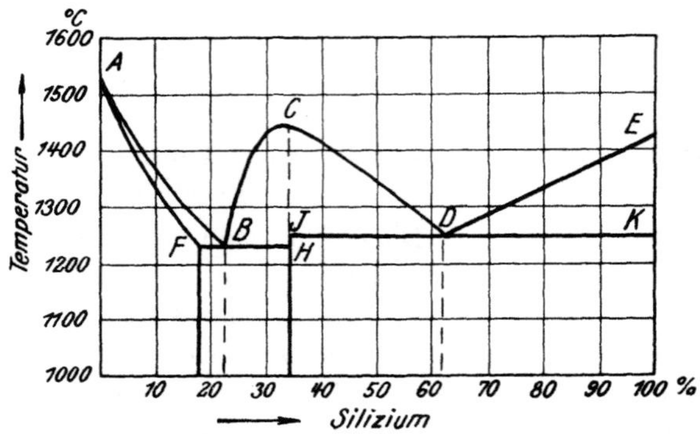

Fig. 52. Zustandsdiagramm Eisen-Silizium. (Guertler, Gontermann.)

Die Vorgänge bei der Erkaltung der Eisensiliziumlegierungen sind zwar öfter untersucht worden, jedoch noch nicht vollständig klargestellt. Nach Ruer und Klesper[1]) sinkt die $\gamma \rightleftarrows \delta$-Umwandlung mit steigendem Siliziumgehalte entsprechend Fig. 53. Baker[2]) fand, daß A_3 durch Silizium in seiner Lage kaum verändert, A_2 dagegen für 1% Silizium um 7—8° erniedrigt wird. Beide Umwandlungen erfolgen bei Anwesenheit von Silizium in einem Intervall. Ihre Intensität sinkt jedoch. A_3 kann bereits bei rd. 2%, A_2 bei etwa 5% Silizium nicht mehr beobachtet werden. Gontermann[3]) legte seine Auffassung über die Zerfallsvorgänge der festen Lösung Eisen-Eisensilizid in einem hypothetischen Diagramm nieder, dessen Wiedergabe jedoch noch verfrüht erscheint.

Die Projektion des Raumdiagramms der ternären Legierungen von Eisen, Eisenkarbid und Eisensilizid ist in Fig. 54[4]) nach den Ergebnissen und Deutungen von Gontermann wiedergegeben. Die innerhalb des Gebietes A h b′ gelegenen Legierungen erstarren zu ternären Mischkristallen von Eisen, Eisen-

[1]) Fer. 1914, 257.
[2]) Ir. st. Inst. 1903, II, 313.
[3]) Ir. st. Inst. 1911, I, 421; An. Chem. 1908, **59**, 373.
[4]) Aus Grube (Müller), Legierungen des Eisens, Dresden 1917.

karbid und Eisensilizid. Die innerhalb h b′ c c′ gelegenen Legierungen zeigen zwei Kristallisationsintervalle. Primär wird der gesättigte ternäre Mischkristall ausgeschieden und die Erstarrung wird beendet durch die in einem Intervall erfolgende Kristallisation der beiden Kristallarten: ternärer Mischkristall + feste Lösung von FeSi und Fe_3C. Die rechts von c′ c gelegenen Legierungen scheiden primär eine feste Lösung von FeSi und Fe_3C und sekundär die beiden Kristallarten: ternärer Mischkristall + feste Lösung von FeSi + Fe_3C aus. Da praktisch für die Kenntnis des schmiedbaren Eisens nur ein Teil des Konzentrationsgebietes A h b′ in Betracht kommt, wird für die außerhalb dieses Gebietes gelegenen Legierungen auf die Originalabhandlung von Gontermann verwiesen.[1])

Über die Vorgänge bei der Erkaltung des ternären Mischkristalls liegen lediglich Einzelbeobachtungen vor. Es steht nach den Untersuchungen von

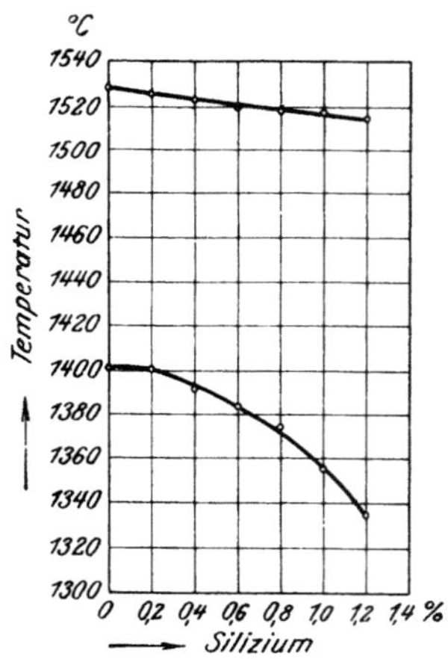

Fig. 53. $\delta \rightleftarrows \gamma$-Umwandlung in Eisen-Silizium-Legierungen. (Ruer und Klesper.)

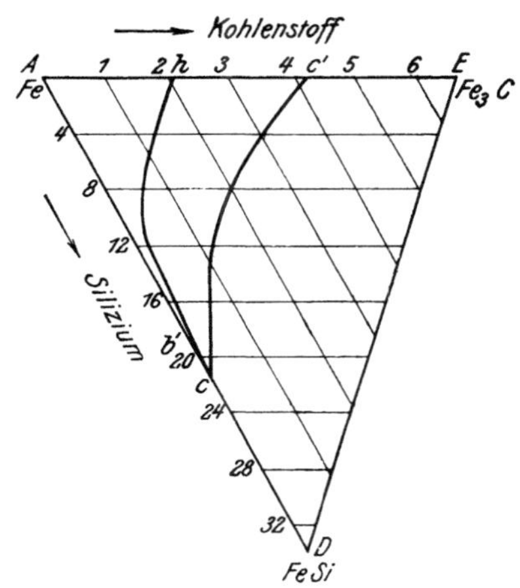

Fig. 54. Zustandsdiagramm Eisen-Eisenkarbid Fe_3C) — Eisensilizid (FeSi). (Gontermann.)

Gontermann und von Wüst und Petersen[2]) außer Zweifel, daß der Perlitpunkt A_1 bis zu etwa 5% Silizium deutlich auftritt und durch Silizium erhöht wird, wie die folgende Tabelle nach Wüst und Petersen zeigt.

% Si	Perlitpunkt °C	% Si	Perlitpunkt °C
0,13	710	3,25	760
0,41	700	3,69	820
1,14	750	3,96	810
1,41	750	4,86	860
2,07	760	5,06	930
2,68	770	13,54	—

Die untersuchten Legierungen enthielten 4—2% Kohlenstoff. Gontermann gelangte bei seinen Untersuchungen zu ähnlichen Ergebnissen konnte jedoch den Perlitpunkt bis 8,6% Silizium feststellen. In nachstehender Tabelle sind die aus seinen Ergebnissen extrapolierten Werte enthalten. Die untersuchten Legierungen enthielten 0,38—3,88% Kohlenstoff.

[1]) Über den Verlauf der Kurve h c′ vgl. auch Schols, Met. 1910, 644.
[2]) Met. 1906, 811.

% Si	A_1	% Si	A_1
1	720° C	6	836° C
2	730° C	7	890° C
3	745° C	8	945° C
4	768° C	9	1040° C
5	798° C		

Die bei niedrigen Kohlenstoffgehalten (0,1—0,2%) durchgeführten Haltepunktsbestimmungen von Charpy und Cornu[1]) und von Gumlich[2]) ergaben übereinstimmend, daß bei diesen Kohlenstoffgehalten A_3 bereits bei niedrigen Siliziumgehalten verschwunden war, ferner, daß A_2 sinkt und A_1 steigt. Dabei zeigt sich einerseits, wie die nachfolgenden Zahlen von Gumlich lehren, daß das Ansteigen von Ar_1 langsamer als das von Ac_1 erfolgt, mit steigendem Siliziumgehalt also die Hysteresis wächst; daß ferner A_1 bei etwa 3% verschwindet und endlich der auf magnetischem Wege ermittelte Punkt A_2 praktisch hysteresisfrei ist und zwischen 0 und 4% Silizium A_2 um 7—8°, zwischen 4 und 8% aber erheblich rascher sinkt.

% Silizium	% Kohlenstoff	Ar_1	Ac_1	Ar_2	Ac_2
0,1	0,15	697	729	768	767
0,4	0,14	700	740	765	765
1,0	0,25	708	750	762	762
1,9	0,16	718	782	756	757
2,4	0,21	729	796	755	753
3,7	0,06	—	—	740	742
4,5	0,29	—	—	731	735
8,4	0,32	—	—	666	663

Die vorstehende Tabelle lehrt weiter, daß von einem gewissen Siliziumgehalt an Ac_1 über Ac_2 liegt. Charpy und Cornu, die Legierungen mit höheren Kohlenstoffgehalten untersuchten und A_1 auch bei höhern Silizium-Gehalten noch fanden, stellten fest, daß bei etwa 4% Silizium auch Ar_1 über Ar_2 liegt. Eine Erklärung dieser merkwürdigen Tatsache zu geben, ist zur Zeit noch nicht möglich. Gontermann hat den Entwurf eines ternären Diagramms der Umwandlungserscheinungen versucht, für den auf die Originalbehandlung verwiesen sei.

Das Gefüge aller ternären Eisen-Kohlenstoff-Siliziumlegierungen mit 0—0,8% Kohlenstoff und 0—5% Silizium besteht nach Guillet[3]) aus Ferrit und Perlit. Das Silizium ist also offenbar in gelöster Form (auf Eisen und Eisenkarbid verteilt) vorhanden. Da Silizium die Graphitbildung begünstigt, ist selbst bei niedrigen Kohlenstoffgehalten Temperkohlebildung möglich. Charpy und Cornu fanden, daß nach einstündigem Erhitzen einer Legierung mit 0,14% Kohlenstoff, 3,8% Silizium und 0,35% Mangan auf 800° der gesamte Kohlenstoff als Temperkohle zugegen war. Da eine solche Legierung keinen Perlitpunkt mehr besitzt, war diese Behandlung ein Mittel, um auf der Abkühlungskurve A_2 von A_1 zu unterscheiden. Der Punkt, der sich durch die erwähnte Behandlung zum Verschwinden bringen ließ, mußte offenbar A_1 sein.

---

1) C. R. 1913, 157, 319, sowie **156**, 1240.

2) Wiss. Abh. R. A. 1918, 271.

3) All. mét.

9. Eisen und Mangan.

Das Zustandsdiagramm der Eisenmanganlegierungen ist in Fig. 55 nach Rümelin und Fick[1]) dargestellt. Danach lösen sich Eisen und Mangan im flüssigen Zustande vollkommen. Zum mindesten δ- und γ-Eisen lösen ebenfalls Mangan in allen Verhältnissen. Dabei beeinflußt die $\delta \rightarrow \gamma$-Umwandlung das Diagramm in ähnlicher Weise wie in den Eisen-Kohlenstoff- und Eisen-Kupferlegierungen. Reines Mangan besitzt eine Umwandlung bei 1146°, die auch kalorimetrisch von Wüst, Meuthen und Durrer[2]) nachgewiesen wurde. Diese Umwandlung sinkt durch Eisenzusatz, konnte aber nur bis 10% Eisen beobachtet werden. Die $\gamma \rightarrow \beta$-Umwandlung wird durch 3% Mangan um rd. 90° erniedrigt, bleibt dann konstant und konnte bis zu einem Mangangehalt von 50% bei etwa 810° beobachtet werden. Die $\beta \rightarrow \alpha$-Umwandlung sinkt ebenfalls, jedoch langsamer als die erstgenannte. 20% Mangan erniedrigen diese Umwandlung um etwa 50°; von 20% Mangan ab bleibt sie dann konstant bei 717° und ist bis etwa 50% Mangan festzustellen.

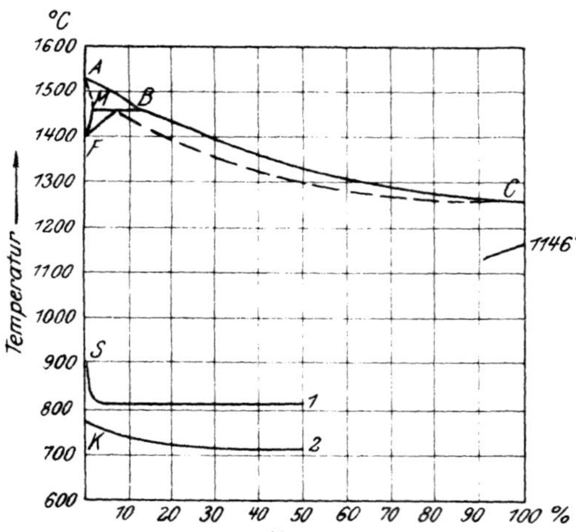

Fig. 55. Zustandsdiagramm Eisen-Mangan (Rümelin und Fick.)

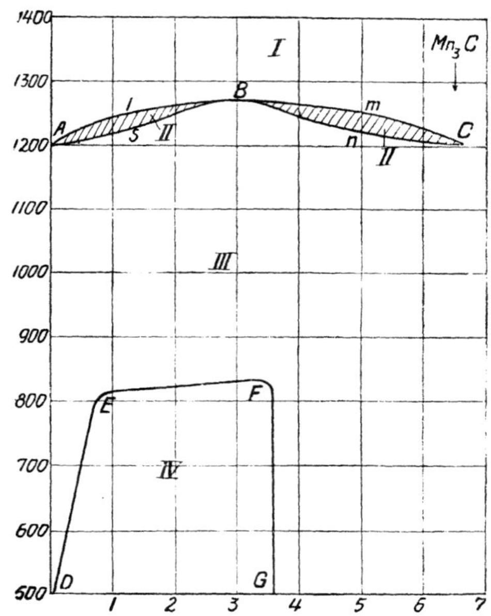

Fig. 56. Zustandsdiagramm Mangan-Kohlenstoff. (Stadeler.)

Die Ergebnisse der magnetischen Untersuchung stimmten bis zu 10% Mn mit denen der thermischen Untersuchung überein. Indessen konnte A_2 auf diesem Wege nur bis 13% Mangan beobachtet werden. Über die Größe der Hysteresis geben Rümelin und Fick keine Einzelheiten.

Für die Kenntnis des ternären Systems Eisen-Mangan-Kohlenstoff ist die des binären Systems Mangan-Kohlenstoff erforderlich. Das entsprechende Zustandsdiagramm ist von Stadeler[3]) aufgestellt worden und in Fig. 56 dargestellt.[4]) Mangan löst danach sein Karbid Mn_3C in allen Verhältnissen

[1]) Fer. 1915, 12.
[2]) Forsch. Arb. Heft 204.
[3]) Met. 1909, 3.
[4]) Met. 1909, 531; nach P. Goerens, Metallogr. 2. Aufl.

im flüssigen und im festen Zustande, in letzterem jedoch nur außerhalb des Gebietes IV. Die Schmelzkurve weist ein Maximum bei 3% Kohlenstoff auf. D E F G (Gebiet IV) ist nach Stadeler eine Mischungslücke im festen Zustande. Hier zerfallen die bei der Erstarrung gebildeten Mischkristalle in zwei neue Mischkristallarten, deren Zusammensetzung die beiden Kurven E D und F G angeben.

Fig. 57 ist die Projektion des ternären Teilsystems Eisen-Mangan-Kohlenstoff nach Wüst bzw. P. Goerens. Zur besseren Verdeutlichung der Verhältnisse sind die Maßstäbe für Mangan und Kohlenstoff verschieden gewählt. Die innerhalb des Gebietes E C′ D gelegenen Legierungen erstarren wie die binären Eisen-Kohlenstofflegierungen des Konzentrationsgebietes E C D. Die Erstarrung der links von C C′ gelegenen Legierungen dieses Gebietes beginnt mit der Ausscheidung von ternären Mischkristallen von Eisen, Eisenkarbid und Mangankarbid. Die rechts von C C′ gelegenen Legierungen scheiden primär Mischkristalle von Eisenkarbid und Mangan-Karbid aus. Der Erstarrungsvorgang aller Legierungen innerhalb des Gebietes E C′ D wird beendet durch die gleichzeitige Ausscheidung der beiden Kristallarten: ternärer Mischkristall und Mischkristall Eisenkarbid-Mangankarbid. Die auf der Kurve C C′ gelegenen Legierungen weisen natürlich keine primäre Ausscheidung einer der beiden, sondern nur die gleichzeitige der beiden Kristallarten auf, sie verhalten sich also wie die binäre eutektische Legierung C. Wüst stellte fest, daß bei etwa 13% Mangan der Kohlenstoffgehalt des Eutektikums von 4,2 auf 4,0% erniedrigt wird, die Kurve C C′ also schwach nach links geneigt ist. Lütke[1]) fand, daß der Punkt E bei 10% Mangan seine Lage noch nicht verändert hatte, so daß bis zu diesem Punkte die Kurve E C′ parallel zur Fe-Mn-Seite des Dreiecks verlaufen muß. Der Endpunkt der Kurve C C′ scheint nach den mikroskopischen Untersuchungen von Wüst bei etwa 32% Mangan zu liegen. Über den zugehörigen Kohlenstoffgehalt ist nichts bekannt.

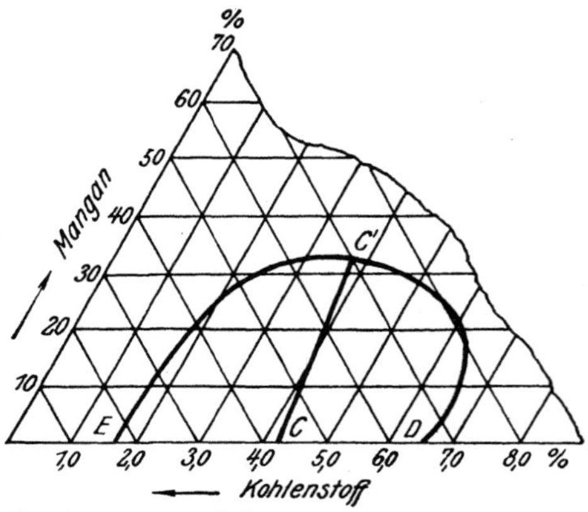

Fig. 57. Zustandsdiagramm Eisen-Mangan-Kohlenstoff. (Wüst, Goerens.)

Alle außerhalb des Gebietes E C′ D gelegenen Legierungen weisen lediglich die Ausscheidung einer Kristallart auf, bestehen also ausschließlich aus ternären Mischkristallen. Ihre Erstarrung erfolgt innerhalb eines Intervalles von wechselnder Größe. Diese Legierungen beanspruchen hier besonderes Interesse, da sie die schmiedbaren Eisen-Mangan-Kohlenstofflegierungen darstellen. Wenn auch ein vollständiges Diagramm der Zerfallsvorgänge nicht bekannt ist, so liegen doch eine Reihe wertvoller Einzelbeobachtungen über die Natur dieser Vorgänge vor.

[1]) Met. 1910, 268.

Fig. 58[1]) zeigt nach Osmond die Veränderung der Haltepunkte Ar_2 und Ar_1 in Abhängigkeit vom Mangangehalt in Legierungen mit etwa 0,2% Kohlenstoff. Man erkennt, daß diese Umwandlung von etwa 7% Mangan an unter Zimmertemperatur liegt, d. h. von diesem Gehalt an die feste Lösung bei Zimmertemperatur stabil ist. Mangan bewirkt also von gewissen Gehalten an genau dasselbe, was in reinen Eisen-Kohlenstofflegierungen durch Abschrecken erzielt wird: die Zurückhaltung der festen Lösung bei Zimmertemperatur; mit dem Unterschiede allerdings, daß im letzteren Falle die feste Lösung instabil ist und durch Wärmezufuhr zum Zerfall gebracht werden kann, während sie bei Gegenwart genügender Manganmengen stabil ist und durch Erhitzung nicht mehr verändert werden kann. Dies gilt natürlich nur, solange die Umwandlungstemperatur bei der Abkühlung nicht unterschritten wird. Kühlt

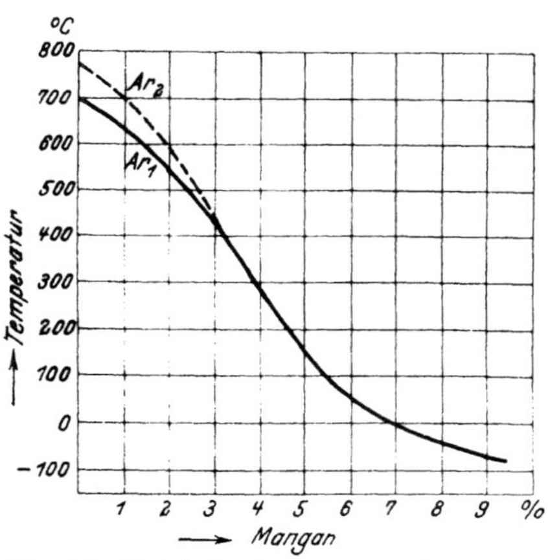

Fig. 58. Kritische Punkte von Manganstählen bei der Abkühlung. (Osmond.)

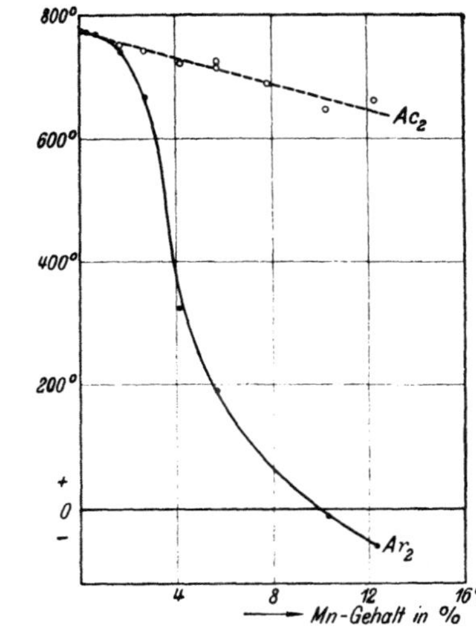

Fig. 59. Magnetische Umwandlung von Manganstählen. (Gumlich.) ——— Abkühlung, - - - - - - Erhitzung.

man also beispielsweise eine 7%ige Eisenmanganlegierung (vgl. Fig. 58) auf 100° ab, so erfolgt bei 0° der Zerfall der festen Lösung, in diesem Falle in Ferrit — Perlit. Gleichzeitig wird übrigens die Legierung magnetisch. Erhitzt man sie aber nunmehr, so kehrt sie nicht etwa bereits bei 0° wieder in den Zustand der festen Lösung bzw. in den unmagnetischen Zustand zurück, i. a. W. Ac_1 ist nicht gleich Ar_1, sondern es ist eine gewisse, mit dem Mangangehalt sehr rasch ansteigende Hysteresis vorhanden. Hierüber gibt Fig. 59 nach Gumlich[2]) Aufschluß, welche die Lage der auf magnetischem Wege ermittelten Haltepunkte Ar_2 und Ac_2 zeigt. Die Hysteresis kann hiernach bis zu 700° betragen, und es ergibt sich aus dem Gesagten, daß beispielsweise eine Legierung mit 10% Mangan nach Gumlichs Ergebnissen etwa bei 500° sowohl im Zustande der festen Lösung, also unmagnetisch, wie auch in Form von Ferrit und Perlit, also im magnetischen Zustande möglich ist, je nachdem ob sie vorher unter 0° abgekühlt worden war oder nicht. (Der Kohlenstoffgehalt der

[1]) Aus Mars, Spezialstähle.

[2]) Wiss. Abh. R.-A. 1918, 271.

von Gumlich untersuchten Legierungen betrug 0,1—0,2%.) Man hat Legierungen mit einem derartigen Verhalten irreversible Legierungen genannt.

Im Gefüge gelangt die Tatsache des Sinkens der Haltepunkte unter Zimmertemperatur dadurch zum Ausdruck, daß von gewissen Mangan- und Kohlenstoffgehalten an, selbst bei langsamer Abkühlung, die Kennzeichen der festen Lösung, also die Gefügebestandteile Austenit, Martensit, Troostit, Sorbit erscheinen. Die Fig. 60—62 sind Haupttypen der Gefügebilder von Manganstählen nach Guillet.[1]) Fig 60 entspricht einer Legierung mit 0,06% Kohlenstoff und 4,2% Mangan. Das Gefügebild ähnelt durchaus dem einer manganfreien Legierung: dunkle Perlitfelder in heller Ferritgrundmasse. Das Mangan ist in Lösung und zwar wahrscheinlich auf Ferrit und Perlit (Zementit) verteilt. Stähle, die das Gefügeaussehen der Kohlenstoffstähle besitzen, hat Guillet perlitische Manganstähle genannt. Fig. 61 ist eine Legierung mit 0,03% Kohlenstoff und 6,1% Mangan.

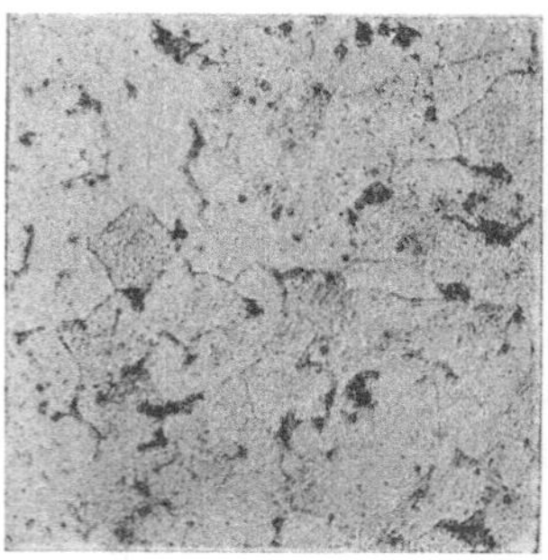

Fig. 60. Perlitischer Manganstahl 0,058%C, 4,2%Mn, Ätzung II, x 200. (Guillet.)

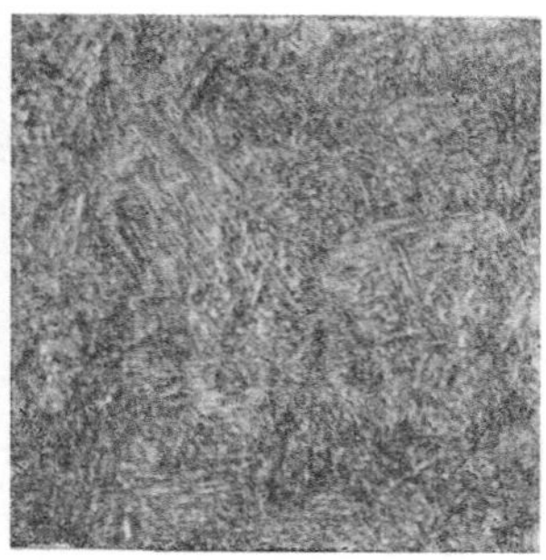

Fig. 61. Martensitischer Manganstahl, 0,034%C, 6,1%Mn, Ätzung II, x 200. (Guillet.)

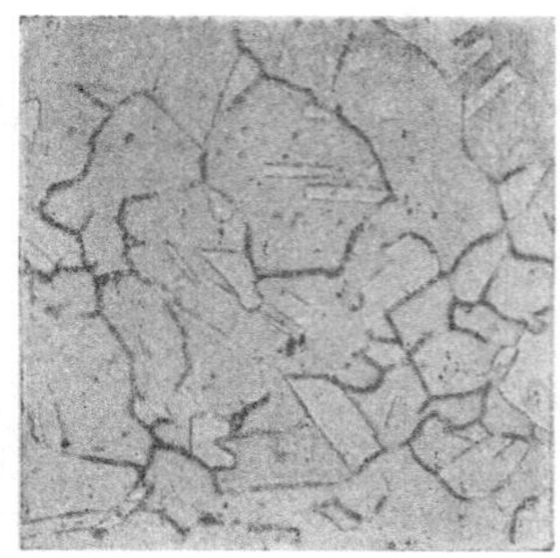

Fig. 62. Austenitischer Manganstahl, 0,922%C, 10%Mn, Ätzung II, x 200. (Guillet.)

Das Gefüge ist trotz langsamer Abkühlung des Stahles martensitisch wie das Gefüge abgeschreckter Kohlenstoffstähle. Hier sind Eisen- und Mangankarbid in fester Lösung. Die Manganstähle mit derartigem Gefüge nennt Guillet die martensitischen. Fig. 62 ist eine Legierung mit 0,92% Kohlenstoff und 10% Mangan. Das Gefüge ist das des γ-Eisens oder Austenits, der idealen festen Lösung. Alle Stähle dieser Gruppe heißen daher austenitische Stähle (häufig auch γ-Eisen- oder polyedrische Stähle). Die Stähle der zweiten und dritten Gruppe sind also dem Wesen nach gleich, sie stellen den ternären Mischkristall dar, in der Ausbildungsform des Gefüges jedoch unterscheiden sie sich in der Weise, wie sich Martensit und Austenit unterscheiden. Untersucht man, wie dies Guillet tat, eine große Zahl von Legierungen auf ihr Gefügeaussehen, so ist es möglich, die Konzentrationsgrenzen für das Auftreten der einzelnen Gefügearten ungefähr anzugeben. Trägt man auf der Abszisse eines Koordinatensystems Kohlenstoff-, auf der Ordinate Mangangehalte auf, so ergeben sich gemäß Fig. 63 drei Hauptgefügefelder: perlitische, martensitische und austenitische Stähle nebst zwei kleineren Übergangsgebieten, in denen Stähle mit troostitischem Gefüge bzw. mit einem aus Martensit- und

[1]) Met. 1906, 271.

Austenitgemisch bestehenden Gefüge enthalten sind. Die perlitischen Stähle lassen sich wie die Kohlenstoffstähle durch Abschrecken in martensitische bzw. austenitische. die martensitischen in austenitische überführen, während

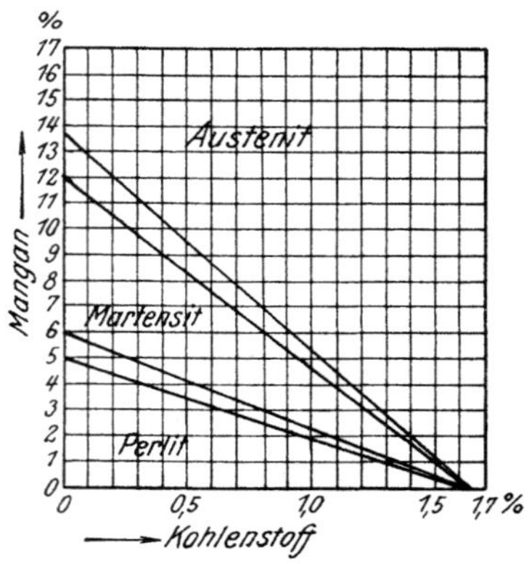

Fig. 63. Strukturdiagramm der Manganstähle. (Guillet.)

theoretisch das Abschrecken ohne Einfluß auf das Gefüge der austenitischen Stähle ist. Praktisch liegen jedoch. wie an anderer Stelle gezeigt werden wird, die Verhältnisse etwas anders.

10. Eisen und Nickel.

Das Zustandsdiagramm der Eisennickellegierungen ist in Fig. 64 nach Ruer und Schütz[1]) wiedergegeben.[2]) Eisen und Nickel lösen sich im flüssigen

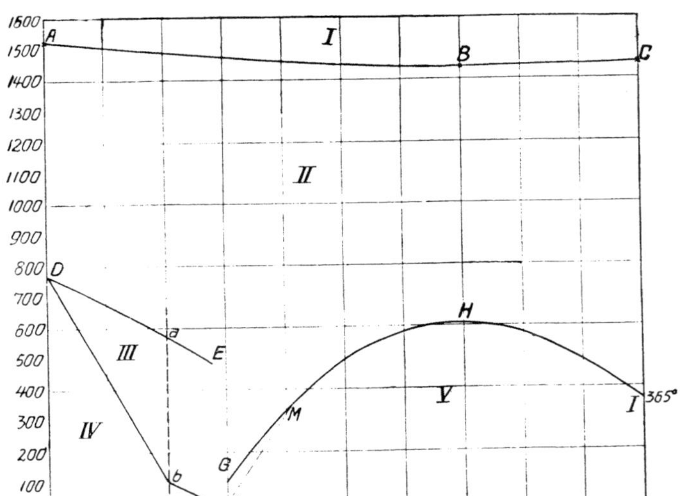

Fig. 64. Zustandsdiagramm der Eisen-Nickel-Legierungen. (Ruer und Schütz.)

Zustande vollkommen. Über das Verhalten der δ-Modifikation ist nichts bekannt. γ-Eisen bildet mit (β-) Nickel eine ununterbrochene Reihe von

[1]) Met. 1910, 415. [2]) Aus P. Goerens, Metallographie, 2. Aufl.

Mischkristallen. Erstarrung und Schmelzung erfolgt nicht wie z. B. bei den Eisenmanganlegierungen in einem Intervall, sondern bei praktisch konstanter Temperatur. Die Existenz einer Eisennickelverbindung Fe_2Ni (34% Ni) wird von Weiß und Foëx[1]) auf Grund magnetischer Messungen angenommen, ist aber auf anderem Wege nicht nachgewiesen. Das Kurvenpaar D E und D F bzw. G H I und L M H I stellt die magnetische Umwandlung der Eisennickellegierungen bei der Erhitzung (obere Kurven) und bei der Abkühlung (untere Kurven) dar. I (365°) ist die auch auf kalorimetrischem Wege[2]) nachgewiesene reversible Umwandlung des ferromagnetischen α-Nickels in das paramagnetische β-Nickel. Eisennickellegierungen mit 0 bis 30% Nickel weisen nach dem Diagramm einen um so größeren Unterschied zwischen der magnetischen Umwandlung bei der Erhitzung und bei der Abkühlung (Temperaturhysteresis) auf, je höher der Nickelgehalt ist. Gleichzeitig sinken sowohl die Temperatur der magnetischen Umwandlung bei der Abkühlung wie die bei der Erhitzung. Läßt man eine Legierung mit etwa 20% Nickel aus dem Schmelzfluß abkühlen, so ist sie zunächst unmagnetisch und wird erst bei etwa 100° magnetisch. Läßt man sie weiter auf Zimmertemperatur abkühlen und erhitzt sie sodann wieder, so geht der Magnetismus erst bei einer Temperatur von rd. 580° verloren. Es ist also möglich, innerhalb des Temperaturintervalls 100—580° die Legierung in zwei magnetisch verschiedenen Zuständen zu erzeugen. Alle Legierungen mit 0 bis etwa 30% Nickel verhalten sich prinzipiell ähnlich und heißen irreversibel. Zwischen diesen und den Eisen-Manganlegierungen mit 0—12% Mangan besteht also eine große Analogie. Reversibel heißen die Eisen-Nickellegierungen mit etwa 30 bis 100% Nickel. In diesen fällt die magnetische Umwandlung bei der Abkühlung mit der bei der Erhitzung nahezu zusammen. Die magnetische Umwandlung steigt zunächst mit dem Nickelgehalt bis zu einem bei 70% gelegenen Maximum von rd. 600° und sinkt auf 365°, die Temperatur der magnetischen Umwandlung des reinen Nickels.

Das binäre System Nickel-Kohlenstoff ist von Friedrich und Leroux[3]) untersucht worden, doch gelang es nicht, ein vollständiges Diagramm aufzustellen. Dagegen wurde der Nachweis erbracht, daß der Kohlenstoff fast ausschließlich in elementarer Form vorhanden war.

Die Eisen-Nickel-Kohlenstofflegierungen unterscheiden sich daher prinzipiell von den entsprechenden Manganlegierungen durch die Stabilität der Karbide und zwar ist das Nickelkarbid weniger stabil als das Mangankarbid. Die molekularen Bildungswärmen der drei Karbide Mn_3C, Fe_3C und Ni_3C betragen nach Gersten:[4]) + 12,9, — 15,6 und — 394,07 Kal. Daher wirkt die Gegenwart von Nickel im Gegensatz zu Mangan begünstigend auf die Graphit- und Temperkohlebildung. Indessen verhalten sich die schmiedbaren Eisen-Nickel-Kohlenstofflegierungen[5]) oder Nickelstähle praktisch wie die Manganstähle.

[1]) Archives des Sciences phys. et nat. 1911, 4, 4, 89.

[2]) Vgl. z. B. Wüst, Durrer und Meuthen, Forsch. Arb. Heft 204.

[3]) Met. 1910, 10. [4]) Diss. Danzig, 1912.

[5]) Über den Zusammenhang zwischen den terrestrischen Legierungen mit den Meteoriten: Guertler, Metallographie I, 1, 315, sowie Tammann, Metallographie 1914, 268.

Die thermische Untersuchung der Umwandlungsvorgänge in abkühlenden Eisennickellegierungen mit 0,16% Kohlenstoff ergibt nach Osmond[1]), daß mit steigendem Nickelgehalt die γ-β-Umwandlung sinkt, und zwar rascher als die ebenfalls sinkende β-α-Umwandlung, so daß beide bei vermutlich 4% zusammenfallen, die feste Lösung von Nickel in γ-Eisen also von diesem Prozentsatz an sofort in die feste Lösung von Nickel in α-Eisen übergeht (Fig. 65). In dieser Figur ist die Erniedrigung der Umwandlung nur bis 9% dargestellt. Der weitere Verlauf der Kurve, der aus nachstehender Tabelle ersichtlich ist, weist ähnlich, wie bei den Manganstählen eine plötzliche

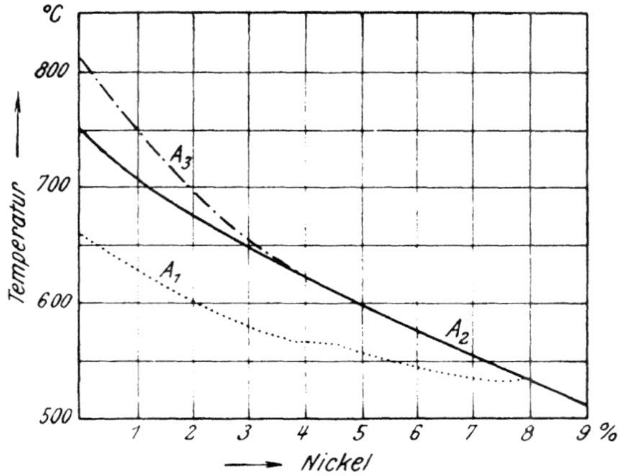

Fig. 65 Haltepunkte von Nickelstählen. (Osmond.)

starke Erniedrigung von Ar_1 zwischen 9 und 12% Nickel auf. Im Gegensatz hierzu wird Ac_1 nur allmählich erniedrigt, wodurch ein Wachsen der Hysteresis bedingt ist.

Kohlenstoff %	Nickel %	Ar_1	Ac_1
0,16	—	660°	—
0,16	0,27	640°	735°
0,16	0,94	620°	—
0,16	3,82	557°	710°
0,16	7,65	510°	710°
0,23	15,48	145°	623°
0,16	24,75	27°	540°
0,61	26,20	10°	—

Im übrigen stimmen die Ergebnisse der thermischen Methode, soweit die der magnetischen Umwandlung entsprechenden thermischen Erscheinungen in Frage kommen, überein mit den Ergebnissen der magnetischen Untersuchung. Auch die große Temperaturhysteresis ergibt sich auf thermischem Wege. Fig. 66 zeigt nach Mc. William und Barnes[2]) den Einfluß von 3% Nickel auf die Haltepunkte von Eisenkohlenstoff-Legierungen bei der Erhitzung und Abkühlung. Das Nickel verteilt sich bis zu gewissen Kohlenstoff- und Nickelgehalten, die sich aus dem Guilletschen[3]) Strukturdiagramm, Fig. 67, ent-

[1]) C. R. 1894, **118**, 553.
[2]) Ir. st. Inst. 1911. I, 294.
[3]) All. Mét.

nehmen lassen, auf Ferrit und Karbid (perlitische Nickelstähle, Fig. 68, nach Guillet). Die Erniedrigung der Haltepunkte bewirkt von einem gewissen Nickel- und Kohlenstoffgehalte ab die Zurückhaltung aller Komponenten beigewöhnlicher Temperatur in fester Lösung (martensitische und austenitische Stähle Fig. 69 bzw. 70 nach Guillet). Das Guilletsche Strukturdiagramm enthält noch zwei Übergangsgebiete von gleicher Bedeutung wie bei den Manganstählen. Bezüglich des Härtens gilt im Prinzip das Gleiche wie für die Man-

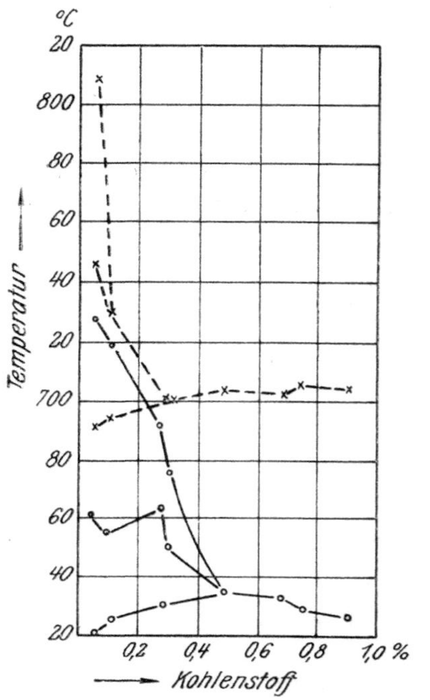

Fig. 66. Haltepunkte von 3%igen Nickelstählen mit steigendem Kohlenstoffgehalt. (Mc. William u. Barnes.) —— Abkühlung, - - - - - Erhitzung.

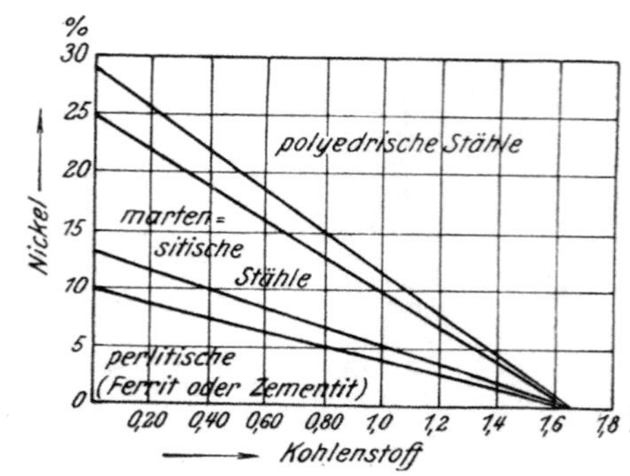

Fig. 67. Strukturdiagramm der Nickelstähle. (Guillet.)

ganstähle. Die zur Bildung der festen Lösung erforderlichen Nickelgehalte betragen etwa das 2,2fache der entsprechenden Mangangehalte, und es hat

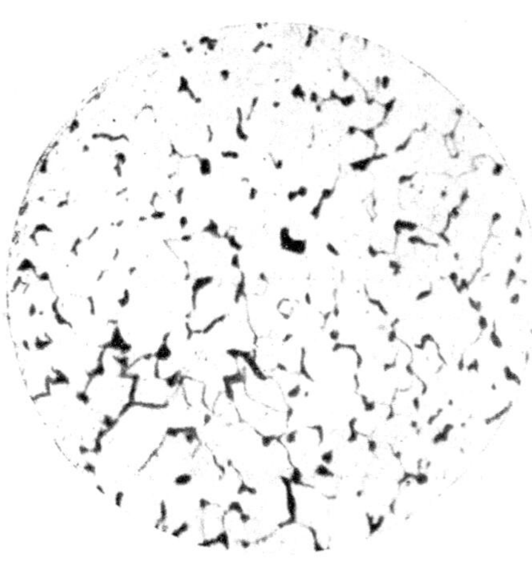

Fig. 68. Perlitischer Nickelstahl, 0,12% Kohlenstoff, 2% Nickel, Ätzung II, x 150. (Guillet.)

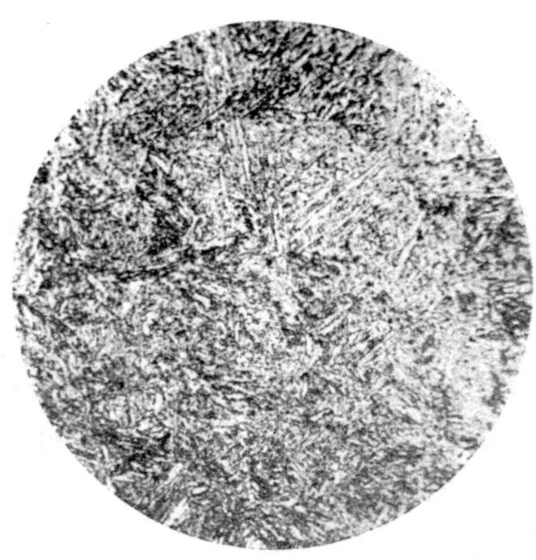

Fig. 69. Martensitischer Nickelstahl, 0,12% Kohlenstoff, 15% Nickel, Ätzung II, x 150. (Guillet.)

sich als praktisch zulässig erwiesen bei Hinzutritt von Mangan zu den Nickelstählen zur Ermittelung des Einflusses der zugesetzten Manganmengen auf das Gefüge, diese unter Berücksichtigung der oben angegebenen Verhältniszahl in Nickel umzurechnen.

Fig. 70. Austenitischer Nickelstahl, 0,12% Kohlenstoff, 25% Nickel, Ätzung II, x 150. (Guillet.)

11. Eisen und Chrom.

Die Schwierigkeiten, denen Treitschke und Tammann[1]) seinerzeit beim Studium des binären Systems Eisen-Chrom begegneten, sind nach Jännecke[2]) auf die Gegenwart von Aluminium in den von diesen Verfassern aluminothermisch hergestellten Legierungen zurückzuführen. Fig. 71 zeigt das von

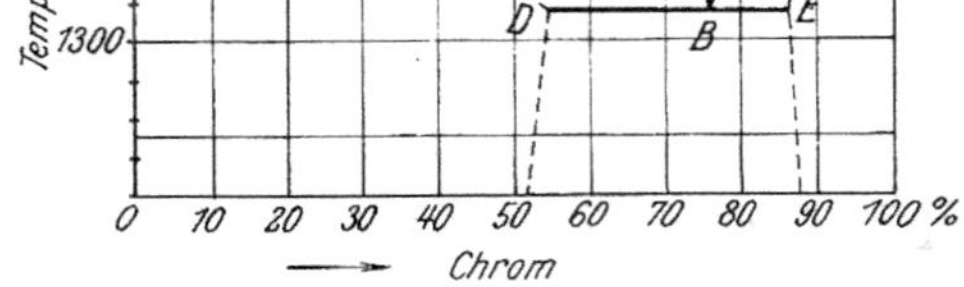

Fig. 71. Zustandsdiagramm Eisen-Chrom. (Jännecke.)

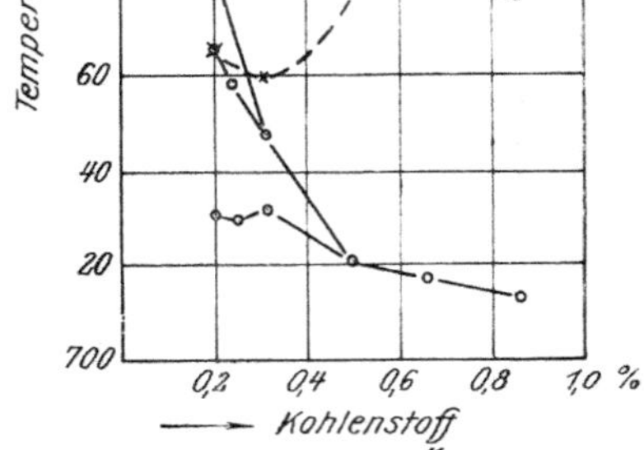

Fig. 72. Haltepunkte von 2%igem Chromstahl mit steigendem Kohlenstoffgehalt. (Mc. William u. Barnes.) ——— Abkühlung, - - - - - - Erhitzung.

[1]) An. Chem. 1907, 55, 402; s. auch Monnartz, Met. 1911, 161; Bornemann, Met. 1912, 348.
[2]) Elektrochem. 1917, 49.

Jännecke entworfene Zustandsdiagramm der Eisenchromlegierungen.[1]) Danach lösen sich Eisen und Chrom im flüssigen Zustande in allen Verhältnissen, im festen Zustande besteht eine Mischungslücke. Bei 1340° würde Eisen demnach 52% Chrom, dieses 14% Eisen lösen. Auf der Kurve A B beginnt, auf der Kurve A D endigt die Erstarrung der eisenreichen Mischkristalle. Das gleiche ist der Fall für die chromreichen Mischkristalle auf den Kurven C B bzw C E. Zwischen den Konzentrationen D und E folgt der primären Ausscheidung gesättigter Mischkristalle bei 1340° die Erstarrung des Eutektikums B mit 75% Chrom. Es ist zwar in der Figur angenommen, daß die Mischungslücke C E sich nach unten hin erweitert, doch liegen über die Umwandlungserscheinungen der Eisenchromlegierungen keine Beobachtungen vor. Treitschke und Tammann erwähnen lediglich, daß diese Punkte bis zu einem Chromgehalte von 10% auf den (bis 600° verfolgten) Abkühlungskurven erschienen; es fehlt jedoch eine Angabe darüber, ob sie erhöht oder erniedrigt wurden.

Daß Chrom mit Kohlenstoff ein oder mehrere Karbide bildet, dürfte feststehen, ebenso wie angenommen werden kann, daß das Chromkarbid sehr stabil und daher eine stark exothermische Verbindung ist. Hiermit in Übereinstimmung steht die Tatsache, daß Chrom die Graphitbildung im Roheisen verhindert, und die Aufnahmefähigkeit des Eisens für Kohlenstoff stark erhöht. Es ist nicht unwahrscheinlich, daß Chromkarbid mit Eisenkarbid (wie dies offenbar bei Mangan der Fall ist) Mischkristalle bildet. Jedenfalls ist das Gefüge der chromhaltigen Roheisensorten dem der manganhaltigen durchaus ähnlich.[2])

Über die Lage der Haltepunkte in den chromhaltigen schmiedbaren Eisenkohlenstoff-Legierungen herrscht keine völlige Klarheit. Moore[3]) beobachtete, daß, ähnlich wie dies Gumlich bei Eisensilizium-Legierungen fand, bei hohen Chromgehalten Ac_1 über Ac_2 liegt, Ac_1 ferner mit dem Chromgehalt steigt. Moore fand in einer Legierung mit 6,42% Kohlenstoff Ac_1 bei 821° Fig. 72 zeigt nach Mc William und Barnes den Einfluß[4]) von 2% Chrom auf die Lage der Haltepunkte der Eisenkohlenstoff-Legierungen bei der Erhitzung und Abkühlung. Dieser Chromgehalt scheint A_3 zu erniedrigen, A_2 unverändert zu lassen und A_1 zu heben. Gleichzeitig vergrößert Chrom offenbar die Hysteresis und zwar um so stärker, je höher der Kohlenstoffgehalt ist. Der Einfluß der Erhitzungstemperatur der Probe auf die Lage der Haltepunkte bei der Abkühlung erhellt aus den nachfolgenden Beispielen von Carpenter.[5])

% Chrom	% Kohlenstoff	Erhitzt auf °C	Ar_1
1,12	0,54	918	729
		1127	728
		1250	709
9,55	1,09	900	776
		1230	750

[1]) Die gestrichelten Kurven sind nicht experimentell ermittelt.
[2]) Vgl. P. Goerens und Stadeler, Met. 1907, 18.
[3]) Ir. st. Inst. 1910, I, 268.
[4]) Ir. st. Inst. 1910, I, 246.
[5]) Ir. st. Inst. 1905, I, 443.

Demnach sinkt Ar_1 mit steigender Erhitzungstemperatur. Edwards, Greenwood und Kikkawa[1]) untersuchten die Abhängigkeit der Lage des Perlitpunkts von der Abkühlungsgeschwindigkeit in einem Stahl mit 0,63 % Kohlenstoff, 0,17 % Mangan, 0,07 % Silizium und 6,15 % Chrom und gelangten zu folgenden Ergebnissen:

Abkühlungsdauer von 836—546° Min.	Sec.	mittlere Geschwindigkeit °/Sec.	Ar_1
23	15	0,238	710—725
16	51	0,287	690—740
13	13	0,365	673—713
12	16	0,394	637
11	5	0,436	630
7	38	0,632	625

Hieraus geht deutlich hervor, daß Ar_1 mit steigender Geschwindigkeit sinkt. Mc. William und Barnes fanden, daß das Maximum der Intensität von A_1 in ihrer Legierungsreihe mit 2 % Chrom bei 0,65 % Kohlenstoff lag. Diese Tatsache legt die Vermutung nahe, daß im ternären Diagramm die vom Perlitpunkt im Eisenkohlenstoffdiagramm ausgehende Kurve nach links (niedrigeren Kohlenstoffgehalten) einbiegt, der Stahl also bei um so niedrigeren Kohlenstoffgehalten übereutektoidisch wird, je höher der Chromgehalt ist. Das von Guillet[2]) entworfene Strukturdiagramm läßt leider an Klarheit zu wünschen übrig. Ein vereinfachtes, den Tatsachen besser Rechnung tragendes, ist in Fig. 73 wiedergegeben. Es enthält zwei Hauptfelder, ein perlitisches und ein mit Doppelkarbid bezeichnetes. Innerhalb des perlitischen Gebietes sehen die Chromstähle den Kohlenstoffstählen durchaus ähnlich; nur sollen nach Osmond das Gesamt-Gefüge und der Perlit feiner sein. Es ist unbekannt, in welcher Form das Chrom zugegen ist. Es kann in diesen Stählen entweder als solches, oder als Verbindung unbekannter Zusammensetzung oder als Karbid auf Ferrit und Zementit verteilt (in Lösung) sein. Ein neuartiges Gebiet tritt uns in dem nach dem Vorgange Guillets mit Doppelkarbid bezeichneten Felde entgegen. Zwischen diesem und dem perlitischen erstreckt sich nach Guillets ursprünglicher Fassung noch ein martensitisches Übergangsgebiet. Bereits Mars[3]) deutet an, daß die martensitischen Chromstähle nicht wie die entsprechenden Mangan- und Nickelstähle stabil sind, vielmehr durch geeignete Wärmebehandlung (Glühen und langsame Abkühlung) in

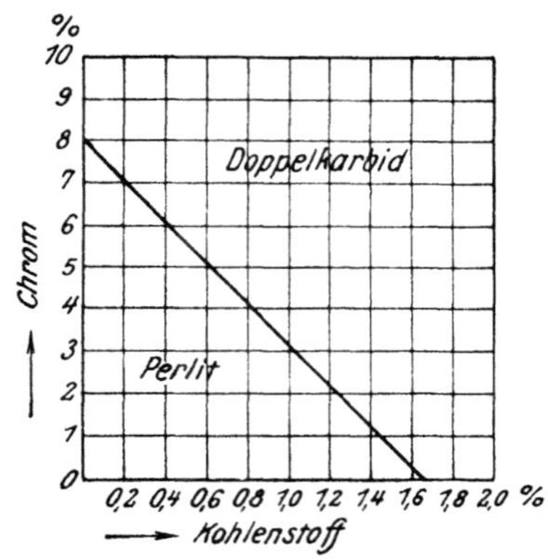

Fig. 73. Strukturdiagramm der Chromstähle. (Guillet.)

[1]) Ir. st. Inst. 1916, Mai, s. a. St. E. 1916, 1019.

[2]) All. Mét.

[3]) Spezialstähle.

perlitische Stähle verwandelt werden können. Portevin[1]) zeigte, daß ein nach dem Guilletschen Diagramm martensitischer Stahl mit 0,12% Kohlenstoff und 13% Chrom perlitisch war, wenn er in 75 Stunden von 1300° auf 100° abgekühlt wurde, dagegen martensitisch, wenn die Abkühlung von 1100° auf 100° in 4 Stunden erfolgte. Den in geschmiedeten Stählen der Doppelkarbidgebiete punktförmig über das Gesichtsfeld verteilten weißen Gefügebestandteil hält wohl mit Recht Guillet deshalb für Doppelkarbid, weil seine Menge sich beim Zementieren vermehrt und weil er durch Natriumpikrat wie Zementit schwarz gefärbt wird. Schreckt man Doppelkarbidstähle bei geeigneter Temperatur ab, so geht je nach der chemischen Zusammensetzung des Stahls der mit Doppelkarbid bezeichnete Gefügebestandteil unter Bildung von homogenen Mischkristallen entweder ganz oder teilweise in Lösung. Über die Natur der Grundmasse in Chromstählen der betrachteten Gruppe bemerkt

Fig. 74. Chromstahl aus dem Doppelkarbidfeld: etwa 1% Kohlenstoff, 15% Chrom; nicht geschmiedet. Ätzung II, x 900.

Mars, daß sie durch Glühen des Stahls und geeignete Abkühlung in den perlitischen Zustand überführt werden kann. Immerhin beweist die Leichtigkeit, mit der das martensitische Gefüge in Chromstählen entsteht und die Schwierigkeit, mit der es sich beseitigen läßt, daß das Chrom den Zerfall der festen Lösung nach tiefen Temperaturgebieten zu verschleppen bestrebt ist, also eine härtende Wirkung ausübt und die Wirkungsweise dieses Elementes von der des Mangans und des Nickels nur dem Grade nach verschieden ist.

Das Doppelkarbidfeld kann mit F. Fettweis[2]) in der Weise erklärt werden, daß durch Chrom die Sättigungsgrenze des Eisens für Kohlenstoff wesentlich erniedrigt wird, daß daher in chromhaltigen Legierungen bei weit niedrigeren Kohlenstoffgehalten bereits Ledeburit auftritt als in chromfreien, wo dies ja erst über 1,7% der Fall ist. Ein Stahl mit 0,8% Kohlenstoff und 14% Chrom zeigt bereits erhebliche Mengen Ledeburit bzw. eines diesem analog aufgebauten Eutektikums, wie aus Fig. 74 hervorgeht. Damit läßt

[1]) C. R. 1911, 64; St. E. 1911, 2115.
[2]) St. E. 1912, 1866.

sich auch die von Guillet und anderen gemachte Beobachtung leicht erklären, daß das sogenannte Doppelkarbid beim Erhitzen des Stahls nicht vollständig in feste Lösung geht, wie dies für den übereutektoidischen Zementit der Fall ist. Es muß allerdings berücksichtigt werden, daß Guillets Beobachtungen an geschmiedeten Proben durchgeführt wurden, in denen der Ledeburit nicht mehr in der ursprünglichen Anordnung vorhanden war. Es ist übrigens bemerkenswert und für die Kennzeichnung aller sogenannten Doppelkarbidstähle wesentlich, daß diese Stähle nach der hier vertretenen Auffassung in Wirklichkeit Roheisen, und zwar offenbar schmiedbares, weißes Roheisen, darstellen, wenn im Sinne des Zustandsdiagramms der Eisen-Kohlenstoff-Legierungen alle Legierungen ohne Ledeburit schmiedbares Eisen, mit Ledeburit Roheisen genannt werden.

12. Eisen und Wolfram.

Der praktisch für die vorliegenden Zwecke wichtigste, von 0—18% Wolfram reichende Teil des Zustandsdiagrammes der Eisen-Wolframlegierungen ist von Harkort[1]) ermittelt worden. Die Schwierigkeiten bei der Herstellung gut durchgemischter homogener Legierungen waren sehr groß. Nach Harkorts Ergebnissen (Fig. 75) löst sich innerhalb des untersuchten Konzentrationsgebietes das Wolfram im flüssigen und im festen Eisen. Bis zu einem Gehalte von 5% würde der Schmelzpunkt schwach erhöht, darüber hinaus erniedrigt werden. Auch die Umwandlung der δ- in die γ-Mischkristalle konnte Harkort noch bei einem Gehalte von 0,75% Wolfram allerdings um 50° erniedrigt finden. Die $\gamma \to \beta$-Umwandlung wird durch Wolfram erhöht, während die $\beta \to \alpha$-Umwandlung konstant bleibt. Dieser Umstand, sowie das Ergebnis der mikroskopischen Untersuchung veranlassen Harkort zur folgenden, auch von Bornemann[2]) vertretenen, jedoch zunächst noch hypothetischen Deutung: der Ast A B stellt die Ausscheidung von reinem Wolfram oder wahrscheinlicher von einer Eisen-Wolframverbindung noch unbekannter Zusammensetzung dar, die Horizontale A C, die experimentell zwar nicht gefunden, deren Existenz jedoch die vorliegende Deutungsweise verlangen würde, bedeutet die Ausscheidung von β-Eisen. Der Punkt A wäre demnach

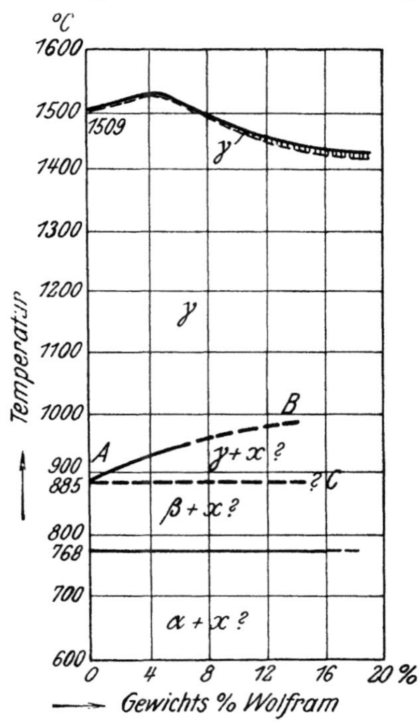

Fig. 75. Zustandsdiagramm Eisen-Wolfram. (Harkort, Bornemann.)

[1]) Met. 1907, 617.
[2]) Met. 1912, 384.

als ein auf die Nullpunktsordinate verschobener eutektischer Punkt aufzufassen. Wie erwähnt, bestätigte die mikroskopische Untersuchung diese Auffassung. Es traten zwei Gefügebestandteile in den erkalteten Legierungen auf und durch Abschrecken der Legierungen oberhalb der Linie A B war es möglich, die problematische Eisen-Wolframverbindung wenigstens teilweise in Lösung überzuführen. Letzteres wäre als Beweis dafür aufzufassen, daß die Verbindung sich langsam löst.

Wolfram bildet Karbide von großer Stabilität. Ein ternäres Zustandsdiagramm der Eisen-Wolfram-Kohlenstofflegierungen fehlt bisher und nur Einzelbeobachtungen stehen zur Verfügung. Das von Guillet[1]) entworfene Strukturdiagramm Fig. 76 ist prinzipiell ähnlich dem der Chromstähle, nur fehlt das in Fig. 73 fortgelassene martensitische Gebiet und Wolfram wirkt etwa doppelt so stark wie Chrom, d. h. zur Bildung eines doppelkarbidhaltigen Stahls ist nur etwa die Hälfte des hierzu in Chromstählen erforderlichen Prozentsatzes nötig. Das Gefüge der perlitischen Wolframstähle unterscheidet sich

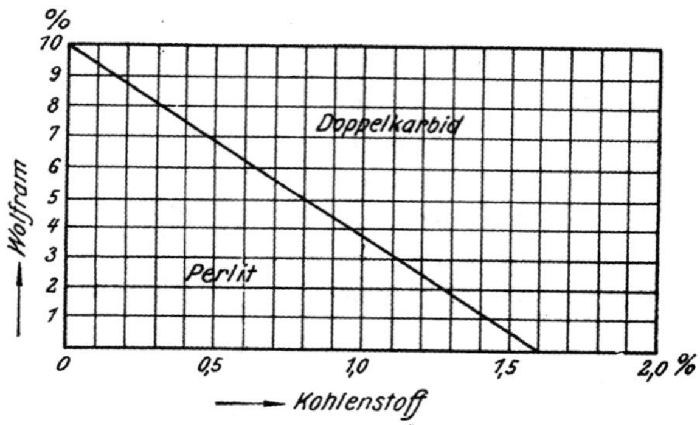

Fig. 76. Strukturdiagramm der Wolframstähle. (Guillet.)

in keiner Weise von dem der Kohlenstoffstähle, wie außer dem Guilletschen insbesondere die Swindenschen[2]) Untersuchungen lehrten, nur sind sowohl Gesamtgefüge als auch Perlitgefüge bedeutend feiner. Es ist nicht bekannt, in welcher Form sich Wolfram auf Ferrit und Zementit verteilt. Bezüglich der Doppelkarbidstähle sei auf die bei den entsprechenden Chromstählen gegebenen Erläuterungen verwiesen. Auch in Bezug auf den Einfluß des Abschreckens gilt ähnliches wie bei den Chromstählen.

Bereits bei den Eisen-Kohlenstofflegierungen und bei den Chromstählen wurde gezeigt, daß die Haltepunkte bei der Abkühlung von der Höhe der vorangegangenen Erhitzung abhängig sind. In ganz besonders verstärktem Maße trifft dies für die Wolframstähle zu, worauf zuerst Osmond[3]) hinwies. Swinden[4]) hat diese Erscheinung überaus eingehend untersucht. Sie gelangt am besten zum Ausdruck durch Fig. 77, welche die Lage der Haltepunkte in Abhängigkeit vom Kohlenstoffgehalt rd. 3 prozentiger Wolframstähle zeigt. So lange die Temperatur, von der aus die Aufnahme der Abkühlungskurve erfolgt

[1]) All. Mét.
[2]) Ir. st. Inst. 1907, I, 291; 1909, II, 223.
[3]) Ir. st. Inst. 1890, I, 61.
[4]) Ir. st. Inst. 1907, I, 291.

unterhalb A B [1]) gelegen ist, finden sich die Haltepunkte in vollkommen normaler Lage (G O S, M O, P S K). Dies trifft nicht mehr zu, wenn die Erhitzungs- oder Anfangs-Temperatur oberhalb A B gelegen ist oder, wie sich Swinden ausdrückt, die Erniedrigungstemperatur überschritten wird. In diesem Falle werden die Haltepunkte, und zwar mit steigender Erhitzungstemperatur allmählich auf P′ K′ erniedrigt. Zunächst, d. h. wenn die Erniedrigungstemperatur wenig überschritten wird, sinkt Ar_3, Ar_2 bleibt unverändert, Ar_1 sinkt. Mit steigender Anfangstemperatur gelangt Ar_3 unter Ar_2; ferner erreicht Ar_1 schließlich ein Minimum entsprechend der Kurve P′ K′. Bei höheren Kohlenstoffgehalten sinkt mit steigender Anfangstemperatur auch $Ar_{3,2}$ bei noch höheren schließlich Ar_1 allein, wobei sich häufig der Haltepunkt zunächst in mehrere Teile spaltet.

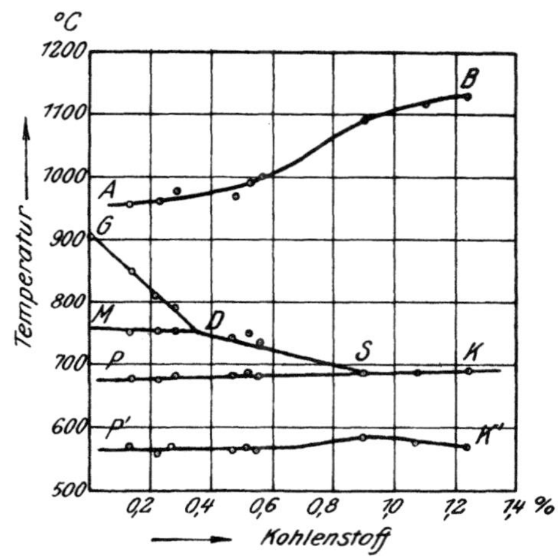

Fig. 77. Haltepunkte von 3%igen Wolframstählen mit steigendem Kohlenstoffgehalt und Beeinflussung ihrer Lage durch die Erhitzungstemperatur. (Swinden.)

Die Lage von Ac_1 wird durch die vorangegangene Erhitzung nur insofern beeinflußt, als der Haltepunkt in der Umgebung seiner normalen Lage zersplittert ist, wenn bei der vorangegangenen Abkühlung noch kein einheitlicher Haltepunkt vorhanden war. Ist letzteres der Fall, so findet sich Ac_1 in normaler Lage, bei etwa 750°. Weitere ergänzende Beobachtungen und Mitteilungen finden sich im nächsten Abschnitt bei den Molybdänstählen. Unter sonst gleichen Bedingungen scheint Ar_1 mit steigendem Wolframgehalt erniedrigt zu werden, wie die Untersuchungen von Osmond [2]) und von Böhler [3]) lehren.

13. Eisen und Molybdän.

Nach Lautsch und Tammann [4]) bildet Molybdän wahrscheinlich mit Eisen eine Verbindung X, die durch geringe Bildungs- und Zersetzungsgeschwindigkeit gekennzeichnet ist. Hohe Herstellungstemperatur (2300°) begünstigt die Bildung der Verbindung. Bei Abwesenheit der Verbindung (niedrige Herstellungstemperatur) bildet Molybdän bis zu einem Gehalte von etwa 30% Mischkristalle mit Eisen. In diesem Falle (bei Abwesenheit der Verbindung) scheint sich auch Eisen bis zu einem gewissen Prozentsatz im Molybdän zu lösen. Die Molybdänverbindung X wäre weder im Eisen noch im Molybdän löslich. Unter den normalen Herstellungsbedingungen würde

[1]) Der Verlauf der Kurve ist nur ein angenäherter.
[2]) Ir. st. Inst. 1903, II, 14.
[3]) Wolfram- und Rapidstahl: Wien 1904.
[4]) An. Chem. 1907, **55**, 386.

keiner der beiden Fälle vorliegen und nur an Hand eines ternären Diagrammes (für welches auf die erwähnte Originalarbeit verwiesen wird), läßt sich die Konstitution der Eisenmolybdänlegierungen darstellen.

Es ist nicht ausgeschlossen, daß die Schwierigkeiten bei der Herstellung einwandfreier Legierungen wie bei den Chrom-Eisenlegierungen auf die Gegenwart des Aluminiums zurückzuführen sind und bei Verwendung eines einwandfreien Legierungsmetalles einfachere Verhältnisse gefunden werden. Für ziemlich weitgehende Löslichkeit des Molybdäns im festen Eisen sprechen jedenfalls die mikroskopischen und thermischen Untersuchungen von Molybdänstählen. Lautsch und Tammann stellten lediglich fest, daß bei 1 % Molybdän die kritischen Punkte des Eisens bereits verschwunden waren. Als nicht unwahrscheinliche Folgerung aus den Untersuchungen an Molybdänstählen ergibt sich jedoch, daß selbst bei viel höheren Molybdängehalten diese Umwandlungspunkte noch auftreten müssen.

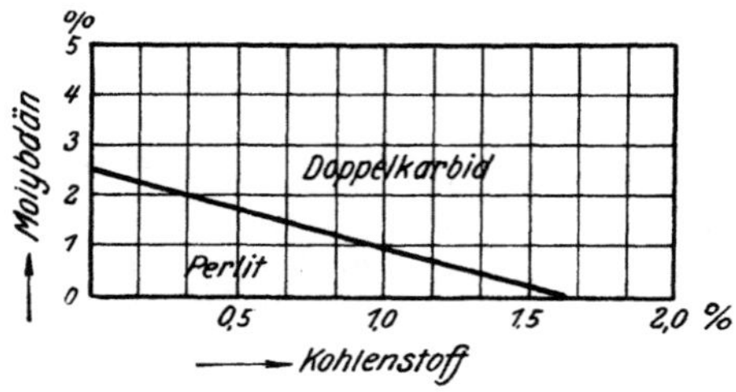

Fig. 78. Strukturdiagramm der Molybdänstähle. (Guillet.)

Ein ternäres Zustandsdiagramm der Eisenkohlenstoff-Molybdänlegierungen ist bisher nicht aufgestellt worden. Immerhin geben die Untersuchungen von Guillet[1]) und von Swinden[2]) bis zu einem gewissen Grade einen Einblick in den Aufbau der Molybdänstähle. Das Gefüge der langsam abgekühlten Molybdänstähle unterscheidet sich innerhalb des untersuchten Konzentrationsgebietes (bis 1,3% Kohlenstoff und 1—8% Molybdän) dem Wesen nach nicht von dem der Kohlenstoffstähle, d. h. je nach dem Kohlenstoffgehalt sind die Stähle untereutektoidisch, eutektoidisch bzw. übereutektoidisch. Während in molybdänfreien Stählen die Grenze zwischen unter- und übereutektoidischem Gefüge bei 0,9% Kohlenstoff liegt, sinkt dieser Gehalt mit steigendem Molybdängehalt und zwar soll er bei 8% Molybdän bei etwa 0,4% Kohlenstoff liegen. Die Gefügebestandteile Ferrit, Perlit und Zementit sind dieselben wie die der reinen Eisenkohlenstofflegierungen, wenn auch ihre Ausbildungsform mit steigendem Molybdängehalt etwas modifiziert wird. Da demnach in den Molybdänstählen ein neuer Gefügebestandteil nicht auftritt, muß angenommen werden, daß das Molybdän in irgendeiner Form (vgl. Chrom) auf Ferrit und Zementit verteilt ist.

In einem gewissen Widerspruch mit den Swindenschen Beobachtungen stehen die Guilletschen, nach denen zwei Gefügefelder entsprechend Fig. 78, ein perlitisches und ein doppelkarbidisches unterschieden werden. Dieser Widerspruch läßt sich aber auch hier wie bei Chrom und Wolfram durch die An-

[1]) All. Mét.

[2]) Ir. st. Inst. 1911, C. Sc. **3**, 66, sowie Ir. st. Inst. 1913, I, 100.

nahme lösen, deren Berechtigung ja auch nachgewiesen wurde, daß das Doppelkarbid nichts anderes als ein dem Ledeburit analoger Bestandteil ist und die Sättigungskonzentration der Mischkristalle für Kohlenstoff auch durch Molybdän erniedrigt wird. In dieser Hinsicht würde also Molybdän noch wesentlich stärker als Wolfram wirken.

Auch thermisch verhalten sich die von Swinden untersuchten Stähle unter gewissen Bedingungen genau wie die molybdänfreien Eisenkohlenstofflegierungen. Die Ergebnisse der Haltepunktsbestimmungen von Swinden sind in Fig. 79 veranschaulicht. Solange die Temperatur, auf die die Proben

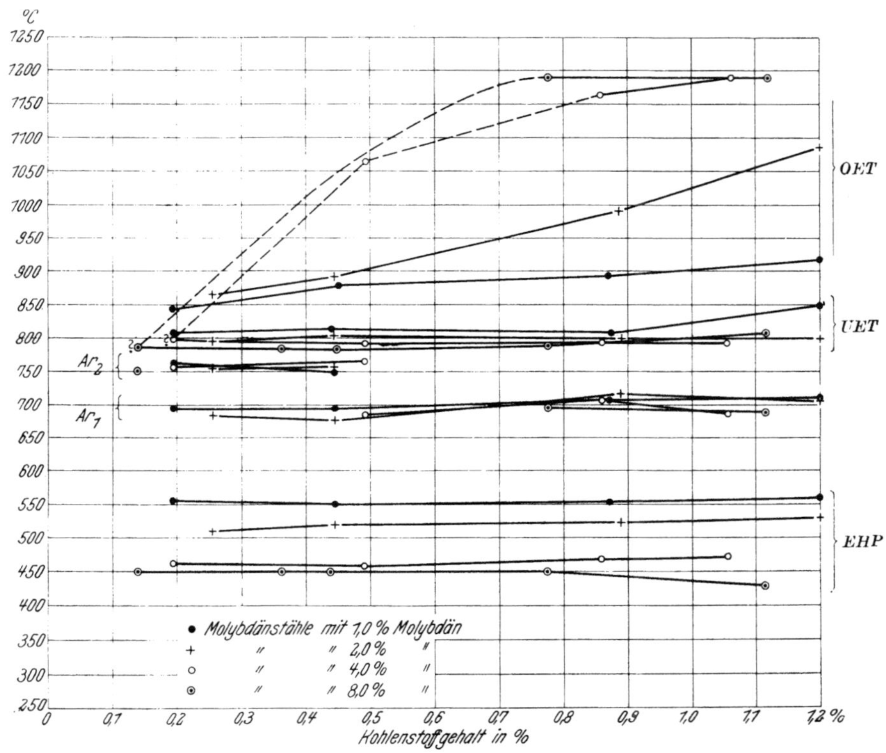

Fig. 79. Haltepunkte von Molybdänstählen und Beeinflussung ihrer Lage durch die Erhitzungstemperatur. (Swinden.)

zwecks Aufnahme der Abkühlungskurven erhitzt wurden, unterhalb eines gewissen Minimums U E T liegen, treten bei der Abkühlung die Haltepunkte Ar_2 und Ar_1 in normaler, vom Molybdängehalt unabhängiger Lage auf. Ar_3 bzw. $Ar_{3.2}$ waren allerdings, vielleicht wegen zu geringer Intensität, nicht zu beobachten. Wird aber bei der Erhitzung U E T überschritten, so behält Ar_2 seine Lage in den sehr weichen Stählen bei, sinkt aber in den härteren; Ar_1 jedoch wird in allen Stählen erniedrigt, und zwar um so stärker, je höher die Erhitzungstemperatur gewählt wird. Hierbei kann es vorkommen, daß der Haltepunkt sich in der Weise spaltet, daß ein Teil noch in normaler, der übrige aber bereits in erniedrigter Lage erscheint; mit fortschreitender Erniedrigung nimmt im allgemeinen ersterer an Intensität ab, letzterer zu. Auch der erniedrigte Haltepunkt kann sich in zwei oder mehrere Teile spalten. Das Maximum der Erniedrigung, gekennzeichnet durch die mit E H P bezeichneten Kurven, wird erreicht durch Erhitzung auf die mit O E T bezeichneten Kurven. Das Maß der Erniedrigung steigt mit zunehmendem Molybdängehalte und ist unabhängig vom Kohlenstoffgehalt. Die Temperatur maximaler Erniedrigung O E T scheint ebenfalls mit dem Molybdängehalt zu steigen, gleichzeitig aber auch in einer gewissen, durch die Fig. 79 veranschaulichten Abhängigkeit vom Kohlenstoffgehalte zu stehen. Es ist nicht möglich, durch Verlängerung der Abkühlungszeit zwischen O E T und Ar_1 letzteren Punkt in seine normale Lage zu bringen.[1]) Ein- oder mehrmaliges Erhitzen auf eine unterhalb U E T gelegene Temperatur bringt Ar_1 wieder in seine normale Lage, doch kann dies nicht erfolgen, bevor nicht bei der Abkühlung der erniedrigte Haltepunkt unterschritten wurde. Die Lage von Ac_1 ist praktisch unabhängig von der vorausgehenden Wärmebehandlung, die Intensität dieses Punktes nimmt mit steigendem Molybdängehalt ab. Durch Abschrecken der Molybdänstähle erzielt man im wesentlichen dieselbe Wirkung wie bei den Kohlenstoffstählen, eine Tatsache, die übereinstimmend von allen Forschern beobachtet wurde. Je höher Kohlenstoff- und Molybdängehalt, um so leichter erhält man durch Abschreckung das polyedrische oder Austenitgefüge. Je nach der Höhe der vorangegangenen Erhitzung (und damit der Lage des Haltepunktes bei der Abkühlung) ist die zur Überführung der Gefügeelemente in feste Lösung erforderliche Temperatur verschieden. So berichtet Swinden, daß die auf 1200° (O E T) erhitzten, auf 600° (oberhalb E H P) abgekühlten und dann erst abgeschreckten Stähle die Gefügebestandteile der abgeschreckten Stähle ergeben. Läßt man einen Kohlenstoffstahl nach vorheriger Erhitzung an der Luft abkühlen, so erfolgt die Zerlegung der festen Lösung nur teilweise und es tritt Sorbit auf. In weit stärkerem Maße wirkt die Luftabkühlung auf die Molybdänstähle ein, insbesondere, wenn bei der Erhitzung hohe Temperaturen (O E T) erreicht wurden. Der Zerlegung der bei diesen Temperaturen gebildeten festen Lösung scheinen besondere Widerstände entgegenzustehen, so daß von hoher Temperatur luftabgekühlte Molybdänstähle weitgehendes Auftreten des Gefüges der abgeschreckten Stähle und damit die diesem eigene Härte aufweisen. Man spricht von selbsthärtenden Stählen, weil eine besondere Härtebehandlung (Eintauchen in Wasser oder Öl von gewöhnlicher Temperatur) nicht erforderlich ist.

Es ist mehrfach versucht worden, für die Erniedrigung des Haltepunktes nach Erhitzung des Stahls auf gewisse Temperaturen eine einwandfreie Erklärung zu geben. Osmond[2]) glaubt, daß im Gegensatz zu den reinen Kohlenstoffstählen, die Gegenwart von Molybdän (bzw. Wolfram) die Auflösung des Karbides (Linie E S im Zustandsdiagramm der Eisenkohlenstoff-Legierungen, Fig. 16) bei der Erhitzung und seine Abscheidung bei der Abkühlung erschwert. Soll also das Karbid vollständig zur Lösung gebracht werden, so

---

[1]) Diese Versuche, sowie die ähnlichen, an Wolframstählen angestellten, dürften nicht ganz einwandfrei sein, weil Swinden lediglich die Abkühlungsdauer zwischen O E T und etwa 800°, also einer oberhalb des nicht erniedrigten Ar_1 gelegenen Temperatur variierte. Es kommt aber auf die Geschwindigkeit an, mit der Ar_1 durchlaufen wird.

[2]) Rev. Mét. 1904, 348.

muß der Stahl unverhältnismäßig hoch (O E T) erhitzt werden. Das einmal in Lösung übergeführte Karbid scheidet sich schwer aus, daher die Erniedrigung der Haltepunkte und die Selbsthärtung bei der Luftabkühlung. Die Spaltung der Haltepunkte ist nach Osmond auf Konzentrationsverschiedenheiten in der Probe zurückzuführen.

Nach Benedicks[1]) ist die Untersuchung des elektrischen Widerstandes geeignet zur Entscheidung der Frage, ob ein Element im Eisen gelöst ist oder nicht. Es gilt für verdünnte Lösungen die Beziehung:

$$\sigma = 7{,}6 + 26{,}8 \cdot 8 \times \Sigma C$$

wo σ den elektrischen Widerstand in Mikroohm pro ccm und ΣC die Summe der Verunreinigungen ausgedrückt in Äquivalentgewichten Kohlenstoff, also z. B. Kohlenstoff $+ \frac{12}{28}$ Silizium $+ \frac{12}{55}$ Mangan + usw., bedeutet. Aus seinen Versuchen über den elektrischen Widerstand der Molybdänstähle (für Wolframstähle soll ähnliches gelten) schließt Swinden, daß das Molybdän weder in Lösung, noch als Karbid, vielmehr ausschließlich als Verbindung, und zwar wahrscheinlich als Fe_3Mo vorhanden sein müsse, die unterhalb der Erniedrigungstemperatur vielleicht kolloidal (submikroskopisch) gelöst sei (diese Annahme ist erforderlich, weil die Verbindung mikroskopisch nicht zu ermitteln war) und oberhalb dieser Temperatur erst in Lösung gehe. Hierdurch also würde Ar_1 erniedrigt.

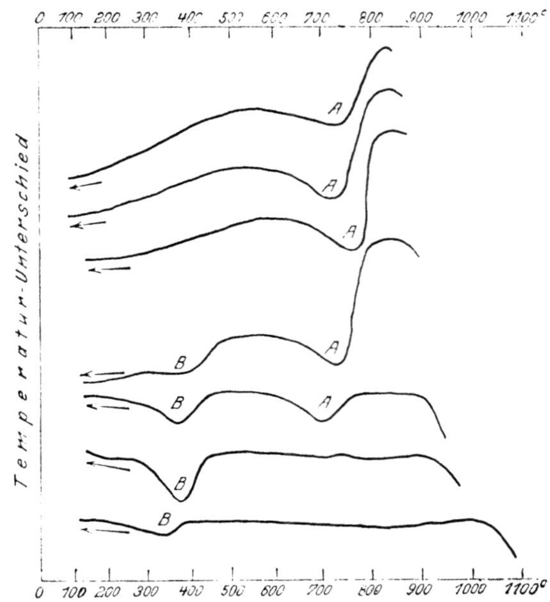

Fig. 80. Abkühlungskurven von Schnelldrehstählen mit 18 % Wolfram, 4 % Chrom, in Abhängigkeit von der Erhitzungstemperatur.

Die Osmondsche Deutung berücksichtigt den Umstand nicht, daß auch in karbidfreien, d. h. untereutektoidischen Stählen Erniedrigung der Haltepunkte erfolgt, und daß in den doppelkarbidhaltigen Stählen das Karbid nicht in Lösung gehen kann, soweit es vom Eutektikum (Ledeburit) herrührt. Die Swindensche Auffassung stützt sich auf eine Formel, deren Richtigkeit neuerdings mit Recht stark angezweifelt wird.[2]) Dejean[3]) entwickelt auf Grund sorgfältiger Untersuchungen eine mit den mikroskopisch ermittelten Tatsachen sowie mit unseren Anschauungen über die Vorgänge beim Härten der Stähle besser in Einklang stehende Theorie. Fig. 80 stellt die Abhängigkeit der Lage der Haltepunkte von der Höhe der Anfangs-

[1]) Aciers au carbone, Diss. Upsala. [2]) St. E. 1918, 39.
[3]) C. R. 1917, 30. Juli, 182; St. E. 1919, 67.

temperatur dar. Die Untersuchungen beziehen sich zwar auf einen sogenannten Schnelldreh-, also einen quaternären Stahl mit 18% Wolfram und 4% Chrom, der sich aber bezüglich der Haltepunkte analog verhält wie die Wolfram- und Molybdänstähle. Dejean fand, daß die Stahlproben, die den (nicht erniedrigten) Punkt A aufweisen, perlitisch oder troostitisch, die den (erniedrigten) Punkt B aufweisenden dagegen martensitisch sind; diejenigen endlich, die zugleich A und B aufweisen, enthalten Troostit + Martensit. Geht man von der auch in diesem Buche[1]) vertretenen Anschauung aus, daß Troostit und Perlit prinzipiell gleich sind, d. h. ein Gemisch von α-Eisen + Zementit darstellen, Martensit dagegen eine feste Lösung (im wesentlichen) von Eisenkarbid in α-Eisen ist, so wäre Punkt B als Umwandlung des γ- in α-Eisen aufzufassen. Die Ursache der Erniedrigung wäre allerdings damit nicht klargelegt und lediglich ausgesprochen, daß die $\gamma \rightarrow \alpha$-Umwandlung unter bestimmten Bedingungen (Abkühlungsgeschwindigkeit?) nach tieferen Temperaturen verschleppt wird, ein Verhalten, daß ja auch anderorts schon erwähnt wurde. Eine Stütze seiner Anschauung findet Dejean in dem Umstand, daß ähnliche Erscheinungen wie in den zur Besprechung stehenden Stählen auch in Kohlenstoffstählen künstlich erzeugt werden können.[2])

14. Eisen und Vanadium.

Vogel und Tammann[3]) stellten das in Fig. 81[4]) wiedergegebene Zustandsdiagramm der Eisen-Vanadiumlegierungen auf. Danach sind beide Metalle im flüssigen und im festen Zustande vollkommen ineinander löslich.

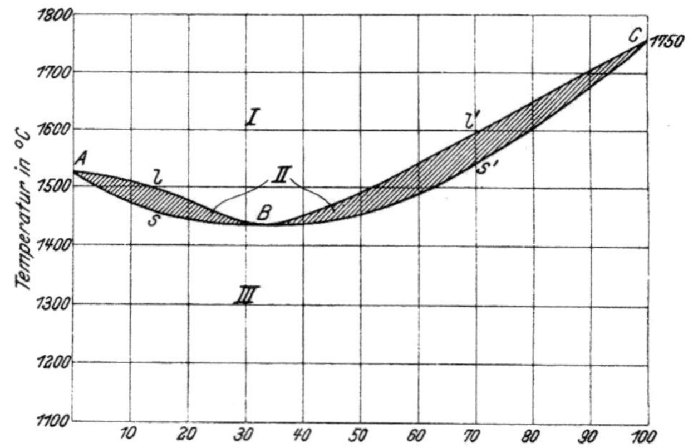

Fig. 81. Zustandsdiagramm Eisen-Vanadium. (Vogel und Tammann.)

Die Schmelzkurve weist bei 31,5% Vanadium ein Minimum auf. Diese Legierung erstarrt und schmilzt also bei 1435° wie ein reiner Körper. 1% Vanadium erniedrigt die mittlere Schmelztemperatur durchschnittlich um 3°. Der

---

1) Vgl. den Abschnitt: Härten und Anlassen.
2) Vgl. Portevin, Ir. coal Tr. Rev. 1919, 599.
3) An. Chem. 1908, **58**, 79.
4) Aus P. Goerens, Metallogr. 2. Aufl.

Einfluß des Vanadiums auf die Umwandlungspunkte des Eisens ist von Vogel und Tammann nicht ermittelt worden.

Ein ternäres Zustandsdiagramm der Eisen-Vanadium-Kohlenstofflegierungen existiert nicht. Die Stabilität der Vanadiumkarbide scheint nicht groß zu sein, denn Vanadium befördert im Roheisen die Graphitbildung. Das Guilletsche[1]) Strukturdiagramm, Fig. 82, unterscheidet außer einem rein perlitischen Feld ein solches von Perlit + Karbid und ein Karbidfeld. Technisch wichtig ist jedoch nur das erstere. Hier verteilt sich das Vanadium auf Ferrit und Zementit, d. h. die Stähle dieser Gruppe unterscheiden sich

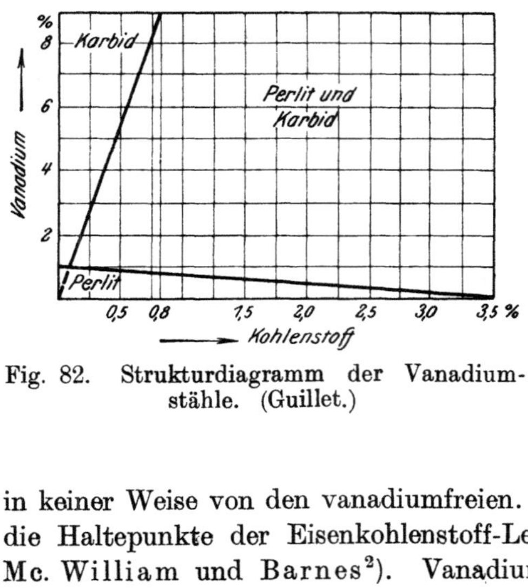

Fig. 82. Strukturdiagramm der Vanadiumstähle. (Guillet.)

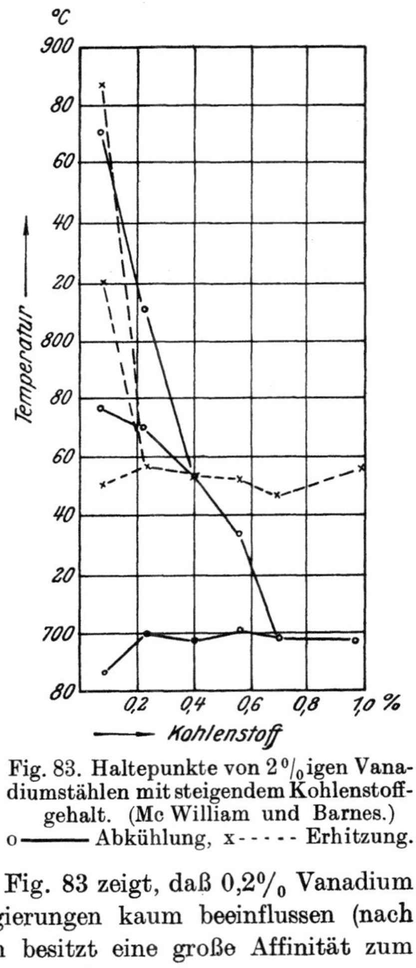

Fig. 83. Haltepunkte von 2 $^0/_0$ igen Vanadiumstählen mit steigendem Kohlenstoffgehalt. (Mc William und Barnes.) o——— Abkühlung, x- - - - - Erhitzung.

in keiner Weise von den vanadiumfreien. Fig. 83 zeigt, daß 0,2 $^0/_0$ Vanadium die Haltepunkte der Eisenkohlenstoff-Legierungen kaum beeinflussen (nach Mc. William und Barnes[2]). Vanadium besitzt eine große Affinität zum Sauerstoff, daher wird es als Desoxydationsmittel angesehen.

15. Der Einfluß einer Reihe weniger wichtiger Elemente auf die Konstitution des schmiedbaren Eisens.

Titan. Das Zustandsdiagramm der Eisen-Titanlegierungen nach Lamort[3]) ist in Fig. 84[4]) dargestellt. Beide Metalle lösen sich, soweit die Untersuchungen reichen, im geschmolzenen Zustande vollkommen, dagegen löst festes Eisen nur etwa 6,3 $^0/_0$ Titan. Auf dem Kurvenast A B beginnt die Abscheidung der Mischkristalle, auf dem Ast A D ist die Erstarrung der ungesättigten Mischkristalle beendigt. Legierungen mit 6,3 bis 13,2 $^0/_0$ Titan schei-

[1]) All. Mét.

[2]) Ir. st. Inst. 1911, I, 269; vgl. auch Pütz, Met. 1906, 635.

[3]) Fer. 1914, 325.

[4]) Aus P. Goerens, Metallographie 2. Aufl.

den primär gesättigte Mischkristalle ab. Der Erstarrungsvorgang wird beendet durch die Abscheidung des Eutektikums B mit 13,2% Titan bei 1298°. Legierungen mit 13,2% bis 22,3% scheiden primär nach B C wahrscheinlich die Verbindung Fe_3Ti (22,3% Titan) ab und der Erstarrungsvorgang findet sein Ende bei 1298° durch Abscheidung des Eutektikums B. Der Einfluß des Titans auf die Umwandlungspunkte des Eisens ist unbekannt. Bei der mikroskopischen Untersuchung erwiesen sich die Mischkristalle bis zu 6% Titan als homogen.

Titan wird wegen seiner großen Affinität zum Sauerstoff und zum Stickstoff als Desoxydations- und

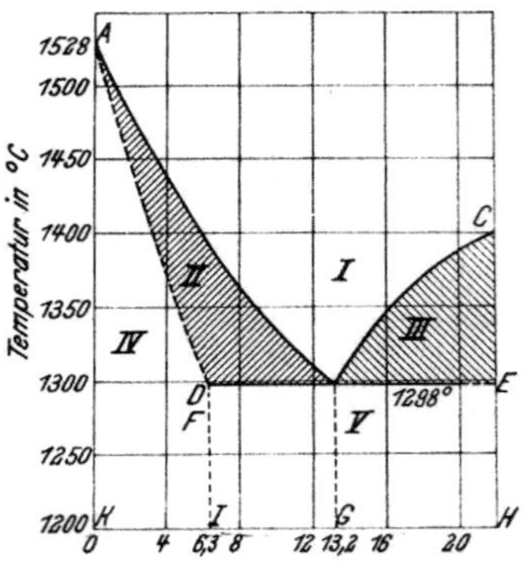

Fig. 84. Zustandsdiagramm Eisen-Titan. (Lamort.)

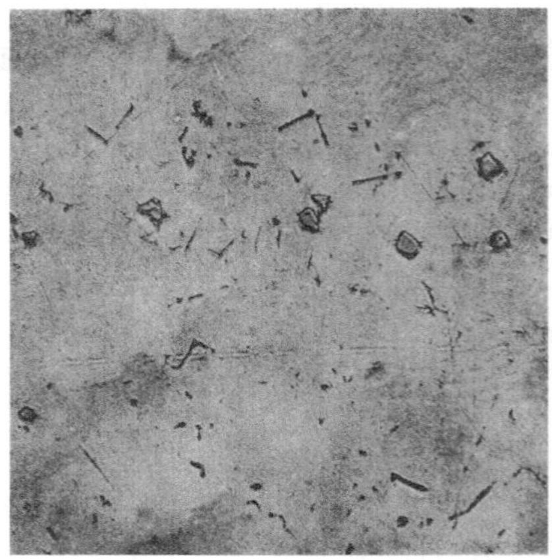

Fig. 85. Titannitrid in Ferro-Titan mit 11,9% Titan, ungeätzt, x 250. (Lamort.)

Entgasungsmittel benutzt. Mit Stickstoff bildet es ein Nitrid, das im festen Eisen unlöslich ist und unter dem Mikroskop entsprechend Fig. 85 nach Lamort in Form von quadratischen, rötlich gefärbten Kristallen bereits auf dem ungeätzten Schliff zu erkennen ist. Diese Einschlüsse sind ein unverkennbares Anzeichen für die Behandlung des Stahls mit Titan. Besonders bemerkenswert an ihnen ist der von Comstock[1]) erwähnte Umstand, daß sie durch die mechanische Formgebung im Gegensatz zu Einschlüssen andrer Art nicht deformiert werden.

Auf das Gefüge der Eisen-Kohlenstoff-Legierungen ist Titan nach Guillet[2]) ohne wesentlichen Einfluß. Dieses Ergebnis wurde durch Untersuchungen von Vogel[3]) bestätigt, der ferner fand, daß die Temperatur der Perlitumwandlung nicht verändert wird und von gewissen Gehalten an (bei 1% Kohlenstoff, 6% Titan) Titan verzögernd auf die Lage von Ar_1 einwirkt, ohne daß es jedoch bis zur Bildung martensitischen Gefüges kommt.

Kobalt. Das Zustandsdiagramm der Eisen-Kobaltlegierungen ist in Fig. 86[4]) nach Ruer und Kaneko[5]) dargestellt. Die beiden flüssigen Metalle lösen sich danach in allen Verhältnissen. Die Schmelzkurve zeigt bei 65%

1) Met. Chem. Eng. 1914, 577; St. E. 1915, 296.
2) All. mét.
3) Fer. 1917, 177.
4) Aus P. Goerens, Metallographie 2. Aufl.
5) Fer. 1913, 33.

Kobalt ein Minimum (Verbindung $FeCo_2$). Alle Legierungen erstarren zu Mischkristallen. Die $\delta \rightarrow \gamma$-Umwandlung beeinflußt das Zustandsdiagramm in ähnlicher Weise wie bei den Eisen-Kohlenstoff-, Eisen-Kupfer- und Eisen-Mangan-Legierungen. Im Gebiet VI sind alle Legierungen in Form von γ-Mischkristallen vorhanden. Die Kurve H K entspricht der Umwandlung von γ-Mischkristallen in β-Mischkristallen, J K der von β- in α- und K L M der von γ- direkt in α O N ist auf die Umwandlung von unmagnetischem β- in magnetisches α-Kobalt zurückzuführen, deren Nachweis in reinem Kobalt von Wüst,

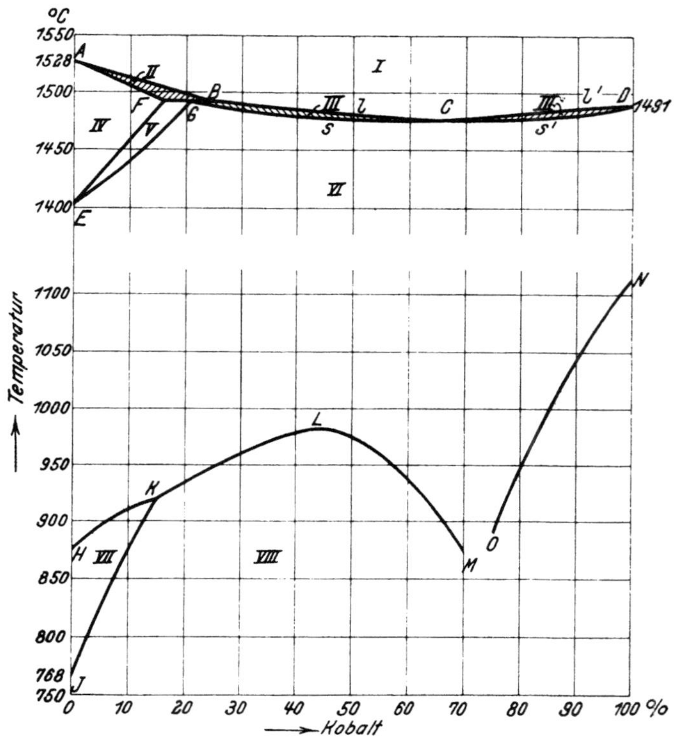

Fig. 86. Zustandsdiagramm Eisen-Kobalt. (Ruer und Kaneko.)

Durrer und Meuthen[1]) auch auf kalorimetrischem Wege erbracht wurde. Die Umwandlungen der erstarrten Legierungen sind von Ruer und Kaneko auf thermischem und magnetischem Wege ermittelt worden. Das Gefüge sämtlicher Legierungen besteht entsprechend den Forderungen des Diagramms aus homogenen Mischkristallen. Aus der Untersuchung der Sättigungsmagnetisierung schließt Weiß[2]) auf die Existenz der Verbindung Fe_2Co mit 34% Kobalt.

Ein Zustandsdiagramm der Eisen-Kobalt-Kohlenstofflegierungen ist noch nicht entworfen worden. Einzelbeobachtungen von Guillet und von Dumas[3]) ergaben, daß alle von diesen Forschern untersuchten Kobaltstähle (bis 80%

[1]) Forsch. Arb. Heft 204.

[2]) Int. Verd. 1912, II, 17.

[3]) Rev. Mét. 1905, 348.

Kobalt) perlitisch waren, sich also von reinen Eisen-Kohlenstofflegierungen in keiner Weise unterscheiden. Dumas fand bei der thermischen Untersuchung folgende Haltepunkte:

% Kohlenstoff	% Kobalt	Ar?	Ac?
0,25	5,1	795°	810°
0,27	11,8	830°	860°
0,29	15,4	885°	910°
0,16	19,8	900°	925°
0,18	25,2	910°	935°
0,12	29,2	1040°	1050°

Es ist anzunehmen, daß es sich hier um den Perlitpunkt handelt, der demnach in Übereinstimmung mit den Ergebnissen der Untersuchung binärer Legierungen mit dem Kobaltgehalt steigt.

Aluminium. Nach Gwyer[1]) lösen sich 34% Aluminium im festen Eisen. Die Temperatur beginnender Erstarrung wird im Durchschnitt pro 1% Aluminium um rd. 7°, diejenige beendeter Erstarrung um rd. 16° erniedirgt Gwyer fand ferner, daß Ar_3 pro 1% Aluminium um rd. 3° erniedrigt wird. Ar_2 konnte er nicht feststellen. Eine Ergänzung hierzu bilden die Gumlichschen,[2]) allerdings an kohlenstoffhaltigen Proben mit durchschnittlich 0,12% Kohlenstoff gewonnenen Beobachtungen, aus denen gemäß nachfolgender Tabelle hervorgeht, daß, wie durch Silizium, Ac_2 erniedrigt, Ac_1 dagegen erhöht wird, so daß beide Haltepunkte sich bei ca. 2,5% Aluminium kreuzen. Wie bei den Siliziumlegierungen sind Ac_1 auf thermischem, Ac_2 und Ar_2 auf magnetischem Wege ermittelt worden. Ar_2 war nach Gumlich sehr undeutlich. Ar_1 war ebenfalls undeutlich und lag etwa 40—50° unter Ac_1.

% Kohlenstoff	% Aluminium	Ar_2	Ac_2	Ac_1
0,12	0,53	770°	771°	753°
0,19	0,63	772°	771°	756°
0,10	1,04	770°	770°	759°
0,18	1,37	769°	770°	766°
0,12	1,56	766°	767°	758°
0,13	2,17	765°	765°	769°
0,13	3,19	756°	756°	774°
0,15	5,66	740°	739°	—
0,10	10,52	676°	676°	—

In den ternären Systemen Fe-Al-C und Fe-Si-C scheinen also ähnliche Verhältnisse zu herrschen, um so mehr als auch Aluminium die Graphitbildung begünstigt.

Bor. Eisen-Borlegierungen besitzen zwar noch keine technische Bedeutung, doch sind Zustandsdiagramm und Eigenschaften der Eisen-Borlegierungen sehr interessant und ihre zukünftige Verwertung erscheint nicht ausgeschlossen. Das Diagramm, Fig. 87 nach Hannessen[3]) ähnelt bis zu einem gewissen Grade dem der Eisenkohlenstofflegierungen. Die $\delta \rightarrow \gamma$-Umwandlung wird erniedrigt und auf der Horizontalen R S T findet die Umsetzung zwischen δ-Mischkristallen R + Schmelze T zu γ-Mischkristallen S statt. Auch die

[1]) An. Chem. 1908, **57**, 126.
[2]) Wiss. Abh. R.-A. 1918, 271.
[3]) An. Chem. 1914, **89**, 257.

$\gamma \rightarrow \beta$- und die $\beta \rightarrow \alpha$-Umwandlung werden erniedrigt und auf der Horizontalen O N K findet Umsetzung statt von β-Mischkristallen O mit γ-Mischkristallen K zu α-Mischkristallen N. Die Horizontale V L G würde der Abscheidung des Eutektoides L (0.8% Bor) von α-Mischkristallen V und Eisenborid Fe_5B_2 (analog dem Perlit der Eisenkohlenstofflegierungen) entsprechen. Diese Legierung müßte unter dem Mikroskop vollständig aus Borperlit aufgebaut sein. Die mikroskopische Untersuchung erwies aber, daß nur höchstens ein Fünftel des Gesichtsfeldes von diesem Bestandteil eingenommen war.

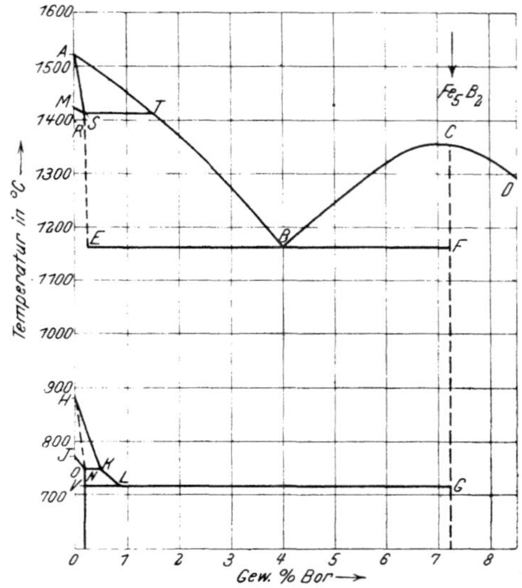

Fig. 87. Zustandsdiagramm Eisen-Bor. (Hannessen.)

Dies kann man mit Hannesen durch die Annahme erklären, daß die Punkte K L in Wirklichkeit bei niedrigeren Borgehalten liegen, die Kurve E L also ähnlich wie die Kurve E S im Diagramm Eisen-Kohlenstoff verläuft, die unter den Versuchsbedingungen Hannesens entstandenen Legierungen demnach an Bor übersättigt waren.

Zink. Ein vollständiges Zustandsdiagramm der Eisen-Zinklegierungen ist nicht vorhanden, doch ist es nach den Untersuchungen von Wologdine[1]), Vegesack[2]), Arnemann[3]) sowie Reydt und Tammann[4]) wahrscheinlich, daß beide Metalle sich im flüssigen Zustande (bei erhöhtem Druck) in allen Verhältnissen lösen. γ-Eisen vermag wahrscheinlich bis zu 19% Zink zu lösen. Dagegen löst Zink lediglich geringe Mengen der Verbindung $FeZn_7$. Die $\gamma \rightarrow \beta$- sowie die $\beta \rightarrow \alpha$-Umwandlung des Eisens wird erniedrigt; beide vereinigen sich und sowohl β- als auch α-Eisen besitzen ziemlich beträchtliche, quantitativ jedoch unbekannte Löslichkeit für Zink.

Zinn. Eisen und Zinn weisen nach Isaac und Tammann[5]) im flüssigen Zustande wie Eisen und Kupfer eine Mischungslücke auf. Flüssiges Eisen löst bis zu 50% Zinn, festes bis zu 19%. 1% Zinn erniedrigt die Temperatur beginnender Erstarrung durchschnittlich um 7,8°, diejenige beendeter Erstarrung um 21°. Flüssiges Zinn löst bis zu 12% Eisen, festes dagegen besitzt kein Lösungsvermögen für Eisen. Über die Beeinflussung der Haltepunkte des Eisens durch Zinn ist nichts bekannt.

---

[1]) Rev. Mét. 1906, 701.
[2]) An. Chem. 1907, **52**, 34.
[3]) Met. 1910, 201.
[4]) An. Chem. 1913, **83**, 257.
[5]) An. Chem. 1907, **53**, 281.

Antimon. Nach Kurnakow und Konstantinow[1]) sind Eisen und Antimon im flüssigen Zustande ineinander vollkommen löslich. Festes Eisen löst bis 5% Antimon. 1% Antimon erniedrigt die Temperatur beginnender Erstarrung durchschnittlich um 10,5°, diejenige beendeter Erstarrung um 105°. Durch Antimonzusatz wird also das Erstarrungsintervall ganz enorm vergrößert. Festes Antimon besitzt keine Löslichkeit für Eisen. Über die Beeinflussung der Haltepunkte des Eisens durch Antimon ist nichts bekannt

Silber[2]), Wismut[3]) und Blei[4]) einerseits und Eisen andererseits sind im geschmolzenen Zustande ineinander vollkommen unlöslich. Eisen-Gold-[5]) und Eisen-Platinlegierungen[6]) sind von Isaac und Tammann untersucht worden. Beide Edelmetalle und Eisen lösen sich im geschmolzenen Zustande in allen Verhältnissen. Im festen Eisen ist Platin vollkommen, Gold beschränkt (bis etwa 20%) löslich. Platin erniedrigt im Gegensatz zu Gold die Umwandlungspunkte des Eisens ganz wesentlich. Bezüglich der magnetischen Umwandlung weisen die Eisen-Platinlegierungen ähnliche Verhältnisse wie die Eisen-Nickellegierungen auf.

16. Übersicht über die Konstitution der ternären Spezialstähle.

Man kann die Spezialstähle in zwei große Gruppen einteilen. Der ersten gehören an:

Manganstähle,
Nickelstähle,

der zweiten:

Chromstähle,
Wolframstähle,
Molybdänstähle,
Vanadiumstähle.

Beiden Gruppen gemeinsam ist ein Konzentrationsgebiet, innerhalb dessen sich das Gefüge prinzipiell von dem der langsam abgekühlten reinen Kohlenstoffstähle nicht unterscheidet. Guillet hat dieses Gebiet mit Recht das Gebiet der perlitischen Stähle genannt. Es scheint zunächst noch vom praktischen Standpunkt aus unerheblich zu sein, in welcher Form das Spezialelement vorhanden ist und in welcher Weise es sich auf Ferrit und Zementit verteilt.[7]) Die Elemente Phosphor, Silizium, Aluminium, Titan und Kobalt verhalten sich innerhalb der im technischen schmiedbaren Eisen vorkommenden bzw. vorteilhaften Grenzen ebenfalls in diesem Sinne, beeinflussen also das Gefüge auch nicht. Die Wirkung des Siliziums und Aluminiums auf die Temperkohlebildung ist allerdings zu beachten.

Innerhalb des perlitischen Konzentrationsgebietes unterscheiden sich die beiden Gruppen aber dadurch, daß die Temperatur der Perlitbildung für

[1]) An. Chem. 1908, **58**, 1.
[2]) Petrenko, An. Chem. 1907, **53**, 291.
[3]) Isaac und Tammann, An. Chem. 1907, **55**, 58.
[4]) Isaac und Tammann, An. Chem. 1907, **55**, 58.
[5]) Isaac und Tammann, An. Chem. 1907, **53**, 291.
[6]) Isaac und Tammann, An. Chem. 1907, **53**, 63.
[7]) Über zwei mögliche Fälle s. Vogel, Fer. 1917, 177.

die erste Gruppe sinkt und zwar bei der Abkühlung rascher als bei der Erhitzung, während in der zweiten Gruppe dies nicht so sehr der Fall ist, obwohl auch hier die Neigung zur Hysterese, insbesondere bei Wolfram und Molybdän, zweifellos vorhanden ist. Das Sinken der Perlitumwandlung in der ersten Gruppe bedingt für die beiden Elemente Mangan und Nickel, vielleicht aus verschiedenen, hier nicht näher zu erörternden Gründen, daß von gewissen Konzentrationen ab diese Umwandlung bei, bzw. unter Zimmertemperatur erfolgt, die Stähle dieser Gruppe also das Gefüge der abgeschreckten Stähle aufweisen. Dies bewirkt das Auftreten neuer Gefügefelder, der martensitischen, austenitischen und der Übergangsgebiete.

Auch in den Stählen der zweiten Gruppe tritt ein neues Gefügefeld und zwar das von Guillet vielleicht nicht ganz mit Recht Doppelkarbidfeld genannte Gebiet auf. Es konnte gezeigt werden, daß dieses Feld wahrscheinlich darauf zurückzuführen ist, daß die Elemente der zweiten Gruppe die Sättigungskonzentration der Mischkristalle für Kohlenstoff (Punkt E im Eisen-Kohlenstoff-Diagramm) wesentlich heruntersetzt, so daß also ein dem Ledeburit analoges Eutektikum bei niedrigeren Kohlenstoffgehalten erscheint als in reinen Eisen-Kohlenstofflegierungen. Untersuchungen an nicht verarbeiteten Legierungen dürften über diesen Punkt Aufschluß bringen.

17. Quaternäre und komplexe Stähle.

Die nicht zu umgehende Anwesenheit anderer Elemente als Eisen und Kohlenstoff macht das schmiedbare Eisen zum komplexen System. Über die Konstitution solcher Systeme, deren Mannigfaltigkeit natürlich eine außerordentliche ist, bestehen so gut wie keine exakte Unterlagen. Indessen hat die bisherige Erfahrung gelehrt, daß die in Betracht kommenden Elemente im gleichen Sinne wie in den ternären Systemen wirken. Von den ständigen Begleitern des Eisens bildet also nur der Schwefel ein neues Gefügeelement, das sich als Schwefeleisen- oder Schwefelmangan-Eutektikum oder als Gemisch aus beiden in den primären Korngrenzen vorfindet und dessen Erstarrung den Gesamterstarrungsvorgang zum Abschlusse bringt bzw. bei höheren Mangan- und Kohlenstoffgehalten einleitet.

Wenn größere Mengen von Spezialelementen zugegen sind, kann von vornherein über das Ergebnis nichts ausgesagt werden, obwohl auch dann jedes Element seine typische Wirkungsweise beizubehalten scheint. Von besonderer Bedeutung wird dies natürlich, wenn Elemente zweier verschiedener Gruppen zugesetzt werden. So zeigt das nachfolgende Beispiel quaternärer Chromnickelstähle nach Guillet[1]), daß Nickelmengen, die in chromfreien Stählen eine konstante und nicht allzu große Temperaturhysteresis herbeiführen, diese in Nickelchromstählen wesentlich vergrößern, und zwar hauptsächlich durch Erniedrigung des Haltepunktes bei der Abkühlung. Das Gefüge dieser Stähle wird martensitisch, wenn der Haltepunkt bei der Abkühlung auf 350° gesunken ist. Bei 6—7% Chrom, also weit früher als in nickelfreien Stählen, tritt ein dem Doppelkarbid der Chromstähle ähnlicher Bestandteil auf.

[1]) C. R. 1913, **153**, 1774 sowie 1914, **158**, 412.

Zusammensetzung			Haltepunkte	
Kohlenstoff %	Nickel %	Chrom %	Erhitzung °C	Abkühlung °C
0,15	2,13	0,06	670	640
0,16	2,05	0,90	705	615
0,26	2,20	1,00	700	590
0,15	2,04	1,99	715	430
0,23	2,36	3,00	715	350
0,22	2,19	4,84	730	240
0,24	2,20	5,29	720	230
0,19	2,52	7,17	715	210
0,34	1,90	10,25	720	—
0,07	3,89	0,00	655—725	630—550
0,16	4,28	0,95	700	425
0,13	4,24	1,90	700	360
0,15	4,30	3,05	705	250
0,18	3,88	5,85	715	230
0,18	4,01	8,26	715	200
0,27	4,17	13,87	715	—

Weitere Beispiele des Gefügeaufbaues quaternärer Stähle sind in den Tabellen 210 im dritten Teil dieses Buches wiedergegeben.

Die technisch hochwichtigen Schnelldrehstähle enthalten neben Kohlenstoff Chrom und Wolfram bzw. seltener Chrom und Molybdän in größeren Mengen. Das Hinzutreten von Chrom zu den Wolfram- bzw. Molybdänstählen ändert prinzipiell weder die mikroskopischen noch die thermischen Eigenschaften der letzteren, was in Anbetracht des Umstandes, daß diese Elemente der gleichen Gruppe angehören, zu erwarten steht.[1])

18. Gase.

Schmiedbares Eisen enthält häufig Hohlräume, die mit Gasen angefüllt und unter dem Namen Gasblasen bekannt sind. Aber auch dem Augenschein nach gasblasenfreies Eisen gibt im luftleeren Raum Gas ab, dessen Volumen ein vielfaches des Eisenvolumens sein kann. Die Zusammensetzung des in den Gasblasen enthaltenen sowie der vom Eisen in unsichtbarer Form festgehaltenen oder okkludierten Gase schwankt zwar nach den in der Literatur vorhandenen Angaben in weiten Grenzen, doch besteht Übereinstimmung in bezug auf die Tatsache, daß hauptsächlich Gemische von Kohlenoxyd, Wasserstoff, Stickstoff und Kohlendioxyd vorkommen.

Freier gasförmiger Sauerstoff dürfte kaum im erkalteten Eisen anwesend sein, da der Sauerstoff, der während der Herstellung des Eisens mit diesem in Berührung kommt, das Eisen bzw. die leichter als Eisen oxydierbaren Fremdkörper oxydiert und dabei feste Oxydationsprodukte bildet. Der metallurgische Ausdruck Sauerstoff bezieht sich auf diese Produkte, die im nächstfolgenden Abschnitt, Schlackeneinschlüsse, besprochen werden.

[1]) Über den Einfluß wachsender Chrom- und Wolframmengen in diesen Stählen vgl. Carpenter, Ir. st. Inst. 1905, I, 433, sowie Edwards, Ir. st. Inst. 1908, II, 104.

Baker[1]) fand außer den bisher erwähnten Gasen noch geringe Mengen Methan.

An dieser Stelle sollen hauptsächlich die okkludierten Gase besprochen werden, während die Gasblasen im fünften Teil dieses Buches Erwähnung finden. Die Menge der ersteren schwankt beträchtlich. P. Goerens und Paquet[2]) fanden nach dem von P. Goerens[3]) eingeführten Gasbestimmungsverfahren (Extrahieren der Gase aus dem flüssigen. durch Zusatz von Antimon und Zinn leicht schmelzbar gemachten Eisen):

in Thomasflußeisen	22—49	ccm Gas pro	100	g Eisen,
„ Martinflußeisen	38—78	„ „ „	100	„ „
„ Elektrostahl	10—105	„ „ „	100	„ „
„ Tiegelstahl	29—152	„ „ „	100	„ „

Eine direkte Abhängigkeit vom Herstellungsverfahren ist hiernach nicht festzustellen, wie denn auch diese Werte keinesfalls als feststehende Grenzen, innerhalb derer der Gasgehalt der erwähnten Eisensorten schwankt, angesehen werden dürfen. Als Beispiel für die Zusammensetzung der Gase seien folgende nach P. Goerens erwähnt:

Material	Chemische Zusammensetzung					Prozentuale Zusammensetzung der Gase			
	P	Mn	C	S	Si	CO_2	CO	H	N
Thomasflußeisen . .	0,1	0,49	0,08	0,05	0,05	14,7	65,1	12,2	8,0
Elektroflußeisen . . .	0,1	0,22	0,15	0,04	0,17	4,7	78,3	11,7	5,3
Martinflußeisen . . .	0,05	0,93	0,14	0,04	0,24	1,7	68,4	15,4	14,5

Das Eisen gelangt während der Herstellung je nach dem angewendeten Verfahren mit mehr oder minder großen Gasmengen wechselnder Beschaffenheit in Berührung. Wie jede Flüssigkeit löst auch das flüssige Eisen Gase, die entweder direkt im Ofen aus den Heiz- oder Frischgasen oder auf Grund chemischer Reaktionen im Eisenbade aufgenommen wurden. Es ist anzunehmen, daß das Lösungsvermögen des Eisens für Gase mit sinkender Temperatur abnimmt, bei der Erstarrung eine weitere plötzliche, sehr starke Abnahme erfolgt und das feste Eisen ebenfalls noch ein gewisses Lösungsvermögen für Gase aufweist, das aber mit sinkender Temperatur auch abnimmt.

Ein Teil des Kohlenoxydgehaltes dürfte seine Entstehung der Einwirkung des im Eisenbade enthaltenen oder diesem zur Desoxydation in Form von Mangan- und Eisenkarbid zugesetzten Kohlenstoffs auf Eisen- oder Manganoxydul verdanken.

Wie aus den nachfolgenden Zahlen von P. Goerens[4]) hervorgeht, steigt mit dem Gesamtgasgehalt auch der Kohlenoxydgehalt des Eisens infolge der Desoxydation beim Thomasprozeß unverhältnismäßig stärker als beim Martin-

[1]) Ir. st. Inst. 1909; C. Sc. M. I, 219.

[2]) Fer. 1915, 57.

[3]) St. E. 1910, 1514; vgl. auch P. Goerens und Paquet a. a. O.; P. Goerens und Collart, Fer. 1916, 145; Oberhoffer und Beutell, sowie Piwowarski, St. E. demnächst.

[4]) a. a. O. vgl. a. P Goerens und Paquet a. a. O., wo weitere Beispiele mitgeteilt sind.

prozeß, was wohl auf den höheren Gehalt an Sauerstoffverbindungen des ersteren vor der Desoxydation zurückzuführen ist.

Material	Chemische Zusammensetzung					Prozentuale Gaszusammesetzung				Gesamtgasgehalt pro 100 g Eisen ccm
	P	Mn	C	S	Si	CO_2	CO	H	N	
Thomasflußeisen v. d. Desoxydat.	0,07	0,23	0,05	0,06	0,02	20,1	42,1	24,2	13,6	13,0
desgl., nach der Desoxydation .	0,08	0,40	0,07	0,04	0,02	7,8	76,3	6,0	9,9	43,0
Martinflußeisen . v. d. Desoxydat.	0,03	0,30	0,09	0,05	0,003	2,2	85,6	7,4	4,8	21,6
desgl., nach der Desoxydation .	0,03	0,90	0,14	0,04	0,35	3,4	82,8	8,1	5,7	24,2

Der größte Teil des Wasserstoffgehaltes wird wohl infolge der Zersetzung von Feuchtigkeit aus der Luft und aus den Heiz- und Verbrennungsgasen in Berührung mit dem flüssigen Eisen gebildet und von diesem aufgenommen. Die Menge des in Abhängigkeit von der Temperatur bei konstantem Druck von einer Atmosphäre vom Eisen aufgenommenen Wasserstoffs ist nach Sieverts[1]) in Fig. 88 dargestellt. Die Löslichkeit des flüssigen Eisens für Wasserstoff nimmt mit sinkender Temperatur bis zum Erstarrungspunkt des Eisens linear ab. Bei der Erstarrung verringert sich die Löslichkeit des Eisens für Wasserstoff beträchtlich; erstarrendes, mit Wasserstoff gesättigtes Eisen gibt demnach große Wasserstoffmengen ab. Aber auch bei der Abkühlung entweicht aus dem festen Eisen noch Wasserstoff infolge des mit sinkender Temperatur abnehmenden Lösungsvermögens des Eisens für dieses Gas. Die Modifikationen des Eisens scheinen sich verschieden zu verhalten, wie dies aus der Fig. 88. wenigstens bezüglich des γ- und β-Eisens, hervorgeht. Erhitzt man hochwasserstoffhaltiges etwa Elektrolyteisen im luftleeren Raum unter gleichzeitiger Aufnahme einer Temperatur-Zeitkurve, so treten auf dieser Kurve außer den dem Eisen zukommenden noch bei einer Reihe anderer Temperaturen[2]) Haltepunkte auf, die mit dem Entweichen des Wasserstoffs zusammenhängen und bei mehrmaligem Erhitzen des Eisens verschwinden. Hieraus würde hervorgehen, daß die Wasserstoffabgabe mit Wärmetönung verknüpft ist. Daß die Umwandlungsvorgänge im schmiedbaren Eisen seine Löslichkeit

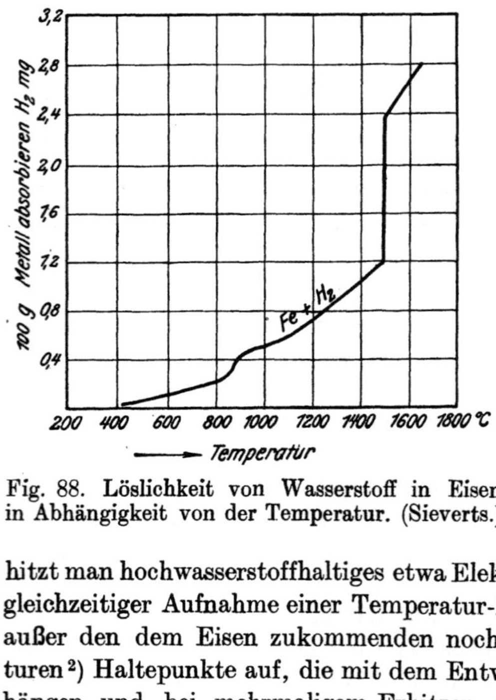

Fig. 88. Löslichkeit von Wasserstoff in Eisen in Abhängigkeit von der Temperatur. (Sieverts.)

[1]) Sieverts und Krumbhaar, Ber. Chem Ges. 1910, **43**, 893 sowie Sieverts Elektroch. **1910**, 707.

[2]) Vgl. Roberts-Austen, Mech. Eng. 1899, 35, sowie A. Müller, Met. 1909, 145.

für Wasserstoff beeinflussen, nehmen auch Belloc[1]) und Baker[2]) an. Belloc beobachtete zwischen 500 und 600° besonders starke Gasentwicklung, die er der von Osmond vermuteten A_0 genannten Umwandlung zuschreibt, für deren Existenz spätere Untersuchungen jedoch keine Bestätigung erbrachten. Außer der Temperatur beeinflußt auch der Druck das Lösungsvermögen des Eisens für Wasserstoff (und wahrscheinlich auch für andere Gase), und zwar gilt bei konstanter Temperatur nach Sieverts für flüssiges und festes Eisen die Beziehung

$$m = C\sqrt{p},$$

wo m die gelöste Gasmenge, p den Druck in Atmosphären, C eine Konstante bedeutet. Endlich beeinflußt auch die chemische Zusammensetzung des Eisens sein Lösungsvermögen, doch sind Beziehungen bisher für Einzelgase noch nicht ermittelt worden. Brinell und Wahlberg[3]) stellten fest, daß der sichtbare Gesamtgehalt an Gasen oder die Zahl der Gasblasen gleich Null, also das Material im metallurgischen Sinne dicht wird, wenn die nachfolgende Beziehung erfüllt ist:

$$\text{Mn} + 5{,}2\ \text{Si} + 90\ \text{Al} = 1{,}66 \text{ bis } 2{,}05,$$

wo Mn, Si und Al den Prozentsatz dieser Elemente bedeutet. Diese Gleichung gilt aber nur für die speziellen Versuchsbedingungen von Brinell und Wahlberg in bezug auf Blockgröße (240 × 240 mm Querschnitt), Gießtemperatur usw. Die beruhigende Wirkung, die die genannten Fremdkörper auf das Stahlbad ausüben ist längst bekannt und sie wird praktisch ausgenutzt. Ob diese Wirkung von Silizium und Aluminium in der Erhöhung des Lösungsvermögens von flüssigem Eisen für Gase besteht, ist nicht sicher. Ein Versuch Bakers[4]) spricht dafür, soweit wenigstens Aluminium in Frage kommt. Ein Material mit 0,8% Kohlenstoff wurde einmal mit Aluminiumzusatz, sodann ohne solchen vergossen. Die Gasbestimmung bei etwa 1000° ergab:

	ccm Gas auf 100 g Eisen					Gesamte Gasmenge bzw. auf 100 g Eisen ccm
	CO_2	H_2	CO	CH_4	N_2	
Im ersten Falle (mit Aluminium)	1,54	47,77	41,83	0,66	0,77	91,86
Im zweiten Falle (ohne Aluminium)	0,37	22,99	17,85	0,73	0,20	42,09

Kohlenoxyd soll nach Sieverts oberhalb 1000° mit Eisen reagieren, doch wird über die Art der Reaktion nichts ausgesagt.[5]) Auch dieses Gas wird nach Belloc bei der Erhitzung des Eisens in der Hauptsache bei den Haltepunkten abgegeben. Nach Troost und Hautefeuille[6]) ist die Löslichkeit des Stahls geringer für Kohlenoxyd als für Wasserstoff und letzteres Gas leichter zu extrahieren als ersteres. Beim weichen Eisen dagegen sollen die Verhältnisse umgekehrt liegen. Eine Beeinflussung des Gefüges durch die okkludierten Gase Wasserstoff und Kohlenoxyd ist bisher nicht beobachtet worden.

[1]) Rev. Mét. 1908, 469.
[2]) Ir. st. Inst. 1909, C. Sc. M. I, 219; Ir. st. Inst. 1911, C. Sc. M. III, 249.
[3]) St. E. 1903, 46.
[4]) a. a. O.
[5]) Wahrscheinlich handelt es sich um Zementationsvorgänge (s. d.).
[6]) Ann. Chim. et Phys. 1876 (5) **7**, 155.

Ob das Kohlendioxyd als Produkt der Oxydation des Kohlenoxydes durch Luft oder Oxydulsauerstoff vom flüssigen Eisen aufgenommen werden kann oder erst bei der zur Gasbestimmung erforderlichen Erhitzung des Probematerials durch die Umsetzung: $2\,CO \leftrightarrows C + CO_2$ gebildet wird, ist unentschieden. Ersteres ist zwar wegen der geringen Stabilität des Kohlendioxyds bei den in Betracht kommenden Temperaturen unwahrscheinlich, indessen fand Goutal[1]) bei dem in der Kälte erfolgenden Umsetzen des Eisens mit Kupfersalzen in den hierbei gebildeten Gasen auch Kohlendioxyd.

Die Bestimmung des Stickstoffs erfolgt einmal bei der Gasbestimmung durch Differenz, sodann auf analytischem Wege durch Überführung in Ammoniak (Kjeldahl). Ob die Resultate beider Methoden unmittelbar vergleichbar sind, ist noch nicht untersucht worden. Der auf analytischem Wege ermittelte Stickstoffgehalt des Eisens hat bisher das meiste Interesse beansprucht.

Von größter Bedeutung ist hierbei die Frage des analytischen Verfahrens. Diese Frage kann hier nicht in ihren Einzelheiten erörtert werden. Es genüge der Hinweis, daß die seinerzeit von Braune[2]) veröffentlichten Werte angezweifelt wurden. Tschischewski[3]) fand keine Übereinstimmung nach der Brauneschen Methode. Das von ihm ausgearbeitete Verfahren lieferte dagegen übereinstimmende Werte, die aber wesentlich niedriger als die Brauneschen liegen. So fand er im Martinstahl 0,00312 —0,00532 und im Bessemerstahl 0,0135—0,0153% Stickstoff. Grabe[4]) bestätigte, daß die von Braune gefundenen Werte zu hoch seien und führte dies im wesentlichen auf die Verunreinigung der Reagentien zurück. In einer größeren Arbeit prüfte Tschischewski[5]) sehr ausführlich die von De Osa[6]) gegen seine Methode erhobenen Einwände und weist sie als unbegründet zurück. Die inhaltreiche Arbeit Tschischewskis enthält neben manchen bekannten, eine Reihe neuer Gesichtspunkte für die Beurteilung der Beziehungen des Stickstoffs zum technischen Eisen. Die Hauptergebnisse Tschischewskis sind folgende. Mit Ammoniak läßt sich Eisen nitrieren und zwar liegt das Maximum der Aufnahmefähigkeit je nach der Feinheit der Späne bei 450° bis 600° und beträgt 11,1% Stickstoff entsprechend der Verbindung Fe_2N. Diese Verbindung ist aber sehr unbeständig und wird schon durch Glühen (selbst im Stickstoffstrom) wieder zersetzt. Im Ammoniakstrom nitriertes Eisen war nach dem Glühen bei 1200° stickstoffrei. Mit reinem Stickstoff ließ sich nicht die geringste Stickstoffaufnahme bewerkstelligen. Dieser Umstand steht im Widerspruch zu der Tatsache, daß technisches Eisen Stickstoff enthält. Tschischewski sucht den Widerspruch dadurch zu lösen, daß er Mangan und Silizium für die Stickstoffaufnahme verantwortlich macht. Es gelang ihm in der Tat, wichtige Anhaltspunkte aufzufinden. Es wies experimentell nach, daß praktisch reines Mangan bzw. Silizium im Gegensatz zu Eisen im Stickstoffstrom nitriert werden

---

1) Rev. Mét. 1910, 6.
2) St. E. 1904, 1184; Rev. Mét. 1905, 502; St. E. 1906, 1157, 1431, 1496; 1907, 75, 472.
3) St. E. 1908, 397.
4) Rev. Mét. 1908, 353.
5) Diss. Eisen und Stickstoff, Tomsk 1914., St. E. 1916, 147.
6) Rev. Mét. 1908, 493.

können. Bei 1000° wird die Verbindung MnN mit 20% Stickstoff gebildet, deren Stabilität größer als die der Eisenstickstoffverbindung ist. So ergab eine im elektrischen Ofen aus 15 g Elektrolyteisen und 35 g MnN bei 1550° erschmolzene Legierung 0,012% Stickstoff. Späne einer 20%igen Eisenmangan-Legierung nahmen bei einstündigem Glühen im Stickstoffstrom bei 900° 1,79, bei 1130° 0,099 und bei 1300° 0,045% Stickstoff auf. 80% Ferromangan enthielt rd. 0,06% Stickstoff. Da die mit MnN erschmolzene Legierung unter dem Mikroskop keinen neuen Bestandteil aufweist, nimmt Tschischewski an, daß die Manganstickstoff-Verbindung im Eisen löslich ist. Durch Umschmelzen von Silizium im Stickstoffstrom bei 1500° erhielt Tschischewski die Verbindung Si_2N_3, die sehr beständig ist und nur durch Schmelzen mit KOH unter Bildung von Ammoniak zersetzt werden kann. 1 g Stickstoffsilizium mit 15 g Elektrolyteisen bei 1700° umgeschmolzen, ergab eine Legierung mit 0,186% Stickstoff, die sehr hart war, unter dem Mikroskop aber keinen neuen Gefügebestandteil zeigte. Tschischewski nimmt daher an, daß auch das Stickstoffsilizium mit Eisen Mischkristalle bildet. 14%iges Ferrosilizium enthielt 0,034% Stickstoff. Die Stickstoffbestimmung nach dem üblichen (Kjeldahlschen) Verfahren ergibt wegen der Beständigkeit der Stickstoffsiliziumverbindung zu niedrige Werte, doch zeigten besondere Versuche mit der erwähnten Legierung von Stickstoffsilizium und Elektrolyteisen, daß der Fehler zu vernachlässigen ist. Dies deutet darauf hin, daß das in fester Lösung befindliche Stickstoffsilizium weniger beständig als das freie ist. Jedenfalls aber gelangt Tschischewski zu dem Schluß, daß der im technischen Eisen enthaltene Stickstoff, an Silizium und Mangan gebundene, in fester Lösung zugegen und die entgasende Wirkung des Siliziums eine Folge der hohen Verwandtschaft dieses Elementes zum Stickstoff sei. Dies letztere trifft übrigens nach Tschischewskis Versuchen auch für Aluminium zu. Die Aluminiumstickstoff-Verbindung AlN ist wie die entsprechende Siliziumverbindung sehr stabil und bildet mit Eisen Mischkristalle. Auch Titan besitzt eine große Verwandtschaft zum Stickstoff, jedoch löst sich die Stickstofftitanverbindung im Gegensatz zu den entsprechenden Verbindungen des Siliziums, Mangans und Aluminiums nicht im Eisen, vielmehr erscheint ein neuer Gefügebestandteil unter dem Mikroskop, der bereits an anderer Stelle beschrieben wurde (s. S. 74).

Wenn auch nach Tschischewskis Auffassung der im Ammoniakstrom erzeugten Eisen-Stickstoff-Verbindung wegen ihrer geringen Stabilität keine technische Bedeutung zukommt, so interessieren doch die thermischen und mikroskopischen Eigenschaften der auf diesem Wege erzeugten Eisenstickstoff-Legierungen. Nitriertes Elektrolyteisen ergab nach Andrew[1]) bei der ersten Erhitzung Haltepunkte bei 635 und 735°; bei der ersten Abkühlung war ein Haltepunkt bei 750° zu erkennen. Bei der vierzehnten Erhitzung derselben Probe zeigten sich die dem reinen Eisen zukommenden Haltepunkte bei 768 (Ac_2) bzw. 935° (Ac_3) und bei der vierzehnten Abkühlung bei 880 (Ar_3) bzw. bei 750° (Ar_2). Strauß[2]) erhitzte ein auf 0,22% Stickstoff nitriertes Elektrolyt-

[1]) Ir. st. Inst. C. Sc. M. 1911, III, 236.
[2]) St. E. 1914, 1814.

eisen auf 1000° und konnte bei der Abkühlung das Verschwinden von A_3 feststellen, nach der dritten Erhitzung auf 1200° traten auch hier die Haltepunkte wieder in normaler Lage auf. Ein vollständiges Zustandsdiagramm der Eisenstickstofflegierungen fehlt, doch lassen die zahlreichen und übereinstimmenden Beobachtungen über die durch Stickstoff verursachten Gefügeänderungen es wahrscheinlich erscheinen, daß die Verbindung Fe_2N bis zu einem gewissen Prozentgehalt im festen (α-)Eisen löslich ist und das Gefüge dieser festen Lösung durch das Auftreten von Zwillingsstreifung gekennzeichnet wird (vgl. Fig. 89). Über einen gewissen Stickstoffgehalt hinaus tritt zwischen den Kristallbegrenzungen ein durch gewöhnliche Ätzmittel dunkel gefärbter, dem Perlit ähnlicher Gefügebestandteil auf, dessen Menge mit zunehmenden Stickstoffgehalt rasch zunimmt (Fig. 90) um bei einem gewissen, noch unbekannten Stickstoffgehalt das ganze Gesichtsfeld auszufüllen. Endlich beobachtete

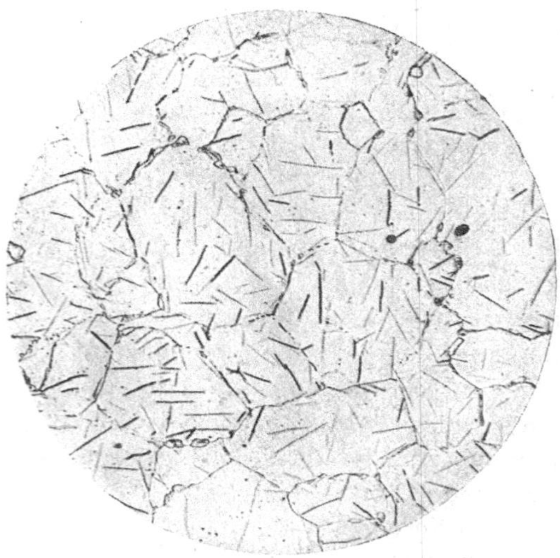

Fig. 89. Eisen-Stickstoff-Legierung mit geringem Stickstoffgehalt, Ätzung II, x 100.

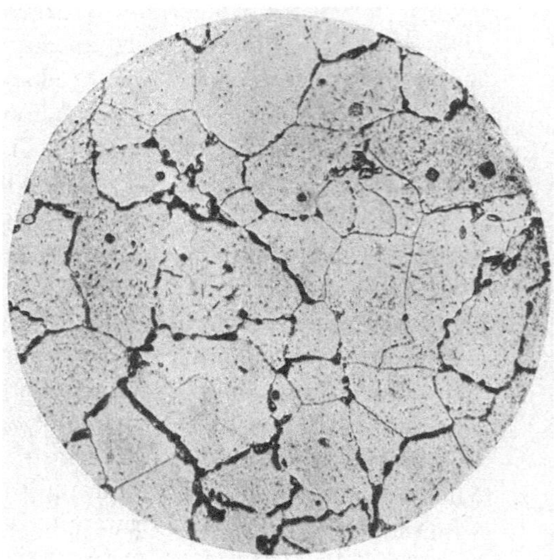

Fig. 90. Eisen-Stickstoff-Legierung mit hohem Stickstoffgehalt, ungeätzt, x 100.

Hanaman[1]) eine dritte Gruppe von Eisenstickstofflegierungen mit noch höherem Stickstoffgehalt, die zunächst neben dem vorerwähnten dunklen eutektoidähnlichen einen neuen hellen und offenbar stickstoffreichen Bestandteil zeigen, dessen Menge mit steigendem Stickstoffgehalt zunimmt. Durch Abschrecken der Eisenstickstofflegierungen bei Temperaturen von 600—750° C erhält man[2]) martensitähnliche Produkte. Es scheinen demnach die Eisenmodifikationen verschiedene Löslichkeit für Stickstoff zu besitzen. In der übereutektoidischen Randschicht von zementierten Gegenständen beobachtete Kirner[3]) einen stickstoffreichen Bestandteil, den er mit Rücksicht auf seine

[1]) Diss. Berlin 1913.

[2]) Tschischewski, Eisen und Stickstoff, Diss. Tomsk 1914, St. E. 1916, 147.

[3]) Met. 1911, 76.

gelbe Farbe Flavit nannte und der seinem Gefüge nach als feste Lösung anzusprechen ist. Die Gegenwart dieses Bestandteils führt Kirner auf die nitrierende Wirkung organischer, ammoniakbildender Zementiermittel zurück.

19. Schlackeneinschlüsse.

Es herrscht keine Übereinstimmung bezüglich der Definition der Schlackeneinschlüsse[1]) Sie werden häufig als nicht metallische Einschlüsse bezeichneit, weil man sie schon auf der ungeätzten polierten Oberfläche des schmiedbaren Eisens erkennen kann. Bis zu einem gewissen Grade bietet ihre Farbe eine Unterscheidungs- und Einteilungsmöglichkeit. Die hochschwefelhaltigen oder sulfidischen Einschlüsse. die bereits bei den Eisenschwefellegierungen besprochen wurden. besitzen charakteristische gelblichbraune bis hellgraue Färbung. Oxydische. d. h. aus Sauerstoffverbindungen des Eisens und seiner Begleitelemente bzw. aus Kalk, Magnesia und Tonerde aufgebaute Einschlüsse sind meist dunkelgrau bis schwarz gefärbt. Diese Trennung in oxydische und sulfidische Einschlüsse ist aber nicht streng durchführbar, weil auch Gemische beider möglich sind. Ein weiteres Unterscheidungsmerkmal ist die Löslichkeit der Einschlüsse im flüssigen Eisen. Ist Löslichkeit vorhanden, so scheiden sich die Einschlüsse mit sinkender Temperatur nach den für Legierungen geltenden Gesetzen ab und man spricht von Segregationseinschlüssen. Beim Fehlen der Löslichkeit können die Einschlüsse suspendiert sein und man spricht von Suspensionseinschlüssen. Während im ersten Falle eine gesetzmäßige Form und Anordnung der Einschlüsse (primäre, eutektische Kristallisation z. B. bei den schwefelhaltigen Einschlüssen) beobachtet wird, ist dies in Suspensionen nicht der Fall. Indessen läßt sich eine Entscheidung darüber, ob Segregations- oder Suspensionseinschlüsse vorliegen, nur am nicht verarbeiteten (also nicht gewalzten, geschmiedeten usw.) Material mit Sicherheit treffen.

Da das Eisen während des Herstellungsverfahrens[2]) in ständiger Berührung mit meist flüssiger Schlacke ist, kann an eine beschränkte Löslichkeit dieser Schlacke (Ofenschlacke) im flüssigen Eisen gedacht werden, die dann bei der Erstarrung ausgeschieden würde. Es können ferner nach inniger Vermischung von Schlacke und Eisen z. B. beim Abstechen der Charge oder bei dem Windfrischverfahren trotz des großen Unterschiedes der spezifischen Gewichte geringe Schlackenmengen im Eisen suspendiert bleiben. Endlich können aus dem feuerfesten Material der Pfannenauskleidung, der Stopfenstangen-Verkleidung, des Stopfens und Ausgusses, der Eingußtrichter, der Trichterrohre und Kanalsteine beim Gießen von unten, Teilchen mechanisch mitgerissen und ebenfalls gelöst werden oder suspendiert bleiben.[3]) Trotzdem keine dieser Annahmen ohne weiteres von der Hand zu weisen ist, liegt genügendes Versuchsmaterial zur Entscheidung der Frage bei weitem noch nicht vor. Dagegen betonen fast alle Forscher und Fachleute, die sich eingehender

[1]) Vgl. Hibbard. Int. Verb. 1912. II, 10 nebst Diskussion.

[2]) Die nachfolgenden Ausführungen beziehen sich lediglich auf die Verfahren zur Erzeugung von Flußeisen. Es ist klar, daß die im Schweißeisen in so großen Mengen enthaltenen Schlackeneinschlüsse mit den Schlacken der Schweißeisenerzeugung identisch sind.

[3]) F. Pacher, St. E. 1912, Abb. 47.

mit dem Gegenstand befaßten, daß die Hauptmenge der Schlackeneinschlüsse während und nach der Desoxydation im Ofen, in der Pfanne (Pfannenschlacke) oder sogar in der Gußform (Blockschaum) gebildet werden, also mit den Schlacken im allgemeinen metallurgischen Sinne nicht identisch sind. Bei der Reaktion des Desoxydationsmittels (Spiegeleisen, Ferromangan, Silikospiegel, Ferrosilizium, Aluminium) mit dem im Eisen enthaltenen Eisenoxydul bilden sich außer Kohlenoxyd, Manganoxydul, Kieselsäure bzw. Tonerde, zu denen im Ofen und in der Pfanne Kalk und Magnesia als Bestandteile des Herdes bzw. des Futters hinzutreten können. Der Verlauf des Desoxydationsvorganges sowie das Verhalten aller dieser Stoffe zueinander ist maßgebend für den Aufbau der entstehenden Schlacke; Zeit und Temperatur, Menge der Produkte und Verhalten der entstandenen Schlacke zum Eisen sind ihrerseits

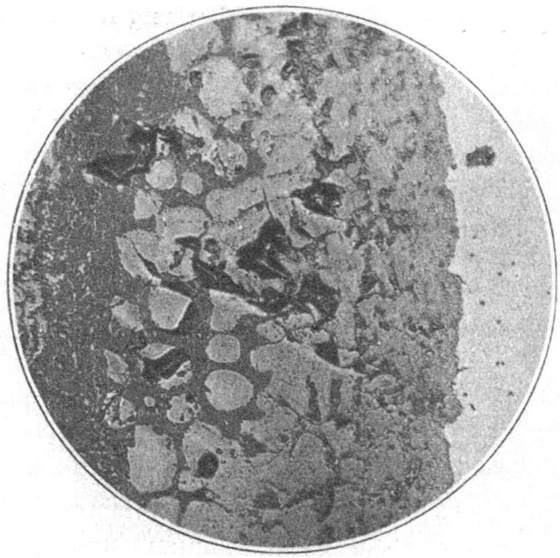

Fig. 91. Übergang von Fe_3O_4 zu Fe (rechts) in einem im Betriebe oxydierten Stück, ungeätzt, x 150.

maßgebend für die Natur der Schlackeneinschlüsse. Dem bisherigen Studium fehlen zurzeit noch die wichtigsten Unterlagen. Selbst über das Verhalten der einfachen oxydischen Stoffe zum Eisen ist wenig bekannt. Das systematische Studium hätte mit dem Verhalten des Eisens zum Sauerstoff zu beginnen.

Wird festes Eisen an der Luft erhitzt, so oxydiert es oberflächlich. Es bildet sich eine mit steigender Temperatur immer dicker werdende Schicht von Eisensauerstoffverbindungen wechselnder Zusammensetzung, die metallurgisch Glühspan, Hammerschlag, Zunder oder Walzsinter genannt werden, chemisch ein Gemisch von Fe_2O_3 und FeO darstellen sollen, das der Formel Fe_3O_4 sehr nahe steht. In einem Gasgebläseofen durch Glühen von Stahl bei 1000, 1100 und 1200° erzeugter Glühspan besaß nach Oberhoffer und d'Huart[1]) folgende Zusammensetzung:

[1]) St. E. 1919, 165.

	FeO	Fe_2O_3
1000°	60,90	36,70
1100°	68,14	30,34
1200°	70,38	29,27

Unter dem Mikroskop ist der Glühspan (auch aus dem Schmelzfluß erstarrter) aus zwei Bestandteilen, einem dunkleren netzwerkförmigen und einem von diesem umschlossenen helleren aufgebaut (Fig. 91, Übergang vom Glühspan zum Eisen). Das dunkle Netzwerk erscheint bei starker Vergrößerung als eutektisches Gemisch des hellen und dunklen Bestandteils. Es ist nicht ausgeschlossen, daß der helle Bestandteil FeO, der dunkle Fe_2O_3 ist. Erhitzt man nach dem Vorgang Matweieffs[1]) polierte Schnitte im Wasserstoffstrom auf verschiedene Temperaturen, so kann die Reduktionsfähigkeit der Einschlüsse

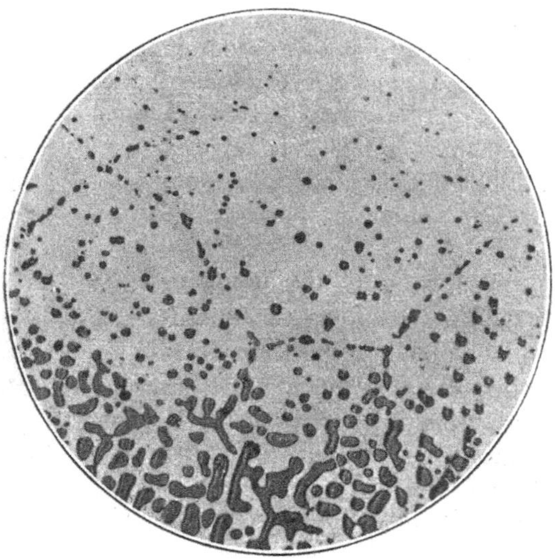

Fig. 92. Diffusion von Sauerstoff in Eisen, erhalten durch Glühen von Fe_3O_4 im Eisentiegel 10 Stunden bei 1050—1100°; Grenzschicht ungeätzt, x 100.

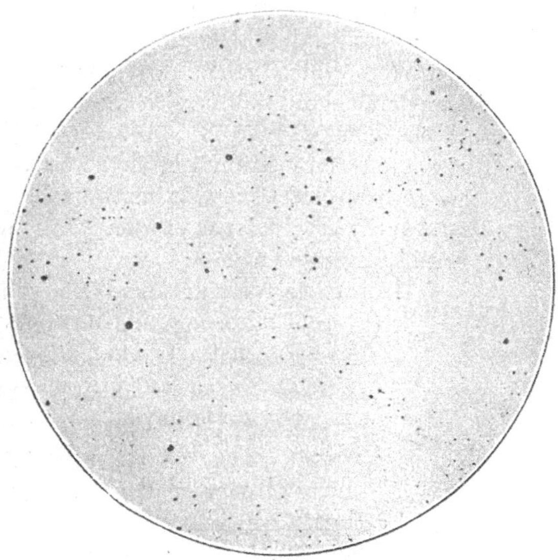

Fig. 93. Elektrolyteisen im Sauerstoffstrom geschmolzen, eutektische Anordnung der sauerstoffhaltigen Teilchen, ungeätzt, x 50.

bzw. ihrer Bestandteile ein Unterscheidungsmerkmal abgeben. Unterwirft man Glühspan dem Reduktionsversuch, so ergibt sich nach Oberhoffer und d'Huart, daß der helle Bestandteil bereits bei 500°, der dunkle jedoch erst bei 950° und zwar wesentlich langsamer reduziert wird.

An der Berührungsstelle des Glühspans mit dem Eisen dringt Sauerstoff anscheinend als Eisenoxydul in das Eisen, wie dies außer in Fig. 91 deutlicher in Fig. 92 zu erkennen ist. Enthält das Eisen Kohlenstoff, so findet hierbei Entkohlung statt. Leitet man Sauerstoff in flüssiges Eisen, so nimmt dieses Sauerstoff auf und zwar ergaben Bestimmungen nach dem vereinfachten Ledeburschen Verfahren[2]) (Reduktion im Wasserstoffstrom) etwa 0,14%. Fig. 93 zeigt das Gefüge von unter Sauerstoffzufuhr eingeschmolzenen Elektro-

[1]) Rev. Mét. 1910, 447, 848, sowie Oberhoffer, St. E. 1918, 105.
[2]) Oberhoffer, St. E. 1918, 105.

lyteisen. Andeutung eutektischer Struktur ist vorhanden. Dies würde zutreffendenfalls wie bei Nickel[1]) und Kupfer[2]) für eine gewisse Löslichkeit für Eisenoxydul in flüssigem Eisen sprechen. Wie bei den genannten Metallen scheint die Schmelzpunktserniedrigung durch Sauerstoff sehr gering zu sein. Experimentell konnte sie noch nicht ermittelt werden. Der Sauerstoffgehalt des fraglichen Eutektikums dürfte 0,2 bis 0,3% nicht übersteigen.

Mangan und Sauerstoff bilden den Bestandteilen des Glühspans analoge Oxydationsprodukte,[3]) die aber im Gegensatz zu ersteren im Wasserstoffstrom bisher nicht reduziert werden konnten.

Verläuft der Desoxydationsvorgang tatsächlich nach der Gleichung:

$$FeO + Mn = Fe + MnO,$$

so müßte, unter der Voraussetzung, daß das gebildete Manganoxydul auf Grund seines geringeren spezifischen Gewichts an die Oberfläche des flüssigen Eisens steigt, die Sauerstoffbestimmung von mit Mangan desoxydiertem Eisen den Wert Null ergeben. Die zur vollständigen Desoxydation aufzuwendende Manganmenge müßte nach der Gleichung bei einem Sauerstoffgehalt des Eisens von 0,2 bis 0,3%, 0,7 bis 1,0% betragen. In Wirklichkeit verlaufen aber die Desoxydationsvorgänge wesentlich anders. Oberhoffer und d'Huart zeigten durch Desxoydationsversuche an Elektrolyteisen, das im Sauerstoffstrom eingeschmolzen worden war und dessen Anfangssauerstoffgehalt mit 0,14% angenommen wurde:

1. daß der Verlauf der Desoxydation von der Art des Manganträgers (Ferromanganlegierungen mit verschiedenem Mangangehalt mit und ohne Kohlenstoff) abhängig ist. Nicht so sehr der Mangangehalt als insbesondere der Kohlenstoffgehalt des Manganträgers beeinflußt den Verlauf der Desoxydation. Dies veranschaulicht Fig. 94, in der als Abszisse die zugesetzten Manganmengen, als Ordinate die entfernten Sauerstoffmengen in Prozenten des ursprünglichen Sauerstoffgehaltes eingetragen sind. Die unter Kohlenoxydbildung erfolgende Umsetzung des (Eisen) Mangankarbides mit Eisenoxydul ist demnach ein wesentlicher Teil des Desoxydationsvorganges.
2. daß der Sauerstoffgehalt des desoxydierten Produktes mit der zugesetzten Manganmenge abnimmt, aber selbst wenn diese ein Vielfaches der durch die Gleichung: $FeO + Mn = Fe + MnO$ verlangten ist, nicht die gesamte Sauerstoffmenge entfernt werden kann, vielmehr etwa 0,02 bis 0,03% Sauerstoff im desoxydierten Produkt zurückbleiben.

Diese Schlußfolgerungen bedürfen aber einer wesentlichen Erweiterung und Klärung. Vor allem muß die Frage beantwortet werden, welcher Natur die gebildeten Desoxydationsprodukte sind und ob letztere wirklich aus dem Eisenbade entfernt werden. Die mikroskopische Untersuchung der Schmelzen ergab einmal, daß die Art der gebildeten Desoxydationsprodukte in den weitesten Grenzen, offenbar in Abhängigkeit von lokalen Konzentrations- und Temperaturbedingungen, schwanken kann. Fig. 95—97 sind derartige, meist

---

[1]) Ruer und Kaneko, Met. 1912, 419.

[2]) Heyn, Mat. Prüf. 1900, 315.

[3]) Oberhoffer und d'Huart a. a. O.

im oberen Teil der Schmelzen angetroffene Produkte, die demnach einfach und zusammengesetzt, kristallisiert und kugelig und bis zu einem gewissen Grade im Eisen löslich sein können, wie die kristallisierten Einschlüsse Fig. 95, sowie das ausgezeichnet ausgebildete Eutektikum Fig. 97 beweisen. Wenn auch zunächst über die Natur dieser Desoxydationsprodukte noch nichts ausgesagt werden kann, so ergibt sich doch daß sie zum mindesten nicht in allen Fällen aus reinem MnO bestehen. Schmelz- und Reduktionsversuche mit FeO-MnO-Gemischen vermögen eine Klärung der Frage herbeizuführen, die schon allein zur Festlegung des Wertes der Sauerstoffbestimmung durch Reduktion im Wasserstoffstrom erforderlich ist. Die Reduzierbarkeit der Desoxydationsprodukte scheint zwischen der des reinen unreduzierbaren Manganoxyduls und der des reinen Eisenoxyduls zu liegen und mit dem Gehalt an diesen Komponenten zu schwanken. Steigerung der Reduktionstemperatur bei der Sauerstoffbestimmung dürfte also ein Mittel zur vollständigeren Erfassung des Sauerstoffgehaltes sein.

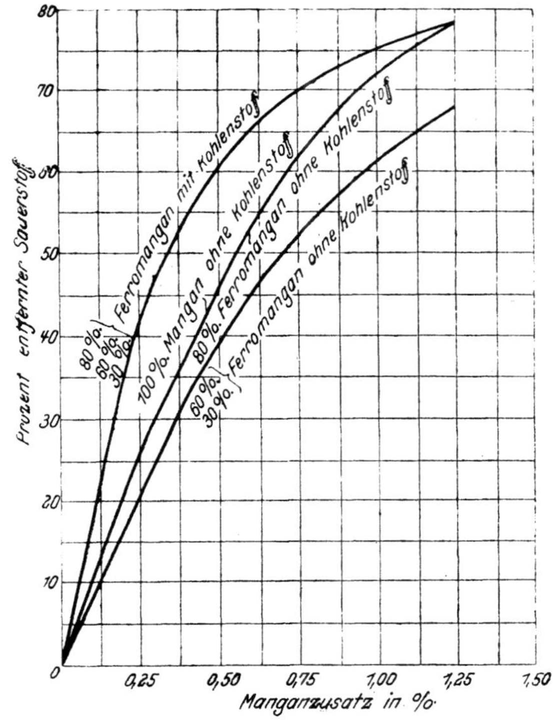

Fig. 94. **Ergebnisse von Desoxydationsversuchen. (Oberhoffer und d'Huart.)**

Bezüglich der Entfernung der Desoxydationsprodukte aus dem Eisenbade konnte sodann beobachtet werden, daß unter 0,5% Manganzusatz die Desoxydationsprodukte in Form von kleinen kugeligen Einschlüssen im Bade verteilt blieben (vielleicht ein Beweis für die Löslichkeit der Desoxydationsprodukte im Eisen bis zu dem genannten Manganzusatz) bei höheren Manganzusätzen rasches Ansteigen des größten Teils der Desoxydationsprodukte an die Badoberfläche erfolgte und diese mitunter sogar mit großer Heftigkeit über die Badoberfläche hinausgetrieben werden. Im letzteren Falle konnten die Produkte (Schlacke) gesammelt und analysiert werden. Es ergab sich das

$$\text{Verhältnis } \frac{MnO}{FeO} \quad \frac{2{,}7}{1}$$

Sauerstoffbestimmungen an Thomasflußeisen vor und nach der Desoxydation mit 0,13 bis 0,48% Manganzusatz in Form von 10—24%igem Spiegeleisen ergaben nach v. Keil[1]) folgende Mittelwerte:

[1]) St. E. demnächst.

	Reduktionstemperatur 950°	1200°	
Vor der Desoxydation	0,023—0,063	0,065—0,117 %	Sauerstoff
Nach der „	0,012—0,033	0,026—0,053 %	„

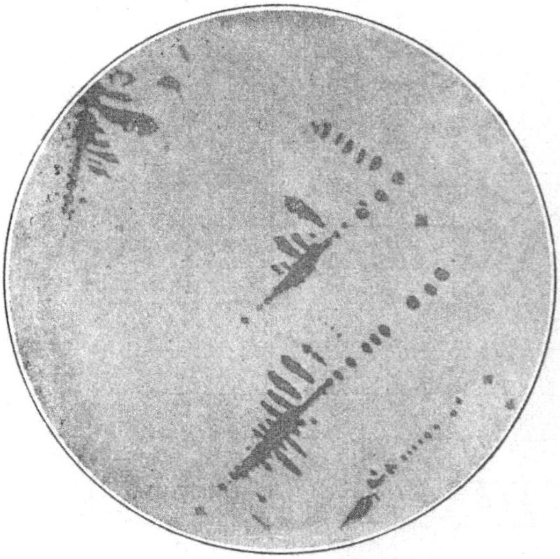

Fig. 95. Einheitliche, kristallisierte Einschlüsse in mit Mangan desoxydiertem, sauerstoffhaltigen Eisen, ungeätzt, x 200.

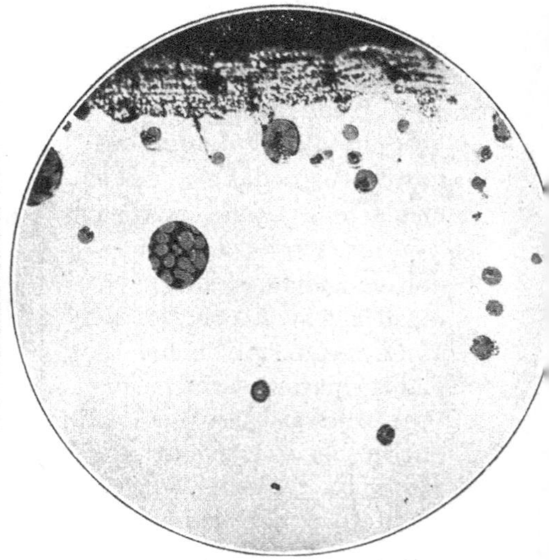

Fig. 96. Zusammengesetzte, nicht kristallisierte Einschlüsse in mit Mangan desoxydiertem, sauerstoffhaltigen Eisen, ungeätzt x 150.

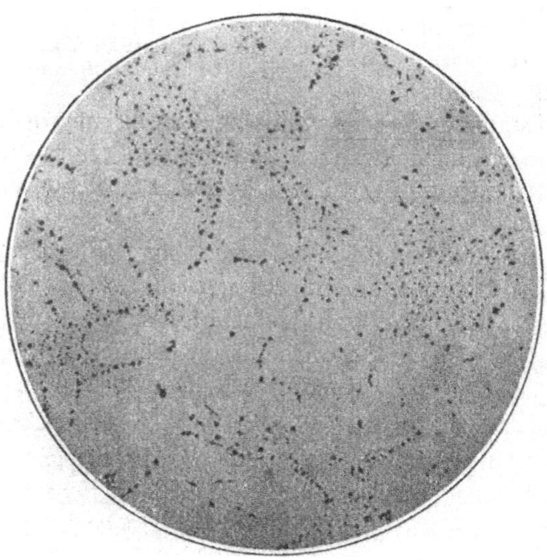

Fig. 97. Eutektisch angeordnete Einschlüsse in mit Mangan desoxydiertem, sauerstoffhaltigen Eisen, ungeätzt, x 50.

Im Gegensatz hierzu lieferten Martinflußeisen mit 0,117—0,234 % Manganzusatz in Form von 30 %igem Ferromangan desoxydiert, folgende Mittelwerte:

	Reduktionstemperatur 950°
Vor der Desoxydation	0,02—0,03% Sauerstoff
Nach der „	0,02—0,03% „

Demnach ist der Sauerstoffgehalt des Martinmetalls vor der Desoxydation wesentlich niedriger als der des Thomasmetalls und an der Grenze des durch Desoxydation nach Oberhoffer und d'Huart entfernbaren. Daher ist die Desoxydationswirkung beim Martinprozeß unter den vorliegenden Versuchsbedingungen gering. Bestätigt wird dieses Resultat dadurch, daß meistens der Gasgehalt im Thomaseisen infolge der Desoxydation wesentlich steigt, während er im Martinmetall meistens praktisch gleich bleibt (s. S. 82).

Vielfach sammeln sich an der Oberfläche von Gußblöcken bzw. im sogenannten Lunkerhohlraum schlackenähnliche Produkte (Blockschaum). Die Analysen einer Reihe derartiger Produkte sind in der nachfolgenden Zusammenstellung wiedergegeben.

Nr.	Vorkommen der Schlacke	Beobachtet von	Chemische Zusammensetzung								
			FeO	Fe_2O_3	MnO	SiO_2	CaO	P_2O_2	S	Al_2O_3	TiO_2
1	Im Lunker . . .	Ruhfus[1])	24,7	n. b.	66,0	9,2	0,64	0,23	0,61	n. b.	—
2	„	„	24,7	„	59,1	10,2	0,84	0,32	0,76	„	—
3	„ . . .	„	23,1	„	71,0	5,0	0,21	0,09	n. b.	„	—
4	Bei der Bearbeitung von Schmiedestükken in einem Hohlraum (Lunker?) .	Jäger[2])	18,3	„	45,9	36,8	n. b.	n. b.	n. b.	„	—
5	„	„	18,4	„	43,4	37,7	„	„	„	„	—
6	Beim Walzen aus d. Block gespritzt, Mat. m. Al. beh.	Neu[3])	n. b.	„	29,2	28,8	„	0,25	„	37,5	—
7	Im Lunker . . .	P. Goerens[4])	26,1	„	64,0	3,8	1,2	0,6	0,28	0,2	—
8	Blockschaum . . .	Hibbard[5])	20,4	„	63,1	20,4	—	—	0,39	4,0	—
9	„ . . .	„	19,9	„	46,8	17,1	2,04	—	0,16	15,1	—
10	Mat. m. Ti behandelt	Oberhoffer	17,0	2,17	46,9	14,8	2,40	0,05	0,43	4,4	10,3
11	(zugehörige Laufschlacke)	„	9,2	2,5	9,0	21,0	43,33	3,04	0,53	1,9	0,0

Diese Schlacken stellen offenbar Desoxydationsprodukte dar, die vielleicht mitunter (beim Guß von unten) durch feuerfestes Material in der eingangs erwähnten Weise verunreinigt sein mögen. Nr. 7 ist ein fast reines Gemisch von Eisen- und Manganoxydul. In Nr. 6 ist der hohe Tonerdegehalt auf den Aluminiumzusatz, in Nr. 10 der hohe Titansäuregehalt auf den (im Trichter erfolgten) Titanzusatz zurückzuführen. Der Kieselsäuregehalt dürfte z. T. wenigstens das Oxydationsprodukt des Siliziumgehalts des Ferromangans und Ferrosiliziums darstellen. Daß aber nicht in allen Fällen wie hier Produkte einer vielleicht nachträglich erfolgten Desoxydation vorzuliegen brauchen, be-

[1]) St. E. 1897, 41.
[2]) St. E. 1912, 1653.
[3]) St. E. 1912, 1654.
[4]) Metallogr. II. Aufl. 292.
[5]) Int. Verb. 1912. II$_{10}$.

weist die folgende Analyse eines im Lunker des verlorenen Kopfes eines großen Stahlformgußstückes vorhandenen gelblichen Pulvers:

SiO_2	28,3 %
CaO	26,0 %
MnO	4,7 %
FeO	3,5 %
Al_2O_3	38,3 %

bzw. die nachfolgende Analyse einer Schlacke von gelbbrauner Farbe, die sich in großen Mengen in den lunkerhaltigen Teilen von Fertigerzeugnissen aus Stahl vorfand:

SiO_2	69,0 %
Al_2O_3	18,5 %
FeO	9,1 %
MnO	1,1 %
CaO	2,4 %

Hieraus geht hervor, daß auch Stoffe, die ihrem Charakter nach dem feuerfesten Material näher stehen und aus der Pfannenstopfen- und Gießtrichterauskleidung bzw. aus den Kanalsteinen oder im ersten Falle aus der Formmasse stammen, zur Bildung der im Lunker beobachteten Schlackenansammlungen beizutragen vermögen.

Die in technischen Eisensorten vorkommenden Schlackeneinschlüsse sind wahrscheinlich meist mit den ersterwähnten Schlacken identisch. Ein vom Verfasser untersuchtes Schmiedestück enthielt außerordentlich viele, bereits mit bloßem Auge sichtbare Einschlüsse. Sie wurden auf folgende Weise gesammelt. Ein zylindrisch vorgedrehtes Stück wurde auf die Drehbank gespannt und mit einem spitzen Stahl wurden möglichst feine Drehspäne genommen. Jedesmal, wenn der Stahl auf einen Einschluß trifft, bricht der Span und der Einschluß wird zertrümmert und zu Staub zerrieben. Späne und Staub wurden sorgfältig gesammelt und erstere mit dem Magneten entfernt. Auf diese Weise gelang es, genügend viel Pulver für die Analyse zu sammeln, die folgendes ergab:

	SiO_2	Al_2O_3	FeO	MnO	CaO	MgO	P_2O_5
gesammeltes Pulver	30,6	4,3	30,6	35,7	5,6	1,47	—
zugehörige Gießtrichterschlacke	40,0	15,3	7,3	34,0	2,0	0,7	0,28
zugehörige Laufschlacke	19,0	3,8	13,1	17,3	39,6	4,6	3,8

Demnach sind die Einschlüsse nicht mit der Ofenschlacke, wohl aber mit den im Lunker bzw. als Blockschaum angesammelten und als (verunreinigte) Desoxydationsprodukte anzusehenden Schlacke identisch.

Der Aufbau der im technischen Eisen enthaltenen Einschlüsse ist ihrer meist komplexen Zusammensetzung entsprechend manchmal recht verwickelt. Mars[1]) sowie Pacher[2]) berichten über solche Einschlüsse. Zur Klärung ihrer Konstitution müßte wie bei den Legierungen systematisch durch Herstellung synthetischer Schlacken vorgegangen werden.

Ein erster Versuch nach dieser Richtung ist eine Arbeit von Doerinckel[3]),

[1]) St. E. 1912, 1557.
[2]) a. a. O.
[3]) Met. 1911, 201.

über das System Manganoxydul-Kieselsäure. Den Ergebnissen der thermischen Untersuchung verleiht das Zustandsdiagramm, Fig. 98, Ausdruck. Danach besteht innerhalb der untersuchten Konzentrationsgrenzen im flüssigen Zustande vollkommene Löslichkeit von MnO und SiO_2. Es treten im festen Zustande zwei durch verdeckte Maxima auf der Schmlezkurve gekennzeichnete Silikate: $Mn_2\,SiO_4$ und $Mn\,SiO_3$ sowie ein bei 1180° schmelzendes Eutektikum beider auf. Auf dem Kurvenast A B der bis zum reinen MnO nicht verfolgt werden konnte, scheidet sich, wie die mikroskopische Untersuchung wahrscheinlich erscheinen läßt, MnO (Manganosit) aus, das bei 1323° mit der Schmelze unter Bildung von $Mn_2\,SiO_4$ (Tephroit) reagiert. Auf dem Ast GH, den ebenfalls experimentelle Schwierigkeiten weiter zu verfolgen verhinderten, scheidet sich eine Kristallart unbekannter Zusammensetzung aus, die sowohl ein Silikat höherer Silizierungsstufe,[1]) wie auch reine Kieselsäure sein kann. Diese Kristallart reagiert bei 1200° mit der Schmelze unter Bildung von $Mn\,SiO_3$ (Rhodonit).

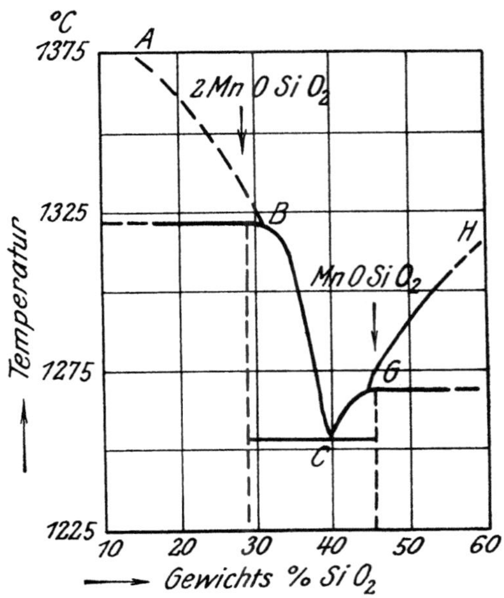

Fig. 98. Zustandsdiagramm Manganoxydul-Kieselsäure. (Doerinckel.)

Die mikroskopische Untersuchung im durchfallenden Licht bestätigte die Ergebnisse der thermischen.

Als nächstwichtiges binäres System käme Eisenoxydul-Kieselsäure in Betracht. Wenn auch ein Zustandsdiagramm dieses Systems nicht besteht, so ist es auf Grund der Tatsachen, daß wie im vorgenannten System zwei Silikate, $Fe\,SiO_2$ und $Fe_2\,SiO_4$ mit Sicherheit bekannt sind, nicht ausgeschlossen, daß hier ähnliche Verhältnisse vorliegen wie im System $MnO\text{-}SiO_2$. Nimmt man Mischkristallbildung der Oxydule und Silikate an, so ergäbe sich ein relativ einfaches ternäres Diagramm.[2]) Der Aufbau der Silikate wird sich mit der Menge des vorhandenen Eisenoxyduls, der Menge des Manganzusatzes, der Vollständigkeit der Umsetzung $FeO + MnO = MnO + Fe$, der Menge der zur Silikatbildung zur Verfügung stehenden Kieselsäure verändern. Innerhalb eines und desselben Blockes wird ferner die Silikatbildung verschieden sein können.

[1]) Vielleicht Mn_2SiO_8, das Stead (Ir. st. Mag. 1905, 105) auf rückstands-analytischem Wege gefunden haben will.

[2]) Über das System $CaO\text{-}Fe_2O_3$ s. Kohlmeyer und Hilpert, Met. 1910, 193, 225.

III. Einfluß der chemischen Zusammensetzung auf die Eigenschaften des schmiedbaren Eisens.

1. Einleitung.

Die Anforderungen an die technischen Eigenschaften des schmiedbaren Eisens bewegen sich in den weitesten Grenzen, und können sich je nach seinem Verwendungszweck grundsätzlich widersprechen. So soll beispielsweise Feinblechmaterial weich und zäh sein, während man vom Werkzeugstahl größte Härte verlangt. Vom Magneten erwartet man, daß er den ihm erteilten Magnetismus unbegrenzt lange beibehält, vom Anker der Dynamomaschine, der während einer Umdrehung wiederholt ummagnetisiert wird, also die Polarität wechselt, daß er den Magnetismus fast momentan und restlos verliere und vom Antimagneten, daß er sich überhaupt nicht magnetisieren lasse. Diese hervorragende Anpassungsfähigkeit verdankt das Eisen in erster Linie dem Umstande, daß durch relativ geringfügige Zusätze andrer Elemente, mit denen man es legiert, seine Eigenschaften sich recht erheblich verändern lassen.

Wenn nun auch die chemische Analyse die Grundlage für die erfahrungsmäßige Beurteilung der Eigenschaften des schmiedbaren Eisens abgibt, so ist sie dennoch keineswegs der einzige bestimmende Faktor. In späteren Abschnitten wird vielmehr gezeigt werden, daß der Einfluß der Verarbeitung und der Wärmebehandlung sehr groß sein kann, unter Umständen sogar den der Analyse zu überdecken vermag, jedenfalls ein Material von gegebener Zusammensetzung nur dann gekennzeichnet ist, wenn die Art der Verarbeitung und der Wärmebehandlung, die es erfahren hat, angegeben wurde.

Schließlich kann nicht unterlassen werden, auf einen weiteren, die Be leutung der Analyse herabmindernden Umstand hinzuweisen. Es ist anzunehmen, und die Eıfahrung bestätigt dies, daß außer Analyse sowie Art der Verarbeitung und Wärmebehandlung noch andere Faktoren eine gewisse nicht zu unterschätzende Rolle spielen. Diese Faktoren waren bisher nicht erfaßt worden, entweder wegen der Unzulänglichkeit der Analyse, beispielsweise in der Frage des Sauerstoffs, oder weil sie durch die Analyse überhaupt nicht zu erfassen sind. Während durch weitere Verfeinerung der analytischen Hilfsmittel im ersteren Falle Klärung zu erwarten steht, ist im zweiten noch wenig Aussicht darauf. Die Fälle aber, in denen tatsächlich trotz gleicher Analyse und Weiterbehandlung verschiedene Ergebnisse erzielt werden, sind recht zahlreich und nicht nur, wie allgemein bekannt, bei Erzeugnissen verschiedener Herstellungsverfahren beobachtet worden. Selbst ein und dasselbe Herstellungsverfahren liefert unter obigen Voraussetzungen Erzeugnisse, die sich bezüglich ihrer Eigenschaften wesentlich voneinander unterscheiden können, ohne daß ein leicht erkennbarer Grund hierfür vorhanden wäre. Mit einiger Sicherheit kann nur gesagt werden, daß der Grund für das verschiedene Verhalten etwa im Chargenverlauf selbst zu suchen ist, wenn auch die hierbei maßgebenden Faktoren nicht im einzelnen gekennzeichnet werden können.

Es ist auf Grund der vorstehenden Darlegungen einzusehen, daß der Wert von Untersuchungen über den Einfluß der chemischen Zusammensetzung auf die Eigenschaften des schmiedbaren Eisens ein verhältnismäßig begrenzter ist und zunächst nur dann Vergleiche statthaft sind, wenn die Ergebnisse unter gleichen Voraussetzungen hinsichtlich des Zustandes, in dem sich die zu vergleichenden Materialien befanden, gewonnen wurden. So bezieht sich die Mehrheit der in der Literatur mitgeteilten Untersuchungen auf warm verarbeitetes (meist gewalztes) Material. Es ist klar, daß diese Zahlen nicht verglichen werden können mit entsprechenden, an nicht gewalztem Material, also etwa an Stahlguß erhaltenen. Aber auch die Vergleichbarkeit warmverarbeiteter Materialien untereinander zum Zwecke der Ermittlung des Einflusses der chemischen Zusammensetzung ist nur dann in vollem Maße gegeben, wenn Art und Grad der Verarbeitung untereinander gleich sind. Bezüglich der Wärmebehandlung gilt das gleiche. Rohgegossenes oder -gewalztes Material kann nicht mit zweckmäßig geglühtem und noch weniger etwa mit vergütetem verglichen werden. Für systematische Untersuchungen müßten bezüglich der Verarbeitung und Wärmebehandlung gewisse Normalien geschaffen werden. Bei der Festlegung solcher Normalien könnte z. B. hinsichtlich der Wärmebehandlung der kritische Punkt Ac_3 gute Dienste leisten und sozusagen als Normalglüh- und Härtetemperatur fungieren. Zum mindesten wäre eine gewisse Einheitlichkeit der Versuchsbedingungen anzustreben.

Wenn diese Einheitlichkeit bezüglich der Verarbeitung und Wärmebehandlung fehlt, so ist dies nicht minder für die übrigen Versuchsbedingungen der Fall. So beispielsweise für die Abmessungen der Zerreißstäbe, der Schlagproben, für die Bestimmung der Streckgrenze, die häufig mit der Elastizitätsgrenze verwechselt wird und für die magnetischen Untersuchungen. Häufig fehlen sogar jegliche Angaben über die Art der Versuchsausführung, wodurch natürlich die Ergebnisse erst recht erheblich an Wert einbüßen.

Bei der Sichtung des in der Literatur vorhandenen Materials fällt endlich ein weiterer Mangel an Vollständigkeit und Systematik auf. Will man den Einfluß eines Elementes auf die Eigenschaften untersuchen, so darf nur der Gehalt an diesem Element als Veränderliche eingeführt werden und man sollte wie bei dem Zustandsdiagramm mit binären Systemen beginnen, also zunächst den Einfluß von Kohlenstoff, Phosphor, Schwefel usw. auf die Eigenschaften des von übrigen Elementen freien, also reinen Eisens untersuchen. Sodann sollte man übergehen zur Untersuchung der Dreistoffsysteme und zwar zunächst der wichtigsten, Eisen-Kohlenstoff-Phosphor, Eisen-Kohlenstoff-Silizium usw., indem in einzelnen Reihen mit konstantem Kohlenstoffgehalt der Gehalt am Zusatzelement gesteigert wird. Dann müßten in ähnlicher Weise quaternäre und komplexe Systeme erforscht werden. Wenn auch nach dieser Richtung hin gewisse Ansätze bereits vorliegen, so ist das Material von der Vollständigkeit dennoch sehr weit entfernt und es bleibt noch sehr viel zu leisten. Eine exakte Darstellung des Einflusses der chemischen Zusammensetzung kann daher aus diesem und den vorerwähnten Gründen zurzeit noch nicht gegeben, vielmehr muß versucht werden, an Hand des in der Literatur verstreuten Materials einen Einblick zu gewinnen, wobei zur Vermeidung von Mißverständnissen die Art und Weise, wie dieses Material gewonnen wurde, also die spezielleren Versuchsbedingungen, soweit solche überhaupt angegeben sind, beigefügt werden müssen.

Den Zwecken dieses Buches entsprechend sind lediglich die technisch wichtigen Eigenschaften[1]) herangezogen worden.

Eine erschöpfende Benutzung des in der Literatur vorhandenen Materials ist vermieden worden. Vielmehr wurden meistens von den einschlägigen Arbeiten die am wichtigsten und ausführlichsten erscheinenden, gleichzeitig auf Grund neuerer Anschauungen durchgeführten berücksichtigt. Die Mehrzahl dieser Arbeiten enthält im übrigen geschichtliche Übersichten und ältere Literaturangaben, auf die nötigenfalls zurückgegriffen werden kann.

Zur Veranschaulichung der Abhängigkeit der Eigenschaften von der chemischen Zusammensetzung wurde, soweit dies angängig war, in ausgedehntem Maße die graphische Darstellung benutzt. Auf eine Beschreibung der Diagramme ist im allgemeinen verzichtet worden, weil sie in Worten ja nur das zum Ausdruck bringt, was ein Blick auf das Diagramm lehrt. Auf besonders bemerkenswerte Punkte wurde natürlich hingewiesen. Den Diagrammen sind, wenn möglich, Zusammenstellungen der chemischen Zusammensetzung, sowie Angaben über Herstellung und Behandlung des Versuchsmaterials und über die Einzelheiten der Versuchsausführung beigefügt.

2. Reines Eisen.

Die technische Verwertung des reinen Eisens findet nur in geringem Umfange statt. Auf Grund der großen Weichheit und Zähigkeit sowie der vorzüglichen magnetischen Eigenschaften des reinsten, bisher hergestellten Eisens, des Elektrolyteisens, wäre prinzipiell die Möglichkeit einer solchen Verwertung nicht ausgeschlossen, allerdings nur dann, wenn es gelänge, die Herstellungskosten wesentlich zu vermindern und das reine Eisen in größeren Mengen darzustellen.

Von den reinsten bisher hergestellten Eisensorten sei hier das nach dem Fischerschen Verfahren von den Langbein-Pfannhauserwerken, Leipzig, hergestellte Elektrolyteisen erwähnt, dessen Analyse[2]) lautet:

% C	% Cu	% S	% P	% Si	% Mn	% Ni	% Co
0,0	0,0	0,0013	0,0	0,0	0,0	0,0	0,0

Außerdem enthält das ungeglühte Elektrolyteisen große Mengen Wasserstoff.

Das im Vakuum umgeschmolzene Elektrolyteisen hat nach Yensen[3]) folgende Festigkeitse genschaften.

Streckgrenze	11 kg/qmm
Festigkeit	25 „
Dehnung.	60% auf 50,8 mm Meßl.
Kontraktion	85%

Die Brinellhärte des Elektrolyteisens dürfte 60 bis 70 Einheiten betragen.

Die vorzüglichen magnetischen Eigenschaften des im Vakuum geschmolzenen Elektrolyteisens gehen aus den nachfolgenden Zahlen (nach Yensen)

---

1) Über die Bedeutung und Ermittlung dieser Eigenschaften vgl. z. B. Martens, Materialienkunde Bd. I, Berlin 1898; Wawrziniok, Materialprüfungswesen, Berlin 1908; Schreiber, Materialprüfungsmethoden im Elektromaschinen- und Apparatebau, Stuttgart 1915.

2) Vgl. Wüst, Durrer und Meuthen, Forsch. Arb. Heft 204.

3) St. E. 1916, 1256.

hervor. Zum Vergleich sind die entsprechenden Eigenschaften von Transformatorenblech mit 4% Silizium beigefügt.

Die Zahlen gelten für $\mathfrak{B} = 10000$.

Material	Koerzitivkraft	Remanenz	Hysteresis
Elektrolyteisen	0,27	9250	820
Transformatoren-Material 4% Si	0,88	5400	2260

Der magnetische Sättigungswert für reines Eisen beträgt nach Gumlich[1]) 21 620 $4\pi J_{00}$.

Das spezifische Gewicht des reinen Eisens beträgt nach Gumlich[1]) 7,876, nach Levin und Dornhecker[2]) 7,875.

Der elektrische Leitwiderstand von reinem Eisen beträgt nach Gumlich[1]) 0,0994 Ohm pro m/qmm.

3. Kohlenstoff.

Erläuterungen zu den Fig. 99 bis 103 sowie Tab. 1 bis 4.

Fig. 99. Mittlere spezifische Wärme. (Levin und Schottky, Fer. 1913, 193.)

Analysen der untersuchten Materialien.

% C	% Si	% Mn	% P	% S	% Cu
0,11	0,04	0,12	0,01	0,024	0,03
0,17	0,01	0,11	0,01	0,022	0,03
0,28	0,03	0,11	0,01	0,022	0,03
0,35	0,07	0,13	0,01	0,021	0,03
0,45	0,08	0,13	0,01	0,021	0,03
0,54	0,10	0,13	0,01	0,021	0,04
0,63	0,07	0,11	0,01	0,024	0,03
0,81	0,09	0,13	0,01	0,026	0,03
0,89	0,08	0,12	0,01	0,021	0,03
1,00	0,10	0,12	0,01	0,022	0,03
1,22	0,12	0,13	0,01	0,019	0,03
1,43	0,13	0,14	0,01	0,019	0,03
1,54	0,12	0,15	0,18	0,014	0,03

Herstellung, Behandlung usw.: Rundeisen von 10—20 mm; Herkunft: Krupp.
Versuchsausführung: Wasserkalorimeter.

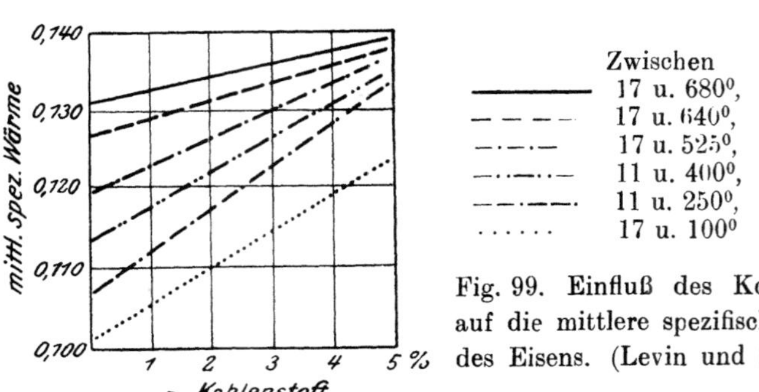

Fig. 99. Einfluß des Kohlenstoffs auf die mittlere spezifische Wärme des Eisens. (Levin und Schottky.)

[1]) Wiss. Abh. R.-A. 1918, 4, 289.
[2]) Fer. 1914, 321.

Fig. 100. Spezifisches Gewicht (Dichte). (Levin und Dornhecker, Fer. 1914, 321.)

Analysen: Herstellung, Behandlung usw. } wie Fig. 99.

Versuchsausführung: Auftriebmethode. Die Zahlenwerte sind bezogen auf den luftleeren Raum und Wasser von 4° C.

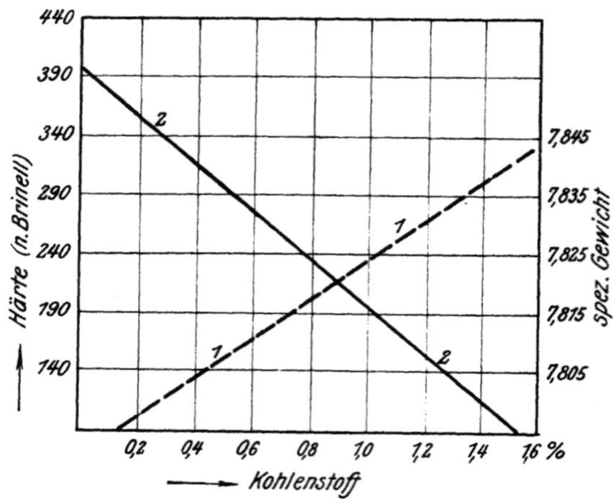

1 = Härte, 2 = spez. Gewicht.

Fig. 100. Einfluß des Kohlenstoffs anf die Härte und das spezifische Gewicht des Eisens. (Levin und Dornhecker.)

Tab. 1 und 2. Mittlerer und wahrer Ausdehnungskoeffizient (Driesen, Fer. 1914, 129).

Analysen der untersuchten Materialien.

% C	% Mn	% Si	% P	% S	% Cu
0,05/06	0,08	Sp.	Sp.	0,023	0,03
0,09	0,08	0,02	0,01	0,01	0,02
0,22	0,12	0,01	0,01	0,03	0,04
0,33	0,12	0,03	0,01	0,03	0,03
0,40	0,11	0,07	0,01	0,03	0,03
0,56	0,09	0,04	Sp.	0,23	0,02
0,65	0,12	0,09	0,01	0,03	0,03
0,81	0,10	0,06	Sp.	0,025	0,02
1,08	0,12	0,04	,,	0,019	0,02
1,25	0,12	0,07	,,	0,019	0,02
1,45	0,14	0,10	0,01	0,013	0,04
1,67	0,17	0,11	0,01	0,013	0,04
1,97	0,15	0,08	Sp.	0,015	Sp.

Herstellung, Behandlung usw.: Geschmiedete Stangen von 12 mm Durchmesser; Herkunft: Krupp.

Versuchsausführung: Spezial-(Spiegel)verfahren.

Tabelle 1.

Mittlere Ausdehnungskoeffizienten der reinen Kohlenstoffstähle $\left(\frac{\lambda}{l_0\,(t-20)}\right)\cdot 10^8$.

Bezeichnung der Probe	RF	K_1	K_2	K_3	K_4	P_2	K_6	P_3	P_5	P_6	P_7	R_2	R_4	R_8	R_9
Kohlenstoffgehalt %	0,05/06	0,09	0,22	0,33	0,40	0,56	0,65	0,81	1,25	1,45	1,67	1,97	2,24	3,66	3,80
20—50°	1149	1116	1122	1092	1073	1017	1074	1017	1058	967	1002	972	903	857	843
20—100°	1166	1158	1166	1109	1129	1098	1104	1104	1087	1013	1044	994	961	859	871
20—150°	1206	1206	1196	1170	1145	1144	1134	1143	1114	1038	1051	1002	—	875	876
20—200°	1232	1261	1212	1189	1199	1185	1157	1156	1108	1058	1028	996	964	883	849
20—250°	1256	1272	1249	1238	1207	1227	1188	1193	1146	1116	1083	1052	1025	904	935
20—300°	1302	1301	1278	1272	1247	1265	1231	1243	1187	1167	1138	1114	1096	988	1011
20—350°	1334	1336	1312	1309	1286	1308	1274	1284	1233	1218	1188	1172	1159	1063	1092
30—400°	1365	1363	1338	1342	1326	1340	1316	1321	1275	1268	1234	1221	1215	1135	1152
20—450°	1398	1393	1368	1388	1366	1374	1342	1355	1316	1313	1282	1268	1272	1196	1212
20—500°	1422	1418	1393	1402	1390	1402	1384	1382	1336	1348	1315	1312	1316	1250	1262
20—550°	1433	1438	1417	1420	1417	1427	1393	1408	1378	1378	1338	—	—	1291	—
20—600°	1464	1464	1438	1443	1436	1450	1420	1422	1399	1404	1366	—	—	1323	—
20—650°	1485	1486	1466	1459	1461	1467	1452	1450	1422	1424	1393	—	—	1370	—
20—700°	1501	1503	1481	1476	1476	1481	1465	1467	1441	1442	1424	—	—	1392	—
20—750°	1484	1493	—	—	—	—	—	—	—	—	—	—	—	—	—
20—800°	1467	1461	1293	1133	1172	1246	1268	1422	1478	1513	1502	—	—	1413	—
20—850°	—	—	—	—	—	—	—	—	—	—	—	—	—	—	—
20—900°	1314	1234	1248	1153	1235	1354	1387	1505	1664	1763	1757	—	—	1504	—
20—950°	—	—	—	—	—	—	—	—	—	—	—	—	—	—	—
20—1000°	1335	1332	1316	1308	1325	1438	1476	1570	1743	1950	1961	—	—	1586	—
700—1000°	950	942	940	929	991	1347	1500	1790	2410	2974	3145	—	—	2024	—

Tabelle 2.

Wahre Ausdehnungskoeffizienten der reinen Kohlenstoffstähle $\left(\frac{l_2 - l_1}{l_1 (t_2 - t_1)}\right) \cdot 10^8$.

Bezeichnung der Probe	RF	K_1	K_2	K_3	K_4	P_2	K_6	P_3	P_4	P_5	P_6	P_7	R_2	R_4	R_8	R_9
Kohlenstoffgehalt %	0,05/06	0,09	0,22	0,33	0,40	0,56	0,65	0,81	1,08	1,25	1,45	1,67	1,97	2,24	3,66	3,80
20—100°	1166	1158	1166	1108	1129	1098	1104	1104	1077	1087	1013	1044	994	961	858	871
100—200°	1293	1293	1252	1254	1235	1238	1203	1194	1156	1124	1100	1012	997	967	794	793
200—300°	1423	1423	1396	1413	1374	1410	1358	1400	1347	1328	1366	1333	1325	1336	1277	1298
300—400°	1534	1539	1506	1534	1546	1535	1516	1513	1513	1510	1541	1513	1519	1541	1543	1548
400—500°	1627	1622	1592	1618	1622	1626	1596	1622	1648	1608	1646	1555	1644	1697	1679	1679
500—600°	1664	1628	1647	1641	1647	1724	1655	1673	—	1643	1664	1643	—	—	1690	—
600—700°	1703	1714	1703	1647	1685	1648	1713	1645	—	1671	1655	1728	—	—	1768	—
700—800°	+1212	+1159	+ 8	—1176	— 871	— 346	— 74	+1097	—	+1708	+1985	+2014	—	—	+1534	—
800—900°	— 589	— 530	+ 882	+1287	+1709	+2166	+2295	+2169	—	+3105	+3674	+3720	—	—	+2198	—
900—1000°	+2218	+2165	+2100	+2100	+2086	+2179	+2138	+2104	—	+2390	+3150	3710	—	—	+2272	—

Fig. 101[1]). Elektrischer Leitwiderstand (Gumlich, Wiss. Abh. R.-A. 1918, 267).

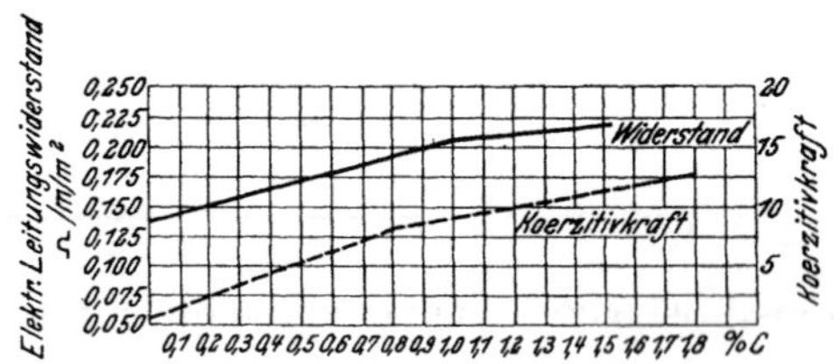

Fig. 101. Einfluß des Kohlenstoffs auf den elektrischen Leitwiderstand und die Koerzitivkraft des Eisens. (Gumlich.)

1) Aus P. Goerens, Enz.

Fig. 101. Elektrischer Leitwiderstand (Gumlich, Wiss. Abh. R.-A. 1918, 267).

Analysen der untersuchten Materialien.

Zeichen	% C	% Mn	% Si
×	0,07	0,48	0,10
.	0,11	0,25	0,16
.	0,16	0,35	0,19
×	0,21	0,52	0,11
+	0,23	0,18	0,04
+	0,44	0,13	0,06
×	0,48	0,52	0,12
+	0,69	0,13	0,16
.	0,71	0,29	0,21
×	0,71	0,51	0,14
.	0,77	0,26	0,16
.	0,99	0,25	0,24
+	1,11	0,13	0,10
.	1,57	0,37	0,23
+	1,78	0,17	0,10

Es bedeuten: × Proben von Phönix-Ruhrort; + Proben von Phönix-Hörde; . Proben von Lindenberg-Remscheid; die + Proben sind für die Zwecke der Untersuchung besonders hergestellt worden. Alle Angaben beziehen sich auf das bei 930° im Vakuum erhitzte und langsam abgekühlte Material.

Versuchseinzelheiten: Der Spannungsabfall zwischen zwei Punkten wurde nach der Kompensationsmethode gemessen.

Fig. 101. Magnetische Eigenschaften: Koerzitivkraft (Gumlich, Wiss. Abh. R.-A. 1918, 267).

Versuchseinzelheiten: Bis $\mathfrak{H} = 300$ erfolgte die Untersuchung an Stäben von 6 mm Dicke und 18 cm Länge mit dem Hopkinsonschen Schlußjoch mittels des ballistischen Galvanometers. Bei hohen Feldstärken wurde die Isthmusmethode verwendet.

Fig. 102 und 103. Festigkeitseigenschaften (Bruchfestigkeit, Streckgrenze, Dehnung, Kontraktion).

Fig. 102. Verarbeitetes Material.

Analysen: nicht angegeben.

Herstellung, Behandlung usw.: 1. schwedische Martinmaterialien, sauer und basisch, gewalzt; 2. desgl., jedoch gewalzt und geglüht; 3. Schwedische Bessemer und Thomasmaterialien, gewalzt. Nach einer Zusammenstellung vgl. Martens-Heyn, Mat. Kde. II A, 324; s. auch Original: Hållfasthesprof å svenska Materialier. Herausg. v. Yernkontoret, Stockholm. Beckmann 1897.

Versuchseinzelheiten: Die Meßlänge war gleich 13,2 Vf.

Fig. 103. Unverarbeitetes Material (Stahlguß) nach Oberhoffer, St. E. 1915, 93.

Analysen der untersuchten Materialien.

% C	% Mn	% Si	% P	% S
0,11	0,60	0,40	0,030	0,035
0,23	0,98	0,38	0,042	0,038
0,26	0,80	0,25	0,024	0,030
0,40	1,11	0,21	0,027	0,039
0,46	0,92	0,20	0,041	0,042
0,53	0,79	0,25	0,027	0,036
0,69	1,03	0,25	0,021	0,022
0,86	0,90	0,27	0,016	0,028

Herstellung, Behandlung usw.: Die Gußstücke lagen teils in Platten von 30 mm Stärke, teils in Blöcken 200 × 200 mm vor, entstammten teils dem sauren, teils dem basischen Martinofen; 1 war Elektrostahl. Die Zahlen beziehen sich auf das etwa 30° über A_3 6 Stunden lang geglühte und langsam abgekühlte Material.

Versuchseinzelheiten: Normalstäbe 20 mm Durchmesser, Meßlänge: $11{,}3\sqrt{f}$.

Fig. 100 und 104. Härte.

Fig. 100. Verarbeitetes Material (Levin und Dornhecker, Fer. 1914, 321).

Analysen: } wie unter spez. Gew.
Herstellung, Behandlung usw. } wie unter spez. Gew.

Versuchseinzelheiten: Verfahren von Brinell 5 mm Kugel, 1000 kg, $^1/_2$ Minute.

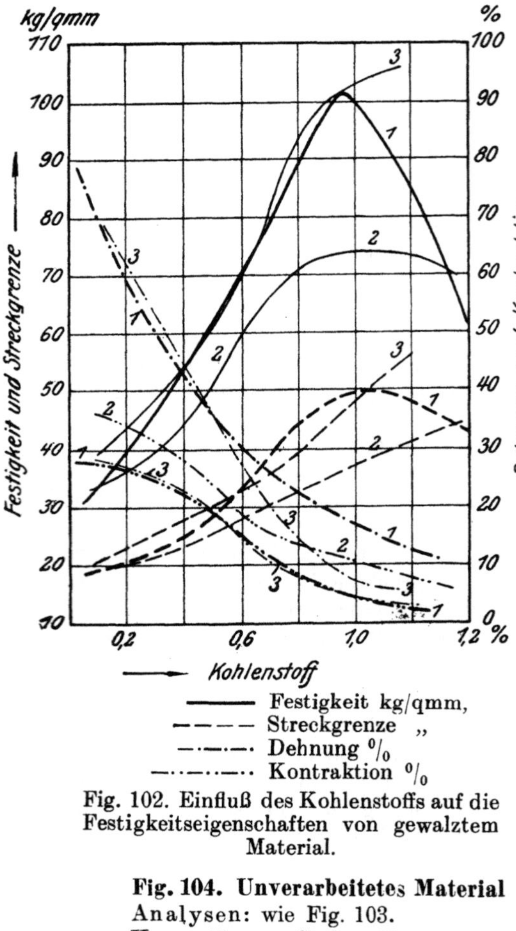

——— Festigkeit kg/qmm,
– – – – Streckgrenze „
–·–·– Dehnung %
–··–··– Kontraktion %

Fig. 102. Einfluß des Kohlenstoffs auf die Festigkeitseigenschaften von gewalztem Material.

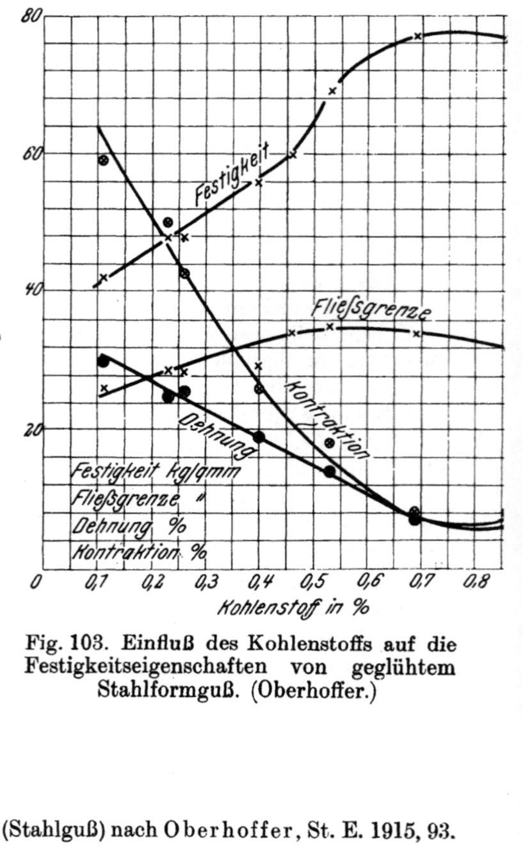

Fig. 103. Einfluß des Kohlenstoffs auf die Festigkeitseigenschaften von geglühtem Stahlformguß. (Oberhoffer.)

Fig. 104. Unverarbeitetes Material (Stahlguß) nach Oberhoffer, St. E. 1915, 93.

Analysen: wie Fig. 103.

Herstellung, Behandlung usw.: wie Fig. 103. Die bei systematischen Glühversuchen sich ergebenden höchsten und niedrigsten Härtezahlen sind aufgeführt.

Versuchseinzelheiten: Verfahren von Brinell, 10 mm Kugel, 3000 kg Druck, $^1/_2$ Minute.

Tab. 3 und Fig. 104. Spezifische Schlagarbeit.

Tab. 3. Verarbeitetes Material (Reinhold, Fer. 1916, 97).

Spez. Schlagarbeit mkg/qcm	Probe Nr.	% C	% Si	% Mn	% P	% S
41,0	A	0,08	0,24	0,36	0,05	0,04
24,7	B	0,15	0,28	0,49	0,036	0,03
18,0	C	0,25	0,22	0,39	0,048	0,038
10,5	D	0,40	0,23	0,51	0,036	0,015

Herstellung, Behandlung usw.: Gewalztes Flacheisen 30 × 10 mm unbekannter Herkunft, ungeglüht.

Versuchseinzelheiten: Verfahren nach Charpy, Normalkerbe, mittlere Versuchstemperatur 20°.

Fig. 104. Unverarbeitetes Material (Stahlguß) nach Oberhoffer, St. E. 1915, 93.

Analysen: | Herstellung, Behandlung usw. } wie zu Fig. 103 und 104.

Versuchseinzelheiten: Verfahren nach Charpy, Normalprobe 30 × 30 mm.

Fig. 105. Widerstand gegen Rostangriff (Chapell, St. E. 1912, 832).

Analysen der untersuchten Materialien.

% C	% Si	% Mn	% S	% P
0,10	0,019	0,091	0,011	0,011
0,24	0,037	0,072	0,028	0,015
0,30	0,030	0,094	0,021	0,012
0,55	0,053	0,100	0,020	0,017
0,81	0,048	0,168	0,028	0,016
0,96	0,018	0,133	0,027	0,014

Herstellung, Behandlung usw.: Es bedeutet in dem Diagramm: R = gewalztes Material, N = 20 Minuten bei 900° geglühtes, an der Luft abgekühltes Material, A = 20 Stunden bei 950° geglühtes, im Ofen abgekühltes Material.

Die Gewichtsabnahme der Proben nach Verweilen in Seewasser wurde bestimmt. Das Seewasser enthielt auf 1000 Teile:

27,2 Teile $NaCl$
29,5 „ $MgCl_2$
1,84 „ $MgSO_4$
1,20 „ $CaSO_4$
0,74 „ $CaCl_2$
0,11 „ $CaCO_3$

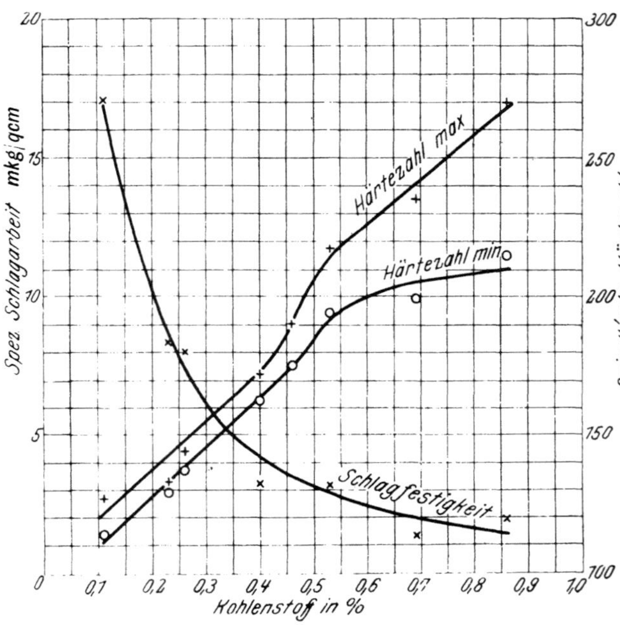

Fig. 104. Einfluß des Kohlenstoffs auf Härte und Schlagfestigkeit von Stahlformguß. (Oberhoffer.)

Unter der Voraussetzung zweckmäßiger Behandlung geht mit steigendem Kohlenstoffgehalt die Warmbildsamkeit oder Schmiedbarkeit erst bei etwa 2—2,5% verloren.

Einen zahlenmäßigen Ausdruck für die Hämmerbarkeit oder Kaltbildsamkeit ist die Querschnittsverminderung bis zum Bruch beim Ziehprozeß, jedoch nur unter der Voraussetzung gleicher Bedingungen bezüglich der Anzahl der Züge und der Querschnittsverminderung pro Zug. Hierüber teilt P. Goerens[1]) folgende unter annähernd gleichen Bedingungen erhaltenen Zahlen mit:

Ursprünglicher Querschnitt in qmm	% Kohlenstoff	Querschnittsvermind. des bis zur Bruchgrenze gezogenen Materials
21,2	0,1	96,5%
22,6	0,5	86,5 ,,
22,06	0,8	67,5 ,,

Für Gegenstände, die eine große Plastizität im kalten Zustande besitzen sollen, wählt man den Kohlenstoffgehalt möglichst niedrig. Draht für Feinzug soll

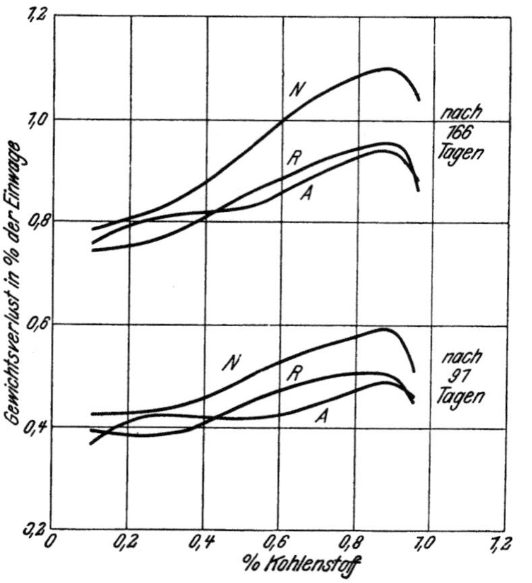

Fig. 105. Einfluß des Kohlenstoffs auf die Neigung zur Rostbildung. (Chapell.)

0,06—0,07% enthalten. Über den Kohlenstoffgehalt des Stanzbleches sind die Ansichten geteilt. Während manche Fachleute den für Feinzugdraht genannten Gehalt empfehlen, sind andere der Ansicht, der Kohlenstoffgehalt müsse höher, und zwar 0,09—0,12% sein. Letztere begründen dies damit, daß die Festigkeit den hohen Beanspruchungen beim Stanzen entsprechend nicht zu niedrig sein dürfe.

Der Wert der Angaben über die Schweißbarkeit hängt in hohem Maße von der Art der Schweißprobe ab. Die echte Schweißung soll nach Mars[2]) in der Weise vorgenommen werden, daß die zu verschweißenden Enden auf Weißglut gebracht, zusammengelegt und mit kräftigen Hammerschlägen bear-

[1]) Fer. 1913, 65.

[2]) Spezialstähle S. 155.

Tabelle 4.

% Kohlenstoff

0,00–0,10	0,10–0,20	0,20–0,30	0,30–0,40	0,40–0,50	0,50–0,60	0,60–0,70	0,70–0,80	0,80–0,90	0,90–1,00	1,00–1,10	1,10–1,20	1,20–1,30	1,30–1,40
Leicht schweißbar mit Sand									Borax		schwierig		gar nicht
Schmiedetemperatur				1000°		950°			900°		850°	800°	750°
Härtetemperatur				850°					800°				750°
ungehärtet Telephon-, Telegraphen-, Takelage-Seile				Draht		gehärtet Kraftleitungs-, Aufzug		Klavier-Saiten	Raspeln		Feilen mittelgrobe		feine
Holzschrauben Stanzbleche	Nahtlose Rohre Dampfkessel — Fahrräder					Federn	Spiral — Eisenbahnwagen Jalousien Große Uhren			Taschenuhren			Reibahlen
	Wagenachsen				Säbel	Messer Tisch- Schlacht- Chirurgisch- Schnitz- Taschen- Rasier-							
	Geschmiedete Maschinenteile	Panzer — Kanonen Zapfen — Friktionsteile			Gewehrläufe	Weiche Sensen	Steinmetzwerkzeuge		Fuchsschwänze	Gewinde-Bohrer — Schneide-Fräser			Drehstähle
	Bleche Dampfkessel, Fahrzeuge, Schutzschilder				Panzergranaten			Sägen gewöhnliche, Kreis-, Band-			Dorne gehärtet — ungehärtet		
	Träger — Spanten			Schienen — Bandagen		Tischlerwerkzeug			Äxte	Scheeren kalt — warm		Matrizen	
	Radreifen — Schlittenkufen Warmkreissägen					Niet-meißel	Meißel kalt — warm						

beitet werden. In der Regel gelinge die Schweißung bis zu einem Kohlenstoffgehalt von 0,5%, jedoch sei dieser Gehalt kein genaues Maß für die Schweißbarkeit, weil in der Schweißhitze eine sehr schnelle Entkohlung der Oberfläche eintrete, also in Wirklichkeit stets ein kohlenstoffärmeres Eisen zur Verschweißung gelange. Zur Verflüssigung der Oxyde gibt man zweckmäßig etwas Sand auf die zu verschweißende Oberfläche. Schweißpulver dienen außer zu dem vorgenannten Zwecke der Verflüssigung der Oxyde auch noch zum Schutz gegen Oxydation überhaupt.

Die überragende Rolle des Kohlenstoffs als Regulator der Festigkeitseigenschaften und der Härte ist nicht allein auf die große Empfindlichkeit dieses Regulators[1]), sondern auch darauf zurückzuführen, daß die Gegenwart des Kohlenstoffs die Möglichkeit des Härtens und Vergütens, und damit eine weitere Beherrschung der Eigenschaften des schmiedbaren Eisens innerhalb weitester Grenzen bedingt. Auch die magnetischen Eigenschaften des schmiedbaren Eisens lassen sich durch richtige Bemessung des Kohlenstoffgehaltes innerhalb weitester Grenzen verändern.

Über Verwendung von schmiedbaren Eisensorten mit Kohlenstoff als Grundbestandteil (Kohlenstoffstähle) orientiert die, auf Vollständigkeit keinen Anspruch erhebende Tabelle 4.[2])

4. Phosphor.

Erläuterungen zu den Figuren 106 und 107.

Fig. 106 und 107. Alle Angaben sind einer Arbeit von d'Amico, Fer 1913, 289 entnommen.

Analysen der untersuchten Materialien.

% C	% P	% Mn	% S	% Si
0,118	0,012	0,40	0,051	0,247
0,115	0,100	0,42	0,067	0,241
0,112	0,144	0,41	0,075	0,246
0,133	0,209	0,51	0,076	0,176
0,140	0,245	0,55	0,082	0,168
0,125	0,266	0,52	0,072	0,175
0,155	0,421	0,53	0,078	0,176
0,152	0,560	0,52	0,055	0,197
0,146	0,725	0,54	0,075	0,200
0,130	0,872	0,50	0,060	0,212
0,130	1,153	0,57	0,049	0,190
0,110	1,242	0,47	0,052	0,228

[1]) Vgl. Zusammenstellung über den Einfluß der Fremdkörper auf einige Eigenschaften des schmiedbaren Eisens Tab. 8. Hierzu ist noch folgendes zu bemerken. Den von Stead angegebenenen Zahlen stehen folgende gegenüber, die sich aus den von Heyn gezeichneten Kurven schwedischer Materialien (Fig. 102) ergeben:

Material	Streckgrenze	Veränderung der Festigkeit	Dehnung	Kontraktion
Siemens-Martin gewalzt . . .	+ 3,8	+ 8,3	− 3,0	− 6,5
„ „ geglüht . . .	+ 2,3	+ 5,7	− 3,7	—
Thomas u. Bessemer gewalzt .	+ 3,3	+ 8,3	− 3,0	− 7,5

[2]) Nach Hållfasthetsprofj å svenska Materialier herausgegeben vom Yernkontoret, Stockholm, Beckmann 1897.

Herstellung, Behandlung usw.: Das Material wurde im Elektroofen hergestellt und in vorgewärmte Tiegel gegossen, in denen sich der Phosphor als Ferrophosphor befand. Nach dem Durchrühren des Tiegelinhalts wurde dieser in Sandformen von 100 × 100 mm Querschnittsabmessungen gegossen. Die Blöcke wogen 100 kg, doch ist nur die untere Hälfte verwendet worden. Für die Untersuchung der Festigkeitseigenschaften walzte d'Amico die Blöcke auf Rundstangen von 35 mm Durchmesser aus; aus der Mitte der Stangen wurde ein Abschnitt von etwa 1 m herausgeschnitten und auf Draht von 10 mm Durchmesser ausgewalzt. Alle Proben sind bei 900° $1^1/_2$ Stunden geglüht und im Glühofen abgekühlt worden.

Spezifisches Gewicht, elektrische und magnetische Eigenschaften sind am Draht von 10 mm Durchmesser, Härte und Festigkeitseigenschaften an den Rundstangen von 35 mm bestimmt worden.

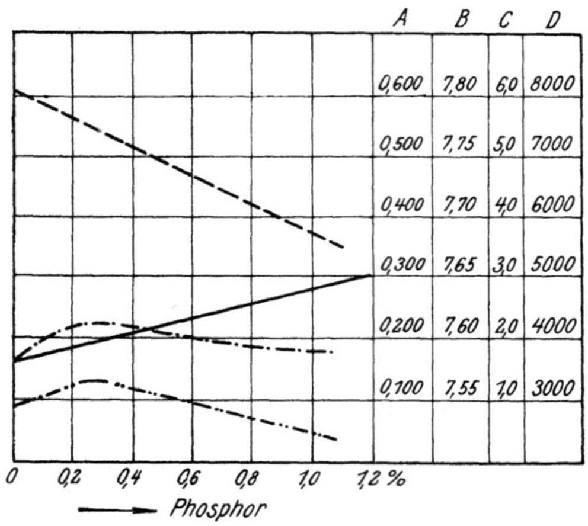

Maßstab Eigenschaft
A ——— Elektr. Widerstand in Ohm/m/qmm
B – – – Spez. Gewicht
C —·—·— Koerzitivkraft ($\mathfrak{B}$ = 13000)
D —··—··— Hysteresis ($\mathfrak{B}$ = 10000)

Fig. 106. Einfluß des Phosphors auf den elektrischen Widerstand, das spezifische Gewicht, die Koerzitivkraft und die Hysteresis von weichem Flußeisen. (d'Amico.)

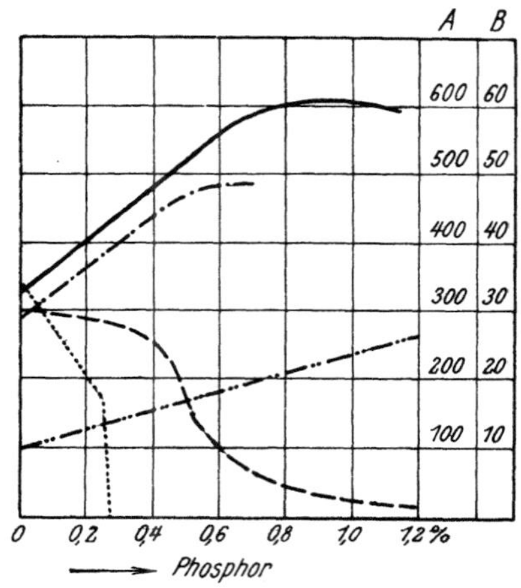

Maßstab Eigenschaft
B ——— Zugfestigkeit kg/qmm
B – – – Dehnung %
B —·—·— Streckgrenze kg/qmm
A —··—··— Härte Brinell
B ······ Schlagfestigkeit mkg/qcm

Fig. 107. Einfluß des Phosphors auf die Festigkeitseigenschaften, Härte und Schlagfestigkeit von weichem Flußeisen. (d'Amico.)

Fig. 106. Spezifisches Gewicht: Auftriebmethode. Die Zahlenwerte sind auf die Wassertemperatur korrigiert.

Elektrischer Leitwiderstand. Thomsonsche Doppelbrücke.

Magnetische Eigenschaften. Köpselschaltung Siemens und Halske.

Fig. 107. Festigkeitseigenschaften. Die Streckgrenze ist am Manometer sowie aus dem Dehnungs Spannungsdiagramm ermittelt worden. Andere Angaben fehlen.

Härte. Verfahren nach Brinell 9,525 mm Kugel, 2000 kg.

Spezifische Schlagarbeit. Verfahren nach Charpy. Probeabmessungen 25 × 25 × 160 mm, Kerbtiefe 12,5 mm, Durchmesser der Kerbrundung 2 mm.

Die Warmbildsamkeit wird durch Phosphor kaum beeinflußt, wenigstens nicht innerhalb der im technischen Eisen vorkommenden Gehalte. Aber auch darüber hinaus bis 1,1% konnte d'Amico[1]) Flußeisen mit 0,1—0,15% Kohlenstoff walzen. Dagegen leidet die Kaltbildsamkeit ganz gewaltig unter der Gegenwart von Phosphor, denn dieser erzeugt Kaltbruch. 0,25%

[1]) a. a. O.

genügen bei einem weichen Flußeisen mit 0,1—0,15% Kohlenstoff, um die Schlagfestigkeit praktisch auf Null zu reduzieren.

Über den Einfluß des Phosphors auf die Schweißbarkeit liegen nur wenig Angaben vor. Diegel[1]) gibt als einzuhaltende Grenze nach oben für Flußeisen 0,03 bis 0,05% an. Schweißeisen, dessen manchmal recht hoher Phosphorgehalt auf die Anwesenheit phosphorhaltiger Schlacke zurückgeführt wird,[2]) kann nach Ledebur noch bei 0,4% schweißbar sein.

Mit Rücksicht auf seine unbestrittene Rolle als Erzeuger des Kaltbruchs gehört Phosphor zu den im Eisenhüttenwesen unbeliebten Elementen, wenngleich nach Stead[3]) sein schlechter Ruf übertrieben ist und er auch gute Eigenschaften besitzt, die seine Verwendungsfähigkeit zur Erzeugung von Gegenständen mit sauberer und glänzender Oberfläche (Fahrradteile) bedingen.

Ein weiteres Anwendungsgebiet hat der Phosphor bei der Herstellung von Preßmuttern gefunden, bei denen ein Gehalt von etwa 0,2% die Herstellung eines sauberen und scharfen Gewindes ermöglicht. Merkwürdigerweise soll aber ein nach völliger Entphosphorung durch Ferrophosphorzusatz erzeugter Phosphorgehalt von ungleich schlechterer Einwirkung auf die Qualität des Produktes, als ein ohne künstlichen Zusatz durch Abbrechen der Charge erzeugter sein. Auf die magnetischen Eigenschaften sind die im technischen Eisen vorkommenden Phosphorgehalte ohne wesentlichen Einfluß.

5. Schwefel.

Erläuterungen zu den Fig. 108—111 und Tabelle 5.

Tab. 5. Spezifisches Gewicht (Arnold, Ir. st. Inst. 1894, I, 107) und Analysen der untersuchten Materialien.

Tab. 5.

% C	% Mn	% Si	% P	% S	Spez. Gew.
0,08	0,01	0,04	0,02	0,03	7,8478
0,08	0,00	0,08	0,02	0,97	7,6903

Herstellung, Behandlung usw.: In Sandformen mit Al-Zusatz gegossen, nicht verarbeitet.

Versuchseinzelheiten: Auftriebsmethode.

Fig. 108—110. Festigkeitseigenschaften (Unger, Am. Mach. 1916, 191 siehe auch St. E. 1917, 592).

Analysen der untersuchten Materialien.

	% C	% S
	0,09	0,03
	0,09	0,06
Fig. 108. Reihe I	0,09	0,09
(18 mm Rundstäbe)	0,09	0,14
	0,09	0,18
	0,09	0,25 nicht schmiedbar.

[1]) St. E. 1909, 776.

[2]) Ledebur, Eisenhüttenkunde III, 19.

[3]) St. E. 1917, 290.

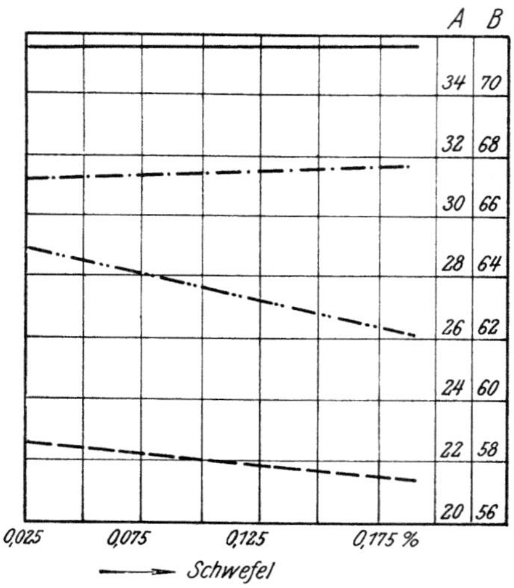

Maßstab Eigenschaft
A ——— Festigkeit kg/qmm
A – – – Elast. Grenze kg/qmm
A —·—·— Dehnung % (200 m/m)
B —··—··— Kontraktion %

Fig. 108. Einfluß des Schwefels auf die Festigkeitseigenschaften von 18 mm Rundstäben mit 0,09 % C. (Unger.)

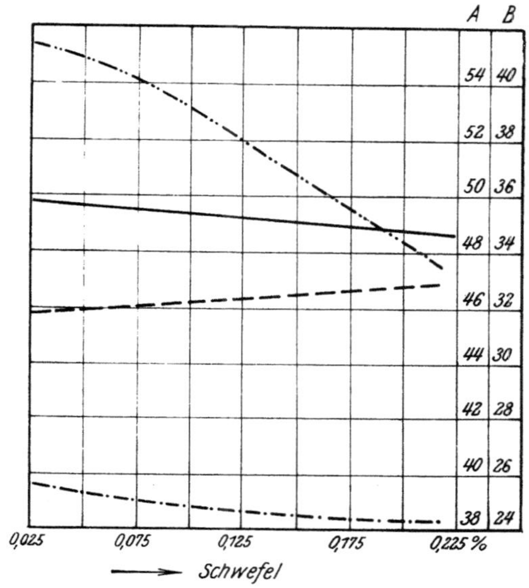

Maßstab Eigenschaft
A ——— Festigkeit kg/qmm
B – – – Elast. Grenze kg/qmm
B —·—·— Dehnung % (200 m/m)
A —··—··— Kontraktion %

Fig. 109. Einfluß des Schwefels auf die Festigkeitseigenschaften von 200 mm U-Eisen mit 0,32 % C. (Unger.)

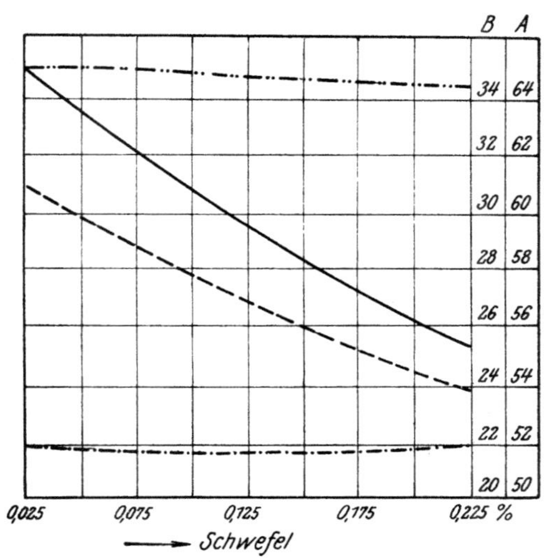

Maßstab Eigenschaft
A ——— Festigkeit kg/qmm
B – – – Elast. Grenze kg/qmm
B —·—·— Dehnung % (200 m/m)
B —··—··— Kontraktion %

Fig. 110. Einfluß des Schwefels auf die Festigkeitseigenschaften von Achsen mit 0,51 % C. (Unger.)

Analysen der untersuchten Materialien.

	% C.	% S
Fig. 109. Reihe II (200 mm U-Eisen)	0,32	0,032
	0,32	0,068
	0,32	0,108
	0,32	0,146
	0,32	0,190
	0,32	0,230
Fig. 110. Reihe III (Achsen)	0,51	0,025
	0,51	0,055
	0,51	0,095
	0,51	0,135
	0,51	0.167
	0,51	0,230

Herstellung, Behandlung usw.: Je 24 Blöcke von jeder Reihe, 3000 kg schwer bei 450 × 500 mm Querschnittsabmessungen wurden aus dem basischen Martinofen abgegossen. Der Schwefel ist in Pulverform während des Gießens zugegeben worden. Nur die untere Blockhälfte wurde verwendet. Die Blöcke wurden zu den für die betr. Qualität geeigneten Erzeugnissen wie Rundeisen, Blechen, Nieten, Draht, Röhren, Ketten, U-Eisen, Schienen und Achsen verarbeitet.

Versuchseinzelheiten: Bei der ersten und zweiten Reihe bezieht sich die Dehnung auf 200, bei der dritten auf 50 mm Meßlänge.

Fig. 111. Schlagbiegefestigkeit (Unger a. a. O.).

Material: Achsen, Reihe III (0,51 % C).

Herstellung, Behandlung: wie unter Festigkeitseigenschaften.

Versuchseinzelheiten: Durchmesser der Achsen 116 mm; Fallgewicht 990 kg; Fallhöhe 4,8 m.

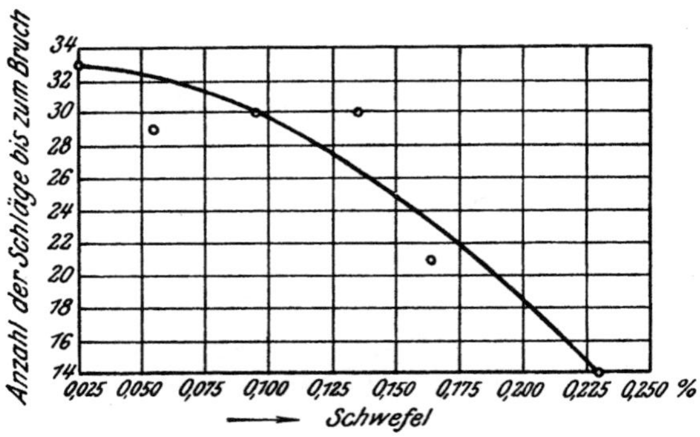

Fig. 111. Einfluß des Schwefels auf die Schlagfestigkeit von Achsen mit 0,51 % C. (Unger.)

Die von Ledebur und andern geäußerte Ansicht, Schwefel verursache über 0,2 % Rotbruch, ist durch die auf breiter Grundlage durchgeführte Untersuchungen von Unger[1]) bestätigt worden. Jedenfalls ließen sich Nieten, Ketten, Röhren, U-Eisen, Grobbleche, Schienen, Achsen, Preß-[2]), Schmiede- und Gesenkschmiedestücke bis zu dem oben erwähnten Schwefelgehalt anstandslos herstellen. Dabei war der Mangangehalt (0,43 %) nicht übermäßig

[1]) a. a. O.

[2]) Unter diesen z. B. Automobilträger.

hoch, und für alle Schwefelgehalte gleich, so daß die Ansicht, je höher der Schwefelgehalt, um so höher müsse der Mangangehalt sein, durch die Ungerschen Versuche widerlegt erscheint. Dadurch erleidet die Wahrscheinlichkeit der Tatsache keinen Abbruch, daß durch Manganzusatz die Entfernung des Schwefels begünstigt wird, wie viele Analysen von Pfannen- und Blockschlacken gezeigt haben. Am natürlichsten läßt sich der Rotbruch auf Grund des Zustandsdiagrammes erklären, aus dem hervorgeht, daß das Eutektikum Eisen-Schwefeleisen bei 985° schmilzt, und demzufolge der Materialzusammenhang wesentlich vermindert wird. Daß nun, wie von verschiedener Seite angegeben wird, rotbrüchiges, schwefelhaltiges Eisen in Weißglut wieder schmiedbar ist, erscheint durchaus nicht so unverständlich. Die Schweißbarkeit des Eisens steigt mit der Temperatur und die Gegenwart flüssiger Teilchen zwischen den Eisenkristallen braucht deren Zusammenschweißen keineswegs zu verhindern, denn auch die durch Sand verflüssigten Oxyde werden bei der gewöhnlichen Schweißung infolge der mechanischen Bearbeitung, allerdings nur unter besonders günstigen Umständen entfernt oder unschädlich gemacht. Hiermit in Übereinstimmung steht die Tatsache, daß Flußeisen mit einem Gehalt von 0,125% Schwefel (bei 0,51% Mangan) nach Harbord und Tucker[1]) gut schweißbar war; ferner die Ungersche Beobachtung, daß sich keinerlei Unzuträglichkeiten bei der Herstellung geschweißter Kettenglieder und nahtloser Rohre aus schwefelhaltigen Materialien ergaben. Immerhin empfiehlt Diegel[2]) den Schwefelgehalt zu schweißender Materialien nicht über 0,04—0,05% zu wählen.

Bezüglich der Kaltbildsamkeit ergaben die Ungerschen Versuche, daß bis zu 0,2% kaum eine Beeinträchtigung dieser Eigenschaft erfolgt. Aus schwefelhaltigem Material ließen sich nicht allein anstandslos Stanzbleche und Draht herstellen, die Fertigmaterialien bestanden auch die üblichen Abnahmeproben einwandfrei.

Nimmt man hierzu noch den nach Unger relativ unbedeutenden Einfluß auf die Festigkeitseigenschaften sowie die vom gleichen Verfasser festgestellte Tatsache, daß auch die warm fertiggestellten Teile den Lieferungsvorschriften durchaus entsprachen (wenn auch zweifellos die Schlagfestigkeit z. B. bei Schienen und Achsen mit steigendem Schwefelgehalt abnimmt, vgl. Fig. 111) so ist das Gesamtbild der Wirkung des Schwefels innerhalb der Grenzen 0—0,2% nicht so ungünstig, wie vielfach angenommen wird. Nun besitzt aber der Schwefel in höchstem Maße die Neigung zur ungleichmäßigen Verteilung, zum Seigern, so daß der aus der Chargenprobe sich ergebende Schwefelgehalt durchaus nicht dem in dem oberen, mittleren Blockteil vorhandenen zu entsprechen braucht, letzterer den durchschnittlichen Gehalt vielmehr um ein Vielfaches (bis zu 300—400%) übersteigen kann. Dieser Umstand zwingt natürlich zur größten Vorsicht bei der Beurteilung der höchsten zulässigen Schwefelmengen. Unger hat ihn wohlweislich durch Entfernung der oberen Hälften seiner Versuchsblöcke berücksichtigt.

Nach Holtz[3]) ist Schwefel auf die magnetischen Eigenschaften des Elektrolyteisens ohne nennenswerten Einfluß.

[1]) Ir. st. Inst. 1886, II, 701; 1903, I, 136.
[2]) a. a. O. [3]) Diss. Berlin, St. E. 1912, 319.

Lediglich in den Vereinigten Staaten wird mitunter ein Material mit 0,07—0,12 % Schwefel bei einem Mangangehalt von 0,75—1,0 % von solchen Abnehmern verlangt, die hohe Ansprüche bezüglich der Geschwindigkeit des Bohrens, Drehens oder Gewindeschneidens stellen.

6. Arsen.

Erläuterungen zu den Figuren 112 und 113.
Alle Angaben sind einer Arbeit von Liedgens entnommen (St. E. 1912, 2109).
Analysen der untersuchten Materialien.

% C	% Mn	% P	% Si	% S	% Cu	% As
0,077	0,436	0,017	0,058	0,054	0,168	0,123
0,076	0,440	0,020	0,054	0,060	0,196	0,277
0,078	0,431	0,017	0,057	0,057	0,182	0,405
0,077	0,448	0,018	0,052	0,052	0,192	0,549
0,075	0,439	0,016	0,062	0,060	0,200	0,691
0,076	0,435	0,020	0,054	0,055	0,207	0,880
0,081	0,433	0,023	0,049	0,055	0,198	1,172
0,080	0,429	0,026	0,049	0,051	0,192	1,425
0,083	0,434	0,026	0,046	0,055	0,188	1,621
0,079	0,434	0,021	0,047	0,056	0,184	1,943
0,083	0,429	0,024	0,052	0,055	0,187	2,240
0,086	0,446	0,019	0,055	0,052	0,192	2,534
0,084	0,440	0,021	0,055	0,050	0,189	2,841
0,085	0,446	0,017	0,053	0,057	0,193	3,130
0,085	0,442	0,017	0,059	0,051	0,186	3,284
0,068	0,352	0,013	0,046	0,040	0,152	3,515

Herstellung, Behandlung usw.: Als Ausgangsmaterial diente ein im basischen Martinofen erschmolzenes weiches Flußeisen von folgender Zusammensetzung:

C	Mn	P	Si	S	Cu	As
0,080	0,435	0,020	0,050	0,050	0,177	0,032

Aus der großen Gießpfanne wurde in eine kleine, vorgewärmte, 100 kg fassende abgegossen, in der sich der Arsenzusatz in metallischer Form befand. Nach dem Durchrühren des Inhalts erfolgte das Gießen kleiner Blöcke von 750 mm Höhe und 250 × 100 mm mittlerer Querschnittabmessungen. Außerdem wurden Probeblöckchen 200 × 65 × 65 gegossen. Erstere wurden zu Platinen und dann zu Stanz- und Dynamoblech von 0,5 mm Stärke verarbeitet. Die Untersuchung der magnetischen und elektrischen Eigenschaften sowie die des spezifischen Gewichtes erfolgte an dem bei 870° geglühten und in 100 Stunden abgekühlten Blechmaterial. Die Festigkeitszahlen beziehen sich auf Quadrat- und Flachstäbe, die aus den kleinen Probeblöckchen ausgeschmiedet und dann bei 880° etwa 1½ Stunde geglüht und langsam abgekühlt worden waren.

Versuchseinzelheiten:

Fig. 112. Spezifisches Gewicht. Wägung und Ermittelung des Kubikinhaltes durch Wasserverdrängung.

Fig. 112. Elektrischer Leitungswiderstand. Nach dem indirekten Verfahren mit Hilfe eines besonderen Apparates von Siemens & Halske.

Fig. 112. Magnetische Eigenschaften. Permeabilität, Hysteresis, Remanenz und Koërzitivkraft sind mit der Köpselschaltung, der Gesamtwattverlust mit dem Epstein-Apparat an 10 kg schweren Blechstreifen ermittelt.

Fig. 113. Festigkeitseigenschaften. Angaben fehlen.

Arsen verursacht wie Schwefel Rotbruch, jedoch erst bei Gehalten, die weit außerhalb der im technischen Eisen beobachteten Gehalte (bis 0,2 %)

liegen. Harbord und Tucker[1]) fanden bis 1,2% keinen Rotbruch; nach Stead[2]) ließ sich Flußeisen mit Arsengehalten bis zu 4%, nach Liedgens[3]) bei 0,4% Mangan bis 2,8% Arsen und bei 0,1% Mangan bis 1,25% Arsen

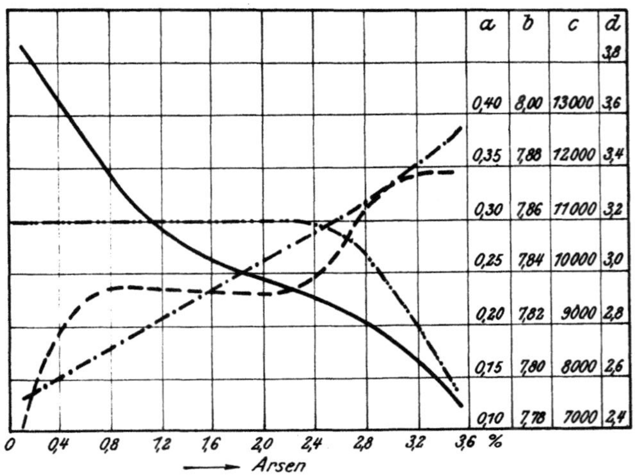

Maßstab		Eigenschaft
a	—·—·—	Elektr. Widerstand i. Ohm m/qmm
b	— — —	Spez. Gewicht
c	—··—··—	Hysteresis i. Erg. /ccm
d	———	Wattverluste /kg $\mathfrak{B} = 10000$; $p = 50$; $\delta = 0{,}5$.

Fig. 112. Einfluß des Arsens auf das spezifische Gewicht, den elektrischen Widerstand, die Hysteresis und die Wattverluste von weichem Flußeisen. (Liedgens.)

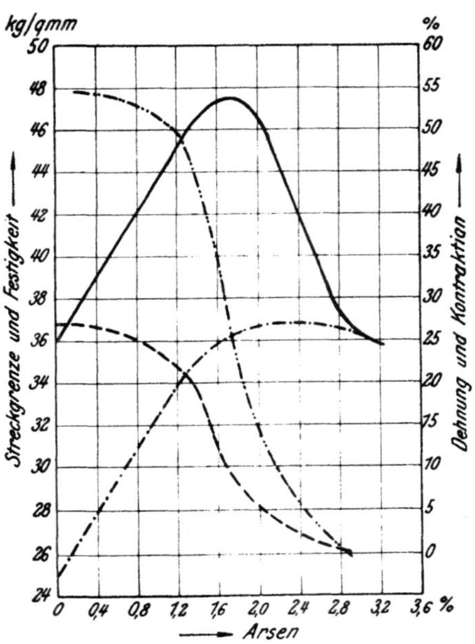

———	Festigkeit	kg/qmm
—·—·—	Streckgrenze	kg/qmm
— — —	Dehnung	%
—··—··—	Kontraktion	%

Fig. 113. Einfluß des Arsens auf die Festigkeitseigenschaften von weichem Flußeisen. (Liedgens.)

[1]) Ir. st. Inst. 1888, II, 183.
[2]) Ir. st. Inst. 1895, I, 77.
[3]) Diss. Berlin, St. E. 1912, 2109.

gut walzen. Liedgens bestätigte seine aus dem Verhalten beim Walzen gezogenen Schlußfolgerungen durch besondere Rotbruchproben.

Als Maßstab für die Kaltbildsamkeit arsenhaltigen Materials können die Versuche von Liedgens dienen, der Feinblech von 0,5 mm Stärke herstellte und daraus sogenannte Maschinentöpfe (85 mm Durchmesser und 90 mm Höhe) herstellte. Dies gelang anstandslos bis zu einem Arsengehalt von 1,5%. Wählt man als Maßstab für die Kaltbildsamkeit die Kaltbiegeprobe, so dürfte ein Arsengehalt von 0,2% nach Harbord und Tucker keinen merklichen Einfluß ausüben; dagegen zersprang eine Stange mit 1% Arsen bereits beim Fallen auf eine eiserne Platte. Ein zahlenmäßiger Ausdruck für den Einfluß von Arsen auf die Schlagfestigkeit fehlt leider noch. Die von Liedgens durchgeführte Kaltbruchprobe (Biegung eines im Wasser abgeschreckten Vierkantstabes um 180° durch Hammerschläge) ergab von 0,4% Arsen ab eine deutliche Zunahme der Kaltbrüchigkeit. Jedenfalls gilt auch bezüglich der Kaltbildsamkeit, daß die im technischen Eisen vorkommenden Arsengehalte keinen Einfluß auf diese Eigenschaft ausüben.

Die Schweißbarkeit wird nach den übereinstimmenden Ergebnissen von Harbord und Tucker, Stead sowie Liedgens bereits durch geringe Arsengehalte verringert. Erstere beobachteten bereits bei 0,1%, letzterer zwischen 0,12 und 0,27% eine deutliche Abnahme der Schweißbarkeit. Diese letztere Angabe bezieht sich auf das Schweißen im Feuer. Nach Liedgens läßt sich dagegen die autogene und die elektrische Widerstandsschweißung bis zu einem Gehalt von etwa 1,4% mit gutem Ergebnis durchführen.

In magnetischer Beziehung stellten übereinstimmend Burgess und Aston[1]) sowie Liedgens fest, daß infolge der Widerstandserhöhung bei gleichbleibender Hysteresisarbeit (bis rd. 3,00%) die Wattverluste etwas abnehmen. Dies läßt sich aber auf andere Weise leichter und billiger erreichen.

Das Arsen ist demnach, soweit die im technischen Eisen beobachteten Gehalte in Frage kommen, weder nützlich noch schädlich und sein schlechter Ruf kann als übertrieben bezeichnet werden.

7. Kupfer.

Erläuterungen zu den Figuren 114—117.

Fig. 114 bis 116. Festigkeitseigenschaften: Elastizitätsgrenze, Festigkeit, Dehnung, Kontraktion (Lipin, St. E. 1900, 536).

Analysen der untersuchten Materialien.

Fig. 114. Reihe I.

% C	% Si	% Mn	% P	% S	% Cu
0,10	0,09	0,14	0,023	0,034	0,00
0,10	0,10	0,20	0,029	0,024	0,49
0,12	0,16	0,22	0,024	0,025	0,86
0,15	0,15	0,26	—	—	1,16
0,10	0,06	0,16	0,023	0,023	1,69
0,09	0,05	0,18	0,029	0,038	3,51

[1]) Elektrochem. met. Ind. 1909, 276, 403.

Fig. 115. Reihe II.

% C	% Si	% Mn	% P	% S	% Cu
0,42	0,09	0,20	0,035	—	0,00
0,44	—	—	—	—	0,25
0,44	—	0,15	0,035	—	0,47
0,46	—	—	—	—	0,87
0,41	0,09	0,22	—	—	1,09
0,42	—	—	—	—	1,64
0,46	—	—	—	—	2,06
0,43	0,05	0,24	—	0,031	3,09
0,41	—	—	—	0,034	4,12

Fig. 116. Reihe III.

% C	% Si	% Mn	% P	% S	% Cu
0,98					0,00
1,01					0,25
0,90	0,2—	0,15—	0,02—		0,53
0,97	0,25	0,20	0,03	0,008	0,89
0,99					1,13
0,99					1,60
1,08					1,97
0,99					3,02

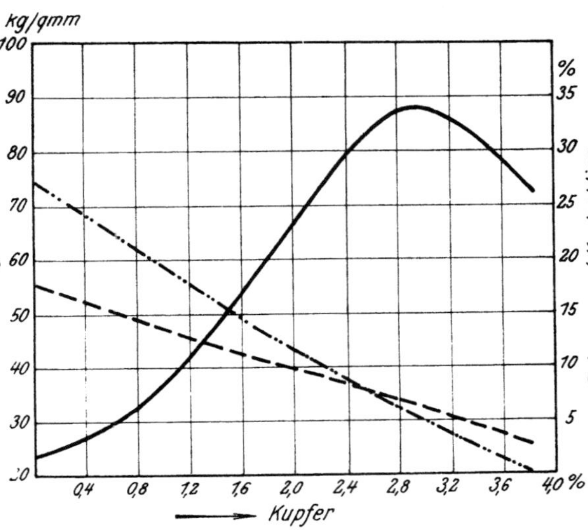

——— Festigkeit kg/qmm
— — Dehnung %
—·—·— Kontraktion %

Fig. 114. Einfluß des Kupfers auf die Festigkeitseigenschaften von Flußeisen mit 0,1% C. (Lipin.)

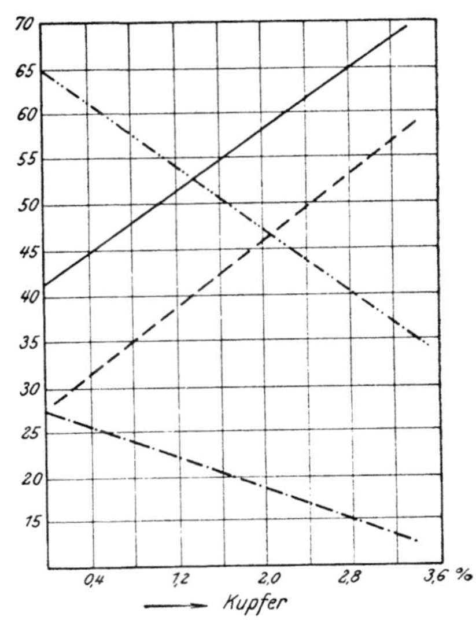

——— Festigkeit kg/qmm
— — — Elastizitätsgrenze kg/qmm
—·—·— Dehnung %
—··—··— Kontraktion %

Fig. 115. Einfluß des Kupfers auf die Festigkeitseigenschaften von Stahl mit 0,4% C. (Lipin.)

Herstellung, Behandlung usw.: Das Material ist in den Putilowwerken aus Martinstahlabfällen und Kupfer im Tiegel erschmolzen. Beim Guß wurde Aluminium zugegeben. Die Blöcke waren dicht. Das Ausschmieden erfolgte unter dem Hammer bei 900 bis 930°. Die geschmiedeten Stücke wurden bei derselben Temperatur zu Rundstäben von 20 mm Durchmesser ausgewalzt. Die Ergebnisse der Reihe I beziehen sich auf nicht ausgeglühte Proben; diejenigen der Reihe II auf die bei 950° geglühten an der Luft abgekühlten Proben und diejenigen der Reihe III auf die bei 850° geglühten und an der Luft abgekühlten Proben.

Versuchseinzelheiten: Jeder Diagrammpunkt entspricht dem Mittel aus 2 Versuchen. Die Zerreißstäbe waren 220 mm lang bei 20 mm Durchmesser.

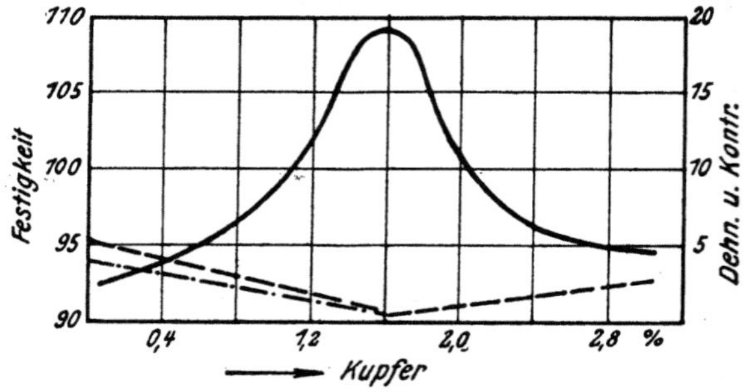

——— Festigkeit kg/qmm, —·—·— Kontraktion %, —··—··— Dehnung %
Fig. 116. Einfluß des Kupfers auf die Festigkeitseigenschaften von Stahl mit 1,0% C. (Lipin.)

Fig. 117. Härte. (Breuil, C. R. 1906, **142,** 1421, sowie 1906, **143,** 346.)
Analysen der untersuchten Materialien.

Reihe I

% C	% Mn	% Si	% P	% S	% Cu
0,168					0,000
0,158					0,490
0,156					1,005
0,156	0,1	0,020	0,020	0,015	2,015
0,165	bis				3,997
0,103	0,15		Mittel		8,050
0,173					15,670
0,150					31,920

Reihe II

% C	% Mn	% Si	% P	% S	% Cu
0,336					0,000
0,390					0,505
0,400					1,005
0,389					2,025
0,368					4,009
0,372					7,960
0,412					16,015

Reihe III

% C	% Mn	% Si	% P	% S	% Cu
0,55—79	?	?	?	?	0,5 1,0, 3,0, 10,0

Herstellung, Behandlung usw.: Angaben fehlen bezüglich der Herstellung. Die Ergebnisse beziehen sich auf das bei 900° geglühte Material.

Versuchseinzelheiten: Verfahren nach Brinell.

Bezüglich des spez. Gew. und des elektrischen Leitwiderstandes s. a. die vergleichende Übersicht über den spezifischen Einfluß der wichtigsten Elemente auf die Eigenschaften des schmiedbaren Eisens.

Die im technischen Eisen vorkommenden Kupfermengen (bis 0,2%) üben auf seine Warmbildsamkeit keinen Einfluß auf, und zwar nach übereinstimmenden Versuchen u. a. von Stead und Evans[1]), Lipin,[2]) Colby,[3]) Breuil[4]) sowie Burgess und Aston.[5]) Rotbruch trat erst auf:

nach Stead bei	4,0 %	
„ Lipin bei	4,7 „	(0,1 % Kohlenstoff)
„ Lipin bei	1,6 „	(0,4 % „)
„ Breuil bei	4,0 „	
„ Burgess u. Aston bei	2,0 „	

Die Wasumsche[6]) Beobachtung, daß bei hohem Schwefel- und Kupfergehalt Rotbruch auftritt, ist wahrscheinlich lediglich auf den Einfluß der hohen Schwefelgehalte seiner Versuchsproben zurückzuführen.

Die Kaltbildsamkeit, am Verhalten der Kaltbiegeprobe gemessen, wird ebenfalls durch geringe Kupfergehalte nicht beeinflußt. Lipin fand erst oberhalb 1%. Wigham[7]) oberhalb 0,6% eine merkliche Verschlechterung dieser Probe. Die an kupferhaltigen Bessemerschienen von Stead und Evans vorgenommene Schlagbiegeprobe lieferte vollkommen zufriedenstellende Ergebnisse.

Die Schweißbarkeit leidet nach Colby und Lipin erst von einem Gehalt von 0,6% an.

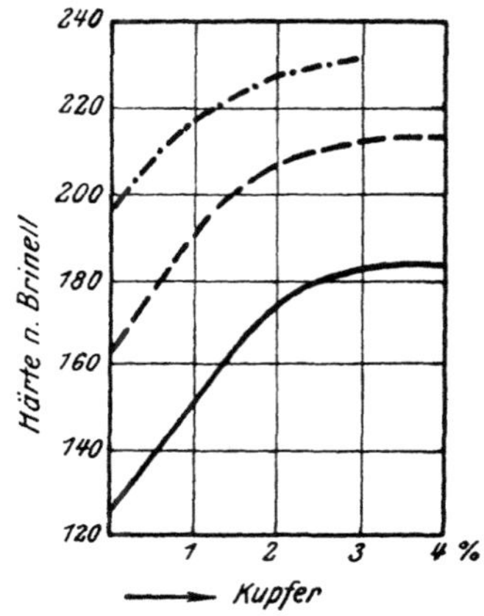

——— 0,15—0,17 % C
— — — 0,34—0,41 % C
—·—·— 0,55—0,79 % C

Fig. 117. Einfluß des Kupfers auf die Härte von Stahl mit verschiedenen Kohlenstoff-Gehalten. (Breuil.)

Wenn daher Kupfer in den im technischen Eisen vorkommenden Mengen als indifferent bezeichnet werden muß, so sind andererseits die Versuche, die Eigenschaften des Eisens durch absichtlichen Kupferzusatz zu verbessern, erfolglos geblieben, nicht allein bezüglich der Festigkeits-, sondern auch der magnetischen und elektrischen Eigenschaften. Kupfer ist daher kein wertvolles Legierungselement.

8. Silizium.

Erläuterungen zu den Fig. 118—121.

Die Angaben der Fig. 118—120 beziehen sich auf eine Arbeit von Paglianti, Met. 1912, 217.

Analysen der untersuchten Materialien.

% C	% Si	% Mn	% S	% P
0,12	0,24	0,41	0,064	0,033
0,10	0,37	0,30	0,049	0,041
0,11	0,67	0,23	0,044	0,044
0,11	0,95	0,36	0,043	0,040
0,15	1,25	0,50	0,042	0,043
0,15	1,73	0,56	0,040	0,045
0,12	2,35	0,29	0,058	0,040
0,13	2,98	0,40	0,045	0,043
0,12	3,99	0,52	0,053	0,032
0,13	5,16	0,60	0,040	0,031

[1]) Ir. st. Inst. 1901, I, 89. [2]) St. E. 1900, 540. [3]) St. E. 1900, 54. [4]) Ir. st. Inst. 1907, II, 1. [5]) Ir. Age 1909, 84, 1476. [6]) St. E. 1882, 192. [7]) Ir. st. Inst. 1906, I, 222.

Herstellung, Behandlung usw.: Als Ausgangsmaterial diente ein Elektroflußeisen mit etwa 0,1 % Kohlenstoff. Das Silizium wurde als 50 %iges Ferrosilizium zugesetzt. Der Guß erfolgte in Sandformen von 100 × 100 mm Querschnittsabmessungen. Die Blöcke wogen 80—100 kg. Nur die untere Hälfte wurde zu den Versuchen verwendet. Die Untersuchung der Festigkeitseigenschaften, der spezifischen Schlagarbeit und der Härte erfolgte an dem auf Rundstäbe von 32 mm heruntergewalzten Material, die der elektrischen und magnetischen Eigenschaften an dem auf 8 mm starken Draht heruntergewalzten, sodann auf 6 mm abgedrehten Material. Alle mitgeteilten Ergebnisse beziehen sich auf das 10 Stunden bei 1100° geglühte und in 36 Stunden im Ofen abgekühlte Material.

Die Angaben der Fig. 121 sind nach Guillet, Rev. Mét. 1904, 46 zusammengestellt.

Analysen der untersuchten Materialien.

Reihe I.

% C	% Si	% S	% P	% Mn
0,208	0,409	0,061	0,117	0,717
0,209	0,932	0,020	0,024	Sp.
0,117	1,60	0,012	0,032	0,275
0,277	5,12	0,009	0,034	0,380
0,216	7,17	0,030	0,025	0,450
0,326	9,74	0,015	0,065	0,488
0,350	13,90	0,012	0,013	0,562
0,188	19,8	0,020	0,029	0,733
0,277	25,5	0,008	0,015	0,674
0,249	29,1	0,050	0,024	0,643

Reihe II.

% C	% Si	% S	% P	% Mn
0,878	0,433	0,013	0,057	0,730
0,835	1,156	0,017	0,021	0,570
0,986	2,09	0,022	0,032	0,407
0,944	5,54	0,017	0,062	1,438
0,808	7,51	0,025	0,020	0,505
0,718	9,10	0,009	0,024	0,674
1,036	14,10	0,007	0,018	0,590
0,539	20,27	—	—	0,735
0,431	26,80	—	—	0,758

Herstellung, Behandlung usw.: Nähere Angaben über die Art der Herstellung fehlen. Das Material stammt von Commentry-Fourchembault, Imphy. Alle Ergebnisse beziehen sich auf das ungeglühte Material.

Versuchseinzelheiten:

Fig. 118. Spezifisches Gewicht (Paglianti a. a. O.) mit der hydrostatischen Wage bestimmt. Als Sperrflüssigkeit diente ausgekochtes destilliertes Wasser.

Fig. 118. Elektrischer Widerstand (Paglianti a. a. O.) mit der Thomsonschen Doppelbrücke bestimmt.

Fig. 119. Magnetische Eigenschaften (Paglianti a. a. O.). Zur Ermittelung der magnetischen Eigenschaften diente die Köpselschaltung. Jede Schleife wurde vor der eigentlichen Messung 3 mal beschrieben. Die Maximalpermeabilität ermittelte Paglianti durch Anlegen der Tangente an die jungfräuliche Kurve durch den Koordinatenanfangspunkt. Die nach der Gumlichschen Formel[1]):

$$\mu_{max} = 0{,}487 \frac{R}{C} \quad \begin{matrix}(R = \text{Remanenz}) \\ (C = \text{Koerzitivkraft})\end{matrix}$$

berechneten Werte für die Maximalpermeabilität stimmen mit den gefundenen gut überein.

[1]) E. T. Z. 1901, 697.

Die Hysteresisschleifen wurden für verschiedene $\mathfrak{B}_{max}$ aufgenommen und der Hysteresisverlust:

$$A_{\mathfrak{H}} = \frac{1}{4\pi} \int \mathfrak{H}\, d\,\mathfrak{B} \text{ in Erg/ccm } (\mathfrak{H} \text{ und } \mathfrak{B} \text{ in } CGS\text{-Einheiten}).$$

Nach Steinmetz ist mit genügender Annäherung

$$A_{\mathfrak{H}} = \eta\, \mathfrak{B}^{1.6}$$

Der Steinmetzsche Koeffizient

$$\eta = \frac{\int \mathfrak{H}\, d\,\mathfrak{B}}{\mathfrak{B}^{1.6}}$$

wurde für verschiedene $\mathfrak{B}_{max}$ berechnet.

Die Verlustziffer Σ ist berechnet worden:

$$\Sigma = E_{\mathfrak{H}} + E_W.$$

Der Hysteresisverlust

$$E_{\mathfrak{H}} = \eta \frac{A_{\mathfrak{H}}}{\mu \cdot 10^4} = \eta \frac{\mathfrak{B}^{1.6}}{10^4} \text{ Watt/kg}$$

ist berechnet worden.

Der Wirbelstromverlust E_W ergibt sich aus folgender Formel:

$$E_W = 10^{-9} \cdot \frac{\pi^2}{8} \cdot \frac{\mathfrak{B}^2 n^2 \delta^2}{\omega\, p} \text{ Watt/kg}$$

wo $\mathfrak{B}$ = 10000 CGS-Einheiten für magnetische Induktion,
n = Periodenzahl = 50,
δ = Blechdicke = 0,5,
ω = elektrischer Widerstand in Ohm/m/qmm,
p = spezifisches Gewicht in g/ccm.

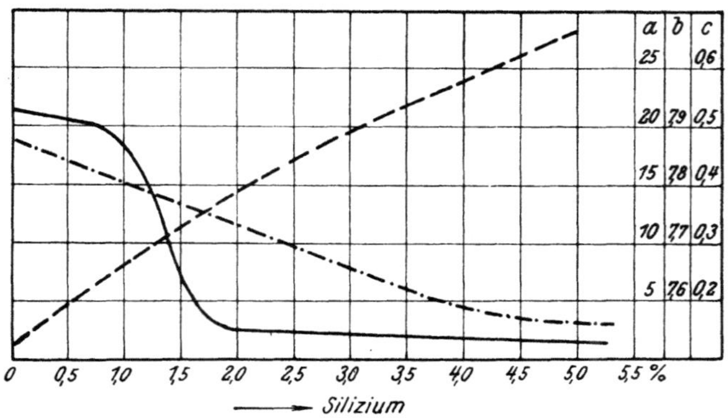

Maßstab		Eigenschaft
a	———	Spez. Schlagarbeit mkg/qcm
b	—·—·—	Spez. Gewicht
c	— — —	Elektr. Widerstand i. Ohm/m/qmm

Fig. 118. Einfluß des Siliziums auf die spezifische Schlagarbeit, das spezifische Gewicht und den elektrischen Leitwiderstand. (Paglianti.)

Fig. 120 und 121. Festigkeitseigenschaften.

Fig. 120. Paglianti a. a. O. Die Zerreißstäbe waren Normalstäbe mit 20 mm Durchmesser. Die Meßlänge betrug 200 mm.

Fig. 121. Guillet a. a. O. Angaben fehlen.

Fig. 118 und 121. Spezifische Schlagarbeit.

Fig. 118. Paglianti a. a. O. Verfahren nach Charpy mit eingekerbten Stäben 22 × 22 × 116 mm Normal-(Rund-)kerbe.

Fig. 121. Guillet a. a. O. Verfahren nach Frémont. Weitere Angaben fehlen.

Fig. 120 und 121. Härte.

Fig. 120. Paglianti a. a. O. Verfahren nach Brinell. Kugeldurchmesser 9,525 mm. Druck 2000 kg.

Fig. 121. Guillet a. a. O. Verfahren nach Brinell. Weitere Angaben fehlen.

Die Ansichten darüber, ob die Schmiedbarkeit des Eisens durch Silizium verschlechtert werde, sind geteilt. Zwar haben Hadfield[1]) und Guillet[2]) gezeigt, daß erst bei etwa 5% Schwierigkeiten bei der Verarbeitung auftreten, doch widerspricht dem die an vielen Stellen gemachte Erfahrung, daß weiches, mit Ferrosilizium siliziertes Flußeisen schlecht schmiedbar ist. Dies führen u. a. Ledebur[3]) und Mars[4]) darauf zurück, daß der vor dem Siliziumzusatz im Metall enthaltene Sauerstoff sich an Silizium zu Kieselsäure binde, die entweder im Eisen löslich oder emulsionsartig darin verteilt sei. Wenn aber, wie bei den sauren Stahlherstellungsverfahren das Silizium von vornherein

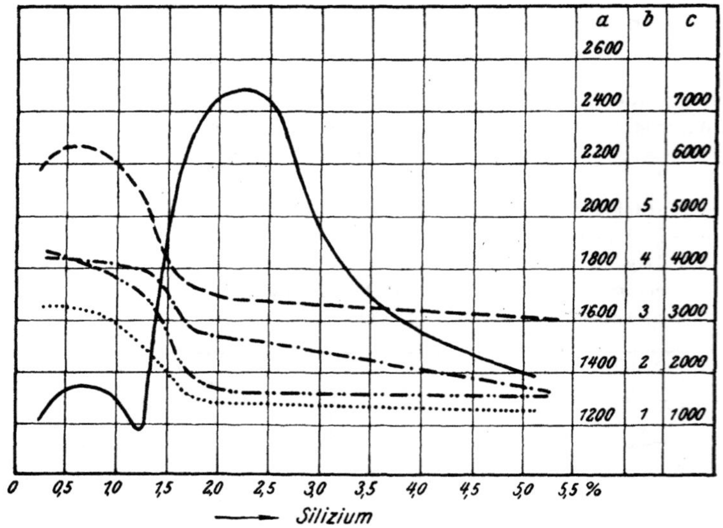

Maßstab		Eigenschaft
a	———	Peremabiliät bei $\mathfrak{B} = 10000$
b	········	Koerzitivkraft bei $\mathfrak{B} = 10000$
b	—·—·—	Wattverluste/kg bei $\mathfrak{B} = 10000$, p = 50, $\delta = 0{,}5$
c	— — —	Remanenz bei $\mathfrak{B} = 10000$
c	—··—··—	Hysteresis Erg/ccm

Fig. 119. Einfluß des Siliziums auf die magnetischen Eigenschaften von weichem Flußeisen. (Paglianti.)

als solches zugegen und in Lösung sei, oder gleichzeitig mit Mangan, etwa als Silikospiegel zugegeben werde, so übe das Silizium keine nachteilige Wirkung aus. Pourcel[5]) will sogar den direkten Nachweis der Gegenwart von Kieselsäure durch Verflüchtigung je eines mit Ferrosilizium und Silikospiegel hergestellten Eisens im Chlorstrom erbracht haben. Er fand im ersteren Falle einen Rückstand von Kieselsäure, im letzteren dagegen keinen Rückstand. Ob der Erklärungsversuch richtig ist oder nicht, Tatsache bleibt jedenfalls, daß an manchen Orten, jedoch nicht an allen, ein großes Mißtrauen gegen siliziertes Material besteht.

[1]) Ir. st. Inst. 1889, II, 233.
[2]) All. Mét.
[3]) Eisenhüttenkunde III, 11.
[4]) Spezialstähle 194.
[5]) s. Mars, Spezialstähle 193.

Das gleiche ist der Fall bei der Verwendung des silizierten schmiedbaren Eisens zu jenen Zwecken, die eine große Kaltbildsamkeit voraussetzen. Feinzugdraht und Stanzblech werden im allgemeinen ohne Siliziumzusatz hergestellt.

Aber auch bezüglich der Schweißbarkeit gilt dasselbe. So fand Hadfield als oberste Grenze 0,2%. Ledebur verwirft für Flußeisen, das schweißbar sein soll, den Siliziumzusatz überhaupt, wogegen ein Eisen, dessen Siliziumgehalt auf ein Abbrechen des Frischvorganges zurückzuführen ist, selbst bei verhältnismäßig hohem Siliziumgehalt noch schweißbar sein soll. Mit Recht weist aber Hadfield auf den Widerspruch hin, der zwischen der Gefährlichkeit eines angeblich in Form von Kieselsäure vorhandenen Siliziumgehaltes und der Tatsache besteht, daß Sand beim Schweißen von Flußeisen ein unentbehrliches Hilfsmittel ist.

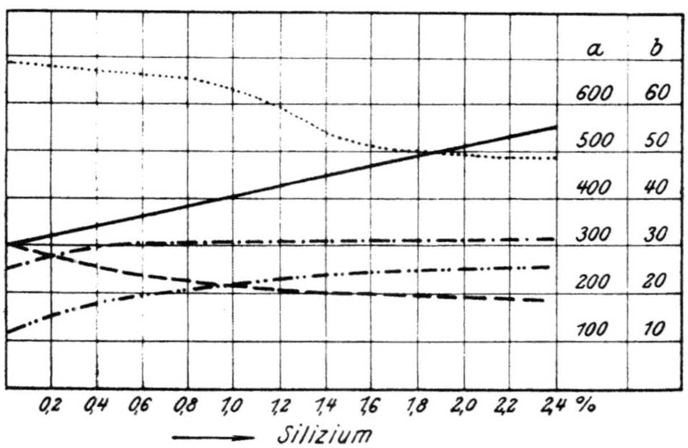

Maßstab	Eigenschaft
b	——— Zugfestigkeit kg/qmm
b	– – – Dehnung %
b	—·—·— Streckgrenze kg/qmm
a	—··—··— Härte (Brinell.)
b	······ Kontraktion %

Fig. 120. Einfluß des Siliziums auf Festigkeitseigenschaften und Härte von weichem Flußeisen. (Paglianti.)

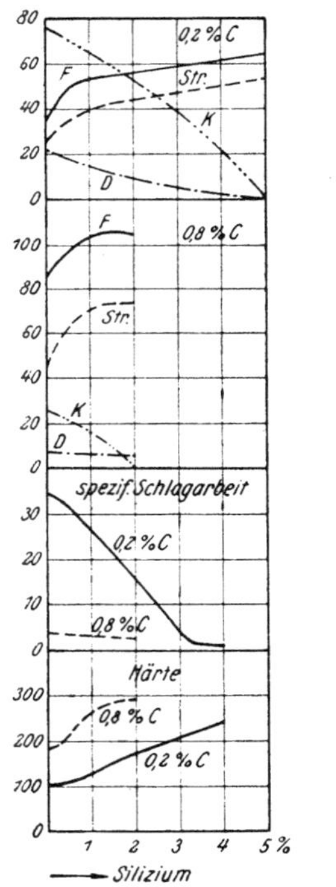

Fig. 121. Einfluß des Siliziums auf Festigkeitseigenschaften, Härte und spezifische Schlagarbeit von Stahl mit 0,2 bzw. 0,8% C. (Guillet.)

Nichtsdestoweniger ist aber Silizium ein wertvolles Legierungselement. Einmal wegen seiner vorzüglichen Wirkung bei der Erzielung dichten Gusses, was z. B. in der Stahlgießerei ausgenutzt wird. Sodann wird seine Fähigkeit, die Elastizitätsgrenze des Eisens wesentlich zu steigern, bei der Herstellung von Federn, Bruchbändern und dergleichen verwertet und endlich ist das Silizium in magnetischer Beziehung, zunächst wenigstens, unersetzlich, weil es nach den übereinstimmenden Ergebnissen zahlreicher Forscher, von etwa 2% an die Wattverluste sehr stark erniedrigt. Der Wattverlust setzt sich zusammen aus Wirbelstrom- und Hysteresisverlust.[1] Ersterer wird dadurch

[1] s. S. 121.

erheblich vermindert, daß mit steigendem Siliziumzusatz der elektrische Widerstand erhöht wird. Gumlich[1]) führt die Erniedrigung des Hystererisverlustes auf eine indirekte Wirkung des Siliziums zurück und zwar insbesondere auf den Umstand, daß Silizium die Bildung von Temperkohle begünstigt, die in magnetischer Beziehung bei weitem nicht so ungünstig wirkt, wie der als Zementit oder sogar in gelöster Form vorhandene Kohlenstoff. Für die indirekte Wirkung des Siliziums spricht ferner nach Gumlich der Umstand, daß die magnetische Sättigung durch dieses Element nicht erhöht, sondern erniedrigt wird und zwar pro 1% Silizium um 480 Einheiten.

Die nachstehende Tabelle gibt nach Mars einen Überblick über die Hauptverwendungszwecke der Siliziumstähle.

Verwendungszweck	% C	% Si	% Mn
Federn, Bruchbänder u. dgl. . . .	0,5 —0,6	0,6—0,7	0,8—1,0
Mittelharter Federstahl	0,45—0,55	1,0—1,5	0,4—0,5
Harter Federstahl.	etwa 0,3	2,5	—
Transformatorenblech	weniger als 0,1	2,0	0,3
Dynamoblech	„ „ „	4,0	weniger als 0,1

9. Mangan.

Erläuterungen zu den Fig. 122 und 123 und Tabelle 6.

Die Angaben der **Fig. 122** beziehen sich auf eine Arbeit von Lang, Met. 1911, 15.

Analysen der untersuchten Materialien.

% Mn	% C	% Si	% S	% P	% Cu
0,285	0,109	0,319	0,046	0,063	0,131
0,440	0,125	0,286	0,050	0,067	0,164
0,675	0,126	0,303	0,046	0,067	0,167
0,785	0,099	0,311	0,052	0,040	0,123
1,020	0,098	0,316	0,049	0,041	0,140
1,270	0,100	0,313	0,045	0,099	0,146
1,315	0,101	0,303	0,047	0,102	0,141
1,765	0,102	0,309	0,056	0,103	0,152
1,835	0,099	0,324	0,059	0,108	0,126
2,230	0,090	0,301	0,058	0,102	0,129
2,470	0,092	0,294	0,051	0,110	0,125

Herstellung, Behandlung usw.: Das Ausgangsmaterial war Elektroflußeisen mit etwa 0,1 % Kohlenstoff. Das zugesetzte Mangan war auf aluminothermischem Wege gewonnen und hatte folgende Zusammensetzung:

% C	% Al	% Si	% Fe	% P	% Mn
0,20	1,94	0,89	1,36	0,265	95,17

Die Manganzusätze befanden sich in vorgewärmten Tiegeln, in welche das Flußeisen aus der Pfanne gegossen wurde. Der Inhalt wurde durchgerührt und in Sandformen von 100 × 100 mm Querschnittsabmessungen gegossen. Die Blöcke wogen 85—100 kg. Nur die unteren Blockhälften sind verwendet worden. Die Ermittelung der Festigkeitseigenschaften und der Härte erfolgte an dem auf Rundstäbe von 30 mm Durchmesser ausgewalzten Material, die der elektrischen und magnetischen Eigenschaften an dem auf 8 mm starken Draht ausgewalztem Material, der auf 6 mm abgedreht worden war. Alle Angaben beziehen sich auf das bei 900° geglühte und langsam abgekühlte Material.

Versuchseinzelheiten: Die Messung der magnetischen Eigenschaften erfofgte mit der Köpselschaltung, die des elektrischen Widerstandes mit der Thomsonschen

[1]) Wiss. Abh. R.-A. 1918, 365.

Brücke. Die maximale Induktion bezieht sich auf $\mathfrak{H} = 130$, die maximale Permeabilität auf folgende Werte für $\mathfrak{H}$:

Mn Gehalt %	$\mathfrak{H}$
0,285	6,0
0,440	6,2
0,675	7,0
0,785	7,1
1,020	7,3
1,270	8,3
1,315	8,5
1,765	9,2
1,835	10,6
2,230	10,1
2,470	11,6

Der elektrische Leitwiderstand ist ausgedrückt in Mikroohm/ccm = m/qmm$\cdot 10^{-4}$ bei 20° C.

Die Angaben der **Fig. 123** sind nach Guillet, All. Mét. 310 zusammengestellt.

Analysen der untersuchten Materialien.

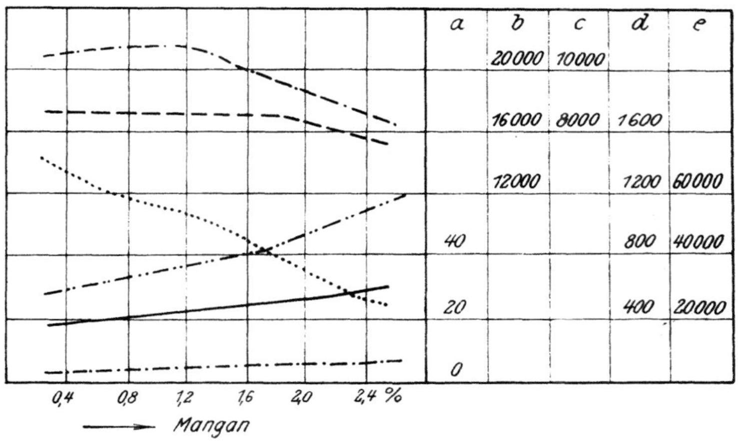

Maßstab — Eigenschaft
a ——— Elektr. Widerstand Mikroohm/ccm
b – – – Max. Induktion, C. G. S.
c — — · — — Remanenz, C. G. S.
a —·—·— Koerzitivskraft C. G. S.
d ········ Permeabilität C. G. S.
e —··—··— Hysteresis Erg/ccm

Fig. 122. Einfluß des Mangans auf elektrische und magnetische Eigenschaften von weichem Flußeisen.

Reihe I.

% C	% Mn	% Si	% S	% P
0,082	0,432	0,163	0,012	0,015
0,273	1,296	0,320	0,009	0,011
0,104	1,728	0,457	0,008	0,032
0,237	2,150	0,781	0,010	0,032
0,058	4,200	0,304	0,025	0,020
0,276	5,600	1,100	Sp.	0,015
0,034	6,139	1.328	0,005	0,011
0,172	10,512	1,362	Sp.	0,010
0,156	12,920	0,292	0,010	0,016
0,224	14,400	0,911	Sp.	0,024
0,114	20,880	0,421	0,004	0,010
0,396	33,480	0,505	0,005	0,018

Reihe II.

% C	% Mn	% Si	% S	% P
0,873	0,461	1,351	0,024	0,020
0,840	1,031	0,573	0,015	0,024
0,930	1,972	1,028	0,011	0,018
0,934	3,084	1,446	0,010	0,015
0,762	5,112	1,111	0,011	0,013
0,700	7,200	0,745	0,021	0,010
0,922	10,080	0,721	0,016	0,013
0,966	12,096	0,876	0,013	0,011

Herstellung, Behandlung usw.: Nähere Angaben fehlen. Alle Ergebnisse sind an ungeglühtem Material erhalten.

Die Angaben der **Tab. 6** beziehen sich auf eine Arbeit von Téreny János, St. E. 1918, 567, deren Gegenstand die Frage des Ersatzes hochwertiger Konstruktionsstähle durch Manganstähle war. Die Tabelle enthält daher Ergebnisse an rohgeschmiedetem, geglühtem und vergütetem Material. Die Erzeugung der Stähle erfolgte im Tiegel zu 28 kg Inhalt. Der obere Teil der Blöcke wurde zur Untersuchung der Härte, der untere für Zerreißproben verwendet. Ersterer wurde zu Vierkantstäben von 18 × 18 mm, letzterer zu Rundstäben von 31 mm Durchmesser ausgeschmiedet. Die Zerreißproben hatten 12 mm Durchmesser. Die Meßlänge betrug 120 mm.

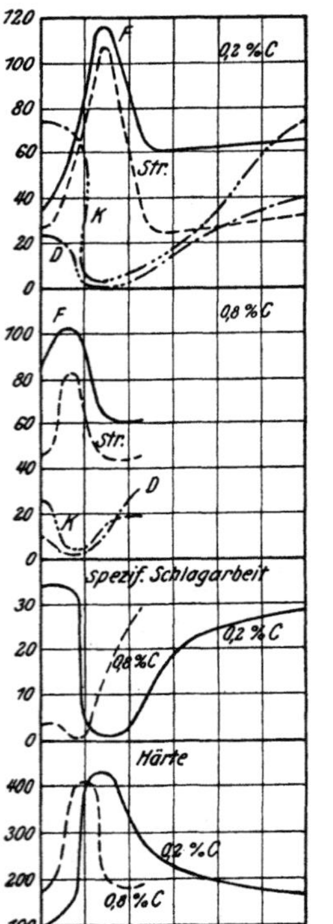

Fig. 123. Einfluß des Mangans auf Festigkeitseigenschaften, Härte und spezifische Schlagarbeit von Stahl mit 0,2 bzw. 0,8% C. (Guillet.)

Auf die Schmiedbarkeit scheint Mangan nur einen geringen Einfluß auszuüben. Dies trifft ohne wesentliche Einschränkung jedoch nur für perlitische Stähle zu (bei 0,2% Kohlenstoff bis 5 und bei 0,8% Kohlenstoff bis 3% Mangan vgl. im übrigen das Strukturdiagramm Fig. 63). Die austenitischen Manganstähle (bei 0,2% Kohlenstoff mehr als 12 und bei 0,8% Kohlenstoff mehr als 7% Mangan) lassen sich dann schlecht schmieden, wenn sie sehr heiß gegossen werden. Sie weisen dann ausgeprägte dendritische Struktur auf, gleichgültig, ob das Gießen in Sand- oder Metallform erfolgt. Bei niedriger Gießtemperatur entsteht hingegen ein die Schmiedbarkeit förderndes feinkörniges Gefüge. Die österr. Patentschrift 57610 Kl. 18b beschreibt ein Verfahren, das auch die leichte und sichere Verarbeitung von Manganstahl mit dendritischem Gefüge ermöglichen soll. Das wesentliche dieses Verfahrens ist die gleichmäßige Erhitzung der Blöcke auf etwa 1250°, d. h. bis nahe an das beginnende Schmelzen. Hierdurch wird wahrscheinlich die Grundlage des dendritischen Gefüges, die ungleichmäßige Verteilung des Mangans durch Diffusion dieses letzteren aufgehoben.[1])

Die Kaltbildsamkeit der perlitischen Stähle scheint durch Mangan erniedrigt zu werden. Jeden-

[1]) Vgl. hierzu das Kapitel IV, 1.

falls vermeidet man in kalt zu verarbeitendem Material, z. B. Tiefstanzblech, einen Mangangehalt von mehr als 0,4 -0,5%.

Die **Schweißbarkeit** soll nach Ledebur[1]) bei einem Mangangehalt von mehr als 1% verringert werden. Diegel[2]) schreibt für schweißbares Material einen Mangangehalt von 0,7–0,8% vor.

Das Mangan verdankt seine metallurgische Bedeutung in erster Linie der Annahme, daß es Eisenoxydul, das als Rotbrucherzeuger angesehen wird, zerlegt nach dem Vorgang:

$$Mn + FeO = Fe + MnO.$$

Das hierdurch gebildete, unlösliche (?) Manganoxydul soll in hohem Maße das Bestreben besitzen, an die Oberflächen des Eisenbades zu steigen. Dies wird bestätigt durch zahlreiche Analysen des an der Oberfläche von Blöcken sich sammelnden Blockschaums (s. a. S. 95). Die Desoxydation durch Mangan wurde 1856, kurz nach Erfindung des Bessemerverfahrens dem Engländer Rob. Mushet patentiert und

Tabelle 6.

Untersuchter Stahl				Geschmiedeter Stahl					Geglühter Stahl						Vergüteter Stahl					
Lfde. Nr.	Zusammensetzung																			
	C %	Si %	Mn %	Bruchfestigkeit in kg/qmm	Streckgrenze in kg/qmm	Querschnittsverminderung in %	Dehnung in %	Härte nach Shore	Bruchfestigkeit in kg/qmm	Streckgrenze in kg/qmm	Querschnittsverminderung in %	Dehnung in %	Härte nach Shore	Glühtemperatur °C	Bruchfestigkeit in kg/qmm	Streckgrenze in kg qmm	Querschnittsverminderung in %	Dehnung in %	Härte nach Shore	Härtetemperatur °C
1	0,4	0,17	0,30	46	40	41	24	26	41	33	56	26	22	900	50	37	62	23	27	900
2	0,4	0,19	0,75	55	46	58	23	28	47	41	49	22	23	900	64	57	60	17	32	900
3	0,4	0,16	1,50	73	63	32	14	32	65	58	44	18	31	900	98	92	42	10	43	900
4	0,4	0,16	1,50	73	63	32	14	32	65	58	44	18	31	900	80	68	44	13	42	850
5	0,4	0,18	1,95	83	74	28	11	37	72	69	43	17	34	850	112	108	39	9	44	880
6	0,4	0,18	1,95	83	74	28	11	37	72	69	43	17	34	850	89	77	38	12	43	830
7	0,5	0,17	0,30	56	48	38	21	27	51	38	56	27	26	700	63	52	59	22	30	900
8	0,5	0,18	0,75	60	50	33	25	—	54	39	49	32	27	850	Alte Probe (wurde nicht gehärtet).					
9	0,5	0,18	1,10	68	54	37	15	30	62	57	50	21	29	900	90	84	40	11	41	900
10	0,5	0,21	1,60	79	68	27	12	33	69	65	45	18	33	850	104	100	34	9	44	800
11	0,6	0,17	0,30	64	55	31	18	28	52	41	53	26	26	900	66	58	53	21	32	900
12	0,6	0,33	0,75	77	70	28	15	34	67	59	34	19	33	900	100	95	40	10	44	900
13	0,6	0,19	1,50	90	82	36	12	36	76	71	27	14	34	850	119	113	34	9	47	850
14	0,6	0,30	1,95	102	95	0,5	4	41	92	88	28	12	37	750	126	119	18	3	51	750
15	0,7	0,30	2,05	122	113	0,4	5	—	—	—	—	—	—	—	—	—	—	—	—	—

[1]) Eisenhüttenkunde III, 20.

[2]) St. E. 1909, 776.

trug zur Verbreitung des Bessemerverfahrens in hohem Maße bei; sie wurde auf das Thomasverfahren und später auch auf das Siemens-Martinverfahren übertragen.

Zur Verbesserung der Festigkeitseigenschaften, insbesondere zur Erhöhung der Streckgrenze und der Festigkeit wird Mangan in perlitischen Stählen, jedoch höchstens bis zu einem Gehalt von etwa 2% verwendet. Dehnung und Kontraktion sinken dabei nur um unwesentliche Beträge und die spezifische Schlagarbeit steigt sogar bei niedrigem Kohlenstoffgehalt.[1]) Die martensitischen Manganstähle haben bisher keine Verwendung gefunden, weil sie sich praktisch nicht bearbeiten lassen. Die austenitischen Manganstähle sind bereits 1888 mit ihren merkwürdigen Eigenschaften durch Hadfields[2]) Untersuchungen bekannt geworden. Sie besitzen bei mittlerer Festigkeit außerordentlich hohe Dehnung, Kontraktion und insbesondere hohe spezifische Schlagarbeit. Dabei ist ihre Brinellhärte gering, gleichzeitig aber auch ihre Bearbeitungsfähigkeit, ein Beweis, daß diese beiden Begriffe nicht identisch sind. Der letztere der beiden Umstände hindert ihre Anwendungsfähigkeit, da die Bearbeitung durch Schleifen erfolgen muß, fördert sie aber für alle diejenigen Zwecke, für die hoher Widerstand gegen Abnutzung gefordert wird. Durch besondere Wärmebehandlung (Glühen oder Abschrecken bei 1000—1100°, zur Verhinderung der Bildung von Martensit oder Troostit) kann die Bearbeitungsfähigkeit, insbesondere aber die Zähigkeit dieser Stähle noch wesentlich dem Rohzustande gegenüber gesteigert werden. Die starke Abnahme der magnetischen Permeabilität, sowie die Zunahme der Hysteresis, Remanenz und Koerzitivkraft mit steigendem Mangangehalt legen eine Verwertung dieser Eigenschaften bei der Herstellung permanenter Magnete nahe. Indessen scheint wohl wegen der günstigen, mit Chrom und Wolfram gemachten Erfahrungen, eine Veranlassung zur Verwertung des Mangans nach dieser Richtung nicht vorzuliegen. Dagegen sucht man in Dynamo- und Transformatorenblechen den Mangangehalt möglichst niedrig zu halten.

Die nachfolgende Zusammenstellung enthält die wesentlichen Verwendungszwecke der Manganstähle (nach Mars, Spez.-St.):

Verwendungszweck	% C	% Mn	% Si
Spezialbandagen	0,3 —0,4	1.3—1,4	0,1—0,2
Spezialhohlkörper, Flaschen u.dgl..	0,25—0,35	1,3—1,4	0,1—0,2
Dorne	0,45	1,3	0,1
Schienen[3]), Brechbacken, Baggerbolzen, Schienenherzstücke, Spezialnieten.	0,9 —1,1	10,0—13,0	0,2—0,4

10. Nickel.

Erläuterungen zu den Fig. 124 und 125 und Tab. 7.

Die Angaben der **Fig. 124** beziehen sich auf eine Arbeit von Burgess und Aston, Chem. met. Eng. 1910, 191. Das Material wurde durch Zusammenschmelzen von Elektrolyt-

[1]) Bezüglich der Veränderungsfähigkeit der Eigenschaften durch Wärmebehandlung gilt das gleiche wie bei den Nickelstählen (s. d.).

[2]) Ir. st. Inst. 1888, II, 41.

[3]) Vgl. St. E. 1909, 721.

eisen und Nickel gewonnen. Die Ermittelung der elektrischen und magnetischen Eigenschaften erfolgte an dem geschmiedeten, unbehandelten Material.

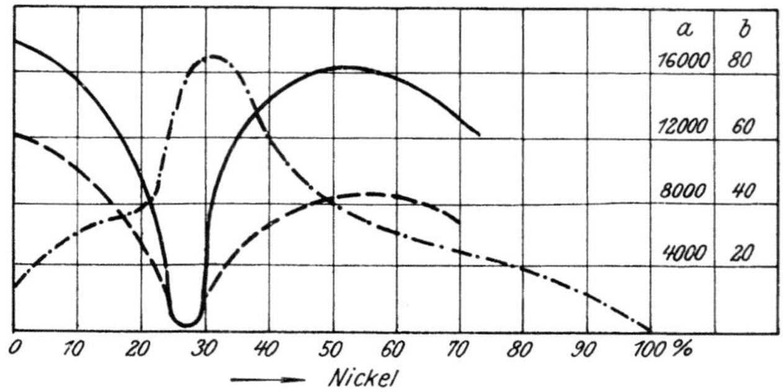

Maßstab		Eigenschaft
a	———	Induktion für $\mathfrak{H} = 100$ in cgs
a	— — —	Koerzitivkraft für $\mathfrak{H}$ max $= 200$ in cgs
b	—·—·—	Elektr. Widerstand in Mikro-Ohm/ccm

Fig. 124. Einfluß des Nickels auf die elektrischen und magnetischen Eigenschaften von reinem Eisen. (Burgess u. Aston.)

Die Angaben der **Fig. 125** sind Guillet, All. Mét. 267 entnommen. Die Ergebnisse sind am ungeglühten Material erhalten, das von Commentry-Fourchembault, Imphy (Reihe I) bezw. von J. Holtzer (Reihe II) stammte[1]). Nachfolgend die

Analysen der untersuchten Materialien.

Reihe I.

% C	% Ni	% Mn	% S	% Si	% P
0,206	1,97	0,025	Sp.	0,030	Sp.
0,198	4,90	0,025	0,003	0,043	,,
0,225	7,59	0,050	Sp.	0,081	,,
0,215	9,79	0,025	,,	0,015	,,
0,223	12,27	0,025	0,002	0,014	,,
0,225	15,04	Sp.	Sp,	0,052	,,
0,220	20,01	0,020	0,003	Sp.	,,
0,230	25,06	Sp.	Sp.	0,082	,,
0,194	29,87	0,025	0,002	0,026	,,

Reihe II.

% C	% Ni	% Mn	% S	% Si	% P
0,800	2,20	0,107	0,005	0,100	Sp.
0,776	4,90	0,092	0,004	0,085	,,
0,815	7,09	0,125	0,003	0,100	,,
1,05	9,79	0,097	0,004	Sp.	,,
0,760	12,27	0,092	0,004	0,086	,,
0,796	15,04	0,060	0,007	0,091	,,
0,800	20,01	0,020	0,003	0,089	,,
0,790	25,06	0,070	0,002	Sp.	,,
0,810	29,96	0,030	0,004	0,139	,,

[1]) Die in diesem Zusammenhange erwähnten Arbeiten Guillets beziehen sich ausnahmslos auf ungeglühtes, also rohgeschmiedetes Material; wenn nicht anders angegeben, stammt dieses von Commentry-Fourchembault, Imphy und ist Tiegelstahl.

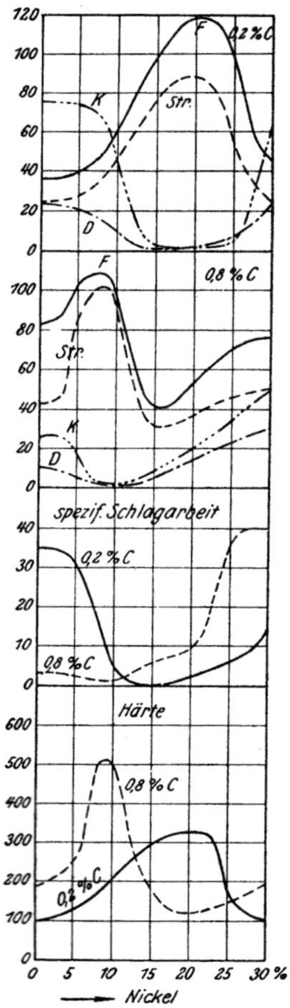

Fig. 125. **Einfluß des Nickels auf Festigkeitseigenschaften, Härte und spezifische Schlagarbeit von** Stahl mit 0,2 bzw. 0,8% C. (Guillet.)

Tab. 7. Das von Guillaume, Bull. d'enc. 1898, 261 benutzte Material stammte von Commentry-Fourchembault. Die Summe der in den Analysen nicht angegebenen Kohlenstoff-, Mangan- und Siliziumgehalte betrug etwa 1%. Der Ausdehnungskoeffizient wurde mit dem Komparator des internationalen Bureaus für Maße und Gewichte in Paris untersucht. Der Elastizitätsmodul ist durch den Biegeversuch an dem in den Endpunkten gelagerten Stab, das spezifische Gewicht nach der hydrostatischen Methode bestimmt worden.

Tabelle 7.

% Ni	Elastizitäts-modul	Mittl. lin. Ausdehnungs-koeffizient zw. 0° u. 38°	Spez. Ge
0	—	10,354 + 0,00523 t	—
5.0	2,17 × 10⁶	10,529 + 0,00580 ,,	7,787
15,—	—	—	7,903
19,—	1,77 ,,	11,427 + 0,00362 ,,	7,913
26,2	1,85 ,,	13,103 + 0,02123 ,,	8,096
27,9	1,81 ,,	11,288 + 0,02889 ,,	—
28,7	—	10,387 - 0,03004 ,,	—
30,4	1,60 ,,	4,570 - 0,01194 ,,	8,049
31,4	1,55 ,,	3,395 - 0,00885 ,,	8,008
34,6	1,54 ,,	1,373 - 0,00237 ,,	8,066
35,6	1,49 ,,	0,877 - 0,00127 ,,	—
37,3	1,46 ,,	3,457 — 0,00647 ,,	8,005
39,4	1,51 ,,	5,357 — 0,00448 ,,	8,076
43,6	—	7,992 — 0,00273 ,,	—
44,4	1,63 ,,	8,508 — 0,00251 ,,	8,120
48,7	—	9,901 — 0,00067 ,,	—
50,7	—	9,824 + 0,00243 ,,	—
53,2	—	10,045 + 0,00031 ,,	—
70,3	1,98 ,,	11,890 + 0,00387 ,,	—
100,—	2,16 ,,	12,661 + 0,00550 ,,	8,750

Nach Guillaume, Bull. d'eng. 1898, **3**, 261; Rev. gén. sc. 1903, **14**, 705.

Weder die Warm- und Kaltbildsamkeit, noch die Schweißbarkeit[1]) werden durch Nickel beeinflußt.

Von den perlitischen, martensitischen und austenitischen Stählen sind die mittleren wegen zu großer Härte und Sprödigkeit, wie die entsprechenden Manganstähle, nicht verwendungsfähig. Die drei Strukturgebiete gelangen deutlich zum Ausdruck in den Gulletschen Diagrammen der Festigkeitseigenschaften Fig. 125 und zwar kennzeichnen sich mit steigendem Nickelgehalt die perlitischen durch langsames Ansteigen der Streckgrenze, Festigkeit und Härte mit unwesentlichem Sinken der Dehnung und Kontraktion bei gleichbleibender Schlagfestigkeit; die martensitischen Stähle zeigen außergewöhnlich hohe Streckgrenze, Festigkeit und Härte, bei niedriger Dehnung, Kontraktion und Schlagfestigkeit; die austenitischen besitzen niedrige Streck-

[1]) Ir. st. Inst. 1895, II, 164.

grenze, Festigkeit und Härte bei außergewöhnlich hoher Dehnung, Kontraktion und spezifischer Schlagarbeit.

Die für 0,1% Nickel aus den Guilletschen Versuchen (vgl. Zusammenstellung Tabelle 8) sich ergebenden Veränderungen der Festigkeitseigenschaften, insbesondere die Steigerung der Streckgrenze und der Bruchfestigkeit, stehen in keinem Verhältnis zu den hohen Kosten eines Nickelzusatzes. Von besonderem Interesse für diese Frage sind daher Mitteilungen von G. B. Waterhouse,[1]) nach denen die Bethlehem Steel Company folgende Erfahrungen an Schmiedestücken aus Siemens-Martinstahl mit etwa 0,5% Mangan machte:

Kohlenstoff %	Nickel %	Streckgrenze kg/qmm	Festigkeit kg/qmm	Dehnung %	Kontraktion %
0,2	0,0	19,6	38.5	34	60
0,2	3,5	33,6	59,5	26	55
Änderung pro 0,1 % Nickel		+ 0,4	+ 0,6	— 0,23	— 0,14
0,3	0,0	25,9	52,5	30	50
0,3	3,5	42,0	66,5	22	48
Änderung pro 0,1 % Nickel		+ 0,46	+ 0,4	— 0,23	— 0,06
0,4	0,0	30,1	59,5	25	45
0,4	3,5	50,4	77,0	18	40
Änderung pro 0,1 % Nickel		+ 0,58	+ 0,5	— 0,2	— 0,14
0,5	0,0	33,6	66,5	21	40
0,5	3,5	59,5	87,5	13	32
Änderung pro 0,1 % Nickel		+ 0,74	+ 0,6	— 0,23	— 0,23

Mit diesen erheblich höheren Zahlen stimmen auch die von Riley,[2]) von Wedding (Rudeloff),[3]) von Carpenter, Hadfield und Longmuir[4]) sowie von Dumas[5]) gefundenen besser überein, dagegen liegen die aus einer späteren Arbeit von Longmuir[6]) sich ergebenden Zahlen etwa in der Mitte zwischen denen von Guillet und von Waterhouse.

Im übrigen sagt aber Guillet selber, die Festigkeit der perlitischen Nickelstähle übertreffe diejenige der reinen Kohlenstoffstähle durchschnittlich um 16 kg/qmm. Man wird wohl der Wahrheit nahe kommen, wenn man annimmt, daß die Beeinflussung der Festigkeitseigenschaften des schmiedbaren Eisens durch Nickel etwa in der Mitte zwischen den Guilletschen und den Waterhouseschen Zahlen liegt. Es darf ferner auch nicht unerwähnt bleiben, daß mit zunehmendem Nickelgehalt in den perlitischen Stählen das durch Wärmebehandlung, im besonderen durch das Vergüten erreichbare Maß der Verbesserungsfähigkeit den reinen Kohlenstoffstählen gegenüber

[1]) Ir. st. Inst. 1905, II, 376.
[2]) Ir. st. Inst. 1889, II, 49.
[3]) Verh. Gew. 1894, 125; 1896, 65; 1898, 327; 1902, 81.
[4]) Eng. 1905, 24. Nov.; St. E. 1906, 1054.
[5]) Ir. st. Inst. 1905, II, 276.
[6]) Ir. st. Inst. 1909, I, 383.

steigt, ferner aber auch Nickel in hohem Maße härtende Wirkung besitzt, also den Kohlenstoff in fester Lösung zurückzuhalten bestrebt ist. Aus diesem Umstand ergibt sich natürlich auch eine Veränderungsmöglichkeit der Eigenschaften der Nickelstähle durch Wärmebehandlung in erheblich weiteren Grenzen, als dies bei Kohlenstoffstählen der Fall ist.

Die austenitischen Nickelstähle werden auf Grund mehrerer Eigenschaften technisch verwertet. Einmal besitzen sie wie die entsprechenden Manganstähle hohen Widerstand gegen Abnutzung, wobei sie diesen gegenüber den Vorteil leichterer Bearbeitungsfähigkeit aufweisen. Sie werden aus diesem Grunde z. B. zur Herstellung von Ventilen für Explosionsmotoren verwendet. Sodann sind diese Stähle, wenigstens nach geeigneter Wärmebehandlung, praktisch unmagnetisch und sie werden daher als sogenannte Antimagneten (z. B. für die Panzergehäuse von Kreiselkompassen) verwertet. Ferner bietet ihr hoher elektrischer Widerstand Gelegenheit zu ihrer Verwendung als Widerstandsdraht (auch in elektrischen Glühlampen), ihr hoher Widerstand gegen Rostangriff und ihr niedriger Ausdehnungskoeffizient macht sie endlich geeignet zur Herstellung von chronometrischen, geodätischen und ähnlichen Präzisionsinstrumenten, doch ist auch hier eine geeignete Wärmebehandlung Vorbedingung.

Dem sogenannten Invarstahl mit 35—38% Nickel und 0,3—0,5% Kohlenstoff wird neuerdings[1]) ein Stahl mit 42% Nickel zur Herstellung von Längennormalmaßen vorgezogen, weil er stabiler als jener ist, schwächer oxydiert und geringere Wärmeausdehnung als Platin besitzt. Bei zweckmäßiger Erzeugung und Wärmebehandlung übersteigt die spezifische Ausdehnung nicht $+0{,}1 \times 10^{-6}$ pro Grad, so daß bei einer geforderten Genauigkeit der Längenmessungen von einem Millionstel mm die Kenntnis der Temperatur auf 10^0 genau erforderlich ist. Für technische Präsizionsmessungen, zur Prüfung von Leeren und dgl. wird eine 56%ige Eisennickellegierung verwendet, die unveränderlicher als Stahl ist und ungefähr gleiche Ausdehnung, aber geringere Neigung zur Korrosion besitzt.

Die nachfolgende Zusammenstellung[2]) orientiert über die Hauptverwendungsgebiete der Nickelstähle.

Verwendungszweck	% Ni	% C
Rohre, Bleche, Nieten	1—2	0,05—0,15
Im Einsatz zu härtende Konstruktionsteile von Maschinen und Automobilen, wie Zahn- und Kettenräder, Nocken und Daumenwellen, Zapfen, Bolzen usw.	2,5—8	0,05—0,15
Kesselblech, Brückenbaumaterial, Kanonenrohre	1,5—3,5	0,2 —0,45
Kurbel- und Transmissionswellen, Achsen, Pleuelstangen	3—5	0,2 —0,45
Zahnräder, Zapfen, Bolzen	4—6	0,25—0,45
Ventile für Explosionsmotoren, elektr. Widerstände	25—28	0,3 —0,5
Chronometrische, geodätische und ähnl. Präzisionsinstrumente (Invarstahl)	35—38	0,5 (Mangan dgl.)
Glühlampendraht Platinit (Ersatz für Platin), Einfassung von Linsen (Ausdehnungskoeffizient gleich dem des Platins und des Glases)	46	0,15

[1]) Fer. 1917, 79.
[2]) Vgl. Mars, Spez. St. 359.

11. Chrom.

Erläuterungen zu den Figuren 126—128.

Die Angaben der **Fig. 126** bzw. **127** bezieht sich auf eine Arbeit von Guillet, Rev. Mét. 1904, 155 bzw. von Boudouard, Rev. Mét. 1912, 294, und sind an rohgeschmiedeten Materialien von folgender Analyse gewonnen:

Reihe I.

% C	% Cr	% Si	% S	% P	% Mn
0,043	0,703	0,971	Sp.	0,015	Sp.
0,058	1,207	0,700	—	0,016	,,
0,214	4,507	0,232	0,008	0,010	,,
0,071	7,835	0,120	0,014	0,020	,,
0,114	9,145	0,338	0,004	0,015	,,
0,154	10,136	0,200	0,028	0,006	,,
0,142	13,603	0,210	0,015	0,016	,,
0,382	14,522	0,469	0,011	0,015	,,
0,210	22,060	0,527	Sp.	0,011	,,
0,244	25,306	0,256	0,013	0,020	0,108
0,464	31,746	0,373	0,006	0,024	Sp.

Reihe II.

% C	% Cr	% Si	% S	% P	% Mn
0,065	0,519	0,243	0,017	0,015	0,027
0,973	0,986	0,221	0,016	0,013	0,244
0,887	2,741	0,280	0,033	0,020	0,108
0,789	4,570	0,420	0,023	0,016	Sp.
0,840	7,279	0,409	0,031	0,018	0,056
0,751	9,376	0,885	0,005	0,024	Sp.
0,961	11,521	0,409	0,047	0,013	0,056
0,741	14,538	0,486	0,038	0,008	Sp.
0,905	18,650	0,745	0,007	0,010	,,
0,820	26,541	0,585	0,008	0,016	,,
0,916	32,560	0,469	0,012	0,021	,,
0,828	36,340	0,326	0,014	0,026	,,

Die Angaben der **Fig. 128** beziehen sich auf eine Arbeit von Mars, St. E. 1909, 1671. Das Material ist im Tiegelofen hergestellt und stammt von den Böhlerschen Stahlwerken. Es wurden Stangen von 20 × 10 mm geschmiedet, und zwar bei der für jede Qualität erfahrungsgemäß günstigsten Temperatur. Nach dem Erkalten wurden die Stangen bei der erfahrungsgemäß günstigsten Temperatur zu Telephonmagneten gebogen und nach dem Appretieren auf Schenkellänge bis zur völligen Erkaltung in Wasser gehärtet. Die gehärteten Magnete wurden auf die genaue innere Maulweite geschliffen und sodann in der üblichen Weise durch Abstreichen auf einem starken Elektromagneten magnetisiert. Die Analysen der untersuchten Legierungen waren folgende:

% C	% Cr	% Mn	% Si	Gehärtet in Wasser bei °C
0,81	—	0,20	0,08	820
0,97	—	0,15	0,20	810
1,01	1,21	0,25	0,20	720
0,78	1,30	0,20	0,19	750
0,82	1,40	0,18	0,19	750
1,05	1,62	0,24	0,15	750
1,02	2,14	0,23	0,21	750

Die Bestimmung des remanenten Magnetismus erfolgte auf einem Magnetometer von Siemens & Halske. Die Ablesungen an der Skala sind in Fig. 128 als Ordinaten eingetragen. Ein direkter Vergleich mit der in dem Koepselschen Apparat in C. G. S. ermittelten Remanenz ist nur durch umständliche Rechnung möglich, doch besitzen die Angaben der Fig. 128 relativen Wert.

Die Warmbildsamkeit wird durch Chrom nicht beeinflußt.[1]) Über den Einfluß des Chroms auf die Kaltbildsamkeit liegen keine Versuche vor. Die Schweißbarkeit soll bereits bei 0,3% Chrom verschwunden sein.[1])

Bei der Beurteilung der aus den Guilletschen Ergebnissen herausgerechneten Änderungen der Festigkeitseigenschaften (vgl. Zusammenstellung Tab. 8) ist zu berücksichtigen, daß Chrom ein Element ist, das die Zurückhaltung des Kohlenstoffs in fester Lösung begünstigt, doch reicht es in diesem Sinne bei weitem nicht an die Wirkung der Elemente Mangan und Nickel heran. Während es möglich ist, durch geeignete Wärmebehandlung (Glühen über Ac_3 und sehr langsame Abkühlung) die nach Guillet martensitischen Chromstähle in perlitische überzuführen, ist dies für die entsprechenden Mangan- und Nickelstähle praktisch kaum durchführbar, zum mindesten dürften die Bedingungen hierfür wesentlich andere sein.[1]) Hieraus ergibt sich aber einerseits, daß die Eigenschaften der Chromstähle sehr wesentlich von der Wärmebehand-

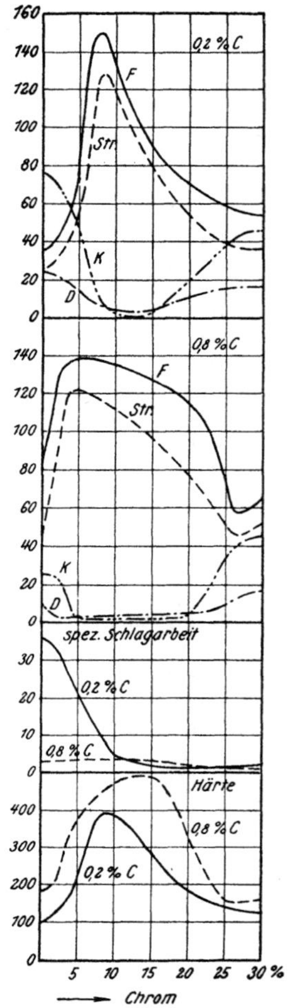

Fig. 126. Einfluß des Chroms auf die Festigkeitseigenschaften, Härte und spezifische Schlagarbeit von Stahl mit 0,2 bzw. 0,8% C. (Guillet.)

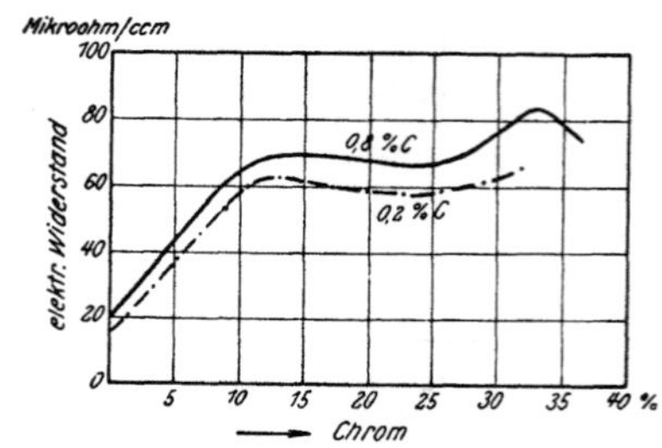

Fig. 127. Einfluß des Chroms auf den elektrischen Leitwiderstand von Stahl mit 0,2 bzw. 0,8% C. (Boudouard.)

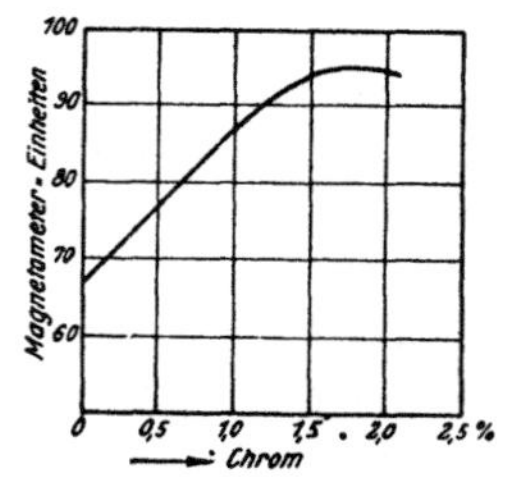

Fig. 128. Einfluß des Chroms auf die magnetischen Eigenschaften von Stahl mit 1% C. (Mars.)

[1]) Vgl. Portevin, C. R. 3. Juli, 64; St. E. 1911, 2113.

lung abhängig sind. Bei der Ermittlung des Einflusses eines Chromgehaltes werden also vergleichbare Werte nur unter genauer Einhaltung gleicher Versuchsbedingungen erhalten, aber selbst dann darf nicht übersehen werden, daß ein Teil dieses Einflusses dem Umstande zuzuschreiben ist, daß gleiche Versuchsbedingungen, z. B. Abkühlungsverhältnisse, Chromstähle wegen der härtenden Wirkung des Chroms anders beeinflussen als beispielsweise Kohlenstoffstähle, der Einfluß des Chroms also unter Umständen mehr mittelbar als unmittelbar zum Ausdruck gelangt. Andererseits gibt die härtende Wirkung des Chroms Anlaß zu weit größerer Veränderungsfähigkeit der Eigenschaften von Chromstählen durch Wärmebehandlung, als dies bei Kohlenstoffstählen der Fall ist. Die nachfolgenden Beispiele der Veränderungsfähigkeit der Festigkeitseigenschaften von gleich behandelten Chrom- und andern Stählen[1]) nach Mc. William und Barnes zeigen dies deutlich:

% C	% Cr	% Mn	Wärmebehandlung	Streckgrenze kg/qmm	Festigkeit kg/qmm	Dehnung[2]) %	Kontraktion %
0,25	1,99	0,23	Anlieferungszustand[3])	38,4	60,8	30,0	68,4
..	..	..	30 Min. geglüht bei 950° a. d. Luft erkaltet	37,8	60,0	32,0	66,4
..	..	..	bei 800° in Wasser gehärtet, bei 550° angelassen	107,1	113,4	14,5	51,5
..	..	..	bei 800° in Wasser gehärtet, bei 700° angelassen	64,6	75,6	25,0	68,6
0,50	1,99	0,24	wie 1	50,4	84,7	20,5	65,8
..	..	..	.. 2	66,1	96,1	20,0	55,4
..	..	..	.. 3	134,0	141,1	13,0	42,5
..	..	..	.. 4	89,8	98,3	21,0	55,6

% C	% V	% Mn	Wärmebehandlung	Streckgrenze kg/qmm	Festigkeit kg/qmm	Dehnung[2]) %	Kontraktion %
0,23	0,16	0,16	1	44,3	62,8	23,0	55,1
..	..	..	2	32,8	49,7	32,0	61,7
..	..	..	3	40,8	61,0	29,5	66,0
..	..	..	4[4])	38,4	55,3	31,0	69,2
0,40	0,23	0,30	1	60,3	83,0	18,0	41,6
..	..	..	2	45,3	65,6	23,0	48,5
..	..	..	3	62,7	84,0	21,0	52,7
..	..	..	4[4])	54,6	71,1	26,5	62,0

[1]) Chromstähle, Ir. st. Inst. 1910, I, 246. Vanadiumstähle, Ir. st. Inst. 1911, I, 294; St. E. 1911, 903. Nickelstähle, Ir. st. Inst. 1911, I, 269; St. E. 1911, 818. Kohlenstoff(-Mangan)stähle. St. E. 1909, 797. Die Kohlenstoffmanganstähle entstammen dem Bessemer-Konverter. Si = 0,04 %; P = 0,06 %.

[2]) Auf 50,8 mm Meßlänge; Stabdurchmesser 143 mm.

[3]) Die Stähle sind im Tiegel hergestellt in Blöcken von 75 × 75 mm und zu runden Stäben von 25 mm Stärke ausgeschmiedet. Siliziumgehalt 0,1 %, Phosphor und Schwefel etwa 0,02 %. [4]) 700° Anlaßtemp.

% C	% Ni	% Mn	Wärme-behandlung	Streck-grenze kg/qmm	Festigkeit kg/qmm	Dehnung[1]) %	Kon-traktion %
0,28	2,90	0,15	1	35,7	56,2	29,0	57,7
„	„	„	2[3])	35,7	54,2	31,0	59,0
„	„	„	3	53,4	69,8	28,5	68,6
„	„	„	4[2])	44,0	59,8	33,0	70,8
0,47	2,92	0,14	1	38,7	66,3	22,0	44,6
„	„	„	2[3])	38,5	64,4	23,0	45,6
„	„	„	3	65,6	93,5	19,0	53,7
„	„	„	4[2])	52,1	72,7	26,0	58,2

% C	% Mn	Wärme-behandlung	Streck-grenze kg/qmm	Festigkeit kg/qmm	Dehnung[1]) %	Kon-traktion %
0,27	0,68	1	42,2	56,5	32,7	58,9
„	„	2	39,5	54,2	30,5	51,2
„	„	3	50,6	70,8	25,0	62,0
„	„	4	38,7	62,4	28,0	64,7
0,50	0,92	1	48,3	82,5	19,8	42,3
„	„	2	48,3	82,6	18,8	38,2
„	„	3	—	—	—	—
„	„	4	77,4	92,7	19,5	53,4

Abgesehen von der Verbesserungsmöglichkeit der Festigkeitseigenschaften durch Chromzusatz, die den Chromstahl als Konstruktionsmaterial geeignet macht, ist es auch die Härtesteigerung und zwar sowohl die unmittelbare, durch den höheren Gehalt an Doppelkarbid bei gleichem Kohlenstoffgehalt bzw. durch eine etwaige höhere Härte dieses Karbides hervorgerufene, als auch die durch Wärmebehandlung zu erzielende mittelbare, die ihm ein Anwendungsgebiet bei der Werkzeugherstellung eröffnet hat. Schließlich sprechen die vorzüglichen magnetischen Eigenschaften des Chromstahls in Anbetracht der Steigerung der Remanenz und der Koerzitivkraft des schmiedbaren Eisens durch Chrom für seine Verwendung zur Herstellung permanenter Magnete.[4])

Eine Zusammenstellung einer Reihe von Chromstählen (im wesentlichen nach Mars[5]) vermittelt die nachfolgende Tabelle.

Verwendungszweck	% C	% Cr	% Si	% Mn
Bleche für Preßteile	0,4 —0,45	1,0	0,2—0,3	0,5—0,6
Wagen- und Arbeitsfedern . .	0,2 —0,4	1,5	0,2	0,3
Hand- und Preßluftmeißel . .	0,3 —0,5	1—1,5	0,2	0,2
Spiralbohrer,Sägebletter,Schnitte	0,9 —1,0	0,5	0,2	0,2
Fräser, Rasiermesser, Schuster, Kneipe, Sägefeilen und ähnl. Schneidwerkzeuge	1,4 —1,5	0,3—0,5	0,2	0,15
Lochdorne, Stempel, Kaltwalzen, Zieheisen[6])	{ 0,8 —1,0	2—4	0,25	0,25
	1,8 —2,0	2,0—2,5	0,3	0,25
	1,5 —1,8	13—14	0,5	0,25
Kugellager	0,85—0,95	1,0—1,3	0,2	0,3
Kugeln	0,95—1,05	1,3—1,5	0,25	0,20
Dauermagnete	1,05	1,6	0,15	0,24

[1]) Auf 50,8 mm Meßlänge; Stabdurchmesser 143 mm.
[2]) 650° Anlaßtemp. 850° gehärtet. [3]) Bei 900° geglüht. [4]) Vgl. Curie, Bull. d'enc. 1898, 54, sowie Mars, St. E. 1909, 1771. [5]) Spezialstähle 269. [6]) Diese Legierungen können kaum noch als schmiedbares Eisen bezeichnet werden.

12. Wolfram.

Erläuterungen zu den Figuren 129 und 130.

Die Angaben der **Fig. 129** beziehen sich auf eine Arbeit von Guillet, Rev. Mét. 1904, 263. Das Material hatte folgende chemische Zusammensetzung:

Reihe I.

% C	% W	% Mn	% Si	% S	% P
0,117	0,412	Sp.	0,035	Sp.	0,013
0,110	0,930	..	0,058	0,005	0,016
0,110	1,750	..	0,036	0,008	0,010
0,128	4,965	..	0,035	Sp.	0,015
0,173	11,89	0,067	0,046	0,013	0,008
0,201	14,37	Sp.	0,060	0,008	0,013
0,221	20,71	..	0,139	0,013	0,011
0,219	24,35	..	0,112	0,014	0,013
0,276	27,05	..	0,139	0,012	0,016

Reihe II.

% C	% W	% Mn	% Si	% S	% P
0,861	0,397	0,027	0,040	0,033	0,012
0,658	0,951	0,054	0,120	0,023	0,015
0,795	2,750	0,054	0,058	0,019	0,010
0,828	4,678	Sp.	0,140	0,018	0,008
0,815	9,991	..	0,093	0,014	0,015
0,712	14,749	..	0,117	0,023	0,015
0,737	19,25	..	0,006	0,018	0,070
0,743	25,276	..	0,333	0,015	0,011
0,836	31,329	..	0,233	0,024	0,015
0,867	39,967	..	0,280	0,017	0,006

Die Angaben der **Fig. 130** beziehen sich auf eine Arbeit von Mars, St. E. 1909, 1671. Die Analysen der untersuchten Legierungen waren folgende:

% C	% W	% Mn	% Si	Gehärtet in Wasser bei ° C
0,65	—	0,12	0,15	850
0,64	1,12	0,26	0,25	820
0,62	1,96	0,20	0,22	800
0,57	5,47	0,26	0,18	930
1,17	—	0,23	0,18	780
1,15	0,68	0,23	0,20	780
1,16	1,20	0,20	0,19	750
1,20	3,22	0,29	0,28	740
1,25	8,65	0,30	0,27	930

Im übrigen gelten dieselben Bemerkungen wie für die vom gleichen Verfasser untersuchten Chromstähle.

Die Warmbildsamkeit wird durch Wolfram nicht beeinflußt.[1]) Indessen soll die Verarbeitung der Wolframstähle einen wesentlich höheren Kraftaufwand bedingen.[2]) Ferner soll das Wärmeleitvermögen mit dem Wolf-

[1]) Ledebur, Eisenhüttenkunde III, 15.
[2]) Mars, Spezialstähle 281.

ramgehalt außerordentlich rasch sinken[1]), so daß die Wolframstähle sehr vorsichtig angewärmt werden müssen, wenn Spannungsrisse vermieden werden sollen. Reines Wolfram ist zwar ein sehr duktiles Metall, doch ist nicht bekannt, nach welcher Richtung die Kaltbildsamkeit des Eisens durch Wolfram beeinflußt wird.

Die Schweißbarkeit soll nach Hadfield[2]) schon bei einem Gehalt von 0,2% verschwinden, doch gelingt die Schweißung selbst der hochprozentigen Wolframstähle unter Zuhilfenahme eines Lötmittels (Kupfer) oder eines Schweißmittels (Eisenfeilspäne und Borax.[3])

Wolfram gehört zu den härtenden Elementen und es gelten daher dieselben Bemerkungen wie beim Chrom. Wolfram erhöht zwar Streckgrenze und Festigkeit nicht so stark

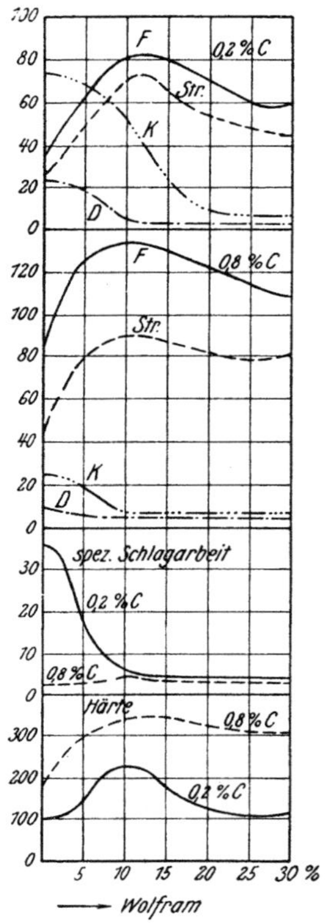

Fig. 129. Einfluß des Chroms auf Festigkeitseigenschaften, Härte und spezifische Schlagarbeit von Stahl mit 0,2 bzw. 0,8% C. (Guillet.)

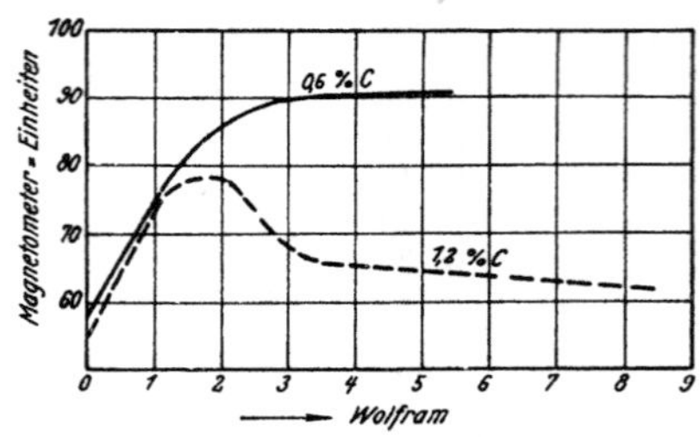

Fig. 130. Einfluß des Wolframs auf die magnetischen Eigenschaften von Stahl mit 0,6 bzw. 1,2% C. (Mars.)

wie Chrom,[4]) erniedrigt aber dafür Dehnung, Kontraktion und spezifische Schlagarbeit weniger als jenes Element, wenigstens deuten die Guilletschen Ergebnisse darauf hin.

Die nachfolgende Zusammenstellung zeigt bei einer Reihe ähnlich hergestellter und behandelter Stähle den Einfluß der Elemente Nickel, Chrom, Wolfram, Molybdän und Vanadium.

Der Mangangehalt dieser Stähle beträgt durchweg etwa 0,2, der Siliziumgehalt unter 0,1, der Phosphor- und Schwefelgehalt etwa 0,02%. Diese Ergebnisse stimmen bezüglich des vergleichsweisen Einflusses von Chrom und Wolfram mit den Guilletschen Ergebnissen nur für Streckgrenze und Festig-

[1]) Hierzu in einem gewissen Widerspruch steht die Tatsache, daß die spezifische Wärme des Wolframs außerordentlich niedrig ist (vgl. z. B. Wüst, Durrer, Meuthen, Forsch. Arb. Heft 204).

[2]) Ir. st. Inst. 1903, II, 14.

[3]) Mars, Spezialstähle 282.

[4]) Vgl. die Zusammenstellung Tab. 8.

% C	% Spezialelement	Streckgrenze kg/qmm	Festigkeit kg/qmm	Dehnung % auf 50,8 mm	Kontraktion %
0,28	2,90 Ni [1]	35,7	54,2	31,0	59,0
0,25	1,99 Cr [2]	37,8	60,0	32,0	66,4
0,22	3,24 W [3]	39,7	51,5	27,5	61,0
0,19	1,03 Mo [4]	35,5	46,8	35,5	73,0
0,23	0,16 V [5]	32,8	49,7	32,0	61,7
0,47	2,92 Ni [1]	38,5	64,4	23,0	45,6
0,50	1,99 Cr [2]	66,1	96,1	20,0	55,4
0,48	3,11 W [3]	64,5	83,2	16,0	45,5
0,44	1,05 Mo [4]	58,6	81,0	20,1	49,4
0,40	0,23 V [5]	45,3	65,6	23,0	48,5

keit, nicht aber für Dehnung und Kontraktion überein, die im Gegensatz zu Guillet stärker durch Wolfram als durch Chrom erniedrigt würden. Wie beim Chrom äußert sich die Steigerung der Streckgrenze und der Festigkeit um so stärker, je höher der Kohlenstoffgehalt ist. Ist der Wolframgehalt so hoch, daß nach dem Guilletschen Gefügediagramm Doppelkarbid auftreten muß, so sinken Streckgrenze, Festigkeit, Dehnung und Kontraktion mit steigendem Wolframgehalt.

Der Wert des Wolframs als Legierungsmetall ist hauptsächlich (soweit ternäre Stähle in Frage kommen) auf magnetischem Gebiete zu suchen. Nach Mars[6]) liegt das Maximum des remanenten Magnetismus in gehärteten Stählen bei etwa 0,6% Kohlenstoff und 5,5% Wolfram.

Eine Übersicht über einige technisch verwertete Wolframstähle vermittelt die nachfolgende Tabelle nach Mars:[7])

Verwendungszweck	% C	% W
Magnete	0,6—0,65	5,0—6,0
Gewehrläufe	0,6—0,7	1,0—3,0
Schneidwerkzeuge, Spiralbohrer .	1,0—1,2	0,6—0,7
Drehmesser	1,0—1,2	3,0—3,5
Warmzieh- und Preßmatrizen .	0,6—0,65	8,0—9,0

13. Molybdän.

Erläuterung zu der Figur 131.

Die **Fig. 131** ist nach einer Arbeit von Guillet, Rev. Mét. 1904, 390 zusammengestellt. Stähle von folgender chemischer Zusammensetzung sind untersucht worden:

[1]) Mc William und Barnes, Ir. st. Inst. 1911, I, 269.
[2]) Mc William und Barnes, Ir. st. Inst. 1910, I, 246.
[3]) Swinden, Ir. st. Inst. 1907, I, 29.
[4]) Swinden, C. Sc. M. 1911, 66.
[5]) Mc William und Barnes, Ir. st. Inst. 1911, I, 294.
[6]) St. E. 1909, 1770.
[7]) Spezialstähle 309.

Reihe I.

% C	% Mo	% Si	% S	% P	% Mn
0,188	0,450	0,117	0,009	0,018	0,070
0,158	1,005	0,110	0,032	0,018	0,100
0,138	2,200	0,128	0,009	0,021	0,168
0,289	4,500	0,117	0,039	0,026	0,500
0,489	9,300	0,304	0,062	0,026	0,480

Reihe II.

% C	% Mo	% Si	% S	% P	% Mn
0,735	0,504	0,210	0,032	0,021	0,260
0,811	1,210	0,019	0,018	0,040	0,396
0,814	1,980	0,175	0,034	0,016	0,300
0,824	5,750	0,304	0,023	0,020	0,380
0,680	9,750	0,243	0,060	0,032	0,360
0,692	14,640	0,373	0,090	0,032	0,230

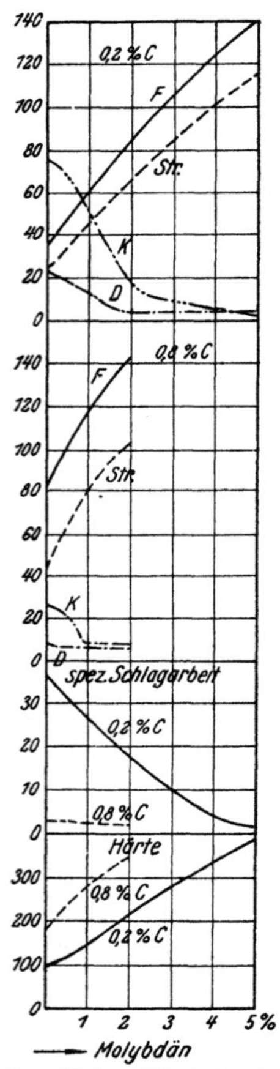

Fig. 131. **Einfluß des Molybdäns auf Festigkeitseigenschaften, Härte und spezifische Schlagarbeit von Stahl mit 0,2 bzw. 0,8 % C.** (Guillet.)

Von Chrom und Wolfram unterscheidet sich Molybdän bezüglich seines Einflusses auf sämtliche Eigenschaften lediglich dem Grade nach. Über die spezifische Beeinflussung der Festigkeitseigenschaften orientiert die Zusammenstellung Tabelle 8 (Guillet). Hiermit in schlechtem Einklang stehen die S. 139 nach Swinden wiedergegebenen Zahlen. Nach letzterem würde etwas mehr als 1% Molybdän dieselbe Erhöhung der Festigkeit und der Streckgrenze wie 3% Wolfram bewirken, wobei Dehnung und Kontraktion im Molybdänstahl weniger leiden, als im Wolframstahl. Nach Guillet beträgt dagegen die Erhöhung der Streckgrenze und der Festigkeit durch Molybdän je nach dem Kohlenstoffgehalt das 10—6fache der durch Wolfram herbeigeführten. Bezüglich Dehnung und Kontraktion gilt nach Guillet das Entgegengesetzte des aus den Swindenschen Versuchen sich ergebenden Verhaltens. Es ist nicht ausgeschlossen, daß dieser Widerspruch nur ein scheinbarer und darauf zurückzuführen ist, daß die Ergebnisse beider wegen Verschiedenheit der Probenbehandlung nicht vergleichbar sind.

In magnetischer Beziehung fand Curie,[1]) daß ein Stahl mit etwa 1% Kohlenstoff und 3% Molybdän sich zur Herstellung von Dauermagneten eignet. Im übrigen ist es zu einer ausgedehnten technischen Verwertung reiner Molybdänstähle bisher noch nicht gekommen. Die bei ihrer Verarbeitung beobachteten Unzuträglichkeiten, Risse und dgl. haben eine gewisse

[1]) Bull. d'Enc. 1898, 54.

Abneigung gegen Molybdän erzeugt. Andererseits waren billigere und einwandfreie Legierungsmetalle an Chrom und Wolfram bereits vorhanden. Mit Recht bemerkt aber Mars, daß man die bei der Anwendung des Molybdäns aufgetretenen Mängel nicht eigentlich dem Metall selber zuschreiben könne, viel wahrscheinlicher dem Umstande, daß man noch nicht gelernt hat, das Metall richtig zu verwenden.

14. Vanadium.

Erläuterungen zu der Figur 132.

Die **Fig. 132** ist nach einer Arbeit von Guillet, Rev. Mét. 1904, 525 zusammengestellt. Die Analyse der untersuchten Legierungen war folgende:

Reihe I.

% C	% V	% Mn	% Si	% S	% P
0,114	0,29	0,125	0,105	0,031	0,031
0,131	0,60	0,365	0,193	0,021	0,058
0,141	0,75	0,445	0,304	0,027	0,038
0,112	1,04	0,380	0,256	0,021	0,037
0,130	1,54	Sp.	0,248	0,015	0,048
0,200	2,11	„	0,221	0,005	0,015
0,187	2,98	0,860	0,292	0,025	0,082
0,382	5,37	0,196	0,607	0,023	0,067
0,130	7,39	Sp.	0,409	0,015	0,112
0,120	10,27	„	0,539	0,016	0,160

Reihe II.

% C	% V	% Mn	% Si	% S	% P
0,816	0,25	0,445	0,326	0,037	0,031
0,725	0,60	0,555	0,409	0,028	0,062
0,886	0,80	0,330	0,304	0,031	0,038
0,674	1,15	0,500	0,248	0,019	Sp.
0,618	1,58	0,340	0,292	0,021	0,053
0,950	2,89	0,224	0,421	0,025	0,016
0,666	3,06	0,700	0,356	0,022	0,058
1,084	4,99	0,449	0,457	0,013	0,020
0,737	7,85	0,309	0,745	0,046	0,122
0,858	10,25	0,562	0,993	0,048	0,049

Der metallurgische Wert des Vanadiums ist ein doppelter. Seine große Verwandtschaft zum Sauerstoff macht es wie Mangan zum vorzüglichen Desoxydationsmittel. Vanadium besitzt ferner wie Silizium entgasende Wirkung und kann daher zur Erzeugung dichten Gusses dienen. Voraussetzung ist aber geeignete Form des Zusatzes. Vanadiumlegierungen mit hohem Kohlenstoffgehalt lösen sich ähnlich den entsprechenden Chrom-, Wolfram- und Molybdänlegierungen schwer im Stahlbade. Mars[1]) empfiehlt ein Ferrovanadium mit 25—35% Vanadium und 0,2—0,5% Kohlenstoff. Als Legierungselement übt Vanadium, wie die Zusammenstellung Tabelle 8 zeigt, eine außerordentliche Wirkung auf die Festigkeitseigenschaften aus. Die Größenordnung des nach Guillets Ergebnissen berechneten spezifischen Einflusses ist aber vor-

[1]) Die Spezialstähle, 312.

sichtig zu beurteilen. Aus der Tabelle S. 139 scheint nach Mc. William und Barnes hervorzugehen, daß etwa 0,2% Vanadium dieselbe Wirkung wie etwa 3% Nickel ausüben, was mit den Guilletschen Ergebnissen durchaus nicht übereinstimmt. Jedenfalls sind alle Autoren darin einig, daß geringe, unter 1% liegende Zusätze zur vollen Entfaltung der Wirkung dieses Zusatzelementes genügen. Die Verarbeitungseigenschaften sollen außer der Schweißbarkeit nicht ungünstig beeinflußt werden. Die Beeinträchtigung der Schweißbarkeit wird in ähnlicher Weise wie bei Silizium erklärt.

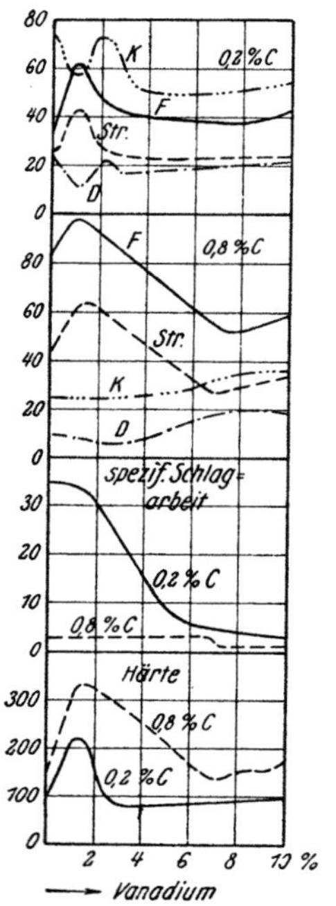

Fig. 132. Einfluß des Mangans auf Festigkeitseigenschaften, Härte und spezifische Schlagarbeit von Stahl mit 0,2 bzw. 0,8% C. (Guillet.)

Trotz der entschiedenen Vorzüge des Vanadiums für die Herstellung von Konstruktionsstahl ist seine Anwendung in Europa beschränkt, in Amerika dagegen sehr verbreitet. Es ist möglich, daß der hohe Preis des Vanadiums seine Verwendung beeinträchtigt hat. An dieser Stelle seien die Preise der für die Herstellung der Spezialstähle in Betracht kommenden Ferrolegierungen bzw. reinen Zusatzmetalle im Frühjahr 1914 mitgeteilt:

Ferro-Chrom, maximal 1% Kohlenstoff, 60—70% Chrom,
M. 15.— pro kg Chrom;

Ferro-Wolfram, maximal 0,75% Kohlenstoff, 80—85% Wolfram,
M. 6.20 pro kg Wolfram;

Ferro-Vanadium, kohlenstofffrei 20—25% Vanadium,
M. 28.— pro kg Vanadium;

Molybdänmetall in Pulverform, maximal 1% Kohlenstoff, 96—97% Molybdän,
M. 50.— pro kg Molybdän;

Reinnickel M. 4.— pro kg; Kobaltmetall mit 95% Kobalt M. 36.— pro kg.

Mars gibt folgende Verwendungszwecke für Vanadiumstähle an:

Verwendungszweck	% C	% Si	% Mn	% V
Maschinenteile, Lokomotivrahmen	0,28	0,28	0,57	0,22
Werkzeugstahl für Matrizien, Stempel, Schneidwerkzeug usw.	1,20	0,20	0,25	0,6—1,0

15. Der Einfluß einer Reihe weniger wichtiger Elemente auf die Eigenschaften des schmiedbaren Eisens.

Aluminium. Nach Hadfield[1]) und Guillet[2]) tritt bis zu einem Gehalt von 2—3% nur eine unwesentliche Änderung der Festigkeitseigenschaften ein, mit Ausnahme der Schlagfestigkeit und der Kontraktion, die ziemlich rasch sinken, vgl. die Zusammenstellung Tab. 8. Wie Silizium verbessert

[1]) Ir. st. Inst. 1890, II, 161. [2]) Rev. Mét. 1905, 312.

Aluminium die magnetischen Eigenschaften des Eisens im Hinblick auf dessen Verwendung zur Herstellung von Dynamo- und Transformatorenblechen.[1]) Die Remanenz ist bei einem Aluminiumgehalt von 5% gleich Null. Der elektrische Leitwiderstand wird durch Aluminium erhöht.[2]) Das spezifische Gewicht sinkt nach Hadfield linear und zwar um 0,12 pro 1% Aluminium. Die Schmiedbarkeit wird nach Hadfield erst bei einem Gehalt von etwa 5% beeinträchtigt, Guillets im Tiegel hergestellte Legierungen mit 0,2% Kohlenstoff und 0—7% Aluminium bzw. 0,8% Kohlenstoff und 0—15% Aluminium ließen sich anstandslos walzen. Die Schweißbarkeit dagegen soll nach Hadfield bereits bei einem Gehalt von etwa 0,4% verloren sein. Burgess und Aston[3]) fanden, daß eine kohlenstoffreie Eisen-Aluminiumlegierung mit 2,5% Aluminium schmiedbar, aber nicht schweißbar war.

Die Bedeutung des Aluminium beruht, abgesehen vielleicht von der bereits erwähnten, jedoch technisch noch nicht ausgenutzten Beeinflussung der magnetischen Eigenschaften auf der Verwendungsfähigkeit dieses Elementes auf Grund seiner hohen Verwandtschaft zum Sauerstoff als Desoxydationsmittels, ferner auf dem Umstande, daß stark treibender Guß durch geringen Aluminiumzusatz beruhigt wird, vielleicht wie durch Silizium infolge Erhöhung der Gaslöslichkeit des Eisens. Technisch beachtenswert ist endlich die Tatsache, daß die sogenannten Seigerungen[4]) durch Aluminiumzusatz vermindert werden. Indessen sind die Ansichten über die Zweckmäßigkeit des Aluminiumzusatzes geteilt, weil häufig beobachtet wurde, daß mit einem solchen Zusatz hergestellte Blöcke sich schlecht verarbeiten ließen. Ob dieser Umstand auf den Aluminiumzusatz, im besonderen, wie vielfach vermutet wird, auf die Bildung von Tonerdehäutchen zwischen den Kristallen[5]) zurückzuführen ist, muß noch entschieden werden.

Titan. Guillet[6]) schließt aus seinen Versuchen über den Einfluß des Titans auf die Festigkeitseigenschaften, daß die technische Verwendung der Titanstähle nicht in Frage komme, weil der erwähnte Einfluß praktisch gleich Null sei. Indessen ist, worauf auch Hadfield hinweist, eine Erhöhung der Streckgrenze durch geringe Titanzusätze (bis 3%) nicht zu verkennen. Lamort[7]) zeigte, daß in kohlenstofffreien Eisen-Titanlegierungen die Remanenz bis zu einem Titanzusatz von 14% langsam zunimmt. Der elektrische Leitwiderstand steigt nach Portevin[8]) um 1 Mikroohm pro % Titan.

[1]) S. Daggar, Ir. st. Inst. 1890, II, 202. — Vgl. auch die diesbezüglichen Untersuchungen von Gumlich, Wiss. Abh. R.-A. 1918, 367, welcher fand, daß Aluminium wie Silizium, jedoch keineswegs ebenso günstig wirkt. Letzteres ist möglicherweise auf Mängel bei der technischen Herstellung zurückzuführen. Im übrigen ist die Wirkung des Aluminiums wie die des Siliziums nach Gumlich eine indirekte, insbesondere auf der Temperkohlebildung beruhende.

[2]) S. Portevin, Rev. Mét. 1909, 1335.

[3]) Electrochem. met. Eng. 1909, 436.

[4]) S. ds. Kapitel.

[5]) Vgl. Heyn, St. E. 1913, 335.

[6]) Rev. Mét. 1904, 506.

[7]) Diss. Aachen. 1914.

[8]) Rev. Mét. 1909, 1355.

In geringen Prozentsätzen wird Titan als Desoxydations- und Entgasungsmittel sowie als Mittel zur Verhütung von Seigerungen angepriesen, wobei die große Verwandtschaft des Titans zum Sauerstoff und insbesondere zum Stickstoff hervorgehoben wird. Die Ansichten über die Brauchbarkeit des Titans zu den genannten Zwecken gehen jedoch auseinander, was Lamort darauf zurückführt, daß die Konstitution der Handelsferrotitane sehr verschieden sei, die eine Gruppe das Titan praktisch vollständig an Stickstoff gebunden enthalte, während die andere Gruppe Stickstoff nur in unmerklicher Menge aufwiese. Es sei daher zu erwarten, daß solche Verschiedenheiten der Konstitution in Anbetracht der verschiedenen Aufnahmefähigkeit für Stickstoff auch eine Verschiedenheit der Wirkungsweise bedingen, abgesehen davon, daß wie beim Aluminium der Einfluß der Bedingungen, unter denen der Zusatz erfolgt — z. B. Temperatur des Bades, Zeitraum zwischen Zusatz und Gießen, Art des Zusatzes und Beschaffenheit der Charge bezüglich ihres Gas- und Oxydulgehaltes — gänzlich unerforschte Gebiete darstellen.[1])

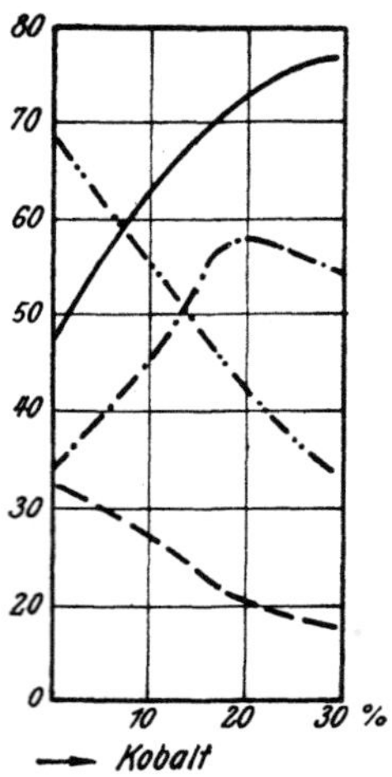

—— Festigkeit kg/qmm
—·—·— Streckgrenze „
— — — Dehnung %
—··—··— Kontraktion %

Fig. 133. Einfluß des Kobalts auf die Festigkeitseigenschaften von Stahl mit 0,2% C. (Dumas.)

Kobalt. Obwohl reine Kobaltstähle bis heute keine technische Verwendung gefunden haben und das Kobalt nur vereinzelt als Zusatz bei der Herstellung von Schnelldrehstahl benutzt wurde, sind die Eigenschaften der Kobaltstähle allein deswegen schon interessant, weil sie trotz der nahen Verwandtschaft des Kobalts mit dem Nickel von denjenigen der Nickelstähle völlig abweichen. Diese Abweichung ist aber erklärlich, wenn die grundsätzliche Verschiedenheit zwischen dem Gefügeaufbau der Nickel- und Kobaltstähle berücksichtigt wird. Während das Gefügediagramm ersterer ein perlitisches, martensitisches und austenitisches Feld aufweist, fand Guillet[2]), daß alle von ihm hergestellten Kobaltstähle (bis 60% Kobalt) perlitisch waren. Mit steigendem Kobaltgehalt verändern sich in Übereinstimmung hiermit die Festigkeitseigenschaften nicht sprungweise wie bei den Nickelstählen, sondern allmählich und erreichen dabei, wie die nachfolgende Zusammenstellung nach Dumas[3]) (vgl. a. Fig. 133) und Guillet lehrt, recht bemerkenswerte Zahlen.[4])

Einer technischen Verwertung dieser Stähle steht jedoch der hohe Preis des Kobalts entgegen (vgl. S. 142). In magnetischer Beziehung bemerkenswert ist nach Yensen[5]) eine (im Vakuum erschmolzene) Legierung mit 33,34% Kobalt. Wegen ihrer hohen Permeabilität dürfte sie nach Yensen für die

---

[1]) Über praktische Erfahrungen mit Titan vgl. z. B. St. E. 1909, 1593; 1910, 650; Eng. Min. 1903, 365; Electrochem. met. Ind. 1909, 128; Ir. Age 1907, 1393.

[2]) Rev. Mét. 1905, 348.

[3]) C. R. 1899, 129, 42, sowie les aciers au Nickel, Paris 1902, Dunod.

[4]) Vgl. a. Arnold und Read, Eng. 1915, 362.

[5]) St. E. 1916, 1256.

	% C	% Co	Festigkeit kg/qmm	Streckgrenze kg/qmm	Dehnung %	Kontraktion %
Dumas	0,25	5,12	46.7	33,5	32	68
	0,27	10,80	60,6	44,1	27,5	53
	0,29	15,40	66,7	49,7	25,5	55
	0,16	19,76	73,8	59,8	18,5	42
	0,18	25,16	74,2	56,3	18,5	39
	0,12	29,24	76,8	54,9	18	34
Guillet	0,89	4,45	121,8	46,6	6	10,6
	0,74	6,72	102,3	51,1	7	14,6
	0,81	9,76	122,6	44,0	5	6,8
	0,75	29,30	118,5	50,5	6	11,5

Herstellung der Zähne von Dynamo-Armaturen geeignet sein. Nach Burgess und Aston[1]) sind kohlenstoffreie Eisenkobaltlegierungen bis zu einem Gehalt von 6% schmiedbar und schweißbar.

Bor. Schon Moissan und Charpy[2]) machten auf das merkwürdige Verhalten eines Stahls mit 0,17% Kohlenstoff und 0,58% Bor aufmerksam, der nach dem Schmieden und Glühen:

46 kg/qmm Festigkeit und 11% Dehnung

und nach dem Härten bei 900°:

120 kg/qmm Festigkeit und 2,7% Dehnung

aufwies. Dabei war besonders bemerkenswert, daß der gehärtete Borstahl sich trotz seiner hohen Festigkeit leicht bearbeiten ließ. Diese Ergebnisse sind durch Guillets[3]) eingehende Untersuchungen bestätigt worden. Ein Stahl mit

0,22 % C
0,46 % B
0,29 % Mn
0,16 % Si
0,015% S
0,015% P

der im Tiegelofen in Imphy durch Zusatz von Girodschem Ferrobor mit

2,85 % C
32,1 % B
0,03 % S
0,005% P

hergestellt worden war, ergab nach dem Glühen bei 900°:

39,6 kg/qmm Festigkeit,
20,2 ,, Streckgrenze,
27% Dehnung auf 100 mm Meßlänge,
55% Kontraktion,
3 mkg/qcm Schlagfestigkeit (Frémontprobe, Guilleryhammer),
105 Brinellhärte.

Nach dem Härten bei 850° folgende außergewöhnliche Zahlen:

147,5 kg/qmm Festigkeit,
100 ,, Streckgrenze,

1) Electrochem. met. Eng. 1909, 346.
2) C. R. 1890, **120,** 130.
3) Rev. Mét. 1907, 784.

6,5% Dehnung,
30,6% Kontraktion,
6 mkg/qcm spezifische Schlagarbeit,
311 Brinellhärte.

Der gehärtete Stahl besitzt also eine höhere Schlagfestigkeit als der ungehärtete und ist noch zu bearbeiten. Inzwischen ist durch Hannesen[1]) das Zustandsdiagramm der Eisen-Borlegierungen aufgestellt und der Nachweis erbracht worden, daß die feste Lösung des Bors im γ-Eisen ähnlich wie die des Kohlenstoffs unter Bildung eines dem Perlit sehr ähnlichen Gefügebestandteils zerfällt. Bereits Guillet konnte in seinen Borstählen außergewöhnliche Gefügebestandteile feststellen, ohne sie aber einwandfrei erklären zu können. Es dürfte nunmehr als feststehend gelten, daß das bemerkenswerte Verhalten der gehärteten Borstähle auf die Gegenwart der festen Lösung des Bors im Eisen zurückzuführen ist, wenn auch damit die Erforschung dieser interessanten Stähle noch lange nicht erschöpft ist. Stähle mit mehr als 1,5% Bor ließen sich nach Guillet nicht schmieden. Neuerdings[2]) ist übrigens noch der Nachweis erbracht worden, daß festes, hocherhitztes Eisen Bor aufnimmt, sich also analog dem Zementieren auch „borieren" läßt.

Zinn legiert sich zwar mit dem Eisen und ist auf Grund dieser Tatsache ein wertvoller Schutzüberzug,[3]) dagegen macht es das Eisen spröde[4]) und ist auch in magnetischer und elektrischer Beziehung kein wertvoller Zusatz.[5]) Kohlenstofffreie Zinn-Eisenlegierungen sind nach Burgess und Aston[6]) bis zu einem Gehalt von 2% schmiedbar und schweißbar. Weiches Flußeisen zeigt bei einem Gehalt von 1,5% deutlichen Rotbruch.[7])

Antimon soll bei einem Gehalt von 1% das Eisen gänzlich unbrauchbar machen.[8])

Wie Zinn bildet auch Zink einen wertvollen Schutzüberzug für Eisen, weil es sich mit diesem leicht legiert.[9])

16. Gase.

A. In Form von festen Verbindungen im Eisen enthaltene Gase.

Stickstoff. Durch eine Arbeit von Braune[10]) wurde in erhöhtem Maße die Aufmerksamkeit auf den Einfluß des Stickstoffs auf die Festigkeitseigenschaften des Eisens gelenkt. Indessen sind die Brauneschen Ergebnisse wegen

---

[1]) An. Chem. 1914, 89, 257.
[2]) Centr. Hütten- u. Walzw. 1917, 327.
[3]) Vgl. Leo Mayer, Die Weißblechdarstellung, Diss. Aachen 1916, sowie Guertler, Metallographie I, 648.
[4]) Guillet, Rev. Mét. 1904, 500.
[5]) Burgess und Aston, Electrochem. met. Eng. 1909, 403.
[6]) Electrochem. met. Eng. 1909, 436.
[7]) St. E. 1901, 330.
[8]) Wedding, Eisenhüttenkunde, 2. Auflage, I, 314.
[9]) Vgl. Sang, Le zinguage du fer, Rev. Mét. 1912, I, sowie Guertler, Metallographie I, 343.
[10]) Diss. Basel 1905; St. E. 1905, 1193, 1195, 1211.

der Unzulänglichkeit seiner Stickstoffbestimmungen unsicher. Ein weiterer Einwand richtet sich gegen die analytisch zuverlässigeren Tschischewskischen [1]) Ergebnisse, die in Fig. 134 dargestellt sind. Braune sowohl als Tschischewski suchten den Einfluß des Stickstoffs auf die Festigkeitseigenschaften des Eisens dadurch zu ermitteln, daß sie dieses im Ammoniakstrom nitrierten. Zwischen dem auf diese Weise zugeführten und dem im technischen Eisen enthaltenen Stickstoff besteht aber nach Tschischewskis Versuchen insofern ein großer Unterschied, als ersterer an Eisen, letzterer aber wahrscheinlich an Mangan und Silizium gebunden ist. Ob aber beide Stickstoffarten sich bezüglich ihrer Einwirkung auf die Festigkeitseigenschaften gleichartig verhalten, ist noch nicht entschieden. Erwähnenswert sind endlich die Stromeyerschen Arbeiten [2]) über den Einfluß von Phosphor und Stickstoff auf die Eigenschaften von Kesselblech. Die Wiedergabe der von Stromeyer aufgestellten Formel für die Abhängigkeit der Festigkeit von der chemischen Zusammensetzung:

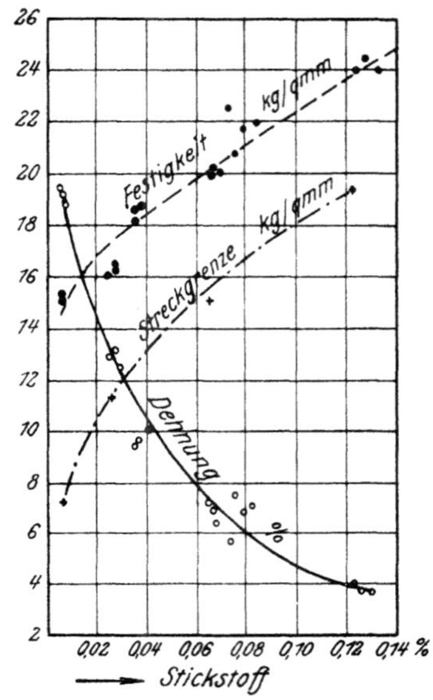

Fig. 134. Einfluß des Stickstoffs auf die Festigkeitseigenschaften von weichem Flußeisen. (Tschischewski.)

$$K_z = 17.2 \times 350 \times 10\,Si \times 2.5\,(Mn - 1{,}72\,S) + 30\,P + 300\,N$$

soll die große Bedeutung zeigen, die Stromeyer dem Stickstoff zuweist. Im übrigen besitzt die Formel kaum einen praktischen Wert.

Sauerstoff. In der eisenhüttenmännischen Literatur hat sich die Anschauung eingebürgert, daß Sauerstoff das Eisen rotbrüchig mache. Die einzige auf exakteren Beobachtungen gegründete Zahlenangabe stammt von Ledebur, [3]) der angibt, daß 0,1% genügen, um Rotbruch herbeizuführen. Mehr noch als beim Stickstoff ist hier die analytische Seite der Frage von Bedeutung. Einmal ist die Zahl der bisher ausgeführten Sauerstoffbestimmungen eine recht begrenzte, dann ist aber auch der Wert dieser Bestimmung zweifelhaft, solange die Konstitutionsfrage nicht völlig geklärt ist. Daß ein an das Eisen gebundener, etwa in Form von Eisenoxyduleinschlüssen im Eisen vorhandener Sauerstoffgehalt von ansehnlicher Höhe (etwa 0,14%) die Schmiedbarkeit keineswegs ungünstig beeinflußt, zeigten Oberhoffer und d'Huart. [4]) Die mikroskopische Untersuchung bewies, daß solche Einschlüsse plastisch sind (vgl. Fig. 135), da sie im Sinne der Formänderungskräfte gestreckt waren, was z. B. wie Comstock [5]) nachwies, für Einschlüsse, die aus der Reaktion

[1]) Diss. Tomsk 1914, St. E. 1916, 147.
[2]) St. E. 1909, 1491; Ir. Age 1910, 858.
[3]) Eisenhüttenkunde 3, 12; vgl. auch ds. Handbuch II, 19.
[4]) St. E. 1919, 165.
[5]) St. E. 1917, 40.

von Aluminium mit Sauerstoff im Eisen entstanden, also jedenfalls tonerdehaltig sind, nicht der Fall ist (vgl. Fig. 274). Mangan sieht man im allgemeinen als Mittel gegen Rotbruch an unter Annahme der Umsetzung

$$FeO + Mn = Fe + MnO,$$

wobei man zur Erklärung der Wirkung des Mangans dem MnO bestimmte Eigenschaften zuschreibt, im besonderen, leichter aus dem Eisenbade auszuscheiden als FeO. Die Erfahrung bestätigt dies und lehrt ferner,[1]) daß die Reaktion nicht im obigen Sinne zur Bildung von reinem MnO, sondern von Gemischen von FeO und MnO führt. Andererseits dürfte häufig auch nach der Desoxydation ein gewisser Prozentsatz Manganoxydul oder diesem nahestehender Produkte im Eisen verbleiben, wenigstens zeigt die mikroskopische Untersuchung, daß häufig die Menge sauerstoffhaltiger Einschlüsse vor und

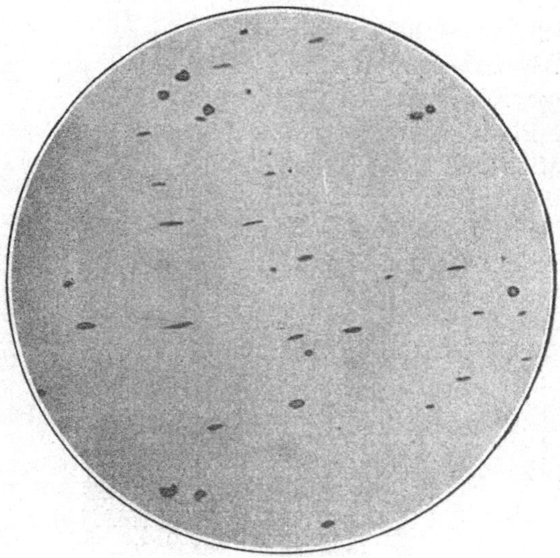

Fig. 135. Sauerstoffhaltige, plastische Einschlüsse in reinem Eisen, ungeätzt, x 250.

nach der Desoxydation die gleiche ist, obwohl die Sauerstoffbestimmung einen nicht unerheblichen Unterschied ergibt. Dies wird wohl darauf zurückzuführen sein, daß die bei der Desoxydation gebildeten sauerstoffhaltigen Einschlüsse in Anbetracht ihres hohen MnO-Gehaltes schwieriger durch Wasserstoff reduzierbar sind, als die vor der Desoxydation vorhandenen. Es ist vom Verfasser häufig beobachtet worden, daß solche, an sauerstoffhaltigen Einschlüssen reiche Thomasgußeisenproben, gleichgültig, ob vor oder nach der Desoxydation entnommen, gut schmiedbar waren. Dies würde zum mindesten beweisen, daß unsere Anschauungen über die nachteilige Wirkung des Sauerstoffs und über die Rolle des Mangans noch weiterer Klärung bedürfen. Einigkeit scheint darüber zu herrschen, daß ein Siliziumzusatz zu sauerstoffhaltigem Flußeisen

[1]) St. E. 1919, 165.

die Schmiedbarkeit ungünstig beeinflußt. Hierüber ist im Abschnitt Silizium bereits das Wesentliche mitgeteilt worden.

Über den Einfluß von Sauerstoff auf die Festigkeitseigenschaften des schmiedbaren Eisens ist bisher nichts bekannt geworden. Daß die magnetischen Eigenschaften durch Sauerstoff sehr ungünstig beeinflußt werden, wies Gumlich[1]) direkt an einer künstlich hergestellten sauerstoffreichen, also eisenoxydulhaltigen Probe nach.[2]) Von praktischer Bedeutung ist die Verschlechterung der magnetischen Eigenschaften von Dynamoblechen durch den Blechzunder.[3])

B. Okkludierte Gase.

Ein gewisser Einfluß der okkludierten Gase auf die Festigkeitseigenschaften ist wahrscheinlich vorhanden, aber zahlenmäßig wenig nachgeprüft.[4])

Die sogenannte Beizbrüchigkeit, d. h. die große Sprödigkeit, die beim Eintauchen des Eisens in Säuren entsteht (Draht-, Blechfabrikation) ist nachgewiesenermaßen auf Wasserstoffaufnahme zurückzuführen.[5]) Ungeglühtes Elektrolyteisen enthält sehr große Wasserstoffmengen und ist auch sehr spröde. Das durch Glühen bzw. durch Umschmelzen im Vakuum vom Wasserstoff ganz oder teilweise befreite Elektrolyteisen ist dagegen weich und zäh. Heyn[6]) fand, daß beim Abschrecken von Eisen, das bei Temperaturen von 800 bis 1000° mit Wasserstoff gesättigt worden war, dieser im Eisen zurückbleibt, während er bei langsamer Abkühlung aus dem Eisen entweicht. Die abgeschreckten wasserstoffhaltigen Proben waren erheblich spröder als die langsam abgekühlten, wasserstoffärmeren. So konnte u. a. eine im Luftstrom bis 820° erhitzte, sodann im Wasser abgeschreckte Biegeprobe[7]) mit einem Querschnitt von 9,5 × 9,5 mm, ohne daß Risse auftraten, um 180° gebogen werden (bis 90° über einen Dorn von 8 mm Radius), während eine im Wasserstoff erhitzte, im übrigen gleich behandelte Probe bereits bei einem Winkel von 138° brach. Weitere lehrreiche Versuche von Heyn mit Draht sind in der nachfolgenden Tabelle wiedergegeben:

Material	Vorbehandlung	Nachbehandlung	Biegezahl
Weicher Draht 3,7 mm Durchmesser	In Wasserstoff auf 820° erhitzt, in Wasser von 19° abgeschreckt	keine	5
		1/2 St. in kochendem Wasser erhitzt	6
		1/2 St. bei 200—217° in Luft erhitzt	23

[1]) Wiss. Abh. R.-A. 1918, 269.

[2]) Vgl. auch Holtz, Diss. 1911, Berlin.

[3]) Fr. Inst. **184**, 4.

[4]) Vgl. Yensen (St. E. 1916, 1256), Angaben für im Vakuum erschmolzene Eisen-Siliziumlegierungen. Über den Einfluß des sichtbaren Gasgehaltes, der Gasblasen s. III. Tl.

[5]) Ledebur, St. E. 1887, 681; 1889, 745; Burgess, Electrochem. Met. Ind. 1906, 7; Baedecker, V. d. I. 1888, 186.

[6]) St. E. 1900, 837; 1901, 913.

[7]) Weichstes Martinflußeisen mit 0,05 % C, 0,01 % Si, 0,37 % Mn, 0,069 % P, 0,046 % S, 0,03 % Cu.

Hieraus geht deutlich hervor, daß die Wasserstoffsprödigkeit, wie dies Ledebur bereits für die analoge Beizbrüchigkeit nachgewiesen hatte, durch gelinde, das Austreiben des Wasserstoffs bewirkende Erhitzung vermindert werden kann. Heyn zeigte ferner, daß das gleiche schon durch bloßes Liegen der Proben an der Luft bewirkt werden kann, in diesem Falle aber zur Austreibung des Wasserstoffs erheblich größere Zeiträume erforderlich sind. Über den Einfluß der übrigen okkludierten Gase auf die Festigkeitseigenschaften des Eisens sind keine Unterlagen bekannt geworden.

Daß auch die magnetischen Eigenschaften durch den Gasgehalt beeinflußt werden, ist nach den Versuchen Gumlichs[1]) wahrscheinlich. Die nachfolgende Zusammenstellung nach Gumlich zeigt die Bedeutung des Glühens im Vakuum und damit auch den zweifellos ungünstigen Einfluß der Gase auf die Koerzitivkraft eines in Stabform untersuchten, äußerst weichen, nicht „legierten" Eisens. Das Glühen erfolgte stets bei 785° und währte 24 Stunden.

	Vor dem Glühen	Nach dem 1.	Nach dem 2. Glühen
Koerzitivkraft . .	1,48	1,30	0,79 in Stickstoff
„ . .	1,51	0,80	0,37 im Vakuum

Bemerkenswert ist ferner die von Gumlich aufgedeckte Tatsache, daß es bei hochprozentigen Eisen-Silizium-Legierungen gleichgültig ist, ob das Glühen in Luft oder im Vakuum erfolgt. Dies könnte einmal so erklärt werden, daß Silizium das Löslichkeitsvermögen des Eisens für Gase erniedrigt und der an und für sich bereits sehr niedrige Gasgehalt durch Extraktion im Vakuum daher nicht mehr erniedrigt werden kann. Es ist aber auch möglich, daß die Wirkung des Siliziums eine gasbindende ist, wie sie Tschischewski für Stickstoff nachgewiesen hat. Dann hätte man sich die Bindung der Gase so stabil zu denken, daß selbst Erhitzung im Vakuum keine Zerlegung bewirkt.

17. Vergleichende Übersicht über den spezifischen Einfluß der wichtigsten Elemente auf die Eigenschaften des schmiedbaren Eisens.

In der nachfolgenden Tab. 8 ist versucht worden, den spezifischen Einfluß der wichtigsten Elemente auf die Festigkeitseigenschaften, die Härte, die spezifische Schlagarbeit, das spezifische Gewicht und den elektrischen Widerstand darzustellen. Die Zahlen gelten für 0,1% des betrachteten Elements. Bei ternären Legierungen ist der gleichzeitig anwesende Kohlenstoffgehalt angegeben worden. Ferner enthält die Tabelle eine Rubrik über die Grenzen, innerhalb derer, wenigstens angenähert, lineare Abhängigkeit der Eigenschaften vom Gehalt des Eisens an den betrachteten Elementen beobachtet worden ist.

Zum absoluten Wert dieser Zahlen sei folgendes bemerkt. Ein Vergleich

[1]) Wiss. Abh. R.-A. 1918, 269.

der spezifischen Wirkung der einzelnen Elemente ist nur unter der Voraussetzung gleicher Behandlung (Herstellung, Verarbeitung, Wärmebehandlung) des Probematerials gültig. Diese Voraussetzung trifft aber für die in der Tabelle angegebenen Zahlen sicher nicht zu und hier liegt eine erste Unsicherheit ihrer Angaben. Andererseits ist es fraglich, ob es überhaupt möglich ist, die Versuchsbedingungen so zu wählen, daß vergleichbare Werte geschaffen werden: Ein Beispiel möge dies erläutern. Unter sonst gleichen Bedingungen ist die härtende Wirkung beschleunigter Abkühlung z. B. bei Chromstählen bedeutender als bei reinen Kohlenstoffstählen. Geht man von der Auffassung aus, daß dies eine (indirekte) spezifische Wirkung des Chroms darstellt, so wären Chrom- und Kohlenstoffstähle nach gleicher Behandlung vergleichbar. Eine andere Auffassung wäre die, einen Vergleich nur an Stählen von gleicher mikroskopischer Gefügebeschaffenheit, für die ein Maßstab noch festzulegen wäre, für zulässig zu erklären. In diesem Falle würde die direkte spezifische Wirkung der Elemente zum Ausdruck gelangen. Das erstere Verfahren dürfte wohl zunächst aus Gründen der leichteren Durchführbarkeit dem letzteren vorzuziehen sein. Wie schon erwähnt wurde, trifft für die Angaben der Tabelle die Voraussetzung gleicher Behandlung nicht zu. Einwandfreie Angaben könnten erst auf Grund neuer, von den entwickelten Gesichtspunkten aus angestellten Forschungen entstehen. Einen dankenswerten Versuch nach dieser Richtung stellen die Arbeiten von McWilliam und Barnes dar.[1])

Der Wert der einzelnen, in der Tabelle wiedergegebenen Zahlen ist verschieden. Während die Zahlen für Kohlenstoff, Phosphor, Silizium, Kupfer und Mangan[2]) in Anbetracht der größeren Zahl der zur Verfügung stehenden Arbeiten ziemlich einwandfrei die Größenordnung des spezifischen Einflusses dieser Elemente darstellen dürften, liegen im großen und ganzen für die übrigen Elemente die Verhältnisse ungünstiger, weil hier die Guilletschen Arbeiten fast die einzigen darstellen, aus denen Material für die vorliegenden Zwecke geschöpft werden konnte. Dafür besitzen wieder diese den Vorzug, nach ein und demselben Schema angefertigt zu sein.

Es sei ferner noch betont, daß die Tabelle keinen Aufschluß gibt über die Beeinflussung der Eigenschaften durch die gleichzeitige Anwesenheit mehrerer Elemente außer Kohlenstoff. Obwohl eine ganze Reihe von Formeln empirischer Natur existiert, die den Einfluß gleichzeitig anwesender Mengen C, Mn, Si, P und S darstellen sollen[3]) und unter sonst gleichen Bedingungen auch vielleicht darstellen, ist der Wert, ebenfalls aus den schon erwähnten Gründen, ein relativ geringer.

Schließlich sei noch darauf hingewiesen, daß die vergleichende Übersicht sich auf normal abgekühltes, also nicht gehärtetes oder vergütetes Material bezieht. Manche der in dieser Übersicht enthaltenen Stähle werden aber gerade auf Grund derjenigen Eigenschaften verwendet, die sie nach zweckmäßiger Wärmebehandlung erhalten. Nach dieser Richtung ist daher der Wert der Tabelle ebenfalls nur ein begrenzter.

[1]) Vgl. Chrom.

[2]) Bezüglich des Nickels s. daselbst.

[3]) Vgl. z. B. v. Jüptner, Beziehungen zwischen chem. Zus. und Festigkeit, Leipzig 1919.

Tabelle 8.

Lfd. No.	Innerhalb der Grenzen	ändert 0,1 %	bei einem C-Gehalt von	die Streckgrenze um kg/qmm	die Festigkeit um kg/qmm	die Dehnung um %
1	0— 0,9	C	—	+ 2,80[1])	+ 6,50[1])	— 4,33[1])
2	0— 0,3	P	0,1—0,15	+ 3,60[4])	+ 6,30[4])	— 1,36[4])
3	0— 0,2	S	0,1	— 0,50[5])	± 0,00[5])	+ 1,00[5])
	0— 0,2	,,	0,3	+ 0,70[5])	— 0,25[5])	— 0,50[5])
	0— 0,2	,,	0,5	— 3,00[5])	— 4,00[5])	± 0,00[5])
4	0— 0,5	As	0,08	+ 0,75[7])	+ 0,75[7])	— 0,15[7])
5	0— 1,0	Cu	0,1	+ 1,00[8])	+ 0,80[8])	— 0,50[8])
	0— 1,0	,,	0,4	—	+ 0,70[8])	— 0,40[8])
	0— 1,0	,,	1,0	—	+ 0,70[8])	— 0,25[8])
6	0— 1,0	Si	0,1—0,13	+ 0,60[10])	+ 1,05[10])	— 0,90[10])
	0— 1,0	,,	0,8	+ 2,50[11])	+ 2,00[10])	— 0,10[10])
7	0— 1,5	Mn	0,1	+ 0,27[12])	+ 0,80[12])	— 0,20[12])
	0— 1,5	,,	0,8	+ 0,33[11])	+ 0,50[11])	— 0,20[11])
8	0— 5,0	Ni	0,1	+ 0,24[13])	+ 0,32[13])	— 0,24[13])
	0— 5,0	,,	0,2	+ 0,06[11]) (?)	+ 0,10[11]) (?)	— 0,02[11]) (?)
	0— 3,0	,,	0,8	+ 0,03[11]) (?)	+ 0,07[11]) (?)	— 0,03[11]) (?)
9	0— 1,1	Cr	0,17	—	—	—
	0— 5,0	,,	0,2	+ 0,26[11])	+ 0,50[11])	— 0,30[11])
	0— 3,0	,,	0,8	+ 2,50[11])	+ 2,00[11])	— 0,30[11])
10	0— 1,4	W	0,08	—	—	—
	0— 5,0	,,	0,2	+ 0,25[11])	+ 0,25[11])	— 0,01[11])
	0— 5,0	,,	0,8	+ 0,66[11])	+ 0,80[11])	+ 0,00[11])
11	0— 1,0	Mo	0,2	+ 2,00[11])	+ 2,50[11])	— 1,10[11])
	0— 1,0	,,	0,8	+ 3,70[11])	+ 3,60[11])	— 0,10[11])
12	0— 1,0	V	0,2	+ 2,00[11])	+ 2,50[11])	— 1,30[11])
	0— 1,0	,,	0,8	+ 2,00[11])	+ 1,50[11])	— 0,20[11])
13	0— 2,0	Al	0,2	+ 0,20[11])	+ 0,17[11])	— 0,10[11])
	0— 2,0	,,	0,8	+ 0,16[11])	+ 0,12[11])	— 0,030[11])
14	0—15,0	Co	0,2	+ 0,16[18])	+ 0,20[18])	— 0,07[18])
15	0— 0,1	N	0,14	+ 11,00[19])	+ 7,00[19])	— 15,00[19])

1) Stead, St. E. 1917, 289.
2) Levin und Dornhecker, Fer. 1914, 321.
3) P. Goerens, Enz. 4, 324.
4) d'Amico, Fer. 1913, 289.
5) Unger, St. E. 1917, 592.
6) Arnold, Ir. st. Inst. 1894, I, 107.
7) Liedgens, St. E. 1912, 2109.
8) Lipin, St. E. 1900, 536.
9) Breuil, Ir. st. Ins. 1907, II, 1.
10) Paglianti, Met. 1912, 217.

18. Quaternäre und komplexe Stähle.

Die ständig gesteigerten Anforderungen an die Eigenschaften der Spezialstähle ließen sich mit den ternären Stählen nicht mehr erfüllen und man ging dazu über, statt eines Spezialelementes zwei und mehrere einzuführen. Schon in den sechziger Jahren des vorigen Jahrhunderts sind von Mushet Versuche nach dieser Richtung angestellt worden, indessen fehlte es damals noch an der Erkenntnis der Bedeutung einer zweckmäßigen Wärmebehandlung, durch die die hochwertigen quaternären und komplexen Stähle erst zur vollen Aus-

die Kontraktion um $^0/_0$	die Härte um Br. E.	Spez. Schlagarbeit, um mkg/qcm Ch = Charpy Fr = Frémont	das spez. Gew. um	den elektr. Leitwiderstand um Ohm m/qmm
— 7,27[1])	+ 19,4[2])	— 10,0 Ch[20])	— 0,0045[2])	+ 0,006[3]) / + 0,003[21])
— 3,80[4])	+ 12,0[4])	— 12,0 Ch[4])	— 0,0117[4])	+ 0,011[4])
— 1,25[5])	—	—	— 0,0164[6])	—
— 3,00[5])	—	—	—	—
+ 0,00[5])	—	—	—	—
— 0,10[7])	—	—	+ 0,0100[7])	+ 0,007[7])
— 0,90[8])	—	— s. [9])	+ 0,0011[6])	+ 0,002[14])
— 0,80[8])	+ 2,25[9])	— ,,	—	
— 0,20[8])	+ 2,50[9])	— ,,	—	
— 1,50[10])	+ 10,70[10])	— 0,4 Ch[10])	— 0,0075[10])	+ 0,010[19])
— 0,30[10])	+ 6,70[11])	—	—	—
+ 0,00[12])	+ 3,00[12])	+ 1,4 Ch[12])	— 0,0016[6])	+ 0,005[12])
— 0,25[11])	+ 3,00[11])	0,0 Fr[11])	—	—
— 0,08[13])	—	—	+ 0,0004[6])	+ 0,0024[14])
+ 0,00[11]) (?)	+ 0,60[11])	0,0 Fr[11])	—	+ 0,0016[15])
+ 0,00[11]) (?)	+ 1,40[11])	+ 0,0 Fr[11])	—	+ 0,0028[16])
—	—	—	+ 0,0001[6])	—
— 0,60[11])	+ 3,00[11])	— 0,5 Fr[11])	—	+ 0,004[16])
— 0,16[11])	+ 4,30[11])	0,0 Fr[11])	—	+ 0,004[16])
—	—	—	+ 0,0095[6])	—
— 0,01[11])	+ 1,20[11])	— 0,36 Fr[11])	—	+ 0,002[15])
— 0,01[11])	+ 2,40[11])	— 0,0 Fr[11])	—	+ 0,0034[15])
— 2,50[11])	+ 1,20[11])	— 1,0 Fr[11])	—	—
— 0,70[11])	+ 2,40[11])	— 0,3 Fr[11])	—	—
— 2,20[11])	+ 16,00[11])	0,0 Fr[11])	—	+ 0,007[15])
+ 0,00[11])	+ 17,00[11])	0,0 Fr[11])	—	+ 0,000[15])
— 0,70[11])	+ 0,85[11])	— 1,5 Fr[11])	— 0,0120[17])	+ 0,011[21])
— 0,07[11])	+ 2,80[11])	— 0,1 Fr[11])	—	—
— 0,13[18])	—	—	—	—
—	—	—	—	—

[11]) Guillet, All. mét., Paris, Dunod et Pinat, 1906. [12]) Lang, Met. 1911, 15.
[13]) Burgess und Aston, Electrochem. met. Ind. 1909, 403.
[14]) Burgess und Aston, Chem. Met. Eng. 1910, 468.
[15]) Portevin, Rev. Mét. 1909, 436. [16]) Boudouard, Rev. Mét. 1912, 294.
[17]) Hadfield, Ir. st. Inst. 1890, 161.
[18]) Dumas, Aciers au nickel, Paris 1902, Dunod.
[19]) Tschischewski, Diss. Tomsk, St. E. 1916, 147.
[20]) Reinhold, Fer. 1916, 97. (Zwischen 0 und 0,4 $^0/_0$ besitzt die Kurve in Wirklichkeit hyperbolischen Verlauf.)
[21]) Gumlich, Wiss. Abh. R.-A. 1918, 269.

wirkung ihrer Eigenschaften gelangen können. Die Zahl der möglichen Kombinationen ist natürlich eine außerordentlich große und ihr Studium ist sicherlich keineswegs bereits erschöpft. Immerhin erkennt man in den einschlägigen Arbeiten das Bestreben der Industrie, zwei große Stahlgruppen aus der Fülle des Materials herauszusondern: hochwertige Konstruktions- und Werkzeugstähle.

Konstruktionsstähle. Die Anforderungen an die Konstruktionsstähle beziehen sich im wesentlichen auf die Festigkeitseigenschaften und zwar ist es insbesondere außer der absoluten Höhe der Streckgrenze, Festigkeit und Dehnung das Verhältnis der Streckgrenze zur Festigkeit, an die hohe Anforderungen gestellt werden. Hierzu tritt in neuester Zeit die Forderung höchsten Widerstandes der Stähle gegen plötzliche, stoßweise Beanspruchung (Kerbschlagprobe), sowie gegen wechselnde Beanspruchung (Ermüdungsprobe). Der Erfüllung dieser Anforderung hat nicht zum geringsten Teil die Automobilindustrie ihre außerordentliche Entwicklung zu verdanken. Man kann ferner zur Gruppe der Konstruktionsstähle die hochwertigen Geschütz-, Geschoß-, Panzerplatten- und andere Stähle der Rüstungsindustrie rechnen, die ebenfalls eine ungewöhnliche Entwicklung erfahren haben, über die indessen aus begreiflichen Gründen nur vereinzelte Angaben an die Öffentlichkeit gedrungen sind.

Wie auf dem Gebiet der ternären Spezialstähle verdanken wir auch auf dem der quaternären Guillet[1]) eine größere Arbeit, die in gewisser Beziehung als grundlegend zu gelten hat, weil sie sich auf große Konzentrationsgebiete erstreckt. Dies hat den Vorteil, die Grenzen der Anwendungsfähigkeit der Stähle im Großen und Ganzen festzulegen. Im allgemeinen kommen für die vorliegenden Zwecke, soweit wenigstens unsere Erfahrungen reichen, nur diejenigen Stähle in Betracht, die wir als perlitische bezeichnet haben, deren Gefüge sich also prinzipiell von dem der Kohlenstoffstähle nicht unterscheidet und die demnach die Zusatzelemente auf Ferrit und Perlit nach einem unbekannten Gesetz verteilt enthalten. Die martensitischen Stähle scheiden wegen zu großer Sprödigkeit und zu geringer Bearbeitungsfähigkeit aus. Das Anwendungsgebiet der austenitischen Stähle ist vorderhand, z. T. wegen des hohen Preises dieser Stähle, noch sehr begrenzt, doppelkarbidhaltige Stähle werden in der Hauptsache als Werkzeugstähle verwendet und die Stähle mit neuen Gefügebestandteilen haben bisher noch keine besonders hervorragenden Eigenschaften gezeigt. Guillets große Arbeit über quaternäre Stähle besitzt also zunächst den Vorzug, uns über die Grenzen des Gebietes der quaternären perlitischen Stähle und damit über die Anwendungsfähigkeit dieser Stähle zu orientieren. Sie lehrt uns ferner ganz allgemein, daß die in ternären Stählen ähnlich wirkenden Elemente beim Zusammentreten im quaternären Stahl ihre Wirkung addieren, demnach also Mangan und Nickel den Zerfall der festen Lösung oder die Umwandlung des γ-Eisens in β- bzw. α-Eisen nach niedrigeren Temperaturengebieten verschieben, während Chrom, Wolfram, Molybdän und Vanadium lediglich die Konzentration des Perlitpunktes (und wahrscheinlich auch die Löslichkeit des γ-Eisens für Kohlenstoff) erniedrigen, ohne die Temperaturen des Zerfalls der festen Lösung wesentlich zu beeinflussen, wenngleich eine Verzögerung dieses Zerfalls und damit die Bildung metastabiler Konstituenten durch die Gegenwart dieser Elementengruppen zweifellos begünstigt wird.

Bei der Größe der von Guillet untersuchten Konzentrationsgebiete war ein Eingehen auf Einzelheiten natürlich nicht in dem Maße möglich, wie es vom Standpunkt der Konstruktionsstähle nötig gewesen wäre. Nicht allein die Intervalle zwischen den Gehalten der einzelnen Proben sind reichlich groß, auch derjenige Teil der Arbeit, der sich mit den für diese Stahlgruppe, wie

---

[1]) Ir. st. Inst. 1906, II, 1.

schon erwähnt, ganz besonders wichtigen Wärmebehandlungsfragen befaßt, ist begreiflicherweise sehr summarisch behandelt. Nichtsdestoweniger sind die grundlegenden Ergebnisse der Guilletschen Arbeit in den Tabellen 9—18 wiedergegeben. Für die Herstellung und Behandlung der Stähle, sowie für die Versuchseinzelheiten gelten die bei den früher erwähnten Guilletschen Arbeiten gemachten Angaben.

Im Laufe der letzten Jahre hat sich nun eine begrenzte Reihe von Stählen in der Industrie Eingang verschafft, deren Haupttypen wohl sind:

Nickel-Chromstähle,
Nickel-Wolframstähle,
Nickel-Vanadiumstähle,
Chrom-Vanadiumstähle,
Nickel-Chrom-Vanadiumstähle.

Die drei letzten Stahlgruppen sind insbesondere in Amerika und England sehr beliebt, während in Deutschland und Frankreich Nickel-Chromstähle sich besonders eingebürgert haben. Die Anforderungen an diese, hauptsächlich im Automobilbau verwendeten Stähle gehen weit auseinander. Streckgrenzen von 50 bis 150 kg/qmm, Festigkeiten von 75 bis 170 kg/qmm bei Dehnungen von 7 bis 20% auf kurze Meßlängen (50 bis 100 mm) und Schlagfestigkeiten von 7—15 mkg/qmm dürften wohl im Großen und Ganzen die Grenzen darstellen. Diese Eigenschaften erzielt man im allgemeinen nur durch das sogenannte Vergüten des Stahls, d. h. durch Härten und nachfolgendes Anlassen. Das Vergüten erfolgt meist am fertig- bzw. am vorbearbeiten Gegenstand, dem zur Verminderung der Bearbeitungskosten durch vorheriges zweckmäßiges Ausglühen die nötige Weichheit erteilt wurde.

Je nach dem Verwendungszweck beträgt der Kohlenstoffgehalt der obengenannten Stähle 0,1 bis 0,45%. Stähle für im Einsatz zu härtende Teile enthalten meist 0,05 bis 0,15%, Stähle für Geschütze, Wellen, Achsen und dgl. 0,25 bis 0,45% Kohlenstoff. Der Nickelgehalt der quaternären Konstruktionsstähle schwankt etwa zwischen 2 und 5%, der Chromgehalt zwischen 0,5 und 2,0%, der Vanadiumgehalt zwischen 0,1 und 0,5% und der Wolframgehalt dürfte 2% wohl selten übersteigen. Die Härte- und Anlaßtemperaturen werden am zweckmäßigsten für jeden Stahl durch besondere Versuche ermittelt. Erstere dürfte im allgemeinen zwischen 800 und 900°, letztere zwischen 500 und 750° zu suchen sein. Gute Beispiele für die Ausführung von Wärmebehandlungsversuchen mit handelsüblichem quaternärem und anderen Spezialstählen finden sich bei Guillet,[1]) Révillon,[2]) Sankey und Smith,[3]) Longmuir,[4]) Mathews.[5]) Aus diesen Arbeiten seien in der Tabelle 19 (S. 168) die Hauptergebnisse mitgeteilt.

[1]) Ir. st. Inst. 1905, II, 167; u. a. Nickelchromstähle.

[2]) Ir. st. Inst. 1909, C. Sc. M. I, 181: hauptsächlich handelsübliche Nickelchromstähle für Automobilgetriebe.

[3]) Eng. 1904, 78, 871: Chrom-Vanadiumstahl.

[4]) Ir. st. Inst. 1909, I, 383: Nickelchrom- und Chromvanadiumstähle.

[5]) Fr.-Inst. 1909, 167, 379: Nickelvanadium- und Chromvanadiumstähle.

Tabelle 9.

Nickel-Silizium-

% C	% Ni	% Si	% Mn	% S	% P	Bemerkungen
0,17	2,16	1,56	0,18	0,009	0,025	—
0,17	2,16	4,39	0,30	0,018	0,018	—
0,21	12,00	1,78	0,11	0,011	0,005	—
0,25	11,52	4,60	0,03	0,012	0,003	—
0,18	30,08	1,85	0,25	0,012	0,011	—
0,19	31,04	4,96	0,18	0,009	0,003	—
0,76	2,08	1,72	0,11	0,013	0,016	—
0,82	2,40	3,96	0,36	0,015	0,006	—
0,84	12,08	1,92	0,03	0,015	0,003	—
0,72	11,52	4,50	0,33	0,026	0,008	nicht schmiedbar
0,63	30,08	1,84	0,24	0,018	0,004	—
0,71	30,08	4,66	0,36	0,011	0,005	nicht schmiedbar
0,26	2,08	0,46	0,18	0,013	0,029	—
0,21	2,56	0,65	0,32	0,017	0,020	—
0,22	2,08	1,86	0,28	0,029	0,021	—
0,16	12,24	0,51	0,22	0,017	0,020	—
0,21	12,04	0,69	0,30	0,014	0,018	—
0.19	12,48	2,60	0,32	0,017	0,015	—
0,19	12,00	5,45	0,10	0,015	0,037	—
0,18	30,56	6,80	0,10	Spur	0,031	nicht schmiedbar
0,84	12,62	6,89	0,43	,,	0,024	nicht schmiedbar
0,82	30,64	6,99	0,27	,,	0,020	nicht schmiedbar
0,19	5,72	0,47	0,44	0,009	0,024	—
0,13	5,76	0,88	0,39	0,009	0,029	—
0,25	5,76	1,07	0,36	0,003	0,027	—
0,20	5,60	2,48	0,33	0,005	0,028	—
0,24	6,40	2,40	0,35	0,014	0,020	—
0,27	6,24	4,80	0,22	0,006	0,034	—
0,35	2,80	0,26	0,32	0,009	0,021	—
0,35	3,36	0,93	0,28	0,018	0,029	—
0,45	3,04	1,30	0,32	0,011	0,035	—
0,40	3,60	2,05	0,45	0,010	0,031	—
0,19	3,60	3,50	0,35	0,015	0,030	—
0,59	3,40	7,02	0,01	0,027	0,450	—
0,82	2,08	4,75	0,10	0,009	0,029	nicht schmiedbar
0,83	2,85	7,07	0,38	0,011	0,044	,, ,,
0,82	2,16	9,27	0,04	0,011	0,041	,, ,,
0,94	5,44	4,85	0,31	0,011	0,023	,, ,,
0.78	4,80	6,65	0,50	0,008	0,020	,, ,,
0,91	4,96	9,25	0,17	0,015	0,033	,, ,,
0,75	15,30	0,94	0,33	0,009	0,015	—
0,80	16,16	2,42	0,07	0,021	0,026	—
0,80	16,88	3,16	0,31	0,022	0,028	—
0,84	15,20	6,67	0,12	0,017	0,044	nicht schmiedbar
0,78	19,60	0,94	0,35	0,009	0,028	—
0,82	20,00	2,58	0,32	0,029	0,018	—
0,88	20,03	5,08	0,16	0,018	0,037	nicht schmiedbar
0,87	20,04	6,67	0,08	0,012	0,031	nicht schmiedbar

Stähle.

Mikrostruktur	F kg/qmm	E. Gr. kg/qmm	D %	K %	Schl kg/qcm	H
Perlit	73,5	51,4	19,0	46,5	9	179
Perlit	97,0	76,4	16,0	38,1	5	235
Martensit	170,0	141,1	9,0	42,9	5	375
Martensit	142,5	142,5	2,0	0,0	3	430
γ-Eisen	61,9	24,4	36,0	69,3	39	143
γ-Eisen	66,2	21,6	40,0	69,5	38	159
Perlit	126,7	70,5	8,0	14,3	4	293
Perlit u. Sp. v. Graphit	83,7	69,0	9,5	33,2	2	351
grob Martensit	103,4	103,4	0,0	0,0	5	153
—	—	—	—	—	—	—
γ-Eisen	64,5	27,0	33,0	51,6	20	262
—	—	—	—	—	—	—
Perlit	51,1	35,9	20,5	52,7	13	124
Perlit	59,6	35,7	16,0	44,5	5	126
Perlit	80,4	52,2	13,0	34,3	5	163
Martensit	141,0	141,0	4,1	1,0	5	351
Martensit	144,3	144,3	0,0	1,0	4	375
Martensit	117,7	117,7	0,0	0,0	3	402
Martensit	158,9	158,9	0,0	1,0	2	460
—	—	—	—	—	—	—
—	—	—	—	—	—	—
—	—	—	—	—	—	—
Perlit	59,8	49,0	23,5	60,7	20	170
Perlit mit Neigung zu Martensit	73,0	42,0	23,0	46,0	9	170
,, ,, ,, ,,	78,0	55,0	19,0	66,1	6	163
Perlit u. Martensit	93,0	59,0	16,0	35,0	3	223
Martensit	117,0	88,0	11,0	22,9	4	248
Perlit	68,0	68,0	0,0	0,0	0	286
Perlit	65,6	45,5	20,0	46,5	8	170
Perlit m. schwacher Neigung zu Martensit	87,5	56,4	12,5	22,9	4	174
,, ,, ,, ,,	79,4	61,2	17,0	6,5	6	202
,, ,, ,, ,,	97,5	71,5	14,0	22,9	3	228
,, ,, ,, ,,	107,0	85,0	2,5	0,0	3	262
Perlit und Zementit	—	Schlecht gebrochen			2	286
—	—	—	—	—	—	—
—	—	—	—	—	—	—
—	—	—	—	—	—	—
—	—	—	—	—	—	—
—	—	—	—	—	—	—
—	—	—	—	—	—	—
γ-Eisen	83,0	83,0	0,0	0,0	5	143
γ-Eisen	85,0	85,0	2,0	0,0	4	179
Martensit	169,0	169,0	2,0	0,0	4	196
—	—	—	—	—	—	—
γ-Eisen	94,0	23,0	33,0	48,2	20	143
γ-Eisen u. Martensit	120,0	27,0	27,0	46,1	38	134
—	—	—	—	—	—	—
—	—	—	—	—	—	—

Tabelle 10.

Nickel-Mangan-Stähle.

% C	% Ni	% Mn	% Si	% S	% P	Mikrostruktur	F kg/qmm	E. Gr. kg/qmm	D %	K %	Schl kg/qcm	H
0,13	1,40	5,76	0,51	0,014	0,008	Martensit	141,4	99,0	6,0	55,5	9	311
0,17	2,16	6,84	0,99	0,023	0,020	Martensit u. γ-Eisen	—	—	—	—	3	364
0,16	2,08	15,70	0,86	0,017	0,018	γ-Eisen	70,2	29,3	7,0	58,8	40	187
0,10	12,24	5,30	0,56	0,013	0,005	Martensit u. γ-Eisen	107,4	41,2	15,5	26,0	25	212
0,20	12,02	8,75	0,51	0,020	0,025	γ-Eisen	61,8	35,3	36,5	75,5	36	146
0,18	12,00	15,84	0,47	0,015	0,008	γ-Eisen	65,7	46,0	35,5	69,4	37	170
0,36	31,12	5,04	0,93	0,030	0,018	γ-Eisen	70,6	27,0	30,0	70,4	40	149
0,19	31,12	8,02	0,51	0,030	0,021	γ-Eisen	72,2	27,0	22,0	64,2	32	124
0,24	31,05	16,48	1,10	0,028	0,018	γ-Eisen			nicht	schmiedbar		
0,09	4,96	0,52	0,17	0,014	0,021	Martensit	115,3	92,2	7,0	26,5	7	217
0,17	6,88	1,42	0,49	0,033	0,023	Martensit	148,1	79,3	6,0	37,6	10	387
0,43	3,32	1,35	0,65	0,046	0,021	α-Eisen u. Martensit	—	—	—	—	5	402
0,40	4,96	0,97	0,74	0,022	0,024	α-Eisen u. Martensit	—	—	—	—	4	375
0,60	4,10	0,60	0,55	0,028	0,026	Martensit a. d. Grenze	119,1	?	6,5	18,0	3	217
0,29	5,10	11,80	1,24	0,013	0,028	γ-Eisen u. ein wenig Martensit	106,6	50,4	30,0	20,1	42	137
0,26	7,20	5,10	1,63	0,012	0,037	Martensit u. γ-Eisen	70,5	70,5	2,0	—	5	207
0,43	5,40	7,80	0,65	0,020	0,029	Martensit u. γ-Eisen	86,8	47,1	47,9	41,0	7	114
0,81	4,00	3,30	1,68	0,013	0,020	Martensit u. γ-Eisen	57,0	15,9	5,0	—	—	187
0,67	1,76	4,79	0,45	0,018	0,010	γ-Eisen a. d. Grenze	—	—	—	—	3	277
0,81	2,32	7,03	1,21	0,013	0,020	γ-Eisen a. d. Grenze	73,8	43,6	3,0	10,5	7	235
0,73	2,00	14,40	0,80	0,021	0,028	γ-Eisen a. d. Grenze	80,3	49,6	18,0	25,4	33	212
0,62	12,08	5,52	0,47	0,009	0,023	γ-Eisen a. d. Grenze	100,8	41,6	11,5	13,1	40	174
0,75	12,15	7,65	0,60	0,015	0,021	γ-Eisen	93,2	25,5	32,0	62,9	40	174
0,73	31,00	7,92	0,51	0,025	0,016	γ-Eisen	86,9	27,0	30,0	50,0	28	196

Die nachfolgende Zusammenstellung zeigt eine Reihe von Verwendungszwecken quaternärer Konstruktionsstähle.[1])

Verwendungszweck	Zusammensetzung % C	% Mn	% Ni	% Cr	% V
Leichte Achsen, Zugstangen Treibachsen, Kolbenstangen (Verwendung des Stahls erfolgt im geglühten Zustande), Transmissionsteile, Zahnräder, Kurbelwellen, Kurbelzapfen (Verwendung des Stahls erfolgt im vergüteten Zustande)	0,25—0,3	0,4—0,5	—	1,0	0,16—0,18
Eisenbahnräder, Kurbelzapfen, Geschützrohre (Verwendung des Stahls erfolgt im gegl. Zustande), Lokomotiv-, Automobil- u. Wagenfedern (Verwendung des Stahls im vergüteten Zustande) .	0,45—0,55	0,8—1,0	—	1,25	0,18
Für Einsatzhärtung	0,12—0,15	0,2	—	0,3	0,12
Panzerplatten	0,25—0,45	—	1,5—3,0	0,5—0,75	—
Panzergranaten	0,5—0,8	—	2,0—2,5	0,6—2,0	—
Höchstbeanspruchte Teile im Automobil- u. Maschinenbau	0,25—0,45	—	2,5—2,75	0,25—1,0	—

Werkzeugstähle. Die ternären und komplexen Werzkeugstähle haben sich unter dem Namen Schnelldrehstähle den Weltmarkt erobert. Der Analyse nach sind diese Stähle schon durch die Arbeiten von Mushet seit 1861 bekannt, indessen ist die typische Eigenschaft dieser Stähle, die sogenannte Rotgluthärte, erst durch die systematischen Arbeiten über die Steigerungsmöglichkeit der Schnittgeschwindigkeit von Taylor und White[2]) bei Gelegenheit der Neuorganisation der Werkstätten der Bethlehem Steel Company entdeckt worden. Der Schnittgeschwindigkeit von gewöhnlichem (Kohlenstoff-)Werkzeugstahl ist durch die Wärmeentwicklung beim Bearbeitungsvorgang (z. B. beim Drehen) nach oben hin eine Grenze gesetzt, weil diese Wärmeentwicklung im Werkzeug Anlaßwirkung hervorruft und damit dem Stahl die Härte und Schneidfähigkeit nimmt. Im Gegensatz dazu behalten die Schnelldrehstähle bis zu einer Temperatur von etwa 600°, also noch bei dunkler Rotglut, ihre ursprüngliche Härte[3]) vorausgesetzt, daß die vorausgehende Behandlung richtig gewesen ist. Die älteren Mushetstähle wurden wie gewöhnliche Kohlenstoffstähle bei Rotglut im Wasser gehärtet und waren infolgedessen außerordentlich hart und fast nicht zu bearbeiten. Das wesentliche Verdienst von Taylor und White ist die Auffindung derjenigen Wärmebehandlung, durch die der Schnelldrehstahl die erstaunlichen Schnittleistungen erhält. Gledhill[4]) gibt an, daß vor dieser Entdeckung die üblichen Schnittgeschwindigkeiten 45 bis

[1]) Vgl. Mars, Spez.-St,
[2]) Rev. Mét. 1907, 1.
[3]) Vgl. Fig. 326.
[4]) Ir. st. Inst. 1904, II, 127.

Tabelle 11. Nickel-

% C	% Ni	% Cr	% Si	% S	% P	% Mn	Bemerkungen
0,23	4,56	2,53	0,11	0,006	0,015	0,25	—
0,17	4,96	9,37	0,22	0,017	0,013	0,08	—
0,27	5,40	18,20	0,17	0,006	0,006	Spur.	nicht schmiedbar
0,20	12,04	3,18	0,28	0,005	0,003	„	—
0,21	12,50	10,15	0,51	0,044	0,016	0,06	—
0,31	10,60	20,55	0,61	0,013	0,010	Spur.	—
0,14	30,24	3,18	0,75	0,025	0,024	0,19	—
0,18	32,32	10,03	0,42	0,010	0,005	0,19	—
0,30	29,44	20,44	0,88	0,015	0,005	0,25	nicht schmiedbar
0,78	5,639	3,39	0,56	0,015	0,012	0,22	—
1,04	4,64	9,65	0,22	0,013	0,013	0,11	—
0,89	4,92	20,29	Spur.	0,020	0,024	Spur.	nicht schmiedbar
0,78	12,08	2,32	0,56	0,013	0,010	0,56	—
0,97	12,20	10,35	0,06	0,025	0,005	0,06	—
0,92	11,48	20,34	Spur.	0,015	0,018	Spur.	nicht schmiedbar
0,71	32,28	3,24	0,42	0,015	0,080	0,42	„
0,69	29,12	10,15	0,10	0,016	0,016	0,18	„
0,73	29,40	20,61	0,31	0,008	0,005	0,31	„
0,33	2,20	0,50	0,23	0,015	0,025	0,63	—
0,18	2,48	0,98	0,12	0,008	0,018	0,23	—
0,21	2,56	1,91	0,17	0,003	0,016	0,11	—
0,29	2,76	3,26	0,23	0,020	0,020	0,31	—
0,35	2,60	5,27	0,17	0,018	0,015	0,29	—
0,14	5,88	0,52	0,10	0,003	0,018	0,08	—
0,17	5,36	1,02	0,12	Spur.	0,023	0,09	—
0,20	6,00	0,93	0,06	0,005	0,020	0,10	—
0,19	5,92	1,70	0,08	0,006	0,019	0,12	—
0,24	6,00	4,95	0,10	0,005	0,020	0,19	—
0,21	6,23	5,44	0,12	0,006	0,020	0,05	—

75 m/Min. betrugen, während mit modernen Schnelldrehstählen 150—180, in Ausnahmefällen sogar bis zu 240 m/Min erzielt werden. Es muß aber berücksichtigt werden, daß die Schnittgeschwindigkeit allein kein richtiges Bild von der Leistung eines Schnelldrehstahls gibt. Außer ihr ist zur Beurteilung der Leistung die Kenntnis des Vorschubes und des Spanquerschnittes erforderlich. Schließlich ist es klar, daß nicht etwa das absolute Maximum dieser Faktoren das erstrebenswerte Ziel darstellen kann, vielmehr das Maximum, das sich für eine rationelle Schnittdauer (Zeit bis zum Wiederanschleifen) ergibt. Zur Feststellung der Arbeitsleistung eines Schnelldrehstahls geht man daher meistens von einer zweckmäßigen Schnittdauer (bei Taylor und White z. B. 20 Minuten) aus und ermittelt die maximale Geschwindigkeit, nachdem Vorschub und Spandicke festgelegt sind. Es würde hier zu weit führen, auf die Einzelheiten solcher Messungen einzugehen, um so mehr als noch eine weitere Reihe von Faktoren wie Spanmenge, Drehmaterial, Drehdurchmesser, Stahlform. Winkel, Kühlung u. a. m. zu berücksichtigen sind und eine Normalisierung solcher Messungen zurzeit noch nicht durchgeführt ist.[1])

[1]) Es sei hier auf die einschlägige Literatur verwiesen: Taylor-Wallichs, Springer, Berlin; Taylor, Proc. Am. Soc. Mech. Eng. 1906, 1; Nicolson, Proc. Inst. Mech. Eng. 1904, 883; Herbert, Ir. st. Inst. 1910, I, 206; Ripper u. Burley, Eng. 1913, 715, 737; Schlesinger, St. E. 1913, 929; Sarwin, Ding. Pol. 1913, 21; Kurrein, St. E. 1914, 1126; Le Chatelier, Rev. Mét. 1904, 334.

Chrom-Stähle.

Mikrostruktur	F kg/qmm	E. Gr. kg/qmm	D %	K %	Schl kg/qcm	H
Martensit u. Ferrit	101,2	82,8	10	47	7	248
Martensit	114	69	8	44,4	7	402
—	—	—	—	—	—	—
Reiner Martensit	166	166	6	39	7	430
Martensit u. Spuren v. Karbid	123	66	14	14,3	6	277
γ-Eisen u. Karbid	92	77,8	20	44,4	6	225
γ-Eisen	69	49	26	62	27	121
γ-Eisen u. Spuren von Karbid	90,5	68,9	10	52	6	143
—	—	—	—	—	—	—
Martensit	153	153	1,5	—	5	255
,, u. Spuren v. Karbid	144	144	2	—	5	555
—	—	—	—	—	—	—
Martensit	122,5	79,5	29,5	29,8	6	311
γ-Eisen u. geringe Spur. v. Karbid	83	40	33,5	66	22	286
—	—	—	—	—	—	—
—	—	—	—	—	—	—
—	—	—	—	—	—	—
—	—	—	—	—	—	—
Perlit	61,8	42,6	24,4	54,4	17	137
Perlit	62	40,2	23	62,9	26	146
Perlit u. Martensit	69,2	45,8	20	20	6	166
Martensit	139	139	—	—	6	275
Martensit	162	135	4,5	—	6	248
Martensit u. Ferrit	76	45,5	18	22,9	20	183
Martensit	114	88	10	48,2	16	269
Martensit	120	103	12	44,2	8	286
Martensit	157	123	7	29,2	8	375
stark Martensit	168	136	6	48,2	9	402
,, ,,	109	109	6	—	5	460

Die nachfolgende Zusammenstellung nach Taylor kennzeichnet die Entwicklung der Schnelldrehstähle:

	% C	% Si	% Mn	% Cr	% W	% V
Kohlenstoffstahl bis 1894	1,05	0,21	0,20	0,20	—	—
Mushetstahl bis 1900	2,15	1,04	1,58	0,40	5,44	—
Erster Schnelldrehstahl 1900	1,85	0,15	0,30	3,80	8,00	—
Schnelldrehstahl 1906	0,67	0,04	0,11	5,47	18,91	0,29

Die letzte Analyse ist das Ergebnis der ausgedehnten Untersuchungen von Taylor und White und spätere Versuche[2]) haben keine wesentlich neuen Gesichtspunkte mehr ergeben. Molybdän kann als Ersatz für Wolfram dienen, wobei 1% des ersteren etwa 2% des letzteren ersetzt, jedoch sagt man diesem Element nach, daß es geringere Schmiedbarkeit und höhere Sprödigkeit des Stahls bewirke. Es wurde aber bereits erwähnt und die neuesten Erfahrungen bestätigen dies, daß bei zweckmäßiger Wahl der Form und der Art des Zusatzes, Molybdän ein dem Wolfram gleichwertiges Legierungselement darstellt.

(Forts. auf S. 172.)

[2]) Vgl. z. B. Edwards, Ir. st. Inst. 1908, II, 104, der die Rolle des Chroms und des Wolframs im Schnelldrehstahl systematisch untersuchte.

Tabelle 12.

Nickel

% C	% Ni	% Mo	% Mn	% Si	% S	% P
0,18	6,0	0,51	0,28	0,07	0,005	0,020
0,10	6,40	1,23	0,20	0,07	0,004	0,021
0,15	5,92	2,04	0,37	0,03	0,009	0,006
0,25	5,80	5,13	0,31	0,19	0,012	0,021
0,54	3,60	0,63	0,35	0,13	Spuren	0,013
0,35	3,52	1,02	0,25	0,17	0,004	0,024
0.50	3,24	2,02	0,31	0,21	0,004	0,018
0,47	2,96	4,36	0,18	0,12	0,004	0,023

Tabelle 13.

Nickel-

% C	% Ni	% Al	% Mn	% Si	% S	% P
0,17	5,8	0,74	0,21	0,06	0,009	0,018
0,18	5,8	1,32	0,35	0,06	0,011	0,015
0,17	6,0	2,31	0,19	0,12	0,008	0,024
0,19	5,9	5,34	0,27	0,09	0,009	0,023
0,40	2,6	0,82	0,27	0,12	0,011	0,026
0,36	3,4	0,85	0,36	0,06	0,013	0,018
0,40	2,5	1,28	0,36	0,17	0,009	0,024
0,40	3,4	1,54	0,35	0,12	0,014	0,018
0,45	3,5	2,29	0,26	0,15	0,010	0,021
0,37	3,2	1,91	0,09	0,08	0,004	0,020

Tabelle 14.

Nickel-

% C	% Ni	% W	% Mn	% Si	% S	% P
0,19	6,08	0,27	0,12	0,47	0,005	0,025
0,15	5,60	0,29	0,28	0,12	0,004	0,029
0,20	5,92	0,71	0,10	0,10	0,004	0,025
0,16	5,82	2,27	0,07	0,10	0,004	0,021
0,19	6,20	5,94	0,20	0,07	0,003	0,024
0,42	2,88	0,34	0,15	0,05	0,004	0,021
0,40	3,60	0,71	0,08	0,06	0,006	0,024
0,45	4,00	1,90	0,07	0,09	Spuren	0,024
0,31	3,60	4,96	0,09	0,12	0,006	0,024

Tabelle 15.

Mangan-

% C	% Mn	% Si	% S	% P
0,11	1,73	0,46	0,008	0,032
0,24	2,15	0,78	0,010	0,032
0,21	2,07	1,35	0,008	0,019
0,22	14,40	0,91	Spuren	0,024
0,24	14,76	1,88	Spuren	0,029
0,56	0,45	0,96	Spuren	0,037
0,62	0,52	1,84	0,012	0,025
0,52	11,84	0,43	Spuren	0,017
0,57	12,00	1,21	0,015	0,028
0,49	11,94	2,31	Spuren	0,032

Molybdän-Stähle.

Mikrostruktur	F kg/qmm	E. Gr. kg/qmm	D %	K %	Schl. kg/qcm	H
Ferrit u. Martensit	91,5	79,5	12,0	68,7	15	248
„ „ „	89,5	79,5	11,0	44,2	15	223
Martensit	106,3	86,0	14,0	46,1	9	293
Martensit u. Spuren v. Karbid	123,0	86,0	10,0	44,2	9	248
Ferrit u. Martensit	115,0	103,0	9,0	22,9	6	269
Ferrit u. Martensit	91,0	65,5	12,5	46,1	8	228
Martensit	126,0	96,5	10,0	68,7	6	293
Martensit u. Karbid	119,0	86,0	11,0	58,9	6	277

Aluminium-Stähle.

Mikrostruktur	F kg/qmm	E. Gr. kg/qmm	D %	K %	Schl. kg/qcm	H
Perlit	59,0	45,5	23,0	58,7	20	156
Perlit	72,0	57,8	20,0	48,0	9	187
Perlit (körnig)	99,5	92,5	1,0	0,0	2	293
Perlit (körnig)	89,5	89,5	0,0	1,0	2	302
Perlit	72,0	45,5	15,5	44,2	7	163
Perlit (körnig)	64,8	47,5	20,0	39,6	6	159
Perlit (körnig)	80,5	48,3	14,5	28,7	4	192
Perlit (körnig)	79,5	51,0	14,0	22,9	4	159
Perlit (körnig)	96,5	76,0	10,0	22,9	3	228
Perlit (körnig)	51,5	51,5	0,5	0,0	1	183

Wolfram-Stähle.

Mikrostruktur	F kg/qmm	E. Gr. kg/qmm	D %	K %	Schl. kg/qcm	H
Perlit, Ferrit u. Martensit	54,9	44,8	21,0	61,1	25	146
Perlit, Ferrit u. Martensit	68,0	55,5	17,0	35,3	12	179
Ferrit u. Martensit	64,0	57,0	16,0	33,1	15	192
Ferrit u. Martensit	74,1	57,0	14,0	46,8	12	207
Ferrit u. Martensit	88,2	63,8	16,0	46,8	12	226
Perlit, Ferrit u. Martensit	65,8	47,0	13,5	46,8	6	196
Perlit, Ferrit u. Martensit	62,2	45,5	15,5	33,1	7	174
Ferrit, Martensit u. Spur. v. Karbid	74,1	63,0	13,0	46,8	6	207
Ferrit, Martensit u. Karbid	76,5	60,3	14,0	46,8	7	217

Silizium-Stähle.

Mikrostruktur	F kg/qmm	E. Gr. kg/qmm	D %	K %	Schl. kg/qcm	H
Perlit	49,7	28,6	17,5	58,2	36	107
Perlit	55,7	40,7	15,5	57,2	28	107
Perlit	60,2	46,4	14,0	57,2	6	153
γ-Eisen	79,1	23,2	10,0	14,7	27	212
γ-Eisen u. Spuren v. Martensit	94,5	49,7	5,0	6,0	7	248
Perlit	76,6	50,3	12,0	14,5	8	248
Perlit	83,2	54,3	10,0	8,7	6	293
γ-Eisen	72,5	48,2	19,0	22,3	25	196
γ-Eisen	75,7	46,4	15,0	14,6	20	202
γ-Eisen	79,8	49,1	10,0	12,5	15	202

Tabelle 16.

Mangan-

% C	% Mn	% Cr	% Si	% S	% P
0,22	2,76	3,05	0,17	0,010	0,013
0,19	2,91	4,82	0,23	0,008	0,015
0,26	9,80	3,45	0,22	0,008	0,006
0,23	10,23	5,25	0,31	0,006	0,004
0,13	14,02	2,98	0,18	0,012	0,017
0,89	1,92	2,87	0,32	0,021	0,013
0,73	2,25	4,52	0,41	0,013	0,010
0,92	11,76	3,72	0,16	0,010	0,021
0,87	12,28	4,77	0,54	0,010	0,016

Tabelle 17.

Nickel-

% C	% Ni	% Va	% Mn	% Si	% S	% P
0,16	6,2	0,12	0,13	0,06	0,014	0,021
0,19	5,5	0,35	0,16	0,07	0,012	0,023
0,15	6,08	0,60	0,11	0,02	0,009	0,032
0,19	6,08	0,68	0,20	0,12	0,006	0,024
0,40	3,60	0,135	0,09	0,40	0,007	0,015
0,41	2,88	0,335	0,25	0,35	0,006	0,023
0,33	3,40	0,60	0,09	0,12	0,011	0,034
0,44	2,60	0,68	0,42	0,22	0,008	0,031

Tabelle 18.

Chrom-

% C	% Cr	% W	% Mn	% Si	% S	% P
0,14	1,73	2,04	Spuren	0,14	0,007	0,013
0,20	1,79	15,14	,,	0,09	0,002	0,005
0,23	9,76	1,98	,,	0,19	0,018	0,020
0,26	9,85	15,10	,,	0,24	0,004	0,007
0,18	19,82	1,98	,,	0,76	0,011	0,020
0,67	2,60	1,98	,,	0,18	0,006	0,028
0,76	2,40	14,15	,,	Spuren	0,003	0,011
0,82	10,42	1,98	,,	0,18	0,009	0,010
0,84	21,14	2,12	,,	0,43	0,022	0,013
0,74	20,44	14,82	,,	0,52	0,014	0,015
0,12	2,93	13,48	0,14	0,18	0,006	0,031
0,43	3,36	13,95	0,14	0,32	0,016	0,014
0,61	4,01	13,08	0,29	0,23	0,016	0,040
0,71	3,34	13,32	0,20	0,32	0,015	0,031
0,85	3,25	13,87	0,08	0,18	0,012	0,010
0,42	3,21	4,12	0,08	0,23	0,011	0,026
0,73	3,22	9,04	0,37	0,37	0,009	0,016
0,54	3,22	14,59	0,07	0,28	0,007	0,031
0,26	3,12	20,30	0,09	0,25	0,011	0,013
0,46	0,94	13,00	0,11	0,23	0,014	0,016
0,52	3,17	13,63	0,33	0,32	0,010	0,035
0,65	8,33	13,63	0,14	0,28	0,006	0,034

Chrom-Stähle.

Mikrostruktur	F kg/qmm	E. Gr. kg/qmm	D %	K %	Schl. kg/qcm	H
Martensit u. Ferrit	96,8	63,2	5,0	6,4	4	293
Martensit	122,5	122,5	0,0	0,0	0	444
γ-Eisen u. Martensit	88,6	48,5	4,0	3,5	9	248
γ-Eisen	76,2	23,5	29,0	64,3	32	196
γ-Eisen	88,4	28,2	19,5	43,7	28	114
Troostit u. Martensit	95,6	84,2	8,0	9,0	6	364
Troostit u. Karbid	83,4	65,1	10,0	11,5	2	302
γ-Eisen	71,4	35,2	25,0	17,5	29	183
γ-Eisen	86,2	41,3	14,0	17,5	25	217

Vanadium-Stähle.

Mikrostruktur	F kg/qmm	E. Gr. kg/qmm	D %	K %	Schl. kg/qcm	H
Ferrit u. Spur. v. Martensit	61,0	49,0	24,5	44,2	20	166
Ferrit u. Spur. v. Martensit	76,0	57,6	18,0	48,2	10	192
Ferrit u. Spur. v. Martensit	72,5	58,2	19,0	44,2	8	235
Ferrit u. Martensit	84,0	65,5	15,5	46,1	9	235
Perlit	67,8	49,0	21,0	44,2	8	179
Perlit	69,2	52,0	20,0	46,1	6	196
Perlit	73,0	57,0	19,0	44,2	8	183
Perlit m. schwacher Neigung zu Martensit	77,0	56,2	16,0	60,7	6	166

Wolfram-Stähle.

Mikrostruktur	F kg/qmm	E. Gr. kg/qmm	D %	K %	Schl. kg/qcm	H
Perlit	54,7	27,9	17,0	64,0	37	126
Karbid	67,6	25,4	10,0	19,7	2	153
Martensit	171,3	148,5	4,5	14,3	5	477
Martensit, γ-Eisen u. Karbid	86,4	33,1	10,5	32,8	0	196
Karbid und γ-Eisen	50,4	25,9	20,0	55,0	4	174
Martensit mit ein wenig Karbid	126,0	101,0	4,5	27,5	4	518
Martensit u. Karbid	156,0	140,0	1,0	0,0	2	652
Karbid u. Martensit	144,0	126,0	3,0	6,2	3	253
Karbid u. γ-Eisen	89,6	37,7	10,0	16,9	3	207
Karbid u. γ-Eisen	79,0	46,0	18,0	26,3	5	179
Karbid u. Martensit	64,0	33,6	16,5	46,8	4	166
Karbid und Sorbit	92,0	41,0	10,0	22,9	3	223
,, ,, ,,	91,8	47,4	12,0	29,1	3	228
,, ,, ,,	95,6	57,8	10,0	9,7	4	288
,, ,, ,,	86,0	63,4	15,0	46,8	4	217
Martensit u. γ-Eisen	73,0	45,0	16,5	36,9	4	166
Karbid und Sorbit	89,6	65,5	9,0	23,4	3	217
,, ,, ,,	87,8	51,0	11,5	35,0	3	217
,, ,, ,,	64,3	53,0	7,0	22,9	4	156
Karbid und Troostit	82,0	57,8	—	9,7	4	228
,, ,, ,,	87,8	51,0	11,5	35,0	3	217
,, ,, ,,	89,5	74,6	6,0	9,7	3	228

Tabelle 19 (s. S. 155).

	Zusammensetzung des Stahls								
	% C	% Mn	% Si	% P	% S	% Cr	% Ni	% Va	% Mo
Révillon Meßl. = 100	0,22	0,54	0,36	0,009	0,044	0,35	2,19	—	—
			desgl.	desgl.					
	0,105	0,34	0,11	0,014	0,03	0,85	4,38	—	—
			desgl.	desgl.					
	0,253	0,52	0,17	0,012	0,021	1,28	3,82	—	—
			desgl.	desgl.					
	0,45	0,34	0,11	0,014	0,03	0,58	2,25	—	—
			desgl.	desgl.					
Schuchardt und **Schütte**[3])	0,15	—	—	—	—	1,5	4,5	—	—
			desgl.	desgl.					
			„	„					
			„	„					
			„	„					
Eigene Versuche Meßl. = 100 **Charpy** Schlagpr.	0,20	0,28	0,28	0,024	0,019	1,22	3,89	—	—
			desgl.	desgl.					
			„	„					
Mathews Meßl. = 50,8 mm	0,37	—	—	—	—	1,04	2,09	—	—
			desgl.	desgl.					
	0,40	0,18	—	—	—	0,80	2,10	—	—
			desgl.	desgl.					
			„	„					
	0,34	0,17	—	—	—	—	3,88	—	—
			desgl.	desgl.					
			„	„					
	0,33	0,16	—	—	—	—	3,72	0,12	—
			desgl.	desgl.					
			„	„					
	0,33	0,16	—	—	—	—	3,40	0,24	—
			desgl.	desgl.					
			„	„					
	0,24	0,72	—	—	—	—	3,33	0,12	—
			desgl.	desgl.					
			„	„					
	0,36	0,21	—	—	—	2,78	—	0,24	—
			desgl.	desgl.					
			„	„					
	0,45	0,58	—	—	—	2,37	—	0,30	—
			desgl.	desgl.					
	0,33	0,54	—	—	—	1,24	—	0,20	—
			desgl.	desgl.					
Sankey u. **Smith** Meßl. = 50,8 mm	0,30	0,39	0,06	—	0,04	1,07	—	0,17[4])	—
			desgl.	desgl.					
			„	„					
			„	„					
			„	„					
			„	„					
Longmuir Meßl. = 50,8 mm	0,32	—	—	—	—	1,10	—	0,16	—

[1]) Brinellhärte.

[2]) Spezifische Schlagarbeit von **Révillon** nach dem Verfahren von **Guillery** bestimmt.

Behandlung	Streckgrenze kg/qmm	Festigkeit kg/qmm	Dehnung %	Kontraktion %	Härtezahl[1])	spez. Schlagarbeit[2]) mkg/qcm
Geglüht bei 800° lgs. abgek.	39,6	56,1	26	64,9	153	18,5
In Wasser gehärtet bei 750°	127,0	143,8	10	44,3	370	9,5
Geglüht bei 800° lgs. abgek.	42,3	63,7	20	60,5	179	16
In Wasser gehärtet bei 750°	122,0	147,0	10	54	295	10
Geglüht bei 900° lgs. abgek.	45,4	80,6	17,5	50,5	213	7,5
In Öl gehärtet bei 850°	129,0	146,5	9,5	51,0	343	6,5
Geglüht bei 750° lgs. abgek.	50,0	86,0	13,0	45,5	220	6,0
In Wasser gehärtet bei 800°, angelassen auf 500°	122	134	6,5	47,8	301	11,0
In Öl gehärtet bei 850°	—	131	8,0	—	—	14
In Öl gehärtet bei 850°, angelassen auf 300°	—	129	8,0	—	—	14,0
„ „ „ „ 850°, „ „ 550°	—	96	15,0	—	—	20
„ „ „ „ 850°, „ „ 650°	—	85	20,0	—	—	30
„ „ „ „ 850°, „ „ 700°	—	93	16,0	—	—	27
Geglüht bei 725° lgs. abgek.	61,0	96,7	10,8	41,5	270	18
In Öl gehärtet bei 820°, angelassen auf 500°	106,6	113,9	8,0	52,0	399	22,3
„ „ „ „ 820°, „ „ 600°	90,0	97,6	11,8	58,1	347	23,7
In Öl gehärtet bei 800°, auf 475° angelassen	119,7	130,3	16	56	—	—
„ „ „ „ 815°, „ 650° „	93,3	121,2	18,5	61	—	—
Anlieferungszustand	93,3	118,2	12,8	37	—	—
In Öl gehärtet bei 815°, auf 315° angelassen	164,8	183,1	10,0	34	—	—
„ „ „ „ 815°, „ 620° „	90,0	102,5	17,5	40	—	—
Anlieferungszustand	45	66,9	27,3	54	—	—
In Öl gehärtet bei 820°, auf 315° angelassen	91,6	102,5	15,5	55	—	—
„ „ „ „ 820°, „ 620° „	57,5	79,2	16,5	51	—	—
Anlieferungszustand	63,7	84,0	23,8	53	—	—
In Öl gehärtet bei 820°, auf 315° angelassen	108,5	118,2	14,5	56	—	—
„ „ „ „ 820°, „ 620° „	79,2	91,6	24,0	61	—	—
Anlieferungszustand	76,0	102,5	17,8	40	—	—
In Öl gehärtet bei 820°, auf 315° angelassen	127,0	131,8	15,0	55	—	—
„ „ „ „ 820°, „ 620° „	91,6	96,1	21,0	61	—	—
Anlieferungszustand	59	76	27	64	—	—
In Öl gehärtet bei 870°	110,2	155,0	11,6	36	—	—
In Wasser gehärtet bei 870°	142,9	182,5	14,5	52	—	—
Anlieferungszustand	93,3	161,5	4,1	8	—	—
In Öl gehärtet bei 815°, auf 315° angelassen	152,3	161,5	13	45	—	—
„ „ „ „ 815°, „ 620° „	100,9	111,9	20	56	—	—
„ „ „ „ 870°, „ 220° „	214,4	227	6	16	—	—
„ „ „ „ 870°, „ 607° „	136	146	13,2	46	—	—
In Wasser gehärtet bei 870°, angelassen auf 315°	147,6	161,5	11	38	—	—
In Öl gehärtet bei 815°, angelassen auf 607°	99,5	107,2	15,5	56	—	—
Anlieferungszustand	57,3	84,1	24	41,9	—	3,1
1/2 St. bei 900° geglüht	41,6	64,4	30,7	53,4	—	11,5
12 St. bei 900° geglüht	31,7	60,0	32,7	50,0	—	11,2
In Öl gehärtet bei 900°	74,4	94,6	18,5	39,1	—	4,9
In Öl gehärtet bei 870°, angelassen auf 350°	77,5	92,1	23,0	50,8	—	9,0
„ „ „ „ 900°, „ „ 600°	67,4	83,2	22,0	56,6	—	13,4
Stäbe aus vergüteten Kurbelwellen und Achsen, die bei 250°—900° in Öl gehärtet und 500°—600° angelassen worden waren	63	79	20	45	—	—

[3]) Technisches Hilfsbuch, 3. Aufl. 366.

[4]) Der Stahl war im 18 t Siemens-Martinofen hergestellt worden.

Fortsetzung der Tabelle 19.

	Zusammensetzung des Stahls								
	% C	% Mn	% Si	% P	% S	% Cr	% Ni	% V	% Mo
Swinden[1]) Meßl. = 50,8 mm	0,15	0,22	0,06	0,02	0,02	—	0,98	—	0,53
				desgl.	desgl.				
				"	"				
				"	"				
	0,19	0,23	0,06	0,02	0,02	0,95	—	—	0,53
				desgl.	desgl.				
				"	"				
				"	"				
	0,30	0,33	0,07	0,02	0,02	—	—	0,22	0,52
				desgl.	desgl.				
				"	"				
				"	"				
	0,30	0,24	0,08	0,02	0,02	—	0,99	—	0,45
				desgl.	desgl.				
				"	"				
				"	"				
	0,32	0,28	0,08	0,02	0,02	0,91	—	—	0,46
				desgl.	desgl.				
				"	"				
				"	"				

[1]) C. Sc. M. 1913, 156. Die Stähle sind im Tiegel in Blöcken 70 × 70 mm hergestellt, auf 25 mm gewalzt. Durchmesser der Zerreißstäbe 14,3 mm.

Die nachfolgende Tabelle[1]) enthält eine Reihe von Analysen bekannter Schnelldrehstahlsorten.

	% C	% Si	% Mn	% Cr	% W	% Mo	% V	% Co
Bethlehem st. Co. (Taylor) 1906	0,68	0,05	0,07	5,95	17,81	—	—	—
Böhler Boreas	1,50	0,60	0,25	2,20	9,18	—	—	—
Poldi	1,55	0,75	0,70	3,20	8,90	—	—	—
Krupp	0,90	0,31	0,08	2,80	10,10	—	—	—
Jonas & Colver	2,26	0,70	1,22	6,17	3,50	—	—	—
Phönix Bleckmann	1,24	0,44	0,52	0,46	4,16	—	—	—
Seebohm & Dieckstahl	0,80	0,13	0,10	1,25	9,50	—	—	—
Allen & Co.	1,10	1,70	0,20	3,53	9,70	—	—	—
Atkinson	1,80	0,28	1,40	5,30	5,10	—	—	—
Schmidt	0,57	0,09	0,10	3,50	11,25	—	—	—
Huntsmann	0,60	0,12	0,04	2,87	11,46	—	—	—
Schöller	0,64	1,07	0,15	3,38	3,70	—	—	—
Lindenberg	0,63	0,15	0,05	6,40	25,80	—	—	—
Mushet	0,80	0,09	Spur.	2,66	13,63	—	—	—
Böhler Rapid	0,60	0,10	0,11	3,10	12,50	—	—	—
Böhler Rapid	0,75	0,24	Spur.	7,30	25,28	—	—	—
Krefelder Stahlwerke	0,45	0,09	0,05	6,44	21,65	—	—	—
Lindenberg	0,66	0,13	0,04	7,10	26,28	—	—	—

[1]) Größtenteils nach Mars, Spezialstähle, 401.

Behandlung	Streckgrenze kg/qmm	Festigkeit kg/qmm	Dehnung %	Kontraktion %	Härtezahl	spez. Schlagarbeit mkg/qcm
Anlieferungszustand	39,1	50,3	33,5	68,0	—	—
Bei 900° 15 Min. geglüht, Luft abgekühlt	34,7	49,6	33,0	62,6	—	—
Bei 900° in Öl gehärtet, bei 500° angelassen	57,6	68,5	24,0	67,0	—	—
„ 900° „ „ „ „ 650° „	50,6	67,6	24,5	70,0	—	—
Anlieferungszustand	47,5	59,4	25,0	61,6	—	—
Bei 900° 15 Min. geglüht, Luft abgekühlt	34,4	49,6	34,6	68,0	—	—
Bei 900° in Öl gehärtet, bei 500° angelassen	74,2	90,1	16,0	60,4	—	—
„ 900° „ „ „ „ 650° „	59,0	74,4	19,5	56,0	—	—
Anlieferungszustand	70,6	93,5	18,5	45,8	—	—
Bei 900° 15 Min. geglüht, Luft abgekühlt	45,7	61,8	26,5	54,8	—	—
Bei 900° in Öl gehärtet, bei 500° angelassen	80,4	96,5	17,0	59,2	—	—
„ 900° „ „ „ „ 650° „	55,0	72,5	23,0	64,8	—	—
Anlieferungszustand	62,7	87,0	16,0	52,4	—	—
Bei 900° 15 Min. geglüht, Luft abgekühlt	47,6	67,9	23,5	57,2	—	—
Bei 900° in Öl gehärtet, bei 500° angelassen	110,5	127,0	13,0	42,0	—	—
„ 900° „ „ „ „ 650° „	80,5	107,5	18,0	62,6	—	—
Anlieferungszustand	54,5	68,0	21,0	57,2	—	—
Bei 900° 15 Min. geglüht, Luft abgekühlt	41,5	59,5	25,0	59,2	—	—
Bei 900° in Öl gehärtet, bei 800° angelassen	91,5	105,8	17,0	54,8	—	—
„ 900° „ „ „ „ 650° „	63,3	86,0	20,5	60,3	—	—

	% C	% Si	% Mn	% Cr	% W	% Mo	% V	% Co
Saville	0,49	0,10	0,03	3,46	13,64	—	—	—
Sandviken	0,52	0,08	0,05	5,57	13,46	—	—	—
Vickers	0,60	0,47	0,28	3,90	12,50	—	—	—
Armstrong	0,65	0,39	0,15	2,95	12,00	—	—	—
Whitworth	0,50	0,24	Spur.	3,53	11,91	—	—	—
Poldi Maximum	0,46	0,11	Spur.	5,06	17,22	2,50	—	—
Phönix Bleckmann	0,65	0,18	0,03	5,40	18,25	—	—	—
Dörrenberg	0,73	0,10	0,02	3,62	19,20	—	—	—
Danner	0,65	0,11	0,14	6,58	23,89	—	—	—
Putilow	0,55	0,18	0,05	4,68	11,86	—	—	—
Poldi Maximum	0,50	0,05	0,03	5,10	18,09	1,60	0,15	—
Bleckmann	0,48	0,10	0,04	5,48	15,17	3,38	0,22	—
Jonas & Colver	0,54	0,28	0,27	2,53	16,13	—	—	—
Böhler Rapid	0,60	0,10	0,11	4,15	18,20	2,30	0,45	—
Jonas & Colver „Novo Superior“	0,68	0,37	0,10	2,90	16,31	—	1,20	—
Mowbray	0,58	0,18	0,14	3,07	17,77	—	1,08	—
Darwin & Milner	0,63	0,12	0,13	4,72	17,70	—	0,67	—
Allen & Co.	0,65	0,24	0,19	3,78	15,20	—	0,90	—
Mushet-Osborn	0,60	0,17	0,12	4,38	13,48	—	0,86	—
Seebohm & Dieckstahl	0,45	0,17	0,02	3,22	18,32	—	0,76	—
Poldi Maximum Spezial	0,88	0,28	0,07	5,09	18,1	0,6	1,16	—
Becker	0,76	0,28	0,10	4,38	16,4	0,3	0,62	—
Lindenberg	0,58	0,26	0,37	4,30	—	7,19	0,16	1,13

Zur Vervollständigung der früheren Angaben über Analyse und Verwendungszweck, von Werkzeug- und Konstruktionsstahl diene die Tabelle 20.

Tabelle 20.

Werkzeugstähle (Kohlenstoffstähle.)

Analyse:			Verwendungszweck:
% C	% Mn	% Si	
1,25—1,38	0,35	0,25	Dreh- und Hobelmeißel normaler Beanspruchung, Fräser, Spiralbohrer, Rasiermesser, Sägefeilen.
1,40—1,50	0,35	0,25	Dreh- und Hobelmeißel normaler Beanspruchung, Fräser, Spiralbohrer, Rasiermesser, Sägefeilen usw.
0,99—1,10	0,35	0,25	Kompl. Schnitte und Stanzen, Prägestempel, Bohrer, Gewindebohrer, Feilen, Feilenhauermeißel, Kaltmatrizen und Scherenmesser usw.
0,90—0,98	0,35	0,25	Hand- und Schrotmeißel, Holzbearbeitungswerkzeuge, Kaltsägen und Metallkreissägen mit gestauchten, geschränkten und gewellten Zähnen, Gesenke.
0,70—0,79	0,35	0,25	Döpper, Hämmer, Warmmatrizen, Stanzen für weiche Bleche.
0,90—1,00	0,9—1,0	0,40	Für alle Arten Holzsägen und Messer, für Bearbeitung von Holz, Kork, Gummi, Leder, Papier, Tuch, Tabak usw. sowie für den landwirtschaftlichen Gebrauch, ferner besonders geeignet für Lehren.
0,85—0,92 bzw. 0,78—0,84	0,60	0,40	Für alle Arten Holzsägen und Messer, für Bearbeitung von Holz, Kork, Gummi, Leder, Papier, Tuch, Tabak usw. sowie für den landwirtschaftlichen Gebrauch, geeignet für Lehren
0,80—0,83	0,35	0,25	Allgemeine Werkzeuge, Dorne, Körner, Drehstähle, auf Eisen usw.
1,10—1,20	0,35	0,25	Drehmeißel für Maschinenguß, Spiralbohrer, Reibahlen.
0,45	0,60—0,65	0,40—0,45	Schweißstahl, Gesteinsbohrer.
0,50—0,60	0,95—1,10	0,40—0,50	Stammblätter, Sägen, Messer.
0,55	1,00	0,35—0,45	Stammblätter, Sägen, Messer.
0,50—0,60	0,50—0,60	0,35	Gesenke.
0,40—0,50	0,8—1,0	1,8—2,2	Ausgleichfedern.

Legierte Werkzeugstähle.

Analyse:					Verwendungszweck:
% C	% Mn	% Si	% Mo	% Cr	
0,85—1,05	0,60	0,40	—	0,5—0,6	Lange Gewindebohrer, Stehbolzenbohrer, Kaltsägen, Metall-, Lang- und Kreissägen, Sägefeilen, Rasiermesser, Schlitzfräser, Schienensägen.
1,0—1,20	0,35	0,25	0,5—0,7	1,0—1,2	Kaltsägen, Metallkreissägen, Schlitzfräser, Schienensägen, Metall-Langsägen, hochbeanspruchte Fräser, Drehstähle a. Hartguß.

Kugellager- und Zieheisenstahl.

Analyse:					Verwendungszweck:
% C	% Mn	% Si	% Mo	% Cr	
0,85—1,05	0,35	0,25	—	0,9—1,3	Kugeln.
0,85—1,05	0,35	0,24	—	1,4—1,8	Kugellager.
1,00	0,25	0,40	—	1,5—1,7	Magnete.
2,20—2,50	0,35	0,25	—	2,8—3,3	Zieheisen.
2,20—2,50	0,35	0,25	—	11,0—12,0	Hochbeanspruchte Schnitte und Stanzen, Ziehdorne u. Zieheisen.

Schnelldrehstähle.

Analyse:								Verwendungszweck:
% C	% Mn	% Si	% W	% Cr	% Mo	% Co	% V	
0,60—0,70	0,20	0,25	14,0—15,0	4,0—4,5	—	—	—	Dreh-, Schlicht- und Schrubbarbeit zur Erzielung von Höchstleistungen
0,60—0,70	0,20	0,25	16,0	4,0—4,5	—	—	—	Desgl.
0,60—0,70	0,35	0,35	12,0—14,0	4,0—4,5	1,5	1,5	0,3—0,5	„
0,60—0,70	0,35	0,25	24,0—26,0	4,5—5,0			1,0	„
6,00—0,70	0,20	0,10	0,30	4,0—4,5	7,0	1,0	0,2	„

Konstruktionsstahl (hochwertige Kurbelwellen).

Analyse:					Verwendungszweck:
% C	% Mn	% Si	% Ni	% Cr	
0,05—0,15	0,35—0,50	0,25	2,0—2,5 bzw. 4,5—5,5	—	Konstruktionsmaterial. Einsatzmaterial.
0,20—0,22	0,35—0,50	0,25	3,55—4,0	1,4—1,7	Konstruktionsmaterial, Einsatzmaterial, Warmpreßwerkzeuge.
0,05—0,15	0,35—0,50	0,25	3,5—4,5	1,4—1,7	Konstruktionsmaterial, Einsatzmaterial.
0,05—0,15	0,35—0,50	0,25	2,5—2,8	0,5—0,8	Konstruktionsmaterial, Einsatzmaterial.
0,12—0,15	0,40—0,60	0,25—0,31	—	0,90—1,0	Einsatzmaterial.
0,35—0,50	0,35—0,50	0,25	2,5—3,5 bzw. 4,0—4,5	1,3—1,5	Kurbelwellen ohne Einsatz.

Panzerstahl.

Analyse:					Verwendungszweck:
% C	% Mn	% Si	% Ni	% Cr	
0,35—0,45	0,70—1,0	0,70—1,0	—	0,70—1,0	Warmpreßstempel, Ventile, Panzerplatten usw.
0,38—0,42	0,50—0,60	0,30—0,40	1,8—2,0	0,75—1,0	Minenwerfer.

(Forts. v. S. 161.)

Der Vanadiumzusatz dient nicht allein zur Desoxydation und Entgasung, sondern auch zur Erhöhung der Zähigkeit des Stahls. In neuerer Zeit ist auch Kobalt als Legierungselement in den Schnelldrehstahl eingeführt worden. Schlesinger[1]) schließt auf eine bemerkenswerte Steigerung der Leistung und Lebensdauer von Schnelldrehstählen durch Kobaltzusatz. Dieser Schlußfolgerung wurde jedoch von interessierten Firmen widersprochen.[2]) Auf Grund eigener Versuche teilt Poldihütte mit, daß lediglich sogenannte niedriglegierte Schnelldrehstähle (3,5% Chrom, 13% Wolfram) eine Steigerung der Leistung aufwiesen, ohne daß aber die Leistungen der bestbekannten Schnelldrehstähle übertroffen wurden. Hochlegierte Stähle (5% Chrom, 17% Wolfram) wurden durch Kobaltzusatz überhaupt nicht beeinflußt.

IV. Anwendung der Konstitutionslehre.

1. Kristallisation.

Wie alle Metalle, kristallisiert auch das Eisen, gleichgültig ob es rein oder von Fremdkörpern begleitet ist und zwar wie die meisten Metalle im regulären System.[3]) Dieser primären Kristallisation folgt bei der Abkühlung eine sekundäre, die auf den im Eisen stattfindenden Modifikationsänderungen und der hiermit verbundenen Löslichkeitsänderung vornehmlich für Kohlenstoff beruht. Diese letzteren Vorgänge finden im Zustandsdiagramm in den Linien GOSE, MO und PSK (vgl. Fig. 16) ihren Ausdruck.

A. Primäre Kristallisation (Erstarrung).

Die primäre Kristallisation beginnt in einzelnen Punkten, den Kristallisationszentren, in denen zuerst die dem flüssigen Zustande entsprechende,

[1]) St. E. 1913, 929.
[2]) St. E. 1913, 1196.
[3]) Bezüglich der kristallographischen Unterschiede der Modifikationen vgl. Abschnitt: Reines Eisen.

willkürliche Anordnung der Massenteilchen (Moleküle) in die von kristallographischen Gesetzen beherrschte Raumgitteranordnung übergeht.[1]) Von den Zentren ausgehend wachsen die Kristalle in der Mutterlauge, bis sie an benachbarte stoßen und dadurch sowohl am Wachstum wie an der Ausbildung orientierter Kristallflächen gehindert werden.[2]) Auf dem polierten und geätzten Schnitt sind z. B. im reinen Eisen die Einzelkristalle oder Körner durch unregelmäßig verlaufende Linien begrenzt. Die Größe der Körner ist abhängig von der Zahl der in der Einheit des Volumens während der Zeiteinheit gebildeten Kristallisationszentren oder der mit ihr im wesentlichen identischen Kernzahl KZ und der Kristallisationsgeschwindigkeit KG, d. h. der in Millimeter auszudrückenden Geschwindigkeiten, mit der das Wachstum der Kristalle von den Zentren aus erfolgt. Verschiedenheit der letzteren nach verschiedenen Richtungen beeinflußt die Form des Kornes. KZ und KG und damit die Korngröße sind, wie Tammann[3]) für viele nichtmetallische Stoffe nachwies, im wesentlichen von dem Grade der Unterkühlung abhängig, d. h. von der Anzahl von Temperaturgraden, um die man den flüssigen Stoff unter seinen Schmelzpunkt abkühlt, ehe Kristallisation erfolgt. Die Fähigkeit der Metalle, sich unterkühlen zu lassen, ist äußerst gering,[4]) jedoch sicher bis zu einem bestimmten Grade vorhanden und im wesentlichen abhängig von der Geschwindigkeit der Abkühlung aus dem schmelzflüssigen Zustande. Folgende allgemeine Beziehungen sind aufgestellt worden.

1. Die Kernzahl nimmt mit steigender Unterkühlung von 0 bis zu einem Maximum zu und wieder auf 0 ab. Letzteres würde bedeuten, daß ein Körper ohne zu kristallisieren, also „glasig“ oder amorph erstarren kann.
2. Die Kristallisationsgeschwindigkeit verändert sich mit steigender Unterkühlung in groben Zügen nach einem ähnlichen Gesetze.
3. Trotz der relativen Ähnlichkeit der beiden, KZ und KG mit dem Grade der Unterkühlung verknüpfenden Gesetze, brauchen sie nicht identisch zu sein. Es braucht also beispielsweise die maximale KZ nicht mit der maximalen KG zusammenzufallen.

Diese Verhältnisse gelangen schematisch in Fig. 136 zum Ausdruck, der die für die Metalle wahrscheinliche Annahme zugrunde gelegt ist, daß das Gebiet maximaler KZ noch im Gebiet maximaler KG liegt. Bei geringer Unterkühlung wachsen die Kristalle als flächenreiche Polyeder, bei größerer aber als Kristallfäden, weil die Abhängigkeit der KG senkrecht zu den einzelnen Flächen des Kristalls von der Unterkühlung meist sehr verschieden ist. Da beim schmiedbaren Eisen mit dem Grade der Unterkühlung (Abkühlungs-

[1]) Über Raumgitterstruktur vgl. Johnson, Fortschritte der Mineralogie 1916, Bd. 5, 17. — Über die hiervon abweichenden Anschauungen O. Lehmanns vgl. Int. Z. Met. 1914, 217, bzw. ders., Die neue Welt der flüssigen Kristalle, Leipzig 1911.

[2]) Vgl. Fig. 14.

[3]) Kristallisieren und Schmelzen, Leipzig 1903, sowie ders., Metallographie, Leipzig 1914.

[4]) Czochralski, V. d. I. 1917, 345.

geschwindigkeit) die Korngröße abnimmt,[1]) kann man annehmen, daß mit ihr auch die relative Zunahme der KZ die der KG übersteigt. Abgesehen von dieser allgemeinen Schlußfolgerung aus den Tammannschen Arbeiten, sind unsre Kenntnisse nach dieser Richtung noch sehr mangelhaft. Ein eingehenderes Studium wird voraussichtlich wertvolle Aufschlüsse über die Erstarrungsvorgänge des Eisens bringen.

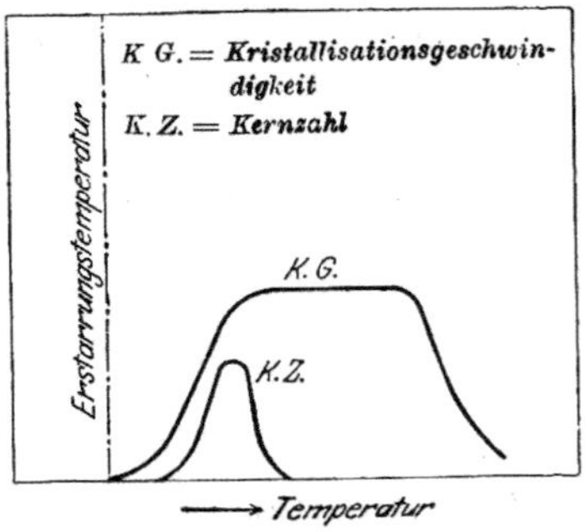

Fig. 136. Kristallisationsgeschwindigkeit (*K. G.*) und Kernzahl (*K. Z.*) schematisch dargestellt in Abhängigkeit von der Unterkühlung.

Die Form der Kristalle ist nicht allein von KZ und KG sowie den Beziehungen dieser Faktoren zueinander, sondern noch von weiteren Bedingungen abhängig. Nach Czochralski[2]) wird bei der Erstarrung die Lagerung der Kristalle durch Wärmeströmungen insofern beeinflußt, als sich die Kristalle der regulären Metalle, zu denen auch das Eisen gehört, mit ihren Hauptachsen

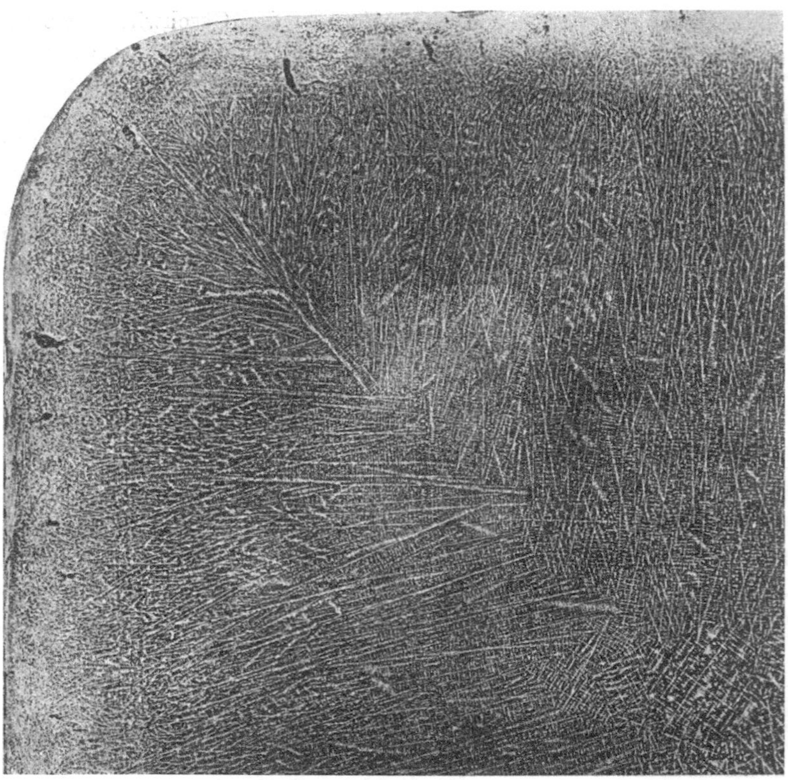

Fig. 137. Querschnitt durch die Ecke eines Stahlblocks mit 0,8 % C und 0,1 % P, Transkristallisation, Ätzung I, x 2.

[1]) Arend, St. u. E. 1917, 393.
[2]) V. d. I. 1917, 348 nach Czochralski: „Transkristallisation“.

senkrecht zur Richtung des Wärmestromes einstellen, während die Lage der Nebenachsen scheinbar unbeeinflußt bleibt. Die hierdurch bei starker Wärmeströmung (hoher Abkühlungsgeschwindigkeit) entstehende strahlige Anordnung der Kristalle ist in Fig. 137 veranschaulicht. Die Kristalle wachsen senkrecht zu den kalten Kokillenwänden.

Zur Bildung der Kristallisationszentren geben häufig als Keime wirkende Einschlüsse den Anstoß, wie z. B. in Fig. 138, der freien Erstarrungsoberfläche eines im Vakuum geschmolzenen Stahls, zu erkennen ist, doch kommen für eine derartige Keimwirkung nur die im flüssigen Eisen zu Beginn der Erstarrung bereits in unlöslicher Form vorhandenen Einschlüsse in Frage.

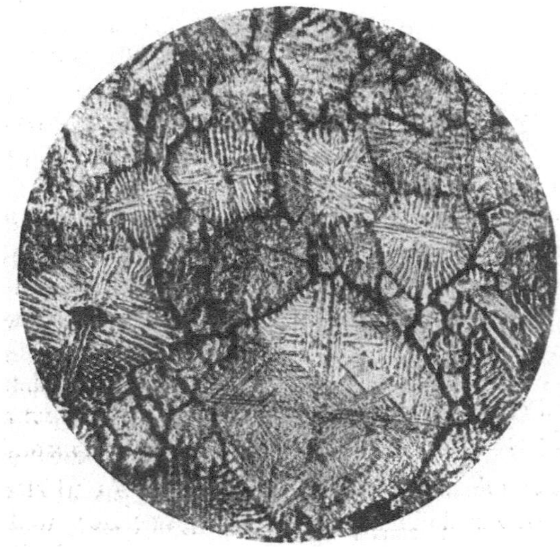

Fig. 138. Freie Erstarrungsoberfläche von Stahl mit 0,4% C im Vakuum geschmolzen und erstarrt, Kristallisationskeime, ungeätzt, x 4.

Man kann, wie im zweiten Teil dieses Buches gezeigt wurde, innerhalb der technischen Konzentrationsgrenzen das schmiedbare Eisen kurz unterhalb seines Erstarrungspunktes im wesentlichen als komplexe, feste Lösung ansehen. Außer dem als Ledeburit angesehenen Bestandteil der sogenannten Doppel-Karbidstähle machen nur Schwefel und Sauerstoff eine Ausnahme, da sie in manchmal recht komplizierten, unter dem Namen „Schlackeneinschlüsse" zusammengefaßten Formen auftreten. In diesen Ausnahmefällen sind also die betreffenden Elemente bzw. Legierungsbestandteile nicht in Lösung. Im Falle vollkommener Löslichkeit der Komponenten im flüssigen und festen Zustande (Mischkristallbildung) ergibt sich prinzipiell für den Erstarrungsvorgang von Legierungen mit zwei Komponenten das in Fig. 139 dargestellte Diagramm. Als Abszissenachse dienen in üblicher Weise die Gewichtsprozente des Zusatzelementes, als Ordinaten die Temperatur. Aus diesem Diagramm geht bekanntlich hervor, daß alle Legierungen in einem Temperaturintervall erstarren, das nach oben durch die Kurve A C B, nach unten hin durch A D B begrenzt ist. Oberhalb A C B sind alle Legierungen flüssig, unterhalb A D B fest, zwischen beiden Kurven bestehen sie aus Gemischen von Kristallen mit Schmelze. A C B ist also die Kurve beginnender, A D B die Kurve beendeter Erstarrung. Die als Beispiel herausgegriffene, durch die Vertikale C′ D′ gekennzeichnete Legierung mit 50% B ist bei der Temperatur t vollkommen flüssig. Bei der Abkühlung setzt dann mit Erreichung der Temperatur t_1 (Schnittpunkt von C′ D′ mit A C B) der Erstarrungsvorgang durch Ausscheidung von Kristallen ein, deren Zusammensetzung der Schnittpunkt E der Horizontalen C E mit der Kurve der beendeten Erstarrung A D B angibt. Diese Kristalle enthalten demnach nur 25% B, obwohl die Ausgangsschmelze 50% B enthielt. Unter der Voraussetzung eines idealen Verlaufes der Erstarrung, — worin dieser besteht, soll gleich gezeigt werden —, ist bei der Temperatur t_2 ein Gemisch fester Kristalle mit 36% B und flüssiger Schmelze mit 63% B vorhanden. Bei einer beliebigen, innerhalb des Erstarrungsintervalles gelegenen Temperatur können nach der Phasenregel nur zwei Phasen gleichzeitig nebeneinander bestehen, wenn Gleichgewicht herrschen soll, und zwar werden die jeweils miteinander im Gleichgewicht befindlichen Phasen durch Horizontale, wie F G H bestimmt, deren Schnittpunkte F und H mit den Kurven beginnender und beendeter Erstarrung die B-Gehalte der festen und der flüssigen Phase bei der Temperatur t_2 angeben. Jede Temperaturänderung bedingt demnach eine Änderung der Zusammensetzung dieser Phasen und daraus folgt, daß alle zwischen t_1 und t_2 gebildeten Kristalle, deren B-Gehalte zwischen 25—36% B liegen, in solche von 36% B verwandelt sein müssen, wenn Gleichgewicht herrschen soll. Diese Umwandlung der niedrigprozentigen Kristalle in höherprozentige erfolgt durch B-Aufnahme aus der Schmelze auf dem Wege der Diffusion. Wird also einerseits durch Ausscheidung niedrigprozentiger Kristalle der B-Gehalt der Schmelze angereichert, so wird gleichzeitig durch die Diffusionsvorgänge der Schmelze B entzogen, das zur Anreicherung der Kristalle von 25 auf 36% dient. Das Diagramm gibt ferner über die bei einer beliebigen Temperatur vorhandene Mengen von Kristallen und Schmelze Aufschluß. Es besteht z. B. bei der Temperatur t_2 folgende Beziehung (Hebelbeziehung):

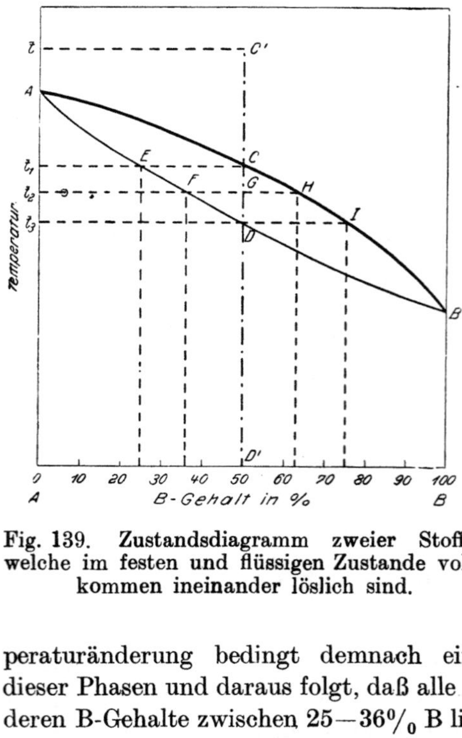

Fig. 139. Zustandsdiagramm zweier Stoffe, welche im festen und flüssigen Zustande vollkommen ineinander löslich sind.

$$\frac{\text{Menge der Kristalle}}{\text{Menge der Schmelze}} = \frac{\text{G H}}{\text{F G}}.$$

Bei den in Fig. 139 zugrunde gelegten Verhältnissen verlangt diese Beziehung für eine Ausgangsmenge der Schmelze von 100 g 48,1 g Kristalle und 51,9 g

Schmelze. Bei der Temperatur t_3, dem Schnittpunkt der Vertikalen C′ D′ mit der Kurve beendeter Erstarrung A D B ist der Erstarrungsvorgang, einen idealen Verlauf vorausgesetzt, beendet. Die Hebelbeziehung ergibt in der Tat bei dieser Temperatur 100 g Kristalle und 0 g Schmelze. Alle vor der Temperatur t_3 ausgeschiedenen Kristalle haben durch Diffusion aus der Schmelze B aufgenommen mit der Maßgabe, daß bei dieser Temperatur ausschließlich homogene Mischkristalle (oder feste Lösung) vorhanden sind. Während des Temperaturabfalles von t_3 auf t_2 stieg dabei der B-Gehalt der Schmelze von 63 auf 75%. Metallische Mischkristalle müssen, den geschilderten idealen Verlauf der Erstarrung vorausgesetzt, unter dem Mikroskop vollkommen homogen erscheinen, insbesondere durch das Ätzmittel gleichmäßig angegriffen werden. Sie dürfen daher dem reinen Eisen gegenüber keine prinzipiellen Gefügeunterschiede aufweisen, wie denn auch der Begriff

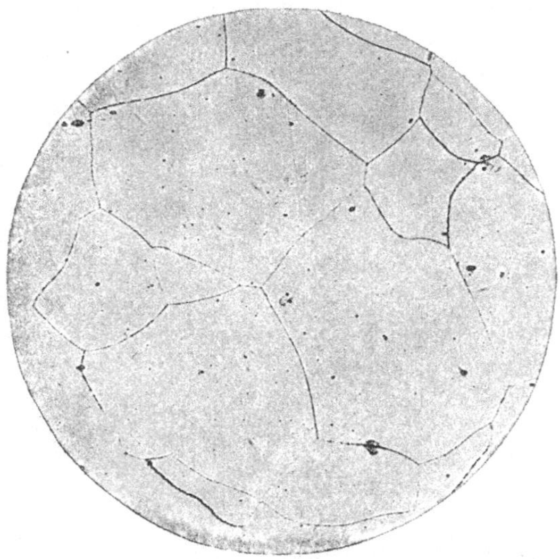

Fig. 140. Eisensilizium-Legierung mit 4% Si, homogene Mischkristalle, Ätzung II, x 100.

der flüssigen Lösung das vollkommene Verschwinden des gelösten Stoffes im Lösungsmittel bedingt. Wenn nun auch zum Beispiel gemäß Fig. 140 eine 4%ige Eisensilizium-Legierung (Transformatorenblech) diesen beiden Forderungen: völlige Homogenität bei der Ätzung und Fehlen eines neuen Gefügebestandteils genügt, weil Silizium bis zu einem Gehalte von 18% mit Eisen Mischkristalle bildet (vgl. Fig. 52), so ist dies durchaus nicht immer der Fall, im besonderen ist es anscheinend der Phosphor, bei dem die Voraussetzung für den idealen Verlauf des Erstarrungsvorganges, das Stattfinden der geschilderten Diffusionsvorgänge zwischen Kristallen und Schmelze in hohem Maße fehlt. Erfolgt die Diffusion mangelhaft oder gar nicht, weil entweder das Diffusionsvermögen der beteiligten Elemente zu gering, oder die für jeden Diffusionsvorgang erforderliche Zeit nicht gegeben ist, so führt der Erstarrungsvorgang zu einem anderen Ergebnis. In diesem Falle ist beispielsweise bei der Temperatur t_2 kein Gemisch fester Kristalle mit 36% B und flüssiger

Schmelze mit 63% B vorhanden, weil die zwischen t_1 und t_2 gebildeten Kristalle mit 25 36% B nicht in der Lage gewesen sind, sich durch B-Aufnahme aus der Schmelze auf dem Wege der Diffusion in homogene Kristalle mit 36% B zu verwandeln. Wäre überhaupt keine Diffusion erfolgt, so würden bei der Temperatur t_2 in der Schmelze Kristalle vorhanden sein, von deren Aufbau man sich folgende Vorstellung machen kann. In dem zuerst gebildeten Mittelpunkt jedes Kristallindividuums beträgt der B-Gehalt 25% und dieser nimmt nach dem Rande jedes Individuums hin zu. In der Randschicht muß aber der B-Gehalt höher sein als 36%. Dies ergibt sich aus folgender Überlegung: Nach der Phasenregel kann stets nur ein Kristall bestimmter Zusammensetzung mit einer Mutterlauge ebenfalls bestimmter Zusammensetzung im Gleichgewicht sein. Diese miteinander im Gleichgewicht befindlichen Zusammensetzungen findet man ja aus den Schnittpunkten von Horizontalen,

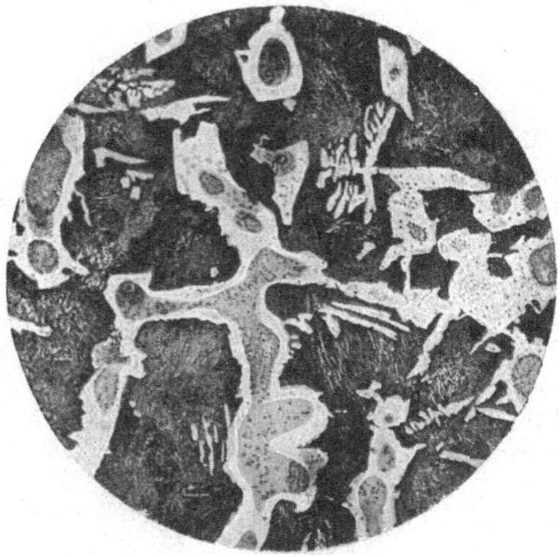

Fig. 141. Legierung mit 0,2% C und 0,6% P, ungleichmäßige Verteilung des Phosphors (Kristallseigerung), x 100.

wie z. B. F G H mit den Kurven beginnender und beendeter Erstarrung. Nun ist aber infolge Ausbleibens der Diffusionsvorgänge nicht diejenige Menge B der Schmelze entzogen worden, die erforderlich ist, um die zuerst ausgeschiedenen niedrigprozentigen Kristalle durch Diffusion auf den höheren Gehalt zu bringen. Infolgedessen ist der B-Gehalt der Schmelze höher, als er bei idealem Verlauf des Erstarrungsvorganges sein würde. Die Schmelze mit mehr als 63% ist nur im Gleichgewicht mit der äußeren Randschicht der vorhandenen Kristalle. Die von dieser Randschicht eingeschlossenen Schichten mit niedrigem B-Gehalt verhalten sich der Mutterlauge gegenüber wie Fremdkörper, d. h. aber, daß die Summe der bei der Temperatur t_2 wirklich im Gleichgewicht befindlichen Mengen kleiner ist als 100 g. Überträgt man die für die Temperatur t_2 geschilderten Verhältnisse sinngemäß auf t_3, die Temperatur beendeter Erstarrung bei idealem Verlauf des Erstarrungsvorganges, so ergibt sich, daß unter der Voraussetzung des Ausbleibens der Diffusion der Erstarrungsvorgang bei dieser Temperatur noch nicht beendet ist, und der B-Gehalt der bei dieser Temperatur vorhandenen Schmelze mehr als 75% betragen muß, daß endlich neben der Schmelze Kristalle vorhanden sind, deren Mittelpunkt 25% B enthält und deren B-Gehalt nach dem Rande hin zunimmt. Es ist leicht einzusehen, daß die natürliche Grenze des Vorganges erreicht ist, wenn die Zusammensetzung der Schmelze 100% B beträgt und die Temperatur gleich der Erstarrungstemperatur des reinen Körpers B ist. Man braucht sich nur zu vergegenwärtigen, daß mit dem kleinsten Temperaturabfall eine Verringerung der wirklich im Gleichgewicht befindlichen Mengen erfolgt, sozusagen eine neue Ausgangslegierung entsteht. Während bei idealem Verlauf des Erstarrungsvorganges die Legierung dauernd durch die Vertikale $C'D'$ gekennzeichnet ist, verschiebt sie sich bei vollständigem Ausbleiben der Diffusion von $C'D'$ kontinuierlich nach rechts. Eine unter diesen Bedingungen

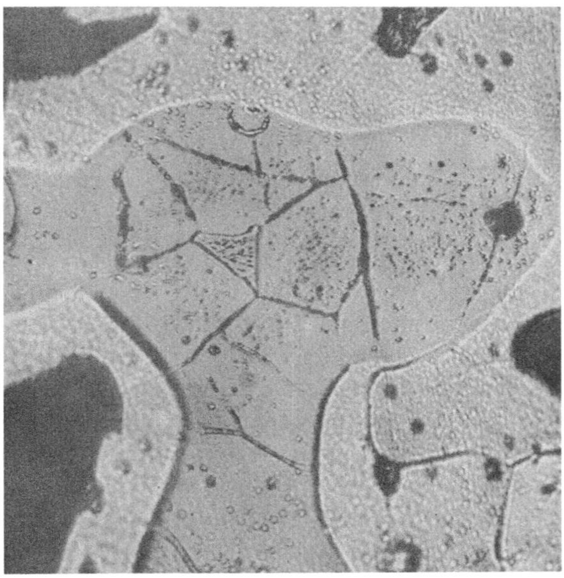

Fig. 142. Stärkere Vergrößerung einer Stelle aus Fig. 141, in der Mitte Eutektikum mit 10,2% P. x 900.

erstarrte Legierung besteht nicht aus homogenen Kristallen, sondern aus solchen, deren B-Gehalt von der Mitte nach dem Rande zu kontinuierlich von 25 bis 100% zunimmt. Es ist schwer, innerhalb des Diagramms, Fig. 139, die besprochenen Vorgänge graphisch darzustellen. Eine angenäherte graphische Darstellung gibt Giolitti,[1]) eine exakte Darstellung ist auf mathematischem Wege möglich. Natürlich braucht in Wirklichkeit die Diffusion nicht ganz auszubleiben. Dies stellt vielmehr das eine, der ideale Verlauf das andere Extrem dar. Die Wirklichkeit wird meist zwischen beiden liegen. Wenn tatsächlich bei ganzem oder teilweisem Ausbleiben der Diffusion der B-Gehalt der Kristalle von innen nach außen zunimmt, so müssen die Kristalle unter dem Mikroskop bei Anwendung geeigneter Ätzmittel aus Schichten ver-

[1]) St. E. 1918, Seite 338.

schiedener Färbung bestehen und sie dürfen keinesfalls homogen erscheinen. Diese Annahme hat sich als richtig erwiesen. Bei einer großen Zahl von Legierungen sind derartige Schichtkristalle beobachtet worden, so z. B. bei Eisen-Mangan-, Eisen-Phosphor-, Kupfer-Nickel-, Kupfer-Arsen- und vielen anderen Legierungen. Man bezeichnet diese Erscheinung wohl am besten mit Kristallseigerung zum Unterschiede von anderen Seigerungsarten, die in diesem Zusammenhange noch besprochen werden sollen. Die Kristallseigerung in einer reinen Eisen-Phosphorlegierung mit 0,8 Prozent Phosphor wurde bereits in Fig. 43 dargestellt. Die Ätzung erfolgte mit dem umgeänderten Rosenhainschen Ätzmittel.[1]) Im angewendeten schräg auffallenden Lichte erscheinen die phosphorreichen Zonen heller als die phosphorärmeren. Fig. 141 zeigt die Kristallseigerung in einer Legierung mit 0,2% Kohlenstoff und 0,6% Phosphor (Ätzung: 5%ige alkoholische Salzsäure). Die ferritischen Zonen verschiedenen Phosphorgehaltes sind an der verschiedenen Färbung zu erkennen. Daß die dunkleren ferritischen Zonen phosphorreicher als die hellen sind und wie groß die durch mangelnde Diffusion herbeigeführte Anreicherung des Phosphors sein kann, beweist die starke Vergrößerung Fig. 142. Mitten in der dunklen ferritischen Zone erkennt man eine deutlich eutektische (zuletzt zur Erstarrung gelangte) Zone, die offenbar aus dem binären Eutektikum $Fe\text{-}Fe_3P$ mit 10,2% Phosphor besteht, ein deutlicher Beweis für die mögliche Größe der Kristallseigerung.

Die Größe der Kristallseigerung ist von mehreren Faktoren abhängig und zwar in erster Linie von der Zeit, die zum Durchlaufen des Erstarrungsvorganges gegeben ist. Unter sonst gleichen Umständen werden die Diffusionsvorgänge um so vollständiger verlaufen, je mehr Zeit zur Verfügung steht. Es können daher Legierungen, die an und für sich weniger zur Kristallseigerung neigen, diese aufweisen, wenn die Erstarrung zu rasch erfolgte. Über einen derartigen Fall berichten Levin und Tammann[2]) bei einer 50%igen Eisen-Manganlegierung. Es gelang ihnen durch längere Erhitzung dieser Legierung auf sehr hohe, nahe am beginnenden Schmelzen gelegene Temperatur unter Ausnutzung des relativ großen Diffusionsvermögens des Mangans im Eisen die Kristallseigerung zum völligen Verschwinden zu bringen. Daß reine, im Vakuum erschmolzene Eisenphosphorlegierungen mit 0,2 bis 0,6% Phosphor sich ebenso verhalten, zeigte Knipping.[3]) In zweiter Linie spielt die Größe des Diffusionsvermögens eine hervorragende Rolle. Je größer dieses unter sonst gleichen Umständen ist, um so geringer ist die Neigung zur Kristallseigerung. Leider liegen hier nur recht unvollständige Versuchsergebnisse vor. Die einzigen in der Literatur bekannt gewordenen sind die Arnoldschen,[4]) nach denen sich das Diffusionsvermögen der Elemente: Kohlenstoff, Phosphor, Nickel, Mangan und Silizium verhält wie 4:1:1:0:0. Weiteres Studium nach dieser Richtung hin erscheint zur Klärung der Frage der Kristallseigerung besonders wünschenswert. In dritter Linie ist es die absolute Größe des Erstarrungsintervalles, von der die Kristall-

[1]) Vgl. Oberhoffer, St. E. 1916, Seite 798.
[2]) An. Chem., 1906, 47, 136.
[3]) St. E. demnächst.
[4]) Ir. st. Inst. 1899, I, 85; vgl. hierzu Fry, St. E. demnächst.

seigerung in besonderem Maße beeinflußt wird. Es ist in der Tat verständlich, daß je größer dieses Intervall ist um so größer auch der absolute Betrag sein muß, um den während der Erstarrung die Schmelze über ihren Ausgangsgehalt hinaus angereichert wird und um so größer ferner der absolute Unterschied zwischen den Gehalten der miteinander in Gleichgewicht befindlichen Zusammensetzungen von Kristall und Schmelze ist. Einen Überblick über die Verhältnisse bei den in Betracht kommenden Eisenlegierungen vermittelt Fig. 143, in der die Kurven beginnender und beendeter Erstarrung der Einfachheit halber unter Fortlassung der durch die δ-γ-Umwandlung bedingten Kurven für die Systeme Eisen-Kohlenstoff, Eisen-Mangan, Eisen-Silizium, Eisen-Phosphor und Eisen-Nickel bis zu einem Gehalt von etwa 2% zusammengetragen sind. Nimmt man den Abstand der Kurven beginnender und beendeter Erstarrung als maßgebende Größe für den Betrag der Kristallseigerung an, so würden die vorbezeichneten Elemente unter sonst gleichen Umständen in der nachstehenden Reihenfolge zur Kristallseigerung neigen müssen: Ni, Si, Mn, C und P. Diese Reihenfolge erweist sich, wie die Ergebnisse aus der Praxis gelehrt haben, als richtig. Nickel und Silizium seigern so gut wie gar nicht, Mangan schwach, Kohlenstoff erheblich stärker und Phosphor am allerstärksten.

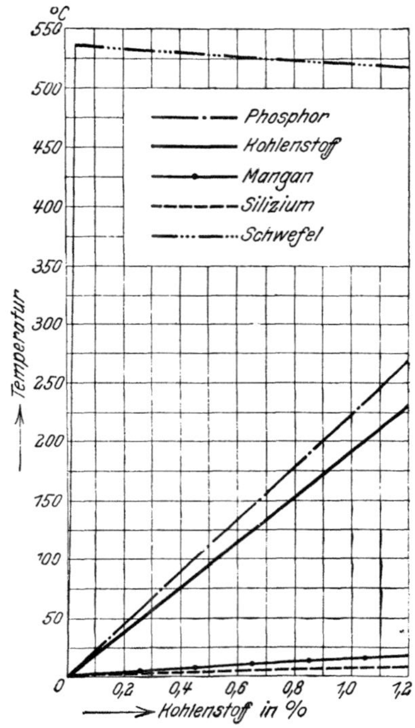

Fig. 143. Die Größe des Erstarrungsintervalls einiger binärer Eisenlegierungen in Abhängigkeit von der chemischen Zusammensetzung.

Ist ein System nicht wie im vorgehenden Falle aus zwei, sondern aus drei Komponenten aufgebaut, so liegen in diesem ternären System die Verhältnisse bei der Mischkristallbildung ähnlich wie im binären mit der Maßgabe, daß die Zusammensetzungen der miteinander im Gleichgewicht befindlichen Kristalle und Schmelzen sich nicht ohne weiteres aus dem (Raum-)Diagramm ergeben, sondern experimentell ermittelt werden müssen. Während nun im ternären System noch eine einfache graphische Darstellung der Verhältnisse möglich ist, wird sie in dem aus mehr als drei Stoffen aufgebauten komplexen System, mit dem wir in der Praxis stets zu rechnen haben, äußerst verwickelt. Dies beeinträchtigt aber den Wert der vorangegangenen Erörterungen keineswegs, da wenigstens qualitativ in komplexen Legierungen die Verhältnisse ähnlich liegen, wie in den binären. Auch die Tatsache, daß eine ganze Reihe wichtiger Systeme, wie: Eisen-Kohlenstoff, Eisen-Phosphor, Eisen-Silizium usw. keine unbeschränkte Mischbarkeit der Komponenten aufweist, vielmehr von einem bestimmten Prozentgehalte an ein Eutektikum auftritt, dessen eine Komponente stets der gesättigte Mischkristall ist, beeinträchtigt unsere Darstellung nur insofern, als im Falle unvollständigen Ausgleiches der Konzentrationen durch Diffusion die Randschichten der geseigerten Kristalle nicht der reinen Komponente B, sondern eben diesem Eutektikum zustreben. Dies wurde bereits durch Fig. 142 gezeigt. Ein weiteres interessantes Beispiel hierfür ist der in Chrom-, Molybdän-, Wolfram- und Chrom-Wolfram (Schnelldrehstählen) im Zustande des Rohgusses auftretende Ledeburit, dessen Anwesenheit bereits an anderer Stelle erklärt und darauf zurückgeführt wurde, daß die Sättigungskonzentration der Mischkristalle durch die genannten Elemente erniedrigt wird. Fig. 144 zeigt diesen Bestandteil in einem Stahl mit 0,7% Kohlenstoff und 3% Wolfram. Durch Erhitzung des Stahls auf $1100-1200^0$ konnte hier der Ledeburit zum Verschwinden gebracht werden,

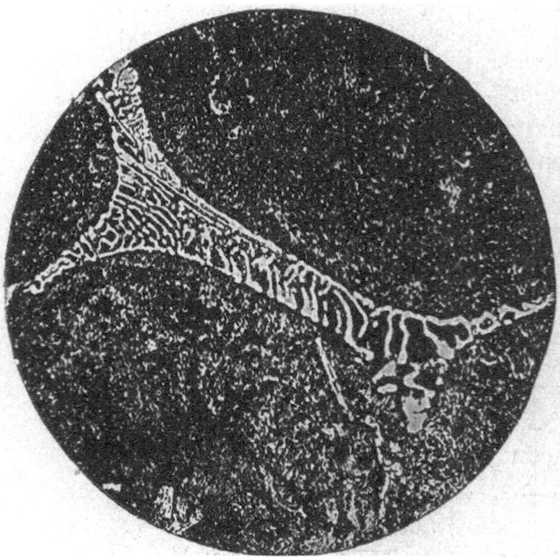

Fig. 144. Ledeburitähnlicher Gefügebestandteil im Stahl mit 3% W und 0,7% C (Kristallseigerung), ungeschmiedet, Ätzung II, x 250.

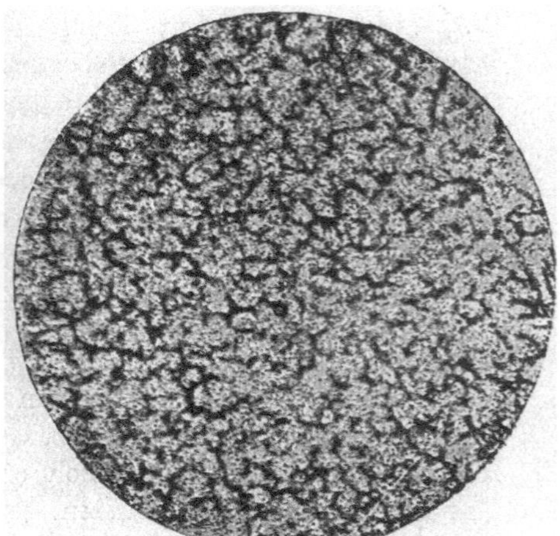

Fig. 145. Globulitische Kristallseigerung in weichem Flußeisen, ungeschmiedet, Ätzung I, x 4.

was sich nur so erklären läßt, daß der Kohlenstoff infolge seines hohen Diffusionsvermögens zu gleichmäßiger Verteilung gelangte, demnach lokale Übersättigung an Kohlenstoff vorgelegen hatte. Geht man von der nicht unwahrscheinlichen, der Fig. 143 zugrunde gelegten Annahme aus, daß Eisen in festem Zustande ein geringes Lösungsvermögen für Schwefel besitzt, so müßte bei der außerordentlichen Größe des Erstarrungsintervalles dieses Element besonders ausgeprägte Kristallseigerung bewirken. Die Erfahrung bestätigt dies insofern, als Schwefel unter den zur Seigerung neigenden Elementen an erster Stelle steht und hierin den Phosphor noch übertrifft. Der Erstarrungsvorgang komplexer schwefelhaltiger Legierungen würde jedenfalls mit der Ausscheidung des schwefelhaltigen Eutektikums abschließen und dies bedingen, daß die Hauptmengen des Schwefels stets dort zu erwarten sind, wo die Erstarrung zuletzt erfolgt, d. h. in den Randschichten der Kristalle. Es ist wahrscheinlich, daß der an Mangan gebundene Schwefel sich ähnlich wie der an Eisen gebundene verhält.

Fig. 145 erläutert die Kristallseigerung in einem weichen Flußeisen mit

0,09 % C	0,029% S
0,5 % Mn	0,0 % Si
0,03 % P	0,13 %Cu,

während sie in hartem Material bereits durch Fig. 45 veranschaulicht wurde. Die Ätzung ist mit dem umgeänderten Rosenhainschen Ätzmittel auf Phosphor bewerkstelligt, so daß die phosphorreicheren Stellen in der gewählten Beleuchtung dunkel und die phosphorärmeren hell erscheinen. Während im ersten Falle (Fig. 145) die kuglige Gestalt der Kristalle (Globuliten) unverkennbar ist, sind im zweiten Fall (Fig. 45) die Kristalle dendritisch oder

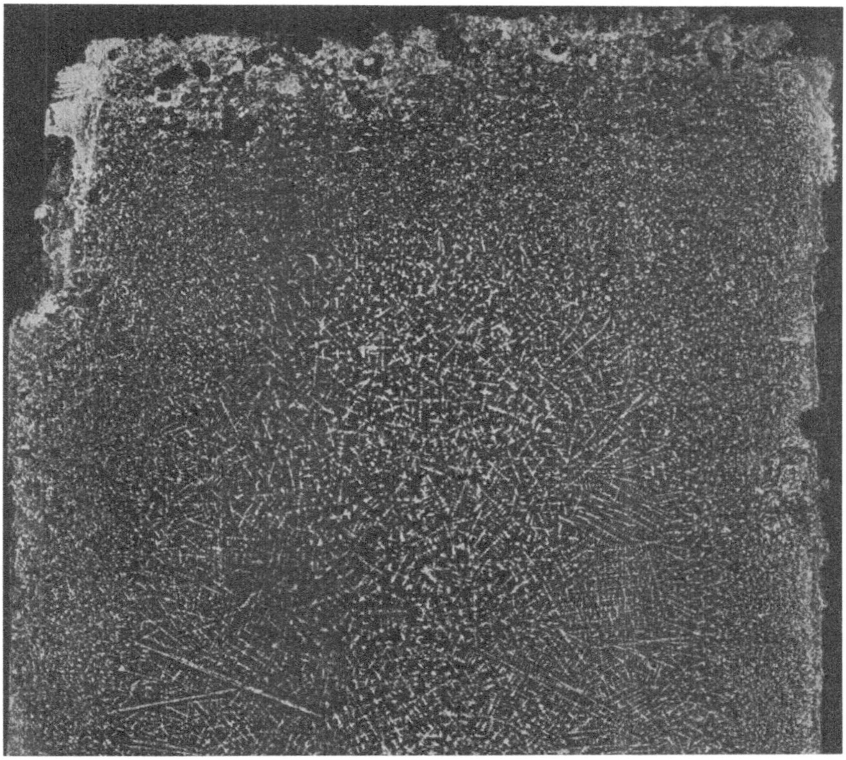

Fig. 146. 1/2 Querschnitt durch ein Stahlguß-Blöckchen, am Rande globulitische, in der Mitte dendritische Kristallseigerung.

tannenbaumförmig. In beiden Fällen ist der Phosphorgehalt in den Randschichten der Kristalle angereichert und die schwefelhaltigen Einschlüsse finden sich bei der mikroskopischen Untersuchung in den angereicherten Randzonen. Der Unterschied zwischen der Ausbildung der Kristalle im weichen und harten Material ist wahrscheinlich eine Folge des Unterschiedes der Größe der Kristallindividuen in beiden. Die härterem Material eigentümlichen Dendriten wären als größere Kristalle aufzufassen, als die in weicherem Material beobachteten Globuliten. Dies schließt natürlich nicht aus, daß unter besonders günstigen Bedingungen auch im weichen Material größere Kristalle und damit Dendriten auftreten können. Dies erläutert die Phosphorätzung Fig. 146 an einem Material mit 0,15% Kohlenstoff in rohgegossenem Zustande. Die Figur stellt die Hälfte des rechteckigen Querschnittes dar. In der langsam abgekühlten Mitte des Querschnitts erkennt man Dendriten, an den rascher abgekühlten Rändern Globuliten.

Die ungleichmäßige Verteilung des Phosphors findet sich in allen Handelsmaterialien und ist im Gegensatz zu der in reinen, im Vakuum erschmolzenen Eisenphosphor-Legierungen selbst durch sehr lange Erhitzung auf hohe Temperatur nicht oder nur sehr schwer zum Verschwinden zu bringen.[1] Ob in diesen Materialien noch andere Elemente als Phosphor sich in ungleichmäßiger, durch das Phosphorätzmittel ebenfalls entwickelter Verteilung befinden, ist noch nicht klargestellt.

B. Sekundäre Kristallisation (Abkühlung).

Die nach der primären Kristallisation vorhandene feste Lösung zerfällt bei der Abkühlung. Zerfallstemperaturen sowie Art und Menge der neugebildeten Phasen sind von der chemischen Zusammensetzung abhängig, deren Einfluß nach diesen Gesichtspunkten im zweiten Teil dieses Buches eingehend erörtert wurde Dem Kohlenstoff kommt eine beherrschende Rolle zu.

Das Gefüge des aus dem Schmelzfluß nach primärer und sekundärer Kristalllisation abgekühlten schmiedbaren Eisens (Stahlformguß) heißt **Gußgefüge** und hat eine hohe praktische Bedeutung. Die Korngröße und Form des Gußgefüges sowie die Anordnung der Zerfallsprodukte Ferrit, Perlit und (praktisch kaum in Betracht kommend) Zementit ist in hohem Maße abhängig von den bei der primären Kristallisation vorhandenen Bedingungen. Wir sahen, daß in erster Linie die Abkühlungsgeschwindigkeit die Größe des primären Kristallkorns beeinflußt. J. P. Arend[2]) und neuerdings Oberhoffer und Weißgerber fanden, daß auch die Korngröße des (sekundären) Gußgefüges von der ein Maß für die Abkühlungsgeschwindigkeit darstellenden Wandstärke des Gußstückes abhängig ist. Aber auch die Anordnung des Gußgefüges wechselte mit der Korngröße. Die Fig. 147—150 veranschaulichen nach Arend an 4 typischen Gußgefügearten den Einfluß der Erstarrungsgeschwindigkeit und zwar ist I. Fig. 147 äußerst feinkörniges und gleichmäßig verteiltes Ferrit-Perlitgemisch, das bei Gußstücken mit kleinster Wandstärke erzielt wird. Mit wachsender Wandstärke II. Fig. 148: Netzförmige Anordnung des Ferrits um ferritfreie Perlitinseln; III. Fig. 149: gröberes Ferritnetz als Fig. 148 und Auftreten paralleler Ferritansammlungen in den Körnern, die ersten Anzeichen der sogenannten Widmannstättenschen Figuren;[3]) IV Fig. 150: das Ferritnetz ist äußerst grobmaschig und das Innere der Maschen mit unregelmäßig gelagertem eutektoid-ähnlichem (pseudo-eutektoidem) Ferrit Perlitgemisch angefüllt; endlich V.: die bei größter

[1]) Vgl. Giolitti und Forcella, Met. it. 1914, Seite 616 (St. E. 1916, Seite 874), sowie Knipping, St. E. demnächst.

[2]) St. u. E. 1917, 393. Für die Überlassung von Originalabzügen der Fig. 147—150 spreche ich Herrn Dr. Arend auch an dieser Stelle verbindlichsten Dank aus.

[3]) S. weiter unten.

Wandstärke und langsamster Abkühlung entstehende Widmannstättensche Struktur; sie wird am besten gekennzeichnet durch die Fig. 151—153 nach Belaiew.[1]) Innerhalb des gesamten Gesichtsfeldes ist die Kristallorientierung

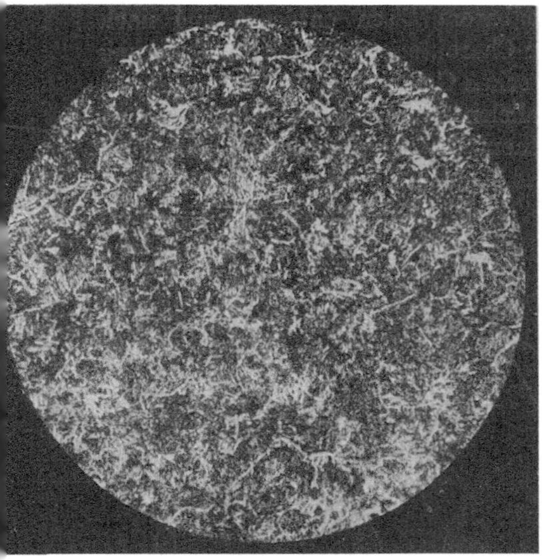

Fig. 147. Gußgefüge im Stahlguß mit 0,35 °/₀ C, Ferroperlit I (Arend) Ätzung II. x 50

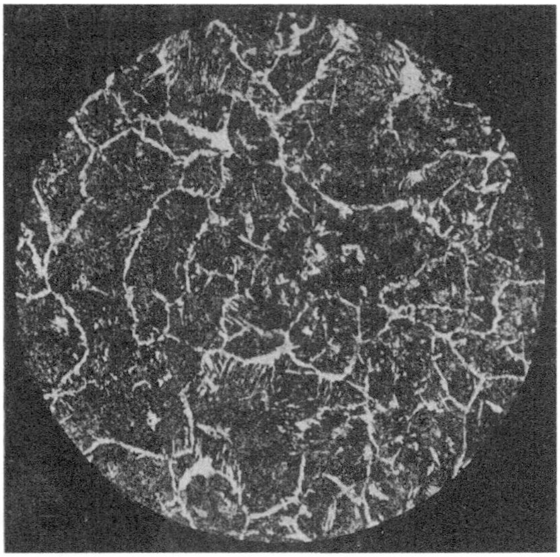

Fig. 148. Wie Fig. 147, jedoch Ferroperlit II.

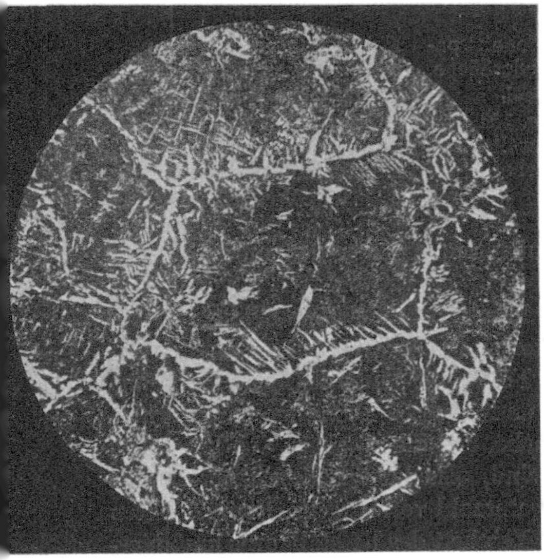

Fig. 149. Wie Fig. 147, jedoch Ferroperlit III.

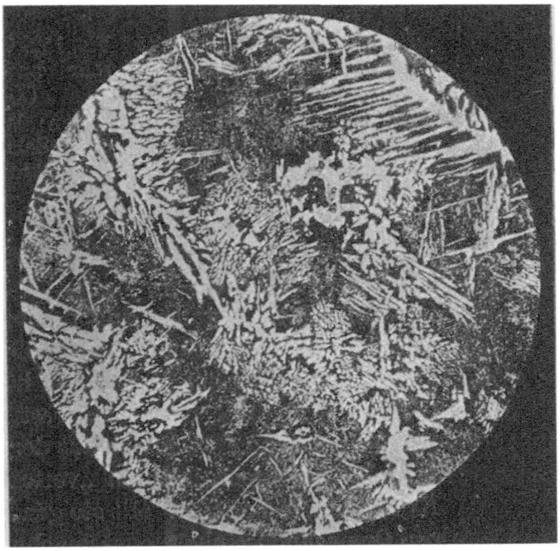

Fig. 150. Wie Fig. 147, jedoch Ferroperlit IV.

[1]) Rev. Mét. 1910, 510; vgl. auch bezüglich der Kristallisation des Stahls Rev. Mét. 1912, 320 u. 647.

die gleiche und in der Tat ist das Auftreten der Widmannstättenschen Figuren in der vorliegenden idealen Ausbildung gleichbedeutend mit gröbster Körnung. Die Kornbegrenzungen sind mehr oder minder durch ein Ferritnetzwerk angedeutet. Diese Struktur ist von Widmannstätten[1]) 1808 an Meteoriten und von Osmond[1]) an schmiedbarem Eisen entdeckt und nach Widmannstätten bennant worden. Ihr Charakteristikum ist die Lagerung des Ferrits und Perlits nach kristallographischen Gesetzen, so daß entsprechend Fig. 151 in einem zur Würfelfläche parallelen Schnitt zwei unter 90° sich schneidende Systeme von Figuren, in einem der Oktaederfläche parallelen drei unter 60° sich schneidende (Fig. 152) und in einem zur Rhombendodekaederfläche parallelen zwei unter 109° 28′ 16″ sich schneidende Systeme, sowie

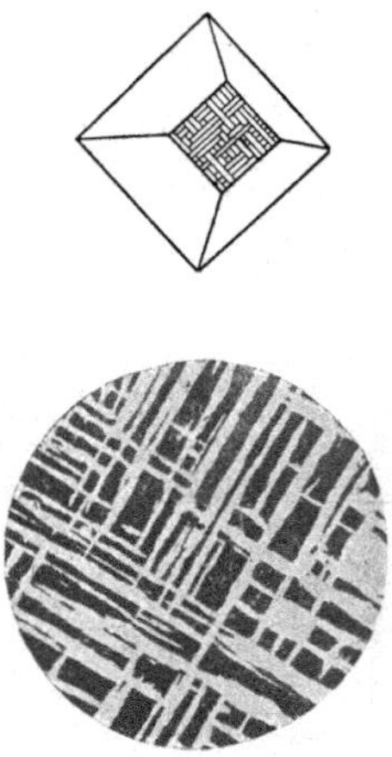

Fig. 151. Oben: Querschnitt parallel zur Würfelfläche. (Tschermak.)
Unten: Gußgefüge in Stahlguß mit 0,55 % C, Schnitt parallel zur Würfelfläche, Ätzung II, x 30. (Belaiew).

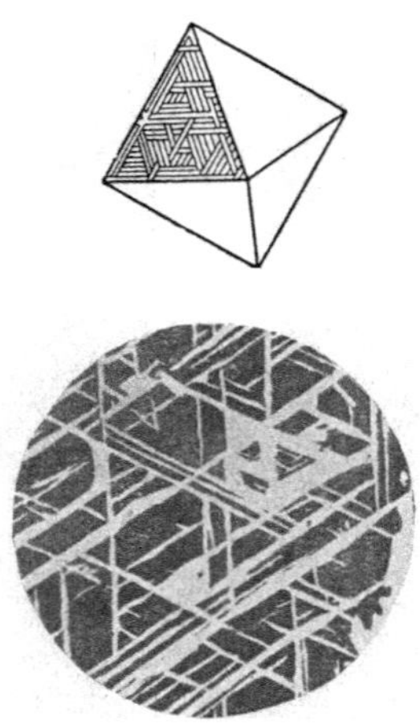

Fig. 152. Oben: Schnitt parallel zur Oktaederfläche. (Tschermak).
Unten: Wie Fig. 151, jedoch Schnitt parallel zur Oktaederfläche.

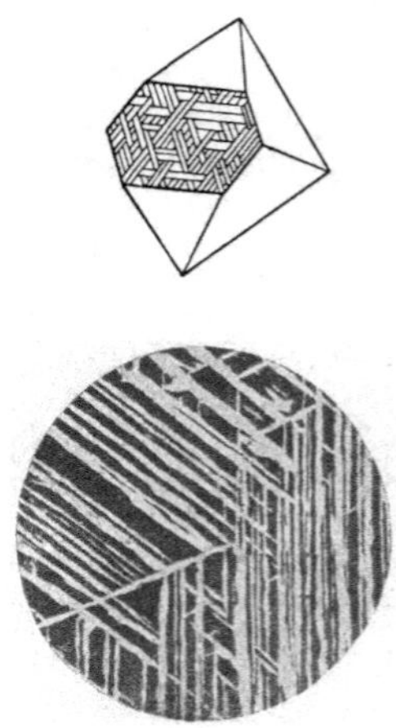

Fig. 153. Oben: Schnitt parallel zur Rhombendodekaederfläche. (Tschermak).
Unten: Wie Fig. 151, jedoch Schnitt parallel zur Rhombendodekaederfläche.

zwei weitere jedoch zusammenfallende auftreten, die den genannten Winkel halbieren (Fig. 153).

Bei reinen Metallen und homogenen Mischkristallen sind Festigkeit und Dehnung einerseits und Korngröße anderseits[2]) derartig miteinander verknüpft, daß kleinster Korngröße höchste Festigkeit und niedrigste Dehnung, größter Korngröße niedrigste Festigkeit und höchste Dehnung entsprechen. Diese Beziehung erklärt sich aus der Tatsache, daß die zwischen den Kristallen befindlichen Grenzschichten „verfestigt" sind, also höhere Festigkeit als das Kristallinnere besitzen. Mit steigender Gesamtzahl verfestigter Grenzschichten pro Querschnittseinheit, oder zunehmender Feinheit des Kristallkorns muß hiernach die Festigkeit steigen. Die höhere Festigkeit der Grenzschichten in reinen Metallen und festen Lösungen wird bewiesen durch die Beobachtung, daß der

[1]) Osmond, Cristallographie du fer, Paris 1900, 25.
[2]) Vgl. a. Czochralski, St. u. E. 1916, 864.

Bruch nicht den Kristallgrenzen entlang (intergranular), sondern quer durch die Körner (intragranular) erfolgt. Mit steigender Temperatur nimmt jedoch die Festigkeit der Grenzschichten ab[1]) und der Bruch erfolgt intergranular. Nach Rosenhain und Humfrey[2]) erfolgt der Umschlag der intragranularen in die intergranulare Bruchart sehr plötzlich und zwar bei der Temperatur der γ-β-Umwandlung (906°). Rosenhain[3]) betrachtet die Grenzschichten als aus amorpher Substanz bestehend, doch ist diese zum Teil auf Untersuchungen Beilbys[4]) fußende Hypothese vielfach[5]) angegriffen worden. Zwangloser erscheint die Annahme, daß in der Grenzschicht Orientierungsablenkungen unter dem Einfluß zweier benachbarter Kristalle (Guertler[6]) bzw. Oberflächenspannung (Heyn[7]) oder beides (v. Möllendorff, Czochralski[8]) die Verschiedenheit des Verhaltens von Korninnerem und Grenzschicht bedingen. Die Umorientierung bzw. der Ausgleich der Spannungen in den Grenzschichten und damit die Entfestigung dieser Schichten unter dem Einfluß erhöhter Temperatur sind ohne weiteres einzusehen. Schließlich kann zur Erklärung des intragranularen Bruches auch die von Stead[9]) beobachtete Spaltbarkeit des Eisens parallel zur Würfelfläche herangezogen werden. Um den bei hoher Temperatur auftretenden intergranularen Bruch zu deuten, ist man dann allerdings gezwungen, Abnahme der Spaltbarkeit mit steigender Temperatur vorauszusetzen.

Ob in dem heterogenen Gemisch von Ferrit und Perlit, aus dem das als Stahlformguß verwendete schmiedbare Eisen besteht, die weiter oben ausgesprochene Beziehung zwischen Korngröße, Festigkeit und Dehnung ebenfalls verwirklicht ist, ist zunächst noch nicht zu übersehen. Jedenfalls aber fand Arend:[10])

für die Gefügeart	(Kugel-?)Druckfestigkeit
I	60 kg/qmm
II	59 ,,
III	58 ,,
IV	58 ,,
V	53 ,,

also eine Bestätigung des Satzes, daß mit steigender Korngröße die Festigkeit abnimmt.

Ist der Kornquerschnitt (bei ungefähr gleicher Ausdehnung des Kornes

[1]) Bengough, Eng. 1912, 166.
[2]) Ir. St. Inst. 1913, I, 219.
[3]) Int. Z. Met. 1914, 5, 65.
[4]) Vollständige Literaturangabe in dem unter 2 genannten Aufsatz.
[5]) Vgl. Tammann, Metallographie S. 55; O. Lehmann, Int. Z. Met. 1914, VI, 217; v. Moellendorff, Int. Z. Met. 1914, VI, 43; Guertler, Int. Z. Met. 1914, V, 213; Heyn, Int. Z. Met. 1913, IV, 167.
[6]) Int. Z. Met. 1913, IV, 167.
[7]) Mat.-Kde. II A, 239.
[8]) V. D. I. 1913, 933.
[9]) Ir. st. Inst. 1898, I, 145; vgl. auch Heyn, Mat.-Kde. II A, 224.
[10]) St. u. E. 1917, 396; vgl. a. die neueren umfangreicheren Untersuchungen von Oberhoffer und Weißgerber über den Einfluß der Wandstärke auf die Festigkeitseigenschaften und das Gefüge von Stahlguß, St. E. demnächst.

nach allen Richtungen) im Verhältnis zum Probestabquerschnitt unendlich klein, und dementsprechend die Zahl der Körner sehr groß, so bezeichnet man das Metall nach dem Vorgange von Voigt[1]) als quasiisotrop. d. h. die Eigenschaften sind nach allen Richtungen gleich, die des einzelnen Kristallindividuums treten nicht hervor. Dies trifft aber im entgegengesetzten äußersten Grenzfalle, wenn der Probestabquerschnitt gleich dem Kornquerschnitt, der Stab also aus einem einzigen Kristalle besteht, nicht zu. Hier äußert sich die Individualität des Kristalls, die Verschiedenheit der Eigenschaften nach verschiedenen Richtungen und demzufolge die Orientierung des Kristalls zur Zerreißstabachse. So stellte Osmond[2]) an isolierten Kristallen aus reinem α-Eisen folgende Härtezahlen fest:

Würfelfläche	66
Oktaederfläche	76
Rhombendodekaederfläche	69

Es ist leicht einzusehen, daß bei gleichem Stabquerschnitt der Einfluß der Kristallorientierung wie der der verfestigten Grenzschichten mit steigender Kornzahl abnehmen und schließlich bei einer gewissen Kornzahl verschwinden muß. Czochralski schätzt das hierzu erforderliche Verhältnis von Korn zu Arbeitsstückvolumen, die sogenannte „Körnigkeit", auf $\frac{1}{1000}$. Ist dieses Verhältnis kleiner, so äußert sich die Lagerung der Einzelkristalle bereits beim Zerreißversuch auf der Staboberfläche, die ein narbiges oder knittriges Aussehen erhält, wie dies Fig. 154 zeigt. Infolge von Zufälligkeiten der Lagerung der Einzelkristalle schwanken ferner die an Stäben ein und desselben Materials gewonnenen Ergebnisse außerordentlich, wie folgende Beispiele[3]) (ungeglühter Stahlformguß) zeigen:

% C	Streckgrenze kg/qmm	Festigkeit kg/qmm	Dehnung %
	24,3	38,2	5,1
0,26	22,9	47,6	23,3
	22,9	44,4	11,0
	30,0	56,8	13,0
0,40	28,8	54,4	10,8
	31,2	60,6	8,4
	22,3	66,2	12,0
0,53	25,6	60,7	4,1
	25,5	58,6	3,4

Nicht allein die von Kernzahl und Kristallisationsgeschwindigkeit, also im wesentlichen von der Erstarrungsgeschwindigkeit abhängige Korngröße des primären Kristalls beeinflußt Gestalt und innere Anordnung des sekundären Kristalls, auch die bei der primären Kristallisation besprochene Kristallseigerung, oder Anreicherung des Phosphors und der im flüssigen Eisen löslichen Einschlüsse (hauptsächlich sulfidischer Natur und kurzweg mit „Schwe-

[1]) Ann. d. Phys. 1889, 573, sowie v. Kármán, V. D. I. 1911, 1756.
[2]) Met. 1906, 522. [3]) Oberhoffer, St.E. 1915, 93.

fel“ bezeichnet) übt einen wesentlichen Einfluß auf das bei der sekundären Kristallisation entstehende Gefüge aus. Die Phosphor- und Schwefelanreicherungen finden sich an den Kristallbegrenzungen bei körnigem und in den

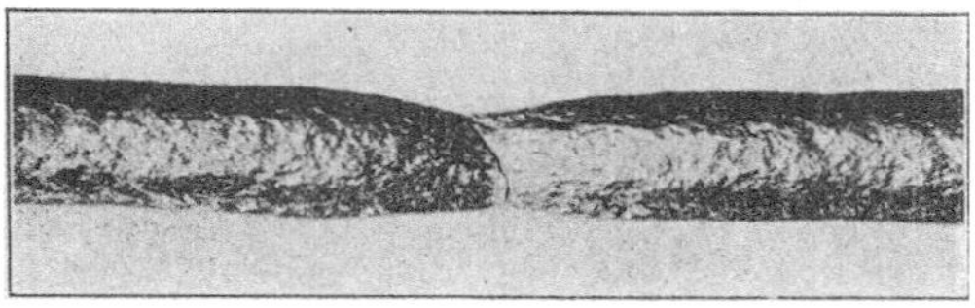

Fig. 154. Zerreißstab mit narbiger Oberfläche, typisch für ungeglühten, grobkristallinen Stahlguß.

Kristallverästelungen bei dendritischem Kristallaufbau. Die im festen Eisen unlöslichen Einschlüsse wirken bei der Ferritbildung als Kristallisationskeime, die beim Überschreiten der Linie GOSE des Zustandsdiagramms der Eisenkohlenstofflegierungen die Bildung von Ferrit- bzw. Zementitzentren begünstigen. Den direkten Nachweis hierfür bietet Fig. 155, die ein an Einschlüssen

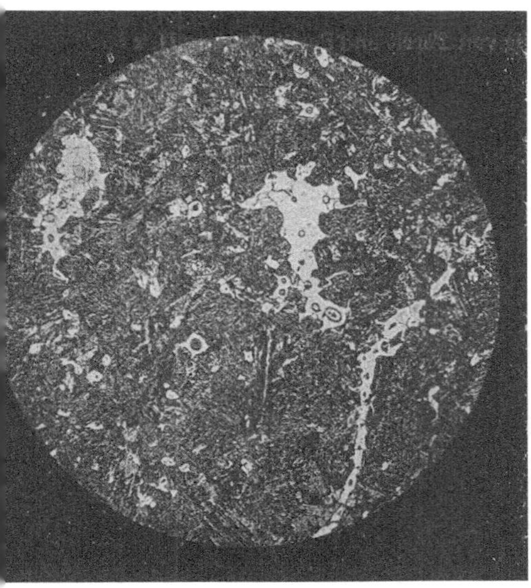

Fig. 155. Stahlguß mit 0,3% C, 30° unter Ar_3 abgeschreckt, Keimwirkung der Schlackeneinschlüsse. Ätzung II, x 200.

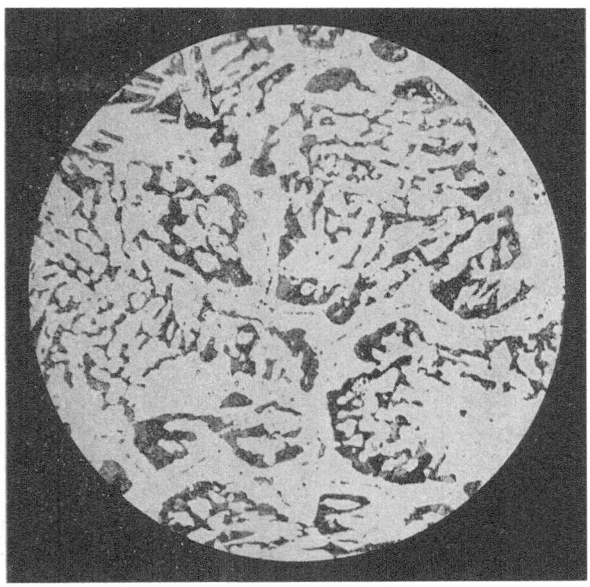

Fig. 156. Netzwerk von Schlackeneinschlüssen mit Ferritnetzwerk. Ätzung II. x 50.

reiches Material mit 0,3% Kohlenstoff, 30° unter Ar_3 abgeschreckt zeigt. Die bei dieser Temperatur aus der festen Lösung abgeschiedenen Ferritkristalle bilden sich dort, wo Einschlüsse, in diesem Falle sulfidischer Natur, vorhanden sind. Die Anordnung der Einschlüsse an der Begrenzung polygonaler Körner führt daher zur Ausbildung eines polygonalen Ferritnetzwerks, wie es beispielsweise in Fig. 156 wiedergegeben ist. Rasche Abkühlung aus dem γ-Gebiet wirkt der Keimwirkung der Einschlüsse entgegen, weil auch bei der sekundären

Kristallisation die Zahl der Kristallisationszentren wahrscheinlich mit dem Grade der Unterkühlung zunimmt. Bei rascher Abkühlung sind daher Zentren

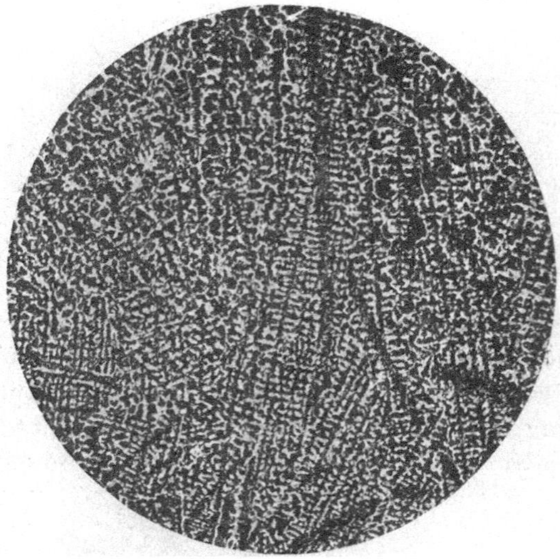

Fig. 157. Stahlguß mit dendritischer Anordnung von Ferrit und Perlit, Ätzung II, x 5.

Fig. 158. Stahlguß mit 0,46 % C, Ferrit in Zellen, Ätzung II, x 5.

bereits in genügender Anzahl vorhanden und eine willkürliche Auswahl besonders für die Ferritbildung geeigneter Orte erfolgt nicht. Langsame Abkühlung verbreitert das Ferritnetzwerk, weil dann die Kernzahl gering ist, die Keimwirkung der Einschlüsse also zur vollen Entfaltung gelangt und die um die Einschlüsse gebildeten Ferritkristalle ihrerseits als Keime wirken.

Fig. 159. Dieselbe Stelle wie Fig. 158, jedoch Ätzung II.

Die Rolle des Phosphors bei der sekundären Kristallisation ist im wesentlichen ungeklärt. Tatsache ist, daß der Ferrit sich stets dort findet, wo außer den im flüssigen Eisen löslichen Einschlüssen auch der Phosphor angereichert ist. Ob dabei dem Phosphor ein spezifischer Einfluß zukommt oder die typische Anordnung des Ferrits nur dem Umstand zuzuschreiben ist, daß mit den Phosphoransammlungen stets auch Ansammlungen von keimbildenden Einschlüssen Hand in Hand gehen, ist noch zu entscheiden.

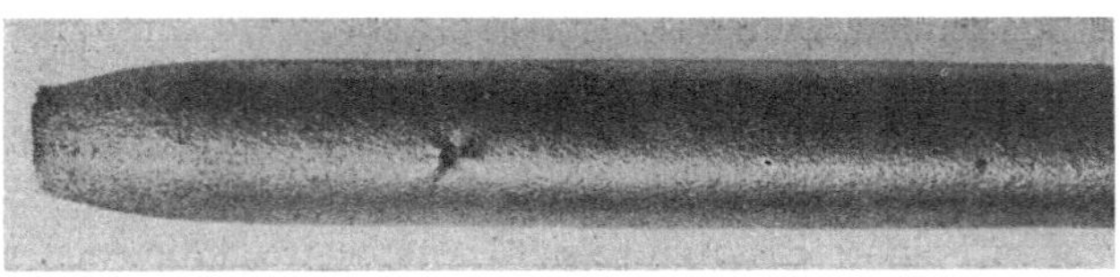

Fig. 160. Zerreißstab mit Querrissen.

Häufig, insbesondere bei hohen Kohlenstoffgehalten beobachtet man die bereits in Fig. 45 veranschaulichten Dendriten und zwar entweder bereits bei der Ätzung auf Kohlenstoff, Fig. 157 (verd. alkoholische Salpetersäure), mit der die Ätzung auf Phosphor dann übereinstimmt oder bei der Ätzung auf Kohlenstoff tritt ein schon mit bloßem Auge erkennbares Ferritnetzwerk auf (Fig. 158 Stahlguß mit 0,46% C), dessen Maschen mit den Dendriten angefüllt sind, wie die Phosphorätzung Fig. 159 besonders deutlich zeigt. Daß auch im dendritischen Gefüge Phosphor- und Schwefelansammlung Hand in Hand gehen, wurde bereits erwähnt.

Die Phosphoransammlungen schaffen zwar mit Rücksicht auf den verfestigenden Einfluß dieses Elements in den Kristallbegrenzungen und Dendritenverästelungen verfestigte Grenzschichten und üben dadurch auf die Festigkeit einen erhöhenden Einfluß aus. Die in diesen Zonen vorhandene Kohlenstoffarmut bzw. -freiheit bewirkt ihrerseits Festigkeitserniedrigung. Hierzu kommt der ebenfalls in gleichem Sinne aber ungleich stärker wirkende Einfluß spröder Schwefelansammlungen in den Grenzschichten, deren Resultat intergranularer Bruch und damit äußerst niedrige Festigkeit und Dehnung beim Zerreiß- und Kerbschlagversuch ist. Ein äußeres Anzeichen für das Vorhandensein von sulfidischen Einschlüssen ist das lokale Auftreten frühzeitigen Bruches auf der Zerreißstaboberfläche, die Bildung sogenannter Querrisse, Fig. 160. Je kleiner bei gleicher Form und Verteilung der Anreicherungen der Probestabquerschnitt ist, um so deutlicher tritt ihr Einfluß hervor, um so weiter entfernt sich das Material vom Zustande der Quasiisotropie.

Bei der Erstarrung des schmiedbaren Eisens in größeren Massen treten außer der bereits besprochenen, die Gleichmäßigkeit störenden Kristallseigerung eine Reihe anderer, in demselben Sinne wirksamer Nebenerscheinungen auf, die mit der Volumenverminderung des Eisens bei der Abkühlung, seinem Gasgehalt und mit dem Umstande zusammenhängen, daß die Erstarrung größerer Massen allmählich erfolgt. Die hieraus sich ergebenden Erscheinungen seien daher an dieser Stelle erörtert.

C. Das Lunkern.

Das spezifische Volumen jedes festen Körpers nimmt mit steigender Temperatur nach einem bestimmten Gesetze zu. Beim Übergang aus dem festen in den flüssigen Zustand erfolgt meistens eine sprunghafte Änderung, die sowohl positiv als negativ sein, also ebensowohl einer Ausdehnung wie einer Zusammenziehung entsprechen kann. Das spezifische Volumen des flüssigen Körpers nimmt sodann mit steigender Temperatur meistens wieder zu. Es ist nicht bekannt, ob beim Schmelzen des schmiedbaren Eisens Ausdehnung oder Zusammenziehung erfolgt. P. Goerens[1]) nimmt an, daß letzteres, wie bei den meisten Metallen, der Fall sei.

Die Zunahme des spezifischen Volumens der festen und flüssigen Körper mit steigender Temperatur braucht, wie z. B. beim festen Eisen und beim Wasser, durchaus keine stetige zu sein. Ersteres weist bei den Haltepunkten Unstetigkeiten[2]) auf, letzteres besitzt ein Minimum des spezifischen Volumens bei $+ 4^0$ C. Unter der Annahme, daß die Abhängigkeit des spezifischen Volumens von der Temperatur den in Fig. 161 gezeichneten schematischen Verlauf aufweise, d. h. der Übergang aus dem flüssigen in den festen Zustand unter Zusammenziehung erfolge, ist der Unterschied $s_1 - s_2$ der Betrag, um den sich das spezifische Volumen verkleinert, wenn die Temperatur von t_1 auf t_2 sinkt. Man ersieht daraus, daß der Unterschied $s_1 - s_2$, von der Form der Kurve abhängig ist.

---

1) Enz. Bd. IV, S. 413.

2) Vgl. Fig. 7.

Würde die Erstarrung eines Gußstückes von der Volumeneinheit von innen nach außen allmählich von statten gehen, so würde es die Form nicht ausfüllen, sondern um den Betrag $s_1 - s_2$ kleiner sein als die Form. Die Erstarrung beginnt aber in Gußstücken im allgemeinen an den Wänden der Form und schreitet nach und nach ins Innere fort. Nach dem Schema der Fig. 162 entsteht z. B. in einem Gußblock zunächst eine feste Kruste 1 an der Wand, bzw. am Boden der Kokille. (Es wird der Einfachheit halber zunächst vorausgesetzt, daß die Oberfläche keine feste Kruste ansetzt.) Das Volumen dieser festen Kruste ist nach Fig. 161 kleiner als das Volumen einer gleichen, flüssig gedachten Kruste. Infolgedessen wird die zurückbleibende Flüssigkeit, die ursprünglich bis zum Rande der Form reichend gedacht war, die Kokille nicht mehr bis dorthin anfüllen. Der Flüssigkeitsspiegel sinkt infolgedessen und

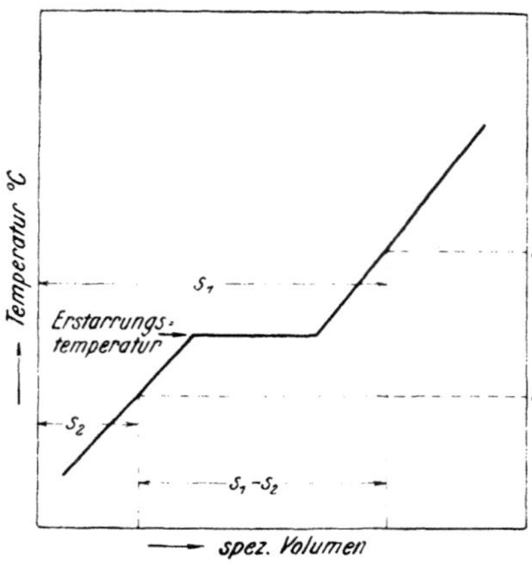

Fig. 161. Schematische Darstellung der Abhängigkeit des spezifischen Volumens von der Temperatur.

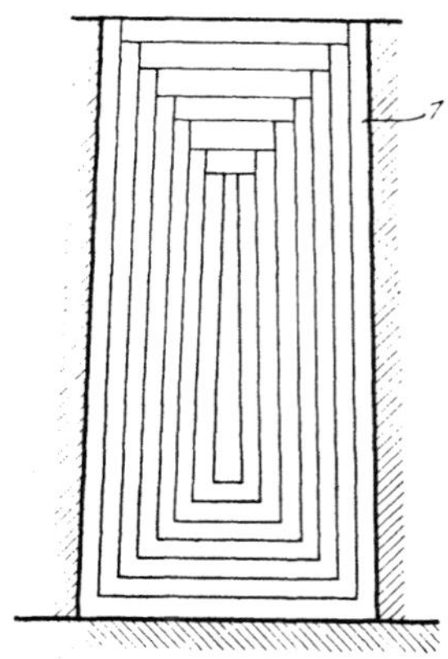

Fig. 162. Schematische Darstellung der Lunkerbildung.

dieser Vorgang wiederholt sich bei der Erstarrung der nächstfolgenden Krusten, so daß im oberen Teile des Blockes, ein nach oben offener, trichterförmiger Hohlraum von der in Fig. 162 angedeuteten Form zurückbleibt. In den meisten Fällen bildet sich auch an der Oberfläche eine feste Kruste und der Lunker kann aus einem vollständig abgeschlossenen Hohlraum bestehen, der öfters durch horizontale die einzelnen Erstarrungsstadien kennzeichnende Zwischenwände abgeteilt ist.

Im nachfolgenden sind entsprechend dem augenblicklichen, noch sehr unvollkommenen Stand unserer Kenntnisse die Abhängigkeit der Form und Größe des Lunkers von einer beschränkten Zahl von Faktoren und gleichzeitig Mittel zur Verhütung bzw. Verkleinerung des Lunkers geschildert.

Mit einer ersten Gruppe derartiger Mittel sucht man den Temperaturunterschied zwischen Blockrand und Mitte zu verkleinern. Durch Vermeidung zu hoher Gießtemperatur wird der absolute Betrag der Volumenverminderung (vgl. Fig. 161, $s_1 - s_2$) und demnach auch der Lunker verkleinert. Langsames Gießen führt zu demselben Ziele, wie Howe und Stoughton[1]) an Wachsblöcken

[1]) Met. 1907, 793.

nachwiesen. Fig. 163 nach Howe zeigt einen in 30 Sek., Fig. 164 einen gleichen, aber in 1 Std. und 39 Min. gegossenen Wachsblock. Der Lunker reicht im ersten Falle 90, im zweiten 13% ins Innere des Blockes. Rasche Abkühlung vergrößert, langsame verringert die Größe des Lunkers, weil durch die verzögerte Abkühlung der Temperaturausgleich zwischen Rand und Mitte befördert wird. Temperatur, Wandstärke und Material der Gußform beeinflussen daher die Größe des Lunkers ebenso wie einseitige Abkühlung Verschiebung des Lunkers aus der Mittelachse bewirkt; letzteres ist in Fig. 165 ebenfalls nach Howe und Stoughton an einem links langsam, rechts rasch ab-

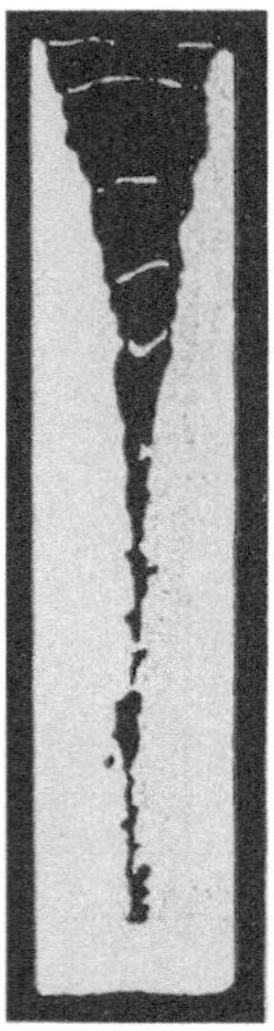

Fig. 163.

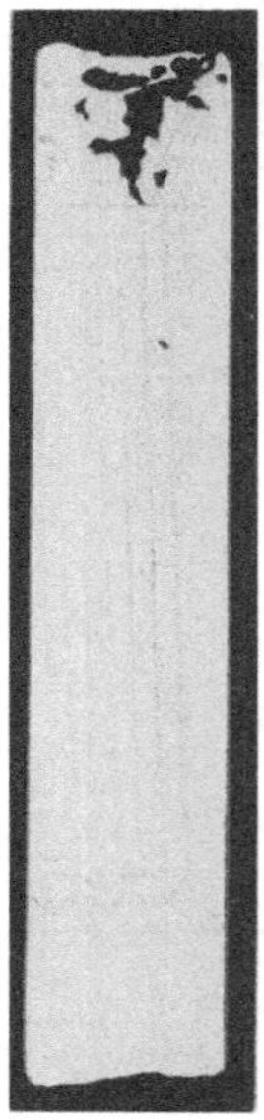

Fig. 164.

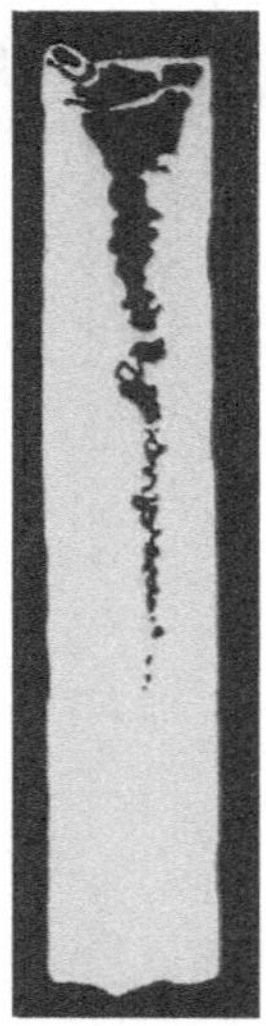

Fig. 165.

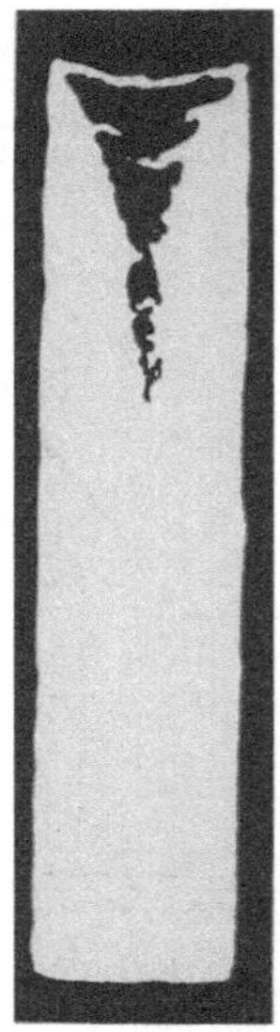

Fig. 166.

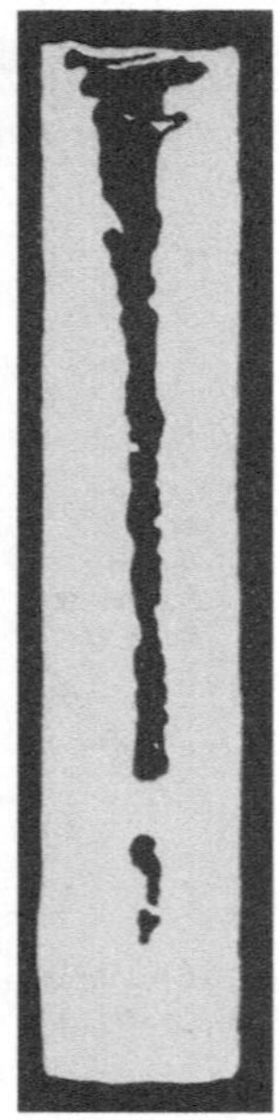

Fig. 167.

Fig. 163. Wachsblock in 30 Sekunden gegossen. (Howe und Stoughton.)
Fig. 164. Wachsblock in 1 Stunde 39 Minuten gegossen. (Howe und Stoughton.)
Fig. 165. Wachsblock unter einseitiger Abkühlung gegossen. (Howe u. Stoughton.)
Fig. 166. Wachsblock unter Warmhalten des Kopfes gegossen. (Howe und Stoughton.)
Fig. 167. Wie Fig. 166, jedoch ohne Warmhalten des Kopfes gegossen. (Howe und Stoughton.)

gekühlten Block veranschaulicht. Flüssighalten des oberen Blockteils (Kopfes) ist ein weiteres, mit großem Vorteil zur Verkleinerung des Lunkers anwendbares Mittel. Das im Blockkopf lange flüssig bleibende Eisen füllt den durch die Kontraktion des unteren Blockteils entstehenden Hohlraum aus, letzterer „saugt", wie dies z. B. zutrifft beim verlornen Kopf von Formgußstücken, einer Anwendung des obigen Verfahrens. Die Wirksamkeit des Verfahrens an Wachsblöcken zeigen nach Howe und Stoughton die Fig. 166, eines im Kopf warmgehaltenen und 167, eines durchweg rasch abgekühlten Wachsblocks. Im ersten Falle reicht der Lunker 26 im zweiten 85% ins Innere des Blockes. Das Warmhalten des Kopfes geschieht in der Praxis durch Aufsetzen einer vorher auf Rotglut erwärmten Haube aus feuerfester Masse auf die Kokille. Hadfield[1]) setzt einen mit Sand ausgekleideten Kasten von der Form der Kokille auf diese, bedeckt nach beendigtem Gießen die Blockoberfläche mit flüssiger, möglichst neutraler Schlacke, etwa Kupolofenschlacke, diese Schicht dann mit Holzkohle und bläst auf letztere mit einem Gebläse Luft. Riemer[2]) hält den Blockkopf durch Aufsetzen einer mit Gasgebläsebrennern versehenen Haube auf die Kokille warm. Dem Riemerschen ähnlich ist das Beikirchsche[3]) Verfahren. Das Gießen von Blöcken mit größerem Querschnitt nach oben bewirkt ebenfalls eine Verkleinerung des Lunkers, weil der obere Teil infolge seiner größeren Masse flüssig bleibt. Howe und Stoughton zeigten dies an

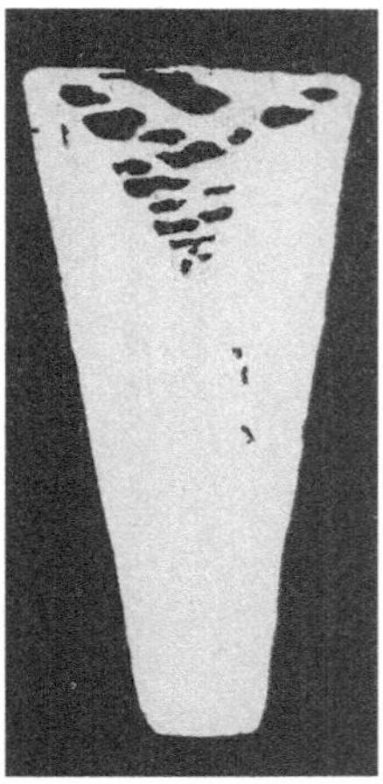

Fig. 168. Wachsblock in eine nach oben verbreiterte Form gegossen. (Howe und Stoughton.)

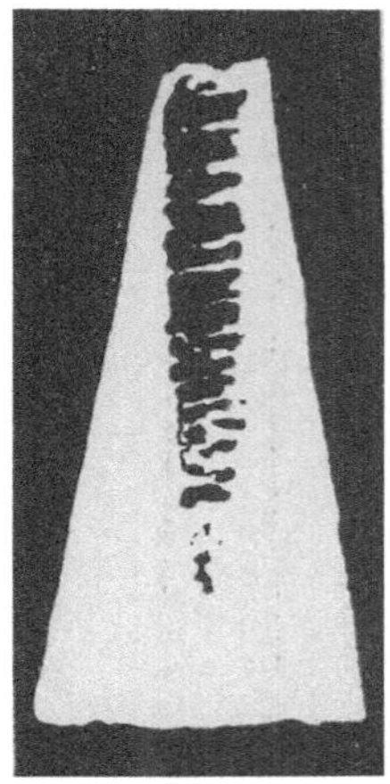

Fig. 169. Wachsblock in eine nach oben verjüngte Form gegossen. (Howe und Stoughton.)

Wachsblöcken (Fig. 168 und 169), Gathmann[4]) an Stahlblöcken. Letzterer weist auch auf die richtige Bemessung des Verhältnisses: Querschnitt zu Höhe bei normalen Kokillen hin.

Durch eine zweite Gruppe von Verfahren sucht man auf rein mechanischem Wege den Lunker vollständig zu beseitigen. Es wird auf den äußerlich erstarrten, innen jedoch noch flüssigen oder vielmehr teigigen Block, meist auf hydraulischem Wege, beim Talbotschen[5]) Verfahren durch Walzen, Druck ausgeübt, der zur Schließung des Lunkers führt. Fig. 170 ist ein nach dem Harmetschen[6]) Verfahren komprimierter, wie man sieht, vollständig lunkerfreier Block, während der in Fig. 171 dargestellte, aus derselben Charge stammende, normal erstarrte und daher den üblichen Lunker aufweist.

[1]) Ir. st. Inst. 1912, II, 40; vgl. a. Fig. 176.
[2]) St. E. 1903, 1196 u. 1904, 392.
[3]) St. E. 1905, 865.
[4]) Ir. st. Inst. 1913, II, 281.
[5]) Ir. st. Inst. 1913, I, 30.
[6]) Nach Heyn und Bauer, Mat.-Prüf. 1912, 1.

Während in Stücken, die durch Walzen, Pressen oder Schmieden eine Weiterverarbeitung erfahren, Aussicht auf das Schließen des Lunkers vorhanden ist, stellen in Stahlformgußstücken etwa vorhandene Lunker bedeutende und nicht mehr zu beseitigende Schwächungen dar. Der Lunker tritt besonders leicht dort auf, wo stärkere Teile mit schwächeren, also beispielsweise, wo die Speichen eines Rades mit der Radnabe zusammenstoßen. Mit der weiteren Abkühlung der rascher als die Nabe erstarrenden Speichen ist eine Zusammenziehung der letzten verbunden, die das „Nachsaugen" aus dem noch flüssigen Innern der Nabe und die Entstehung eines Lunkerhohlraumes in der vollständig erstarrten Nabe zur Folge hat. Die Verhütung des Lunkers

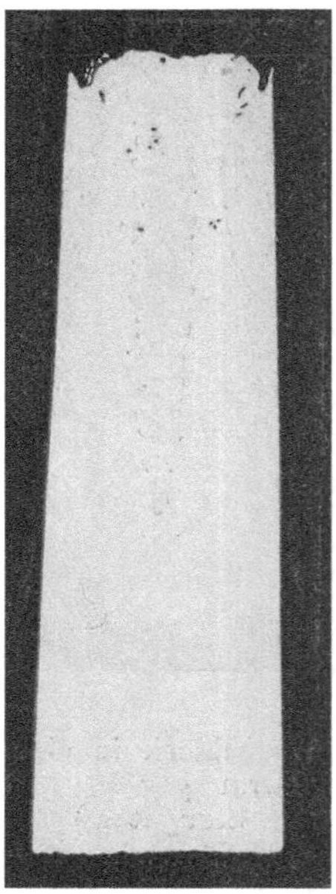

Fig. 170. Nach dem Harmet-Verfahren komprimierter Block. (Heyn und Bauer.)

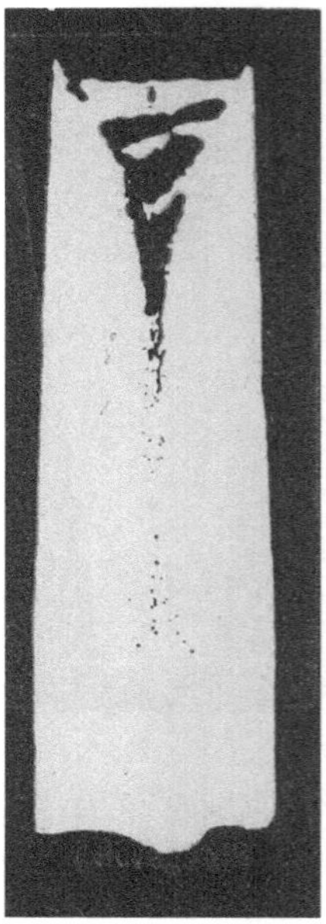

Fig. 171. Aus der gleichen Charge wie Fig. 170 gegossener Block, jedoch nicht komprimiert. (Heyn und Bauer.)

in Gußstücken ist in erster Linie die in ihrer Tragweite noch nicht völlig erfaßte Aufgabe des Konstrukteurs,[1]) der für zweckmäßige Verteilung der Massen zu sorgen hat. Durch sachgemäße Anwendung einer Reihe von Gegenmitteln läßt sich dann der Lunker vermeiden. Als erstes derartiges Mittel gilt das Aufsetzen eines sogenannten verlorenen Kopfes auf das Gußstück. Hierdurch wird erreicht, daß der Lunker nicht im Gußstück, sondern im bis zuletzt flüssigen Teil des verlornen Kopfes entsteht. Man kann ferner den Unterschied zwischen den Erstarrungsgeschwindigkeiten der stärkeren und der schwächeren Teile, etwa durch raschere Abkühlung ersterer ausgleichen, indem man diese sofort nach dem Guß von der die Wärme schlecht leitenden Formmasse befreit oder an den stärkeren Stellen eiserne, also gut leitende Teile,

[1]) Vgl. Krieger, St. E. 1918, 349, sowie Irresberger, St. E. 1918, 487.

sogenannte Schreckplatten oder Kokillen einbaut. Ein mit Vorsicht anzuwendendes Verfahren ist, wie der Erfolg zeigt, das in Fig. 172 dargestellte, einem auf Phosphor geätzten Querschnitt durch einen Stahlgußrahmen, bei dem zur Vermeidung des Lunkers ein Quadrateisen in die Form eingesetzt worden war. Abgesehen davon, daß das Quadrateisen mit dem Stahlguß nicht verschweißte, wurde, wohl infolge der übertrieben abkühlenden Wirkung des Quadrateisens, die Form nicht ausgefüllt und der entstandene Hohlraum ist dann nachträglich, wie an der linken Seite der Figur zu erkennen ist, autogen zugeschweißt worden. Der Zweck hätte möglicherweise erreicht werden können durch Einsetzen eines an der Oberfläche sorgfältig von Walzsinter gereinigten Quadrateisens von geringerem Querschnitt. Das Zusammenschweißen wäre vielleicht erfolgt und die abkühlende Wirkung bedeutend schwächer gewesen.

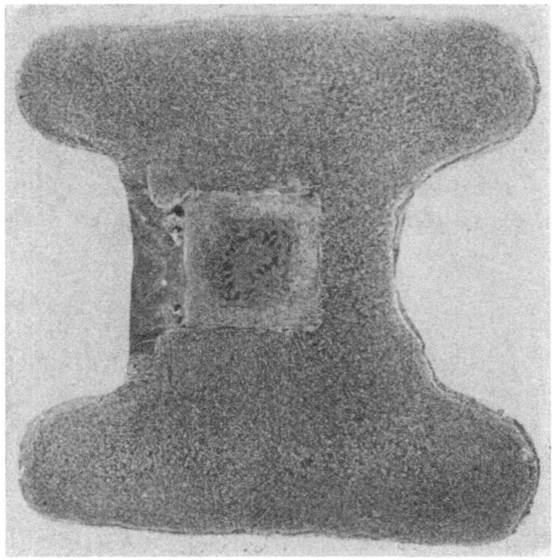

Fig. 172. Querschnitt durch ein Stahlgußstück mit eingeformtem Quadrateisen zur Verhütung des Lunkers. Ätzung I, x 1.

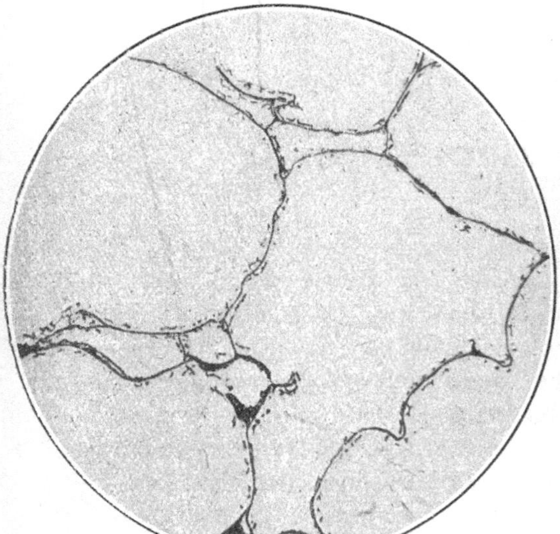

Fig. 173. Mikrolunker im Schnitt durch einen Zerreißstab, ungeätzt, x 30

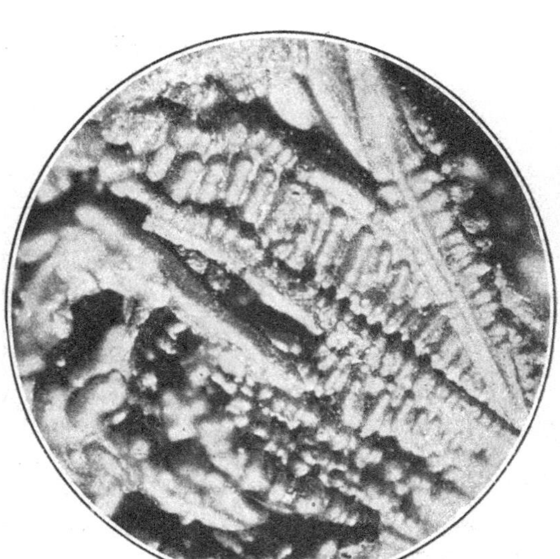

Fig. 174. Bruch des Zerreißstabes Fig. 173 mit Dendriten, x 4.

Schließlich sei eine häufig bei Zerreißstäben aus Stahlguß beobachtete Erscheinung erwähnt, die man mit Mikro-Lunkern bezeichnen könnte. Wie mehrfach erläutert wurde, geht die Kristallisation der flüssigen Masse von Zentren aus, sie ist beendet, wenn die Kristallindividuen oder Körner aneinanderstoßen. Erfolgt nun die Kristallisation sehr rasch und praktisch gleichzeitig in allen Punkten der Masse, also etwa bei zu heißem Gießen oder bei geringer Wandstärke des Gußstückes, so können zwischen den Kristallen Zwischenräume entstehen, die unter dem Mikroskop als feine, haarförmige Risse an den Kristallbegrenzungen entsprechend Fig. 173 erscheinen. Beim Zugversuch reißen dann die Stäbe unter Bloßlegung der geringen oder keinen Zusammenhang besitzenden Grenzschichten. Fig. 174 zeigt den Bruch eines derartigen Stabes mit unverletzten Kristallbegrenzungsflächen.

D. Gasblasen.

Die Gasblasen stellen den überschüssigen und folglich ausgeschiedenen Teil des Gesamtgasgehaltes dar, der aus dem Metall nicht mehr entweichen konnte. Über die Ursache des Gasgehaltes und das Verhalten der Gase zum Eisen wurde an anderer Stelle bereits berichtet.

Das aus blasigem Material durch Anbohren unter Wasser aufgefangene Gas besteht nach F. C. G. Müller[1]) in der Hauptsache aus Wasserstoff und Stickstoff:

Material	Wasserstoff	Stickstoff	Kohlenoxyd	Gasmenge %
Poröser Bessemer Schienenstahl	90,3	9,7	—	48
Poröser Bessemer Federstahl	81,9	18,1	—	21
Bessemerstahl vor dem Spiegeleisenzusatz. .	88,8	10,5	0,7	60
Bessemerstahl nach dem Spiegeleisenzusatz .	77,0	23,0	—	45
Martinstahl vor dem Spiegeleisenzusatz . .	67,0	30,8	2,2	25

Hiernach ist es wahrscheinlich, daß das vom Eisen aufgenommene (okkludierte) Kohlenoxyd, an dessen Vorhandensein nach den Untersuchungen von Goerens und Paquet[2]) kein Zweifel bestehen kann, in der Hauptmenge nur unter vermindertem Druck und bei erhöhter Temperatur wieder abgegeben wird.

Mit sinkender Temperatur wird entsprechend der abnehmenden Löslichkeit des Eisens für Gas letzteres abgeschieden und zwar findet die Hauptgasentwickelung bei einem im flüssigen Zustande mit Gas gesättigten Eisen beim Erstarrungspunkt statt. Das Vorhandensein von Gasblasen im abgekühlten Material beweist, daß die Gase beim Freiwerden am Entweichen gehindert wurden. Die Menge und Verteilung der Gasblasen ist sehr verschiedenartig. Erstere ist abhängig vom Anfangsgasgehalt des Materials. Je höher dieser ist, um so weniger Aussicht ist vorhanden, daß sich der gesamten Gasmenge Gelegenheit zum Entweichen bieten wird. Daß aber der Gasgehalt des Eisens in sehr weiten Grenzen schwanken kann, beweisen alle in der Literatur mitgeteilten Zahlen. Je höher unter sonst gleichen Umständen die Temperatur ist, um so mehr Gas muß entsprechend Fig. 88 entweichen,

[1]) St. E. 1882, 537.
[2]) Fer. 1915, 73.

um so größer ist die Gefahr der Blasenbildung. Wenn alle Begrenzungsflächen des Blockes bei noch flüssigem Kern erstarren, kann das bei der weiteren Erstarrung des flüssigen Kerns sich entwickelnde Gas nicht entweichen und der Druck steigt daher im Blockinnern. Da mit steigendem Druck die Löslichkeit des Eisens für Gas zunimmt, wird ein Teil des Gases sich wieder lösen. Sind jedoch die Gasmengen zu groß, so kann der Druck derart steigen, daß die bereits erstarrte Oberfläche von dem flüssigen Kern durchbrochen wird. Die plötzliche Druckverminderung bewirkt erneute starke Gasentwickelung und der Block „steigt". Die Verteilung der Gasblasen hängt außer von der Gasmenge vom Verlauf der Erstarrung ab. Diese wird aber insofern durch die chemische Zusammensetzung beeinflußt, als von ihr die Größe des Erstarrungsintervalls in °C ausgedrückt, abhängig ist. Es ist anzunehmen, daß wie in den binären Systemen, Schwefel, Phosphor und Kohlenstoff zur Vergrößerung, Mangan, Silizium, Aluminium und Nickel zur Verkleinerung des Intervalls beitragen. Je kleiner letzteres ist, um so geringer ist die zum Entweichen des Gases zur Verfügung stehende Zeit. Bei größerem Erstarrungsintervall ist nun zwar diese Zeit größer, dafür besteht aber das Eisen während der Erstarrung aus einem Gemisch fester Kristalle und einer Mutterlauge, ist also zähflüssiger und gasundurchlässiger als bei kleinerem Intervall. In weicherem, also kohlenstoffärmerem Material scheint der Einfluß des Faktors Zeit über den des Faktors Konsistenz zu überwiegen, denn dieses Material ist im allgemeinen bedeutend blasenhaltiger als härteres, kohlenstoffreicheres, es sei denn, daß Kohlenstoff an und für sich die Gasaufnahmefähigkeit erniedrigt. Bezüglich Mangan, Silizium und Aluminium wurde an anderer Stelle[1]) schon darauf hingewiesen, daß diese Elemente vielleicht die Lösungsfähigkeit des Eisens für Gase und damit natürlich auch Menge und Verteilung der Gasblasen beeinflussen. Brinell[2]) zieht aus seinen umfangreichen Untersuchungen den Schluß, daß es unter sonst gleichen Bedingungen zur Erreichung eines praktisch gasblasenfreien Blockes vom Typus 1, 2 Fig. 175 nur notwendig sei, daß Mangan, Silizium und Aluminium nach Maßgabe der an anderer Stelle bereits erwähnten Beziehung vorhanden seien:

$$Mn + 5.2\,Si + 90\,Al = 1{,}66 \text{ bis } 2{,}05.$$

Brinell nimmt also an, daß die Wirkung des Siliziums 5,2mal und die des Aluminiums 90mal stärker als die des Mangans, die des Aluminiums 17,3mal stärker als die des Siliziums sei. Typus 3 und 4 (Fig. 175), d. h. „randblasige" Blöcke sollen entstehen, wenn obige Beziehung mit 1,16, Typus 5, wenn sie mit 0,28 und die Typen 6 und 7, wenn sie mit weniger als 0,28 erfüllt sei. Die Beziehung gilt jedoch nur für Blöcke von 240 mm ∅. Blöcke von 350 mm ∅ würden bei 1,66 bereits randblasig, kleinere von 100 mm ∅ bei 1,16 noch dicht sein, jedenfalls würde die Neigung zur Blasenbildung mit der Blockgröße zunehmen, eine Tatsache, die durch die Wickhorstschen[3]) Versuche mit Schienenblöcken verschiedener Größe bestätigt wird. Es ist nun zweifellos eine feststehende Tatsache, daß Silizium und Aluminium den Gasblasengehalt

[1]) Vgl. Abschn. II, 18.
[2]) Ir. st. Inst. 1902, I, 833.
[3]) Proc. Railw. Eng. 1912, 655.

vermindern. Ein Beispiel für die Wirkung des Aluminiums auf Schienenstahl nach R. Hadfield[1]) ist in Fig. 176 dargestellt. Block Nr. 1 ist ohne Zusatz von Aluminium, Nr. 2 mit 0,036, Nr. 3 mit 0,09% Aluminium hergestellt. Dem Block Nr. 4 sind ebenfalls 0,09% Aluminium zugesetzt, außerdem aber ist der Blockkopf nach dem Hadfieldschen Verfahren warm gehalten und hierdurch eine Verkleinerung des im blasenfreien Block Nr. 3 vorhandenen Lunkers erzielt worden. Das Volumen des Lunkers wird demnach durch hohen Aluminiumzusatz merklich vergrößert. (Titan wirkt nach eigenen Versuchen

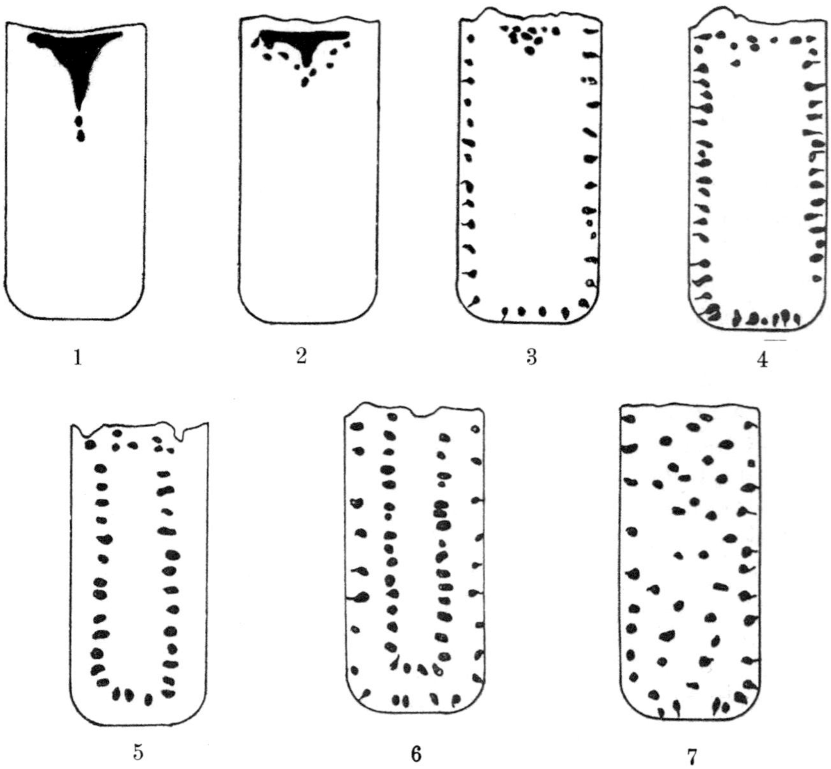

Fig. 175. Schematische Darstellung der Gasblasenanordnung in Eisen- und Stahlblöcken (Brinell).

ähnlich.) Es ist aber anzunehmen, daß diese Vergrößerung nur eine scheinbare ist, da sich im blasenhaltigen Block der Lunker in zahlreiche, auf die Gasblasen verteilte Einzellunker auflöst, weil gasblasenbildendes Eisen bis zum Zeitpunkt der Erstarrung in lebhafter Bewegung bleibt und allmähliche, zur Ausbildung des Lunkers erforderliche, schichtenweise Erstarrung daher nicht möglich ist, die Erstarrung vielmehr praktisch gleichzeitig in allen Punkten der Masse erfolgt. Talbot[2]) bestätigte die Ergebnisse Hadfields und stellte außerdem fest, daß Aluminium die Erstarrung beschleunigt, d. h. die nach einer bestimmten Zeit vorhandene Stärke der erstarrten Kruste (ein für das

[1]) Ir. st. Inst. 1912, II, 11.
[2]) Ir. st. Inst. 1913, I, 30.

lunkerverhütende Verfahren Talbots wichtiger Umstand) durch Aluminiumzusatz vergrößert wird.

Bei gleicher chemischer Zusammenstezung dürften sich folgende allgemeine Grundsätze für die Blasenbildung ergeben. An und für sich geringer Gasgehalt und mittlere Gießtemperatur führt zu einer Blasenanordnung entsprechend Fig. 175 Typus 5. Die bei der Erstarrung der Blockwände freiwerdenden Gase steigen im flüssigen Metall auf und entweichen, so lange die Blockoberfläche flüssig bleibt; sowie diese erstarrt, bleiben zunächst die sich entwickelnden Blasen dort zurück, wo sie sich gerade befanden, d. h. zwischen den in die Mutterlauge hineinschießenden Kristallen. Ist die Oberflächenkruste stark genug, um dem gesteigerten Gasdruck standhalten zu können und der Anfangsgasgehalt so hoch, daß die durch Drucksteigerung hervorgerufene Er-

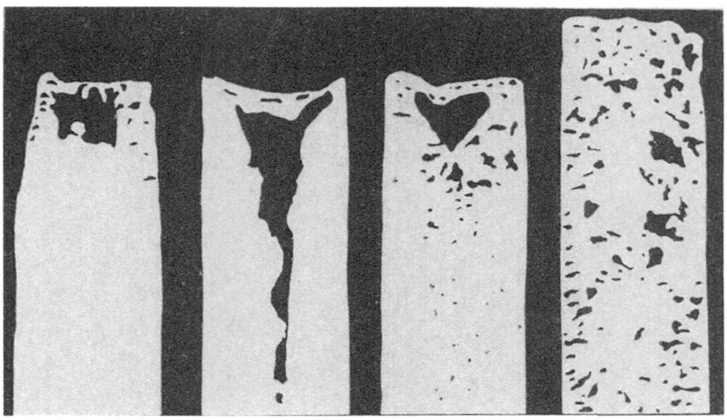

Fig. 176. Einfluß des Aluminiums auf Größe und Anordnung der Gasblasen und des Lunkers. (Hadfield.)

höhung der Lösungsfähigkeit eben genügt, um die Gasentwickelung in dem noch flüssigen Teil vollständig zu hintertreiben, so ist das Blockinnere frei von Gasblasen und lediglich in geringerer oder größerer Entfernung vom Blockrande zeigt sich ein Blasenkranz. Bei höherem Anfangsgasgehalt genügt die Drucksteigerung zur Hintertreibung der Gasentwicklung nicht. Zur Bildung einer festen Kruste kommt es überhaupt nicht; unter steter, das Blockinnere in ständiger Bewegung haltender und daher die Temperaturunterschiede ausgleichender Gasentwicklung kühlt das Blockinnere gleichmäßig ab und erstarrt fast gleichzeitig in allen Punkten. Die Gase können wegen Mangels an Zeit oder teigiger Konsistenz des Metalles nicht entweichen, das Blockinnere ist infolgedessen durchweg blasig. Je höher die Gießtemperatur, um so geringer die Dicke der um den Blasenkranz vorhandenen Kruste.

Im allgemeinen neigt weiches Flußeisen mehr zur Ausbildung der Typen 3 bis 7, härterer Stahl dagegen zur Ausbildung der Typen 1 und 2.

Im unverarbeiteten, also rohgegossenen schmiedbaren Eisen wirkt die Gegenwart von Gasblasen natürlich sehr nachteilig, da die Gesamtfestigkeit des Gußstückes durch den stellenweise fehlenden Materialzusammenhang stark beeinträchtigt wird. Hirerzu kommt noch, daß bei Beanspruchungen auf Zug und Druck an den Grenzen der Hohlräume beträchtliche lokale Spannungserhöhungen vorhanden sind.[1] In hochwertigen, dünnwandigen Stahlformgußstücken sind also Gasblasen unbedingt zu vermeiden, doch gelten für solche Gußstücke nicht ohne weiteres die für größere Gußblöcke aufgestellten Bedingungen zur Erreichung größter Dichtigkeit. Insbesondere ist zu berücksichtigen, daß der Faktor Gießtemperatur nicht im gleichen Sinne ausgenützt

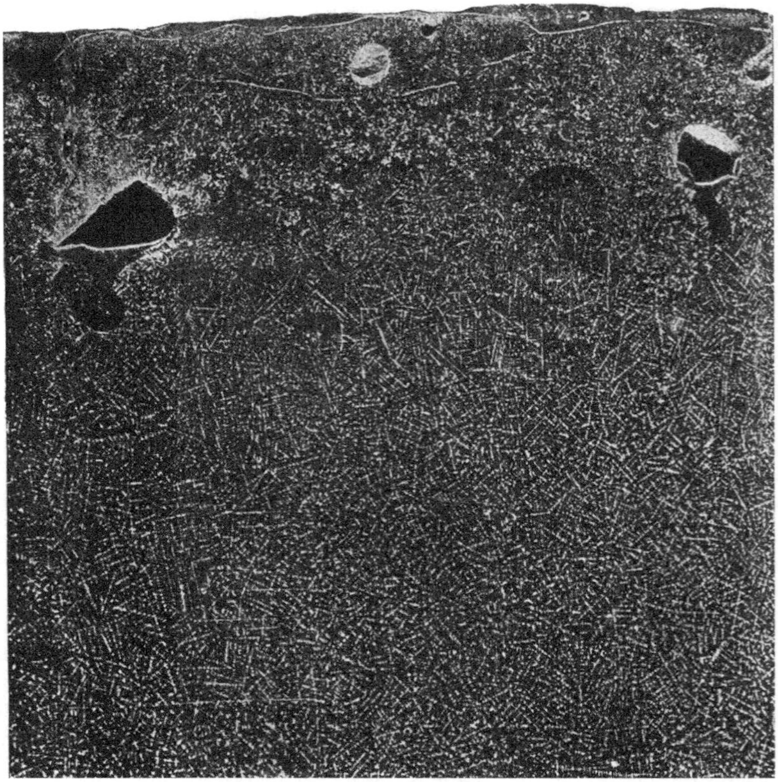

Fig. 177. Gasblasenseigerung in Stahl mit 0,8 % C, Ätzung I, x 2.

werden kann. So würde zu niedrige Gießtemperatur das Ausfüllen der Formen verhindern. Stahlguß für dünnwandige Gußstücke wird daher möglichst heiß zu vergießen und der Gasblasengehalt durch Verringerung des Anfangsgasgehaltes (Tiegel- oder Elektrostahlguß) oder Zusatz von Silizium und Aluminium zu erstreben sein. In besonders wichtigen Fällen kann man derartige Gußstücke mit Röntgenstrahlen[2] auf Dichtigkeit prüfen.

Häufig findet man anschließend an die Gasblasen tropfenförmige Zonen mit starken Anreicherungen an Phosphor, Schwefel (sulfidische Einschlüsse) und Kohlenstoff. Fig. 177 ist ein auf Phosphor geätzter Teilquerschnitt eines

[1] Vgl. Preuß, V. d. I. 1912, 1780.
[2] Gieß. Ztg. 1917, 1; Centr. Hütten- u. Walzw. 1917, 225, sowie St. E. 1918, 508.

Blockes mit 0,77% Kohlenstoff, 1,28% Mangan, 0,03% Phosphor, 0,029% Schwefel und 0,21% Silizium.[1]) In der hier angewandten senkrechten Beleuchtung erscheinen die Phosphoranreicherungen dunkel. Daß sie auch an

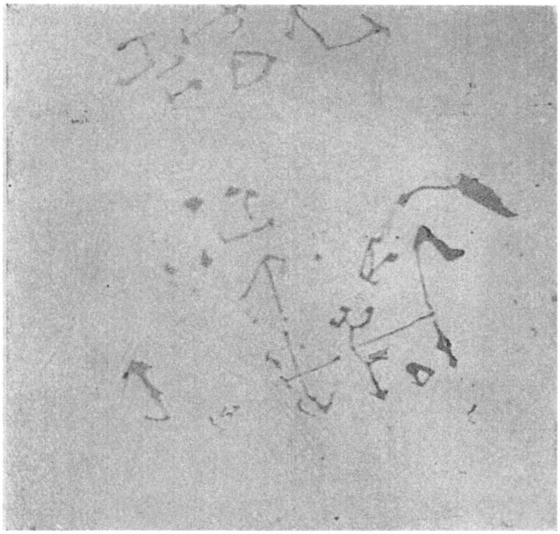

Fig. 178. Schwefelhaltige Einschlüsse innerhalb der Gasblasenseigerung Fig. 177, ungeätzt, x 200.

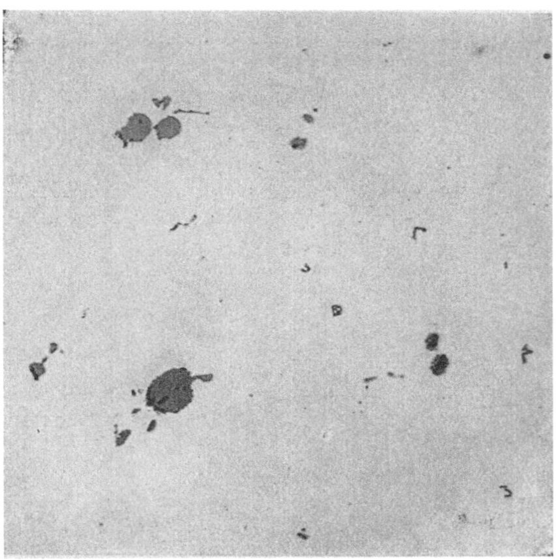

Fig. 179. Schwefelhaltige Einschlüsse außerhalb der Gasblasenzone, ungeätzt, x 200.

Schwefel angereichert sind, zeigt die Aufnahme des ungeätzten Querschnitts Fig. 178 in 330facher Vergrößerung. Die sulfidischen Kristalle sind offenbar

[1]) Oberhoffer, St. E. 1916, 798.

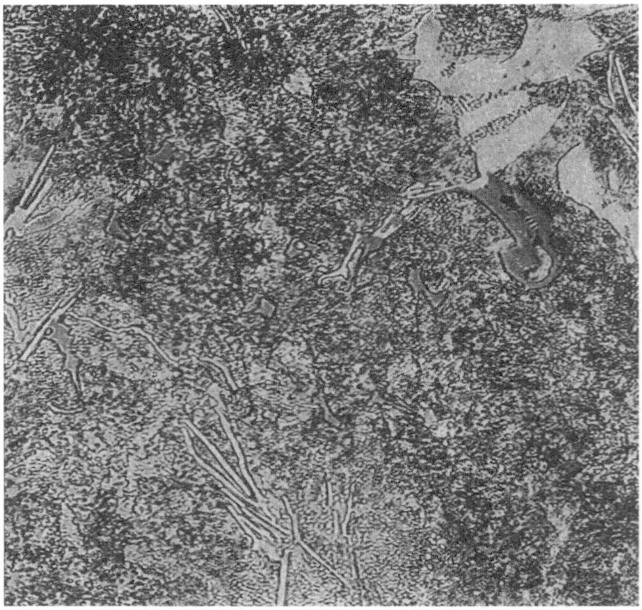

Fig. 180. Zementit innerhalb der Gasblasenseigerung, Ätzung II, x 200.

Fig. 181. Dieselbe Stelle wie Fig. 180, jedoch mit Natriumpikrat geätzt.

Im Besitz der Firma Krupp befindliches, dendritisches Kristallgebilde aus dem Einguß eines großen Stahlformgußstückes (vgl. S. 15 und 205). Halbe natürliche Größe.

in flüssiger Mutterlauge kristallisiert, was außerhalb der angereicherten Zone (vgl. Fig. 179) nicht der Fall ist. Die in Fig. 178 dargestellte Stelle ist in Fig. 180 mit verdünnter alkoholischer Salpetersäure und in Fig. 181[1]) mit Natriumpikrat geätzt wiedergegeben, dies zur Veranschaulichung der Tatsache, daß der Kohlenstoffgehalt weit über 0.9 beträgt, da freier Zementit auftritt. Es ist wahrscheinlich, daß die Gegenwart dieser Gasblasenseigerungen einer Saugwirkung zu verdanken sind. Das Volumen des in den Gasblasenhohlräumen enthaltenen Gases nimmt mit sinkender Temperatur erheblich rascher ab, als das des Hohlraumes selbst. So ist es denkbar, daß die zwischen den Dendriten eingeschlossene, an Phosphor und Schwefel angereicherte Mutterlauge in den Hohlraum gesaugt wird. Hierzu mag noch eine von der erstarrten Blockkruste auf das Blockinnere ausgeübte Druckwirkung kommen.

E. Seigerung in größeren Gußstücken (Gußblockseigerung).

In kleineren Gußstücken erfolgt die Erstarrung insofern fast gleichzeitig und gleichartig über den ganzen Querschnitt, als die etwa angereicherte Mutterlauge zwischen den zahlreichen (kleinen) Kristallindividuen eingeschlossen wird. Innerhalb der erstarrten Einzelkristalle sind daher, wie unter A geschildert wurde, Unterschiede der Zusammensetzung vorhanden (Kristallseigerung), doch verteilen sich diese Unterschiede gleichmäßig über den ganzen Querschnitt und zwischen Rand und Mitte des Gußstückes fehlen sie. Anders verhält es sich bei größeren Blöcken, in denen die Erstarrung nicht gleichzeitig oder nahezu gleichzeitig in allen Punkten erfolgt, vielmehr an den kälteren Kokillenwänden beginnt und mit steigendem Temperaturausgleich zwischen Rand und Mitte nach letzterer zu allmählich fortschreitet. Denkt man sich den Erstarrungsvorgang, wie dies in Fig. 162 angenommen wurde, schichtenweise erfolgend, so wird die erste, sehr rasch an den Kokillenwänden, am Boden und vielleicht auch an der Oberfläche erstarrende Kruste sehr rein, d. h. an Fremdkörpern arm sein müssen entsprechend den allgemeinen Vorgängen bei der Mischkristallbildung, bzw. beim System Eisen-Schwefel aus praktisch reinem Eisen bestehen. Die Mutterlauge hat aber Gelegenheit, dem Eingeschlossenwerden durch die Kristalle nach dem Blockinnern zu auszuweichen und so schiebt die an Dicke ständig zunehmende, an der Oberfläche mit in die Mutterlauge wachsenden Kristallen[2]) versehene, erstarrte Wand eine an Fremdkörpern sich ständig anreichernde Mutterlauge vor sich her, bis die letzte und an Fremdkörpern reichste Schicht unterhalb des Lunkers erstarrt. Gelegenheit zur Diffusion ist nur in beschränktem Maßstabe vorhanden, denn mit der Dicke der Schicht wächst der vom diffundierenden Element zurückzu-

[1]) Die auf Fig. 180 nicht hervortretenden sulfidischen Einschlüsse sind in Fig. 181 tiefschwarz gefärbt. Comstock (St. E. 1917, 383) benutzt die Natriumpikratätzung zur Unterscheidung sulfidischer Einschlüsse von oxydischen. Letztere werden durch Natriumpikrat nicht gefärbt.

[2]) Das Tafelbild (nach S. 204) nach einem im Besitz der Firma Krupp befindlichen Schaustück zeigt die dendritischen Kristalle von beträchtlicher Größe. Es entstammt einem verlornen Kopf eines Stahlgußstückes. Die den Hohlraum ursprünglich anfüllende Mutterlauge ist vom Stahlgußstück „nachgesaugt" worden. Für die Überlassung der Figur spreche ich auch an dieser Stelle der Firma Krupp meinen verbindlichsten Dank aus.

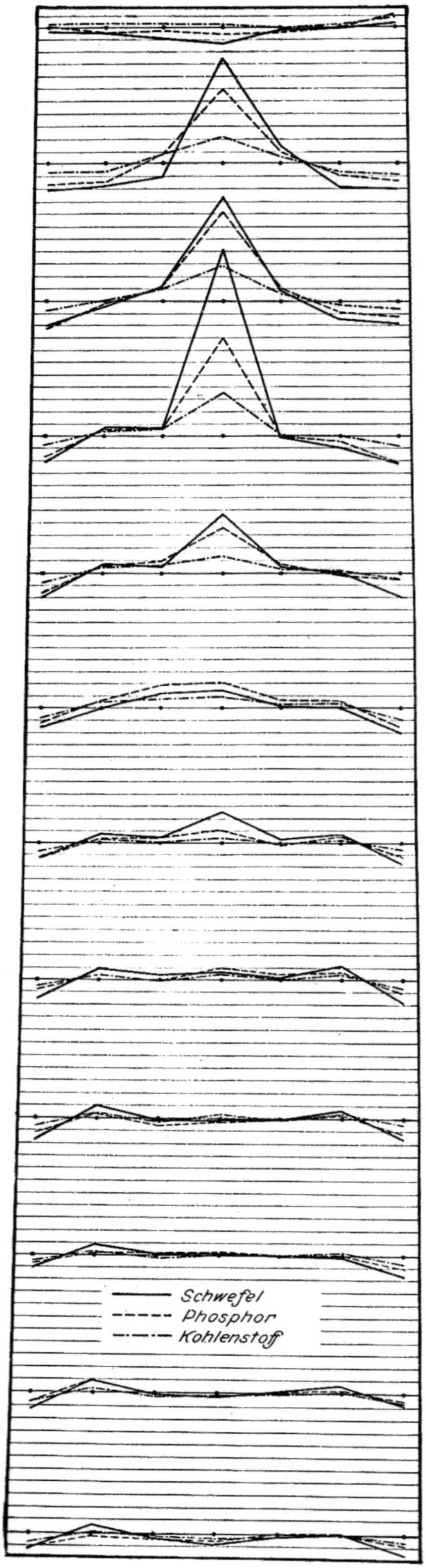

Guß von unten: Blockabmessungen: 330 × 407 × 728. Blockgewicht: 1360 kg. Chargenanalyse: 0,43 % C, 0,55 % Mn, 0,062 % P, 0,007 % S.
Fig. 182. Diagramm der Gußblockseigerung in einem Schienen-Stahlblock (nach Talbot).

legende Weg und damit die Schwierigkeit des Ausgleichs, insbesondere wenn letzterer mit dem Kristallwachstum nicht gleichen Schritt halten kann. Da der Erstarrungsvorgang, wie im vorhergehenden Kapitel geschildert wurde, mit der Gasentwicklung innig verknüpft ist, steht zu erwarten, daß auch die Seigerungen mit der Verteilung der Gasblasen in einem gewissen Zusammenhange stehen müssen. Reichliche Entwicklung hält das Bad in ständiger Bewegung, hindert infolgedessen das allmähliche Anwachsen einer erstarrten Schicht und bewirkt gleichzeitige Erstarrung über den ganzen Querschnitt (Typus 7 Fig. 175) und daher

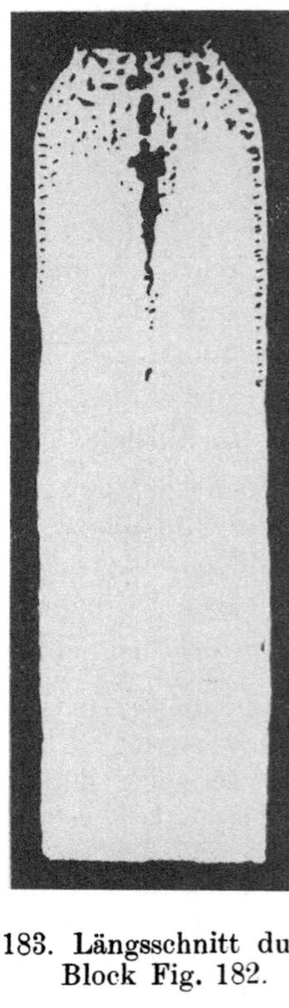

Fig. 183. Längsschnitt durch den Block Fig. 182.

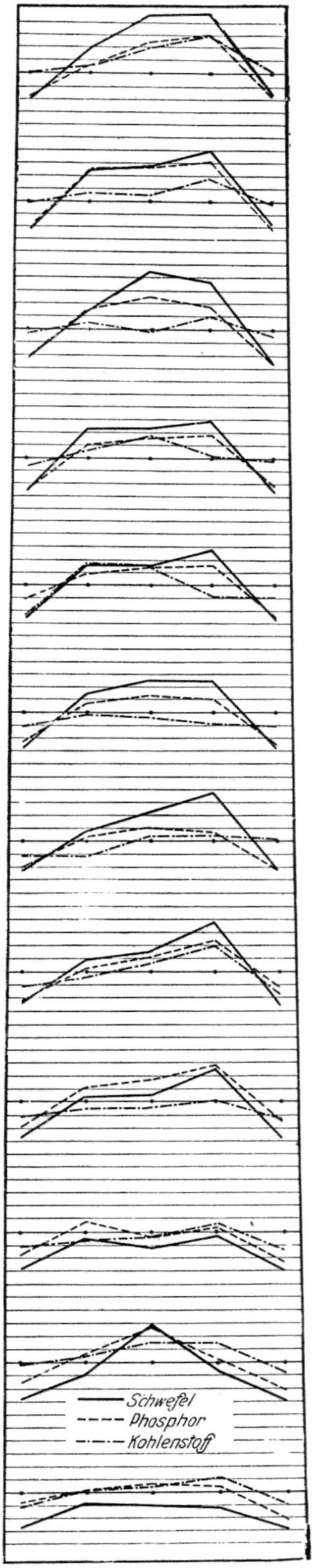

Wüst und Felser: Martinblock, 340 kg, 210 Φ, 1150 mm Loch. Chargenanalyse: 0,065 C, 0,48% Mn, 0,05% P, 0,04% S, 0,016% Si.
Fig. 184. Diagramm der Gußblockseigerung in einem Block aus weichem Flußeisen. (Wüst und Felser.)

nahezu gleichmäßige Zusammensetzung über den ganzen Querschnitt. Findet innerhalb des von einer bereits erstarrten Kruste eingeschlossenen flüssigen Kernes heftige Gasentwicklung statt (Typus 5 Fig. 175), so wird eine relativ scharf abgegrenzte Aufteilung des Blokkes in eine reinere (Kruste) und eine angereicherte Zone (Kern) zu erkennen und letztere nahezu gleichmäßig angereichert sein. Die Gleichmäßigkeit der gasblasenhaltigen Zonen wird indessen nur eine beschränkte sein, weil hier die im vorhergehenden Abschnitt erwähnte Anlagerung stark angereicherter Zonen an die Gasblasen oder Gasblasenseigerung, besonders reichlich auftreten wird.

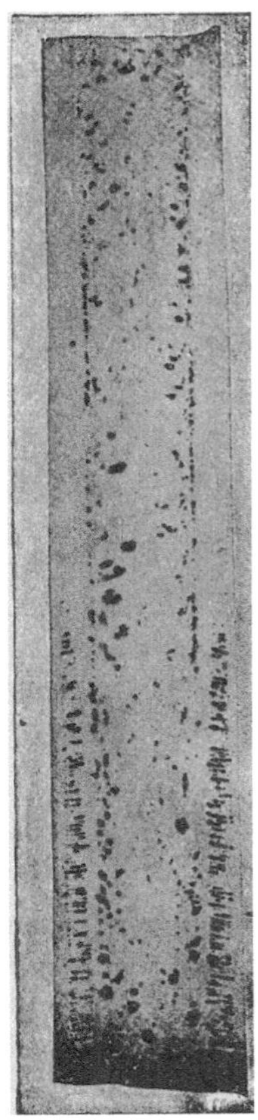

Fig. 185. Längsschnitt durch den Block. (Fig. 184.)

Einige Beispiele aus der Literatur mögen die Verteilung der Seigerungen in Gußblöcken näher erläutern. Für die Darstellung der Ergebnisse ist folgendes Verfahren gewählt worden. Die Punkte, in denen Proben für die Analyse gebohrt wurden, sind in den maßstäblich im Längsschnitt wiedergegebenen Profilen der Blöcke ebenfalls maßstäblich eingetragen. Die diese Punkte verbindenden Horizontalen stellen den gleich 100 gesetzten Mittelwert an Kohlenstoff, Phosphor und Schwefel dar. Mangan und Silizium sind in den Diagrammen nicht aufgenommen, weil die Seigerung dieser Elemente zu gering ist und die Diagramme durch die Einzeichnung beinahe horizontal verlaufender Linien an Deutlichkeit eingebüßt hätten. Verläuft also die Kurve über der Horizontalen, so liegt positive, verläuft sie dagegen unterhalb der Horizontalen, so liegt negative Seigerung vor. Die Größe der Seigerung in Prozenten wird durch das System von Horizontalen angegeben, deren Abstand gleich 20% ist. Das Mittel aus sämtlichen Werten muß dem aus der Chargenanalyse sich ergebenden Werte entsprechen, was bei den Talbotschen[1]) Versuchen der Fall ist.

In Fig. 182 sind Ergebnisse von Talbot an einem Schienenstahlblock in der geschilderten Weise dargestellt. Alle Einzelheiten bezüglich Gewicht, Analyse und Blockabmessungen sind der Abbildung beigefügt. Der Blocktypus ist höchstwahrscheinlich[2]) der in Fig. 183 dargestellte, bei härteren Stahlsorten übliche: die Hauptseigerung ist in nächster Umgebung des Lunkers vorhanden. Der Block ist bis auf relativ unbedeutende Zonen im Rande des oberen Blockteils frei von Gasblasen. Bemerkenswert ist die negative Seigerung in den Randzonen, in der obersten und in der untersten Schicht. Der Block ist offenbar unter Ansetzung einer an Fremdkörpern armen Kruste erstarrt. Die in das Blockinnere hineinwachsenden Kristalle haben die sich stetig anreichernde Mutterlauge vor sich hergedrängt, und der am längsten flüssige und am stärksten angereicherte Teil erstarrt in der Umgebung des Lunkers. Von ganz anderem Typus ist der in Fig. 184 nach Ergebnissen von Wüst und Felser[3]) dargestellte Block von weichem Flußeisen. Auch in diesem erstarrte zunächst eine ärmere Randschicht, aber die Gasentwicklung war schon mit Rücksicht auf die weichere Materialqualität sehr stark, so daß der untere Teil der Randzone und die gesamte Mittelzone blasig ausfiel, Fig. 185; letztere erstarrte wahrscheinlich durchweg ziemlich gleichzeitig. Die Kurven der Fig. 184 zeigen dementsprechend in der Randzone negative, in der Mittelzone positive Seigerung, deren Betrag innerhalb dieser Zonen fast gleichmäßig ist.

Die Reihenfolge für die Größe der Anreicherung ist sowohl in Fig. 182 wie 184 folgende:

---

[1]) Ir. st. Inst. 1905, II, 205.

[2]) Talbot hat zwar keine Photographien der Blocklängsschnitte in der Veröffentlichung aus dem Jahre 1905 reproduziert. Da aber die in der zweiten Veröffentlichung (Ir. st. Inst. 1913, I, 30) in gleicher Weise untersuchten und hier photographierten Blöcke aus gleichem Material sich ähnlich wie der in Fig. 183 dargestellte in bezug auf Seigerungen verhalten, ist es sehr wahrscheinlich, daß die Blöcke beider Veröffentlichungen gleichen Typus besaßen.

[3]) St. E. 1910, 2154.

Schwefel
Phosphor
Kohlenstoff
(Mangan)
(Silizium),

in Übereinstimmung mit der eingangs erwähnten Abhängigkeit der Anreicherung von der Größe des Erstarrungsintervalls.

Mit der Blockgröße steigt der absolute Betrag der Seigerung, wie aus Fig. 186 nach Howe[1]) erhellt. Dieses Verhalten ist nach dem Gesagten durchaus erklärlich, denn mit steigender Blockgröße nimmt nicht nur die absolute Größe der Erstarrungsdauer, sondern auch der Temperaturunterschied zwischen Blockrand und Mitte zu. Auch die von Dudley[2]) hervorgehobene Tatsache, daß mit steigendem Kohlenstoffgehalt die Neigung zum Seigern zunimmt, ist erklärlich, nur ist zu berücksichtigen, daß unter Neigung zum Seigern der Betrag der Anreicherung, etwa in Prozenten ausgedrückt, nicht etwa das von der geseigerten Zone eingenommene Volumen zu verstehen ist. Dieses Verhalten geht im übrigen aus den Fig. 182 und 184 zur Genüge hervor. Die nachfolgende Tabelle gibt ferner in Prozenten die maximale Anreicherung der in den beiden Abbildungen wiedergegebenen Blöcke:

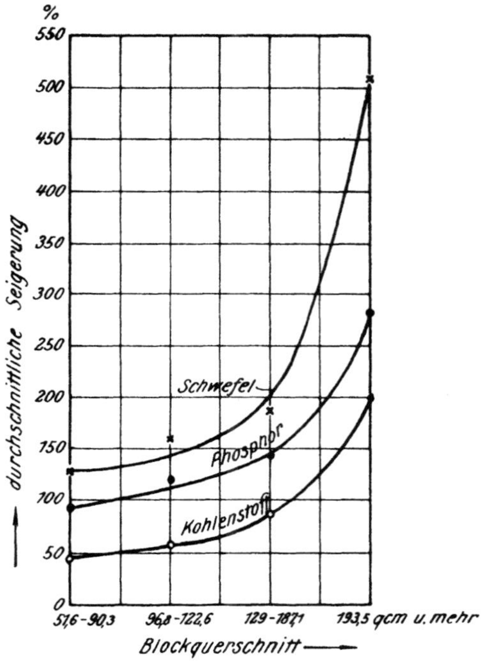

Fig. 186. Einfluß der Blockgröße auf die Gußblockseigerung von Schwefel, Phosphor und Kohlenstoff (nach Howe).

Element	Anreicherung in % Talbot	Wüst & Felser
Schwefel	337	130
Phosphor	279	66
Kohlenstoff	150	26
Mangan	35	0

Zweifellos ist eine auf geringstes Volumen reduzierte, aber prozentual sehr stark angereicherte einer zwar prozentual schwächer ausgeprägten, aber dafür dem Volumen nach sehr ausgedehnten und noch dazu mit Gasblasen durch-

[1]) Trans. Am. Min. 1909. 909.
[2]) Ir. Age 1909. II. 1880.

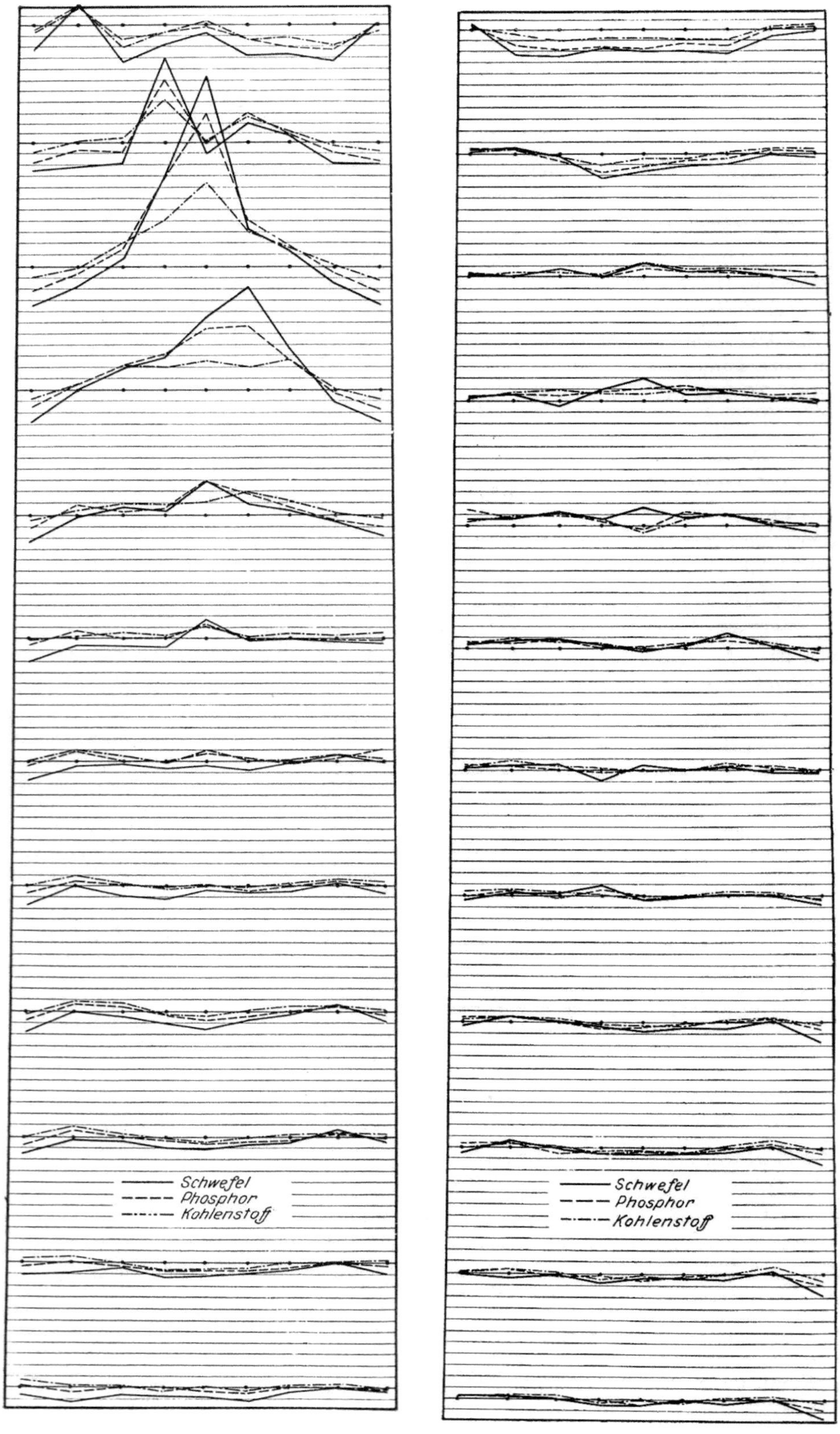

Blockabmessungen: 457 × 859 × 1700 mm. Blockgewicht = 2700 kg. Chargenanalyse: 0,38% C, 0,52% Mn, 0,00% Si, 0,052% P, 0,061% S.

Fig. 187. Einfluß des Aluminiums auf die Gußblockseigerung (nach Talbot). Beide Blätter sind auf dem selben Gespann gegossen, der linke ohne, der rechte mit 113 g/t Aluminiumzusatz.

setzten Seigerungszone entschieden vorzuziehen, insbesondere wenn noch die Gasblasenseigerung berücksichtigt wird.

Aluminium verhindert nicht nur die Bildung von Gasblasen, seine Wirkung erstreckt sich, wie die Fig. 187 nach Talbot[1]) zeigt, auch auf die Seigerungen. Alle Einzelheiten gehen aus der Abbildung hervor, so daß eine nähere Erläuterung überflüssig ist.[2]) Wenn auch nicht in allen Fällen eine derartige Gleichmäßigkeit der Zusammensetzung wie hier erzielt wird, so ist doch die günstige Wirkung des Aluminiumzusatzes auch nach dieser Richtung hin beachtenswert. Worauf sie beruht, ist noch unklar, doch scheint wohl hauptsächlich außer der von Talbot nachgewiesenen und bereits erwähnten Beschleunigung des Verlaufs der Erstarrung auch die Erhöhung der Löslichkeit des Eisens für Gase eine Rolle zu spielen. Von ähnlicher Wirkung wie Aluminium ist anscheinend auch Titan, doch tritt einerseits die Wirkung des Titans nicht so deutlich hervor, anderseits widersprechen die Waterhouseschen[3]) Ergebnisse andern, was im Abschn. III. 15 auf die verschiedene Form des Titanzusatzes zurückgeführt worden ist.

Soweit die als Schlackeneinschlüsse bezeichneten Fremdkörper im flüssigen Eisen löslich sind und sich bei der Erstarrung ausscheiden, folgen sie den allgemeinen Gesetzen der Seigerung. Praktisch liegt der gesamte Schwefelgehalt in Form von derartigen Einschlüssen vor, und daß der Schwefel qualitativ wie Phosphor und Kohlenstoff seigert, wurde gezeigt. Bezüglich der im flüssigen Eisen bereits in unlöslicher Form vorhandenen Einschlüsse gilt der Grundsatz, daß außer ihrem spezifischen Gewicht noch die Fähigkeit, sich zusammenzuballen für die Möglichkeit ihrer Ansammlung im oberen Blockteil in Frage kommt.

2. Die Umkristallisation (Glühen) des nicht verarbeiteten schmiedbaren Eisens.

Mit Umkristallisation seien die Vorgänge beim Erhitzen oder Glühen des aus dem Schmelzfluß abgekühlten schmiedbaren Eisens (Stahlformguß) bezeichnet, soweit sie mit einer Gefügeänderung und nicht lediglich mit Entfernung von Spannungen verknüpft sind. Die Höhe der Glühtemperatur, die Zeitdauer des Glühens und die Geschwindigkeit der Abkühlung sind die hierbei maßgebenden Faktoren.

A. Glühtemperatur.

Wird bei der Erhitzung untereutektoidischer[4]) Stähle die Temperatur der Horizontalen PSK (Fig. 16) erreicht, so geht der im vorher langsam abgekühlten Stahl vorhandene Perlit in feste Lösung über. Wird die Perlitlinie

[1]) Ir. st. Inst. 1905, I, 85; s. a. 1913, II, 30.

[2]) Vgl. a. v. Keil, St. E. demnächst.

[3]) Mech. Eng. 1910, 26, 167. Waterhouse findet in Bessemerschienen-Material folgende extreme Gehalte, die ein Maß für die Seigerung darstellen:

	% C	% P	% S
Ohne Titanzusatz. . .	0,44 bis 0,69	0,088 bis 0,167	0,098 bis 0,223
Mit Titanzusatz . . .	0,44 „ 0,67	0,093 „ 0,123	0,068 „ 0,101

[4]) Nur solche kommen praktisch für die Stahlformgußherstellung in Frage.

PSK nach höheren Temperaturgebieten hin überschritten, so geht außer dem Perlit um so mehr Ferrit in feste Lösung über, je höher die Erhitzungstemperatur ist. Sowie die Temperatur die Ferritlinie GOS erreicht, ist das gesamte Ferrit-Perlitgemisch in feste Lösung verwandelt. Die Hebelbeziehung ergibt die bei einer bestimmten Temperatur und einem bestimmten Kohlenstoffgehalt miteinander im Gleichgewicht befindlichen Mengen Ferrit und feste Lösung.

Bei der Abkühlung der über PSK erhitzten Legierung scheidet sich nach Maßgabe des Zustandsdiagramms wieder Ferrit und Perlit ab, die Legierung kristallisiert um. Die Umkristallisation kann nur dann vollständig sein, wenn bei der Erhitzung die Linie GOS überschritten, die Legierung also bis in das Temperaturgebiet der homogenen festen Lösung gebracht worden ist. Sowohl die Perlit- als auch die Ferritlinie werden bei der Erhitzung in höherer Temperaturlage als bei der Abkühlung gefunden. Der Unterschied beider, die Hysteresis, verschwindet aber wahrscheinlich, wenigstens innerhalb gewisser Grenzen der chemischen Zusammensetzung, bei zweckmäßiger Wahl der Abkühlungs- und Erhitzungsgeschwindigkeit bzw. -dauer. Hierfür sprechen u. a. die Versuche von H. Meyer[1]) mit nickel- und manganhaltigen Stählen. Es muß berücksichtigt werden, daß bei der Abkühlung aus dem Gebiet der festen Lösung Unterkühlungen auftreten können. Ferner ist der bei der Erhitzung erfolgende Lösungsvorgang wie jeder derartige Vorgang an die Zeit gebunden und von der Korngröße der Bestandteile Ferrit und Perlit abhängig. Die zweifellos in der Literatur vorhandenen Abweichungen der Angaben über die Lage der besprochenen Linien sind mit Rücksicht auf diese Gesichtspunkte erklärlich. Hierüber, sowie über die Verschiebung der Linien GOS bzw. PSK mit der chemischen Zusammensetzung ist, soweit Feststellungen vorhanden sind, im zweiten Teil: Konstitution und chemische Zusammensetzung, das Nötige zu entnehmen. Als grobe Faustregel ergibt sich für den Einfluß des Mangans und des Nickels, die als Spezialzusätze hauptsächlich für Stahlformguß in Betracht kommen, daß 1% Mangan die Temperatur des Beginnes der Ferritabscheidung um rd. 70° und 1% Nickel um rd. 35° erniedrigt. Die Erniedrigung des Perlitpunktes scheint etwas geringer zu sein.

Ausschlaggebend ist aber der Kohlenstoffgehalt. Der Unsicherheit bezüglich der Abhängigkeit der Temperatur beginnender Ferritbildung (Ar_3) bzw. vollendeter Auflösung (Ac_3) vom Kohlenstoffgehalt ist bereits gedacht worden. Im Notfalle entscheidet am besten der direkte Versuch. Für eine Reihe von mir[2]) untersuchter Materialien ergab sich die auf gleichen Mangangehalt und zwar 0,8% bezogene Kurve (dünn ausgezogen) Fig. 188. Zur Erzielung vollständiger Umkristallisation ist eine Erhitzung auf rd. 30° über die aus dieser Kurve in Abhängigkeit vom Kohlenstoffgehalt sich ergebenden Temperaturen erforderlich (dick ausgezogene Kurve).

Die auf ihre Bildungstemperatur erhitzte feste Lösung besitzt ein Minimum der Korngröße, i. a. W. die Zahl der γ-Kristallisationskerne ist eine sehr große. Diese γ-Kerne liefern bei der Umkristallisation Keime für die

[1]) St. E. 1914, 1395.
[2]) St. E. 1915, 93.

Ferritbildung, so daß auch das Ferrit-Perlitgefüge sehr feinkörnig ausfällt. Je weiter die Erhitzung in das Gebiet der festen Lösung hinein erfolgt, um so größer wird das Wachstumsbestreben der γ-Kristalle und demzufolge das bei der Abkühlung entstehende Ferrit-Perlitgemisch auch um so gröber. Das in Fig. 189 und 190 dargestellte Beispiel nach Meyer[1]) erläutert dies an einem bei 840°, also zwischen Ar_3 und Ar_1, abgeschreckten Probematerial mit 0,3% Kohlenstoff und 0,25% Mangan, das vor dem Abschrecken einmal (Fig. 189) auf 1100°, das andere Mal (Fig. 190) nur auf 980° erhitzt worden war. Die Zahl der Ferritkerne ist im ersten Falle bedeutend kleiner als im letzten.

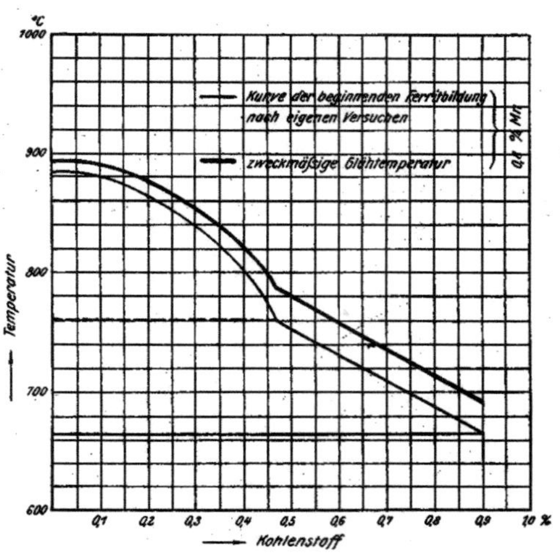

Fig. 188. Zweckmäßige Glühtemperatur von Stahlguß mit 0,8% Mn.

Da die Korngröße der festen Lösung bei ihrer Bildungstemperatur ein Minimum ist, wird bei der teilweisen Umkristallisation durch Glühen innerhalb des Gebietes GOSP lokal und zwar, soweit bei der Erhitzung Auflösung erfolgte, Verfeinerung des Gefüges stattfinden. Indessen bleibt, so lange nicht die Linie GOS überschritten wird, das ursprüngliche grobe Korn unzerstört und die Folge des Glühens ist lediglich eine schein-

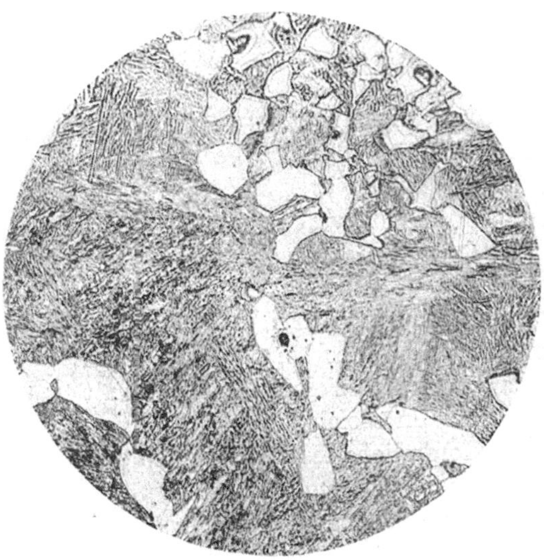

Fig. 189. Stahl mit 0,3% C auf 1100° erhitzt, bis 840° abgekühlt, dann abgeschreckt, Ätzung II, x 225.

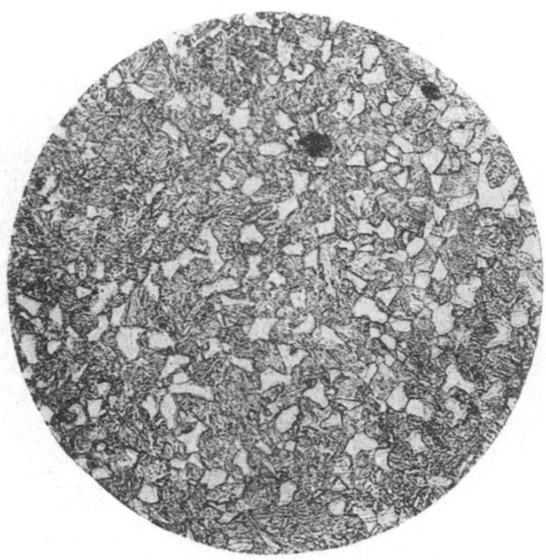

Fig. 190. Derselbe Stahl wie Fig. 189, jedoch auf 980° erhitzt, bis 840° abgekühlt, dann abgeschreckt, Ätzung II, x 225.

[1]) St. E. 1914, 1395.

bare Verfeinerung, ein Zerfall in gleichorientierte Elemente. Glühen bei der Temperatur PSK bewirkt natürlich nur Umkristallisation des Perlits, der dadurch sowohl in seiner Korngröße, als in seinem Aufbau, also in der Ausbildung der Ferrit-Zementit-Lamellen verändert wird.

Glühen bei Temperaturen unterhalb PSK beeinflußt lediglich die Ausbildung des Perlits und führt, wenn die Höhe der Temperatur genügt und Zeit zur Verfügung steht, zur Koagulierung der Zementitlamellen des Perlits, den man dann (zum Unterschied von lamellarem) körnigen Perlit nennt. Die Bildungstemperatur des körnigen Perlits liegt praktisch innerhalb eines etwa 50^0 unterhalb PSK sich erstreckenden Gebietes.

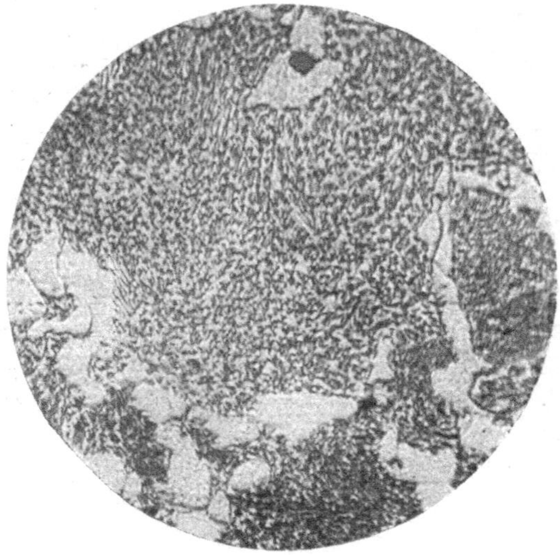

Fig. 191. Körniger Perlit, Ätzung II, x 1000.

Die beim Glühen stattfindenden Gefügeänderungen seien an einigen Beispielen veranschaulicht. Fig. 191 nach Meyer[1]) ist körniger Perlit, der in einem Material mit $0{,}5^0/_0$ Kohlenstoff, $1{,}25^0/_0$ Nickel und $1{,}05^0/_0$ Mangan durch 5stündiges Glühen des Stahls bei 650^0 erhalten wurde.

Fig. 192 ist ungeglühter Stahlguß mit $0{,}27^0/_0$ Kohlenstoff und $0{,}88^0/_0$ Mangan. Das Gußgefüge ist vom Typus V: Widmannstätten. Die zur völligen Umkristallisation erforderliche Glühtemperatur für diesen Stahlguß errechnet sich zu $850 + 30^0$. Fig. 193 ist das Gefüge des bei 750^0 geglühten Materials. Bei dieser Temperatur sind nach der Hebelbeziehung $48{,}6^0/_0$ Ferrit und $51{,}4^0/_0$ feste Lösung mit $0{,}525^0/_0$ Kohlenstoff im Gleichgewicht. Von den $51{,}4^0/_0$ entfallen 30 auf die zur Perlitbildung erforderliche feste Lösung, so daß von 665 bis 750^0 $21{,}4^0/_0$ Ferrit in die feste Lösung übergegangen sind. Eine Verfeinerung des Gefüges ist zweifellos vorhanden, doch ist sie einerseits lokalisiert und anderseits nur scheinbar, denn man erkennt, daß Ferrit und Perlit im größten Teile des Gesichtsfeldes gleichorientiert sind, demnach das grobe Korn des Gußgefüges in Wirklichkeit nicht zerstört ist. Die gleichen Erläute-

[1]) A. a. O.

rungen gelten für Fig. 194, die das Gefüge des bei 800° geglühten Stahls zeigt. Hier ist aber die scheinbare Verfeinerung bedeutend stärker und auf größere Gebiete ausgedehnt. Bei dieser Temperatur sind rd. 65% feste Lösung mit 35% Ferrit im Gleichgewicht; von 665 bis 800° sind demnach 35% Ferrit in feste Lösung übergegangen. Bei 850° (Fig. 195) ist die Gesamtheit des Ferrits

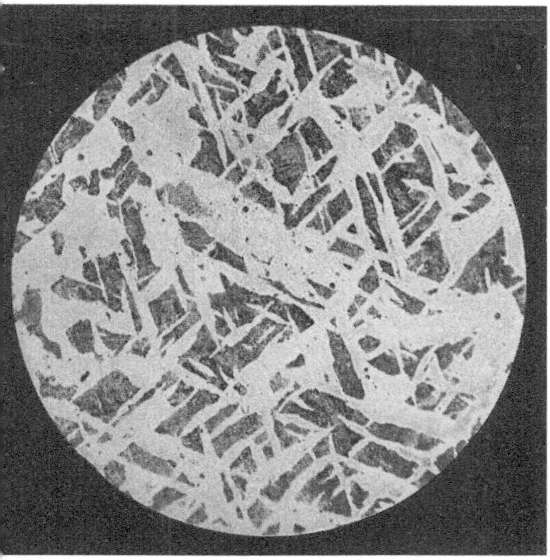

Fig. 192. Stahlguß mit 0,27% C, ungeglüht, Ätzung II, x 80.

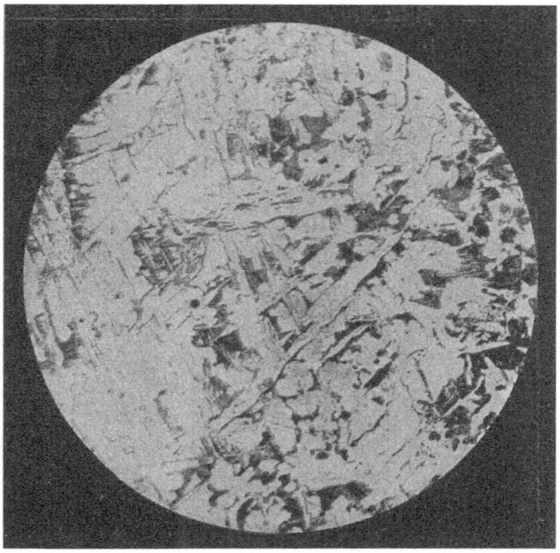

Fig. 193. Stahlguß mit 0,27% C, bei 750° geglüht, Ätzung II, x 80.

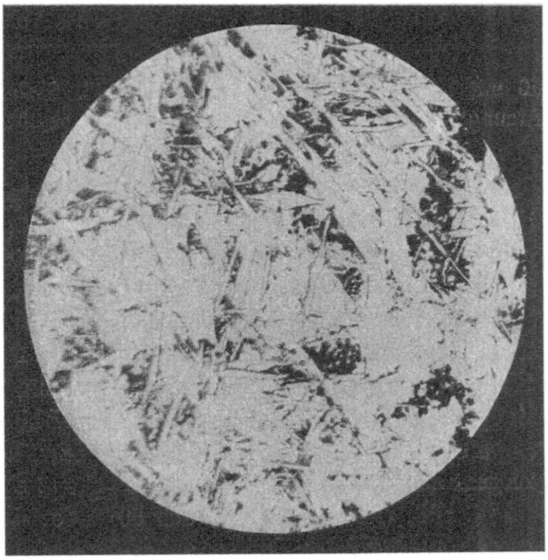

Fig. 194. Stahlguß mit 0,27% C, bei 800° geglüht, Ätzung II, x 80.

gelöst. Die Umkristallisation bei der Abkühlung ist vollständig. Die Ferritkristalle sind nicht mehr nadelig, sondern haben nach allen Richtungen annähernd gleiche Ausdehnung und individuelle Orientierung. Wir haben es hier mit einer wahren, im Gegensatz zu der bei den niedrigeren Glühtemperaturen beobachteten scheinbaren Korngröße des Ferrits zu tun. In der Anordnung des Perlits ist eine gewisse Regelmäßigkeit nicht zu verkennen, die sich in netzwerkähnlicher Anordnung des Perlits äußert. Schon das vorhergehende Bild deutet diese Struktur an. Der Lösungsvorgang beginnt bei der Erhitzung in den perlitischen Teilen der Legierung. Mit steigender Temperatur nimmt der gelöste Ferritanteil zu. Aber selbst wenn die Linie GOS bei der Erhitzung erreicht wird, hängt die Homogenität der Lösung von der Zeit ab, die dem Kohlenstoff zur gleichmäßigen Verteilung (durch Diffusion) zur Verfügung

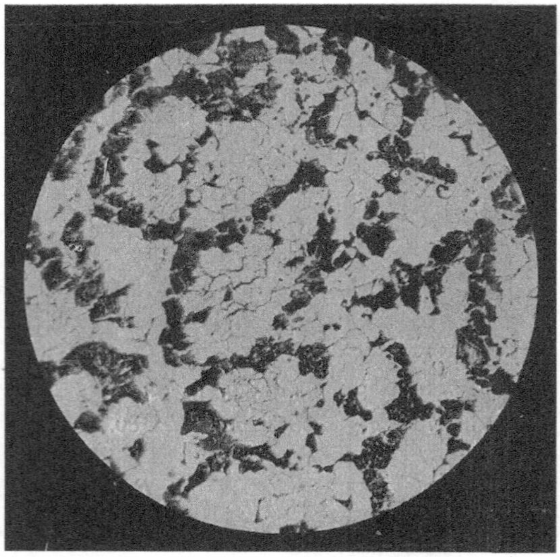

Fig. 195. Stahlguß mit 27 % C, bei 850° geglüht, Ätzung II, x 80.

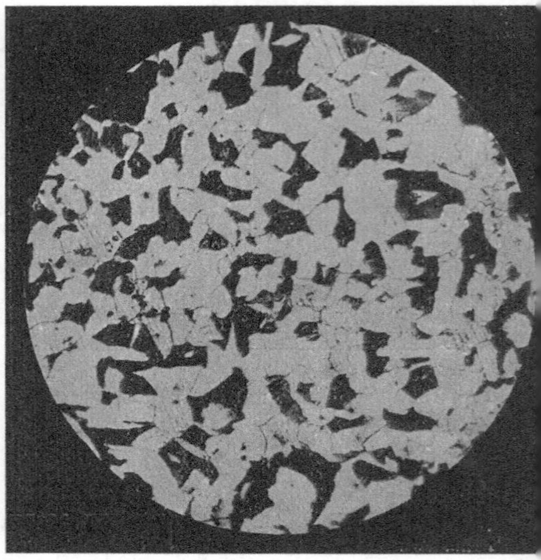

Fig. 196. Stahlguß mit 0,27 % C, bei 900° geglüht, Ätzung II, x 80.

steht und es ist leicht einzusehen, daß diese Zeit mit steigender Korngröße wachsen muß. Die Fig. 195 ist ein Beispiel für unvollständigen Ausgleich des Kohlenstoffgehaltes. In den kohlenstoffärmeren Mittelpunkten des Netzwerks beginnt bei der Abkühlung die Ferritbildung und mit sinkender Temperatur wird infolge weiterer Ferritausscheidung der Kohlenstoff in die sich ständig anreichernde Lösung getrieben. Dieser Vorgang nimmt ein Ende bei der Temperatur der Perlitlinie PSK und der Perlit muß notgedrungen an den Grenzflächen der Ferritagglomerate kristallisieren. Rasche Erhitzung oder kurze Erhitzung auf Temperaturen nahe an der Linie GOS bzw. längere auf wenig unterhalb GOS gelegene Temperaturen führen wahrscheinlich zur Ausbildung dieser Gefügeart. Fig. 196, die das Gefüge des 50° über die Linie GOS erhitzten Stahlgusses zeigt, weist schon keine Spur des geschilderten Perlitnetzwerkes mehr auf, dafür ist aber die Korngröße des Ferrits gewachsen. Durch

Erhitzung auf noch höhere Temperatur, z. B. 1000° wird eine weitere Vergröberung des Perlit-Ferrit-Gemisches (Fig. 197) erzeugt. Die an dieser Versuchsreihe festgestellten Korngrößen des Ferrits sind in Fig. 198 graphisch dargestellt, indessen muß berücksichtigt werden, daß die links vom Minimum gelegenen Werte scheinbare sind und nur die rechts hiervon eingetragenen wirkliche Korngrößen veranschaulichen.

Es ist einzusehen, daß bei ständiger Steigerung der Glühtemperatur gröbste Körnung und schließlich wieder ein Gefüge erreicht würde, das dem des ungeglühten Stahls sehr nahe kommt. Der Perlit findet sich dann nicht mehr an den Grenzen der Ferritkörner, vielmehr bilden Ferrit + Perlit das Korn und ordnen sich innerhalb dieses nach kristallographischen Gesetzen an, es entsteht Widmannstättensches Gefüge oder eine andre Abart der Gußstruktur, je nach den besonderen Versuchsbedingungen. In diesem Falle bezeichnet man den Stahl als überhitzt. Die Gußstruktur und die Struktur des überhitzten Stahls können demnach identisch sein. Mit steigendem Kohlenstoffgehalt sinkt die zur Überhitzung erforderliche Temperatur. Während in dem vorhergehenden Beispiel eines Stahlgusses mit 0,27% Kohlenstoff bei 1000° noch keine Überhitzung zu erkennen ist, tritt sie deutlich bei dieser Temperatur in einem Stahlguß mit 0,4% Kohlenstoff (Umkristallisationstemperatur = 805°) auf, wie das in den Fig. 199—202 veranschaulichte Beispiel zeigt, das im übrigen auch die am ersten Beispiel entwickelten allgemeinen Grundsätze bestätigt.

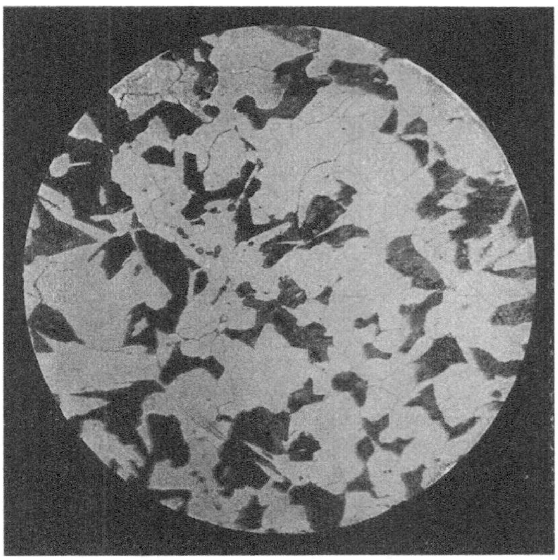

Fig. 197. Stahlguß mit 0,27% C, bei 1000° geglüht. Ätzung II, x 80.

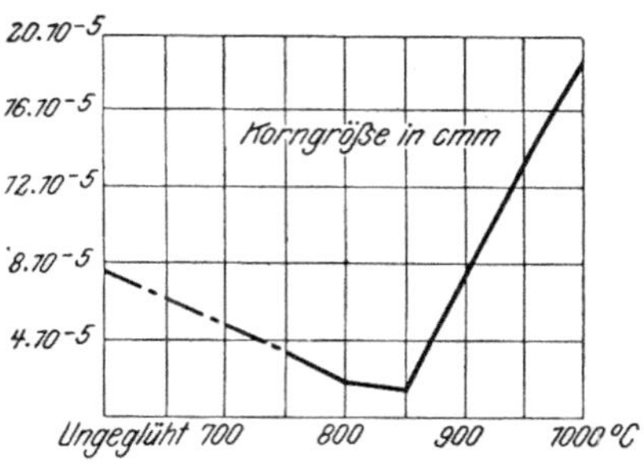

Fig. 198. Abhängigkeit der Korngröße in Stahlguß mit 0,27% C von der Glühtemperatur.

Außer dem mikroskopischen Gefüge verändert sich auch das Bruchgefüge mit der Glühtemperatur und zwar bleibt der meist grobkristalline Bruch des ungeglühten Stahls so lange erhalten, bis die Temperatur der Linie GOS erreicht ist; dies in Übereinstimmung mit der Tatsache, daß innerhalb des Gebietes GOSP nur eine scheinbare Kornverfeinerung erfolgt. Eine bedeutende Verfeinerung des Bruchgefüges ist mit dem Erreichen der Linie GOS beim

Glühen verknüpft und eine Vergröberung wird erst dann wieder bewirkt, wenn das Glühen in höheren Temperaturlagen erfolgt, insbesondere wenn Überhitzung stattgefunden hat.

Hand in Hand mit den Gefügeänderungen beim Glühen gehen die Änderungen der Festigkeitseigenschaften, wie aus den Kurven Fig. 203—205 nach

Fig. 199. Stahlguß mit 0,4 % C, ungeglüht, Ätzung II, x 100.

Fig. 200. Stahlguß mit 0,4 % C, bei 730 geglüht, Ätzung II, x 100.

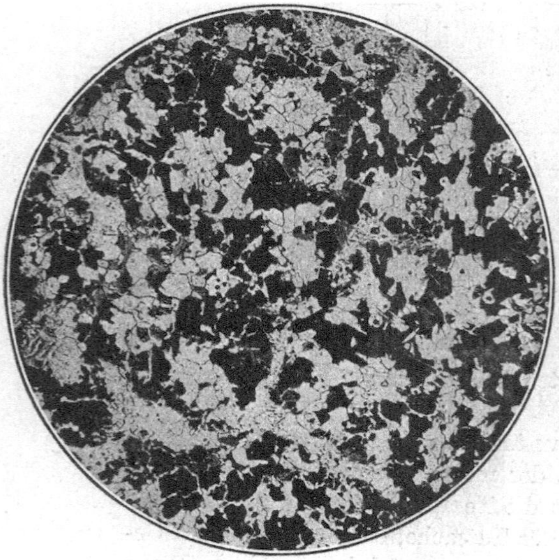

Fig. 201. Stahlguß mit 0,4 % C, bei 800° geglüht, Ätzung II, x 100.

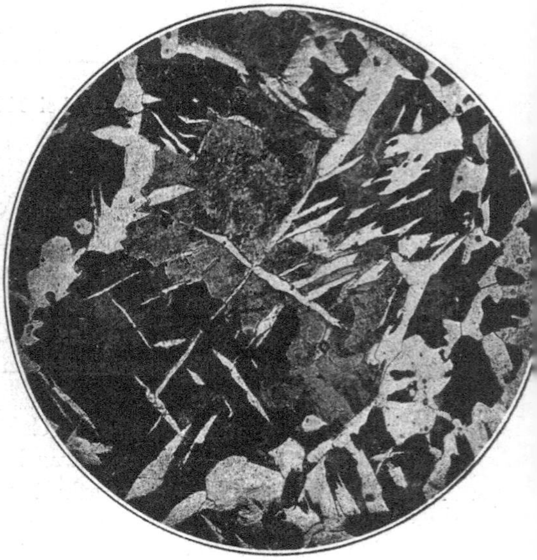

Fig. 202. Stahlguß mit 0,4 % C, bei 100 geglüht, Ätzung II, x 100.

eigenen[1]) Untersuchungen hervorgeht. Die Zusammensetzung der untersuchten Qualitäten sowie die aus dem Kohlenstoff und Mangangehalt berechneten Temperaturen, bei der die Umkristallisation beendet ist, sind aus der nachfolgenden Zusammenstellung ersichtlich:

Temp. d. vollst. Umkristallisation bei d. Erhitzung	Nr.	% C	% Mn	% Si	% P	% S
890°	1	0,11	0,60	0,40	0,030	0,035
847°	2	0,23	0,98	0,38	0,042	0,038
848°	3	0,26	0,80	0,25	0,024	0,030
784°	4	0,40	1,11	0,21	0,027	0,039
766°	5	0,46	0,92	0,20	0,041	0,042
743°	6	0,53	0,79	0,25	0,027	0,036
698°	7	0,69	1,03	0,25	0,021	0,022
674°	8	0,86	0,90	0,27	0,016	0,028

In allen Fällen ist ein Anstieg der Kurven in der Nähe der berechneten Umkristallisationstemperatur zu beobachten. Wenn die Temperatur dieses Anstiegs mit der berechneten nicht vollkommen übereinstimmt und nicht für alle Eigenschaften gleich ist, so gilt doch der bereits erwähnte Grundsatz, daß 30° oberhalb der berechneten Temperatur der Anstieg der Kurven vollzogen und eine Verbesserung der Eigenschaften eingetreten ist. Vor allen Dingen ist nach vollzogener Umkristallisation die Abweichung der Einzelwerte vom Mittel bedeutend geringer, das Material nähert sich dem Zustande der Quasiisotropie. Die nachfolgenden Zahlen veranschaulichen dies. Die Materialien sind dieselben wie S. 188 (sekundäre Kristallisation), jedoch rd. 30° oberhalb Ar_3 geglüht.

Kohlenstoff %	Streckgrenze kg/qmm	Festigkeit kg/qmm	Dehnung %
	27,9	48,3	25,1
0,26	25,7	47,1	25,3
	26,0	46,9	21,5
	28,6	55,6	18,5
0,40	28,4	56,3	17,5
	30,8	56,5	19,9
	29,8	55,7	21,5
	35,2	68,8	13,1
0,53	33,6	68,6	13,9
	35,2	69,5	14,9

Aus der Betrachtung der Kurven Fig. 203–205 ergibt sich:

1. Daß in allen Fällen die Dehnung erhöht wird. (Die Kontraktion verhält sich ebenso.) Eine Verbesserung der Schlagfestigkeit ist dagegen nur bis zu einem Kohlenstoffgehalt von 0,53% zu erkennen. Materialien mit höherem Gehalt besitzen im gegossenen Zustande an sich so niedrige Schlagfestigkeit, daß eine Verbesserung nicht eintritt oder jedenfalls

[1]) St. E. 1915. 93.

so gering ist, daß sie mit den zur Verfügung stehenden Hilfsmitteln nicht zu erkennen ist.

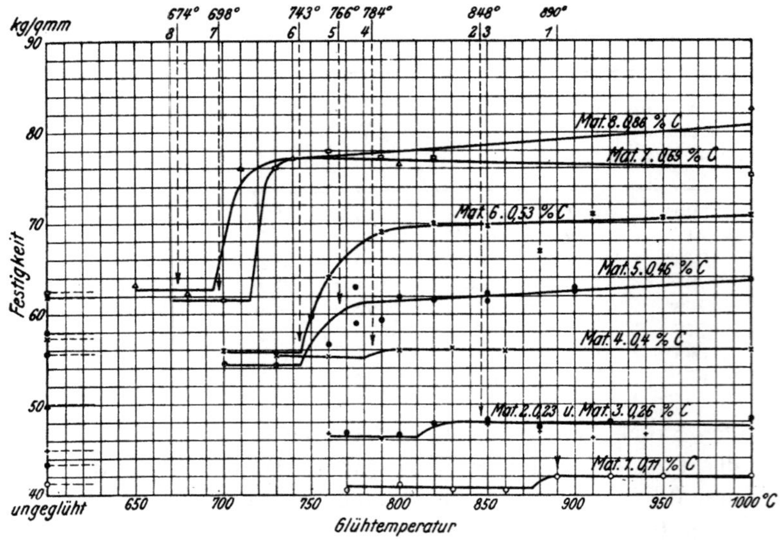

Fig. 203. Abhängigkeit der Festigkeit verschiedener Stahlgußsorten von der Glühtemperatur.

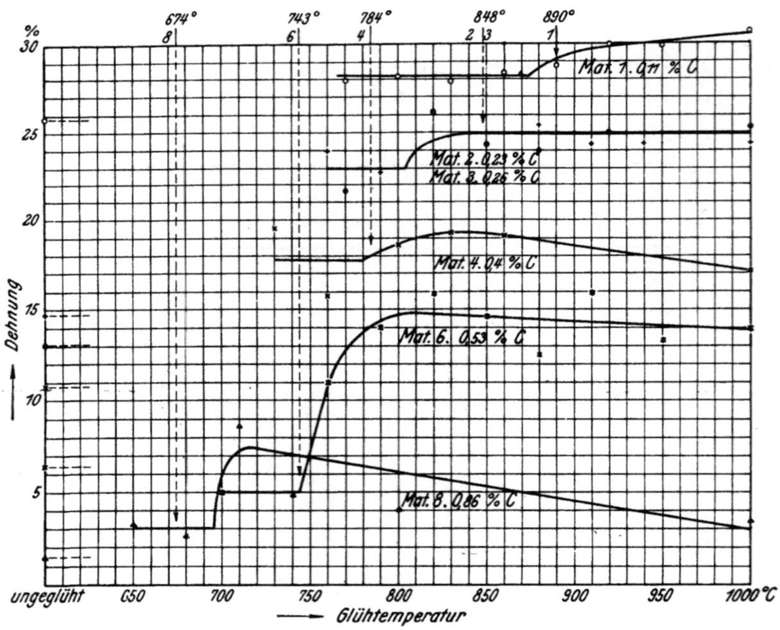

Fig. 204. Abhängigkeit der Dehnung verschiedener Stahlgußsorten von der Glühtemperatur.

2. Die Festigkeit wird im allgemeinen, jedoch nicht immer erhöht. Die Streckgrenze verhält sich ebenso.
3. Der Grad der Verbesserung schwankt außerordentlich.

Den letzteren Umstand suchte ich durch die Annahme zu erklären, daß das Ausgangsprodukt, der ungeglühte Stahlguß, bei gleicher Analyse sich infolge von Verschiedenheiten der Herstellungsbedingungen in verschiedenem

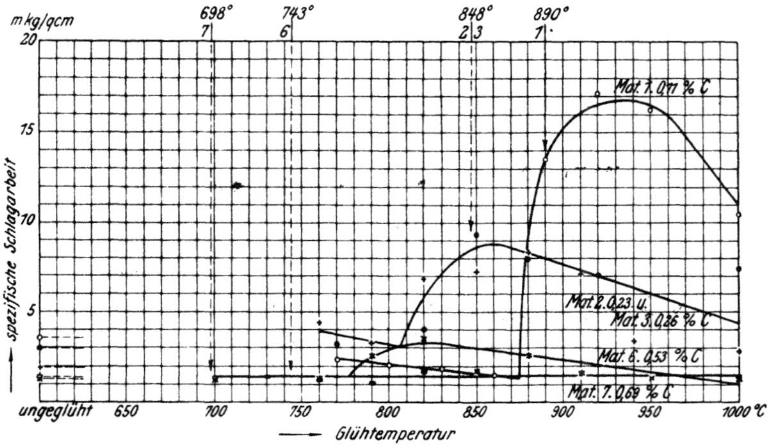

Fig. 205. Abhängigkeit der spezifischen Schlagarbeit verschiedener Stahlgußsorten von der Glühtemperatur.

Anfangszustand befinden kann. Unter Anfangszustand sei der in erster Linie durch die Geschwindigkeit der Erstarrung (Gießtemperatur, Querschnitt) und der Abkühlung bedingte Zustand zu verstehen. Fig. 206 nach J. P. Arend[1]) veranschaulicht die Abhängigkeit der (Kugel-?)Druckfestigkeit von der Wandstärke bei gleicher Gießtemperatur, i. a. W. den Einfluß der Erstarrungsgeschwindigkeit und damit der von letzterer abhängigen Korngröße. Die Festigkeit von Stahlguß mit 0,35% Kohlenstoff würde nach Fig. 206 so lange die Wandstärke zwischen 50 und 80 mm liegt, durch das Glühen erhöht, bei Wandstärken von 10 bis 50 mm dagegen erniedrigt werden und auch der Grad der Erniedrigung bzw. der Erhöhung wäre von der Wandstärke abhängig. Vom Standpunkt des Gußgefüges würde das Widmannstättensche Gefüge Erhöhung, das feinkörnige Ferrit-Perlitgemisch Erniedrigung der Festigkeit bedingen. Stahlguß mit 0,23% Kohlenstoff zeigt qualitativ ähnliche Verhältnisse, doch ist hier das Gebiet der Festigkeitserhöhung weit ausgedehnter. Wenn auch noch weitergehende, systematische Versuche zur vollständigeren Erfassung des Wesens und der Bedeutung des Anfangszustandes erforderlich

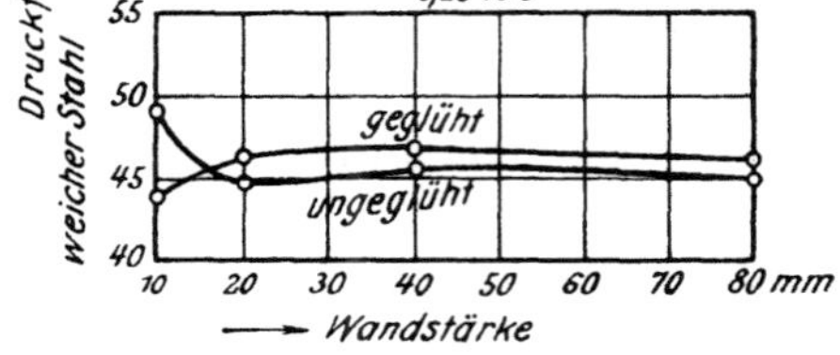

Fig. 206. Abhängigkeit der Druckfestigkeit von der Wandstärke des Stahlgusses (Arend).

[1]) St. E. 1917, 396.

sind,[1]) so beweisen doch schon die Arendschen Versuche, daß bei gleicher Analyse und Glühbehandlung Gußstücke verschiedener Wandstärke bzw. alle Teile eines und desselben Gußstückes mit größeren Verschiedenheiten der Wandstärke nicht dieselben Festigkeitseigenschaften aufweisen können. Durch die mikroskopische Untersuchung ist man in die Lage gesetzt, derartige Verschiedenheiten des in diesem Sinne zu verstehenden Anfangszustandes leicht aufzudecken, weil das Produkt der sekundären Kristallisation von dem Verlauf der primären in so hohem Maße abhängig ist, daß es selbst zweifelhaft erscheint, ob durch mehrmaliges Glühen der Einfluß der letzteren vollständig beseitigt werden kann.

Die Rolle des Phosphors und des Schwefels ist bereits im Kapitel sekundäre Kristallisation beleuchtet und es ist hervorgehoben worden, daß diese Körper bzw. Legierungsprodukte wegen ihrer ungleichmäßigen Verteilung einen die Quasiisotropie vermindernden Einfluß ausüben. Durch das Glühen wird nun lediglich die Ausbildung des Ferrit-Perlitgemisches, nicht aber Phosphor- und Schwefelverteilung beeinflußt. Letztere ist sozusagen eine Materialkonstante, erstere ein mit der Art der Wärmebehandlung veränderlicher Faktor und beide beherrscht die primäre Kristallisation. So bewirkt z. B. rasche Erstarrung nicht nur die Ausbildung eines feinkörnigen primären und damit auch sekundären Kristallisationsproduktes, sondern auch feine und gleichmäßige Verteilung der Phosphor- und Schwefelanreicherungen. Das bei langsamer Abkühlung entstehende grobmaschige Netzwerk von Phosphor- und Schwefelanreicherungen führt in zweckmäßig geglühtem und daher verfeinertem Material aus bekannten Gründen[2]) zur Ausbildung eines grobmaschigen Ferritnetzwerks (vgl. Fig. 156). Je höher demnach, bis zu einer gewissen Grenze, der absolute Phosphor- und Schwefelgehalt ist, um so eher vermag im Verein mit zweckmäßiger Beherrschung des veränderlichen Ferrit-Perlitgemisches beim Glühen auch durch Beschleunigung der Erstarrungsgeschwindigkeit dem auf Verminderung der Quasiisotropie und Beeinträchtigung der Festigkeitseigenschaften gerichteten Einfluß dieser Fremdkörper die Wagschale gehalten zu werden. Es leuchtet ein, daß nicht in allen Fällen die zweckmäßige Beherrschung des Ferrit-Perlitgefüges zum Ziele führen kann, insbesondere nicht bei ungünstiger, also grobmaschiger Anordnung des Phosphor- und Schwefelnetzwerks oder bei übermäßig hohem Gehalt an den beiden Elementen. Folgende Beispiele erläutern dies an zwei bezüglich der Phosphor- und Schwefelgehalte verschiedenen Stahlgußqualitäten.

Stahlguß I.

0,26 % C
0,80 % Mn
0,25 % Si
0,027% P
0,030% S

---

[1]) Vgl. hierzu die demnächst St. E. erscheinende Arbeit von Oberhoffer und Weißgerber.

[2]) S. IV, 1 B.

Behandlung	Streckgrenze kg/qmm	Festigkeit kg/qmm	Dehnung %	Kontraktion %	Spez. Schlagarbeit mkg/qcm
ungeglüht	24,3	38,2	5,1	5,3	2,77
	22,9	47,6	23,3	27,7	3,25
	22,9	44,4	11,0	9,6	2,80
Geglüht bei 850°	27,1	47,1	22,4	36,0	9,9
	28,5	48,5	26,9	45,3	9,9
	29,8	48,5	23,8	40,1	8,4

Stahlguß II.

0,24 % C
0,62 % Mn
0,30 % Si
0,083% P
0,065% S

Behandlung	Streckgrenze kg/qmm	Festigkeit kg/qmm	Dehnung %	Kontraktion %	Spez. Schlagarbeit mkg/qcm
Ungeglüht	n. b.	46,4	6,5	7,2	1,3
	„	45,8	9,5	11,1	1,2
	„	46,8	11,5	14,8	1,4
Geglüht	31,3	48,3	9,5	13,3	2,0
	31,4	48,5	10,0	17,1	1,8
	32,4	50,2	13,5	18,4	2,0

B. Glühdauer.

Das Kristallwachstum wird durch die Zeit gefördert und zwar um so mehr, je höher gleichzeitig die Temperatur ist. Erfolgt das Glühen im Gebiet der festen Lösung, so wachsen mit steigender Glühdauer die γ-Kristalle und bei der Umkristallisation auch die Elemente des Ferrit-Perlitgemisches. Verlängerung der Glühdauer wirkt also in ähnlichem Sinne wie Erhöhung der Glühtemperatur. Fig. 207 erläutert den Einfluß der Glühdauer bei 880° bzw. 950° auf die Größe des Ferritkornes im Stahlguß II der vorhergehenden Beispiele.

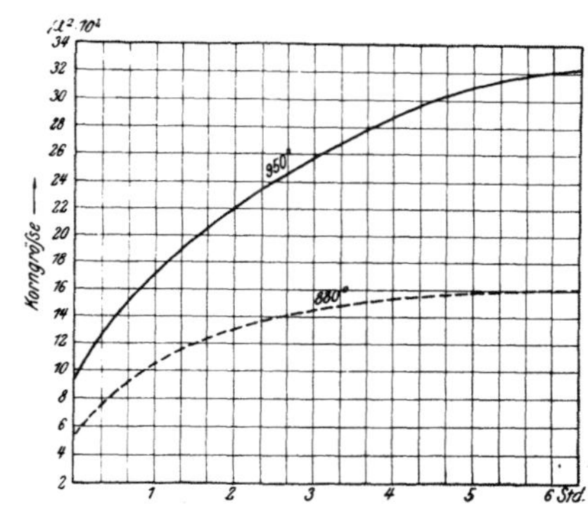

Fig. 207. Abhängigkeit der Korngröße des Ferrits von der Glühdauer.

Das Wachstum des Ferrits wird durch gleichzeitig vorhandenen Perlit gehindert und sinkt demnach mit steigendem Kohlenstoffgehalt, es ist aber wahrscheinlich, daß dann das Wachstumsbestreben des Perlitkorns zunimmt. In den üblichen, kohlenstoffärmeren Stahlgußqualitäten wirkt die Vergrößerung des Ferritkornes erhöhend auf die Dehnung, erniedrigend auf Festigkeit und spezifische Schlagarbeit. Abgesehen hiervon gelangt aber der die Quasiisotropie mindernde Einfluß der Phosphor- und Schwefelanreicherungen um so deutlicher zum Ausdruck, je gröber das Korn ist, so daß zur Erhöhung der Dehnung von dem Mittel der verlängerten Glühdauer nur mit besonderer Vorsicht Gebrauch zu machen ist.

C. Abkühlungsgeschwindigkeit.

Ebenso wie Beschleunigung der Erstarrung zur Ausbildung einer feinkörnigen festen Lösung führt, begünstigt auch Beschleunigung der Abkühlung durch das Gebiet GOSP die Ausbildung eines feinkörnigen Ferrit-Perlitgemisches. Leider kann von diesem Mittel kein allzu ausgiebiger Gebrauch gemacht werden, weil die Gefahr des Auftretens von Spannungen infolge ungleichmäßiger Abkühlung zu nahe liegt. Diese Gefahr ist dadurch herabzumindern, daß man nach beendetem Glühen durch Entfernung des Brennmaterials von den Rosten

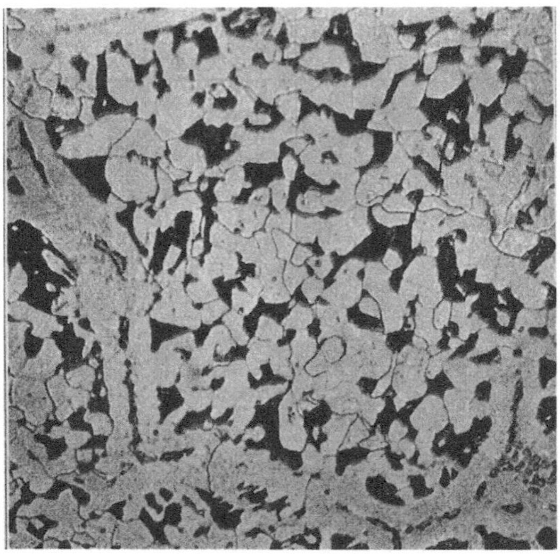

Fig. 208. Ferritnetzwerk bei rascher Abkühlung, Ätzung II, x 80.

oder durch Abstellen des Gases und Eintretenlassen kalter Luft die Temperatur rasch auf Dunkelrotglut sinken und die weitere Abkühlung durch Schließen der Rauchschieber wieder langsam erfolgen läßt.[1]) Rasche Abkühlung durch das Gebiet GOSP hat insofern eine weitere günstige Wirkung. als größere Ferritansammlungen um die Schlackeneinschlüsse verhindert und die Quasiisotropie erhöht wird. Fig. 208 ist ein Stahlguß mit ausgeprägtem Netzwerk sulfidischer Einschlüsse und entsprechendem Ferritnetzwerk nach normaler Abkühlung im Ofen. Fig. 209 derselbe Stahlguß, jedoch sehr langsam durch das Gebiet GOSP hindurch abgekühlt. Die Verbreiterung des Ferritnetzwerks ist unverkennbar. Abgesehen von der Korngröße wird auch die Ausbildung des Perlits durch die Geschwindigkeit der Abkühlung, also im

---

[1]) Galli, Taschenbuch für Eisenhüttenleute, 672.

wesentlichen des Überschreitens der Linie PSK beeinflußt. Langsame Abkühlung bewirkt die Entstehung der körnigen bis lamellaren, rasche die Ausbildung der sorbitischen Form des Perlits. Letztere zeichnet sich durch höhere Festigkeit bei wenig verminderter Dehnung aus.

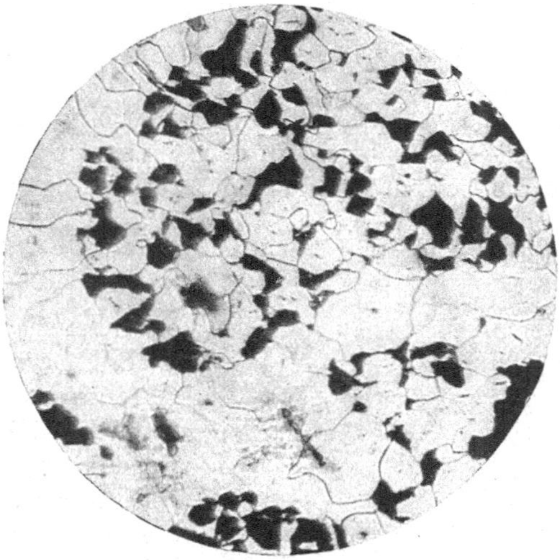

Fig. 209. Ferritnetzwerk bei langsamer Abkühlung. Ätzung II, x 80.

3. Die Kaltverarbeitung des schmiedbaren Eisens.

Man spricht von Kaltverarbeitung, wenn das Arbeitsgut vor dem Ziehen oder Walzen bzw. Hämmern nicht erhitzt wird. Drahtziehen oder Kaltwalzen von Blech wäre also beispielsweise als Kaltverarbeitung aufzufassen. Warmverarbeitung dagegen heißt der Vorgang dann, wenn das Arbeitsgut bei höherer Temperatur, jedenfalls über Dunkelrotglut, verarbeitet wird. Bei den Metallen ohne Modifikationsänderungen gehen die Temperaturgebiete der Kaltverarbeitung allmählich in die der Warmverarbeitung über. Beim Eisen hängt dieser Übergang nach Rosenhain und Humfrey[1]) mit den kritischen Punkten, im besonderen mit der $\gamma \rightleftarrows \beta$-Umwandlung zusammen und erfolgt daher schroff. Dies gelangt dadurch zum Ausdruck, daß einmal der Bruch im α- und β-Gebiet quer durch die Körner, also intrakristallin oder -granular erfolgt, und die Körner in der Zugrichtung gestreckt werden, während im γ-Gebiet der Bruch den Korngrenzen folgt, also interkristallin ist und keine Kornstreckung stattfindet. Heyn[2]) ist indessen der Ansicht, daß auch beim Eisen das Temperaturgebiet der Kaltformgebung allmählich in das der Warmformgebung übergeht.

Die Formgebung durch Kaltziehen, -walzen oder Hämmern ist mit bleibender oder plastischer zum Unterschiede von der elastischen Formänderung verknüpft. Letztere lassen sich auf mikroskopischem Wege nicht fest-

[1]) Ir. st. Inst. 1913, I, 219.
[2]) Mat.-Kde., Bd. II A, 259.

stellen. Die Beobachtung der Vorgänge bei der plastischen Formänderung auf mikroskopischem Wege lehrt folgendes. Sowie die Elastizitätsgrenze überschritten ist und demnach bleibende Formänderungen auftreten, beobachtet man an den Kristallen oder Körnern praktisch reinen Eisens, etwa bei Zugbeanspruchung eines polierten und geätzten Stabes das Auftreten von kornweise parallelen und individuell orientierten Linien, sogenannter Translations- oder Gleitlinien, wie sie in Fig. 210 dargestellt sind. Die Entstehung dieser Linien kann man sich nach einer allgemein verbreiteten Anschauung entsprechend Fig. 211 so vorstellen, daß in einem ebenen, und ursprünglich rechteckigen Ausschnitt aus einem Korn oder Kristall unter der Einwirkung eines Kräftepaares die beiden Teilkristalle A und A_1 gleicher Orientierung längs GG aneinander vorbeigleiten. Die Ebene GG, in der das Gleiten erfolgt, heißt Gleit- oder Translationsebene und ist nach Mügge[1]) sowie nach Osmond und Cartaud[2]) die Oktaederfläche (wie in den meisten regulären Metallen), bei stärkeren Beanspruchungen die Rhombedodekaederfläche. Wie die Betrachtung der Fig. 210 lehrt, weisen nicht alle Kristalle eines Haufwerks gleichzeitig Gleit- oder Translationslinien auf, was man durch die besonders günstige Orientierung einzelner Körner zur Kraftrichtung erklärt hat. Mit steigender Beanspruchung nehmen nach und nach alle Körner an der Translation teil und außerdem wächst die Zahl der Translationsflächen pro Korn. In manchen Fällen,[3]) insbesondere bei kleinstem Korn, treten sie erst nach erheblicher Überschreitung der Elastizitätsgrenze oder überhaupt nicht auf. Bei der Formänderung durch Translation wird an der kristallographischen Orientierung des Kornes nichts geändert, weshalb denn auch die beim Tiefätzen des Ferrits beobachteten Helligkeitsdifferenzen einmal erhalten bleiben und ferner in ein und demselben Korn nicht verschieden sein können.

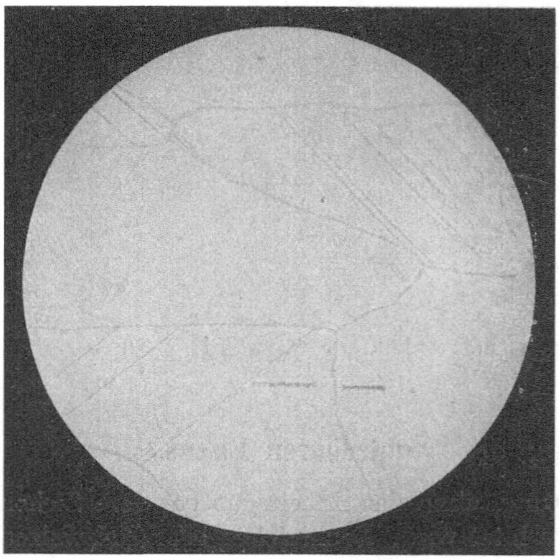

Fig. 210. Translationslinien in reinem Eisen, Ätzung II, x 100.

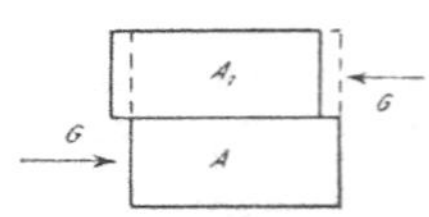

Fig. 211. Entstehung der Translationslinien, schematisch.

Anderer Natur ist die zweite Formänderungsart innerhalb des Kornes, die in Fig. 213 ebenfalls an einem ebenen rechteckigen Ausschnitt aus einem

---

1) N. Z. Min. 1889, I. 130; 1892, II. 91; 1895, II. 211; 1898. I. 71; 1899, II. 55.

2) Met. 1906, 522.

3) Osmond und Cartaud, a. a. O.

Kristall veranschaulicht ist. Hier hat sich unter dem Einfluß des Kräftepaares der Teil A_1 parallel zum Teil A des Kristalls verschoben, doch fand außerdem in der Zone Z noch eine weitere Veränderung und zwar Drehung um den Winkel α statt. Dieser Winkel entspricht der Zwillingsstellung[1]) der Lamelle Z. In ein und demselben Kristall können mehrere Zwillingslamellen auftreten. Sie nehmen bei der Tiefätzung eine andere Färbung an als der restliche Teil des Kristalls, was ja mit Rücksicht auf die Verschiedenheit der Orientierung erklärlich ist und unterscheiden sich dadurch von den zwischen Translationslinien eingeschlossenen Zonen. Beim γ-Eisen (vgl. z. B. Fig. 15, 62, 70) ist Zwillingsbildung die Regel. Beim α-Eisen tritt sie sehr selten auf. Fig. 212 zeigt eine Zwillingslamelle in α-Eisen (Elektrolyteisen). Man kann nach Osmond und Cartaud[2]) durch Aufschlagen einer Spitze auf polierte Flächen Zwillingsbildung erzeugen. Nach diesen Verfassern ist übrigens das „Einschnappen“ der Lamelle in die Zwillingsstellung durchaus nicht erforderlich, vielmehr können alle sogenannten banalen Zwischenlagen zwischen dem Winkel Null und α durchlaufen werden.

Fig. 212. Zwilling in deformiertem α-Eisen. x 100.

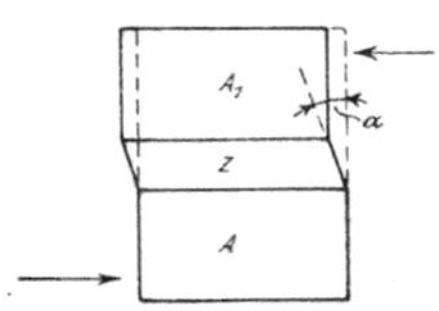

Fig. 213. Zwillingsbildung, schematisch.

Mit steigender Beanspruchung ändern sich die für das α-Eisen charakteristischen Translationslinien. Sie verlieren ihren bisherigen gradlinigen Verlauf und nehmen mehr oder minder gekrümmte, wellenförmig verlaufende Bahnen an, sie werden „banalisiert“ und sind schließlich nur noch abhängig vom Spannungsverlauf. Gleichzeitig erleidet auch die Korngestalt eine Veränderung und zwar wird das Korn allmählich in der Richtung der Beanspruchung gestreckt. Fig. 214 zeigt die Verlängerung des Kornes sowie den von der Orientierung des einzelnen Kornes unabhängigen Verlauf der „Fließlinien“ in der durch Pfeile angedeuteten Streckrichtung. Die Abhängigkeit der Korngestalt von der Art der Beanspruchung geht auch aus dem in den Fig. 215—217 dargestellten Beispiel hervor. Fig. 215 entspricht dem unter Zug — Fig. 217 dem unter Druckbeanspruchung stehenden Teil eines im Winkel von 180° gebogenen Flußeisenstabes, während Fig. 216 die neutrale Zone veranschau-

[1]) Über die Art des Zwillingsgesetzes vgl. Linck, Z. f. Krist. 1892, 20, 209; sowie Osmond und Cartaud, a. a. O.

[2]) A. a. O.

licht. Die Figuren sind in ihrer natürlichen Stellung im Objekt wiedergegeben. Die Abhängigkeit der Korndeformation von der Größe der Beanspruchung, der sogenannte Streckungsgrad, wird weiter unten besprochen.[1])

Der Perlit spielt im kohlenstoffhaltigen Eisen eine ganz besondere Rolle wegen seiner Neigung zu ausschließlich banaler Formänderung[2]), die stets der des Ferrits vorauseilt, so daß in letzteren erst Fließlinien erscheinen, wenn der Perlit längst unter dem Einfluß der äußeren Kräfte Gestaltsveränderungen erlitten hat.

Über die Formänderungsvorgänge in übereutektoidischen Stählen liegen keine Beobachtungen vor.[3])

Die Schlackeneinschlüsse werden im allgemeinen, wie im Kapitel Warmverarbeitung geschildert werden wird, durch letztere in der Streckrichtung

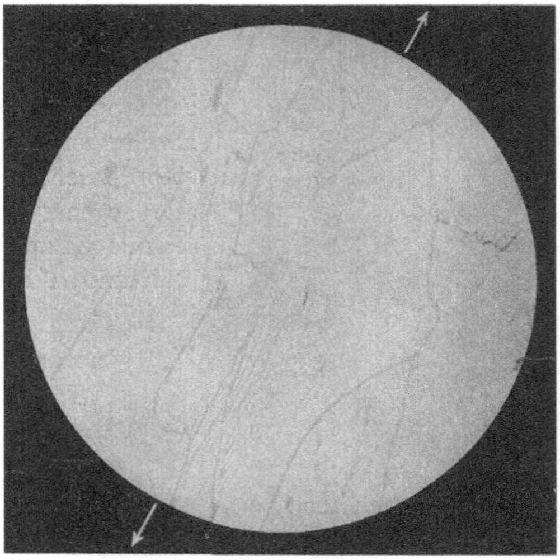

Fig. 214. Fließlinien und Korndeformation in deformiertem, reinem Eisen. Ätzung II, x 200.

gestreckt, weil sie bei hoher Temperatur relativ plastisch sind. Eine Formänderung bei gewöhnlicher Temperatur vermögen sie jedoch wegen ihrer Sprödigkeit nicht zu ertragen, brechen vielmehr häufig quer zur Streckrichtung.

Hand in Hand mit den bei der Formänderung auftretenden Gefügeänderungen gehen tiefgreifende Eigenschaftsänderungen vor sich. Von größter praktischer Bedeutung ist die Änderung der Eigenschaften beim Drahtziehen. Fig. 218 nach Ergebnissen von H. Altpeter mit einem Flußeisen mit 0,1% Kohlenstoff veranschaulicht die Veränderung einiger Eigenschaften durch die beim Drahtziehen auftretende Kaltformänderung. Als Abszisse wählte Alt-

[1]) Vgl. hierzu auch Kurrein, Baumat. 1904, Heft 13.

[2]) Vgl. Über die Formänderung des Perlits, Howe, St. E. 1915, 197.

[3]) Vgl. jedoch im nächsten Abschnitt Hanemanns Untersuchungen an kaltgewalztem Bandstahl, sowie im Abschnitt Warmverarbeitung: über das Schmieden übereutektoidischer Stähle.

peter[1]) die sogenannte Streckzahl F_0/F[2]), wo F_0 den ursprünglichen, F den unter Betrachtung stehenden, durch Ziehen reduzierten Querschnitt bedeutet. Zum Vergleich ist auch die prozentuale Querschnittsverminderung $\frac{F_0 - F}{F_0} \cdot 100$

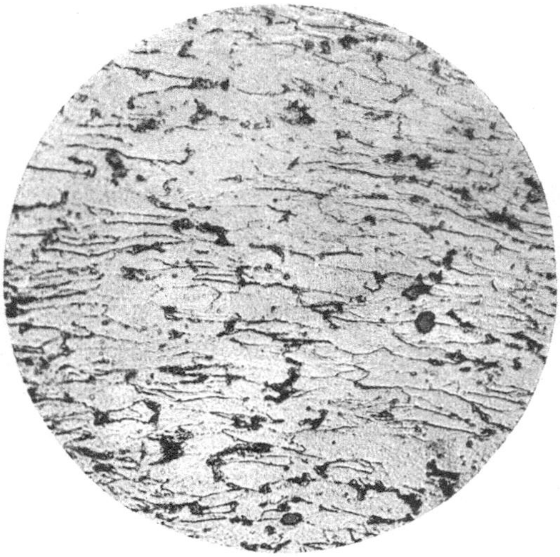

Fig. 215. Gezogene Zone eines um 180° gebogenen Stabes aus weichem Flußeisen, Ätzung II, x 100.

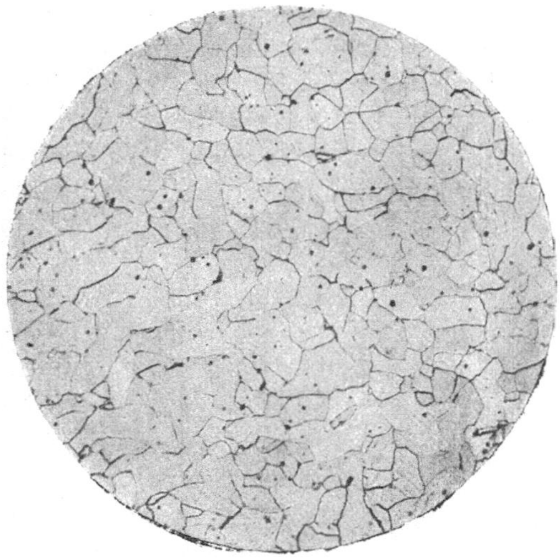

Fig. 216. Neutrale Zone eines um 180° gebogenen Stabes aus weichem Flußeisen, Ätzung II, x 100.

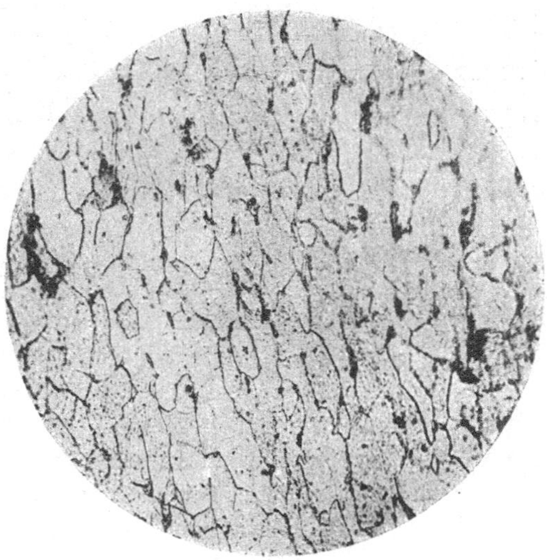

Fig. 217. Gedrückte Zone eines um 180° gebogenen Stabes aus weichem Flußeisen, Ätzung II, x 100.

als Maß der Verarbeitung beigefügt. Der Anfangsdurchmesser des Walzdrahts betrug 13,85 mm, der Enddurchmesser des gezogenen Drahtes 3,35 mm.

[1]) St. E. 1915, 362. Diss. Breslau 1914.

[2]) Vgl. Heyn, Mat.-Kde., II A, S. 620.

Die Änderung der Korngestalt des Ferrits gelangt durch das sogenannte Streckungsverhältnis[1]) zum Ausdruck, das dem Verhältnis der durchschnittlichen längeren Kornseite zur kürzeren entspricht. Dieses Verhältnis wächst mit zunehmender Querschnittsverminderung, jedoch konnte Altpeter, wie vor ihm Heyn, feststellen, daß das Kornvolumen nicht konstant bleibt, sondern von einem gewissen Formänderungsgrade an und zwar für $F_0/F = 3{,}06$ stark abnimmt. Eine Erklärung für diese Aufteilung der Körner kann erst im nächsten Abschnitt (Rekristallisation) gegeben werden.

Die Löslichkeit, ausgedrückt durch die Gewichtsabnahme der Probe nach 83stündigem Verweilen in 1%iger Schwefelsäure, die nach dem Shoreschen Verfahren ermittelte Härte, die Bruchfestigkeit und die Streckgrenze nehmen mit steigender Querschnittsverminderung nach einem annähernd parabolischen

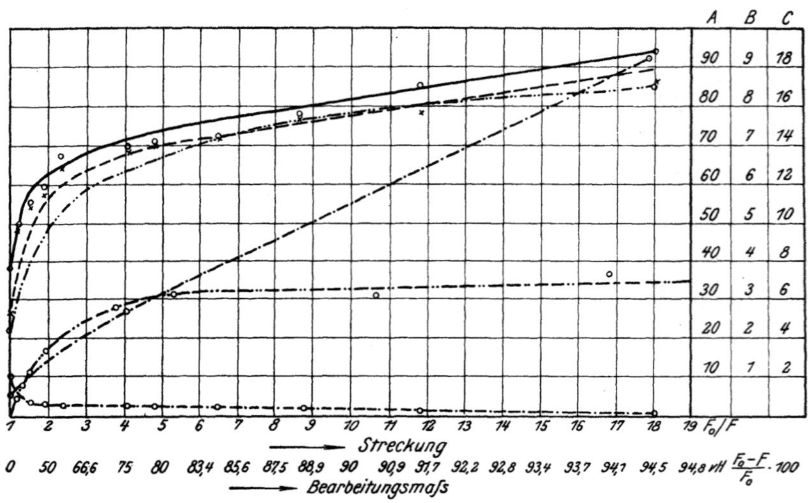

Fig. 218. Veränderung der Festigkeits- und einiger anderer Eigenschaften von Draht mit 0,1% C durch Kaltziehen. (Altpeter.)

	Eigenschaft	Maßstab		Eigenschaft	Maßstab
———	Festigkeit kg/qmm	A	—·—·—	Härte (Shore)	A
— — —	Streckgrenze „	A	——·——	Löslichkeit	B
— —·— —	Dehnung %	A	—·—·—	Streckungsgrad	C

Gesetze zu, die Dehnung nimmt sehr rasch ab und zwar bereits nach dem ersten Zuge. Wie die Streckgrenze verhalten sich Proportionalitäts- und Elastizitätsgrenze[2]) mit dem Unterschiede, daß sie nicht wie die Streckgrenze bereits nach dem ersten Zuge mit der Festigkeit beinahe zusammenfallen. Wie die Dehnung verhält sich die Kontraktion.[2]) Mit Ausnahme des Streckungsverhältnisses und der Streckgrenze, die nicht bestimmt wurden, ergeben sich nach P. Goerens[2]) ähnliche Kurven für mittelharten und harten Stahl mit 0,55 bzw. 0,78% Kohlenstoff. Der Elastizitätsmodul bleibt nach P. Goerens[2]) unbeeinflußt. Auch die elektrische Leitfähigkeit bleibt nach P. Goerens

[1]) Vgl. Heyn, Mat.-Kde., II A, S. 230.
[2]) Vgl. P. Goerens, Fer. 1913, 65.

unbeeinflußt im Widerspruch zum Verhalten andrer Metalle, z. B. Kupfer.[1]) Das Verhalten einiger magnetischer Eigenschaften nach P. Goerens[2]) wird durch die Fig. 219 und 220 an weichem Flußeisen mit 0,07, Stahl mit 0,55 und mit 0,78% Kohlenstoff erläutert. Fig. 221 nach demselben Verfasser zeigt endlich die durch Kaltziehen hervorgerufene Verminderung des spezifischen Gewichtes von Flußeisendraht mit 0,07% Kohlenstoff, deren Grad übrigens anscheinend mit steigendem Kohlenstoffgehalt abnimmt. Fig. 222 (nach P. Goerens) ist ein Längsschnitt durch „überzogenen" Draht. Im Innern des Drahtquerschnitts ist offenbar das Arbeitsvermögen, ausgedrückt durch die maximale Querschnittsverminderung, eher erschöpft als am Rande. Die inneren Schichten werden demnach beim Drahtziehen stärker gereckt als die äußeren.

Es würde über den Rahmen dieser Arbeit hinausgehen, die zur Erklärung der Eigenschaftsänderungen aufgestellten Hypothesen in ihren Einzelheiten zu besprechen. Ein kurzer Hinweis auf die einzelnen Anschauungen ohne

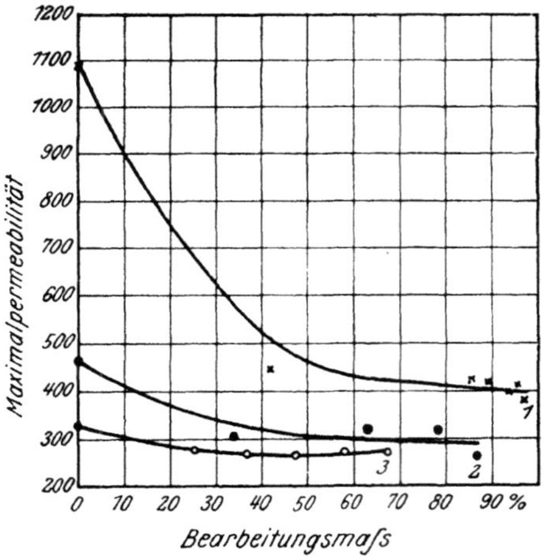

Fig. 219. Veränderung der max. Permeabilität von Drähten mit verschiedenen Kohlenstoffgehalten durch Kaltziehen. (P. Goerens.)
Kurve 1 = 0,07% C,
„ 2 = 0,55% C,
„ 3 = 0,78% C.

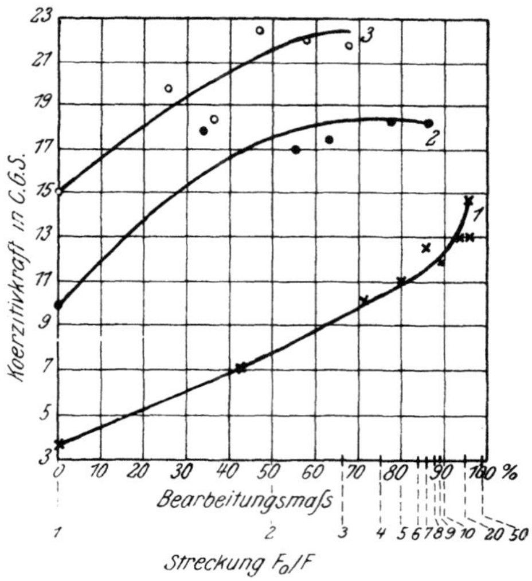

Fig. 220. Veränderung der Koerzitivkraft von Drähten mit verschiedenen Kohlenstoffgehalten durch Kaltziehen. (P. Goerens.)
Kurve 1 = 0,07% C,
„ 2 = 0,55% C,
„ 3 = 0,78% C.

Eingehen auf das Für und Wider genüge, um so mehr, als eine allgemein angenommene Anschauung noch nicht existiert. Wie an den Korngrenzen nehmen Rosenhain[3]) und seine Mitarbeiter das Vorhandensein der amorphen Beilbyschen Phase auch in den Gleitflächen an und suchen die Verfestigung mit der relativen Starrheit dieser Phase und die Abnahme der Dichte mit ihrem größeren Volumen zu erklären. Guertler[4]) ersetzt im wesentlichen

[1]) Vgl. z. B. Gewecke, Diss. Darmstadt und Heyn, Mat.-Kde., II A, S. 305. Im übrigen geht aus den späteren Untersuchungen (Fer. 1913, 233) von P. Goerens hervor, daß der elektrische Leitwiderstand des Eisens, wenn auch unwesentlich, durch Kaltformänderung erhöht wird. [2]) Fer. 1913, 65. [3]) Int. Z. Met. 1914, 5, 65, ebendort Literaturnachweis. [4]) Int. Z. Met. 1914, 5, 213.

amorph durch „parakristallin" oder „weniger stabil orientiert". Während aber Rosenhain den amorphen Schichten endliche Ausdehnung zuschreibt, nimmt Guertler nur molekulare parakristalline Schichten an. Nach Tammann[1]) besteht direkte Abhängigkeit der Zahl der Gleitflächen von der Beanspruchung. Jede Störung der Raumgitteranordnung wird von ihm abgelehnt. Tammann beschränkt aber seine Ausführungen auf relativ niedrige Deformationsstufen. Die Steigerung der Elastizitätsgrenze beruht nach Tammann auf dem Umstande, daß nicht alle, sondern nur die zur Richtung der Beanspruchung günstig orientierten Kristalle Gleitflächen entwickeln. Nur durch Steigerung der Beanspruchung können neue Gleitflächen in weiteren

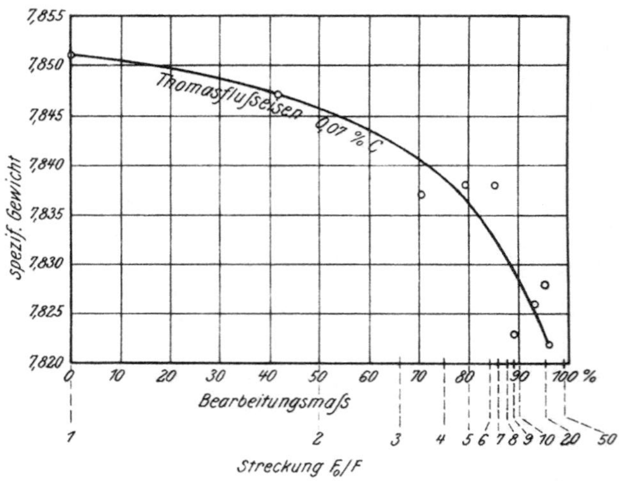

Fig. 221. Veränderung des spezifischen Gewichts durch Kaltziehen. (P. Goerens.)

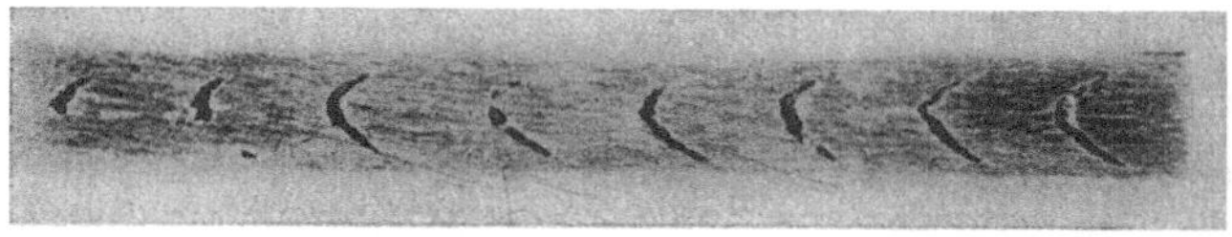

Fig. 222. Längsschnitt durch überzogenen Draht. (P. Goerens.)

Kristallen entwickelt werden. Läßt man die Beanspruchung auf Null zurückgehen, so wird eine Wiederbelastung erst weiteres Gleiten hervorrufen, wenn sie die vorher erreichte Höhe überschreitet. Zur Erklärung der Dichteabnahme setzt Tammann in den Gleitflächen die Entstehung von Lücken voraus. Heyn[2]) ist der Ansicht, daß ein Kristall, der Formänderung durch Translation zuläßt, jeden beliebigen Raum unter Druck auszufällen vermag und befindet sich damit in Übereinstimmung mit Tammann. Zur Erklärung der Dichteabnahme nimmt Heyn das Vorhandensein rein elastischer neben plastischer Formänderungen an. v. Moellendorf und Czochralski[3]) haben auf dem

[1]) Metallographie, Leipzig und Hamburg, 1914, ebendort Literaturnachweis.
[2]) Mat.-Kde., II A, S. 222.
[3]) V. d. I. 1913, 931, ferner Int. Z. Met. 1914, 6, 43 u. 289.

Boden der Lehren von O. Lehmann[1]) die auf der Annahme von Raumgitterstörungen fußende Verlagerungshypothese aufgestellt. Das Auftreten von Translationslinien wird als Drehung der Moleküle in ebenen Verbänden aufgefaßt, das geringe normale Annäherung oder Entfernung bedingt, und zwar erfolgt die Drehung ununterbrochen, nicht plötzlich (vgl. Fig. 213). Bei höheren Beanspruchungen folgt der Drehung Schubbewegung. Beide Bewegungen sind noch abhängig vom Kristallsystem. Nach und nach werden aber die Bewegungen banalisiert und ausschließlich von der Richtung der Beanspruchung abhängig. Der Endzustand bei höchstem Formänderungsgrad ist die erzwungene Homöotropie (Gleichrichtung) der Moleküle, die sich „wie die Lenkrollen einer Rollkarre“ senkrecht zur Verschiebungs-, also parallel zur Streckrichtung einstellen. Die Verfestigung der Metallkristalle ist nach dieser Auffassung eine Folge des mit der beschriebenen Raumgitterstörung verbundenen Verringerns bzw. gänzlichen Aufhebens der molekularen Verschiebbarkeit.

An dieser Stelle sei noch kurz der Dauerbruch- oder Ermüdungserscheinungen gedacht. Es ist möglich nachzuweisen, daß ein Eisenstab durch eine Beanspruchung zu Bruch gebracht werden kann, die weit unter seiner Bruchfestigkeit, ja sogar unter seiner Elastizitätsgrenze liegt, wenn diese Beanspruchung häufig und ununterbrochen erfolgt. Zahlreiche Vorrichtungen sind zu dem Zwecke gebaut worden, um wiederholte, von Null auf ein Maximum steigende und wieder auf Null abnehmende Beanspruchung zu erzeugen. Durch Verwendung der Biegeprobe läßt sich auch das Vorzeichen dieser maximalen Beanspruchung ändern. Die Analogie des bei der Dauerbruchprobe erzeugten charakteristischen Bruchgefüges mit dem praktisch vielfach beobachteten führte zum Rückschluß, daß die Ausbildung des Bruches in ähnlicher Weise wie bei der Dauerbruchprobe erfolgt. Der typische Dauerbruch findet sich bei Wellen, Achsen und ähnlichen, umlaufenden, auf Biegung bzw. Torsion beanspruchten Maschinenteilen. Fig. 223 ist ein Teil des Bruchquerschnittes einer geschmiedeten Feinblechwalze von 0,8 m Durchmesser in natürlicher Größe. Das Bruchgefüge ist im dunkleren Teil äußerst feinkörnig, der Bruch fast glatt bis muschlig. Von einer an der untersten Grenze dieser Zone gelegenen Stelle (durch einen Pfeil gekennzeichnet), die sich bei der mikroskopischen Untersuchung als Schlackeneinschluß von größerer Ausdehnung erwies, gehen zahlreiche Kurven[2]) aus, deren Ausbildung mit der jeweiligen Verteilung der Spannungen zusammenhängt. In dem helleren Bereich, der den überwiegenden Teil des Querschnitts ausmacht, ist der Bruch normal, d. h. ziemlich grobkristallin.

Nach diesem Befund dürfte wohl im vorliegenden Falle die Schlackenansammlung als Ursache oder vielmehr als Erreger des Dauerbruchs anzusehen sein. Diese Schlußfolgerung kann aber nicht verallgemeinert werden, und es gelingt bei Dauerbrüchen durchaus nicht immer, den Erreger in dieser prägnanten Form zu finden. Der künstlich erzeugte Dauerbruch von vollkommen einwandfreiem Material wäre ja auch sonst unerklärlich.

Die Ansichten über die Entstehung des Dauerbruchs sind noch nicht völlig geklärt. Die sogenannte elastische Nachwirkung wird vielfach als Ur-

[1]) Die neue Welt der flüssigen Kristalle, 1910.
[2]) Kardioiden mit gleicher Spitze.

heber des Dauerbruchs angesehen. Das Abklingen der elastischen Spannung nach Aufhörung der Belastung erfordert eine gewisse Zeit,[1]) die bei der Dauerbeanspruchung nicht zur Verfügung steht, so daß zu der eigentlichen Beanspruchung eine mit der Zeit sich steigernde, lediglich auf elastische Nachwirkung zurückzuführende Beanspruchung hinzukommt. Die Summe der Beanspruchungen kann die Elastizitäts- und schließlich die Bruchgrenze erreichen: Lokal begünstigt wird dieser Vorgang durch das Vorhandensein von Faktoren, die eine lokale Steigerung der Spannung infolge von Kerbwirkung[2])

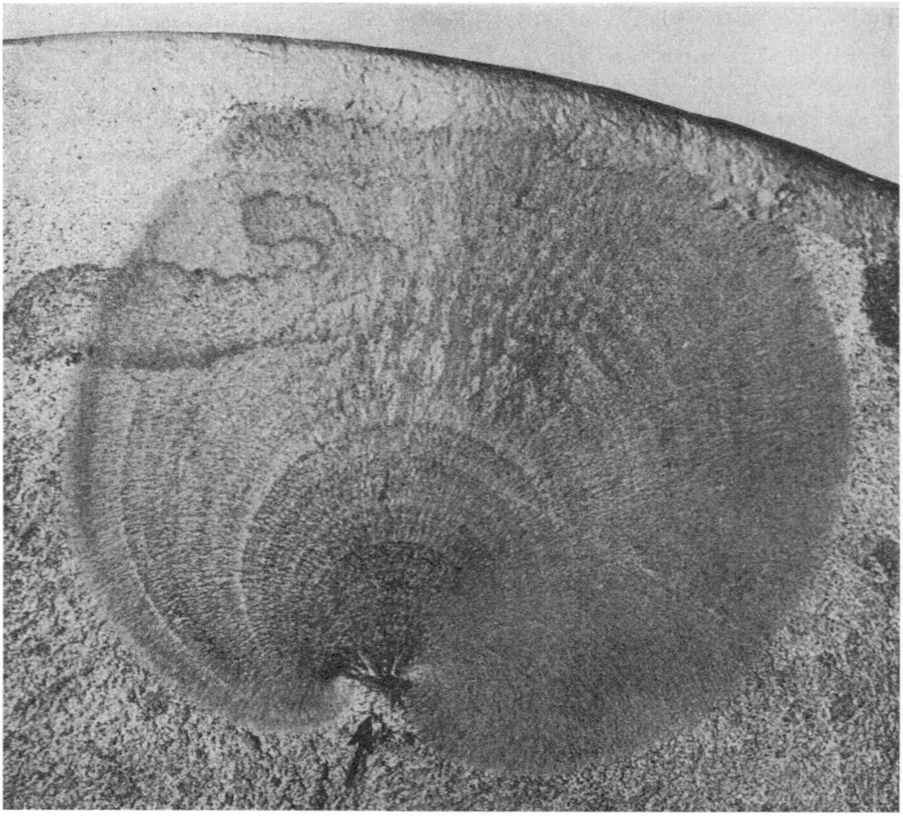

Fig. 223. Dauerbruch einer Feinblechwalze, x 1.

an und für sich herbeizuführen vermögen. Hierher gehören: Schlackeneinschlüsse, Haarrisse, Poren, Gasblasen, ja sogar von der Bearbeitung herrührende Drehriefen an der Oberfläche des Arbeitsgutes. Die lokale Erreichung der Bruchgrenze führt lokal zur Ausbildung eines mikroskopisch feinen Anrisses, der allmählich an Ausdehnung zunimmt und zwar gesetzmäßig in Abhängigkeit von der Spannungsverteilung. Für die Ausbildung dieses Risses steht Zeit zur Verfügung, da ja im allgemeinen zunächst noch der gesamte Querschnitt

[1]) Vgl. Martens, Mat.-Kde., Bd. 1.
[2]) Vgl. Martens-Heyn, Mat.-Kde., Bd. II A.

der Beanspruchung standhält. Dem allmählichen Fortschreiten des Risses entspricht äußerst feinkörniges Bruchgefüge, da der Riß sozusagen den einfachsten Weg zu wählen in der Lage ist. Schließlich kommt aber ein Moment, wo der geschwächte Querschnitt der Gesamtbeanspruchung nicht mehr standhält und momentan der Bruch des Restquerschnitts erfolgt, der dann das übliche kristallinische Gefüge derartig erfolgter Brüche aufweist. Diesem letzteren Vorgang entspräche der hellere Teil der Fig. 223.

4. Die Rekristallisation (Glühen) des kaltverarbeiteten schmiedbaren Eisens.

Rekristallisation nennt man diejenigen Veränderungen des Gefüges, die in kaltverarbeiteten Metallen und Legierungen bei Wärmezufuhr (Glühen) erfolgen. Diese Veränderungen sind einmal das Verschwinden aller Merkmale der Kaltformänderung wie Translationslinien, Zwillingsstreifung, banale Formänderungslinien und Kornstreckung, dann aber auch diejenigen, die sich auf die Veränderungen der Größe des von der Streckung befreiten, also nach allen Richtungen durchweg gleich ausgedehnten Kornes beziehen. Der Grad dieser Veränderungen wird auch hier beherrscht durch die Höhe der Glühtemperatur und die qualitativ in gleichem Sinne wirksame Dauer des Glühens, jedoch außerdem noch durch den Grad der voraufgegangenen Verlagerung oder Formänderung. Bezüglich der Glühtemperatur gilt ferner beim reinen Eisen[1]) die Einschränkung, daß als Rekristallisationstemperaturen lediglich die unterhalb Ac_3 (906⁰) liegenden in Betracht kommen, die oberhalb gelegenen sind dagegen als Umkristallisationstemperaturen aufzufassen. Beim schmiedbaren, kohlenstoffhaltigen Eisen vollzieht sich die Umkristallisation (vgl. die hierauf bezüglichen Kapitel) in einem Temperaturintervall, dessen untere und obere Grenzen Ac_1 und Ac_3 sind. Ohne praktische Bedeutung ist Ac_2.

Die Abhängigkeit der Rekristallisationsvorgänge von Glühtemperatur und Verlagerungsgrad beim Zinn veranschaulicht das Raumdiagramm Fig. 224 nach Czochralski.[2]) Die gestrichelte, in der V. T-Ebene verlaufende Kurve ist die untere Rekristallisationstemperatur, unterhalb deren Rekristallisation praktisch nicht erreicht wird. Damit soll nicht ausgesprochen sein, daß unterhalb dieser Temperatur Rekristallisation unmöglich sei, jedoch ist die dazu erforderliche Zeitdauer sehr groß. Bezüglich der Glühdauer zeigten die Untersuchungen von Czochralski[2]) und von P. Goerens,[3]) daß nach 10- bis 20stündiger Glühdauer praktisch kaum noch eine Veränderung erfolgt (vgl. a. Fig. 234). Wie Fig. 224 weiter zeigt, liegt die untere Rekristallisationstemperatur um so tiefer, je höher der Grad der Verlagerung ist. Für einen bestimmten Verlagerungsgrad ist die praktisch erreichbare Korngröße von der Temperatur abhängig und zwar nimmt die Korngröße mit steigender Temperatur zunächst rasch, dann langsamer zu. Bezüglich des aus dem Diagramm nicht ersichtlichen Einflusses der Glühdauer gilt auch hier, daß nach

[1]) Diese Einschränkung fällt natürlich für die Metalle ohne Modifikationsänderungen fort.

[2]) Int. Z. Met. 1916, S. 36.

[3]) Fer. 1913, 226.

relativ kurzer Zeitdauer eine Korngröße erreicht wird, an der weiteres Glühen bei der gleichen Temperatur praktisch nichts mehr ändert. Gröberes Korn kann nur noch durch Anwendung höherer Glühtemperatur erzielt werden.

Zu einem ähnlichen die Rekristallisationsvorgänge beim reinen Eisen kennzeichnenden Diagramm gelangten Oberhoffer und Oertel.[1]) Die Ver-

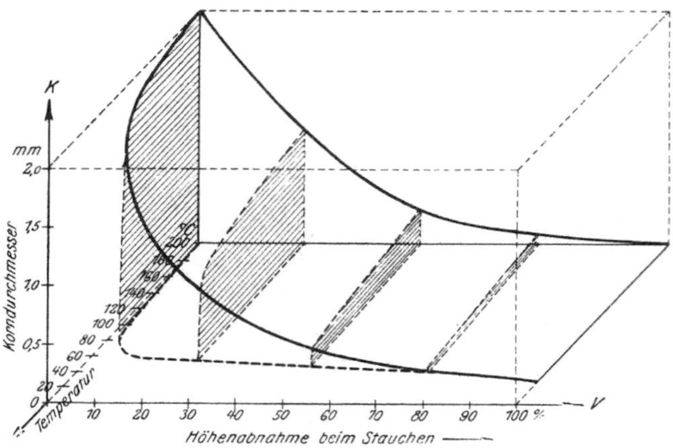

Fig. 224. Abhängigkeit der Korngröße von rekristallisiertem Zinn von der Glühtemperatur und vom Verlagerungsgrad. (Czochralski.)

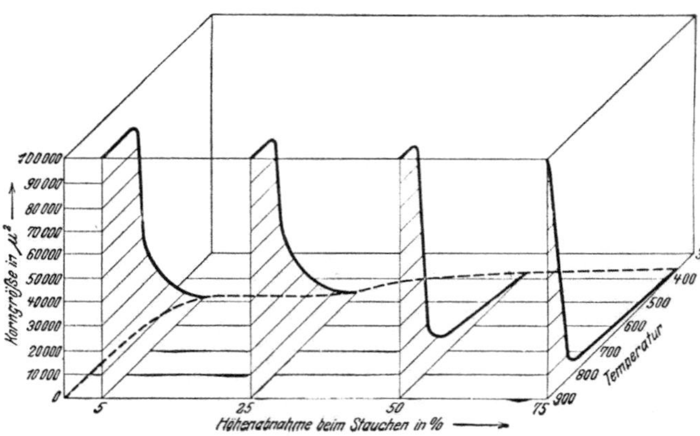

Fig. 225. Abhängigkeit der Korngröße von rekristallisiertem Elektrolyteisen von der Glühtemperatur und vom Verlagerungsgrad.

lagerung wurde durch Stauchen von 16 mm hohen Prismen mit 8 × 8 mm Querschnitt erzeugt. Das Diagramm, Fig. 225, zeigt den aus den Versuchen sich ergebenden, wahrscheinlichen Verlauf der Rekristallisationsvorgänge, die bis auf einen Punkt mit den von Czochralski am Zinn beobachteten übereinstimmen: bei starker Verlagerung nimmt nämlich nicht wie beim Zinn die Korngröße mit wachsender Rekristallisationstemperatur zunächst rasch, dann langsam, sondern umgekehrt bis etwa 700° zunächst langsam, von hier an

[1]) St. E. 1919, 1061.

jedoch außerordentlich schnell zu. Innerhalb der untersuchten Verlagerungsgrenzen verändert sich die Temperatur beginnender Rekristallisation um rd. 100° und zwar von 380° bei einer Höhenabnahme von 75% bis 480° bei einer solchen von 5%. Die Kurve beginnender Rekristallisation weist in Abhängigkeit vom Verlagerungsgrad zwischen 25 und 50% Höhenabnahme einen Wendepunkt auf. Auch beim Eisen war nach mehr als 1 stündiger Glühdauer nur noch eine unwesentliche Veränderung gegenüber den bei 1 stündiger Glühdauer erreichten Resultaten festzustellen.

Schließlich sei noch erwähnt, daß das Diagramm Fig. 225 das Verhalten des einzelnen Kornindividuums wiedergibt, nicht etwa das der Gesamtheit aller Körner der verlagerten Probe. Diese Einschränkung ist deshalb notwendig, weil der Verlagerungsgrad der einzelnen Körner eines Haufwerks von Körnern sehr verschieden ist, die Rekristallisation daher nicht gleichzeitig in

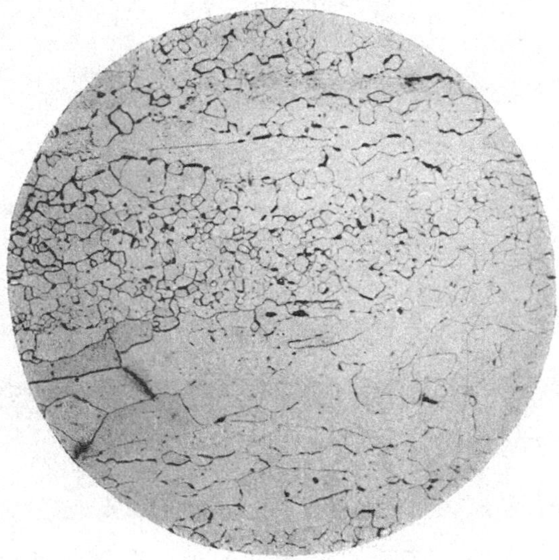

Fig. 226. Teilweise rekristallisiertes Elektrolyteisen, 1 Stunde bei 500° geglüht. Ätzung II, x 100.

allen Körnern einsetzt. Dies erläutert Fig. 226, die eine in der Rekristallisation begriffene Probe von Elektrolyteisen zeigt. Neben den großen, die Merkmale der Deformation noch aufweisenden Körner sind die rekristallisierten Stellen deutlich zu erkennen.

Für annähernd kohlenstoffreies Eisen ergibt sich aus den Untersuchungen Chappells[1]) ein Bild, das mit dem von Czochralski für Zinn gefundenen übereinstimmt, d. h. bei starker Verlagerung erreicht das Korn mit steigender Glühtemperatur nicht die Größe, die bei schwachen Verlagerungen erreicht wird, im besonderen fehlt der von Oberhoffer und Oertel am Elektrolyteisen beobachtete charakteristische Anstieg der Korngröße stark verlagerten Eisens bei 700—800°. Diese Abweichung zwischen den Ergebnissen beider

[1]) Fer. 1916, 6.

Arbeiten ist möglicherweise auf die Verschiedenheit des Versuchsmaterials zurückzuführen.

Den Einfluß des Verlagerungsgrades bei konstanter Glühtemperatur auf die Korngröße nach Chappell zeigt Fig. 227, ein Längsschnitt durch die eine Hälfte eines bei 870° 40 Minuten geglühten Zerreißstabes, dessen Form so gewählt war, daß vom Bruchquerschnitt an die Belastung kontinuierlich anstieg. Letztere ist in kg/qmm als Ordinate eingetragen. Der Querstrich im linken Teil des Bildes bedeutet die Zone, in der die Streckgrenze gerade erreicht war. Die Korngröße steigt mit abnehmendem Verlagerungsgrade zunächst langsam, schließlich sehr rasch an. Fig. 228, ebenfalls nach Chappell, veranschaulicht qualitativ den Einfluß der Temperatur bei gleicher Art der Verlagerung. In einen Stab von weichen Eisen sind Kugeleindrücke mit der Brinellpresse ge-

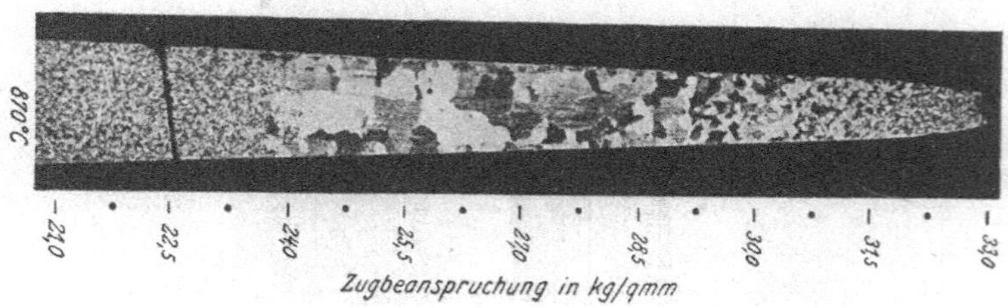

Fig. 227. Abhängigkeit der Korngröße vom Verlagerungsgrad in weichem Flußeisen, Ätzung II, x 2. (Chapell.)

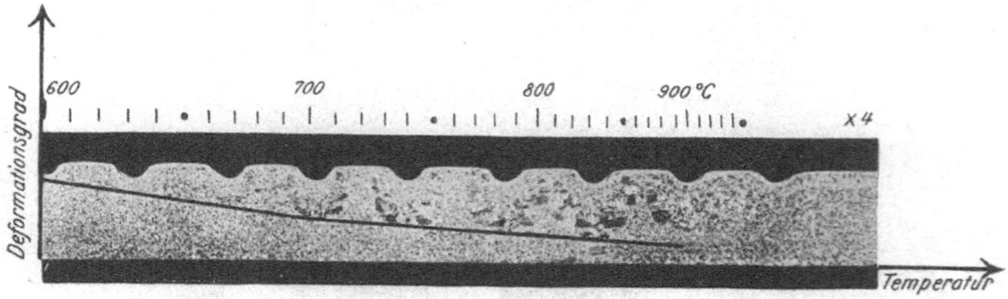

Fig. 228. Abhängigkeit der Korngröße in rekristallisiertem Eisen von der Temperatur, Ätzung II, x 2. (Chapell.)

macht worden. Der Stab wurde dann in der Weise geglüht, daß die Temperatur entsprechend der eingezeichneten Skala von einem Ende zum andern anstieg. Endlich zerteilte man den Stab längs der Mittelpunkte der Eindrücke, polierte und ätzte ihn. Zunächst erkennt man deutlich in der Umgebung der Kugeleindrücke die Analogie mit dem Verhalten des Zerreißstabes Fig. 227. Die am stärksten verlagerten Zonen sind feinkörnig, die schwächer verlagerten grobkörnig. Weiter erkennt man an der Zunahme des Umfanges der rekristallisierten Zone mit der Temperatur, daß, je niedriger die Verlagerung ist, um so höher die Temperatur sein muß, wenn Rekristallisation eintreten soll. Endlich ersieht man aus dem Bilde, daß die Korngröße mit der Temperatur anfangs rascher, später sehr langsam steigt.

Es ist wohl zu beachten, daß Rekristallisation nicht etwa Vergröberung des Gefüges bedeutet, daß vielmehr je nach der Anfangskorngröße Zunahme, Abnahme oder Gleichbleiben der Korngröße möglich ist. Dieser Umstand gibt sogar ein Mittel an die Hand, wenigstens qualitativ die Verteilung der Spannungen, soweit sie die Streckgrenze überschreiten, in ebenen Schnitten zu bestimmen. Beispiele hierfür finden sich bei Chapell bzw. Deutsch.[1])

Ebenso wie die Kristallisation aus dem Schmelzfluß in bevorzugter Richtung und zwar dem Wärmefluß folgend, stattfinden kann (Transkristallisation), beobachtet man bei der Rekristallisation häufig die Entstehung mit ihren Hauptachsen parallel gelagerter, von den Stellen höchster zu denjenigen niedrigster Spannung sich erstreckender, säulenförmiger Kristalle.[2])

P. Goerens[3]) und vor ihm andere fanden, daß in weichem Flußeisendraht durch Glühen bei 520° die Merkmale der Kaltformänderung sich vollständig beseitigen lassen. Es muß aber berücksichtigt werden, daß die Goerenssche Arbeitsweise nicht die in der Praxis des Drahtziehens übliche ist, hier vielmehr, was bei der Goerensschen Arbeitsweise nicht der Fall ist, zwischen einzelnen Zügen Zwischenglühungen eingeschaltet werden. Demnach wird bei der in der Praxis üblichen Arbeitsweise der Verlagerungsgrad des Goerensschen Versuchsmaterials nicht erreicht und die bei den Zwischenglühungen der Praxis anzuwendenden Glühtemperaturen liegen demnach entsprechend dem niedrigen Verarbeitungsgrad höher. Bei Feinblechen, Stanz- und Falzblechen liegt die Fertigwalztemperatur innerhalb des Kaltverarbeitungsgebietes, wie die mikroskopische Untersuchung derartiger Bleche zeigt. Der Verlagerungsgrad ist gering und die Rekristallisationstemperatur demnach hoch (850°). Es ist indessen in der Praxis üblich, solche Bleche bei 1000 bis 1050° zu glühen. Man nutzt also hier die Fähigkeit des Materials zu rekristallisieren nicht aus, sondern kristallisiert es um.

Die durch Rekristallisation erreichbare Vergröberung des Ferrits ist in hohem Maße von der Reinheit, also im wesentlichen von der chemischen Zusammensetzung des Materials abhängig. Chappell erzielte bei schwedischem Schweißeisen mit einer Ausgangskorngröße von etwa 2000 μ^2 durch Rekristallisation eine Korngröße von 37000 μ^2, also eine Steigerung um das 18,5fache; bei Thomasflußeisen (0,07% Kohlenstoff) mit einer Anfangskorngröße von 800 μ^2 nur etwa 7000 μ^2, also eine Steigerung um etwa die Hälfte der vorhergehenden. Nichtmetallische Einschlüsse, an denen das Schweißeisen sehr reich ist, scheinen also das Kornwachstum nicht zu hindern, viel wahrscheinlicher ist es, daß der Kohlenstoff die ausschlaggebende Rolle spielt. Nach den Untersuchungen von Chappell ist zwar der Kohlenstoffgehalt ohne Einfluß auf die Höhe der Rekristallisationstemperatur (sie liegt bei 0,55% Kohlenstoff in der Umgebung von 520°). Wird aber bei der Rekristallisation Ac_1 erreicht oder überschritten, so bildet sich feste Lösung, deren Menge mit zunehmender Überschreitung dieser Temperatur zunimmt. Dies ist von doppeltem Einfluß auf das Resultat der Rekristallisation. Einmal hindert die feste Lösung den noch vorhandenen Ferrit bis zu einem gewissen Grade am Wachstum, ferner aber kristallisiert bei der Abkühlung die feste Lösung zu einem äußerst feinkörnigen Gemisch der Zerfallsprodukte (vgl. Umkristallisation) um, und es

[1]) Int. Z. Met. 1916, 8, 80.
[2]) Vgl. Deutsch, a. a. O., sowie Czochralski, V. d. I. 1917, 345.
[3]) Fer. 1913, 220.

entstehen hiernach relativ große Ferritkörner (deren Menge und Größe mit der Temperatur und dem Kohlenstoffgehalt abnehmen), die in einem feinkörnigen Gemisch von Ferrit und Perlit eingebettet sind.

Bei der Kaltverarbeitung übereutektoidischer Stähle (z. B. Bandstahl) wird der Zementit stark verlagert. Die Rekristallisation befördert nun nach den Untersuchungen von Hanemann und Lind[1]) anscheinend das Zusammenballen des Zementits, also die Entstehung des sogenannten körnigen statt lamellaren Perlits. Dieser Umstand äußert sich, wie später erörtert werden soll, in den Festigkeitseigenschaften des Bandstahls in hervorragender Weise.

Das Fertigwalzen hochsilizierter (Dynamo- und Transformatoren-)Bleche erfolgt wie das der Feinbleche im Temperaturgebiet der Kaltverarbeitung.[2]) Es ist bemerkenswert, daß nach Ruder die Rekristallisation dieses Materials erst oberhalb 1050° einsetzt. Wie bei den Feinblechen mag der geringe Deformationsgrad höhere Rekristallisationstemperatur bedingen; dieser Umstand allein gibt aber keine Erklärung für die außergewöhnliche Höhe dieser Temperatur. Selbst starke lokale Deformation erforderte nach Ruders Versuchen eine Rekristallisationstemperatur von 730°. Wahrscheinlich spielt die Konstitution die ausschlaggebende Rolle. Das von Ruder benutzte Transformatorenmaterial (4% Si) verhält sich anscheinend praktisch wie ein Körper ohne Modifikationsänderungen. Diese Folgerung erhält eine Stütze durch die Rudersche Beobachtung, daß eine einmal erzeugte grobe Körnung durch keinerlei Wärmebehandlung zu zerstören ist. Im übrigen bestätigen die Ruderschen Versuchsergebnisse die eingangs entwickelten allgemeinen Gesetze der Rekristallisation auch an diesem Material. Die Korngröße ist bei hochsiliziertem Material nach den Ruderschen Versuchen ohne Einfluß auf die Wattverluste, solange sie kleiner ist als die Blechstärke. Zwar nimmt die Hysteresis mit steigender Korngröße ab, dagegen steigen die Wirbelstromverluste. Die Verlustziffer wird also von einem andern Faktor beherrscht. Welcher Art dieser Faktor ist, läßt sich mit Sicherheit zurzeit noch nicht sagen. Bemerkenswert ist jedenfalls die Beobachtung Yensens,[3]) daß durch Umschmelzen des silizierten Materials im Vakuum eine bedeutende Verbesserung der Verlustziffer erzielt wird,[4]) was zweifellos für eine Beeinflussung der magnetischen Eigenschaften durch gelöste Gase spricht.

Die austenitischen Stähle (20—25% Nickel oder 10—12% Mangan) verhalten sich bis zu einem gewissen Grade wie Körper ohne Modifikationsänderungen. Über die für diese Stähle wichtige Temperaturgrenze zwischen Kalt- und Warmformgebungsgebiet, sowie über ihr Verhalten bei der Rekristallisation liegen keine Untersuchungen vor. Es ist nicht ausgeschlossen, daß manche Anomalien im magnetischen und mechanischen Verhalten dieser Stähle durch die Untersuchung der obigen Fragen geklärt werden könnten (vgl. a. Fig. 307—309).

Mit dem Eintreten der Rekristallisation sind zum Teil erhebliche Änderungen der Eigenschaften verknüpft. In den Fig. 229—233 ist nach P. Goe-

---

[1]) St. E. 1913, 551.

[2]) S. Ruder, Trans. Am. min. 1913, 2805.

[3]) St. E. 1916, 1256.

[4]) Vgl. a.: III. 16, Versuche von Gumlich.

rens[1]) die Änderung der Festigkeit, der Dehnung, des spezifischen Gewichtes, der Biegezahl des elektrischen Leitwiderstandes, der Löslichkeit in 1%iger Schwefelsäure und einiger magnetischer Eigenschaften von weichem Flußeisendraht mit 0,07% Kohlenstoff in Abhängigkeit von der Glühtemperatur wiedergegeben. Es wurde Draht von 2,7 mm Durchmesser benützt, der in 7 Zügen eine durchschnittliche Querschnittsverminderung von 85% erfahren hatte. Bei den meisten Eigenschaften beginnt die Änderung bereits bei den niedrigsten Glühtemperaturen, doch findet die Hauptänderung zwischen 300 und 600° statt. Dieses Intervall der stärksten Änderungen ist aber nicht für alle Eigenschaften von gleicher Ausdehnung. Festigkeit und Dehnung (die Kontraktion verhält sich wie letztere Eigenschaft) ändern sich am stärksten bei 520°, bei welcher Temperatur von P. Goerens auf mikroskopischem Wege die beendete Rekristallisation festgestellt wurde. Am größten ist das Intervall für Hysteresis und Koerzitivkraft. Demnach befindet sich das Ergebnis der mikroskopischen Untersuchung, das eine Gefügeänderung erst von der unteren Rekristallisationstemperatur an bedingt, im Widerspruch mit dem Verhalten der meisten Eigenschaften, die bereits unterhalb dieser Temperatur Änderungen aufweisen. Offenbar finden hier Vorgänge statt, deren Kenntnis uns das Mikroskop nicht vermittelt. Worin diese bestehen, ist nicht bekannt. Vielleicht handelt es sich um die Auslösung von Spannungen.[2]) Den Einfluß der Glühdauer auf Festigkeit und Dehnung zeigt Fig. 234 nach P. Goerens. Aus den Kurven dieser Figur ergibt sich, daß die bei einer bestimmten Temperatur überhaupt erreichbare Änderung schon nach relativ kurzer Zeit erfolgt und eine weitere Änderung nur durch Erhöhung der Glühtemperatur zu erzielen ist.

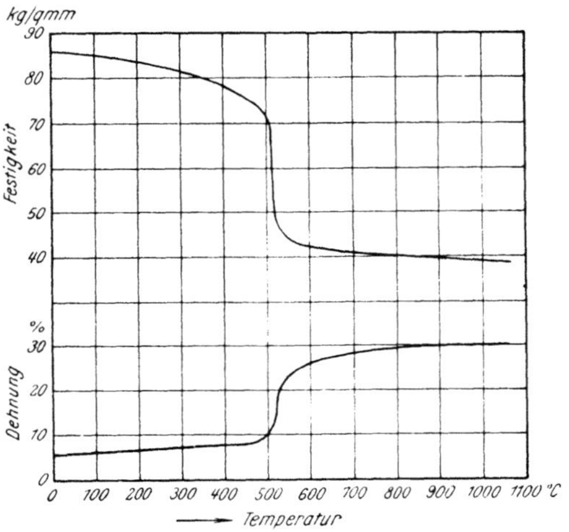

Fig. 229. Abhängigkeit der Festigkeit und Dehnung kalt gezogenen Flußeisendrahtes von der Glühtemperatur. (P. Goerens.)

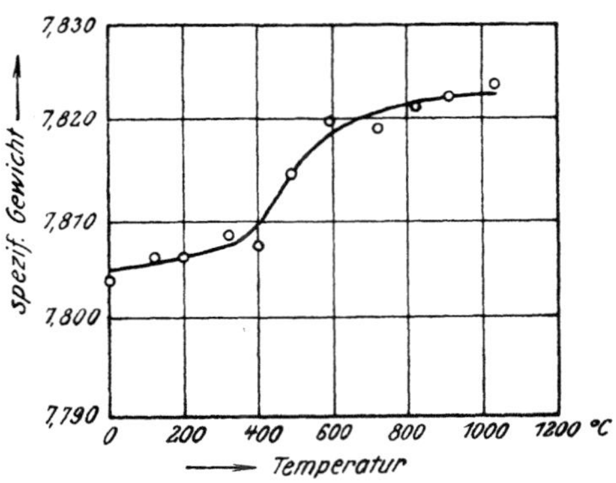

Fig. 230. Abhängigkeit des spezifischen Gewichts kalt gezogenen Flußeisendrahtes von der Glühtemperatur. (P. Goerens.)

Wie bereits anderorts erwähnt wurde, schaltet man in der Praxis zwischen den einzelnen Zügen Zwischenglühungen ein. Natürlich sind die Veränderungen

[1]) A. a. O.

[2]) Bezüglich der ähnlich sich verhaltenden Härte vgl. a Oberhoffer und Oertel, a. a. O.

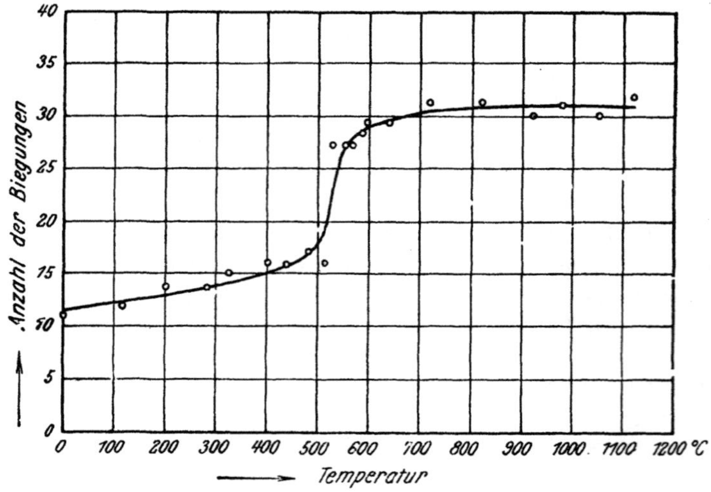

Fig. 231. Abhängigkeit der Biegezahl kalt gezogenen Flußeisendrahtes von der Glühtemperatur. (P. Goerens.)

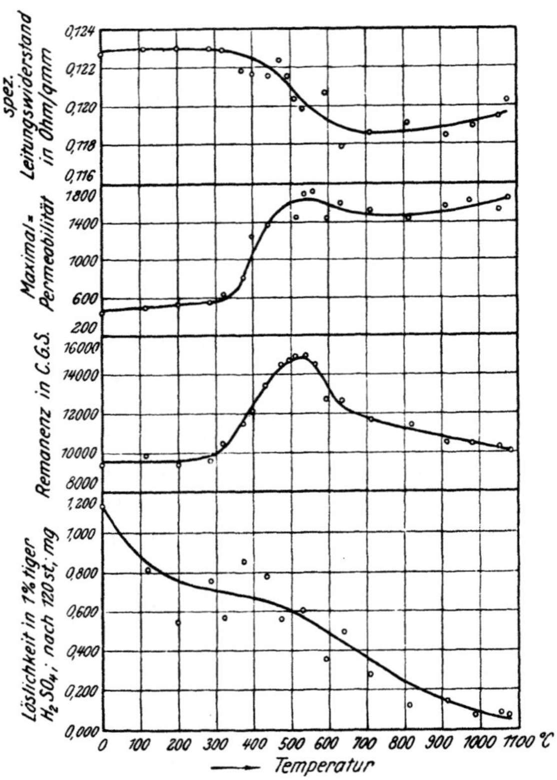

Fig. 232. Abhängigkeit der magnetischen und elektrischen Eigenschaften sowie der Löslichkeit kalt gezogenen Flußeisendrahtes von der Glühtemperatur. (P. Goerens.)

der Eigenschaften dann ganz anderer Natur, als sie in den Fig. 218—219 des vorhergehenden Kapitels dargestellt wurden. Für mittelharten Flußeisendraht mit 0,55% Kohlenstoff findet sich eine den praktischen Verhältnissen entsprechende Darstellung bei Seyrich.[1])

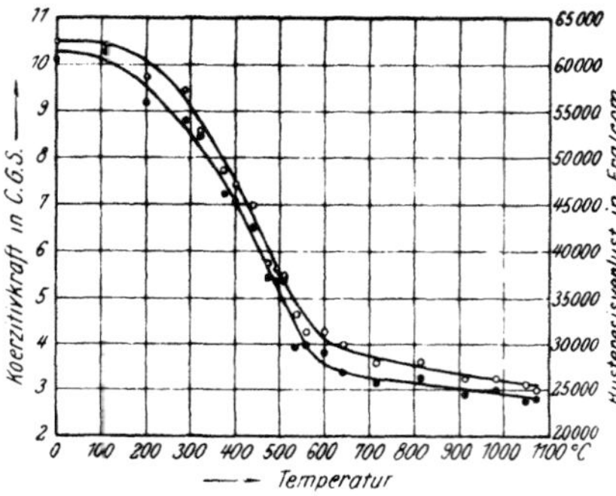

Fig. 233. Abhängigkeit der Koerzitivkraft und der Hysteresis kalt gezogenen Flußeisendrahtes von der Glühtemperatur. (P. Goerens.)

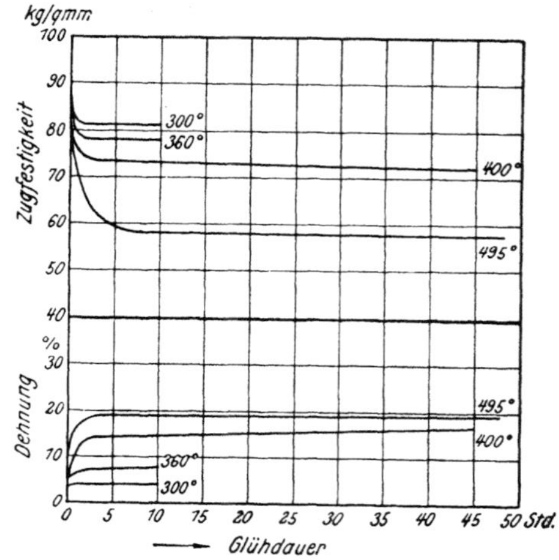

Fig. 234. Abhängigkeit der Festigkeit und der Dehnung kalt gezogenen Flußeisendrahtes von der Glühtemperatur und Glühdauer. (P. Goerens.)

Auch die Hanemannschen[2]) Untersuchungen an kaltgewalztem Bandstahl mit 1% Kohlenstoff sind in praktischer Beziehung wertvoll. Ihre Ergebnisse sind in Fig. 235 dargestellt, aus der die nach jeder Glühung erfolgende Steigerung der Dehnung, Löslichkeit, des spezifischen Gewichtes und die Abnahme der Festigkeit zu ersehen ist. Besonders bemerkenswert ist die kontinierliche Abnahme der Festigkeit, die Zunahme der Dehnung in den geglühten Proben und der außergewöhnlich hohe Betrag der Dehnung. Diese Tatsachen finden bei der Gefügeuntersuchung ihre Erklärung im Auftreten des körnigen Perlits, dessen Bildung durch das Kaltwalzen mit darauffolgendem Glühen (zwischen 600 und 700°) begünstigt wird.

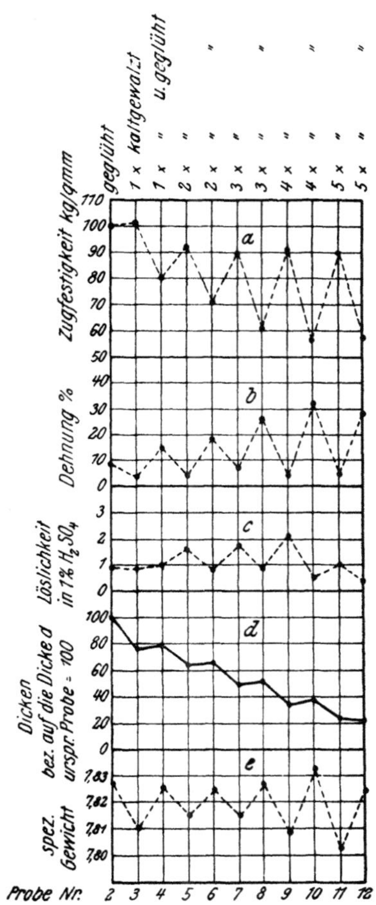

Fig. 235. Veränderung einiger Eigenschaften von Bandstahl durch Kaltwalzen und Glühen. (Hanemann und Lind.)

Ebenso verschieden wie die Ansichten über die Vorgänge bei der Kaltformänderung sind auch die über die

[1]) Diss. Dresden 1911.
[2]) St. E. 1913. 551.

Rekristallisation. Rosenhain[1]) vertritt die Ansicht, daß die bei der Kaltformänderung gebildeten amorphen Schichten beim Glühen kristallisieren. Tammann nimmt ein „Zusammenkleben", also Verschwinden der Gleitflächen an, in denen eine Lockerung des Molekularzusammenhanges im Raumgitter stattgefunden hatte und daher wie in einer freien Oberfläche, wenn auch in geringerem Maße, Oberflächenspannung herrsche. Heyn spricht allgemein von der Überführung aus einem metastabilen in den stabilen Zustand. Ersterem entspricht große, von elastischen Spannungen herrührende innere Reibung. Czochralski und v. Moellendorff suchen eine Analogie zwischen der Kristallisation aus dem Schmelzfluß und der Rekristallisation kaltdeformierter Metalle. Auch hier sind Rekristallisationsgeschwindigkeit (RKG) und -Kernzahl (RKZ) die maßgebenden Faktoren. Die RKG nimmt mit steigender Temperatur und steigendem Verlagerungsgrad zu, ist unterhalb der unteren Rekristallisationstemperatur unendlich klein und kurz unterhalb des Schmelzpunktes sehr groß. Die RKZ nimmt ebenfalls mit dem Grade der Verlagerung stark zu, erreicht mit steigender Temperatur kurz oberhalb der unteren Rekristallisationstemperatur ein Maximum und geht dann bis zum Erreichen des Schmelzpunktes stark zurück. Aus der Wechselwirkung dieser Faktoren ergibt sich für die Abhängigkeit der Korngröße von der Temperatur und dem Verlagerungsgrund ein der Fig. 224 in groben Zügen entsprechendes Diagramm.

5. Die Warmverarbeitung des schmiedbaren Eisens.

Erfolgt die Verarbeitung des schmiedbaren Eisens bei oberhalb A_3 gelegenen Temperaturen, also im Temperaturgebiete der homogenen festen Lösung, so heißt sie Warmverarbeitung. Das Wesentliche an dieser Art der Verarbeitung ist demnach, daß nicht wie bei der Kaltverarbeitung die Zerfallsprodukte der festen Lösung Ferrit bzw. Zementit und Perlit, sondern die feste Lösung selbst von der Verarbeitung betroffen wird. Ein weiterer Unterschied der beiden Verarbeitungsarten besteht darin, daß die Körner oder Kristalle der festen Lösung bei der Warmverarbeitung keine Veränderung der Gestalt, im besonderen keine Streckung erleiden. Dies führt man darauf zurück, daß die hohe Temperatur bei der Warmverarbeitung die sofortige Rekristallisation der festen Lösung, also die Bildung nach allen Richtungen gleich ausgedehnter Körner veranlaßt. Ob diese Rekristallisation den im vorhergehenden Kapitel entwickelten allgemeinen Gesetzen der Rekristallisation folgt, im besondern also zwischen Temperatur, Verlagerungsgrad und Korngröße ähnliche Beziehungen bestehen, ist nicht festgestellt. Es darf aber nicht vergessen werden, daß während der Abkühlung des warmverarbeiteten schmiedbaren Eisens zwischen Ar_3 und Ar_1 der Zerfall der festen Lösung stattfindet. Für die Korngröße dieser Zerfallsprodukte ist nun, wie im Kapitel Umkristallisation gezeigt wurde, die Korngröße der festen Lösung bis zu einem gewissen Grade maßgebend. Anhaltspunkte für die Veränderung der Korngröße durch die Warmverarbeitung lassen sich daher finden durch den Vergleich der Korngrößen von

[1]) Diese und die nachfolgenden Literaturangaben vgl. im vorhergehenden Kapitel.

nicht verarbeitetem, sondern lediglich auf die Verarbeitungstemperaturen erhitzten Materials, mit der Korngröße des gleichen, aber warmverarbeiteten Materials. Derartige Versuche[1]) haben ergeben, daß erhebliche Kornverkleinerung erfolgt, wie der Vergleich der Kurven 1 und 4 bzw. 2 und 4a der Fig. 236 lehrt. Als Abszissen sind, da es sich um Schmiedeversuche handelt und die Verarbeitung in einem Temperaturintervall erfolgt, die Anfangsschmiedetemperaturen eingetragen. Mit langsamer Abkühlung ist Abkühlung in Kieselgur, mit rascher, Luftabkühlung gemeint. Das Versuchsmaterial I war weiches Flußeisen mit 0,1% Kohlenstoff, 0,4% Mangan, 0,02% Silizium, 0,012% Phosphor und 0,024% Schwefel (Tiefstanzqualität). Der Verlagerungs- oder Verarbeitungsgrad ist für alle geschmiedeten Proben der gleiche und zwar betrug der Anfangsquerschnitt 50 × 50, der Endquerschnitt 25 × 25 mm, so daß die Querschnittsverminderung 75% die Streckung $F_0/F = 4$ war. Ähnliche Beziehungen wie die in Fig. 235 dargestellten erhält man für die Korngröße des Ferrits von Stahl mit 0,4% Kohlenstoff. Über das Verhalten von durchweg aus Perlit aufgebautem Stahl liegen keine Beobachtungen vor.

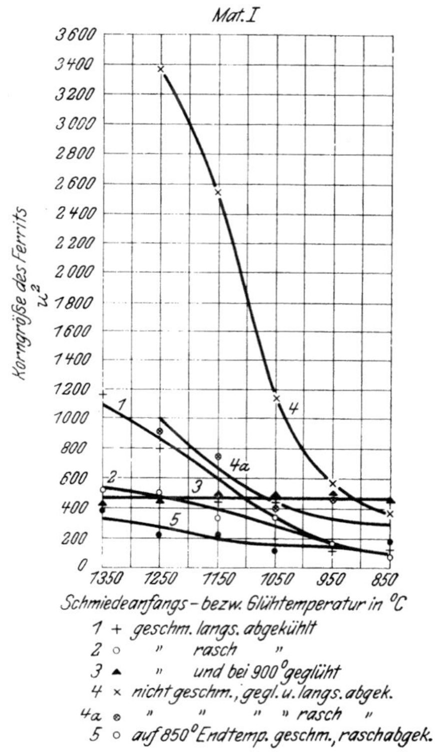

Fig. 236. Einfluß der Schmiede- und Glühtemperatur auf die Korngröße von weichem Flußeisen.

Aus dem Vergleich der am Material I ermittelten Kurven 1 und 4 der Fig. 237 ergibt sich der unter den oben angegebenen Versuchsbedingungen erhaltene Einfluß des Schmiedens auf die Festigkeitseigenschaften. Zwischen dem Gefüge und den Eigenschaften des weichen Materials I besteht beim geschmiedeten Material (Kurven 1 und 2) die allgemeine Beziehung, daß Streckgrenze, Festigkeit und Härte mit abnehmender Korngröße zunehmen, daß die Dehnung abnimmt und Kontraktion und Schlagfestigkeit nicht beeinflußt werden. Beim ungeschmiedeten Material (Kurve 4) besteht in großen Zügen dieselbe Beziehung, nur die Dehnung schließt sich dem Verhalten von Kontraktion und Schlagfestigkeit an und wird durch die Korngröße nicht beeinflußt, doch muß berücksichtigt werden, daß beim nichtverarbeiteten Material die Gefahr der mangelnden Quasiisotropie und der Einfluß geringer Verunreinigungen (Schlacken- und Phosphoransammlungen) größer ist als beim verarbeiteten und die beim nicht verarbeiteten Material erhaltenen Werte daher im allgemeinen unzuverlässiger sind als die am verarbeiteten ermittelten. Vergleicht man nun

[1]) Vgl. Oberhoffer, St. E. 1913, 1507, sowie Oberhoffer, Lauber und Hammel, St. E. 1916, 234. Über den Einfluß der Walztemperatur auf die Eigenschaften von weichem Flußeisen vgl. Wüst und Huntington, St. E. 1917, 820.

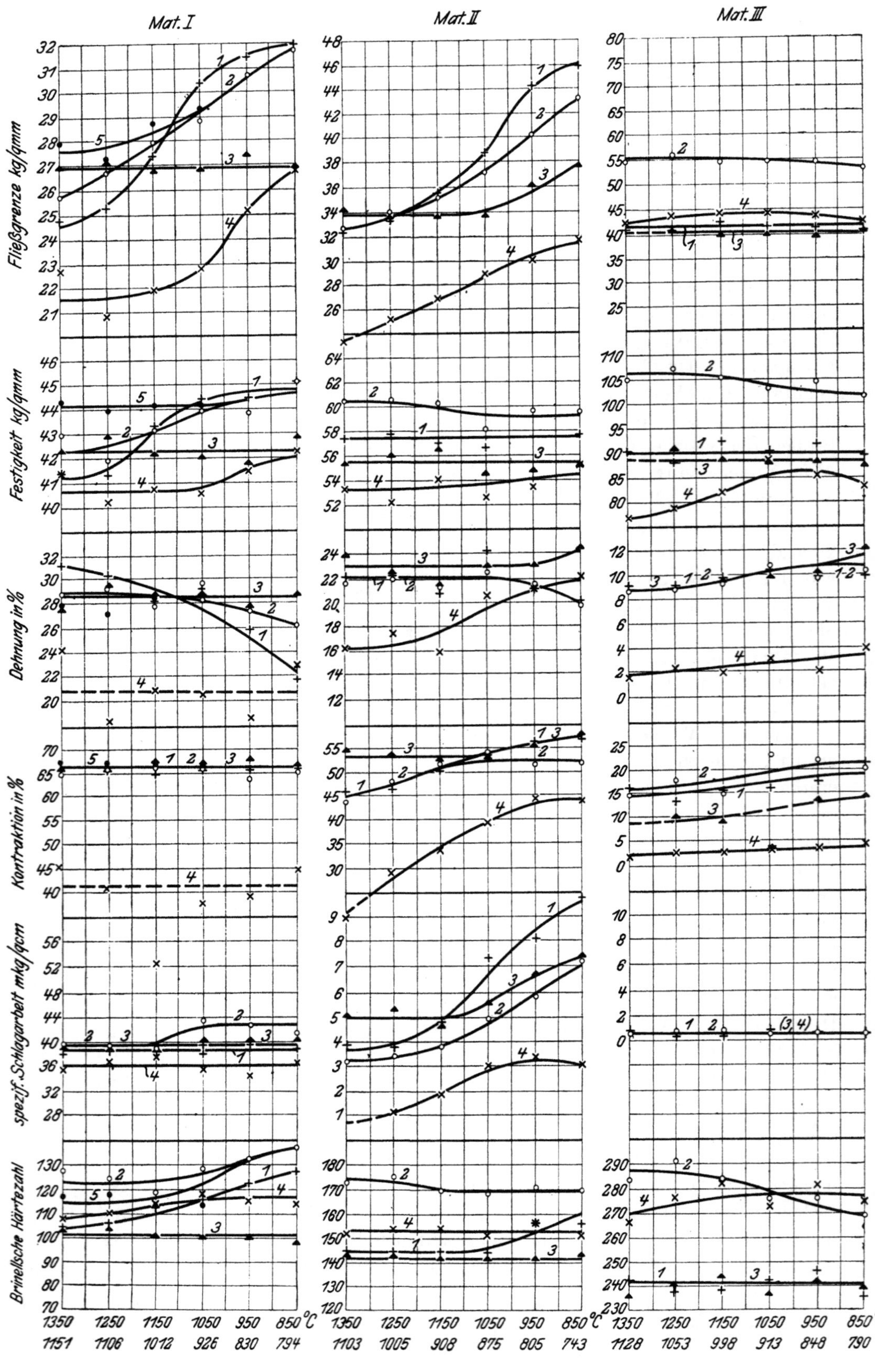

Fig. 237. … auf Festigkeit … Härte u. spezifische Schlagarbeit drei verschiedener Materialsorten

die Beziehung der zugehörigen Eigenschaftskurven mit denen der Korngröße, ein Vergleich, der den reinen Einfluß des Schmiedens lehrt, so müßte man einen um so größeren Unterschied zwischen den Eigenschaften des verarbeiteten und nicht verarbeiteten Materials erwarten, je höher die Verarbeitungstemperatur liegt, da ja der Unterschied der Korngröße in gleichem Sinne wächst. Diesem Verhalten entspricht nur die Dehnung, so daß man annehmen muß, daß für die übrigen Eigenschaften noch andere, unbekannte Faktoren maßgebend sind. Als praktische Schlußfolgerung ergibt sich für Material I, daß zur Erzielung größter Weichheit und Zähigkeit die höchsten Verarbeitungs-

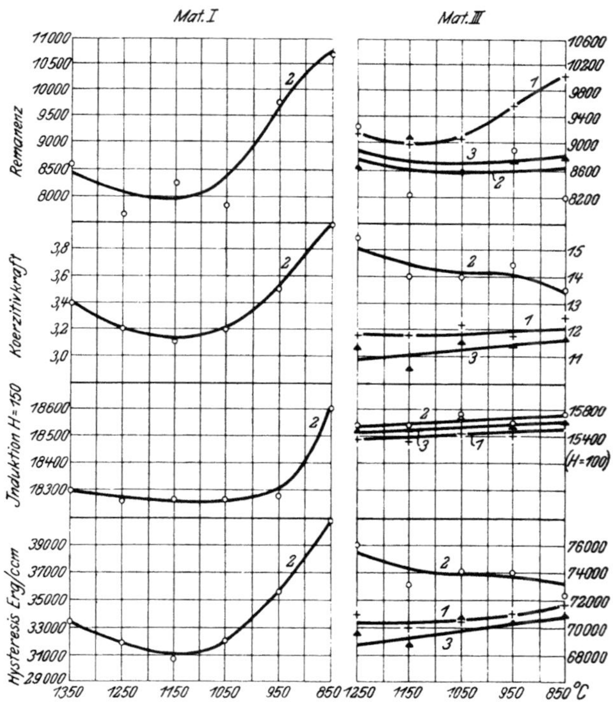

Fig. 238. Einfluß der Schmiedetemperatur auf die magnetischen Eigenschaften von weichem Flußeisen und hartem Stahl.

temperaturen, zur Erzielung bester magnetischer Eigenschaften, wie **Fig. 238** zeigt, mittlere Verarbeitungstemperaturen anzuwenden sind. Als **Qualitätsmaterial** wird aber dieses weiche Eisen nur zur Erzeugung hochwertiger Feinbleche (Tiefstanz) verwendet, die aus andern Gründen kalt fertig gewalzt werden müssen.

Gleiche Versuche wie mit den vorhergehenden sind mit zwei weiteren, mit II und III bezeichneten Materialien höheren Kohlenstoffgehaltes aufgestellt worden, deren Zusammensetzung folgende war:

	% C	% Mn	% Si	% P	% S
Material II . . .	0,40	0,70	0,09	0,014	0,031
„ III . . .	0,77	1,28	0,21	0,03	0,029

Die Ergebnisse sind ebenfalls in Fig. 237 graphisch dargestellt. Das Material II verhält sich bis auf Kontraktion und spezifische Schlagarbeit in großen Zügen wie das weiche Material. Bei der Erzeugung von Qualitäts-Schmiedestücken, wie Achsen, Wellen und ähnlichen Teilen, sind hohe Verarbeitungstemperaturen wegen der mit ihnen verbundenen, durch Abnahme der Kontraktion und der spezifischen Schlagarbeit sich äußernden Sprödigkeit zu vermeiden.

Das Material III nimmt bezüglich aller Eigenschaften eine Sonderstellung insofern ein, als Streckgrenze, Festigkeit, spezifische Schlagarbeit und Härte im verarbeiteten Material kaum durch die Höhe der Schmiedetemperatur beeinflußt werden, während Dehnung und Kontraktion mit abnehmender Schmiedetemperatur deutlich ansteigen, im Gegensatz zum Verhalten der Materialien I und II. Zur Erzielung höchster Zähigkeit ist also auch dieses Material bei nicht zu hohen Temperaturen zu verarbeiten.[1]) Im Gegensatz zu den meisten untereutektoidischen und eutektoidischen Materialien werden die übereutektoidischen mit Absicht und im Hinblick auf ihre Verwendung als Werkzeugstähle zwischen Ar_3 und Ar_1 verarbeitet. Der hierbei verfolgte Zweck ist die Zerstörung des groben Zementitnetzwerks bzw. der Zementitnadeln und die Erzeugung punktförmiger Ansammlungen von Zementit (körniger Zementit).

Wenn die Verarbeitung in einem Temperaturintervall erfolgt, so entsteht die Frage, welche Bedeutung der Endtemperatur beizumessen ist, i. a. W. ob bei gleichem Grad der Verarbeitung (prozentuale Querschnittsverminderung oder Streckung) die Größe des Temperaturintervalls, in dem die Verarbeitung erfolgt, von Bedeutung ist. Es hat sich gezeigt, daß unter den eingehaltenen[2]) Versuchsbedingungen der Einfluß der Endtemperatur bei weitem überwiegt. Dies lehrt ein Vergleich der Kurven 2 und 5 (Mat. I) der Fig. 237.

Der Einfluß der Abkühlung der verarbeiteten Stücke (Vergleich der Kurven 1 und 2 der Fig. 237) ist ähnlicher Art, wie im Kapitel Umkristallisation geschildert wurde. Er wird im nächsten Kapitel noch eingehender berücksichtigt werden.

Von größter praktischer Bedeutung für die Eigenschaften des warmverarbeiteten Erzeugnisses sind die im Kapitel Kristallisation besprochenen Faktoren: Lunker, Gasblasen sowie Seigerungen der drei dort erwähnten Arten. Bei der Warmverarbeitung eines lunkerhaltigen Blockes werden die Innenflächen des Hohlraums zusammengepreßt und unter günstigen Umständen zusammengeschweißt. Erste Bedingung für das Zusammenschweißen ist Verarbeitung bei genügend hoher (Schweiß-)Temperatur. Aber selbst bei hoher Temperatur wird das Zusammenschweißen nur dann leicht erfolgen, wenn die Lunkerwände blank und frei von störenden, insbesondere von nichtmetallischen Verunreinigungen sind. Beides ist selten der Fall. Meist steht der Lunker mit der Luft in Verbindung und seine Wände sind mit Glühspan überzogen. Nun hat zwar Stead[3]) nachgewiesen, daß auch solche Wände zusammenschweißen können, falls der Kohlenstoffgehalt des Eisens genügend hoch ist, um die Reduktion der Oxyde zu ermöglichen. Stead stellte künstlich

---

[1]) Bezüglich der magnetischen Eigenschaften vgl. nächstes Kapitel.

[2]) Vgl. Oberhoffer, Lauber und Hammel, a. a. O.

[3]) Ir. st. Inst. 1912, I. 104 u. 1911, I. 54; vgl. auch Howe, Trans. Am. Min. 1909, 327 und 1910, 167.

in Eisenstücken Hohlräume mit oxydierten Innenflächen her, schmiedete die Stücke und erhitzte sie verschiedene Zeiten auf verschiedene Temperaturen. Das Oxyd wird bei genügend langer Erhitzung durch den umliegenden Kohlenstoff reduziert und es bleibt schließlich als charakteristisches Merkmal solcher mit Reduktion verbundener Schweißungen eine Anhäufung von punktförmig verteilten, feinen (Oxyd?) Einschlüssen, umgeben von einer perlitfreien, entkohlten Zone zurück. (Vgl. Fig. 239.) Häufig genug sind aber die Forderungen Zeit, Temperatur und Kohlenstoffgehalt nicht erfüllt, so daß der Lunker stets das Auftreten von Unganzheiten im verarbeiteten Stück begünstigen wird. Dies ist um so mehr der Fall, als sich an den Wänden des Lunkerhohlraums Stoffe ansammeln, die das Zusammenschweißen in weit höherem Grade verhindern als Glühspan, weil sie durch Kohlenstoff nicht reduziert werden können.

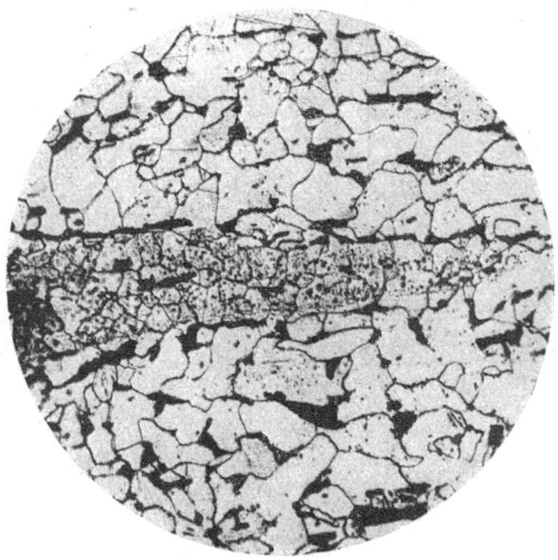

Fig. 239. Zusammengeschweißter Hohlraum mit innen oxydierten Wänden, Ätzung II. x 100.

Es sind dies spezifisch leichtere Stoffe schlackenartiger Natur, die sich ja schon während des Gießens großer Blöcke teilweise an der Oberfläche des flüssigen Stahls als Blockschaum und auch nach beendetem Gießen, soweit sie noch nicht zur Ausscheidung gelangt sind, dort ansammeln, wo der Block am längsten flüssig bleibt, d. h. am Lunker.[1])

Fig. 240 nach Heyn und Bauer zeigt einen Träger aus dem lunkerhaltigen Teil eines der Fig. 171 ähnlichen Blockes. Die Überreste des nicht zusammengeschweißten Lunkers sind deutlich zu erkennen. Aus lunkerfreien, nach dem Harmetschen Verfahren komprimierten Blöcken (vgl. Fig. 170) gleichzeitig hergestellte Träger waren frei von derartigen Rissen. Wickhorst[2]) bringt als Beispiel von nicht zusammengeschweißtem Lunker bei Schienen die Fig. 241. Bei dieser Schiene öffnete sich unter dem Druck der Fahrlast der Lunker im Schienenkopf. Bei der Herstellung von einseitig geschlossenen Hohlkörpern (z. B. Stahlflaschen) führt die Anwesenheit von Lunkerresten zum Aufplatzen

[1]) Über die Natur dieser Stoffe vgl. II. 19.

[2]) Int. Verb. New-Yorker Kongreß 1912. Bericht X. 11. Abb. 1.

des Bodens. Ein typisches Beispiel für die Gefährlichkeit von schlecht geschweißtem Lunker in einer Kurbelwelle ist in den Fig. 242—245 nach eigenen Untersuchungen dargestellt. Den Bruch der Welle zeigt Fig. 242. Er erfolgt dort, wo Wange und Wellenende zusammenstoßen, wie dies in Fig. 243 durch die punktierte Linie RR angedeutet ist. Die Linie mm deutet die Achse des Blockes an, aus dem die Welle herausgearbeitet wurde. Demnach tritt der

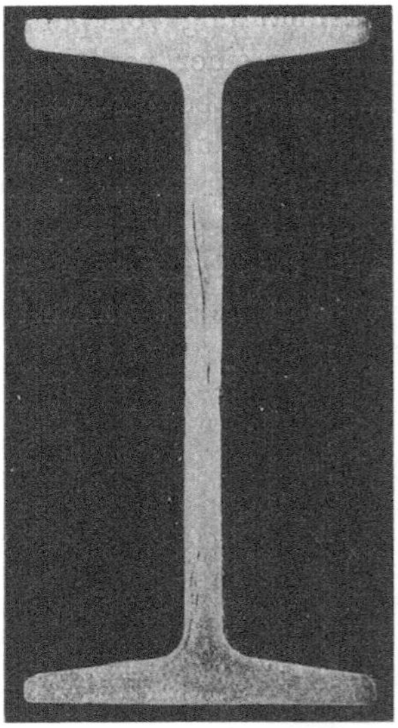

Fig. 240. Träger mit unvollständig zusammengeschweißtem Lunker. (Heyn und Bauer.)

Fig. 241. Schiene mit unvollständig zusammengeschweißtem und durch das Befahren wieder aufgequetschtem Lunker.

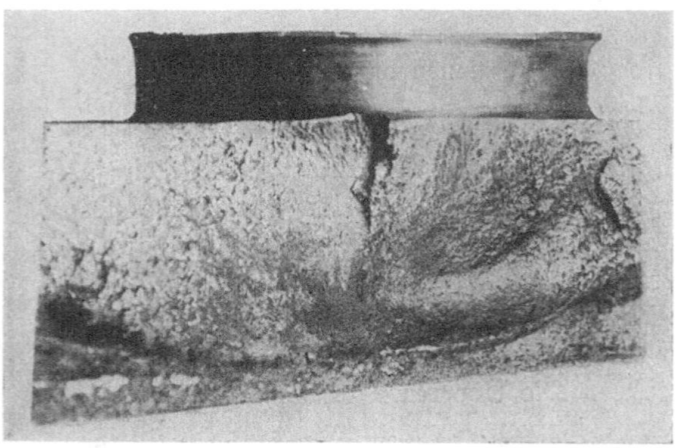

Fig. 242. Kurbelwelle mit unvollständig zusammengeschweißtem Lunker.

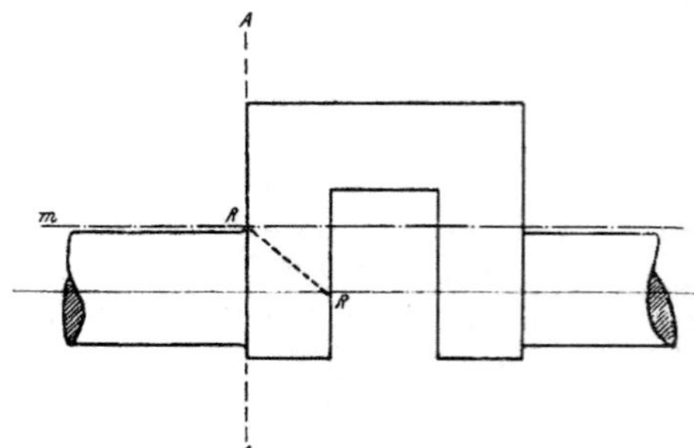

Fig. 243. Erläuterung zu Fig. 242.

Lunker an recht unzweckmäßiger, weil hochbeanpsruchter Stelle aus der Wange heraus. Daß er nicht zugeschweißt war und ein Riß klaffte, beweist Fig. 244, eine Ansicht des bei AA Fig. 243 geschliffenen Wellenquerschnitts und Fig. 245, daß dort, wo die Lunkerwände nicht mehr klafften, durch den umliegenden Kohlenstoff unreduziertes Oxyd vorhanden war. Die umfangreichen Untersuchungen von Wickhorst[1]) an durchgeschnittenen Schienenblöcken zeigen, daß nach in der Blockwalze erfolgter Reduktion auf $^1/_3$ des Querschnitts der Lunker bei weitem noch nicht geschlossen war und selbst in der fertigen Schiene stets Überreste des Lunkers auftraten.[2])

Bei der Warmverarbeitung gasblasenhaltiger Blöcke sind bezüglich des Schließens bzw. Zusammenschweißens die bei der Besprechung des Lunkers

Fig. 244. Querschnitt durch die Kurbelwelle *AA*, vgl. Fig. 242, x $^1/_4$.

Fig. 245. Oxydreste am Ausläufer des Risses, Ätzung II, x 100.

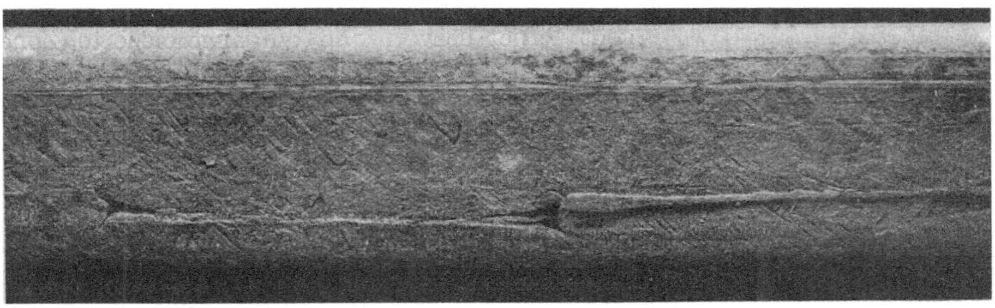

Fig. 246. Schienenlauffläche mit schuppiger Oberfläche, herrührend von Randblasen.

angeführten Gesichtspunkte maßgebend. Das Schließen erfolgt natürlich erst bei genügend hohem Verarbeitungsgrad[3]) und besonders dann leicht, wenn die Hohlräume nicht oxydiert sind. Letzteres ist für die im Blockinnern befindlichen Blasen, da sie ja mit reduzierenden Gasen gefüllt sind, der Fall. Selbst oxydierte Hohlräume können aber, wie wir sahen, vollständig ver-

[1]) Proc. Railw. Eng. 1911, 797.
[2]) Vgl. hierzu z. B. auch P. Goerens, Metallographie, 2. Aufl., Abb. 251.
[3]) Beobachtungen hierüber s. Wickhorst, Proc. Railw. Eng. 1912, 753.

schweißen,[1]) wenn zur Reduktion der Oxyde Kohlenstoff in genügenden Mengen zugegen ist und die zur Reduktion erforderliche Zeit und Temperatur gegeben ist. Die Spuren solcher Schweißnähte entsprechen durchaus dem in Fig. 239 dargestellten Beispiel. Oxydation der Blasen wird erfolgen, wenn sie zu nahe oder vollkommen an der Blockoberfläche liegen (Randblasen). Die Oberfläche aus derartigen Blöcken hergestellter Walzprodukte ist mit Schuppen, Rissen u. dgl. bedeckt. Fig. 246 zeigt die Oberfläche eines Schienenkopfes mit derartigen, von Randblasen herrührenden Schuppen.

Die in den Gasblasen enthaltenen Gase müssen bei der Verarbeitung des Eisens von diesem aufgenommen werden. Die Meinungen darüber, ob dies geschieht oder nicht, sind geteilt. Stead[2]) vertritt die Ansicht, daß unter dem hohen Druck, unter den z. B. beim Walzen das Gas gelangt, unbedingt Absorption des Gases stattfinde, Howe[3]) dagegen ist hiervon nicht überzeugt, im wesentlichen jedoch nur, weil er bezweifelt, daß die zur Diffusion nötige Zeit zur Verfügung steht. Nach seinen Versuchen trägt das Warmhalten der Blöcke in Tiefgruben zur Diffusion der Gase schon vor dem Auswalzen wesentlich bei. Die anschließend an Gasblasen auftretenden Anreicherungen an Schwefel, Phosphor und Kohlenstoff, die unter dem Namen Gasblasenseigerungen beschrieben wurden, bleiben auch nach der Warmverarbeitung dort erhalten, wo sie im Gußblock schon gewesen sind, vielleicht mit der Einschränkung, daß bei genügend hoher Temperatur und genügender Erhitzungsdauer der Kohlenstoff sich in Anbetracht seiner hohen Diffusionsfähigkeit gleichmäßiger verteilt, was für Phosphor und Schwefel jedoch keinesfalls zutrifft. Beim Schließen der Gasblasen gelangen also Stellen stärkster Anreicherungen in Anbetracht ihrer meist asymetrischen Lage zur Gasblase mit normalen, also nicht angereicherten Stellen zur Berührung bzw. sie sind von diesen durch eine Schweißnaht getrennt. Fig. 247 veranschaulicht den Vorgang schematisch. Aus dieser Figur geht ferner hervor, daß die angereicherte Zone auch ihre Form ändern muß und zwar ist leicht einzusehen, daß dies nach Maßgabe der Art und Verteilung der formändernden Kräfte geschieht. Denkt man sich eine solche Zone etwa würfelförmig, so wird, wenn beim Walzen Druck von allen Seiten gegeben wird, wie dies z. B. für kreisrunde Querschnitte der Fall ist, aus dem Würfel entpsrechend Fig. 248 ein Prisma entstehen, das im Querschnitt durch das Walzprodukt etwa punktförmig, im Längsschnitt dagegen langgestreckt ist. Wird aber gemäß Fig. 249 nur Druck von oben und unten gegeben, wie etwa beim Walzen eines Bleches, so entsteht aus dem Würfel ein plattgedrücktes Prisma, das im Längs- und Querschnitt langgestreckt ist. Starke lokale Schwefel- und Phosphoranreicherung entsprechend z. B. Fig. 250 und 251 (aus dem Längsschnitt durch die Blasen-

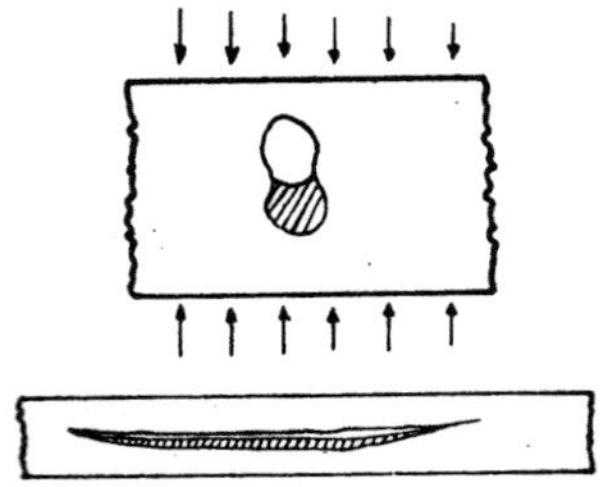

Fig. 247. Schematische Darstellung des Vorganges beim Zusammendrücken einer Gasblase mit anschließender Gasblasenseigerung.

[1]) Stead, Ir. st. Inst. 1911, I. 54.
[2]) Ir. st. Inst. 1911, I. 54.
[3]) Trans. Am. Min. 1909, 327 u. 1910, 167.

zone eines Kesselblechs) rührt von der Gasblasenseigerung her und ist daher das Charakteristikum ursprünglich hier vorhanden gewesener Gasblasen. Beide Figuren stellen die gleiche Stelle dar, nur entspricht Fig. 250 der Ätzung auf

Fig. 248.

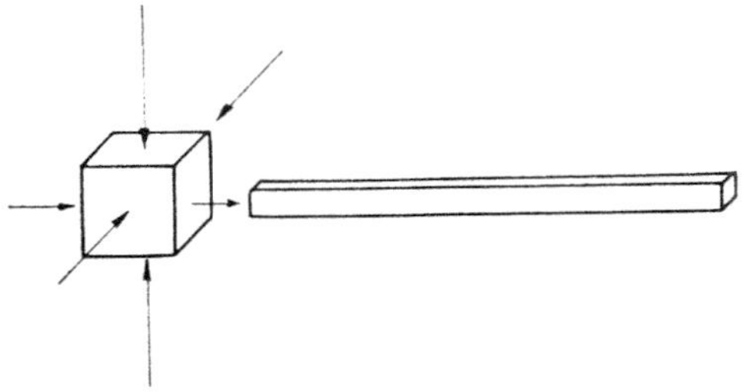

Fig. 249.

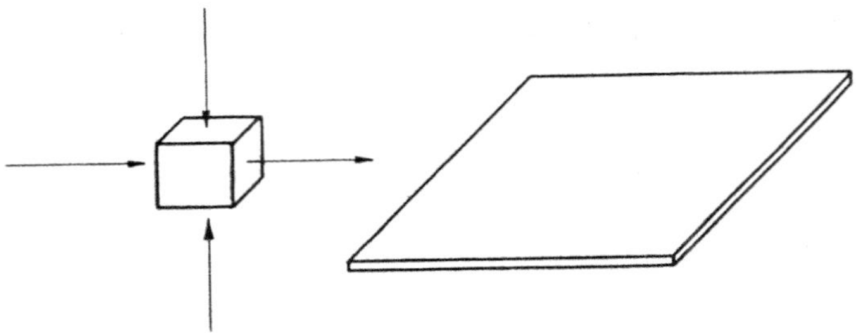

Fig. 248. Gestaltsveränderung eines würfelförmigen Einschlusses bei der Streckung unter allseitigem Druck.

Fig. 249. Gestaltsveränderung eines würfelförmigen Einschlusses bei der Streckung unter Druck von oben und unten.

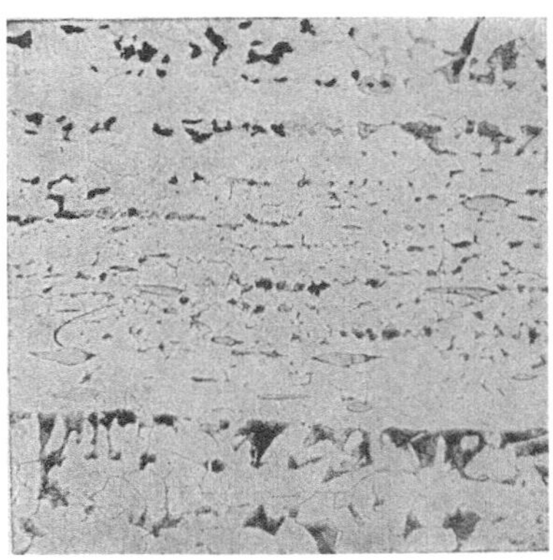

Fig. 250. Gasblasenzone, Schnitt durch ein Kesselblech, Ätzung II. x 80.

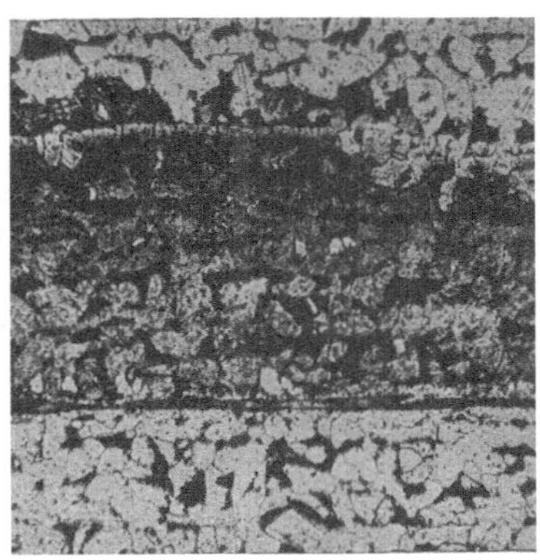

Fig. 251. Dieselbe Stelle wie Fig. 250, jedoch Ätzung I, x 80.

Kohlenstoff (alkoholische Salpetersäure), Fig. 251 der Ätzung auf Phosphor (Kupferammoniumchlorid).

Parallel zur Richtung stärkster Streckung kommt der Einfluß der Anreicherungen beim Zerreißversuch nur dann zur Geltung, wenn ihre Ausdehnung gegenüber der Stärke des Zerreißstabes erheblich ins Gewicht fällt, oder die Anreicherung ungünstig, etwa exzentrisch im Querschnitt des Stabes gelagert ist.

Quer zur vorgenannten Richtung beobachtet man jedoch häufig abweichendes Verhalten. Weil die Ansammlungen sich meist über den ganzen Querschnitt erstrecken, fallen Festigkeit und Dehnung erheblich niedriger aus.[1] Dann aber weist der Bruch ein eigentümliches, an Schiefer erinnerndes Aussehen

Fig. 252. Zerreißstab mit Schieferbruch, x 3.

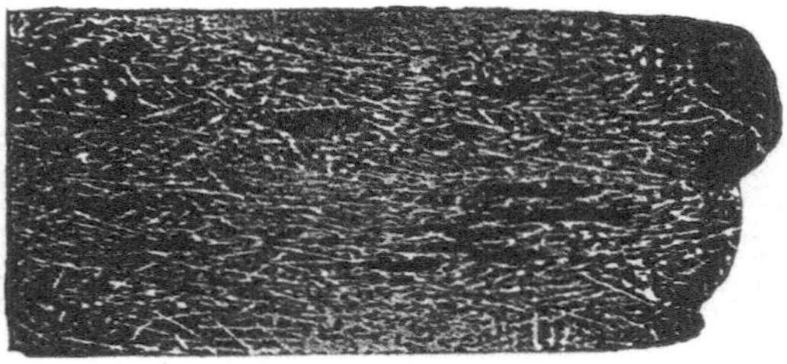

Fig. 253. Längsschnitt quer zum Schiefer der Fig. 252 mit Gasblasenseigerung, Ätzung I, x 3.

auf, weshalb er häufig Schieferbruch[2]) genannt wird. In den Grenzschichten der quer über den ganzen Zerreißstabquerschnitt sich erstreckenden, fast immer mit nichtmetallischen Einschlüssen angefüllten und noch dazu phosphorreicheren Ansammlungen entstehen hohe Schubspannungen, die zum vorzeitigen, fast dehnungslosen Bruch führen. Fig. 252 ist ein Zerreißstab mit Schieferbruch (Material mit 0,8% Kohlenstoff), Fig. 253 ein Längsschnitt quer

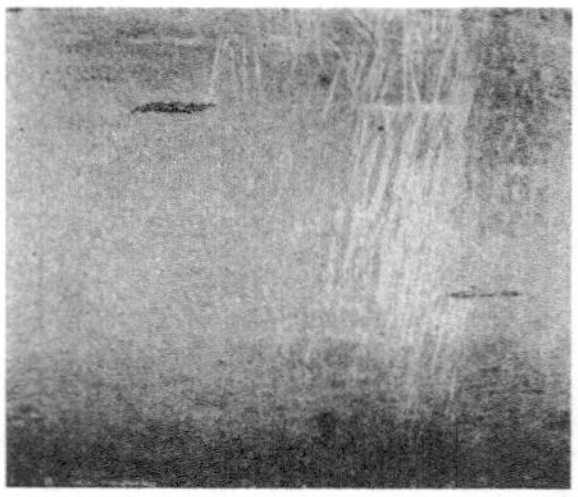

Fig. 254. Innenwand eines nahtlos gezogenen Rohres mit Längsrissen.

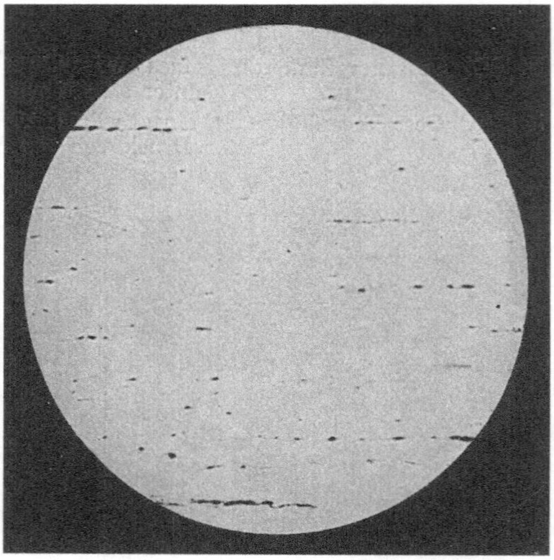

Fig. 255. Längsschnitt zu Fig. 254 mit zahlreichen Schlackeneinschlüssen, ungeätzt, x 50.

zum Verlauf des Schiefers auf Phosphor geätzt. Den einzelnen Absätzen des Bruches entsprechen Phosphoransammlungen.

Die Ansammlungen zahlreicher gestreckter Schlackeneinschlüsse führen besonders dann oft zur lokalen Lösung des Materialzusammenhanges während der Warm- oder Kaltverarbeitung, wenn senkrecht zu ihrer Streckrichtung

[1]) Vgl. z. B. Oberhoffer und Meyer, St. E. 1914, 1241.

[2]) Oberhoffer und Meyer, a. a. O., sowie Oberhoffer, St. E. demnächst.

bei der Verarbeitung erhebliche Beanspruchungen auszuhalten sind. So zeigen sich beim Ziehen nahtloser Rohre und ähnlich hergestellter Gegenstände öfter zahlreiche kurze Längsrisse an der Innenwand des Hohlkörpers, wie sie in Fig. 254 an einem nahtlosen Rohre aus weichem Flußeisen[1]) zu erkennen

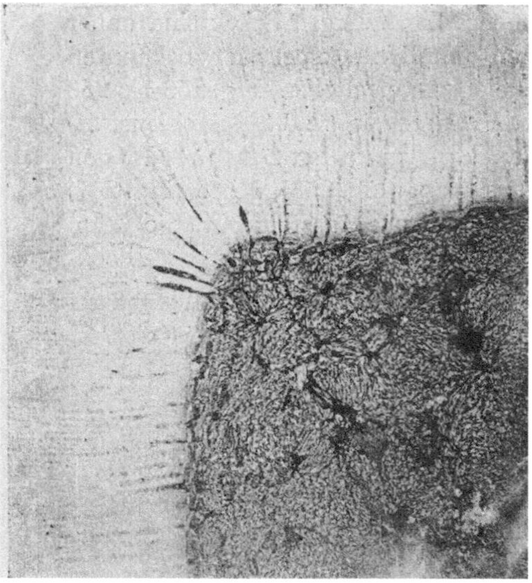

Fig. 256. $^1/_4$ Querschnitt aus einem Riegel von weichem Flußeisen, Kopfteil des Blockes. Ätzung 1. x 1.

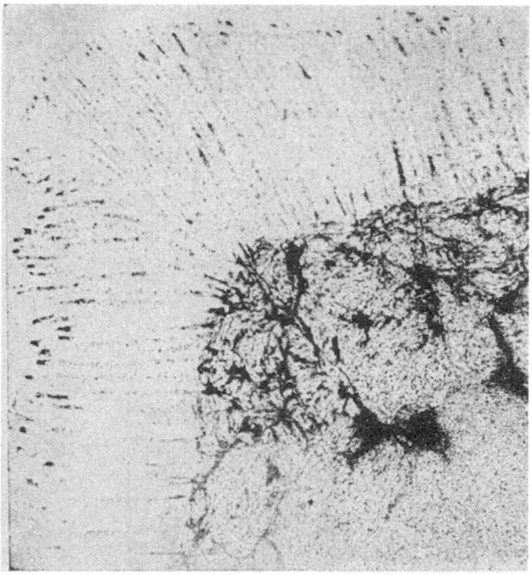

Fig. 257. Wie Fig. 256, jedoch Mitte des Blockes.

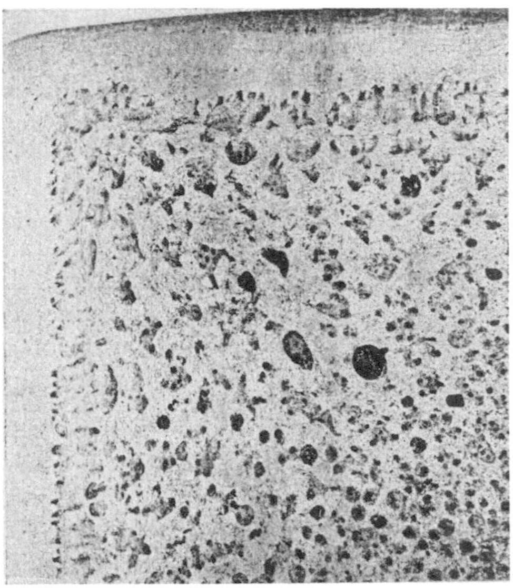

Fig. 258. Wie Fig. 256, jedoch Fuß des Blockes.

[1]) Dieselbe Erscheinung tritt auch bei nahtlosen Hohlkörpern aus härterem Material auf. Die Ursache ist die gleiche.

sind. Der Längsschnitt Fig. 255 zeigt die zahlreichen Schlackenansammlungen.

Bei der Formänderung durch Walzen, Schmieden, Pressen und Ziehen verändern die im Gußblock vorhandenen Seigerungszonen im wesentlichen ihre Form entsprechend der Formänderung des ganzen Querschnitts, also in ähnlicher Weise wie die Gasblasenseigerungen. Im fertigen Stück sind daher die Phosphor- und Schwefelansammlungen mit Hilfe einer der bekannten Ätzmethoden auf Schwefel und Phosphor leicht zu ermitteln. Fig. 256 bis 258 zeigen im vorgewalzten Riegel aus weichem Flußeisen (etwa 0,1°/₀ Kohlenstoff) die dem Flußeisen eigentümliche, scharfe Abgrenzung der Zonen.[1]) In den Figuren ist ein Viertel des Querschnitts aus Kopf (Fig. 256), Mitte (Fig. 257) und Fuß (Fig. 258) des Blockes auf Phosphor geätzt dargestellt. Ist die Form des bei der Verarbeitung erzeugten Endquerschnitts dieselbe wie die des Blockquerschnitts (wie z. B. beim Quadrateisen), so ist auch die Form der Seigerungszone ungefähr dieselbe, wie die des Endquerschnitts (Fig. 259). Ist aber

Fig. 259. Quadrateisen mit Seigerungszone, Ätzung I, x 1.

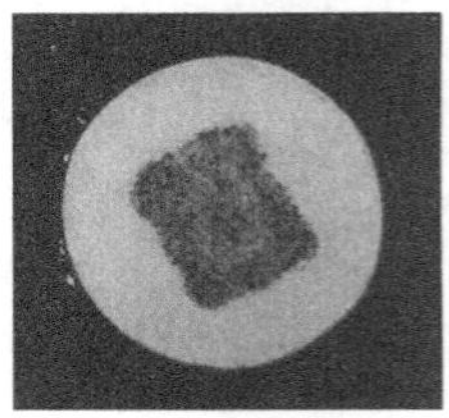

Fig. 260. Rundeisen mit Seigerungszone, Ätzung I, x 1.

die Form des Endquerschnitts von der des Blockquerschnitts verschieden, so besitzt auch die Seigerungszone eine andere Form als der Endquerschnitt.[2]) Dies ist z. B. beim Rundeisen der Fall, in dem gemäß Fig. 260 die Seigerungszone annähernd quadratisch ist. Der Umstand, daß hier die Ecken der Seigerungszone vom Kreisumfang weniger weit entfernt sind als die Mitte der Quadrat- (bzw. Rechteck-)seiten, während im Rohblock bzw. im Riegel oder Knüppel umgekehrte Verhältnisse herrschen, beweist, daß von den Ecken des Riegelquerschnitts Material nach den Mitten der Quadratseiten „verdrängt" wird, oder wie man diesen Vorgang sonst nennen mag. Es ist anzunehmen, daß eingehenderes Studium der relativen Veränderung der Seigerungszone durch das Walzen insbesondere bei Profileisen Aufschluß über die Vorgänge beim Walzen zu geben vermag, doch ist dieser Weg zur Klärung der erwähnten Vorgänge bisher wenig begangen worden. Das beim Walzen von Profileisen häufig beobachtete, in Fig. 261 an einer Schwelle dargestellte Auftreten von Querrissen wird erklärt durch die Phosphorätzung Fig. 262 eines Querschnittes durch dieses Profil. In den beiden Ecken der oberen Profilseite (und nur dort) tritt die geseigerte Zone mit der Walze in Berührung, das Material der Randzone ist also nach diesen Stellen verdrängt. Ob dies auf zu geringen Durch-

[1]) Nach v. Keil, Diss. Breslau 1919.

[2]) D. h. Seigerungszone und Endquerschnitt sind nicht ähnlich im geometrischen Sinne.

messer oder zu große Umdrehungsgeschwindigkeit der Oberwalze oder auf zu große Ausdehnung der Seigerungszone zurückzuführen ist, läßt sich ohne eingehendes Studium dieser und ähnlicher Fragen nicht entscheiden. Tatsache ist jedenfalls, daß die an Phosphor und Schwefel angereicherte Zone gegenüber der Randzone weit geringere Warmbildsamkeit besitzt und daher auf-

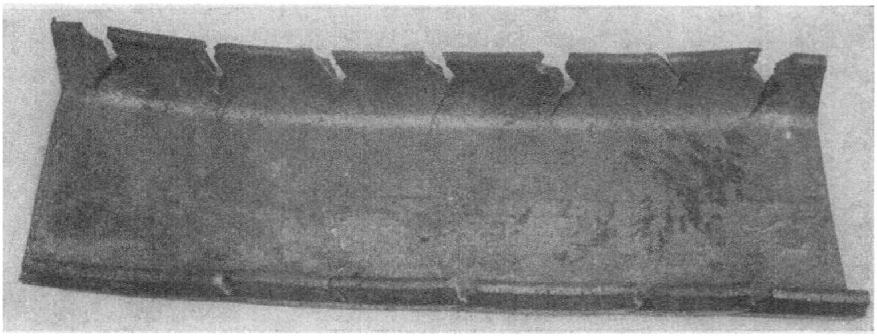

Fig. 261. Schwelle mit Querrissen.

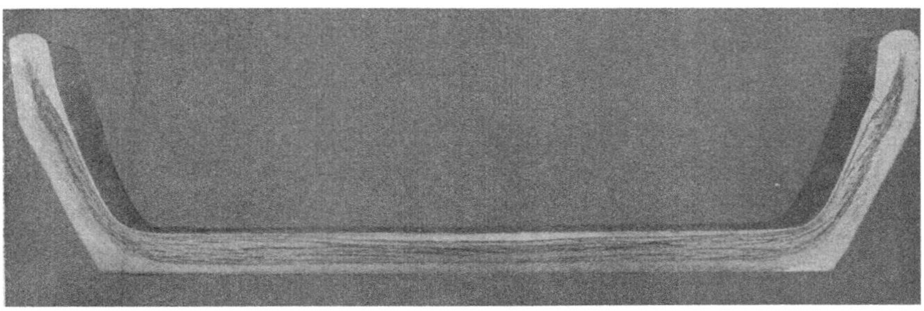

Fig. 262. Querschnitt durch die Schwelle Fig. 261, Ätzung I, x 1.

reißt. Die Zusammensetzung der Rand- bzw. der Kernzone ist in diesem Falle ermittelt worden und war folgende:

	% C	% P	% S
Randzone	0,09	0,067	0,04
Kernzone	0,13	0,133	0,16.

Nach dem Ehrhardtschen Verfahren hergestellte Hohlkörper (Rohre, Stahlflaschen u. dgl.) weisen häufig einen der Fig. 261 analogen Fehler auf d. h. es treten an der dem Loch-, bzw. Ziehdorn zugekehrten Seite Querrisse auf, wie dies Fig. 263 an einem Längsschnitt durch ein Flußeisenrohr zeigt. Die Phosphorätzung Fig. 264 zeigt, daß die Ursache der Querrisse die gleiche ist wie die in Fig. 262 erkennbare.

Im härteren Stahl ist normalerweise die scharfe Trennung zwischen Rand- und Kernzone wie beim Flußeisen (vgl. Fig. 256 bis 258) nicht vorhanden. Dies äußert sich natürlich auch in den Seigerungsbildern wie die Fig. 265 bis 267 Querschnitte je einer aus Kopf, Mitte und Fuß eines Blockes stammenden Schiene zeigen.

Daß die Festigkeitseigenschaften durch die Seigerungen beeinflußt werden müssen, ist schon mit Rücksicht auf die beträchtlichen Schwankungen der chemischen Zusammensetzungen im Gußblock zu erwarten. Während der

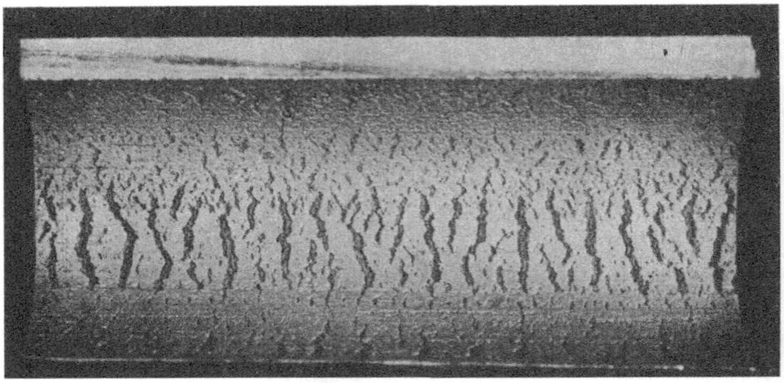

Fig. 263.

Fig. 264.

Fig. 263. Nahtlos gezogenes Rohr mit Querrissen an der Innenwand.
Fig. 264. Querschnitt zu Fig. 263, Ätzung I, x 1.

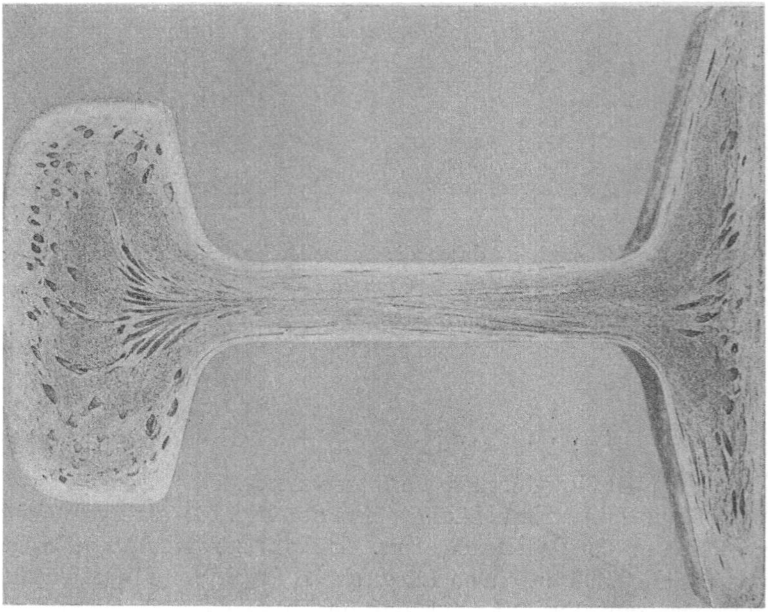

Fig. 265. Schienenquerschnitt aus dem Kopf eines Blockes, Ätzung I, x 1.

Verarbeitung des schmiedbaren Eisens kann höchstens der Kohlenstoff in Anbetracht seines hohen Diffusionsvermögens zu gleichmäßiger Verteilung gelangen; für Phosphor und Schwefel ist dies nicht der Fall. Insbesondere Phosphor erniedrigt aber Dehnung, Kontraktion und Schlagfestigkeit und erhöht Festigkeit und Streckgrenze. Nicht allein die prozentuale Höhe der Anreicherung, auch der Anteil der Seigerungszone am Gesamtquerschnitt ist, falls sich die Prüfung über diesen erstreckt, von Bedeutung. Die nach Wüst

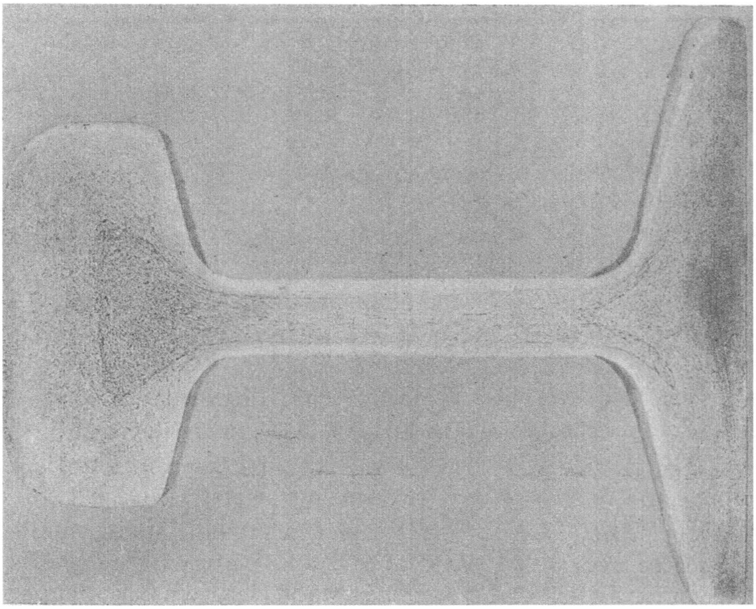

Fig. 266. Wie Fig. 265, jedoch Mitte des Blockes.

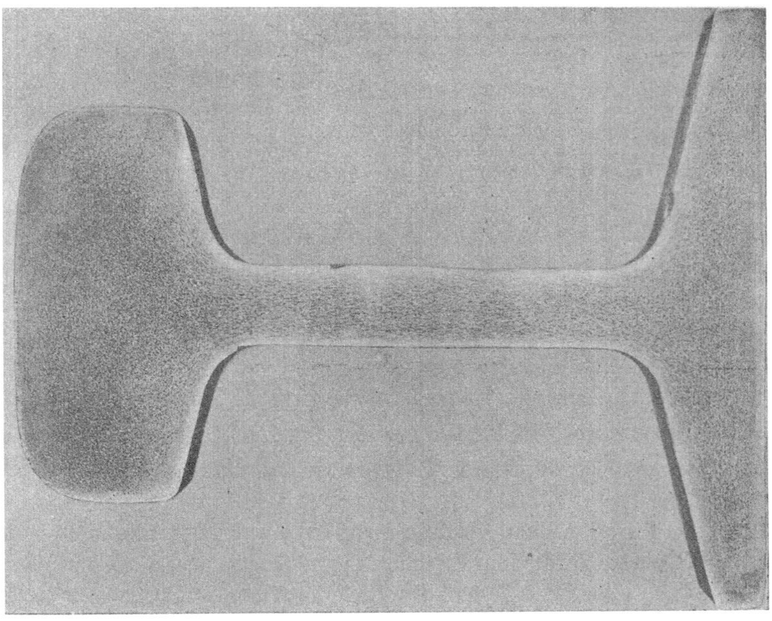

Fig. 267. Wie Fig. 265, jedoch Fuß des Blockes.

und Felser[1]) nachfolgend mitgeteilten Mittelwerte sind für weichere Materialien mit scharf getrennter Rand- und Kernzone typisch.

Blockteil der Probeentnahme	Festigkeit kg/qmm	Dehnung %	Kontraktion %	Spez. Schlagarbeit mkg/qcm
Kopf	42,8	26,0	39,2	6,9
Mitte { oben	41,7	28,2	38,5	10,1
Mitte { unten	40,7	30,5	43,6	12,0
Fuß	38,9	30,0	44,6	13,2

Ähnliche, an Schienen gewonnene Zahlen teilt Wickhorst[2]) mit. Im allgemeinen wird bei härteren Stahlsorten das obere Blockdrittel minderwertiges Material darstellen, das bei hohen Anforderungen an den Zuverlässigkeitsgrad unbedingt auszuschalten ist.

Beim Bördeln von Kessel- und ähnlichen Blechen bzw. bei der Herstellung von Preßteilen aus Blech treten innerhalb des Querschnitts starke Schubbeanspruchungen auf. Liegen stärkere Seigerungen vor, so ist der Zusammenhang zwischen den einzelnen Schichten mit Rücksicht auf die zahlreichen nichtmetallischen Einschlüsse, die sich in den geseigerten Zonen vorfinden, so gering, daß bei der Bördelbeanpsruchung diese Schichten wie die Blätter eines ähnlich beanspruchten Kartenspiels aneinander vorbeigleiten.

In Grobblechen, die zur Herstellung geschweißter Rohre von größerem Durchmesser benutzt werden sollen, spielt die Seigerungszone eine besondere Rolle. Wenn das Blech die Fertigwalze verläßt, liegt die Seigerungszone symmetrisch zum Querschnitt entsprechend der schematischen Fig. 268. (Die Seigerungszone ist schraffiert.) Die beiden seigerungsfreien und daher gut schweißenden Enden a a gelangen aber nicht immer zur Schweißung, vielmehr kann es bei ungleichmäßigem Beschneiden der Bleche bzw., wenn die beiden a a entsprechenden Rechteckseiten nicht parallel bzw. gradlinig verlaufen, vorkommen, daß der Scherenschnitt entsprechend b b durch die Seigerungszone hindurchgeht. Dann gelangt eine in Anbetracht der in der Seigerungszone angehäuften Fremdkörper schlecht schweißende mit einer gut schweißenden Fläche zur Berührung und die Schweißung kann mißlingen.

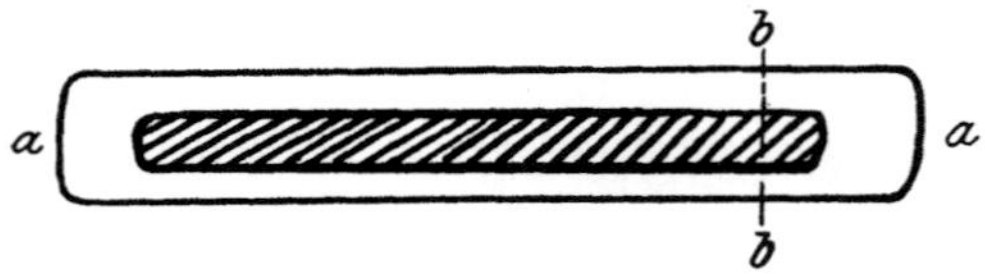

Fig. 268. Schematische Darstellung der Lage der Seigerungszone in einem Grobblech.

Wenn der Verarbeitungsgrad ein sehr hoher ist, wie z. B. bei Feinblechen, so ist die absolute Dicke der reineren Randzone sehr gering, die Seigerung liegt praktisch an der Oberfläche. Entstehung von Blasen und rauhen Stellen beim Beizen sowie Auftreten von Rissen bei der Stanzprobe sind die Folgeerscheinungen. Stark geseigertes Material ist daher zur Herstellung von Tiefstanzblech ungeeignet.

Eine beim Talbotschen Verfahren auftretende Eigentümlichkeit sei hier erwähnt, weil sie zu ähnlichen Erscheinungen führt, wie sie Neu[3]) beim un-

[1]) A. a. O.
[2]) Proc. Railw. Eng. 1911, 797. [3]) St. E. 1912, 397 und 1363.

freiwilligen Auswalzen im Innern noch nicht ganz erstarrter Blöcke beobachtete. Die nach dem Talbotschen Verfahren ausgewalzten Blöcke weisen gemäß Fig. 269 drei Zonen wesentlich verschiedener chemischer Zusammensetzung auf, die mit 1, 2 und 3 bezeichnet sind. Die chemische Untersuchung der 3 Zonen in 10 Blöcken ergab im Mittel folgende Zusammensetzung:

	% C	% S	% P	% Mn
Zone 1	0,50	0,042	0,018	0,68
„ 2	0,69	0,073	0,029	0,71
„ 3	0,61	0,055	0,024	0,69

Howe[1]) gibt für die Anreicherung der Mittelzone 2 folgende Erklärung. Vor dem Auswalzen besteht der Block gemäß Fig. 270 aus drei Zonen: 1. einer festen Kruste A; 2. einer ebenfalls festen, aber aus dendritischen Kristallen mit nicht ausgefüllten Zwischenräumen bestehenden, also nicht zusammenhängenden Schicht B und 3. einer teigigen Masse C, bestehend aus reineren Mischkristallen in einer flüssigen, an Verunreinigungen angereicherten Mutterlauge. Durch den Walzdruck wird die Mutterlauge der Schicht C in die Schicht B hineingedrückt und auf diese Weise eine Anreicherung dieser Schicht herbeigeführt. Je dünner die bereits erstarrte Kruste A beim Auswalzen war, um so näher rückt die angereicherte Schicht an die Blockwand.

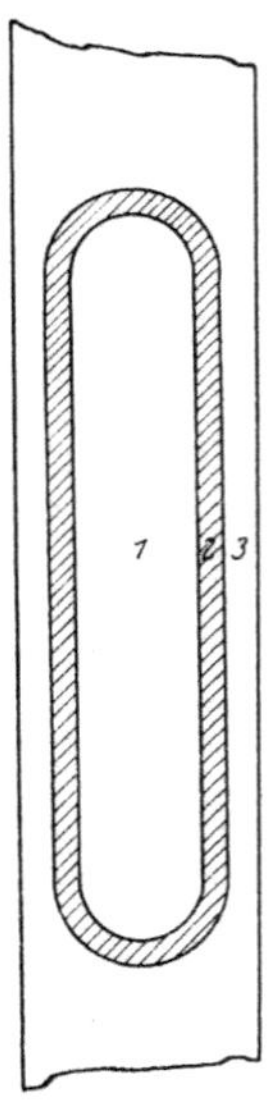

Fig. 269. Lage der Seigerungszone in einem mit flüssigem Kern gewalztem Block.

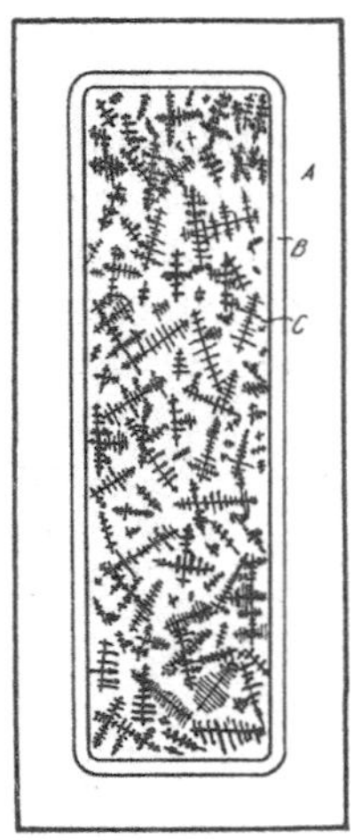

Fig. 270. Schematische Darstellung der Vorgänge beim Walzen eines Blockes mit flüssigem Kern. (Howe.)

Wir sahen im Kapitel Kristallisation, daß die Verteilung des Phosphors, Schwefels und vielleicht noch anderer Elemente innerhalb des primären Einzelkristalles keine gleichmäßige ist und keine praktisch durchführbare Wärmebehandlung gleichmäßige Verteilung herbeizuführen in der Lage ist. Diese „Kristallseigerung" wird durch die Warmformgebung in ähnlicher Weise

[1]) Trans. am. min. 1913, 414.

wie die Gasblasenseigerung beeinflußt und es ist unter Zugrundelegung der hierauf bezüglichen Erläuterungen leicht einzusehen, daß aus dem Dendriten- bzw. Globulitengefüge Fig. 45 bzw. 145 bei genügendem Grade der Formänderung ein Fig. 271 entsprechendes entsteht, das man Zeilenstruktur genannt hat.[1]) Die Zeilenstruktur kann man demnach immer in Schnitten parallel zur Richtung starker Streckung feststellen, z. B. in Blechen im Längs- und Querschnitt, im Draht- oder Rundeisen dagegen im Längsschnitt, wogegen hier im Querschnitt körnige Struktur auftritt. Ein Schnitt parallel zur Oberfläche zeigt im Blech die plattgedrückten Anreicherungen in ihrer größten Ausdehnung, falls annähernde Parallelität der Schichten vorliegt, wie dies z. B. beim gewalzten Blech der Fall ist. Sind die Schichten aber nicht parallel, sondern verlaufen sie wie z. B. bei handgeschmiedeten Messerklingen infolge lokaler Verschiedenheit des Formänderungsgrades wellenförmig, so ergibt der Flachschnitt das Damastgefüge[2]) entsprechend Fig. 272. Die mit Hilfe eines Ätzmittels auf Phosphorverteilung ermittelte Zeilenstruktur kann als primäre Struktur bezeichnet werden, weil sie von der primären Kristallisation herrührende Ungleichmäßigkeiten der Zusammensetzung anzeigt. Im verarbeiteten und im unverarbeiteten Material verhalten sich die von der Kristall- und Gasblasenseigerung herrührenden, und durch die Phosphorätzung aufgedeckten Ungleichmäßigkeiten bezüglich ihrer Ausdehnung ähnlich. Demnach stellen die bei der Phosphorätzung erscheinenden Anreicherungen größerer Ausdehnung, durch die Formänderung im übrgen in gleicher Weise wie die von der Kristallseigerung beeinflußten, die Spuren von im unverarbeiteten Material vorhandenen Gasblasen dar. In diesem Sinne ist die als Beispiel herangezogene Fig. 273 zu deuten.

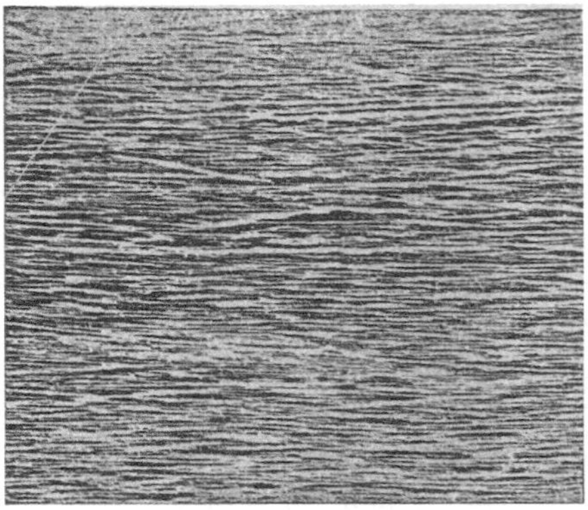

Fig. 271. Primäre Zeilenstruktur, Ätzung I, x 4.

Besitzen die Einschlüsse genügende Elastizität, was im Warmformgebungsgebiet oberhalb der Linie G O S E des Zustandsdiagramms der Eisenkohlenstofflegierungen meist der Fall ist, so verändern sie ihre Form in ähnlicher Weise wie die Phosphoranreicherungen, erscheinen also beispielsweise im Längsschnitt etwa durch ein Blech, in langgestreckter Form vgl. z. B. Fig. 255. Nicht alle Einschlüsse sind aber bei den Temperaturen der Warmverarbeitung plastisch, so daß häufig nebeneinander gestreckte und in mehrere Teile zerfallene Eisenschlüsse beobachtet werden können. Tonerdeeinschlüsse, die beim Aluminiumzusatz entstehen, sind, wie Fig. 274 nach Comstock[3]) zeigt, über-

[1]) Vgl. Oberhoffer, An. Chem. 1913, 156; St. E. 1913, 1569. Oberhoffer und Meyer, St. E. 1914, 1241. — Oberhoffer und Hartmann, St. E. 1914, 1245.

[2]) Oberhoffer, St. E. 1915, 40.

[3]) St E. 1917, 40.

haupt nicht plastisch und finden sich in Form von dunklen, nicht gestreckten Anhäufungen vor.

Der Einfluß der Einschlüsse auf die Festigkeitseigenschaften richtet sich nach ihrer Zahl. Größe und Form sowie nach ihrer Lage im Querschnitt. Eingehende Untersuchungen fehlen jedoch. Fällt die Zerreißstabachse mit der

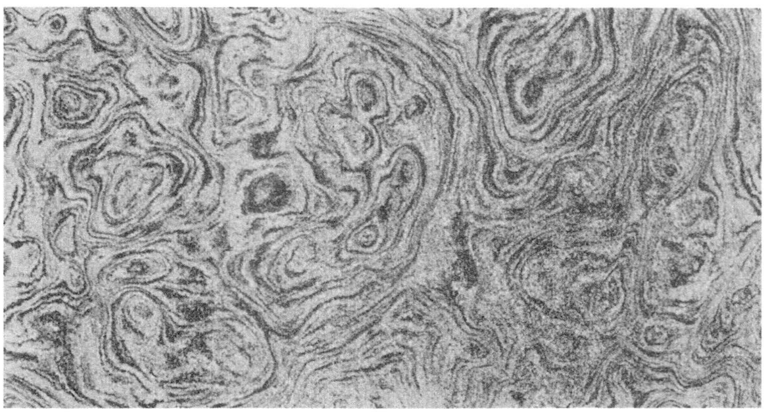

Fig. 272 Künstlich in einem Kesselblech erzeugtes Damaszenergefüge, Ätzung I, x 2.

Richtung stärkster Streckung zusammen. so bedarf es schon zahlreicher und räumlich ausgedehnter Einschlüsse, um auf Festigkeit und Dehnung einen merklich erniedrigenden Einfluß auszuüben. Aber auch mikroskopisch feine Einschlüsse vermögen nach Heyn[1]) von schädlicher Wirkung zu sein. So soll feinverteilte Kieselsäure in hochsiliziertem Material nach Mars[2]) die magnetischen Eigenschaften verschlechtern.

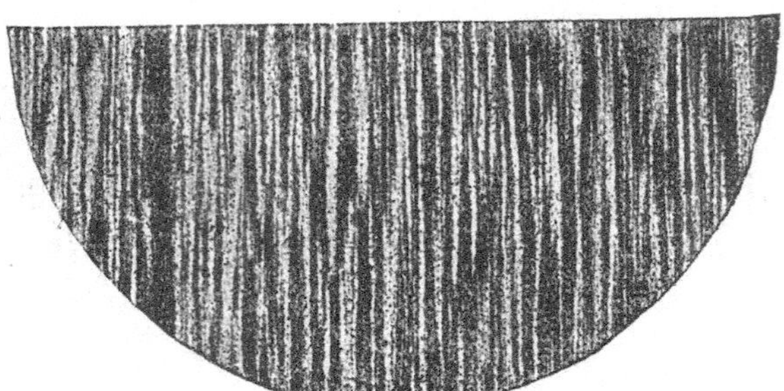

Fig. 273. $^1/_2$ Querschnitt durch einen Fig. 252 entsprechenden Zerreißstab mit primärer Zeilenstruktur und gestreckter Gasblasenseigerung, Ätzung I, x 3.

Das in Fig. 45 dargestellte Dendritengefüge bzw. das durch Warmformänderung aus diesem hervorgegangene Zeilengefüge Fig. 271 ist an Material mit etwa 0,8% Kohlenstoff gewonnen. das demnach praktisch nur aus Perlit besteht. Die beiden Abbildungen sind aber Ätzungen auf Phosphorverteilung.

[1]) Mat.-Kde. II A.
[2]) Spez. Stähle.

Bei der Benutzung eines Ätzmittels auf Kohlenstoff würde das Gesichtsfeld gleichmäßig dunkel erscheinen.[1]) Ist nun neben Perlit noch Ferrit vorhanden (also bei Kohlenstoffgehalten von weniger als 0,9%), so kann auch die Ätzung auf Kohlenstoff Zeilenstruktur entwickeln und demnach ein mit der Phosphorätzung qualitativ übereinstimmendes Bild ergeben (Fig. 275). Die Ursachen hierfür sind die gleichen, die im unverarbeiteten Material (Stahlguß) das Netz-

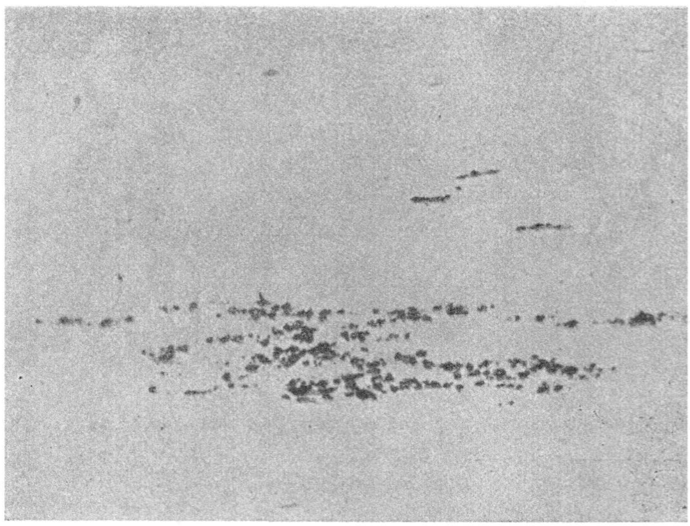

Fig. 274. Tonerdeeinschlüsse. (Comstock.)

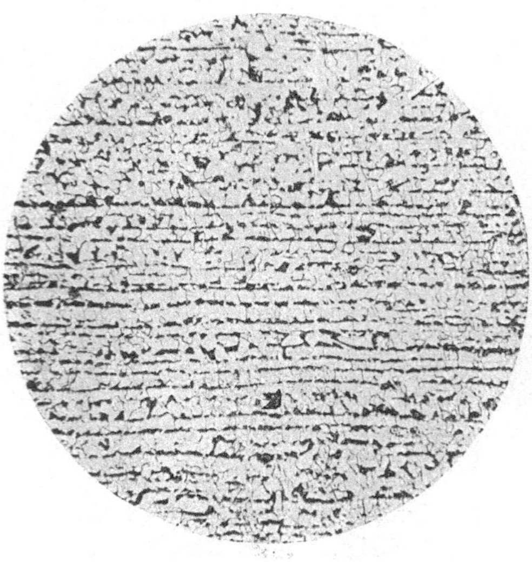

Fig. 275. Sekundäre, Zeilenstruktur, Ätzung II, x 50.

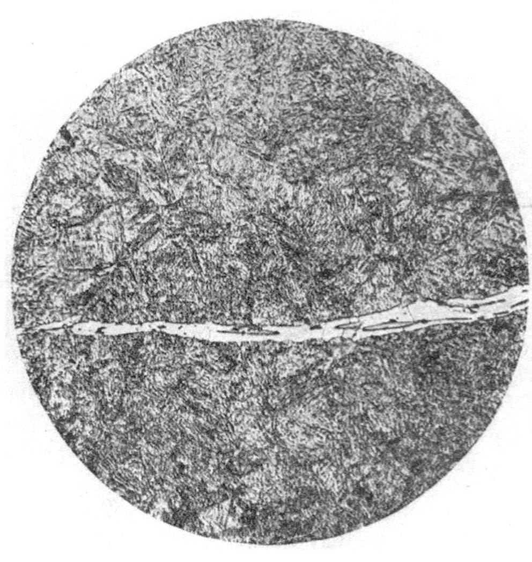

Fig. 276. Einfluß der Streckung der Schlakkeneinschlüsse auf die Form der Ferritausscheidung bei der sekundären Zeilenbildung, Stahl mit 0,4% C bei 750° abgeschreckt, Ätzung II, x 150.

[1]) Vgl. Oberhoffer, St. E. 1916, 798.

und Dendritengefüge in beiden Ätzungen erscheinen lassen und zwar vornehmlich die Keimwirkung der Schlackeneinschlüsse, ferner auch die ungleichmäßige Verteilung des Phosphors bzw. anderer, in ihrer Wirkung noch unbekannten Elemente. Die gestreckten Einschlüsse bewirken bei der Ferritbildung die Bildung entsprechend gestreckter Ferritabscheidungen, wie Fig. 276 ein Längsschnitt durch eine bei 750° abgeschreckte Probe eines gewalzten Materials mit 0,4% Kohlenstoff zeigt.

Die durch Ätzung auf Kohlenstoff entwickelte Zeilenstruktur ist wegen ihres Zusammenhanges mit der sekundären Kristallisation ein sekundäres Gefüge, braucht daher mit der durch Phosphorätzung entwickelten, primären, nicht identisch zu sein, bzw. kann trotz der Anwesenheit der letzteren überhaupt fehlen. Die bei der Kohlenstoffätzung entwickelte Struktur ist nämlich von der Wärmebehandlung abhängig (s. nächstes Kapitel), was für die bei der Phosphorätzung entwickelte nicht der Fall ist. Diese hängt vielmehr ausschließlich von der Art und dem Grade der Verarbeitung ab. Die durch die Breite der Zeilen gekennzeichnete Feinheit der in diesem Sinne aufgefaßten primären Zeilenstruktur steigt mit der Durcharbeitung, ist also unter sonst gleichen Bedingungen z. B. abhängig von der Blockgröße. Bei gleicher Wärmebehandlung müssen daher auch die bei der Kohlenstoffätzung entwickelten Zeilen mit zunehmender Durcharbeitung schmäler werden.[1])

Je stärker die Streckung ist, um so mehr nähert sich das Material in der Richtung der Streckung dem Zustande vollkommener Quasiisotropie, um so höher sind Streckgrenze, Festigkeit, Dehnung und Kontraktion. Ist die Streckung, oder besser der Durcharbeitungsgrad, nach verschiedenen Richtungen nicht gleich, so äußert sich dies in einem Unterschied der Festigkeitseigenschaften in verschiedenen Richtungen. Eine exakte Darstellung dieser Verhältnisse ist beim heutigen Stande unserer Kenntnisse noch nicht möglich.

Man findet durchweg in der Praxis die Ansicht vertreten, daß die Art der Formgebung auf die Eigenschaften des Fertigerzeugnisses von größtem Einfluß sei. Im besonderen wird geschmiedetes Material gewalztem gegenüber als Qualitätsmaterial deshalb bezeichnet, weil die Durcharbeitung eine weit intensivere sei und die inneren Teile des Querschnitts erfasse, während beim Walzen hauptsächlich die äußeren Querschnittsteile durchgearbeitet würden. Man kann in der Tat im Längsschnitt geschmiedeter Materialien feststellen, daß die mittleren Zonen primäre Zeilenstruktur aufweisen, während in den Randzonen noch deutlich Dendriten zu erkennen sind, wogegen in Materialien, die in bezug auf Querschnittsverminderung unter gleichen Bedingungen gewalzt wurden, umgekehrte Verhältnisse vorliegen. Wenn nun auch im Gefüge zweifellos Unterschiede festzustellen sind, so sind sie doch anscheinend ohne Einfluß auf die Eigenschaften. Diese Erfahrung des Verfassers wird bestätigt durch die Untersuchungen Charpys,[2]) von dessen zahlreichen Ergebnissen folgende zur Stütze der hier ausgesprochenen Ansicht wiedergegeben seien. Die Versuche sind an Stäben von 175 mm Durchmesser aus mittelhartem Stahl gemacht. Die Rohblöcke wogen 1100 kg bei 300 × 300 mm Querschnitt.

[1]) Vgl. Oberhoffer, An. Chem. 1913, **81**, 156, Fig. 4 u. 5.

[2]) St. E. 1917, 740. — Gén. civ. 1917, 109.

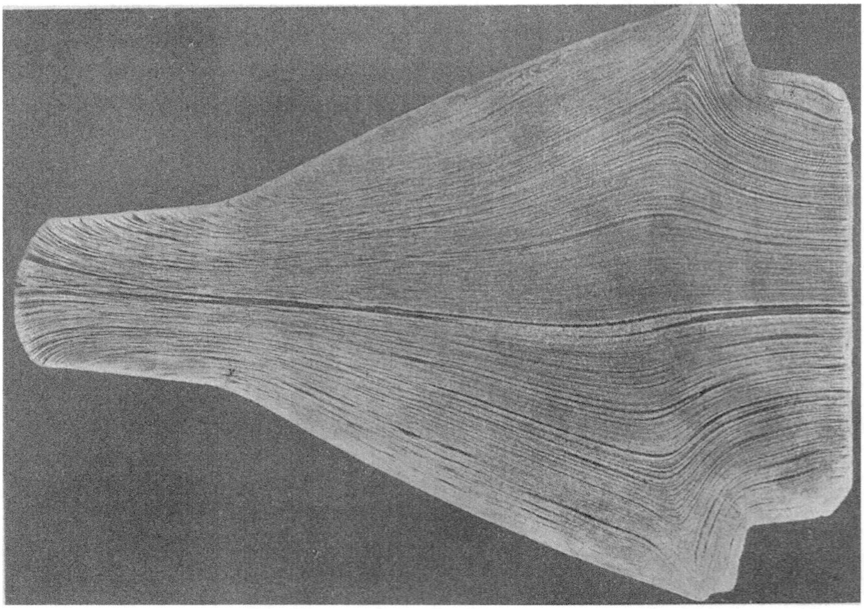

Fig. 277. Längsschnitt durch ein Gesenkschmiedestück aus einem runden Querschnitt geschlagen, Ätzung I, x 1.

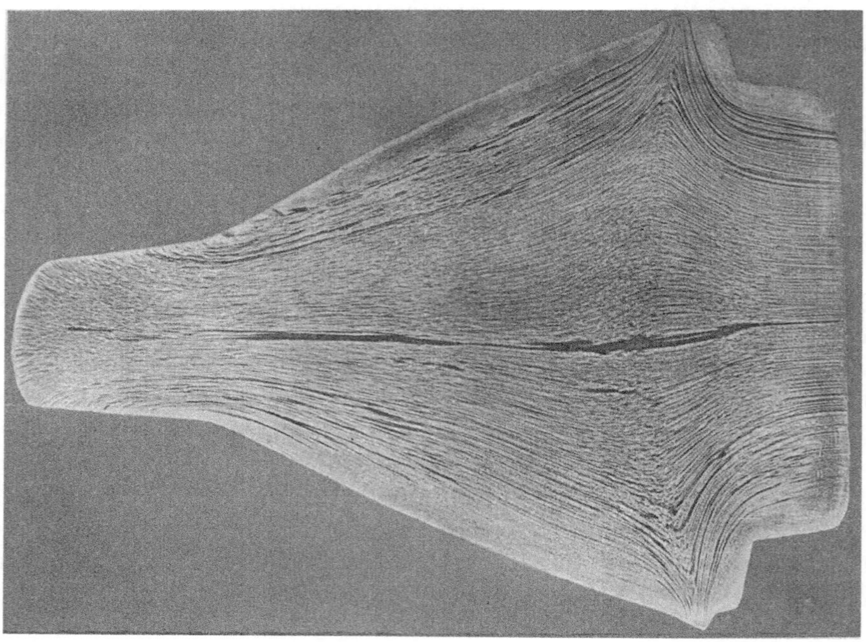

Fig. 278. Wie Fig. 277, jedoch aus einem quadratischen Querschnitt geschlagen.

Ergebnisse von Versuchen an Probestäben von geschmiedeten und gewalzten Blöcken.

Versuchsproben	Zugproben mit 13 mm Durchmesser und 60 mm Körnerabstand, entnommen: in der Streckrichtung: Elastizitätsgrenze kg/qmm	Festigkeit kg/qmm	Dehnung %	senkrecht zur Streckrichtung: Elastizitätsgrenze kg/qmm	Festigkeit kg/qmm	Dehnung %	Schlagproben mit Stäben 24 × 9 mm Querschnitt, Länge 60 mm senkrecht zur Streckrichtung, freies Fallgewicht 10 kg, Fallhöhe 0,50 m: Anzahl der Schläge ohne Brucherzeugung	Biegewinkel °C
Rundgeschmiedet:								
1. Versuchsreihe	51,5	69,4	25	52,15	67,75	20	26	73,5
2. „	54,8	72,0	26	55,15	70,40	17	26	76,0
Rundgeschmiedet:								
1. Versuchsreihe	53,5	71,3	25	52,10	68,10	19,5	26	70,5
2. „	55,5	72,7	26	54,85	70,10	20	26	73,5
Rundgewalzt:								
1. Versuchsreihe	52,8	71,3	26	52,15	69,40	20	25,5	75,0
2. „	56,1	73,4	24	55,80	71,00	19,5	25,5	79,5
Rundgewalzt:								
1. Versuchsreihe	54,2	72,3	26	53,80	69,4	20	26	73,0
2. „	58,1	75,0	25	57,80	72,7	18	26	86,5

Bezüglich des Pressens gilt im großen ganzen das gleiche wie für das Schmieden, so daß unter gleichen Bedingungen auch dem gepreßten Material gegenüber dem gewalzten bezüglich der Eigenschaften keine Überlegenheit zuerkannt werden kann.

Bei Gesenkschmiedestücken vermag die Betrachtung der Phosphorätzung bestimmter Schnitte Aufschluß über die Zweckmäßigkeit der Massenverteilung zu geben. Die Fig. 277 und 278 zeigen je einen Längsschnitt durch das gleiche Gesenkschmiedestück. Der Unterschied zwischen beiden ist aber der, daß das Fig. 277 aus einem Knüppelabschnitt von kreisrunden, das Fig. 278 entsprechende aus einem ebensolchen von quadratischem Querschnitt hergestellt wurde. Ersterer war offenbar zweckmäßiger als letzterer, wie im kontinuierlichen Verlauf der „Faser“ (Zeilen) in Fig. 277 im Gegensatz zu Fig. 278 zu erkennen ist.

6. Die Umkristallisation (Glühen) des warm verarbeiteten schmiedbaren Eisens.

Das Glühen des vorher warm verarbeiteten schmiedbaren Eisens erfolgt zwar im allgemeinen nach ähnlichen Grundsätzen wie das Glühen von Stahlformguß, d. h. auch hier sind Glühtemperatur, Glühdauer und Abkühlungsgeschwindigkeit die maßgebenden Faktoren. Dennoch bestehen einige grundsätzliche Verschiedenheiten, die eine getrennte Behandlung des Stoffes erfordern. So besitzt der Stahlformguß meist das von der primären Kristallisation noch vorhandene grobe Kristallkorn, das im warm verarbeiteten Material nicht mehr vorhanden und sogar häufig durch ein sehr feines ersetzt ist. Dann aber ist die Zahl der für die Glühbehandlung in Frage kommenden schmiedbaren Eisensorten weit größer als die der Stahlformgußqualitäten. Nicht nur alle Kohlenstoffgehalte vom weichsten, praktisch aus Ferrit bestehenden Eisen bis zum übereutektoidischen Stahl, auch zahlreiche perlitische Spezialstähle unterliegen der Glühbehandlung. Eine getrennte Besprechung nach einzelnen Gruppen empfiehlt sich daher.

A. Sehr weiche, hauptsächlich aus Ferrit bestehende Eisensorten.

Glühtemperatur. A_2 ist praktisch bedeutungslos. Das ausschließlich aus Ferrit bestehende Eisen kristallisiert bei der Abkühlung nur dann um, wenn die Glühtemperatur Ac_3 überschreitet. Der Einfluß der Umkristallisation auf die Korngröße ist abhängig vom Anfangszustand des Glühgutes. — Die Kurve 1 der Fig. 236 veranschaulicht, wie im vorhergehenden Kapitel gezeigt wurde, die Abnahme der Korngröße des Ferrits von Flußeisen mit 0,1% Kohlenstoff mit sinkender Schmiedetemperatur. Glüht man die geschmiedeten Proben, deren Schmiedetemperaturen aus der Abszisse zu entnehmen sind, und die sich daher in verschiedenen Anfangszuständen befinden, bei 900°, so erhält man für die Korngröße der so behandelten Proben die mit 3 bezeichnete Horizontale der Fig. 236, die von 1350 bis 1100° unterhalb und von 1100 bis 850° oberhalb der Kurve 1 verläuft. Das grobe Anfangskorn überhitzten oder bei sehr hoher Temperatur verarbeiteten Ferrits wird demnach verfeinert (regeneriert), während das durch Verarbeitung bei niedrigeren Temperaturen über den strukturellen Gleichgewichtszustand bei 900° stark verfeinerte Korn, vergröbert wird. So erklärt es sich, daß durch Glühen mitunter Erhöhung, mitunter Erniedrigung der Festigkeit und der Streckgrenze bei umgekehrten Verhalten der Dehnung, Kontraktion und Schlagfestigkeit erzielt wird (vgl. hierzu Fig. 237).

Fig. 279 veranschaulicht nach Ergebnissen von Pomp[1]) die Abhängigkeit der Korngröße (Kurve 3) von der Glühtemperatur bei einer Glühdauer von sechs Stunden. Das benutzte Material war sehr reines Flußeisen mit

0,08 % Kohlenstoff,
0,02 ,, Silizium,
0,07 ,, Mangan,
0,01 ,, Phosphor,
0,002 ,, Schwefel,
0,04 ,, Kupfer.

Von 600° an bis 1100° steigt die Korngröße langsam und von dieser Temperatur an außerordentlich rasch. Der plötzliche Anstieg bei 1100° ist auch von zahlreichen anderen Forschern beobachtet worden. Eine Diskontinuität der Kurve bei Ac_3 ist nicht vorhanden und bei der geringen Anfangskorngröße auch nicht zu erwarten. Die von Stead[2]) und später von Joisten[3]) beobachtete Vergröberung des Ferrits bei 650 bis 750°, findet Pomp nicht, in Übereinstimmung mit den Ergebnissen zahlreicher anderer Forscher. Pomp glaubt, daß Stead und Joisten durch Rekristallisationsvorgänge getäuscht worden sind. Es liegt aber an sich kein Grund dagegen vor, dem Korn des α-Eisens ein mit steigender Temperatur zunehmendes Wachstumbestreben zuzuschreiben, das ja im übrigen auch Pomp beobachtet (Zunahme der Korngröße zwischen 600 und 900°). Der steil ansteigende Ast der Kurve ist offenbar ein Ausdruck für das raschere Kornwachstum des γ-Eisens.

[1]) Fer. 1916, 65. [2]) Ir. St. Inst. 1898, I, 145. [3]) Diss. Aachen 1911.

Den Zusammenhang zwischen Glühtemperatur einerseits, spezifischer Schlagarbeit (Kurve 1) und Härte (Kurve 2) andererseits, vermittelt ebenfalls die Fig. 279 für eine Glühdauer von 6 Stunden. Bemerkenswert ist die rasche Abnahme der spezifischen Schlagarbeit in dem Gebiete der raschen Kornzunahme, also von etwa 1000° an. Die hohen Werte der spezifischen Schlagarbeit zwischen 600 und 800° sind vorderhand nicht zu erklären, anderseits ist das Pompsche Versuchsmaterial zu umfangreich, um Zweifel an diesen Werten zuzulassen. In diesem Zusammenhange sei die von Joisten gemachte interessante Beobachtung erwähnt, daß durch Glühen bei 700° ganz enorm vergröbertes (nach Pomp rekristallisiertes) Flußeisen mit einer Korngröße von 50000 μ^2 keine Abnahme der Zähigkeit aufweist, während das im γ-Gebiet vergröberte in Übereinstimmung mit den Pompschen Ergebnissen äußerst spröde war.

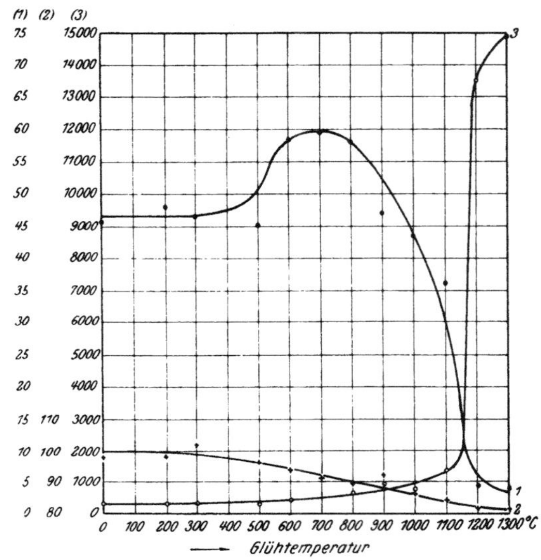

Fig. 279. Einfluß der Glühtemperatur auf Korngröße, Härte und spezifische Schlagarbeit von weichem Flußeisen. (Pomp.)

Die Härte nimmt mit steigender Glühtemperatur ab, ohne daß aber ein scharfer Richtungswechsel wie in den beiden anderen Kurven bei etwa 1100° vorhanden wäre. Immerhin würde der an anderer Stelle bereits angeführte Satz bestätigt sein, daß großem Kristallkorn des Ferrits niedrige Härte entspricht. Indessen ist auch diese Regel offenbar nicht ohne Ausnahme. Vielmehr zeigten Oberhoffer und Oertel,[1]) daß ein Unterschied zwischen der Härtezahl von sehr feinkörnigem und sehr grobkörnigem Ele trolyteisen praktisch nicht besteht. Dabei schwankten die beobachteten Korngrößen zwischen wenigen Hundert und rd. 100000 μ^2.

Auf die Möglichkeit des Regenerierens von überhitztem weichen Flußeisen durch Glühen bei oder wenig oberhalb Ac_3 wurde bereits hingewiesen.

Glühdauer. Mit steigender Glühdauer nimmt die Kristallgröße zu und zwar um so rascher, je höher die Glühtemperatur ist, wie Fig. 280 nach Ergebnissen von Pomp[2]) zeigt. Dementsprechend verändern sich auch die Festigkeitseigenschaften.[3]) Gefüge und Eigenschaften sind zweckmäßig durch richtige Wahl der Glühtemperatur, nicht der Glühdauer zu beherrschen. Die Glühdauer muß nur der Masse des zu glühenden Gutes entsprechend mindestens so zu wählen sein, daß eine gleichmäßige Durchwärmung gewährleistet ist.

[1]) St. E. 1919, 1031.
[2]) A. a. O.
[3]) Vgl. z. B. Pomp sowie Joisten, a. a. O.

Abkühlungsgeschwindigkeit. Von einer oberhalb Ac_3 gelegenen Temperatur rasch abgekühltes weiches Flußeisen besitzt feineres Ferritkorn als langsam abgekühltes. Dies geht deutlich aus Fig. 236 durch Vergleich der Kurven 1 und 2 hervor. Die Kurven stellen die Korngröße von weichem Flußeisen mit etwa 0,1% Kohlenstoff in Abhängigkeit von der Schmiedetemperatur dar und zwar bedeutet Kurve 1 (langsame) Abkühlung der geschmiedeten Proben in Kieselgur, 2 (rasche) an der Luft. Der Einfluß der Abkühlungsgeschwindigkeit nimmt mit steigender Temperatur zu. Zur Erklärung des Einflusses der Abkühlungsgeschwindigkeit braucht man sich nur zu erinnern, daß mit ihr auch die Größe der Unterkühlung wächst. Mit steigender Unterkühlung nimmt anscheinend K Z rascher zu als K G (vgl. Fig. 136). Besonders ausgeprägt ist dieses Verhalten beim Elektrolyteisen, das nach Stead und Carpenter[1]) bei langsamer Abkühlung von einer oberhalb Ac_3 gelegenen Temperatur grobkörnig, bei rascher Abkühlung (Abschrecken) dagegen feinkörnig wird. In den Festigkeitseigenschaften gelangt der in Fig. 236 veranschaulichte, auf Unterschieden der Abkühlungsgeschwindigkeit beruhende Unterschied der Korngröße des Ferrits kaum zum Ausdruck (vgl. Fig. 237).

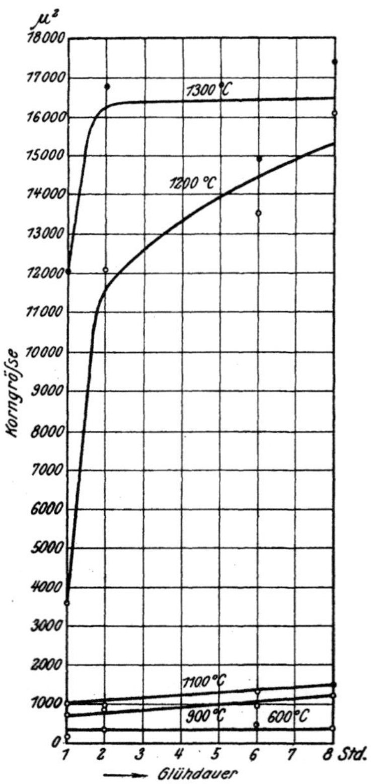

Fig. 280. Einfluß der Glühdauer bei verschiedenen Temperaturen auf die Korngröße von weichem Flußeisen. (Pomp.)

Obwohl durch das Hinzutreten von Kohlenstoff zum Eisen insofern eine prinzipielle Änderung erfolgt, als die Umwandlung nicht mehr wie beim praktisch reinen Eisen bei einer Temperatur, sondern in einem vom Kohlenstoffgehalt abhängigen Temperaturintervall stattfindet, ist bei den niedrigen Kohlenstoffgehalten des weichen Flußeisens der in großen Mengen vorhandene Ferrit von überragender Bedeutung, so daß auch die im wesentlichen von den im Vorhergehenden entwickelten Faktoren beherrschte Korngröße dieses Gefügebestandteils die Hauptrolle spielt.

B. Eisensorten mit Kohlenstoffgehalten von etwa 0,2 bis etwa 0,75%.

Bei Anwesenheit größerer Kohlenstoff- und merklicher Ferritmengen, also bei Kohlenstoffgehalten von etwa 0,2 bis 0,75%, gelten die S. 211 entwickelten Gesichtspunkte insofern, als 1. Glühen unterhalb Ac_1 nur den Charakter des Perlits zu verändern vermag. Der durch vorhergehende rasche Abkühlung gebildete, der festen Lösung noch nahestehende sorbitische Perlit (vgl. nächstes Kapitel) kann durch Koagulierung des in ultramikrosko-

[1]) Ir. st. Inst. 1913, II, 119.

pischen Ausscheidungen vorhandenen Zementits in körnigen Perlit verwandelt werden oder die Zementitlamellen des fertig gebildet vorliegenden lamellaren Perlits werden ebenfalls durch Koagulierung in körnigen Perlit übergeführt. Erniedrigung der Festigkeit und Steigerung der Dehnung sind die Folge dieses Vorganges. 2. Wird Ac_1 beim Glühen erreicht, so geht der Perlit in feste Lösung und kristallisiert bei der Abkühlung um. Die Wirkung eines derartigen Glühens ist abhängig vom Anfangszustand, d. h. von der ursprünglichen Ausbildung des Perlits. 3. Durch Glühen bei Temperaturen zwischen Ac_1 und Ac_3 wird nur ein Teil des Ferrits in feste Lösung übergeführt und zwar um so mehr, je näher die Temperatur an Ac_3 gelegen ist. Die Umkristallisation ist daher nur eine lokale und unvollständige. Dabei ist das Ferrit-Perlitgemisch in Anbetracht der niedrigen Bildungstemperatur der festen Lösung äußerst fein-

Fig. 281. Stahl mit 0,45% C bei 1250° geglüht, beginnende Überhitzung. Ätzung II, x 100.

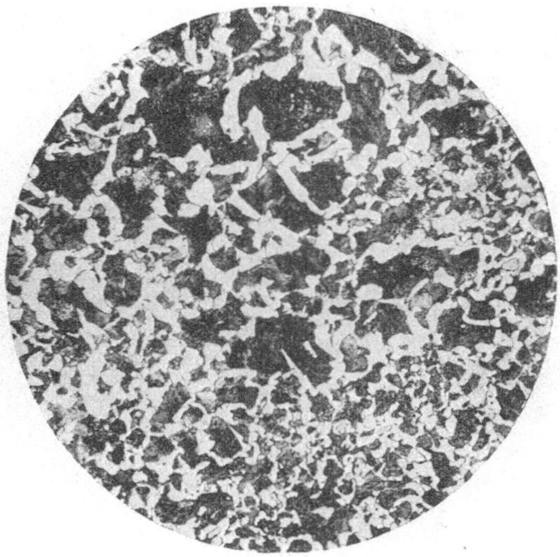

Fig. 282. Derselbe Stahl wie Fig. 281, bei 730° geglüht. Ätzung II, x 100.

körnig dort, wo Umkristallisation erfolgte und grobkörniger, wo dies nicht der Fall war. Fig. 281 ist ein auf 1250° erhitzter Stahl mit 0,45% Kohlenstoff. Die Kennzeichen der Überhitzung, grobes Ferritnetzwerk und Andeutungen von Widmannstättenschen Figuren sind vorhanden. Dasselbe Stück auf 730°, also zwischen Ac_1 und $Ac_{3,2}$ erhitzt, zeigt noch Überreste der großen, aber auch viele umkristallisierte und sehr kleine Kristalle, wie Fig. 282 lehrt. 4. Erst nach Erreichung von Ac_3 bei der Erhitzung ist bei der nachfolgenden Abkühlung die Umkristallisation vollständig. Ob aber Verfeinerung oder Vergröberung des Gefüges, Verbesserung oder Verschlechterung der Eigenschaften eintritt, hängt auch hier vom Ausgangszustand ab. Je höher die Glühtemperatur über Ac_3 gelegen ist, um so stärker wird das G füge vergröbert und zwar gleichgültig, ob es, wie bei niedrigeren Kohlenstoffgehalten körnig oder, wie bei höheren, zellen- bzw. netzwerkförmig ist. Im ersten Falle nimmt mit steigender Glühtemperatur die Größe der körnigen Bestandteile Ferrit und Perlit, im zweiten die des Netzwerkdurchmessers zu. Die Zunahme der Größe der Gefügebestandteile bei der körnigen Struktur erklärt sich aus der Tatsache, daß oberhalb Ac_3 mit der Temperatur die Kristallgröße der festen Lösung zunimmt und diese die Kristallisationskerne für die Zerfallsprodukte liefert, doch bleibt es bei der Netzwerkstruktur an sich bemerkenswert, daß der zeitlich zuerst gebildete Bestandteil sich in Zellenform ablagert, während bei der primären Kristallisation der zeitlich zuletzt gebildete Bestandteil, z. B. ein Eutektikum, in Zellenform in den Zwischenräumen der primären Kristalle auftritt. Vielleicht läßt sich dies durch Ungleichmäßigkeiten des Kohlenstoffgehaltes in den Kristallen der festen Lösung erklären. Je größer der Kristall ist, um so schwieriger wird der Ausgleich des Kohlenstoffgehaltes durch Diffusion, weil die Diffusionswege wachsen. Eine Abnahme des Kohlenstoffgehaltes vom Mittelpunkt nach dem Rand des Kristalles ist daher denkbar. Dies bedingt aber

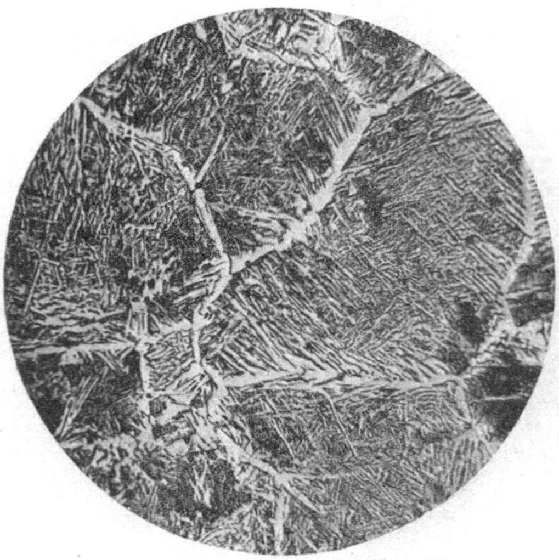

Fig. 283. Überhitzter Stahl mit 0,25 % C. Ätzung II, x 50.

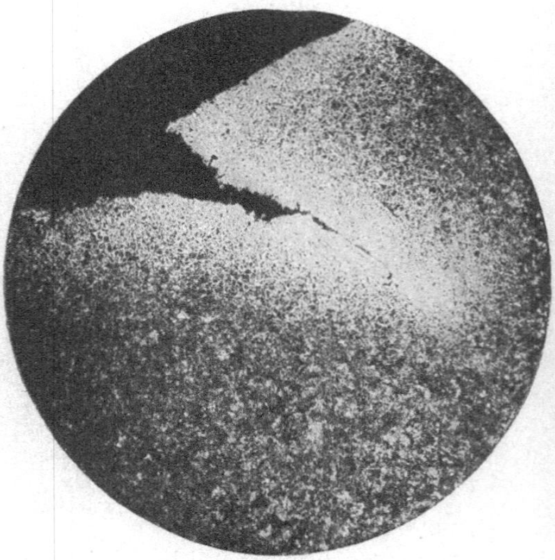

Fig. 284. Am Rande, bzw. an den Rißwänden entkohlter Stahl. Ätzung II, x 50.

bei der Abkühlung den Beginn der Ausscheidung des Ferrits am Umfang des Kristalls und damit die Bildung des Ferritnetzwerkes. Diese Annahme gewinnt dadurch an Wahrscheinlichkeit, daß bei mittleren Kohlenstoffgehalten sowohl körnige als Netzwerkstruktur beobachtet wird. Je niedriger der Kohlenstoffgehalt ist, um so höher muß die Glühtemperatur und um so größer also der Kristall der festen Lösung sein, bevor Netzwerkstruktur auftritt. Diese Struktur und die Widmannstättenschen Figuren bilden daher die Kennzeichen der Überhitzung, doch kann man erst dann von regelrechter Überhitzung reden, wenn diese Kennzeichen durchweg das ganze Stück in nicht zu verkennender Form durchsetzen. Deutlich überhitzten Stahl mit 0,25 % Kohlenstoff zeigt Fig. 283. Je höher die Glühtemperatur, um so größer ist neben der Gefahr der Überhitzung die der Entkohlung oder Entfernung des Kohlenstoffs in dem der Luft oder oxydierenden Gasen ausgesetzten Teilen. Der Kohlenstoff verbrennt hierbei (aus der festen Lösung) und es bleibt das mehr oder minder reine, entkohlte Eisen zurück. Fig. 284 zeigt die Randzone eines Stahlstückes mit Riß. Die Entkohlung ist deutlich zu erkennen. Überhitzter Stahl wird in der bekannten Weise durch Glühen bei Ac_3 regeneriert. Die Entkohlung kann natürlich nicht rückgängig gemacht werden.

Nach Ergebnissen von W. Campbell[1]) verändern sich die Festigkeitseigenschaften eines Stahls mit 0,5% Kohlenstoff und 0,98% Mangan den Kurven Fig. 285 und 286 entsprechend. Durch Haltepunktsbestimmungen wurde Ac_1 bei 710⁰, Ac_3 bei 745—750⁰ gefunden. Betrachtet man die Kurven der an der Luft abgekühlten Proben (die langsam abgekühlten ergeben Ähnliches), so zeigt sich, daß mit dem Glühen unterhalb Ac_1 Erhöhung der Dehnung und Kontraktion, Erniedrigung der Streckgrenze und der Festigkeit dem ungeglühten Material gegenüber verbunden ist. Dies wurde auf die Bildung von körnigem Perlit zurückgeführt. Nach der Gefügeuntersuchung war

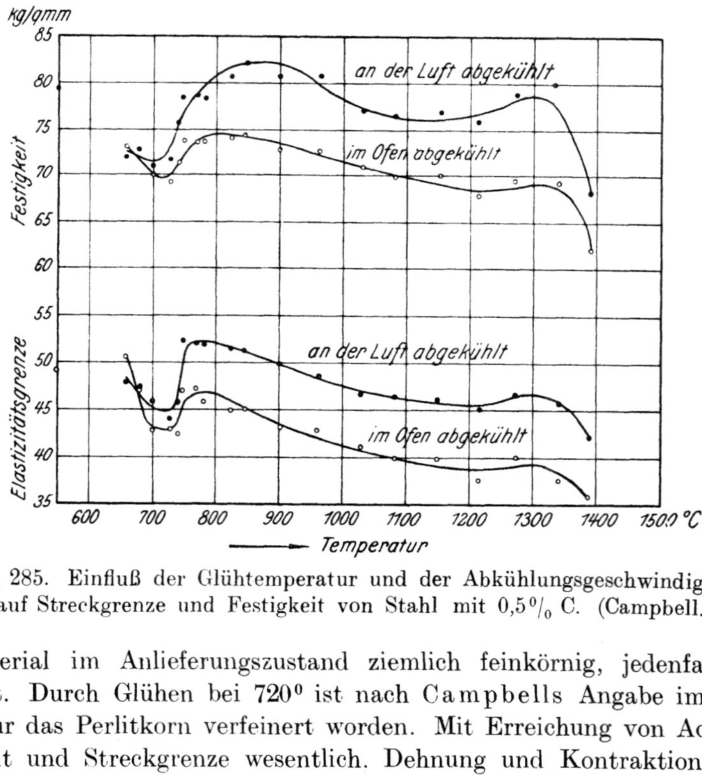

Fig. 285. Einfluß der Glühtemperatur und der Abkühlungsgeschwindigkeit auf Streckgrenze und Festigkeit von Stahl mit 0,5% C. (Campbell.)

das Material im Anlieferungszustand ziemlich feinkörnig, jedenfalls nicht überhitzt. Durch Glühen bei 720⁰ ist nach Campbells Angabe im wesentlichen nur das Perlitkorn verfeinert worden. Mit Erreichung von Ac_3 steigen Festigkeit und Streckgrenze wesentlich. Dehnung und Kontraktion nehmen unwesentlich ab. Aus den Gefügebildern Campbells ergibt sich, daß bei 745⁰ das Gefüge als Ganzes verfeinert wurde. Es ist bemerkenswert, daß innerhalb eines Temperaturintervalls von schätzungsweise mindestens 200⁰(750—950⁰) keine ausgeprägte Veränderung der Eigenschaften erfolgt. Erst von 965⁰ an bemerkt man deutliche Verschlechterung der Eigenschaften mit Ausnahme der Festigkeit, die sogar bis 1340⁰ nahezu noch unverändert bleibt, um dann allerdings sehr rasch zu sinken. Dagegen sinken Kontraktion und Dehnung rasch mit der Glühtemperatur und zwar erstere weit rascher als letztere und insbesondere zwischen 1150 und 1270⁰. Die Streckgrenze sinkt kontinuierlich aber langsam.

[1]) Met. 1911. 772.

Es empfiehlt sich, in diesem Zusammenhange an den Einfluß des Anfangszustandes zu erinnern, insbesondere daran, daß durch Glühen eines gänzlich überhitzten Materials bei Ac_3 (Regenerieren) eine Steigerung sämtlicher Festigkeitszahlen bis zu den ursprünglichen Werten hervorgerufen wird.

Mit der Glühdauer steigt bei den oberhalb Ac_3 gelegenen Temperaturen die Korngröße und zwar um so rascher, je höher die Glühtemperatur ist. Jede

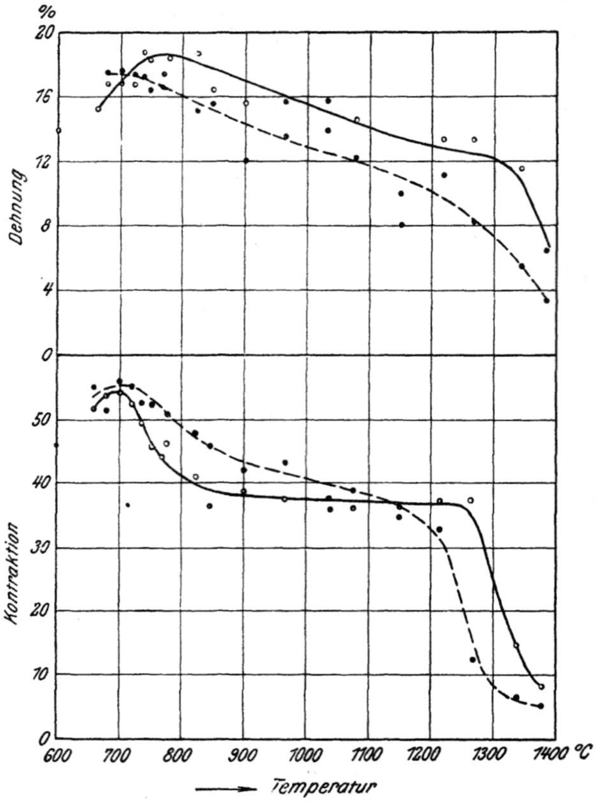

Fig. 286. Einfluß der Glühtemperatur und der Abkühlungsgeschwindigkeit auf Dehnung und Kontraktion von Stahl mit 0,5 % C. (Campbell.)

überflüssige Ausdehnung der Glühdauer ist also nicht nur Brennstoffverschwendung, sondern führt auch zu unnötiger Vergröberung des Gefüges. Einige Schlagfestigkeitszahlen nach Meyer[1]) zeigen den geringen Einfluß der Glühdauer bei der aus der Zusammensetzung errechneten Temperatur $Ac_3 = 780^0$. Das Material enthielt 0,24 % Kohlenstoff, 3,02 % Nickel und 0,44 % Mangan.

Behandlung	Spez. Schlagarbeit mkg/qcm
Langsam auf 780° erhitzt . . .	12,9
1/2 Std. bei 780° geglüht	12,9
1 „ „ 780° „	11,6
2 „ „ 780° „	12,00
6 „ „ 780° „	11,0

1) St. E. 1914, 1395.

Die Bildung des körnigen Perlits durch Glühen unterhalb Ac_1 ist dagegen um so vollkommener, nicht allein, je weniger die Glühtemperatur unterhalb Ac_1 liegt, sondern auch je länger die Glühdauer ist. Streckgrenze und Festigkeit sinken mit der Glühdauer, wogegen Dehnung und Kontraktion zunehmen, wie das nachfolgende Beispiel nach Hanemann und Morawa[1]) zeigt:

	Streckgrenze kg/qmm	Festigkeit kg/qmm	Dehnung %
Stahl mit 0,9% C bei 800° 1/4 St. geglüht, an der Luft abgekühlt	86,8	89,3	12,5
Derselbe Stahl 1 St. bei 670° geglüht . . .	46,0	77,6	18,5
„ „ 5 „ „ 670° „ . . .	45,0	69,5	21,3

Von größerer Bedeutung als bei den weichsten Eisensorten ist bei der Stahlgruppe 0.2—0.75% Kohlenstoff der Einfluß der Abkühlungsgeschwin-

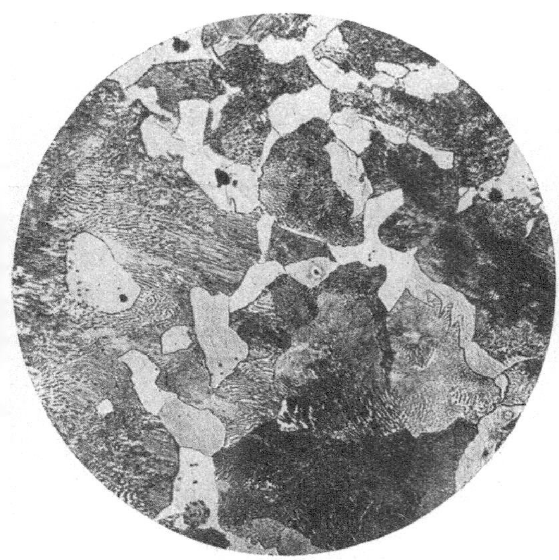

Fig. 287. Stahl mit 0,46% C in Kieselgur abgekühlt, Perlit lamellar. Ätzung II, x 300.

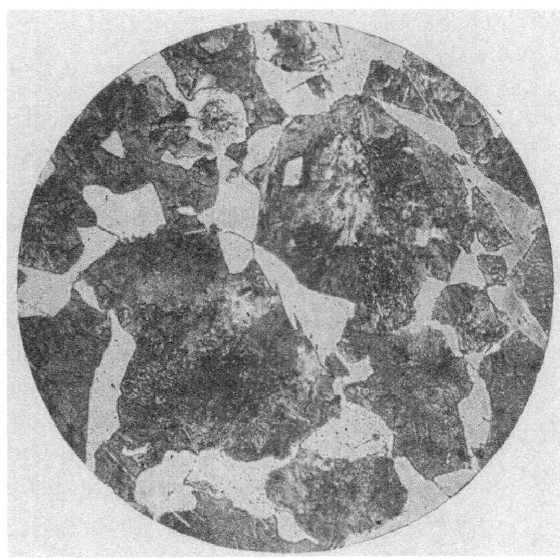

Fig. 288. Wie Fig. 287, jedoch rasch abgekühlt, Perlit sorbitisch. Ätzung II. x 300.

digkeit. Die Steigerung der Abkühlungsgeschwindigkeit bewirkt nicht nur wie bei den weichsten Eisensorten und aus denselben Gründen Verfeinerung des Kornes, es wird auch die Ausbildung des Perlits beeinflußt. Je langsamer in der Tat die Abkühlung, im besonderen der Durchgang durch Ar_1 erfolgt, um so vollkommener ist die Trennung der Bestandteile des Perlits, je rascher sie stattfindet (ohne daß dabei jedoch eine Abschreckwirkung wie beim Härten in Betracht kommt) um so feinkörniger wird das Gemisch sein, das Ferrit und Zementit zu bilden bestrebt sind. Über die zahlenmäßige Abhängigkeit der Ausbildungsform des Perlits (lamellar körnig, sorbitisch) von der Abkühlungsgeschwindigkeit ist wenig bekannt. Hanemann und Morawa[1])

[1]) St. E. 1913, 1350.

geben als Mindestgeschwindigkeit für die Entstehung von körnigem Perlit 2°/min, Babochine[1]) für Stähle mit etwa 0,2% Kohlenstoff und nicht über 0,6% Mangan 1°/min an. In Fig. 287 ist ein Stahl mit 0,46% Kohlenstoff nach langsamer, in Fig. 288 derselbe Stahl nach in einem Preßluftstrom erfolgter rascher Abkühlung dargestellt. Im ersten Falle wurde feinlamellarer Perlit, im zweiten sorbitischer Perlit gebildet. Die Steigerung der Abkühlungsgeschwindigkeit bewirkt Erhöhung der Festigkeit und der Streckgrenze und Erniedrigung der Dehnung. Dies geht deutlich aus dem Vergleich der Kurven für Luft- und Ofenabkühlung Fig. 285 und 286, wenigstens soweit Glühtemperaturen über Ac_3 in Frage kommen, hervor. Beim Glühen unter Ac_1 kann natürlich die Abkühlungsgeschwindigkeit keinen Einfluß auf die Ausbildung des Perlits ausüben, da dieser ja nicht umkristallisiert. Die Veränderung der Festigkeitseigenschaften wächst nicht nur mit der Abkühlungsgeschwindigkeit, sondern auch, was natürlich ist, mit dem Perlitanteil im Gefüge, d. h. mit dem Kohlenstoffgehalt (vgl. z. B. Fig. 237).

C. Stähle mit 0,75 bis 1,0% Kohlenstoff.

In dieser Stahlgruppe überwiegt der Einfluß des Perlits. Korngröße und Ausbildung des Perlits sind die Faktoren, die durch Wärmebehandlung veränderungsfähig sind und es gelten auch hier die teilweise schon bekannten Grundsätze, daß Glühen unterhalb Ac_1, die Bildung des körnigen Perlits mit niedriger Festigkeit und Streckgrenze sowie hoher Dehnung und Kontraktion befördert und außer der Höhe der Glühtemperatur die Dauer des Glühens eine hervorragende Rolle spielt. 2. Daß durch Glühen oberhalb Ac_1 die Korngröße mit der Temperatur zunimmt und gleichzeitig die Festigkeit wächst, während Dehnung und Kontraktion abnehmen. Im Gebiet der Überhitzung sinkt die Festigkeit, Dehnung und Kontraktion weisen äußerst niedrige Werte auf. Die Streckgrenze bleibt nahezu unverändert. Dieses Verhalten erhellt aus dem nachfolgenden Beispiel eines Stahls mit 0,8% Kohlenstoff, 1,00% Mangan und 0,2% Silizium.

Glühtemperatur °C	Streckgrenze kg/qmm	Festigkeit kg/qmm	Dehnung % 100 mm Meßlänge
700	50,9	89,9	11,8
750	54,1	99,9	10,2
800	51,8	103,3	9,2
900	53,0	105,5	7,6
1000	51,3	103,2	5,8
1100	50,7	102,4	5,4
1200	52,2	87,7	1,8

Die Proben sind an der Luft abgekühlt. Fig. 289 zeigt das bei 800°, Fig. 290 das bei 1200° geglühte Material zur Veranschaulichung des Unterschiedes der Korngröße des (sorbitischen) Perlits. Die Glühdauer ist auch hier von geringem Einfluß, wie die nachfolgenden Zahlen beweisen. Sie wurden gewonnen

[1]) Rev. Mét. 1917, Extr. 81.

an einem dem vorhergehenden ähnlichen, jedoch nach dem Glühen bei 750° sehr langsam in angewärmter Kieselgur abgekühlten Material.

Glühdauer	Streckgrenze kg/qmm	Festigkeit kg/qmm	Dehnung % 100 mm Meßlänge
1/4 Std.	38,2	79,8	15,2
1 ,,	40,2	82,9	16,0
4 ,,	40,2	85,4	13,7

Mit steigender Abkühlungsgeschwindigkeit nimmt nicht allein die Größe des Perlitkorns ab, sondern auch die Feinheit des Perlitgemisches bis

Fig. 289. Stahl mit 0,9% C bei 800° geglüht, Perlitkorn fein. Ätzung II. x 100.

Fig. 290. Wie Fig. 289, jedoch bei 1200° geglüht, Perlitkorn sehr grob. Ätzung II, x 100.

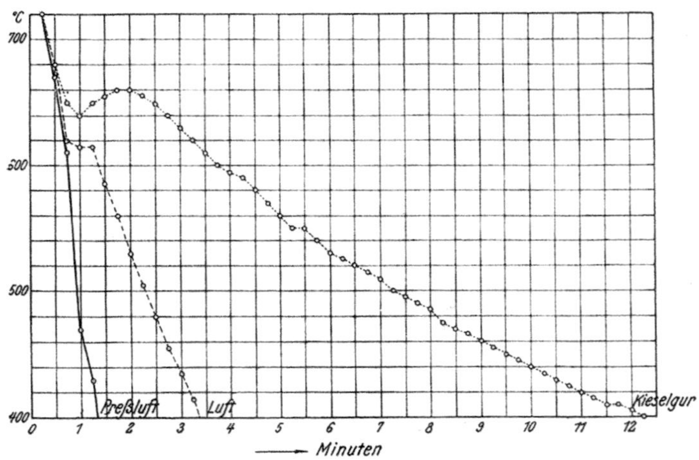

Fig. 291. Einfluß der Abkühlungsgeschwindigkeit auf die Lage des Perlitpunktes in Stahl mit 0,76% C.

zur Sorbitbildung zu. Dabei steigen Streckgrenze und Festigkeit, und die Dehnung nimmt ab, wie das nachfolgende Beispiel eines bei 750° geglühten und in Kieselgur, Luft und Preßluft abgekühlten Stahls mit 0,76% Kohlenstoff und 1,10% Mangan zeigt. Die Zeitdauer der Abkühlung von 720 auf 400° wurde durch Aufnahme von Abkühlungskurven ähnlicher Stücke ermittelt. Die Kurven sind in Fig. 291 dargestellt. Auf der Abkühlungskurve des in Kieselgur abgekühlten Stabes ist der Perlitpunkt bei 660° deutlich erkennbar. Mit steigender Abkühlungsgeschwindigkeit wird dieser Punkt nicht nur undeutlicher, sondern seine Temperatur sinkt auch.

Dauer d. Abkühlung von 720 auf 400° i. Sek.	Streckgrenze kg/qmm	Festigkeit kg/qmm	Dehnung % 100 mm Meßlänge	Kontraktion %
705	48,9	86,5	14,0	46,0
188	59,7	93,9	9,1	35,2
68	79,9	120,7	6,9	7,0

D. Stähle mit mehr als 1% Kohlenstoff.

Die übereutektoidischen Stähle werden der Glühbehandlung zum Zwecke der Veränderung der Festigkeitseigenschaften seltener unterworfen. Die Glüh-

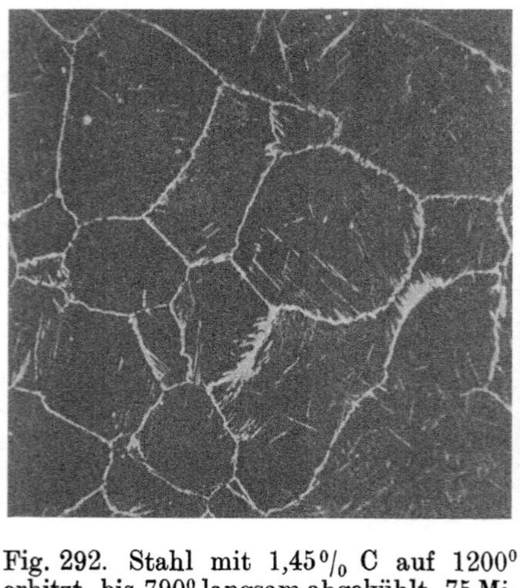

Fig. 292. Stahl mit 1,45% C auf 1200° erhitzt, bis 790° langsam abgekühlt, 75 Minuten bei 790° gehalten, dann in Wasser abgeschreckt, Zementit hauptsächlich in Form von groben Zellen. Ätzung II, x 40.

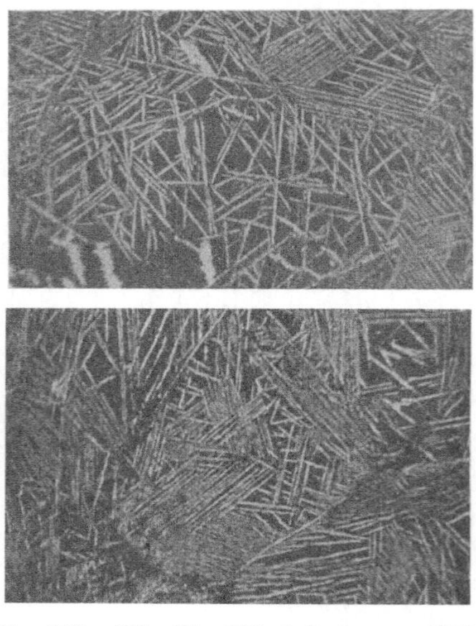

Fig. 293. Wie Fig. 292, jedoch von 1200 auf 785° rasch abgekühlt, 33 Minuten auf 785° gehalten und in Wasser abgeschreckt, kein Zementitnetzwerk. Ätzung II, x 40.

behandlung dient höchstens der Vorbereitung des Materials auf die Härtebehandlung zwecks Erzeugung eines möglichst geeigneten Gefüges. Die Veränderungen unterhalb Ac_1 beziehen sich auch hier lediglich auf den Perlit. Erhitzen auf Temperaturen zwischen Ac_1 und Ac_3 bewirkt teilweise Auflösung des Zementits und dessen Wiederabscheidung bei der Abkühlung. Bei Ac_3 ist die Auflösung vollständig. Je höher die Glühtemperatur über Ac_3 liegt, um so gröber ist das bei der Umkristallisation entstehende Zementitnetzwerk. Je rascher die Abkühlung stattfindet, um so zahlreicher sind die Kristallisationszentren. Dementsprechend finden Howe und Levy[1]) bei langsamer Abkühlung den Zementit fast ausschließlich in Form von Zellen, bei rascher Abküh-

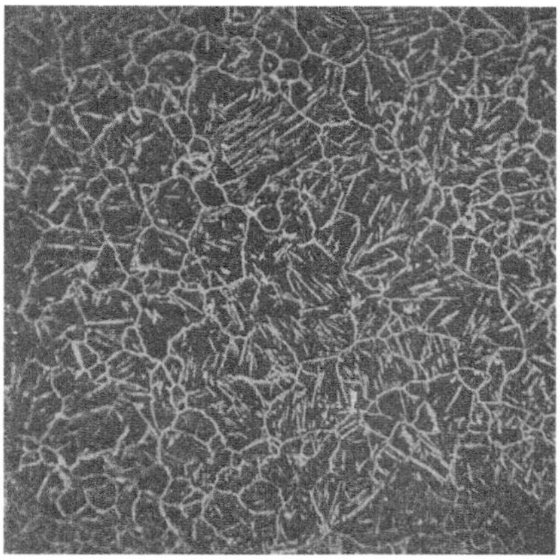

Fig. 294. Wie Fig. 292, jedoch auf 1100° erhitzt, bis 800° rasch abgekühlt, 108 Minuten auf 800° gehalten, dann in Wasser abgeschreckt, feines Zementitnetzwerk. Äzung II, x 40.

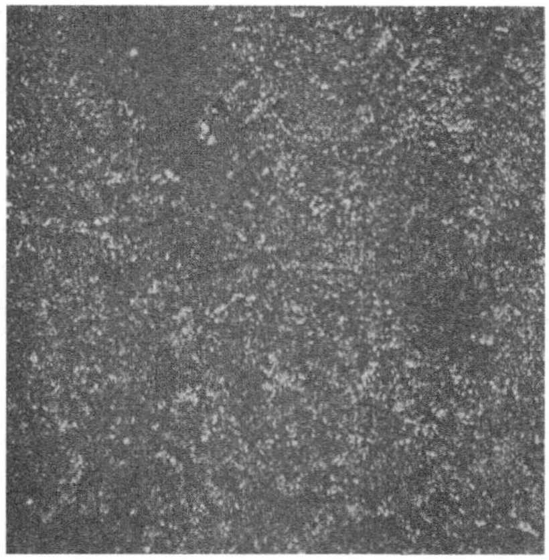

Fig. 295. Wie Fig. 292, jedoch auf 1200° erhitzt und an der Luft abgekühlt. Ätzung II, x 40.

lung innerhalb der Zellen und zwar in den Spaltflächen der Perlitkörner Zementitnadeln. Fig. 292 bis 295 zeigen typische Gefügeänderungen nach Howe und Levy an einem Stahl mit 1,45% Kohlenstoff und 0,16% Mangan. Die Zunahme des in Nadelform ausgeschiedenen Zementits mit der Geschwindigkeit der Abkühlung lehrt der Vergleich der Fig. 292 und 293. Interessant ist endlich die Möglichkeit der Ausscheidung des Zementits in körniger Form (Fig. 295) durch Luftabkühlung des auf 1200° erhitzten Stahls. Zu ähnlichen Ergebnissen wie Howe und Levy gelangt auch Iljin.[2])

E. Spezialstähle.

Es würde zu weit führen, den Einfluß der Spezialelemente im einzelnen zu erörtern. Soweit die Stähle perlitischer Natur sind und diese kommen nur hier in Betracht, gelten die allgemeinen Grundsätze für das Glühen. Aus-

[1]) Int. Verb. 1912, II_4. Fer. 1913, 381.
[2]) Rev. Mét 1917, Extr. 83.

gangspunkt sämtlicher Betrachtungen und Untersuchungen sind auch hier die kritischen Punkte, deren Lage bei der Erhitzung durch besondere Laboratoriumsversuche (Abschreckversuche oder Aufnahme von Erhitzungs- und Abkühlungskurven) zu ermitteln ist. Endlich sei bezüglich des Einflusses der Abkühlungsgeschwindigkeit an den Umstand erinnert, daß Mangan, Nickel, Chrom, Wolfram und Vanadium härtende Elemente sind, d. h. Elemente, die die feste Lösung bei gewöhnlicher Temperatur festzuhalten bestrebt sind. Dies bedingt aber auch, daß die Geschwindigkeit der Abkühlung bei Gegenwart dieser Elemente von weit größerer Bedeutung als in reinen Kohlenstoff-Stählen ist. Diesem Umstande ist beim Glühen um so größere Beachtung zu schenken, je höher der Gehalt an Spezial-Elementen ist.

F. Zeilenstruktur.

Es seien hier noch der Beeinflussung der Zeilenstruktur durch das Glühen einige Worte gewidmet. Parallel zur Streckrichtung sind die auf Kristallseigerung zurückzuführenden Phosphoranreicherungen und die Schlackeneinschlüsse gestreckt. Sie können in Stählen, die aus Ferrit und Perlit bestehen, die Ausscheidungen dieser Gefügeelemente in Streifen- oder Zeilenform bewirken, müssen dies jedoch durchaus nicht, woraus sich ergibt, daß ein Stahl bei der Ätzung auf Phosphorverteilung Zeilenstruktur zeigen kann, bei

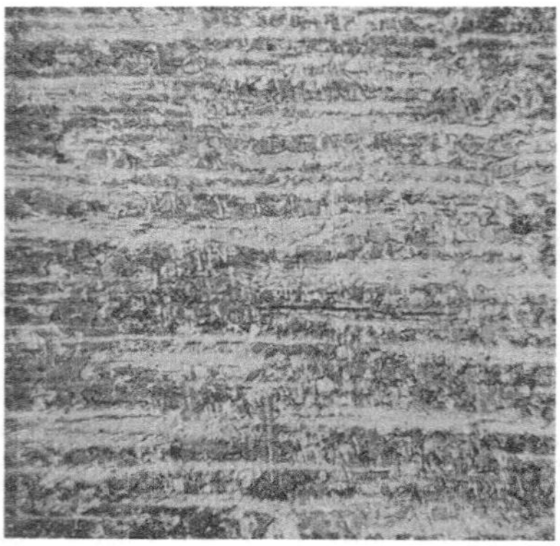

Fig. 296. Kesselblech im Anlieferungszustande, Ätzung I, x 50.

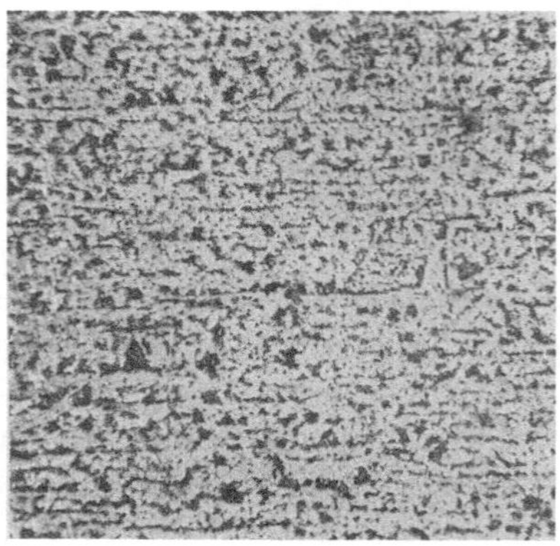

Fig. 297. Dieselbe Stelle wie Fig. 296 jedoch Ätzung II, x 50.

der Ätzung auf Kohlenstoffverteilung dagegen keine solche Struktur zu zeigen braucht. Letzteres trifft in zwei Fällen zu, einmal wenn die Zahl der natürlicherweise vorhandenen Kristallisationszentren bereits so groß ist, daß es eines besonderen Anstoßes zur Kristallisation, etwa der Keimwirkung der Schlackeneinschlüsse nicht bedarf, dann aber auch, wenn bei geringer Zahl von Kristallisationszentren die Kristallisationsgeschwindigkeit sehr groß ist. Im ersten Falle entsteht ein sehr feinkörniges, im zweiten ein sehr grobkörniges Gefüge. Ersteres ist der Fall, wenn bei Temperaturen geglüht wird, bei denen das Korn der festen Lösung sehr fein ist, also in nächster Umgebung von Ac_3, letzteres bei gröbstem Korn der festen Lösung, also durch Glühen im Temperaturgebiet der Überhitzung. In beiden Fällen begünstigt rasche Abkühlung das Ausbleiben der Zeilenstruktur im Ferrit-Perlitgefüge. Zeilenstruktur entsteht durch Glühen oberhalb Ac_3 bis zu den an der Grenze der Überhitzung gelegenen Temperaturen und bei gleichzeitiger langsamer Abkühlung während

Fig. 298. Dasselbe Stück wie Fig. 296, auf 1250° erhitzt. an der Luft abgekühlt. Ätzung I. x 50.

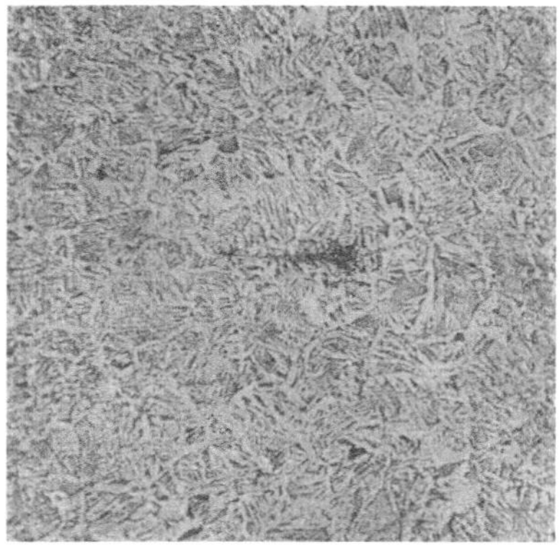

Fig. 299. Dieselbe Stelle wie Fig. 298, jedoch Ätzung II, x 50.

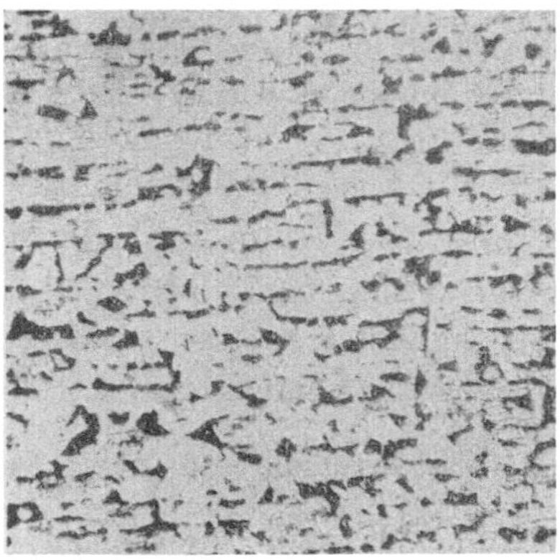

Fig. 300. Dasselbe Stück wie Fig. 296, nach Behandlung wie Fig. 298, auf 1050° erhitzt und langsam abgekühlt. Ätzung II, x 50.

Fig. 301. Dasselbe Stück wie Fig. 296, jedoch nach Behandlung wie Fig. 300 auf 870° erhitzt und sehr rasch abgekühlt, Ätzung II, x 50.

des Durchganges durch das kritische Intervall Ar_3—Ar_1. Die Breite der Zeilen steigt dann mit der Glühtemperatur und der Dauer der Abkühlung. Fig. 296 ist Kesselblechmaterial mit Zeilenstruktur im Anlieferungszustand auf Phosphor-, Fig. 297 auf Kohlenstoffverteilung geätzt. Dasselbe Material auf 1250° erhitzt und an der Luft abgekühlt, zeigt Fig. 298 auf Phosphor-, Fig. 299 auf Kohlenstoffverteilung geätzt. Man sieht, daß an der Phosphorverteilung nichts geändert ist, daß dagegen die Zeilenstruktur im Ferrit-Perlitgefüge verschwunden und durch die Struktur der Überhitzung ersetzt ist. Fig. 300 ist dasselbe

Stück nach der Erhitzung auf 1050° langsam abgekühlt. Die langsame Abkühlung bewirkt wieder Zeilenbildung. Fig. 301 endlich ist dasselbe Stück auf 870° (Ac_3) erhitzt und sehr rasch abgekühlt. Die Zeilenstruktur ist durch körniges Gefüge ersetzt. Durch alle diese Umwandlungen des Ferrit-Perlitgefüges wird die durch Phosphorätzung aufgedeckte Zeilenstruktur nicht im geringsten verändert und man kann daher mit Recht behaupten, wie dies bereits an anderer Stelle geschah, daß die Phosphorverteilung eine Konstante, das Ferrit-Perlitgefüge eine von der Wärmebehandlung abhängige Veränderliche darstellt.

G. Das Verbrennen des schmiedbaren Eisens.

Der Unterschied zwischen Überhitzen und Verbrennen ist nach der heute allgemein verbreiteten Anschauung[1]) der, daß im Gegensatz zur Überhitzung die Verbrennung des Stahls das Erreichen von Temperaturen bedingt, die z. B. im binären System Eisen-Kohlenstoff, Fig. 16, oberhalb der Soliduslinie gelegen sind, bei denen also bereits beginnendes Schmelzen erfolgt. Die übrigens fast immer gegebene Möglichkeit des Zutritts von Sauerstoff gehört ferner zu den Kennzeichen der Verbrennung. Erhitzt man einen Stahl mit 1,0% Kohlenstoff auf 1250°, so ist, wie Fig. 302 zeigt, die Soliduslinie überschritten und es sind bei dieser Temperatur miteinander im Gleichgewicht $\frac{BC}{AC} = 90{,}5\%$ Kristalle mit 0,8% Kohlenstoff und 9,5% Schmelze mit 2,9% Kohlenstoff. Findet nun plötzlich Erstarrung statt, so verhält sich die Schmelze, als ob sie allein vorhanden wäre und erstarrt unter Bildung von $\frac{EF}{DF} = 52\%$ gesättigten Mischkristallen und 48% Ledeburit. Die Schmelze sammelt sich meist in den Kristallbegrenzungen; hat der Sauerstoff Zutritt, so verbrennt sie sehr rasch unter Bildung der Oxydationsprodukte des Eisens, die sich dann, wie Fig. 303 zeigt, als dunkle Zellen vorfinden. Das Material, Stahlblech mit 0,45% Kohlenstoff, ist mit dem Schweißbrenner überhitzt und verbrannt worden.

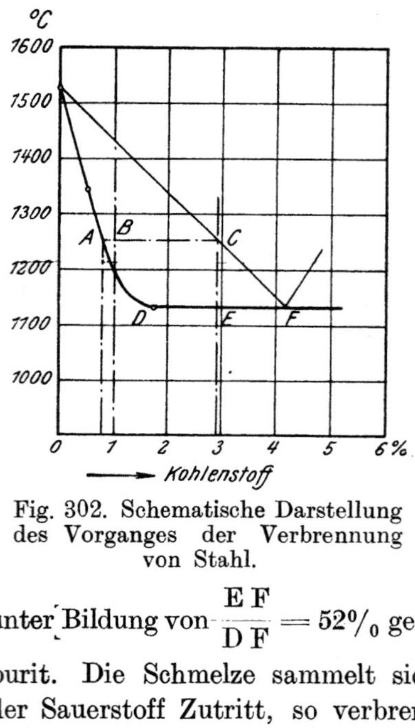

Fig. 302. Schematische Darstellung des Vorganges der Verbrennung von Stahl.

Ist bei der primären Kristallisation wegen mangelnden Ausgleichs der Konzentrationen durch Diffusion, wie dies meistens eintrifft, Kristallseigerung eingetreten, so liegt die Temperatur, bei der das Schmelzen beginnt, um so tiefer unter der normalen, je stärker die Kristallseigerung ausgeprägt ist. Jedenfalls beginnt der Schmelzvorgang in den angereicherten Schichten. Die Beobachtung, daß beim autogenen Schneiden häufig Löcher in der Schnitt-

1) Vgl. z. B. Stansfield, The burning and overheating of steel. Ir. st. Inst. 1903, II, 433.

fläche entstehen und deren Sauberkeit beeinträchtigen, ist auf diesen Umstand zurückzuführen. In derartigen Querschnitten sind dann meist starke Seigerungszonen mit entsprechend niedriger Temperatur des beginnenden Schmelzens aufzufinden.

Die Schnittfläche autogen geschnittener Stähle ist nicht allein deswegen häufig sehr hart, weil hier die Abkühlung des hocherhitzten Stahls in Anbetracht der raschen Wärmeableitung sehr rasch erfolgt und ein dem Härten ähnlicher Vorgang stattfindet, der geschmolzene und rasch wiedererstarrte Teil verhält sich auch der Fig. 302 entsprechend (soweit er nicht oxydiert ist), d. h. er

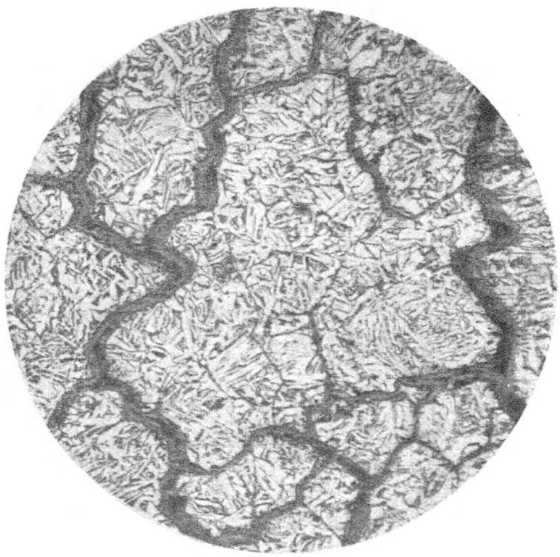

Fig. 303. Verbranntes Stahlblech. Ätzung II. x 50.

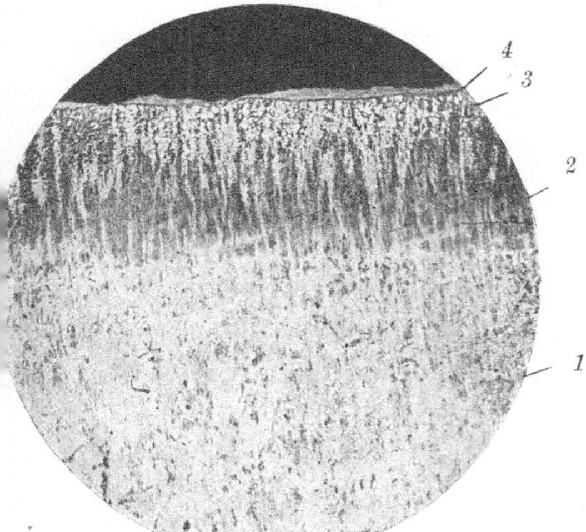

Fig. 304. Stahl mit 0,8% C mit dem Schweißbrenner geschnitten, Schnitt senkr. zur Schnittfläche. Ätzung II. x 50.

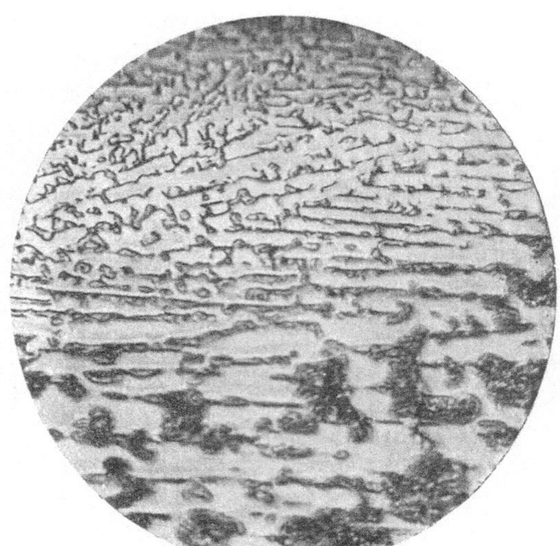

Fig. 305. Wie Fig. 304, jedoch starke Vergrößerung der äußersten Randzone. (Ledeburit), Ätzung II. x 500.

ist an Kohlenstoff wesentlich angereichert. Fig. 304 ist ein Schnitt senkrecht zur autogen geschnittenen Fläche eines Quadratstahls mit 0,8% Kohlenstoff. Man erkennt 4 Zonen. 1. Die untere, aus dem normalen Gefügebestandteil Perlit bestehende. (Zur Erzeugung besserer Kontraste ist das Stück nur sehr schwach angeätzt.) 2. Eine dunkle, aus Troostit[1]) bestehende, der bemerkenswerter Weise dem Wärmefluß folgend auskristallisierte. 3. Eine aus Troostit-Martensit-Zementit (letzterer bei der schwachen Vergrößerung nicht sichtbar) bestehende und 4. eine schmale, zum Teil abgebröckelte Zone, die in Fig. 305 in 500facher Vergrößerung dargestellt ist. Nach dem Rande zu besteht sie aus Ledeburit (4,2% Kohlenstoff), nach dem Innern zu aus einem Gemisch gesättigter Mischkristalle und Ledeburit.

7. Das Härten und Anlassen (einschließlich Vergüten) des schmiedbaren Eisens.

A. Allgemeines.

Die Möglichkeit, erhitzten Stahl durch Abschrecken oder Ablöschen zu härten, muß bereits in vorgeschichtlicher Zeit bekannt gewesen sein.[2]) Soweit schriftliche Überlieferungen vorliegen[3]) reicht auch die Kenntnis der für die Stahlhärtung grundlegenden Faktoren sehr weit zurück.[4]) So erkannte man frühzeitig, daß die Härtbarkeit den Unterschied zwischen Eisen und Stahl ausmache, und daß der Stahl beim Härten auf ganz bestimmte Temperaturen erhitzt werden müsse, unterhalb deren er keine Härte annehme; auch die Rolle der Härteflüssigkeit ist jedenfalls, obwohl insbesondere im Mittelalter durch Geheimtuerei und Aberglauben gerade auf diesem Gebiete die merkwürdigsten Auswüchse vorkamen, frühzeitig bekannt gewesen. So schreibt Cardamus:[5]) „Das eysen und der stahel werden durch gesafft weich aber man muß ihn zum öfteren mal darinnen ablöschen . . . desgleichen in dem Oel, in wöllichem zu dem siebenden malen Bley gegossen.“ Ferner: „Der Stahl ist edler als das Eisen . . . Der beste ist der von kleinen, weißen Kernen scheint, nicht rostig ist, kein spalt hat . . . Wann er wohl gereinigt, darnach glühend mit Rettigsaft und mit Erdwürmerwasser zu gleichen Maßen 3—4 abgelöscht ist, so schneidet er Eisen wie Blei.“ Endlich ist auch die Rolle der Anlaßbehandlung früh gewürdigt worden, obgleich ursprünglich den beim Anlassen entstehenden Anlauffarben vielleicht mehr aus Schönheits- als aus Zweckmäßigkeitsgründen Aufmerksamkeit geschenkt wurde.

B. Das Gefüge des gehärteten und angelassenen Stahls.

Die neuesten Forschungen auf dem Gebiete der Gefügelehre haben nutzbringenden Aufschluß über die Vorgänge beim Härten und Anlassen gebracht,

[1]) Vgl. nächstes Kapitel.

[2]) Vgl. Hanemann, Metallograph. Untersuchung einiger altkeltischer und antiker Eisenfunde; Int. Z. Met. 1913, **5**, 248.

[3]) Beck, Geschichte des Eisens, 2. Aufl. 1890.

[4]) Homer schildert den Vorgang der Härtung bei der Erzählung von der Blendung des Polyphem: Odyssee, **9**, 931.

[5]) Vgl. Peter Jordan, Von Stahel und Eysen, Maintz 1802; vgl. a. Vogel, St. E. 1899, 242, sowie Neumann, St. E. 1919, 1105.

insbesondere seitdem der Zusammenhang zwischen Gefüge und Eigenschaften mehr gewürdigt wird. Das beim Härten und Anlassen entstehende Gefüge ist abhängig:

1. von der chemischen Zusammensetzung des Stahls,
2. von der Härtetemperatur und von der Dauer der Erhitzung auf diese Temperatur.
3. von der Abkühlungsgeschwindigkeit beim Härten (im wesentlichen von der Natur der Härteflüssigkeit),
4. von der Anlaßtemperatur und -dauer.

Durch das Härten wird das Zurückhalten der bei Besprechung des Zustandsdiagramms, Fig. 16, ohne nähere Kennzeichnung ihrer speziellen Natur erwähnten Formen der festen Lösung bei gewöhnlicher Temperatur bewirkt. Die bereits erwähnte Erfahrung, daß die Fähigkeit Härte anzunehmen oder die Härtbarkeit lediglich dem Stahl, nicht aber dem Eisen zukomme, ist nach unserer Anschauungsweise so zu verstehen, daß mit zunehmendem Kohlenstoffgehalt diese Fähigkeit sich immer deutlicher ausprägt, praktisch aber erst von etwa 0.3% Kohlenstoff an ausgenutzt wird. Damit ist aber durchaus nicht gesagt, daß Eisen mit weit geringerem Kohlenstoffgehalt nicht härtbar ist. Bewies doch u. a. Kühnel,[1]) daß die Eigenschaften eines Flußeisens mit 0.05% Kohlenstoff und 0.46% Mangan sich durch Härten bei 950° in folgender Weise änderten:

	Festigkeit kg/qmm	Dehnung % (100 mm)	Kontraktion %
Vor dem Abschrecken	36,7	26,0	75,0
Nach dem Abschrecken	72,0	11,0	51,0

Das Erscheinen der Härtbarkeit mit steigendem Kohlenstoffgehalt und damit der Übergang vom Eisen zum Stahl erfolgt also nicht plötzlich, sondern allmählich. Noch in anderer Beziehung beeinflußt die chemische Zusammensetzung die Härtbarkeit. Die Gegenwart der Spezialelemente Nickel, Mangan, Chrom Wolfram, Molybdän und Vanadium erleichtert das Zurückhalten der festen Lösung bei gewöhnlicher Temperatur durch die Härtung und bei genügenden Mangan- und Nickelmengen kann sogar die feste Lösung bei gewöhnlicher Temperatur stabil sein. Solche Stähle, die wir bei der Besprechung der Spezialstähle bereits kennen lernten, wurden als selbsthärtend bezeichnet.

Da in reinen Kohlenstoffstählen mit dem Kohlenstoffgehalt die Temperatur, bei der erhitzter Stahl in den Zustand der festen Lösung übergeht (Ac_3), sich ändert, andererseits aber das Zurückhalten der festen Lösung der Zweck des Härtens ist, muß sich mit dem Kohlenstoffgehalt auch die Härtetemperatur verschieben und es ergeben sich wie beim Glühen eine Reihe von Grundprinzipien. So kann Härten unterhalb Ac_1 nur insofern einen Einfluß ausüben, als durch das dem Härten vorangehende Glühen (Bildung von körnigem Perlit) eine Veränderung eintritt, die aber ebensogut bei langsamer als bei rascher Abkühlung erfolgen würde. Erst beim Härten aus dem Temperaturgebiet der

[1]) Diss. Berlin, 1913, vgl. a. Hanemann, St. E. 1911, 1366; s. a. Joisten, Diss. Aachen.

festen Lösung erfolgt eine Änderung. Liegt die Härtetemperatur zwischen Ac_1 und Ac_3, so wird desto mehr feste Lösung vorhanden sein, je höher die Abschrecktemperatur ist (z. B. Fig. 33 und 34). In den untereutektoidischen Stählen wird beim Härten aus diesem Temperaturintervall neben der festen Lösung Ferrit, bei übereutektoidischen Stählen Zementit auftreten. Ferrit ist ein sehr weicher, Zementit dagegen ein sehr harter Gefügebestandteil. Während zur Erzielung maximaler Härte untereutektoidische Stähle oberhalb Ac_3 gehärtet werden müssen, ist dies bei übereutektoidischen Stählen nicht nötig. Hier genügt es vielmehr, unabhängig vom Kohlenstoffgehalt[1]) die Härtetemperatur etwa 50^0 oberhalb Ac_1, also bei etwa 760^0 zu wählen. Voraussetzung für erfolgreiches Härten ist aber, daß im Ausgangsmaterial der Zementit in feinverteilter Form als körniger Zementit vorhanden ist, was durch geeignete Schmiedebehandlung (vgl. Warmverarbeitung) erreicht werden kann. Wir sahen in den dem Glühen gewidmeten Kapiteln, daß die Korngröße der festen Lösung bei ihrer Bildungstemperatur ein Minimum besitzt. Nun ist, wie bei der Besprechung der Formen der festen Lösung gezeigt werden wird, beim Härten minimale Korngröße anzustreben. Würde man übereutektoidischen Stahl etwa bei Ac_3 härten, so wäre zweifellos die feste Lösung weit über ihre Bildungstemperatur hinaus erhitzt und das Korn bereits sehr grob geworden, der Stahl wäre überhitzt. Für das Härten untereutektoidischer Stähle gilt wie beim Glühen dieser Stähle der Grundsatz, daß jede unnötige Steigerung der Temperatur über Ac_3 zu vermeiden ist. Die Überhitzung äußert sich auf dem Bruch des Stahls und unter dem Mikroskop durch grobes Korn. Ein einfaches Mittel zur Bestimmung der richtigen Härtetemperatur auf Grund des Bruchkorns ist die Metcalfsche Härtungsprobe. Eine Stahlstange von 15 bis 20 mm Stärke wird alle 15 mm, etwa im ganzen 8 mal, eingekerbt. Der eingekerbte Teil wird dann in einem Schmiedefeuer erhitzt, bis das äußerste Ende Funken sprüht (Kennzeichen der Verbrennung). Das andere Stabende ist kalt, so daß alle Temperaturgrade zwischen Raum- und Verbrennungstemperatur auf dem Stabe vorhanden sind. Der Stab wird nach dem Härten abgetrocknet und bei jeder Kerbe gebrochen. Das Stück mit feinem, mattglänzendem, samtartigem Bruch hat die richtige Härtetemperatur gehabt. Natürlich ist der unter pyrometrischer Kontrolle bei verschiedenen Temperaturen ausgeführte Härteversuch bei weitem genauer und zuverlässiger. Sind außer Kohlenstoff in den zu härtenden Materialien noch Spezialelemente vorhanden, so müssen zur Ermittelung der richtigen Härtetemperatur die Haltepunkte (bei der Erhitzung) durch besondere Versuche, wie dies auch im vorhergehenden Kapitel zur Ermittelung der zweckmäßigsten Glühtemperatur empfohlen wurde, bestimmt werden. Der Abschreckversuch an kleinen Stücken mit nachfolgender mikroskopischer Untersuchung ist bei untereutektoidischen Stählen geeigneter als die Aufnahme der Erhitzungskurve, da aber letztere Ac_1 mit genügender Genauigkeit anzeigt, ist eine mit einfachen Mitteln aufgenommene Erhitzungskurve zur Ermittelung der zweckmäßigen Härtetemperatur in vielen Fällen, insbesondere bei nah- oder übereutektoidischen Stählen sehr empfehlenswert.

Für die beim Härten entstehenden Gefügebestandteile ist die Geschwindig-

---

[1]) Vgl. Brearley-Schäfer, Das Härten des Werkzeugstahls, 1913, S. 38.

keit der Abkühlung von größter Bedeutung. Nach der allgemein verbreiteten Anschauung ist das Zurückhalten des bei der Härtetemperatur vorliegenden Zustandes nur in Ausnahmefällen und zwar bei Gegenwart härtender Spezialelemente durchführbar. Die Abkühlung beansprucht immerhin meßbare Zeiträume, in denen teilweise Umwandlung nach den bei gewöhnlicher Temperatur stabilen Phasen α-Ferrit und Zementit erfolgen kann und in reinen Kohlenstoffstählen auch erfolgt. Die Größe dieser Umwandlungen ist der Abkühlungsgeschwindigkeit umgekehrt proportional und letztere hängt in erster Linie von der Art des Mediums ab, in dem die Härtung stattfindet. Von den zahlreichen, auf diesen Gegenstand bezüglichen Versuchen[1]) seien die Le Chatelierschen,[1]) von Haedicke[1]) zusammengestellten. in Fig. 306 graphisch veranschaulicht. Die Kurven dieser Figur sind auf photographischem Wege registrierte Abkühlungskurven kleiner Probestückchen. Die Figur zeigt, daß die Abschreckwirkung der Flüssigkeiten sehr verschieden ist und bestätigt z. B. die längst bekannte Tatsache, daß Wasser „schroff". Öl dagegen „milde" härtet. Sie lehrt aber weiter, daß ein Unterschied zwischen der Abschreckwirkung von gewöhnlichem und mit Salz versetztem Wasser nicht besteht. Haedicke nimmt an, die weit verbreitete Anwendung des Salzzusatzes sei darauf zurückzuführen, daß er das Wasser in großen Härtebecken vor dem Verfaulen bewahre. Man sollte zunächst annehmen, daß die Abschreckwirkung einer Härteflüssigkeit mit ihrer Wärmeleitfähigkeit zunehme. Obwohl aber die Wärmeleitfähigkeit des Quecksilbers (0,018) mehr als zehnmal größer als die des Wassers (0,0016) ist, erfolgt unter sonst gleichen Bedingungen die Abkühlung weit rascher in Wasser als in Quecksilber. Diese auch von Heyn und Bauer und von Benedicks beobachtete Tatsache wurde von Le Chatelier dem Umstande zugeschrieben, daß nicht die Wärmeleitfähigkeit, sondern die spezifische Wärme der Abschreckflüssigkeit für ihre Wirkung ausschlaggebend sei. Die spezifische Wärme des Quecksilbers sei nun etwa 30mal kleiner als die des Wassers. Benedicks gelangt auf Grund seiner ausgedehnten Versuche zu der Ansicht, daß die latente Verdampfungswärme den Ausschlag gebe, wenn auch niedrige spezifische Wärme und hohe Wärmeleitfähigkeit die Geschwindigkeit der Abkühlung begünstigen; die hohe Verdampfungswärme des

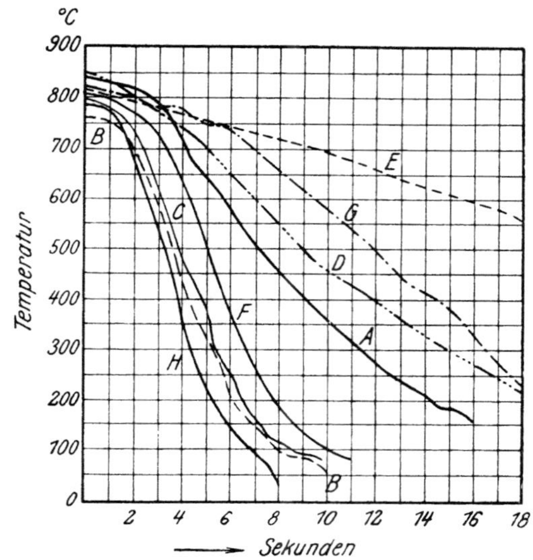

Fig. 306. Einfluß des Härtemediums auf die Abkühlungsgeschwindigkeit. (Le Chatelier und Haedicke.)

[1]) Le Chatelier, Rev. Mét. 1904, 473; s. a. Haedicke, St. E. 1049, 1239. Lejeune, Rev. Mét. 1905, 299. Heyn und Bauer, St. E. 1906, 778. Benedicks, Ir. st. Inst. 1908, II. 153.

Wassers (536 WE) werde durch den Wärmeinhalt des Metalls gedeckt und sei die Ursache der großen Abschreckwirkung dieses Härtemediums. Wäre weiter, wie Le Chatelier glaubt, die Bewegung der Flüssigkeit infolge der Dampfbildung die einzige Ursache der guten Abschreckwirkung des Wassers, so müßte künstliche Bewegung des Bades oder des Stückes die Geschwindigkeit der Abkühlung fördern. Dies ist aber nach eigenen Versuchen Le Chateliers nicht der Fall. Die wahrscheinlichere Erklärung ist vielmehr nach Benedicks, daß der an der Oberfläche des zu härtenden Stückes gebildete Dampf entweicht und die Oberfläche demnach ständig mit neuen wärmeentziehenden Flüssigkeitsschichten in Berührung kommt. Hieraus ergibt sich aber auch die für Öl wichtige Tatsache, daß die Zähflüssigkeit eine gewisse Rolle insofern spielen muß, als von ihr die Geschwindigkeit jeder Bewegung innerhalb des Härtebades abhängig ist. Le Chatelier glaubt endlich, die zur Abkühlung eines Gegenstandes erforderliche Zeit sei der Masse des Stückes direkt und seiner Oberfläche umgekehrt proportional. Aus eigenen, allerdings wenig umfangreichen Versuchen schließt dagegen Benedicks, daß der Masse die bei weitem ausschlaggebende Rolle zukomme. Unter gleichen übrigen Bedingungen ist die zur Abkühlung erforderliche Zeit um so kleiner, je höher die Abschrecktemperatur ist, wie die nachfolgenden Zahlen von Benedicks zeigen:

Gewicht der Probe g	Abschrecktemperatur ^{0} C	Dauer der Abkühlung Sek.
12,5	950	3,07
12,3	845	4,43
12,3	703	5,73

Wie auch aus Fig. 306 ersichtlich ist, beeinflußt eine Abweichung von 10 bis 20^0 in der Temperatur der Härteflüssigkeit die Abkühlungsdauer so lange nicht wesentlich, als diese Temperatur noch weit genug unterhalb des Siedepunktes der Abschreckflüssigkeit liegt. Dagegen spielt die chemische Zusammensetzung des Stückes eine nicht zu unterschätzende Rolle. Nach Benedicks steigt die Abkühlungsdauer mit dem Kohlenstoffgehalt, wie aus der nachfolgenden Tabelle hervorgeht.

Zusammensetzung			Dauer der Abkühlung Sek.
% C	% Mn	% Si	
0,21	0,26	0,02	4,43
1,00	0,25	0,15	4,76
1,33	0,43	0,16	6,05
1,99	0,42	0,15	7,04

Da mit dem Kohlenstoffgehalt des schmiedbaren Eisens sein Wärmeinhalt und damit unter gleichen übrigen Bedingungen die zu entziehende Wärmemenge steigt, ist dies Verhalten erklärlich. Die bei gewöhnlicher Temperatur durch Härten als metastabiles Produkt erhaltene feste Lösung oder die Produkte ihrer teilweisen Umwandlung werden durch Wärmezufuhr (Erhitzung, Anlassen) wieder in die unter Ac_1 stabilen Zerfallsprodukte α-Ferrit und Zementit übergeführt. Die Vollständigkeit dieses Vorganges ist wie bei jedem

Umwandlungsvorgang abhängig von der Höhe der Temperatur und von der Dauer des Anlassens. Es ist in Kohlenstoffstählen durchaus nicht notwendig, daß zur Erzielung der stabilen Gefügebestandteile Ferrit, Perlit und Zementit bis über die diesen Bestandteilen entsprechenden Gleichgewichtslinien erhitzt wird. Die Umwandlung ist vielmehr weit unterhalb dieser Linien bereits beendet. Temperatur und Dauer der Erhitzung wirken ferner auf die Kornfeinheit der Umwandlungsprodukte in dem bekannten Sinne, d. h. mit ihrer Zunahme steigt auch die Korngröße dieser Gefügeelemente. Dies gilt natürlich nur, so lange die Anlaßtemperatur unterhalb Ac_1 liegt. Ist sie oberhalb Ac_1 gelegen, so tritt bei der nachfolgenden Abkühlung wieder Umkristallisation ein, deren Resultat von der voraufgegangenen Anlaßbehandlung ziemlich unabhängig ist.

Nachstehend seien nunmehr die Gefügebestandteile der gehärteten und angelassenen Stähle, die Bedingungen für ihre Entstehung, ihr Verhalten beim Anlassen und, soweit dies zur Klärung ihrer Natur erforderlich erscheint, auch ihre Eigenschaften geschildert. Es sei gleich bemerkt, daß von den hier wiedergegebenen Anschauungen abweichende, insbesondere in England, existieren, doch schließt sich diese Darstellung der am weitesten verbreiteten Anschauung im allgemeinen an.[1])

Austenit. Der festen Lösung von Kohlenstoff in γ-Eisen in idealster Form entspricht der Austenit (vgl. z. B. Fig. 26, 62, 70). Der Austenit besteht aus unregelmäßigen, meist aber gradlinig begrenzten Polyedern, weshalb häufig, insbesondere in der französischen Literatur, statt von austenitischer von Polyederstruktur die Rede ist. Entsprechend ihrer verschiedenen Orientierung werden die einzelnen Polyeder durch das Ätzmittel verschieden gefärbt. Ein spezielles Kennzeichen des Austenits ist die große Zahl der Zwillingsstreifungen. Der Austenit kann auf verschiedenen Wegen erhalten werden.

Durch Heißätzung[2]) der bis in das Gebiet der festen Lösung erhitzten Legierungen zeigte Wark,[3]) daß die Austenitstruktur unabhängig vom Kohlenstoffgehalt innerhalb des gesamten Temperaturgebietes der festen Lösung vorhanden ist. Dies ist insofern wesentlich, als daraus unzweifelhaft hervorgeht, daß die Strukturelemente Martensit, Troostit und Sorbit erst während des Härtens entstehen, jedenfalls vor der Härtung die homogene feste Lösung in idealer Ausbildung vorhanden ist.

Austenit kommt ferner als bei gewöhnlicher Temperatur stabiler Gefügebestandteil in den sogenannten austenitischen Spezialstählen, z. B. Manganstahl (Fig. 62) bzw. Nickelstahl (Fig. 70) vor. Fig. 307 zeigt einen 25%igen Nickelstahl[4]) im Anlieferungszustand. Innerhalb der Körner erkennt man Translationsstreifung, die jedenfalls von der Kaltverarbeitung her etwas verzerrt und verbogen ist. Glühen bei 1000° mit nachfolgender langsamer Ab-

[1]) Ausführliche Diskussion der bestehenden Anschauungen s. z. B. Guertler, Metallographie Bd. I, 2. S. 441—636.

[2]) Vgl. Fig. 26.

[3]) Met. 1911, 731.

[4]) Als Ätzmittel wurde die von Czochralski empfohlene 10%ige wässrige Ammoniumpersulfatlösung benutzt.

kühlung bewirkt, wie Fig. 308 zeigt, außer beträchtlicher Zunahme der Korngröße (man beachte den Unterschied zwischen den Vergrößerungen von Fig. 307 und 308) auch eine merkwürdige Veränderung der Translationslinien, die, statt innerhalb eines und desselben Kornes parallel zu sein, sich kreuzen und ein dem Martensit nicht unähnliches Gefügebild ergeben. Ob tatsächlich, wie verschiedentlich behauptet worden ist, Martensit vorliegt, steht dahin, jedenfalls wäre dieser Martensit, wie aus den nachfolgend mitgeteilten Härtemessungen hervorgeht, erheblich weicher als der normale Martensit. Abschrecken des Stahls bei 1000° bewirkt, wie Fig. 309 zeigt, die Entstehung vorzüglich ausgebildeter Translations- und Zwillingsstreifung. Der Unterschied zwischen den Härtezahlen abgeschreckter und langsam abgekühlter Proben ist unerheb-

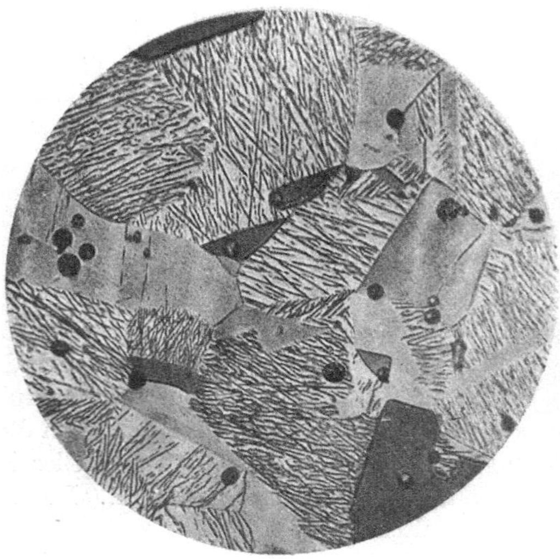

Fig. 307. Autenitisch. Nickelstahl (25% Ni), Anlieferungszustand, Ätzung Ammonium-Persulfat, x 500.

Fig. 308. Wie Fig. 307, jedoch 1/2 Stunde bei 1000° geglüht und langsam abgekühlt, x 250.

lich, erheblich dagegen die Härteabnahme mit steigender Temperatur, die wohl eine Erweiterung der für reine Metalle bereits aufgestellten Grundsätze, daß mit steigender Korngröße die Härte abnimmt, auf die den reinen Metallen vom Standpunkt des Gefüges sehr nahestehenden festen Lösungen darstellt.

Temperatur °C	Brinellsche Härtezahl des bei nebenstehender Temperatur geglühten bzw. abgeschreckten ( ) Stahls	
Anlieferungszustand	137	(. . .)
600	—	(134)
800	119	(129)
1000	112	(110)
1200	108	(102)

Bezüglich der magnetischen Eigenschaften weist der „natürliche" Austenit Anomalien auf. Wie aus seiner Natur als feste Lösung von Kohlenstoff im unmagnetischen γ-Eisen hervorgeht, steht zu erwarten, daß er unmagnetisch ist. Dies trifft auch praktisch zu, aber Hilpert, Mathesius und Colvert-Glauert haben gezeigt,[1]) daß durch geeignete Wärmebehandlung auch dem austenitischen Stahl eine nicht zu unterschätzende Magnetisierbarkeit erteilt werden könne. Aus den mitgeteilten Gefügebildern läßt sich nicht schließen, wie weit ein Zusammenhang mit dem Gefüge vorliegt. Mit Recht wird von den Verfassern aber betont, daß, wenn γ-Eisen innerhalb seines Existenzgebietes (also oberhalb Ac_3) unmagnetisch sei, das bei gewöhnlicher Temperatur erhaltene γ-Eisen nicht notwendigerweise dieselben Eigenschaften aufweisen müsse.

Potter[2]) zeigte, daß das Gefüge der austenitischen Manganstähle in hohem Grade von der Art der Erstarrung und Abkühlung abhängig sei. Bei sehr lang-

Fig. 309. Wie Fig. 307, jedoch 1/2 Stunde bei 1000° geglüht und abgeschreckt, x 250.

samer Erstarrung und Abkühlung treten außer Austenit, je nach dem Mangan- und Kohlenstoffgehalt, Ledeburit, Zementit, Martensit, Troostit, Sorbit und lamellarer Perlit auf. In diesem Falle erweisen sich die magnetischen und die Festigkeitseigenschaften als in hohem Grade abhängig von der Wärmebehandlung und der Stahl besitzt eine Reihe von kritischen Punkten. Dies alles ist nicht der Fall, wenn der Stahl von vornherein so behandelt wurde (bei der Erstarrung und Abkühlung), daß er gleichmäßiges Austenitgefüge besitzt.

Austenit in reiner Form erhielt Maurer[2]) durch Härten von Manganstählen mit 0,93 bzw. 1,94% Kohlenstoff und 1,97 bzw. 2,2% Mangan bei 1050° in Wasser. Dieser Austenit besitzt dieselben Kennzeichen wie der vorhergehende. Da er aber bei gewöhnlicher Temperatur metastabil ist, muß er im Gegensatz zum vorhergehenden durch Anlassen in die stabilen Zersetzungsprodukte überführbar sein. Dies trifft in der Tat zu und zwar beginnt die reine Austenitstruktur, Fig. 310, bereits bei 200° sich zu verwischen, der Vor-

[1]) St. E. 1915, 197; vgl. a. Trans. am. min. 1914, 601.
[2]) Met. 1909, 33.

Fig. 310. Stahl mit 1,94 % C, 2,24 % Mn bei 1050° abgeschreckt, reiner Austenit (Maurer), Ätzung II, x 400.

Fig. 311. Wie Fig. 310, jedoch angelassen auf 300° (Maurer), Ätzung II, x 400.

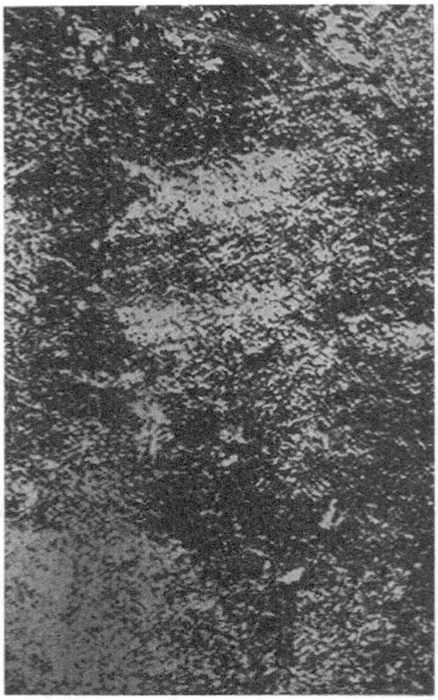

Fig. 312. Wie Fig. 310, jedoch angelassen auf 400° (Maurer), Ätzung II, x 400.

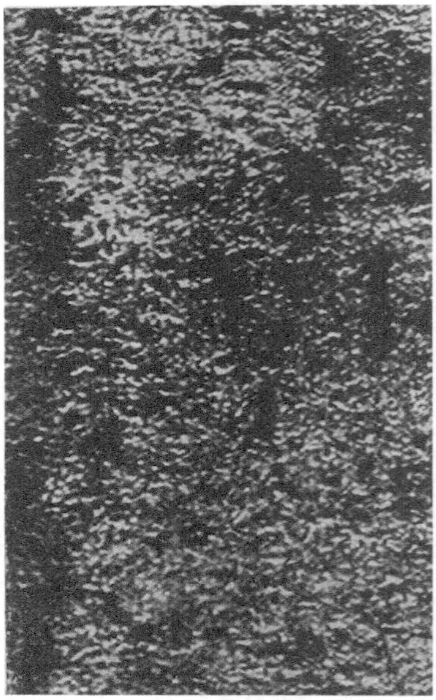

Fig. 313. Wie Fig. 310, jedoch angelassen auf 750° (Maurer), Ätzung II, x 400.

gang schreitet langsam weiter bis 300° (Fig. 311). Zwischen 300 und 400° (Fig. 312) erfolgt sehr rasch die Umwandlung in Troostit (Osmondit), ohne daß die Zwischenstufe zwischen diesem und dem Austenit durchlaufen wird. Weitere Temperatursteigerung führt zur Bildung von Sorbit und schließlich von körnigem Perlit (Fig. 313). Der zwischen 300 und 400° rasch verlaufenden Umwandlung in Troostit entspricht in diesem Temperaturintervall die Änderung einer Reihe von physikalischen Eigenschaften, die nach Maurer in Fig. 314 dargestellt ist. Als Ordinaten sind die prozentualen Änderungen der Eigenschaften gewählt worden. Besonders bemerkenswert und später noch zu beachten sind die mit der Troostitbildung (300—400°) verknüpften Maxima bzw. Minima der Änderungen der Eigenschaften.

Austenit entsteht endlich in manganfreien Stählen (Eisenkohlenstoff-Legierungen), jedoch ist es nicht möglich, ihn im reinen Zustande zu erhalten.

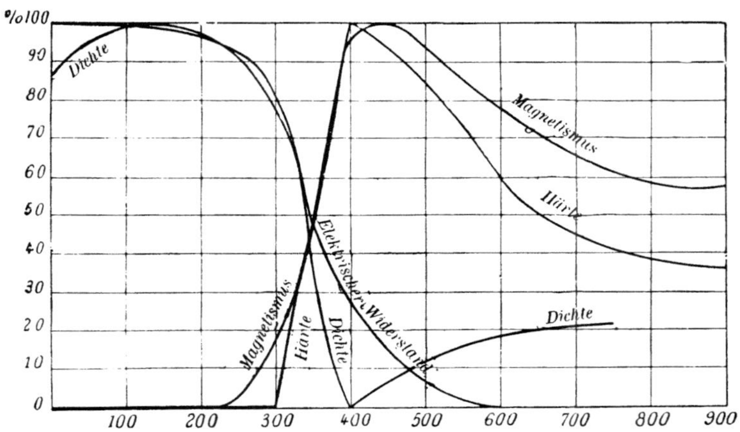

Fig. 314. Prozentuale Änderung einiger Eigenschaften des Austenits in Abhängigkeit von der Anlaßtemperatur. (Maurer.)

Vielmehr tritt er im Gemisch mit Martensit auf (vgl. Fig. 27) und auch nur dann, wenn Kohlenstoffgehalt und Abschrecktemperatur hoch genug sind. Die nadelförmigen Kristalle der vorgenannten Figur sind in Wirklichkeit, wie Oknof[1]) nachwies, plattenförmige Lamellen. Sie sind besonders gekennzeichnet durch ihren im Schnitt geradlinigen, offenbar von kristallographischen Gesetzen beherrschten Verlauf[2]) und durch ihre meist spitz zulaufende Form, die ihnen in der französischen Literatur den Namen „fers de lance" eintrugen. Die Kristalle erscheinen hier hell auf dunklem Grunde, manchmal ist aber auch das Entgegengesetzte der Fall.[3]) Leider besteht in der Literatur keine Einmütigkeit bezüglich der Bezeichnungsweise. Vielfach werden die Kristalle als Austenit bezeichnet und die Grundmasse nennt man Martensit, aber auch das Umgekehrte kommt vor. In dieser Arbeit wird die Grundmasse Austenit genannt, während die Kristalle mit Martensit bezeichnet werden. Beim Anlassen gehen

[3]) Met. 1911, 539.

[2]) Das ganze Gefüge hat eine gewisse Ähnlichkeit mit der Widmannstättenschen Struktur.

[3]) Zur Erklärung dieses Umstandes vgl. die Deutung der Fig. 315 und 316.

nach Maurer in einem bei 1050° gehärteten Stahl mit 1,66% Kohlenstoff und 0,09% Mangan, der zu $^2/_3$ aus Austenit und zu $^1/_3$ aus Martensit besteht (vgl. Fig. 315), zunächst die ursprünglich hellen Martensitnadeln bei etwa 150° in Troostit über (Fig. 316); der Austenit beginnt dagegen erst bei etwa 250°, sich in Troostit umzuwandeln (Fig. 317), aber die Umwandlung verläuft langsamer als im reinen Austenit. Bei 400° dürfte die Umwandlung in Troostit vollendet sein, worauf mit steigender Temperatur, wie im reinen Austenit Sorbit und sodann körniger Perlit gebildet werden. Die Veränderung einiger physikalischer Eigenschaften dieses Stahls nach Maurer zeigt Fig. 318 in Abhängigkeit von der Anlaßtemperatur. Aus dieser Abbildung ist zu ersehen, daß in Übereinstimmung mit der mikroskopischen Untersuchung die Umwand-

Fig. 315. Stahl mit 1,66% C bei 1050° abgeschreckt, $^2/_3$ Austenit, $^1/_3$ Martensit (Maurer), Ätzung II, x 400.

Fig. 316. Wie Fig. 315, jedoch auf 150° angelassen, Ätzung II, x 400. (Maurer.)

lung des Austenit-Martensitgemisches mindestens in zwei Stufen erfolgt, von denen die erste entsprechend der Umwandlung der Martensitnadeln bei etwa 150°, die zweite zwischen 250 und 450° ein Maximum mit der Troostitbildung erreicht.

Martensit. Je höher Abschrecktemperatur und Kohlenstoffgehalt sind, um so gröber ist das vorerwähnte Austenit-Martensit-Gemisch. In den bei niedrigeren Temperaturen erhaltenen Abschreckprodukten ist eine Differenzierung der Bestandteile nur bei stärkeren Vergrößerungen möglich und man bezeichnet dann das Gesamtgefüge mit Martensit (vgl. Fig. 28). Den durch Abschrecken bei der niedrigsten Bildungstemperatur der festen Lösung bei kürzester Erhitzungsdauer, demzufolge mit feinstem Korn erhaltenen und unter dem Mikroskop nahezu strukturlos erscheinenden Martensit nennt Hanemann[1]) Hardenit. Fig. 319 zeigt nach Hanemann einen Stahl mit 0,85% Kohlenstoff, der einige Sekunden über Ac_1 erhitzt und in Wasser abgeschreckt wurde. Die breite mittlere Fläche ist der von Hanemann mit Hardenit bezeichnete Gefügebestandteil; die aufgerauhten Flächen sind tiefgeätzter Ferrit; in beiden ist körniger Zementit zu erkennen. Die Hardenitform des Martensits ist die praktisch wichtigste, weil ihr in Anbetracht ihrer außerordentlich großen Kornfeinheit die besten Festigkeitseigenschaften zukommen. Der Übergang von dieser feinsten Form des Martensits zu dem in Fig. 27 dargestellten groben (überhitzten) Austenit-Martensitgemisch ist ein kontinuierlicher. Eine Zwischenstufe ist Fig. 28. Der Martensit muß unabhängig von seiner Korngröße als komplexer, aus mindestens zwei Bestandteilen aufgebauter Körper angesehen werden. Die doppelte Natur des groben Austenit-Martensitgemisches ging bereits aus dem geschilderten Verhalten beim Anlassen hervor. Hanemann[1]) gelang es, sie direkt nachzuweisen. Fig. 320, nach diesem Verfasser, zeigt ein ursprünglich martensitisches Gemisch nach dem Anlassen bis zum körnigen Perlit. Durch Ätzung mit Natriumpikrat sind die Zementitkörnchen schwarz gefärbt. Man erkennt deutlich die ungleichmäßige Verteilung des Kohlenstoffs in den Gefügeelementen und zwar sind die Nadeln anscheinend kohlenstoffärmer als die Grundmasse. Dieser wichtige Befund beseitigt alle Zweifel an der

Fig. 317. Wie Fig. 315, jedoch auf 150° angelassen (Maurer). Ätzung II x 400.

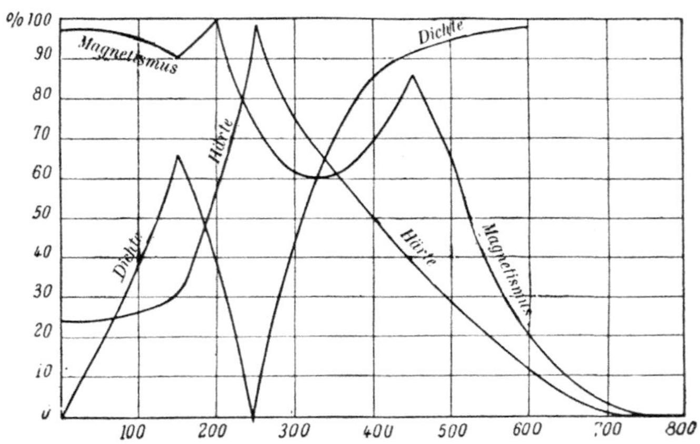

Fig. 318. Prozentuale Änderung einiger Eigenschaften eines Gemisches von $^2/_3$ Austenit und $^1/_3$ Martensit in Abhängigkeit von der Anlaßtemperatur. (Maurer.)

[1]) St. E. 1912, 1397.

komplexen Natur des Martensits. Die Ansicht ist sehr verbreitet, daß der Martensit aus einem Gemisch fester Lösungen des Kohlenstoffs in γ-, β- und α-Eisen in wechselnden Verhältnissen besteht. In der β- bzw. α-Phase müßte man sich dann den Kohlenstoff metastabil gelöst vorstellen[1].) Die Gegenwart des α-Eisens im Martensit würde eine Erklärung dafür abgeben können, daß dieser Gefügebestandteil im Gegensatz zum Austenit (γ-Lösung) stark magnetisierbar ist. Bei der Erklärung der großen Härte des Martensits stößt man auf größere Schwierigkeiten. α-Eisen ist weich und die Annahme, β-Eisen sei der Träger der Härte, hat sich nach den Untersuchungen von Rosenhain und Humphry[2]) als nicht stichhaltig erwiesen. Daß die Lösung

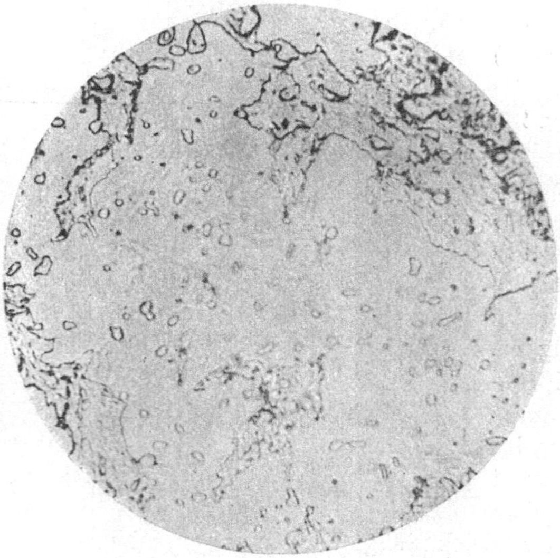

Fig. 319. Stahl mit 0,85 % C einige Sekunden über Ac_1 erhitzt, breite, mittlere Fläche Hardenit, tiefer geätzte Fläche Ferrit, in beiden Zementitkörner, Ätzung II, x 1200.

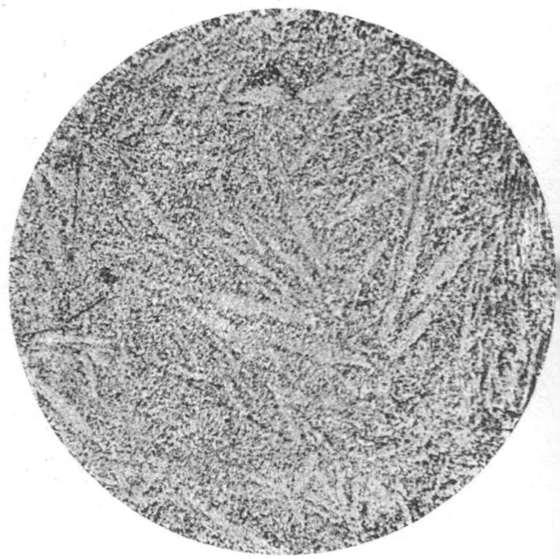

Fig. 320. Stahl mit 1,5 % C bei 1220° in Wasser abgeschreckt und einige Sekunden auf 650° angelassen, Zementitkugeln (dunkel) in Ferrit (hell), an den Orten der ehemaligen Martensitkugeln tritt nur wenig Zementit auf, Ätzung Natriumpikrat, x 300.

des Kohlenstoffs im γ-Eisen relativ weich ist, wurde bereits hervorgehoben. Über das Verhalten der im Martensit vorausgesetzten metastabilen Lösungen des Kohlenstoffs im β- oder α-Eisen kann von vornherein nichts ausgesagt werden, weil hier die Zusammenhänge noch fehlen, andererseits darf aber auch die im Auslande weit verbreitete Anschauung,[3]) die beim Härten infolge der hiermit verknüpften Spannungen auftretenden mechanischen Deformationen würden wie bei der Kaltverarbeitung die Härte steigern, nicht übersehen werden. Jedenfalls ist das Problem noch nicht in vollem Umfange gelöst. Die

---

[1]) Vgl. hierzu Hanemann, a. a. O. und Guertler, Metallogr. S. 541ff., sowie Dejean, St. E. 1919, 67, der, von der Hanemannschen Anschauung etwas abweichend, lediglich die Gegenwart der α-Phase annimmt.

[2]) Ir. st. Inst. 1913, I, 219.

[3]) McCance, Ir. st. Inst. 1914 und Edwards, Ir. st. Inst. 1914.

prozentualen Veränderungen einiger Eigenschaften beim Anlassen eines aus reinem Martensit bestehenden, bei 800° abgeschreckten Stahls mit 1,2% Kohlenstoff nach Maurer ist aus Fig. 321 ersichtlich. Der elektrische Widerstand sinkt kontinuierlich, aber bei niedrigen Anlaßtemperaturen rascher als im homogenen Austenit. Die Härte sinkt am raschesten zwischen etwa 200 und 400°. Die Dichte weist bei 150° ein erstes und bei etwa 540° ein zweites ausgeprägtes Maximum auf. Das schwach ausgeprägte Maximum bei 300° fanden Hanemann und Schulz[1]) nicht. Der Magnetismus fällt zwischen 150 und 250° sehr rasch, um bei 450° noch ein Maximum zu zeigen. Alles in allem sind zwar die Eigenschaftsänderungen anscheinend recht komplizierter Natur, aber gewisse Gesetzmäßigkeiten insbesondere bei 150 und 450° sind nicht zu verkennen.

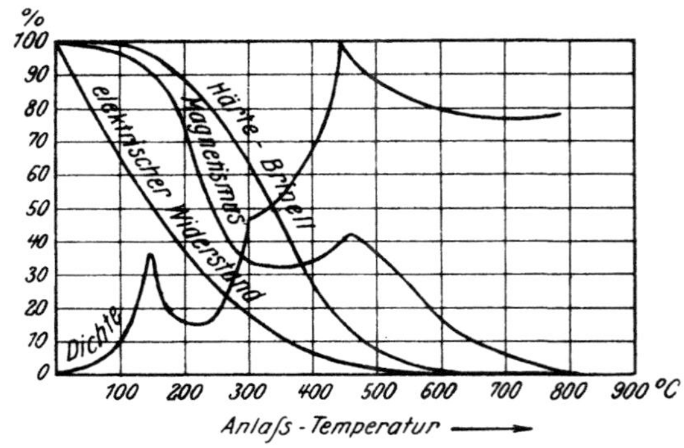

Fig. 321. Prozentuale Änderung einiger Eigenschaften von reinem Martensit in Abhängigkeit von der Anlaßtemperatur (nach Maurer).

Troostit und Osmondit. Der bereits mehrfach erwähnte Troostit wird als Gemisch von α-Ferrit und Zementit in denkbar feinster Verteilung angesehen, die ihm seitens Benedicks[2]) die nach Le Chatelier[3]) unzweckmäßig gewählte Bezeichnung kolloidale Lösung eintrug. Die Troostitbildung beim Härten ist abhängig von der Abkühlungsgeschwindigkeit, wie Benedicks[2]) sehr schön nachwies. Eine bei 725° in Wasser gehärtete Probe eines Stahls mit 1% Kohlenstoff war deutlich martensitisch, wenn die Abkühlungszeit von 700 auf 100° 4—5 Sek. betrug und bestand aus Troostit, als durch einen besonderen Kunstgriff die Abkühlung verlangsamt wurde und 9,5 Sek. betrug. Am leichtesten erhält man Troostit beim Härten während des Durchgangs durch A_1. Troostit entsteht ferner beim Anlassen von Austenit oder Martensit oder dem grobkörnigen Gemisch beider bei einer Temperatur von etwa 400°. Die Tatsache, daß unter diesen letzteren Bedingungen das ganze Stück aus Troostit besteht, veranlaßte Heyn und Bauer[4]), diese Anlaßstufe Osmondit zu nennen. Troostit und Osmondit wären in ihrer Natur demnach identisch und würden sich nur dadurch unterscheiden, daß ersterer im Gemisch mit Martensit und sogar mit Austenit, letzterer aber stets allein als die auch durch ihre noch zu besprechenden Eigenschaften charakterisierte Anlaßstufe 400° auftritt. Die Begriffe haben sich aber inzwischen etwas verwirrt und man

[1]) St. E. 1914. 450. Über die Änderung des spezifischen Volumens gehärteter Stähle mit der Anlaßtemperatur vgl. a. Driesen, Fer. 1914, 129, sowie Oknoff, Rev. Mét. 1917, Extr. 85.

[2]) Ir. st. Inst. 1905. II, 352, sowie 1908. II, 217.

[3]) Rev. Mét. 1908. 640.

[4]) St. E. 1906. 778.

begegnet häufig in der Literatur Verwechslungen dieser ursprünglichen Bezeichnungsweise. Troostit und Osmondit haben jedenfalls das gemeinsame, daß sie beim Ätzen mit alkoholischen Lösungen verdünnter Säuren ein Maximum der Dunkelfärbung aufweisen und selbst bei stärksten Vergrößerungen unter dem Mikroskop nicht aufzulösen sind. Troostit kommt in abgeschreckten Stählen häufig an der Grenze stabiler und metastabiler Phasen vor. Fig. 29 zeigt ihn z. B. als Einfassung einer Martensitinsel und umgeben von Ferrit. Es scheint, als ob die Gegenwart von Ferrit oder auch Zementit einen Anreiz zur Bildung des Troostits abgibt. Der Definition nach enthält er ja diese Phasen. Daß beim Anlassen in der nächsten Umgebung von 400° fast alle Eigenschaften besondere Eigentümlichkeiten aufweisen, ist durch die Untersuchungen aller beteiligten Forscher nachgewiesen worden. Die Fig. 314, 318 und 321 nach Maurer geben Aufschluß über das Verhalten einer Reihe von Eigenschaften mit besonderer Berücksichtigung des Ausgangszustandes. Besonders bemerkenswert ist das von Heyn und Bauer[1]) gefundene, scharf ausgeprägte Maximum der Löslichkeit von abgeschrecktem Stahl bei einer Anlaßtemperatur von 400°. Dieses Maximum charakterisiert speziell den bei dieser Anlaßtemperatur das ganze Gesichtsfeld unter dem Mikroskop einnehmenden, hier mit Osmondit zu bezeichnenden Troostit und stimmt auch mit der Tatsache überein, daß Troostit beim Ätzen das Maximum der Dunkelfärbung aufweist. Für die Annahme, Troostit (Osmondit) sei Ferrit und Zementit, also Perlit, jedoch in denkbar feinster Verteilung, spricht nach Benedicks das Verhalten der elektrischen Leitfähigkeit. In der Tat ist die Leitfähigkeit des Troostits gleich der des Perlits und man erkennt ja auch aus den Fig. 314 und 321, daß vom Erscheinen des Troostits im Gefügebild, also von etwa 400° an eine wesentliche Änderung des elektrischen Leitungswiderstandes nicht mehr erfolgt. Die hohe magnetische Permeabilität des Troostits spricht für das Vorhandensein magnetischen α-Eisens. Die spezifischen Gewichte des Troostits und des Perlits sind nicht wesentlich voneinander verschieden. Besonders beachtenswert ist das Verhalten der Dichte sowohl vom wissenschaftlichen wie vom praktischen Standpunkt. Beim Ätzen polierter Querschnitte gehärteter, größerer Stücke beobachtet man häufig, wie insbesondere Hanemann und Schulz[2]) beschreiben (vgl. Fig. 322), abwechselnd heller und dunkler erscheinende Schichten. Die hellen erweisen sich unter dem Mikroskop als martensitisch, die dunklen als troostitisch. Die Entstehungsweise dieser Schichten hat man sich nach den genannten Verfassern folgendermaßen vorzustellen. Martensit besitzt ein größeres Volumen als Troostit (vgl. Fig. 321) unter der Annahme, daß dieser Gefügebestandteil dem Anlaßzustand von 400° entspricht. Äußerer Druck muß also die Bildung des Troostits aus Martensit befördern, Zug sie erschweren. Eine erste Martensitschicht bildet sich unter dem Einfluß der raschen Abkühlung am Umfang der Probe. Die Abkühlungsgeschwindigkeit nimmt nach innen zu ab und erreicht schließlich einen Wert, bei dem sich Troostit bildet. Die Bildung des Troostits bewirkt das Auftreten von Zugspannung im Innern des Stückes, da die äußere Schicht nicht nachgeben kann.

---

[1]) St. E. 1906, 778.
[2]) A. a. O.

Unter dem Einfluß der Zugspannung gelangt aber die Troostitbildung zum Stillstand und es wird wieder Martensit gebildet. Dieser Vorgang wiederholt sich öfter und das Ergebnis ist die Ausbildung einer Reihe von konzentrischen Schichten, deren innerste trotz geringster Abkühlungsgeschwindigkeit aber mit Rücksicht auf die Spannungsverteilung aus Martensit bestehen kann.

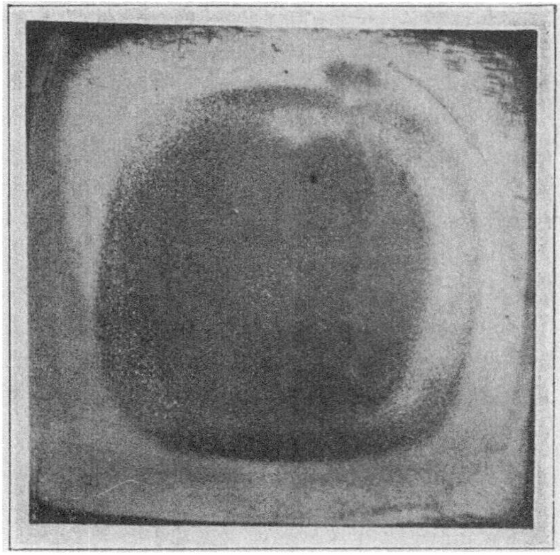

Fig. 322. Querschnitt durch einen abgeschreckten Stahlwürfel mit Martensitzonen (hell) und Trostitzonen (dunkel), oben rechts Härteriß, Ätzung II x 1,5. (Hanemann und Schulz.)

Da die Abkühlungsgeschwindigkeit in allen Teilen komplizierter Stücke keine gleichmäßige sein kann, so entstehen mit Rücksicht auf die mit dem Gefüge und daher auch mit der Abkühlungsgeschwindigkeit wechselnden spezifischen Volumina insbesondere zwischen dicken und dünnen Teilen eines Stückes Spannungen. Übersteigen die Spannungen die Festigkeit des Materials, so treten Härterisse auf (Fig. 323), die besonders dadurch gekennzeichnet sind, daß sie den Kristallbegrenzungen folgen. Da bei den Härtetemperaturen, insbesondere

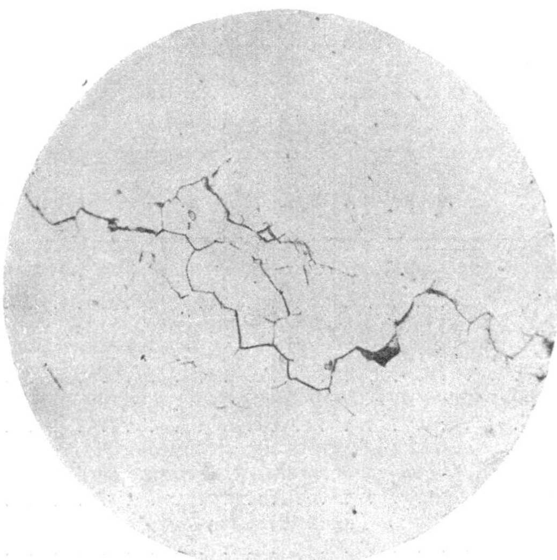

Fig. 323. Härteriß, ungeätzt, x 50.

bei höheren, die genannten Begrenzungen auffallend geradlinig sind, so besitzen auch meist die Härterisse diesen Verlauf.

Sorbit. Der Sorbit ist beim Anlassen die letzte Übergangsstufe zum Perlit. Er wird aufgefaßt als Gemisch von α-Ferrit und Zementit, das sich vom Troostit lediglich durch gröbere, vom Perlit durch feinere Körnung unterscheidet. Während Troostit unbedingt strukturlos ist, weist Sorbit bei stärksten Vergrößerungen eine wenn auch verschwommene und schlecht definierbare Struktur auf, die aber noch keinesfalls vollkommen auflösbar ist (vgl. z. B. Fig. 288). Außer als Anlaßzustand ist der Sorbit herzustellen durch geeignete Regelung der Abkühlungsgeschwindigkeit, jedoch kann dann wohl kaum noch von Härten die Rede sein, sondern lediglich von beschleunigter Abkühlung. Die von der Körnung unabhängigen Eigenschaften, wie Dichte und elektrischer Leitwiderstand, sind gleich denen des Perlits und auch nicht wesentlich von denen des Troostits verschieden (vgl. Fig. 318, 321), ein Beweis für die gleiche Konstitution der drei genannten Gefügeelemente. Dagegen sind die von der Körnung in hohem Maße abhängigen Festigkeits- und wahrscheinlich auch die magnetischen Eigenschaften der drei Bestandteile wesentlich voneinander verschieden.

Der beim Anlassen entstehende Perlit ist körnig, wie z. B. Fig. 313 zeigt. Den Übergang vom Troostit zum körnigen Perlit hat man sich als kontinuierlichen, nicht allein von der Temperatur, sondern in hohem Maße auch von der Zeit abhängigen Vorgang zu denken.

C. Das Härten und Anlassen der Werkzeugstähle.

Der praktische Zweck des Härtens ist ursprünglich der, dem Stahl eine derartige Härte zu erteilen, daß er zur Bearbeitung anderer Stähle, im wesentlichen also zur Herstellung von Werkzeugen wie Meißel, Bohrer, Fräser, Hämmer und dergleichen geeignet ist. Die nachfolgende Übersicht[1]) der für diesen Zweck in reinen Kohlenstoffstählen angewendeten Kohlenstoffgehalte zeigt, daß in der Hauptsache die nah- und übereutektoidischen Stähle in Frage kommen.

Verwendungszweck	Kohlenstoffgehalt %
Sensen, Maschinenteile, Besteckstanzen, Schmiede- und Schellhämmer	0,60—0,70
Gesenke, Warmmatrizen	0,70—0,80
Schrotmeißel, Schermesser, Lochstempel, Nadeln, Holzbearbeitungswerkzeuge, Gruben- und Steinbohrer, Hämmer für Kesselschmiede, Kreissägen	0,80—0,90
Alle Arten Bohrer, Hand- und Preßluftmeißel, Körner, Stempel, Berggezähe, Hobeleisen	0,90—1,05
Gewindeschneidbacken, Reibahlen, Spiralbohrer, Prägestempel, Schnitte	1,05—1,15
Bohrer, Feilhauermeißel, Feilen, Lochstempel, Drehmesser, Hobel-, Kerb- und Spaltwerkzeuge	1,15—1,25
Mühlpicken, Kronhämmer, Papier- und Tabakmesser, Graveurwerkzeuge, ärztliche Messer	1,25—1,35
Drehmesser, Gesteinsbohrer, Steinbearbeitungswerkzeuge	1,35—1,45
Drehmesser, Rasiermesser, Fräser, Drehwerkzeuge zum Abdrehen harter Walzen, Gewehrspiralbohrer	1,45—1,60

[1]) Nach Mars, Spez. St.

Die Härtetemperaturen werden so gewählt, daß, wie S. 295 geschildert wurde, ein Martensit von feinster Körnung entsteht, der in übereutektoidischen Stählen mit körnigem, bereits vor der Härtung vorhandenen und durch die Härtung nicht beeinflußten Zementit vermischt ist. Die Härtetemperatur ist dabei ziemlich konstant etwa 760°. Die Dauer der Erhitzung auf Härtetemperatur ist so kurz wie möglich zu bemessen, weshalb der Schmied das Werkzeug in weißglühendes Koksfeuer bringt und den Moment zum Härten abpaßt, in dem der Stahl eben die richtige Temperatur erreicht hat. Einige Sekunden währendes, längeres Verweilen genügt nach Hanemann zum Verderben und Grobkörnigwerden des Stahls. Die zur gleichmäßigen Durchwärmung eines Stückes erforderliche Zeit ist natürlich von den Abmessungen und von der Form der Stücke abhängig. Die einzigen systematischen Versuche hierüber stammen von Portevin.[1]) Sie beziehen sich auf den Einfluß des Probendurchmessers von zylindrischen Stücken auf die zur Erhitzung (im Salzbad) auf verschiedene Temperaturen erforderliche Zeit. Das Diagramm Fig. 324 zeigt, daß die zur Durchwärmung erforderliche Zeit nicht allein mit zunehmender Erhitzungstemperatur, sondern auch ganz besonders rasch mit abnehmendem Probendurchmesser abnimmt. So wären zur Erhitzung einer zylindrischen Probe von 10 mm Durchmesser auf 800° 1/2 Minute, zur Erhitzung einer Probe von 60 mm Durchmesser auf die gleiche Temperatur dagegen 6 Minuten erforderlich. Ist einmal das Stück gleichmäßig durchgewärmt, so wird jede Verlängerung der Erhitzung zur Steigerung der Korngröße führen, vorausgesetzt, daß in untereutektoidischen Stählen die Zeit zur gleichmäßigen Verteilung des Kohlenstoffs und in übereutektoidischen zur Auflösung derjenigen Zementitmengen ausreicht, die dem Gleichgewichtszustand bei dieser Temperatur entsprechen. Die Steigerung der Korngröße ist wahrscheinlich mit einer geringen Zunahme der Festigkeit und Abnahme der Dehnung verknüpft. Hierauf deuten auch die von Portevin veröffentlichten, allerdings teilweise sich widersprechenden Zahlen hin. Überhitzter, grobkörnig gewordener Stahl muß ausgeglüht und falls dies durchführbar ist, zwecks Zertrümmerung etwa gebildeter grober Zementitansammlungen und Überführung dieser in die körnige Form geschmiedet werden.

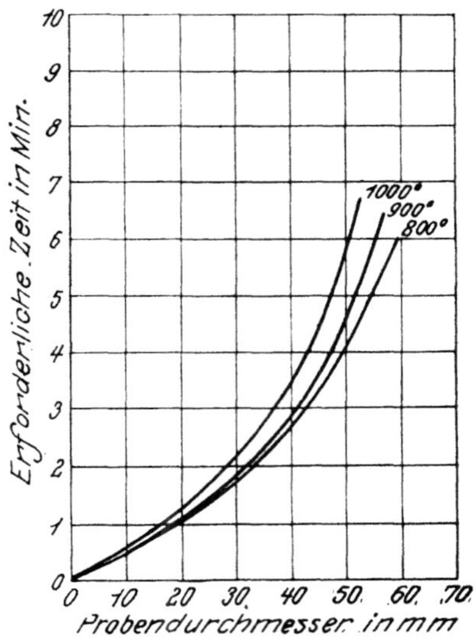

Fig. 324. Abhängigkeit der zur Durchwärmung erforderlichen Zeit vom Probendurchmesser. (Portevin.)

Bei kompliziert geformten Querschnitten führen schroffe, scharfkantige Übergänge von kleineren zu größeren Massenansammlungen (Zahnräder, Fräser und dgl.) leicht zur Ausbildung von Härterissen (vgl. Fig. 323 nebst Erläute-

[1]) Bull. d'Enc. 1914, 207.

rungen). Die dünneren Teile kühlen erheblich schneller ab als die dickeren. Dünnere Querschnittsteile von Kohlenstoffstählen (Zähne von Fräsern u. dgl.) werden außerdem durch die schroffe Härtung leicht zu spröde und brechen im Betriebe aus. Um die allzu schroffe Abkühlung dünner Querschnittsteile zu verhindern, taucht man z. B. Fräser in Wasser, jedoch nur solange, bis die Rotglut verschwunden ist und beendigt die Härtung in Öl oder an der Luft. Die zu erreichende Härte und Zähigkeit des Werkzeuges wird durch geeignete Beherrschung der Abkühlungsgeschwindigkeit und der Anlaßbehandlung reguliert. Hierdurch werden Übergänge von Martensit nach Troostit, bzw. Mischungen dieser beiden Gefügebestandteile erzeugt. Die Identifizierung solcher Übergänge und Mischungen unter dem Mikroskop bietet große Schwierigkeiten und Unsicherheiten, erfordert daher große Übung und Erfahrung und ist nur unter Zuhilfenahme stärkster Vergrößerungen durchführbar. Für die Regulierung der Abkühlungsgeschwindigkeit steht die Wahl des Härtemittels, für die der Anlaßbehandlung die der Anlaßtemperatur und -dauer zur Verfügung. Wird das Anlassen nicht, wie es unbedingt anzustreben ist, in einem flüssigen, thermometrisch kontrollierten Anlaßbade vorgenommen, so kann die beim Anlassen auftretende Veränderung der Farbe der Oxydhaut ein geeignetes, jedoch nicht unbedingt zuverlässiges Mittel abgeben. Die Reihenfolge der Anlaßfarben und die ihnen entsprechenden Temperaturen werden im all gemeinen folgendermaßen angegeben:[1])

Anlauffarbe	Temperatur °C
hellgelb	220
gelbbraun	250
rotbraun	265
violett	285
hellblau	310
grau bis grün	330

Dabei ist aber der Faktor Zeit in dem Sinne zu berücksichtigen, daß die erwähnten Temperaturen nur für den Moment ihres Erscheinens gelten. Jedes Verweilen bei der betreffenden Temperatur vermag die Anlaßfarbe zu verändern. Für den unter stets gleichen Bedingungen Arbeitenden ist die Beurteilung der Temperatur aus der Anlaßfarbe ein wertvolles Hilfsmittel. Die in der Praxis eingebürgerten Anlaßtemperaturen für eine Reihe wichtiger Werkzeuge gibt die nachfolgende Zusammenstellung:[2])

Anlaßtemperatur °C	Werkzeug
125—150°	Meßwerkzeuge (10 Stunden oder länger)
180—200°	Alle Schneidwerkzeuge aus Kohlenstoffstahl, wie Dreh- und Hobelstähle, Bohrer, Fräser, Reibahlen, Senker.
200—225°	Alle obigen Werkzeuge, wenn sie durch ihre Form oder Arbeit dem Brechen sehr ausgesetzt sind, wie dünne Bohrer, Gewindebohrer, Schaftfräser, feine Schneideisen.
225—275°	Alle Schneidwerkzeuge aus Schnelldrehstahl.
250—280°	Werkzeuge für Holzbearbeitung.
275—300°	Meißel, Federn, Schlagwerkzeuge.

[1]) S. a. Brearley-Schäfer, Die Wärmebehandlung des Werkzeugstahls, Springer 1913. [2]) Nach Schuchardt & Schütte, Technisches Hilfsbuch, 1916.

Eine große Zahl praktischer Ratschläge für die Härtung verschiedenster Werkzeuge finden sich u. a. bei Brearley-Schäfer,[1]) Thallner[2]) und Hofman.[3]) Dort sind auch die Gesichtspunkte angedeutet, die für die teilweise Härtung (Hammer- und Amboßbahnen, Walzenballen, Laufringe von Kugellagern u. a. m.) wesentlich sind.

Obwohl die Festigkeitseigenschaften der Werkzeugstähle wohl kaum als Gütemaßstab benutzt werden, ist es dennoch recht lehrreich, die Veränderungen dieser Eigenschaften durch das Härten und Anlassen zu verfolgen. In übereutektoidischen Stählen erzielte Jung[4]) die höchsten Festigkeiten durch Härten bei Ac_3. In Fig. 325 ist ebenfalls nach Versuchen von Jung[4]) die Abhängigkeit der Festigkeit, Dehnung und Kontraktion von drei Stählen mit 0,99, 1,22 bzw. 1,56% Kohlenstoff von der Höhe der Anlaßtemperatur dargestellt. Die Anlaßdauer betrug:

bei	100°	2	Stunden
„	200°	2	„
„	300°	1	„
„	400°	3/4	„
„	500°	1/2	„
„	600°	1/4	„
„	700°	10	Minuten.

Die Härtetemperatur betrug 750° für den ersten, 850° für den zweiten und 950° für den dritten Stahl und stimmt daher annähernd mit Ac_3 überein. Die Festigkeitskurve besitzt für alle drei Stähle praktisch denselben Verlauf. Die Temperatur des Maximums, etwa 350°, stimmt mit dem auch bei anderen Eigenschaften beobachteten Maxima (vgl. Fig. 318, 321) hinreichend gut überein. Bemerkenswert ist die niedrige Festigkeit der nicht oder nur schwach angelassenen Stähle. Die bekannte, praktisch vielfach und zweifellos mit Erfolg ausgenutzte Beziehung:

$$\frac{\text{Härtezahl}}{\text{Festigkeit}} \sim 3$$

dürfte auf derartig behandelte Stähle keine Anwendung finden. Eine größere Härte als die des gehärteten Stahls wird man wohl kaum dem Material der den Eindruck ausführenden Kugel erteilen können. Der Durchmesser des Eindruckes wird daher unendlich klein, und die Härtezahl nähert sich dem Grenzwert unendlich. In der

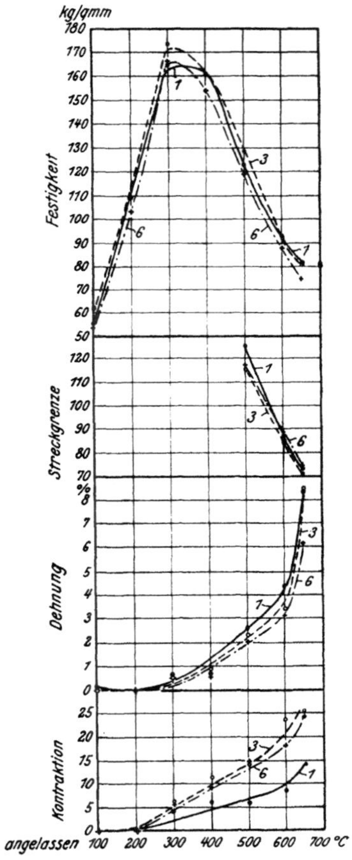

Fig. 325. Abhängigkeit der Festigkeitseigenschaften in übereutektoidischen Stählen von der Anlaßtemperatur. (Hanemann und Jung.)

Kurve 1 = 0,99% C,
„ 3 = 1,22% C,
„ 6 = 1,56% C.

[1]) A. a. O.
[2]) Werkzeugstahl.
[3]) Die Qualitätsstähle.
[4]) Diss. Berlin 1911.

Tat ergaben nach Brearley-Schäfer Messungen der Härte nach dem Brinellschen Verfahren, übrigens die einzigen nach diesem Verfahren veröffentlichten Ergebnisse, daß die Härtezahlen eines gehärteten Stahles mit 1,1% Kohlenstoff, solange die Anlaßtemperatur 400° nicht übersteigt, sehr groß sein müssen, wie die nachfolgende Zusammenstellung zeigt:

Werkzeugstahl mit 1,1% Kohlenstoff	Brinellsche Härtezahl
Ausgeglüht	200
Auf 760° erhitzt, im Wasser abgeschreckt	2499
„ 50° angelassen	2499
„ 100° „	2490
„ 200° „	2380
„ 300° „	1190
„ 400° „	917
„ 500° „	770
„ 600°	358

Daß nun die von der umseitig genannten Beziehung geforderten hohen Festigkeiten tatsächlich nicht erreicht werden, liegt vielleicht daran, daß in gehärtetem Stahl sehr große Anfangsspannungen vorhanden sind.

Dehnung und Kontraktion weisen selbst bei hohen Anlaßtemperaturen noch sehr geringe Werte auf. Bezüglich der Anlaßdauer gilt nach Hanemann folgendes: Unterhalb Ac_1 strebt gehärteter Stahl sich in α-Eisen und Zementit umzuwandeln. Diese Umwandlung verläuft unendlich langsam bei gewöhnlicher Temperatur und ihre Geschwindigkeit wächst mit steigender Temperatur. Jeder Anlaßtemperatur entspricht eine Zeit größerer und eine darauffolgende geringerer Umwandlungsgeschwindigkeit. Erstere beträgt bei 100° etwa 3 Stunden, bei 650° wenige Sekunden.[1])

Die Arbeitseigenschaften[2]) der Werkzeugstähle können durch Zusatz von Spezialelementen wie Wolfram und Chrom, oder beider Elemente gleichzeitig wesentlich verbessert werden. Wolfram bewirkt die Entstehung außerordentlich feinen Gefüges. Der wolframhaltige Werkzeugstahl ist nicht leicht zu überhitzen, so daß Wolfram in derartigen Stählen sozusagen als Sicherheitsfaktor wirkt. Die Behandlung der Stähle ist ähnlich wie die der wolframfreien Stähle, nur sind sie vorsichtiger zu erhitzen. Die Bildungstemperatur der festen Lösung liegt in Chromstählen vermutlich höher als in chromfreien Stählen. Man wählt beispielsweise die Härtetemperatur bei einem Chromgehalt von 1,5% und einem Kohlenstoffgehalt von 1% bei etwa 850°. Im Gegensatz zu den Wolframstählen neigen die Chromstähle bei geringfügiger Überhitzung dazu, grobkörnig zu werden. Auch diese Stähle sind vorsichtig zu erhitzen. Chrom und Wolfram sind „härtende" Elemente, so daß das Härten der Chrom- und Wolframstähle am besten ein mildes und daher in Öl vorzunehmen ist.

Die nachfolgende Zusammenstellung gibt die Zusammensetzung einiger zur Herstellung von Werkzeugen benutzten Chrom- und Wolframstähle nach Mars:

[1]) Vgl. hierzu auch die Messungen der thermoelektrischen Kraft in Abhängigkeit von Anlaßtemperatur und Dauer von Strouhal und Barus, St. E. 1906, 917.

[2]) Vgl. z. B. Herbert, St. E. 1910, 1261; Schlesinger, St. E. 1913, 929, sowie die Polemik dazu; ferner Kurrein, St. E. 1914, 1126.

Verwendungszweck	% C	% W	% Cr
Spiralbohrer	1,00—1,20	0,60—0,70	—
Drehmesser	1,00—1,20	3,00—3,50	—
Warmzieh- und Preßmatritzen	0,60—0,65	8,00—9,00	—
Fräser, Bohrer, Rasiermesser, Sägefeilen	1,40—1,45	—	0,30—0,50
Meißel	0,30—0,40	—	0,50
Gewindebohrer, Spiralbohrer, Schnitte	0,80—0,90	—	0,50
Hand- und Preßluftmeißel	0,30—0,50	—	1,00—1,50
Lochdorne, Stempel, Kaltwalzen	0,80—1,00	—	2,00—4,00
Zieheisen	1,80—2,00	—	2,00—2,50

Zu den gleichzeitig Chrom und Wolfram enthaltenden Stählen gehören die unter dem Namen Schnelldreh-, -schnitt- oder -arbeitsstähle bekannten Werkzeugstähle. Ihr Vorzug ist im wesentlichen der, daß sie selbst bei dunkler Rotglut noch fast ebenso arbeitsfähig sind wie bei gewöhnlicher Temperatur. Der in Fig. 326[1]) veranschaulichte Vergleich der Änderung der Härte eines gewöhnlichen und eines Schnelldrehstahls mit 18% Wolfram, 6% Chrom und 0,5% Kohlenstoff mit steigender Temperatur nach Robin[2]) erklärt dieses Verhalten: der Schnelldrehstahl verliert seine an sich hohe Härte erst oberhalb etwa 500°. Der nicht gehärtete Schnelldrehstahl typischer Art von Taylor und White mit rund 15—18% Wolfram, 5—6% Chrom und 0,6—0,7% Kohlenstoff besteht nach langsamer Abkühlung bzw. nach dem Ausglühen aus Doppelkarbiden[3]) in einer Grundmasse von Perlit. Die härtende Wirkung der Elemente Chrom und Wolfram gelangt bei gleichzeitiger Anwesenheit der beiden Elemente verstärkt zum Ausdruck. Zur Überführung des Perlits in die feste Lösung, nach Hanemann die Hardenitform des Martensits, ist es nicht nötig, den Stahl in einer Härteflüssigkeit abzuschrecken. Es genügt Abkühlung an der Luft, um diese Form der festen Lösung herbeizuführen. Das Doppelkarbid muß von vornherein wie bei jedem übereutektoidischen Stahl in feinverteilter körniger Form vorhanden sein, was durch zweckmäßiges Schmieden erreicht wird. Doppelkarbid soll bei der Härtung des Stahls nicht in Lösung gehen. Richtig gehärteter Schnelldrehstahl besitzt demzufolge das Aussehen von Fig. 327. Diese Figur zeigt einen Stahl mit 12% W, 3% Cr und 0,66% C. Da die Form der festen Lösung von der Abkühlungsgeschwindigkeit in erster Linie abhängt, spielen die Abmessungen und die Massenverteilung des zu härtenden Gegenstandes für die zweckmäßigste Behandlungsweise des Stahls eine große Rolle. Bei Mars finden sich z. B. folgende Angaben:

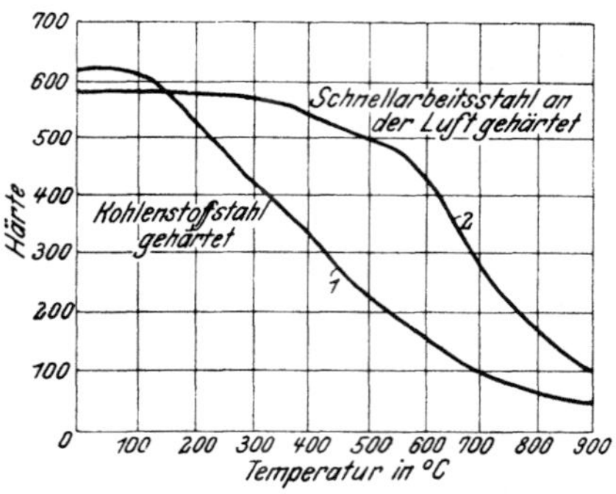

Fig. 326. Veränderung der Härte von Kohlenstoff- und Schnelldrehstahl mit der Temperatur. (Robin.)

[1]) Aus P. Goerens, Enz.
[2]) Rev. Mét. 1908, 162.
[3]) Daß das Doppelkarbid z. T. einem dem Ledeburit ähnlichen Gefügebestandteil entstammt, ist an anderer Stelle bereits hervorgehoben worden.

Gewindebohrer, Reibahlen, Spiralbohrer in mittleren Stärken	900—950°
Dieselben in größeren Stärken	950—1000°
Fräser, Schnitte	1000—1100°
Stempel	1100—1200°
Drehmesser	1300°

Trotz der bei der Behandlung von Schnelldrehstählen üblichen hohen Erhitzungstemperaturen ist es auch möglich, Schnelldrehstahl zu überhitzen bzw. zu verbrennen. Überhitzter Schnelldrehstahl zeigt gemäß Fig. 328 polyedrisches, also austenitisches Gefüge. Die Figur zeigt den gleichen Stahl wie Fig. 327, jedoch von 1200° an der Luft abgekühlt. Die Ätzung erfolgte mit Natriumpikrat. Der Martensit ist recht grobkörnig und das Doppelkarbid ist

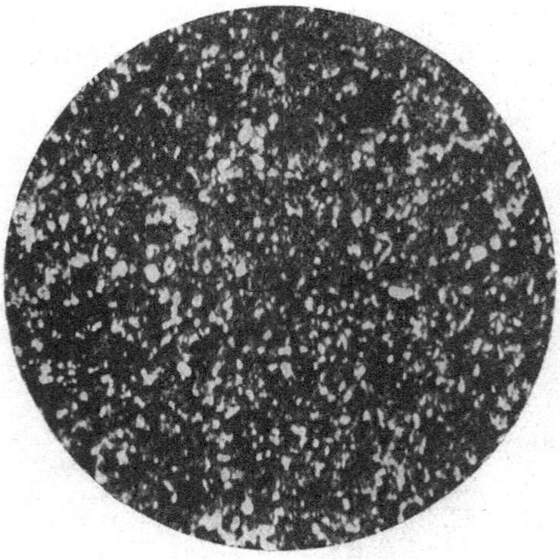

Fig. 327. Schnelldrehstahl richtig gehärtet, Ätzung II, x 1000.

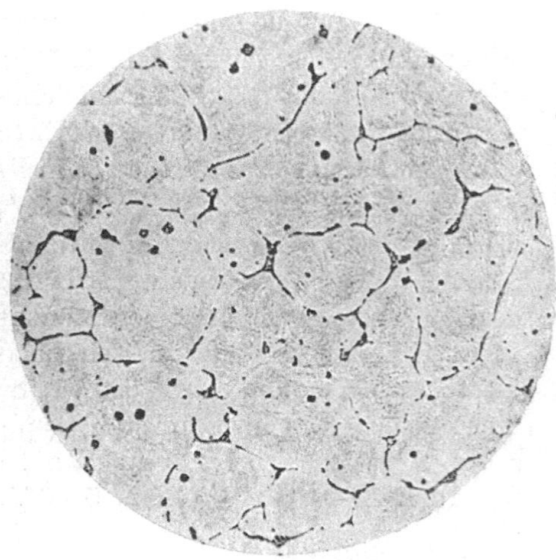

Fig. 328. Wie Fig. 327, jedoch überhitzt, Ätzung Natriumpikrat, x 100.

in Form von groben Zellen, z. Tl. aus Ledeburit bestehend (ein Beweis, daß teilweises Schmelzen schon bei dieser Temperatur erfolgte), ausgeschieden. Man beachte den Unterschied zwischen den Vergrößerungen von Fig. 327 und 328. Entsprechend den allgemeinen Eigenschaften des Austenits ist derartiger Stahl weich und zur Bearbeitung ungeeignet. Fig. 329 nach Heyn und Bauer[1]) veranschaulicht die Abhängigkeit der Härte eines Schnelldrehstahls von der Abschrecktemperatur und lehrt, daß das Maximum der Härte dieses Stahls bei 1200° erzielt wurde und Überschreiten dieser Temperatur wesentliche Härteverminderung hervorruft. Die Kennzeichen der Verbrennung sind beim Schnelldrehstahl ähnlich wie die des gewöhnlichen Stahls. Die bei

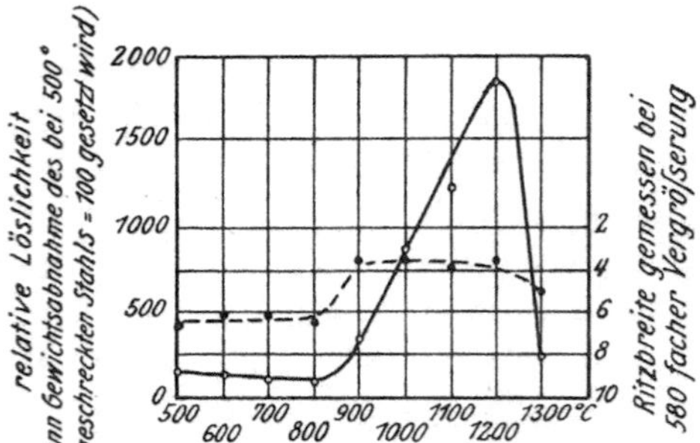

Fig. 329. Abhängigkeit der Härte und Löslichkeit von Schnelldrehstahl von der Abschrecktemperatur. (Heyn und Bauer.)

[1]) St. E. 1909, 736.

der Temperatur des beginnenden Schmelzens gebildete Mutterlauge ist an allen Fremdkörpern stark angereichert und erstarrt bei der nachfolgenden Abkühlung, ohne daß Ausgleich der Konzentration zwischen ihr und den festgebliebenen Kristallen (vgl. Fig. 302), zwischen den Begrenzungsflächen dieser letzteren erfolgt. Fig. 330 (Natriumpikratätzung) zeigt einen verbrannten Schnelldrehstahl mit entsprechend großen Ledeburitmengen.

Die Erhitzung des Schnelldrehstahls hat, wenigstens bis zu einer Temperatur von etwa 600°, langsam und vorsichtig zu erfolgen. Über diese Temperatur hinaus dagegen kann rasch erhitzt werden.

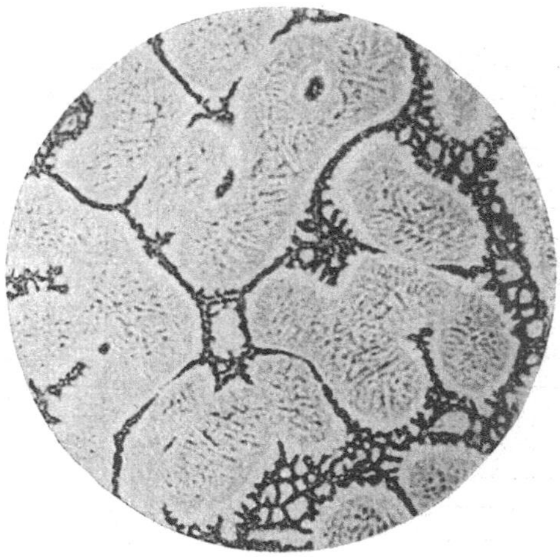

Fig. 330. Wie Fig. 327, jedoch verbrannt, Ätzung Natriumpikrat, x 100.

D. Das Vergüten der Konstruktionsstähle.

Eine zweite Gruppe von Stählen erfährt eine von derjenigen der Werkzeugstähle gänzlich verschiedene Härte- und Anlaßbehandlung. Es ist dies die Gruppe der Konstruktionsstähle. Der Kohlenstoffgehalt einer ersten Unterabteilung dieser Gruppe, deren Glieder in der Hauptsache zur Herstellung von Wellen, Achsen und zahlreichen, auch blechförmigen Automobilteilen Verwendung finden, bewegt sich meist in den Grenzen 0,3—0,5%, gleichgültig ob, wie dies häufig der Fall ist, neben Kohlenstoff noch eines der Spezialelemente Nickel, Chrom, Vanadium, Wolfram oder mehrere vorhanden sind. Die Behandlung dieser Stähle besteht meist in einer Härtung bei einer wenig oberhalb Ac_3 gelegenen Temperatur, im Mittel etwa 800—850° und nachfolgendem Anlassen bis zu relativ hohen, jedenfalls erheblich höher als bei den Werkzeugstählen gelegenen Temperaturen von 500—750°. Die Gesamtheit dieser Behandlung wird im allgemeinen Vergüten genannt. Das Vergüten bewirkt vornehmlich die Hebung der Streckgrenze, in geringerem Maße auch der Festigkeit und der Dehnung und ganz besonders der Kontraktion und der spezifischen Schlagarbeit, wie das folgende Beispiel zeigt. Ein Stahl mit 0,65% C, 0,93% Mn, 0,21% Si, 0,041% P und 0,048% S hatte im Anlieferungszustand:

70,3 kg/qmm Festigkeit,
10,2% Dehnung/100 mm,
9,0% Kontraktion,
0,8% mkg/qcm spez. Schlagarbeit.

Bei 770° ½ Stunde ausgeglüht und an der Luft erkaltet ergab dieser Stahl:

83,2 kg/qmm Festigkeit,
12,0% Dehnung/100 mm,
17,4% Kontraktion,
3,1 mkg/qcm spez. Schlagarbeit.

Bei 800° in Öl gehärtet und ½ Stunde bei 630° angelassen ergab er:

85,2 kg/qmm Festigkeit,
12,5% Dehnung/100 mm,
35,5% Kontraktion,
16,5% kg/qcm spez. Schlagarbeit.

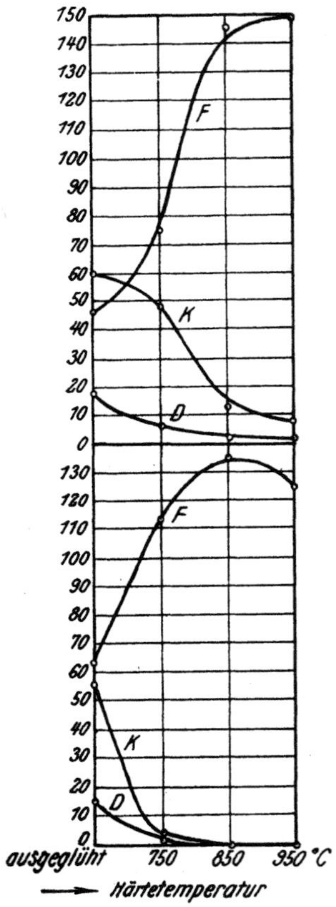

Fig. 331. Abhängigkeit der Festigkeitseigenschaften untereutektoidischer Stähle von der Härtetemperatur (Kühnel).
Oben: Stahl mit 0,34% C, 0,05% Si, 0,63% Mn, 0,06% P, 0,035% S.
Unten: Stahl mit 0,5% C, 0,21% Si, 0,46% Mn, 0,06 P, 0,04% S.

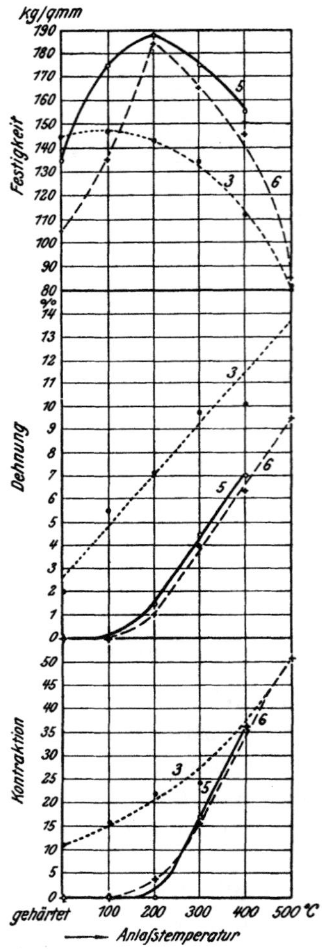

Fig. 332. Abhängigkeit der Festigkeitseigenschaften untereutektoidischer Stähle von der Anlaßtemperatur (Kühnel).
Kurve 3 — 0,34% C,
„ 5 = 0,5% C,
„ 6 = 0,65% C.

Die hohen Anlaßtemperaturen bewirken die Bildung eines äußerst feinkörnigen Ferrit-Perlit-Gemisches, verbunden mit körniger Ausbildung des Perlits.

Die Veränderung der Festigkeitseigenschaften zweier Stähle mit 0,3 bzw. 0,5% Kohlenstoff mit der Härtetemperatur zeigt Fig. 331 nach Versuchen von Kühnel.[1]) Man erkennt, daß das Maximum der Festigkeit bei dem Stahl mit 0,5% Kohlenstoff bei niedrigerer Temperatur erreicht wird als bei dem weicheren Stahl, entsprechend der Tatsache, daß in ersterem Ac_3 niedriger liegt als in letzterem.

Fig. 332, ebenfalls nach Kühnel, zeigt die Abhängigkeit der Festigkeitseigenschaften von drei in Öl gehärteten Stählen mit 0,34, 0,5 bzw 0,65% Kohlenstoff von der Anlaßtemperatur. Die Härtetemperatur war 850° und die Anlaßdauer je nach der Anlaßtemperatur 120, 60, 40 bzw. 15 min. Der Charakter der drei Festigkeitskurven ist wesentlich verschieden. Die Stähle mit 0,5 und 0,65% Kohlenstoff besitzen ein Festigkeitsmaximum bei 200° Anlaßtemperatur und entsprechen demnach in ihrem Verhalten etwa den eutektoidischen und übereutektoidischen Stählen. Der Stahl mit 0,3% Kohlenstoff weist dagegen mit steigender Anlaßtemperatur nahezu kontinuierlich sinkende Festigkeit bei steigender Dehnung auf. Leider sind die Anlaßtemperaturen bei den Kühnelschen Versuchen niedriger als die für Konstruktionsstähle der hier betrachteten Art in der Praxis üblichen. Diese bewegen sich meist zwischen etwa 500 und 700°. Die nachfolgenden, an einem Stahl mit 0,5% C, 0,86% Mn, 0,24% Si, 0,06% P und 0,04% S gewonnenen Zahlen zeigen den Einfluß höherer Anlaßtemperaturen:

Behandlung	Streckgrenze kg/qmm	Festigkeit kg/qmm	Dehnung %/100
Anlieferungszustand	42,0	76,5	15,0
In Öl gehärtet bei 800° ½ St. bei 650° angelassen	54,8	87,3	13,1
In Öl gehärtet bei 800° ½ St. bei 600° angelassen	59,0	97,2	10,7
In Öl gehärtet bei 800° ½ St. bei 550° angelassen	64,1	99,4	10,9

Den Einfluß der Dauer des Anlassens bei gleicher Härtetemperatur erläutert Fig. 333 nach Jung.[2]) Die Ergebnisse sind gewonnen unter folgenden Bedingungen: Der Stahl enthielt 1,3% C und war in Wasser von 20° gehärtet. Man erkennt, daß während der ersten 30 Minuten nicht unwesentliche, später nur unbedeutende Veränderung und zwar Abnahme der Festigkeit erfolgt. Der Einfluß der Erhitzung auf Härtetemperatur kann von dem Zeitpunkte ab, wo gleichmäßige Durchwärmung der Stücke vorliegt, nur noch unbedeutend sein.

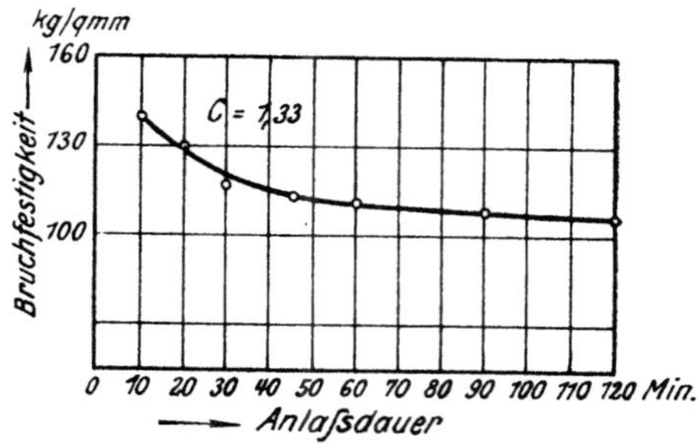

Fig. 333. Abhängigkeit der Festigkeit von Stahl mit 1,33% C von der Anlaßdauer, gehärtet in Wasser von 20°, angelassen auf 500° (Jung).

Durch die Gegenwart der Spezialelemente wird die Höhe von Ac_3 beeinflußt. Seine Lage ist daher durch besondere Versuche festzulegen. Die un-

[1]) Diss. Berlin 1913. [2]) Diss. Berlin 1914.

gefähre Höhe der Anlaßtemperatur richtet sich nach den Anforderungen an die Eigenschaften und wird in jedem besonderen Falle am besten durch den Laboratoriumsversuch ermittelt. Beispiele für das Vergüten von Spezialstählen sind im III. Tl. dieses Buches, sowie Fig. 334—338 nach H. J. French[1]) wiedergegeben. Diese Figuren beziehen sich auf die nachfolgenden, bei 800° in Öl gehärteten Nickelchromstähle:

Fig.	C %	Mn %	Ni %	Cr %	Herkunft
334	0,35	0,64	1,47	0,50	Basischer Siemens-Martin-Stahl
335	0,43	0,52	1,16	0,72	
336	0,45	0,51	1,19	0,98	
337	0,39	0,36	2,56	1,01	Saurer Siemens-Martin-Stahl
338	0,24	0,36	3,19	0,98	

Die zur Herstellung von Gewehrläufen, Kugellagerteilen sowie von Federn aller Art benutzten Stähle werden ebenfalls vergütet. Für die Wahl der Temperatur sind die allgemeinen Grundsätze für das Härten von Konstruktionsstählen maßgebend, die Anlaßtemperatur richtet sich nach dem Maße der zu erzielenden Härte.

Bauschlicher[2]) empfiehlt für Kugeln und Laufringe einen Stahl mit 0,85% C, 0,4% Mn, 0,03% Si, 1% Cr, 0,26% Ni, der zweckmäßig bei 830 bis 860° in Öl oder 770—810° in Wasser gehärtet wird.

Eine besondere Gruppe von Konstruktionsstählen bilden die zur Herstellung von Dauermagneten benutzten Stähle. Man verlangt von diesen Stählen möglichst hohe Remanenz und ferner, daß die Remanenz auch auf die Dauer erhalten bleibe. Die Remanenz steigt nicht nur mit dem Kohlenstoffgehalt, sie wird auch durch das Härten des Stahls erheblich gesteigert. Der Zusatz von Chrom und Wolfram erhöht in den abgeschreckten Stählen

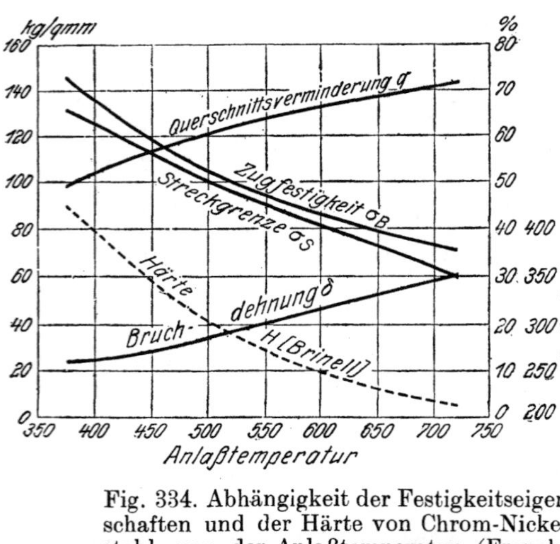

Fig. 334. Abhängigkeit der Festigkeitseigenschaften und der Härte von Chrom-Nickelstahl von der Anlaßtemperatur (French).

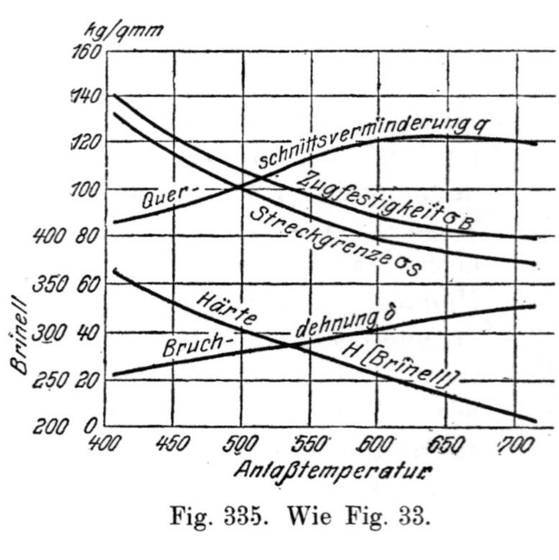

Fig. 335. Wie Fig. 33.

[1]) St. E. 1919, 179.
[2]) St. E. 1910, 253.

die Remanenz beträchtlich. Curie[1]) fand, daß Stähle mit 1,1% Kohlenstoff und 3% Wolfram bzw. 0,6% Kohlenstoff und 5% Wolfram zur Herstellung von Dauermagneten besonders geeignet sind. Als beste Behandlung dieses letzteren Stahls fand Mars[2]) Abschrecken in kaltem Wasser bei einer Temperatur vom 900—950°. Derselbe Verfasser stellte fest, daß ein Stahl mit 1,05% Kohlenstoff und 1,62% Chrom ebenfalls ausgezeichnete magnetische Eigenschaften besitzt.

Die bezüglich des Einflusses der Masse und der Oberfläche der zu härtenden Stücke sowie der Bewegung des Bades aus Laboratoriumsversuchen gezogenen Schlußfolgerungen bestätigten sich bei Versuchen im großen nicht.

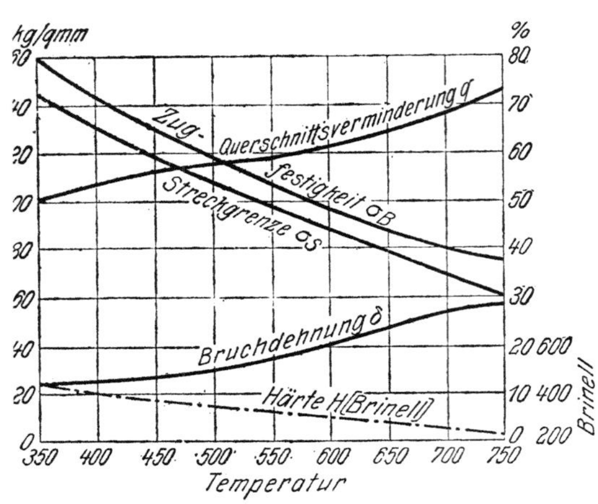

Fig. 336. Wie Fig. 334.

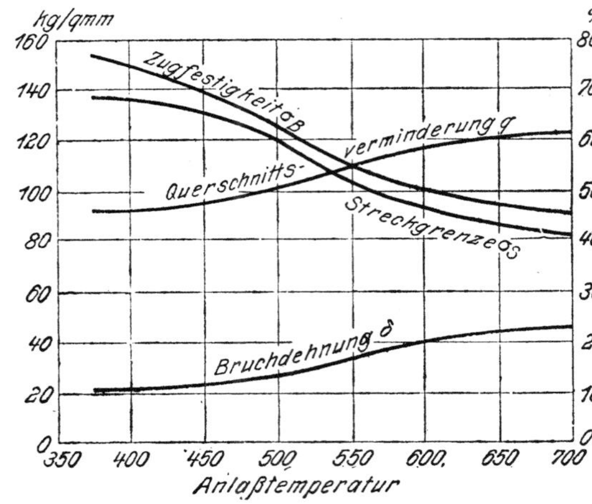

Fig. 337. Wie Fig. 334.

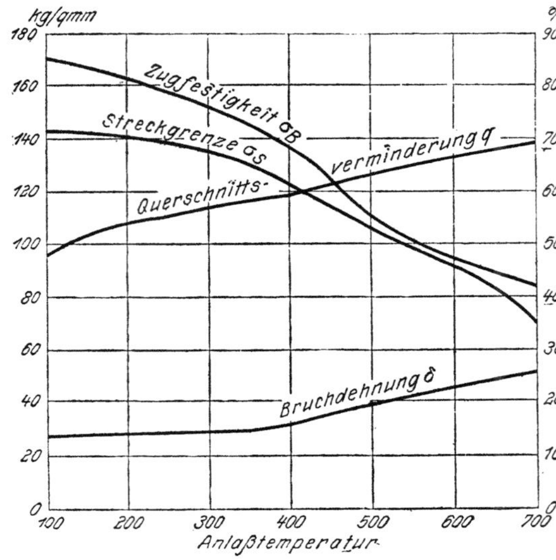

Fig. 338. Wie Fig. 334.

1) Bull. d'Enc. 1898. 36.
2) St. E. 1909. 1770.

So teilt Frey[1]) mit, daß eine massive Lokomotivachse von 915 kg Gewicht mit einer Oberfläche von 1,64 qm beim Härten in schwerem Öl von 26° Bé in 26 Min. von 788 auf 454° abkühlte, während eine 1000 kg schwere, aber hohlgebohrte Achse mit 2,10 qm Oberfläche unter sonst gleichen Bedingungen in 15,5 Min. abkühlte. Allgemeine Schlußfolgerungen müssen aber mit Vorsicht gezogen werden. Derselbe Verfasser fand, daß die Geschwindigkeit der Abkühlung einer hohlgebohrten Lokomotivachse von 1000 kg Gewicht beim Härten in einer sogenannten Mischmasse von Mineralöl und Schmierseife in 25% wässriger Lösung (1 Teil Mischmasse und 3 Teile Wasser) durch Bewegung des Bades mit einem Strahl komprimierter Luft von 22 auf 40°/min. (zwischen 788 und 425°) stieg. Die durch Badbewegung erzielte Zunahme der Streckgrenze ist besonders bemerkenswert, wie aus der nachfolgenden Zusammenstellung hervorgeht:

Stahlsorte	Badzustand	Temperaturen beim Härten	Temperaturen beim Anlassen	Streckgrenze kg/qmm	Festigkeit kg/qmm	Dehnung %/50	Kontraktion %
Kohlenstoff-Stahl	ruhig	815	620	34,8	66,8	20,5	43,5
„	bewegt	815	620	48,7	75,4	21,0	42,0
Chrom-Vanadium-Stahl	ruhig	815	620	56,6	86,8	20,5	57,5
„	bewegt	815	620	67,5	87,2	16,5	61,5

Außer durch unzweckmäßige Wärmebehandlung können Mißerfolge bei der Herstellung gehärteter und angelassener Gegenstände auch auf ursprünglich bereits vorhandenen Materialfehlern beruhen. Als solche kommen in erster Linie in Frage unvollständig zusammengeschweißte Lunker und

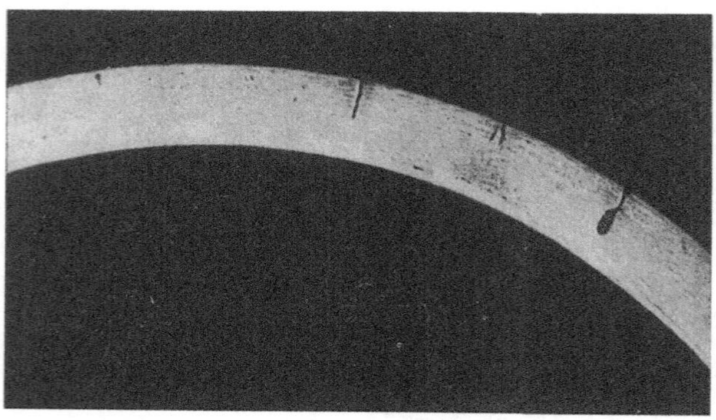

Fig. 339. Teilquerschnitt eines vergütetes Rohres aus Chrom-Nickelstahl mit Phosphoransammlung (Gasblasenseigerung). Ätzung I x 1/2.

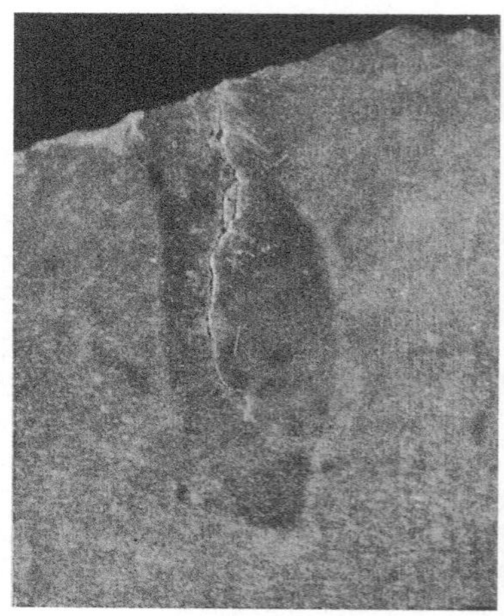

Fig. 340. Stärkere Vergrößerung einer Phosphoransammlung aus Fig. 339 mit Riß. Ätzung I x 10.

Gasblasen, etwa mit trennender Oxydschicht oder mit größeren Ansammlungen von Schlackeneinschlüssen, wie sie sich ja fast stets in der Umgebung des Lunkers und der Gasblasen vorfinden. Den beim Härten auftretenden

[1]) Ir. st. Inst. 1917, St. F. 1917, 1031.

hohen Spannungen sind derartige lockere Materialzusammenhänge nicht gewachsen und es entstehen Risse. Fig. 339 zeigt einen Teilquerschnitt eines vergüteten Rohres aus Chromnickel-Stahl mit 04% C, 2% Ni und 1% Cr. Die Phosphoransammlungen sind als Gasblasenseigerung aufzufassen. Die abgedrehte Oberfläche des Rohres zeigte zahlreiche kurze, parallel zur Längsachse des Rohres verlaufende Risse. Die mikroskopische Untersuchung ergab, daß die Risse stets in den Phosphoransammlungen auftraten, wie z. B. Fig. 340 zeigt.

Das Zementieren (Einsatzhärten) des schmiedbaren Eisens.

Die Tatsache, daß fester Kohlenstoff bei bestimmten Temperaturen in festes Eisen hineinzudiffundieren vermag, wurde ursprünglich[1]) ausgenutzt, um Platten oder Stangen aus weichem Eisen in Stahl zu verwandeln. Das als Ausgangsprodukt für die Tiegelstahlfabrikation benutzte, wegen seiner Feinheit sehr hochwertige, aber auch sehr teure Erzeugnis, heißt Zement- oder Blasenstahl. Die Zuführung des Kohlenstoffs erfolgt durch Glühen des festen Eisens unter Luftabschluß in Holzkohle oder in anderen, Kohlenstoff abgebenden Zementationsmitteln, deren Zusammensetzung von den beteiligten Stellen häufig als Fabrikationsgeheimnis ängstlich gehütet wird und Gegenstand einer umfangreichen Patentliteratur bildet. Die 1,5—2 cm starken Platten oder Stangen werden meist so lange erhitzt, bis der Kohlenstoff den ganzen Querschnitt gleichmäßig bis zu einem Gehalte von 1—2% durchdrungen hat, wovon man sich durch Entnahme von Bruchproben überzeugt, wie denn überhaupt das Erzeugnis lediglich nach dem Aussehen des Bruches beurteilt wird. Als Ausgangsprodukt wird bestes schwedisches Schweißeisen etwa folgender Zusammensetzung benutzt:

0,05 %	C
0,045 „	Si
0,025 „	Mn
0,007 „	S
0,010 „	P

Obwohl das Verfahren, wie erwähnt, sehr kostspielig und wenig leistungsfähig ist, bewirkt die Vorzüglichkeit des Produktes eher eine Ausbreitung als ein Zurückgehen seiner Anwendung.

Heute wird das Zementationsverfahren aber hauptsächlich benutzt:

1. um in der Form fertig vorliegenden Gegenständen, die an und für sich zähe und widerstandsfähig gegen stoßweise oder wechselnde Beanspruchung sein sollen, eine harte und gegen Abnutzung widerstandsfähige Oberfläche zu erteilen; die Zementationstiefe, d. h. die Tiefe, bis zu der der Kohlenstoff im Innern des Gegenstandes eindringt, übersteigt hierbei selten 1—2 mm; oder

2. um Panzerplatten an der dem Geschoß zugekehrten Seite durch Zementation widerstandsfähig gegen das Eindringen des Geschosses zu machen, während der gegenüberliegende, nicht zementierte Teil hohe Zähigkeit besitzen und dadurch verhindert werden soll, daß die Platte beim Auftreffen des Geschosses zerspringt; die Zementationstiefen sind hier wesentlich beträcht-

[1]) Vgl. Ledebur, Eisenhüttenkunde, Bd. 3, 401—419, sowie F. Giolitti, La cémentation de l'acier. Paris, Herrmann et fils, 1914, 287—314.

licher als im Fall 1, doch gelangen aus begreiflichen Gründen sowohl hierüber wie überhaupt über das Verfahren nur wenige zuverlässige und meist in der Patentliteratur verstreute Angaben an die Öffentlichkeit; endlich

3. um die während der Wärmebehandlung der Werkzeugstähle häufig auftretende Entkohlung und damit das Weichwerden der Oberfläche dieser Stähle wieder rückgängig zu machen; da es sich hier meist nur um geringe Bruchteile eines Millimeters (0,1—0,2 mm) handelt, genügt es, das Kohlenstoff abgebende Mittel in Form von schmelzbaren, kohlenstoffhaltigen Bestandteilen, z. B. Ferrozyankalium im Gemisch mit Ruß, Hornmehl, Harz, Salz, Weinsäure, Holzteer und Kornmehl[1]) auf die Oberfläche des auf Härtetemperatur gebrachten Stahls aufzustreuen, weshalb diese Gemische auch wohl „Aufstreupulver" genannt werden, während das Verfahren mit „Einbrennen" bezeichnet wird.

Das Hauptinteresse beanspruchen die zu 1 gehörigen Verfahren. Sie werden angewendet auf hochbeanspruchte Konstruktions- insbesondere Automobilteile, wie Zahnräder des Wechselgetriebes, Differentials und Hinterachsenantriebes; Wellen, wie Schiebe- Nocken- und Kurbelwellen; Spindeln, Konusse, Kolbenbolzen, Bolzen, Büchsen, Achszapfen, Kettenstifte, Rollen und dgl. Da der nicht zementierte „Kern" möglichst zähe sein soll, wählt man als Ausgangsmaterial meist weiche Sorten mit 0,1—0,15% Kohlenstoff, 0,4% Mangan, höchstens 0,3% Silizium, 0,04% Schwefel und 0,05% Phosphor, mit Vorliebe aber Spezialstähle, die außerdem 2—4% Nickel oder bei gleichem Nickelgehalt noch bis 2% Chrom, weniger häufig statt Chrom oder neben diesem Molybdän, Wolfram oder Vanadium enthalten. Nickel- und Chromnickelstähle der angegebenen Zusammensetzung sind die am häufigsten in Europa verwendeten, weil sie gewöhnlichem Kohlenstoffstahl gegenüber höhere Streckgrenze, Schlagfestigkeit und höheren Widerstand gegen wechselnde und häufig wiederholte Beanspruchung besitzen. Nach den Angaben der Bismarckhütte verhält sich die Dauerschlagzahl bis zum Bruch eines Kohlenstoffstahls mit 50 kg/qmm Festigkeit und 26 kg/qmm Streckgrenze zu derjenigen eines Nickelstahls von gleicher Festigkeit jedoch 35 kg/qmm Streckgrenze etwa wie 5000 zu 15000.

Die Zementation bedingt ein längeres, zur Vergröberung des Gefüges führendes Glühen bei verhältnismäßig hohen Temperaturen. Aus diesem, sowie aus allgemeinen Gründen, wie Erhöhung der Härte in der zementierten und der Festigkeit und Zähigkeit in der nicht zementierten Schicht, werden zementierte Gegenstände stets nach später zu erwähnenden Grundsätzen vergütet. Die Gesamtheit der Operationen, Zementieren und Vergüten heißt allgemein Einsatzhärten. Übrigens ist die bessere Eignung von Spezialstählen der angegebenen Art für die Einsatzhärtung nicht zum mindesten dem Umstande zuzuschreiben, daß diese Stähle bei gleicher Glühbehandlung bei weitem weniger zum Grobkörnigwerden neigen als vergleichbare reine Kohlenstoffstähle.

Die Beurteilung des Erfolges der Zementation geschieht nicht allein auf Grund der erreichten Zementationstiefe in mm ausgedrückt, sondern auch nach der maximalen Höhe und der Verteilung des Kohlenstoffgehaltes in der zemen-

[1]) Vgl. Brearley-Schäfer, Werkzeugstähle, Springer 1913.

tierten Schicht. Letztere lassen sich nach dem Bruchaussehen der Stücke nicht schätzen, weshalb empfindlichere Verfahren herangezogen werden müssen. Die Bestimmung des Kohlenstoffgehaltes auf chemischem Wege ist das sicherste Mittel zur Beurteilung des Erfolges, vorausgesetzt, daß die Bestimmung in genügend vielen und dünnen Schichten erfolgt, so daß die Ergebnisse etwa in graphischer Darstellung ein genaues Bild vom Eindringen des Kohlenstoffs in das Material geben. Dieses Verfahren ist aber sehr umständlich und daher für praktische Zwecke nicht so geeignet als das mikroskopische Verfahren, das darin besteht, einen Schnitt durch den zementierten Gegenstand zu schleifen, zu polieren, zu ätzen und mikroskopisch zu untersuchen. Viele Mißerfolge bei im Einsatz gehärteten Stücken, insbesondere das gefürchtete „Abblättern" der zementierten Schicht, z. B. bei Zahnrädern, sind auf unzweckmäßige (maximale) Höhe und Verteilung des Kohlenstoffgehaltes in der zementierten Schicht zurückzuführen. Zur Vermeidung von Erscheinungen der genannten Art ist es notwendig:

1. daß der Kohlenstoffgehalt in der äußersten Schicht den eutektoidischen Gehalt nicht übersteigt, hier also kein freier Zementit vorhanden ist. Sind nämlich die Zementationsbedingungen in diesem Sinne unzweckmäßig gewählt, so tritt der Zementit nicht wie im Werkzeugstahl in feinverteilter, sondern in Form von groben Nadeln und Lamellen auf, die den Materialzusammenhang stark lockern und ohne Gefahr der Überhitzung durch das Vergüten nicht beseitigt werden können;

2. daß der Kohlenstoffgehalt möglichst allmählich vom Rande der zementierten Schicht zum nicht zementierten Kern abnehme. Schroffe Übergänge führen bei der Härtung wegen des Auftretens von Spannungen zwischen Rand und Kern zur Lösung des Materialzusammenhanges zwischen beiden, d. h. zum Abspringen der zementierten Schicht.

Die Tiefe der zementierten Schicht sowie die maximale Höhe und die Verteilung des Kohlenstoffgehaltes in der zementierten Schicht sind abhängig von den folgenden Faktoren:

A. Temperatur der Zementation,
B. Dauer der Zementation,
C. Art des Zementationsmittels,
D. Art der Abkühlung nach dem Zementieren (Giolitti)
E. Natur des zementierten Stahls.

A. Temperatur der Zementation.

Der Durchführbarkeit der Zementation sind sowohl nach oben wie nach unten bezüglich der Temperatur Grenzen gesetzt. Nimmt man an, daß in der äußersten Randschicht der Kohlenstoffgehalt 1,0% nicht übersteigen soll, so dürfte bei der Zementation 1184° nicht überschritten werden, weil nach dem Zustandsdiagramm der Eisenkohlenstofflegierungen, Fig. 16, bei dieser Temperatur eine 1%ige Eisenkohlenstofflegierung zu schmelzen beginnt. In Wirklichkeit dürfte bei diesem Kohlenstoffgehalt die Temperatur des beginnenden Schmelzens sogar noch niedriger liegen, weil die der Zementation unterliegenden technischen Eisensorten außer Kohlenstoff noch andere den Schmelzpunkt erniedrigende Elemente enthalten. Bei höheren Kohlenstoffgehalten in der äußersten Randschicht erniedrigt sich die obere Grenztemperatur dementsprechend noch weiter.

Die Begrenzung des Temperaturintervalles, innerhalb dessen Zementation durchführbar ist, nach unten, müßte nach allen unseren Erfahrungen über die Lösungsfähigkeit der Eisenmodifikationen für Kohlenstoff das Existenzgebiet des α-Eisens und zwar dessen Grenztemperatur nach oben, 769° bilden. Nun ist aber von verschiedener Seite, von Charpy[1]) u. a. auch im Gebiet des α-Eisens, und zwar von 640° an Zementation beobachtet worden. Vom rein wissenschaftlichen Standpunkte ist die Frage allzu wichtig, als daß sie auf Grund einiger Einzelversuche als entschieden betrachtet werden könnte. Eine von Giolitti[2]) versuchte Erklärung, die darin gipfelt, daß die beobachtete Kohlenstoffaufnahme des α-Eisens eben keine wirkliche Zementation, sondern eine Synthese des Eisenkarbides darstellt, ist als Hypothese beachtenswert, doch fehlen bei Giolitti experimentelle Bestätigungen seiner Ansicht.[3]) Vom praktischen Standpunkt entbehrt die Frage vorläufig des Interesses, da mit Sicherheit feststeht, daß die Zementation unterhalb etwa 850° viel zu langsam verläuft.

Die Dicke der zementierten Schicht steigt innerhalb der genannten praktischen Temperaturgrenzen für ein und dasselbe Zementationsmittel mit der Höhe der Temperatur, wie z. B. aus Fig. 341 nach Versuchen von Giolitti[4]) hervorgeht. Das Zementationsmittel war eins der gebräuchlichsten und bestand aus pulverförmiger Holzkohle mit 5% Ferrozyankalium zu gleichen Teilen vermischt mit trocknem Bariumkarbonat. Abgesehen von der genauen Messung bzw. Registrierung ist auch der Konstanz der Temperatur während des Zementierens die größte Beachtung zu schenken. Temperaturschwankungen führen nach den Beobachtungen von Osmond,[5]) Charpy,[6]) Benedicks[7]) sowie Giolitti und Scapia[8]) zu der, wie erwähnt, zu vermeidenden Bildung von Zementit, wo diese

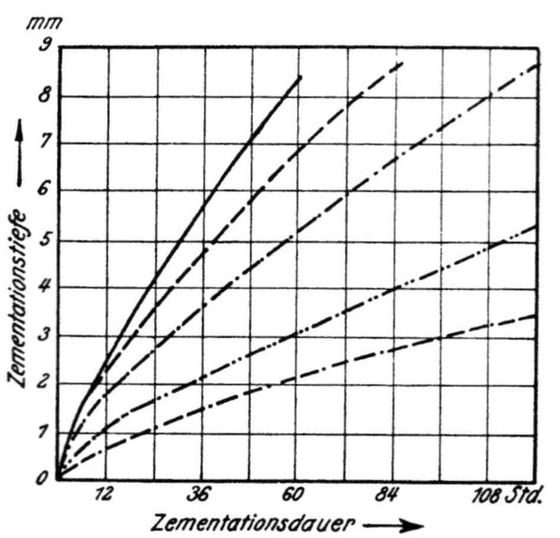

Fig. 341. Abhängigkeit der Zementationstiefe von der Zeit (Giolitti).
——— über 1000°, - - - - - 950—1000°, -·-·-· 850—900°, -··-··- 700—800°, -·-·-·-·- 700°.

[1]) C. R. 1903, **137**, 120; vgl. a. Howe, Am. Min. 1908, 489, welcher angibt, Elektrolyteisen mit Zyankali bei 650° fast vollständig in Zementit verwandelt zu haben.

[2]) Cémentation de l'acier a. a. O. S. 131—133, sowie G. u. Carnevali, Soc. chim. di Roma 1908, Nr. 17.

[3]) Vgl. die von Fry versuchte Erklärung am Schluß dieses Kapitels.

[4]) Cém. de l'acier a. a. O. S. 110.

[5]) Ir. st. Inst. 1897, II, 143.

[6]) C. R. 1903, **136**, 1000.

[7]) Met. 1906, 393. [8]) Met. it. 1911, Sept.

nicht zu erwarten steht und bei konstanter Temperatur auch nicht eintreten würde. Benedicks gibt hierfür folgende Erklärung: Sind die Mischkristalle bei einer bestimmten Temperatur mit Kohlenstoff gesättigt, so wird bei der Abkühlung (z. B. unter A_3) Zementit ausgeschieden werden. Wenn dann die Temperatur wieder steigt (z. B. über A_3), so ist die Möglichkeit vorhanden, daß dieser Zementit langsamer gelöst wird als aus dem Zementationsmittel Kohle in Lösung geht. Bei wiederholten Temperaturschwankungen dürfte sich demgemäß die ausgeschiedene Zementitmenge unbegrenzt vermehren können.

B. Dauer der Zementation.

Daß die Dicke der zementierten Schicht mit steigender Zementationsdauer wächst, erhellt für das erwähnte Zementationsmittel ebenfalls aus **Fig. 341**. Über die maximale Höhe und die Verteilung des Kohlenstoffgehaltes in der zementierten Schicht sagt dieses Diagramm natürlich nichts aus.

Das erstrebenswerte Ziel ist die Auffindung eines Zementationsmittels, dessen Anwendung bei möglichst niedriger Temperatur (800—900°) und Dauer die Anforderungen an die Dicke und Beschaffenheit der Schicht erfüllt. Je geringer nämlich Temperatur und Dauer der Erhitzung bei der Zementation sind, um so geringer ist die Gefahr der Gefügevergröberung und damit um so einfacher die der Zementation folgende Wärmebehandlung.

C. Art der Zementationsmittel.

Man kann die zur Verfügung stehenden Zementationsmittel einteilen in:

a) feste;
b) flüssige;
c) gasförmige;
d) gemischte.

Bevor in die Besprechung der gebräuchlichen Zementationsmittel eingetreten wird, sei die Wirkungsweise der in Frage kommenden Elemente dieser Zementationsmittel besprochen. Diese Elemente sind:

elementarer Kohlenstoff,
Kohlenoxyd,
Kohlenwasserstoffe,
Cyan.

Die Frage, ob elementarer Kohlenstoff, der hauptsächlich in Form von Holzkohle lange Zeit hindurch das gebräuchlichste Zementationsmittel bildete und auch heute noch vielfach angewendet wird, zu zementieren vermag, ist in der Fachwelt Gegenstand lebhaften Meinungsaustausches gewesen.[1]) Unter anderen erbrachten insbesondere die Versuche Weyls[2]) den Nachweis, daß die von ihm untersuchten Formen des elementaren Kohlenstoffs: Garschaum, Ceylongraphit und Diamant über 750° (von 900° an beobachtet) zu zementieren vermögen, doch beweisen sowohl diese Versuche, wie die zu glei-

[1]) Vgl. Guillet, Ing. civ. 1904, 6 ser. Nr. 2; Ledebur, St. E. 1906, 72; Guillet, Rev. Mét. 1906, 227.
[2]) St. E. 1910, 1417.

chen Schlußfolgerungen führenden von Giolitti und Astorri,[1]) von Guillet und Griffith[2]) und nicht zum mindesten auch die zur entgegengesetzten Schlußfolgerung führenden von Charpy und Bonnerot,[3]) daß die direkte zementierende Wirkung des festen elementaren Kohlenstoffs ohne praktischen Wert ist. Damit dürfte nachgewiesen sein, daß die Wirksamkeit der technischen Zementationsmittel nicht auf der Gegenwart des festen Kohlenstoffs beruht, vielmehr die kohlenstoffhaltigen Gase die Hauptrolle spielen.

Die Wirksamkeit des Kohlenoxydes als Zementationsmittel beruht auf der Tatsache, daß dieses Gas bei Gegenwart von Eisen in Kohlenstoff und Kohlensäure zerlegt wird nach dem Gleichgewicht: $2\,CO \rightleftarrows C + CO_2$. Der Grad der Zerlegung ist von der Temperatur und dem Drucke abhängig und kann durch den CO_2-Gehalt des Gemisches Kohlenoxyd, Kohlensäure und Kohlenstoff zum Ausdruck gebracht werden. Nach Boudouard[4]) ist unter Atmosphärendruck bei 1100° dieser Gehalt 0,7, bei 700° aber bereits 42, bei 550° 89%. Mit steigendem Druck nimmt der CO_2-Gehalt des Gemisches zu. Das in das Eisen diffundierende Kohlenoxyd wird unter Bildung von Kohlenstoff zerlegt und dieser im Entstehungszustand befindliche Kohlenstoff zementiert das Eisen offenbar leichter als lediglich in oberflächlicher Berührung mit dem Eisen befindlicher. Mit zunehmender Temperatur nimmt trotz zunehmender Dicke der zementierten Schicht die maximale Höhe des Kohlenstoffgehaltes in dieser ab, während sie mit steigendem Druck wächst, wie Giolitti und Carnevali[5]) beobachteten. Die gleichen Verfasser stellten ferner fest, daß mit zunehmender Menge des übergeleiteten Kohlenoxydes, also mit der Geschwindigkeit des Gasstromes, der Kohlenstoffgehalt der zementierten Schicht ebenfalls zunimmt. Diese Tatsachen sind folgendermaßen zu erklären. Die Diffusionsgeschwindigkeit des Kohlenstoffs im Eisen wächst mit der Temperatur rascher als die Zerfallsgeschwindigkeit des Kohlenoxyds. Mit diesem Gase zementierte Gegenstände weisen daher blanke Oberfläche, jedenfalls keine Kohlenstoffablagerung auf, wie man sie bei der Zementation mit Kohlenwasserstoffen beobachtet. Aus Fig. 342 geht die Verteilung des Kohlenstoffs innerhalb der zementierten Schicht für mehrere typische Gasarten nach den Versuchen von Giolitti und Carnevali hervor. Außer der geringen Höhe des Kohlenstoffgehaltes zeichnen sich die durch Kohlenoxyd zementierten Schichten durch schwache und allmähliche Abnahme des Kohlenstoffgehaltes aus.

Die Wirksamkeit der reinen Kohlenwasserstoffe Aethylen und Methan ist gänzlich verschieden von der des Kohlenoxyds. Wie Fig. 342 lehrt, übersteigt die maximale Höhe des Kohlenstoffgehaltes den eutektoidischen und die Abnahme des Kohlenstoffgehaltes in der zementierten Schicht erfolgt weit rascher und schroffer als in den mit Kohlenoxyd erzeugten Schichten. Erstere neigen daher leichter zum Abblättern. Es wird jedoch gezeigt werden, daß außer der Natur des Gases noch andere Faktoren die Ver-

---

1) Gaz. chim. it. 1910, 1.
2) Rev. Mét. 1909, Okt.
3) C. R. 1910, **150**, 173.
4) Ann. Chim. et Phys. (7), **24**, 5.
5) Gaz. chim. it. 1908, II, 309.

teilung des Kohlenstoffs in der zementierten Schicht beeinflussen. Je höher Temperatur und Zeit sind, um so dicker ist nach Giolitti und Carnevali bei der Zementation mit Aethylen und Methan die übereutektoidische Schicht. Die eutektoidische übersteigt dagegen 0,5 mm nicht, und der Kohlenstoff der untereutektoidischen nimmt stets sehr rasch ab. Mit steigendem Druck wächst unter 1000° die Zementationstiefe, mit steigender Gasmenge die Dicke der übereutektoidischen Schicht. Auf der Oberfläche der mit Kohlenwasserstoffen der genannten Art zementierten Gegenstände, lagert sich Kohlenstoff in reichlichen Mengen ab. Man nimmt daher an,[1]) daß die Zersetzungsgeschwindigkeit dieser Kohlenwasserstoffe größer als die Diffusionsgeschwindigkeit des Kohlenstoffs im Eisen ist.

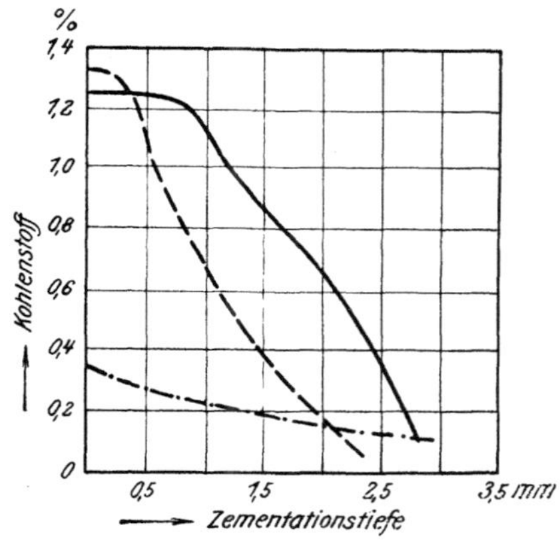

Fig. 342. Zementierende Wirkung von Methan, Äthylen und Kohlenoxyd (Giolitti).

—— 5 Liter Methan, 1100°, 3 Stunden.
- - - - - 7 „ Äthylen, 1100°, 5 „
9 „ Kohlenoxyd, 1100°, 10 Stdn.

Es kann zwar als feststehend angesehen werden, daß Zyan und Zyanverbindungen zementierend wirken und man nutzt diese Fähigkeit durch Zugabe von Zyankali, Ferrozyankali und anderen Zyanverbindungen zu den technischen Zementiermitteln aus oder benutzt die genannten Körper wie bereits erwähnt wurde, zur Aufkohlung dünner entkohlter Schichten als sogenannte Aufstreupulver. Über die spezifische Wirkung des Zyans und der Zyanverbindungen ist jedoch zurzeit noch sehr wenig bekannt. Ihre Bedeutung ist jedenfalls übertrieben worden.[2]) Der Einfluß von Stickstoff und Ammoniak als Zugabe zu festen oder gasförmigen Zementiermitteln ist mehrfach untersucht[3]) und eine Beeinflussung der zementierenden Wirkung festgestellt worden, praktisch wichtig dürfte aber vor allen Dingen die Tatsache sein, daß durch Zugabe dieser Gase und jedenfalls auch des Zyans und seiner Verbindungen Nitrierung des Eisens unter Bildung des von Kirner[4]) Flavit genannten Gefügebestandteils erfolgt. Quantitative Angaben über die Stickstoffaufnahme finden sich bei Kureck. Feschtschenko-Tschopowski[5]) stellte fest, daß Gemische von Holzkohle und Ferrozyankalium die maximale Stickstoffaufnahme bei 700° bewirken und diese mit steigendem Stickstoffgehalt des Zementiermittels zunimmt. Stickstoff steigert die Härte der zementierten Schicht und zwar 0,1% um 17 Brinelleinheiten, doch ist bei 850°—1000°, d. h. bei den praktisch üblichen Zementationstemperaturen die

[1]) Vgl. a. Kureck, St. E. 1912, 1780, dessen Ergebnisse sich mit den Giolittischen im wesentlichen decken.

[2]) Vgl. insbesondere Guillet, Ing. civ. 1904, (6), Nr. 2.

[3]) Vgl. z. B. Giolitti und Astorri, Gaz. chim. it. 1910, 1 und Kureck a. a. O.

[4]) Met. 1910, 72.

[5]) Rev. Mét. 1917, Extr. 90.

Härtesteigerung durch Stickstoff zu vernachlässigen gegenüber der durch Kohlenstoff herbeigeführten.

Die in der Industrie üblichen Zementiermittel bestehen aus Gemischen der im Vorhergehenden besprochenen Elemente oder besser aus Körpern, die während ihrer Anwendung zur Bildung solcher Gemische Anlaß geben. Allerdings ist der Zweck mancher in technischen Zementiermitteln befindlicher Körper, wie Glas, Sand, Kochsalz usw. rätselhaft, wenn auch nach den Untersuchungen von Fry[1]) die Möglichkeit ihrer Mitwirkung bei den Zementationsvorgängen nicht ohne weiteres von der Hand zu weisen ist. Der von Giolitti vertretene Grundsatz, nur solche Zementiermittel genau bekannter Zusammensetzung anzuwenden, deren Einzelbestandteile in ihrer Wirkung wenigstens einigermaßen bekannt sind, kann nicht nachdrücklich genug empfohlen werden. Die einfachsten Zementiermittel haben sich noch stets als die besten herausgestellt. Sie haben noch dazu den Vorzug der Billigkeit, weil man in der Lage ist, sie selbst herzustellen.

a) Feste Zementiermittel. In der nachfolgenden Zusamenstellung sind eine Reihe bewährter fester Zementiermittel enthalten. Obwohl alle als Basis Kohlenstoff enthalten, beruht ihre Wirkung nicht auf der dieses Elementes, das, wie gezeigt wurde, praktisch wegen seiner geringen Wirksamkeit als Zementiermittel nicht in Frage kommt. Wirksam sind vielmehr die in Berührung mit dem Luftsauerstoff bzw. aus den Zementiermitteln entwickelten Gase in Verbindung mit Kohlenstoff. Als solche kommen in Frage: bei der Kohle das mit dem Luftsauerstoff gebildete Kohlenoxyd; bei Leder, Knochen, Sägemehl und dgl. in der Hauptsache Kohlenwasserstoffe; bei den Karbonaten das in Berührung mit Kohle entstehende Kohlenoxyd und bei Zyanverbindungen das Zyan.

1.	Pulverisierte Eichenholzkohle	5	Tle.
	Lederkohle	2	„
	Ruß	3	„
2.	Pulverisierte Buchenholzkohle	3	„
	Verkohlte Hornabfälle	2	„
	Pulverisierte Knochenkohle	2	„
3.	Holzkohle	90	„
	Kochsalz	10	„
4.	Holzkohle	60	„
	Bariumkarbonat	40	„
5.	Mit schweren mineralischen Ölen imprägnierter Koks.		
6.	Pulverisierte Holzkohle	10	„
	Kochsalz	1	„
	Sägemehl	15	„
7.	Steinkohle mit 30% flüchtigen Bestandteilen	5	„
	Lederabfälle	5	„
	Kochsalz	1	„
	Sägemehl	15	„
8.	Lederabfälle	10	„
	Ferrozyankalium	2	„
	Sägemehl	10	„ [2])

[1]) Diss. Breslau 1919.

[2]) Z. Tl. nach Giolitti, Cém. de l'acier, a. a. O.; weitere Zementiermittel vgl. bei Lake, Composition and heat treatment of steel, New-York 1911, 235; Shaw Scott, Met. 1907, 715; Grayson, Ir. st. Inst. 1910, I, 298; Bannister, Met. 1907, 746.

Man kann die Zementiermittel einteilen in „milde“ und „schroffe
Erstere ergeben bei genügender Zementationsdauer tiefe Schichten (bis 30 mm). ohne daß die maximale Höhe des Kohlenstoffgehaltes den eutektoidischen Gehalt übersteigt. Die Gefahr des Abblätterns ist bei Anwendung dieser Mittel demnach gering und man verwendet sie zur Zementation hochbeanspruchter Teile. In diese Klasse gehören die mit 3, 4 und 6 bezeichneten Typen. Die übrigen wirken schroff. d. h. sie ergeben in kurzen Zeiten dünne Schichten mit sehr hohen Kohlenstoffgehalten und werden dort angewendet, wo möglichst harte Oberfläche (hohe Abnutzungshärte) verlangt wird, jedoch stoßweise Beanspruchungen nicht zu befürchten sind, z. B. bei dauernd im Eingriff befindlichen Zahnrädern.

Wenn im großen und ganzen die erwähnten Zementiermittel auch durch diese Klassifikation gekennzeichnet sind, so ist dennoch die Unsicherheit bei ihrer Anwendung aus meist ungeklärten Gründen mitunter recht groß und die in der Industrie vielfach verwendeten Zementationskurven haben infolgedessen nur einen bedingten Wert.

Das unter 4 erwähnte, weit verbreitete Zementiermittel, dessen Erfindung aus dem Jahre 1861 von Caron stammt, besitzt noch eine besonders wertvolle Eigenschaft; es regeniert sich durch Kohlendioxydaufnahme aus der Luft und wird daher als „unerschöpflich“ bezeichnet. Neuerdings hat Feschtschenko-Tschopowski[1]) die Wirkungsweise dieses wichtigen Zementiermittels näher untersucht. Er gelangte zu folgender Auffassung der Vorgänge:

$$BaCO_3 + C \rightarrow BaO + 2\,CO$$

$$2\,CO \rightarrow C + CO_2$$

$$\downarrow$$

$$C + 3\,Fe \rightarrow Fe_3C\downarrow$$

$$CO_2 \begin{cases} + C \rightarrow 2\,CO \\ + BaO \rightarrow BaCO_3 \end{cases}$$

Bei gleicher Zementationstemperatur und -dauer ist das Verhältnis des unverbrauchten zum ursprünglich vorhandenen $BaCO_3$ konstant. Mit der Zunahme des letzteren steigt auch die Menge des ersteren. Das vorgenannte Verhältnis nimmt mit steigender Zementationsdauer und -temperatur ab. Ebenso verhält sich der Quotient $\frac{BaCO_3}{BaO}$. Mit der Zunahme des BaO-Gehaltes im Zementiermittel nimmt seine zementierende Wirkung ab, insbesondere leidet dadurch die Gleichmäßigkeit der zementierten Schicht.

Während des Verlaufs der Zementation mit festen Zementiermitteln treten mitunter heftige Explosionen auf, deren Ursache de Nolly und Veyret[2]) erforschten. Sie fanden, daß die aus Zementiermitteln, die Tier- oder Pflanzenstoffe enthalten, bei relativ niedriger Temperatur entweichenden Gase sowie zu rasche Erhitzung die Schuld an den Explosionen tragen. Es ist daher die Verwendung von Holzkohle mit Bariumkarbonat und langsame Erhitzung, wenigstens bis 700° zu empfehlen.

[1]) Rev. Mét. 1917, Extr. 90.
[2]) Int. Verb. 1912, s. a. Met. 1913, 310.

b) Flüssige Zementationsmittel. Die im flüssigen Zustande angewendeten Zementiermittel dienen zur raschen Erzeugung dünner, (0,1 bis 0,2 mm) sehr hoch gekohlter Schichten. Diese Zementationsmittel werden entweder auf den erhitzten Gegenstand aufgestreut und schmelzen, oder sie werden in besonderen, mit Gas oder elektrisch geheizten Tiegelöfen geschmolzen. Man verwendet nach Giolitti[1]) folgende Gemische:

1.	Pulverisiertes Ferrozyankalium	2 Tle.
	„ Kaliumbichromat	1 „
	Dextrin zur Erzeugung einer teigigen Masse.	
2.	Cyankalium	5 Tle.
	Natriumborat	2 „
	Kaliumnitrat	2 „
	Bleiazetat	1 „
3.	Tierkohle	20 „
	Hornspäne	6 „
	Kaliumnitrat	8 „
	Kochsalz	40 „
	Leim	5 „
4.	Hornspäne	16 „
	Chinarinde	8 „
	Ferrozyankalium	4 „
	Kaliumnitrat	2 „
	Kochsalz	4 „
	grüne Seife	30 „

Die aus den geschmolzenen Zementiermitteln entweichenden Gase sind mehr oder minder giftig und die Arbeiter müssen daher durch besondere Vorrichtungen geschützt werden.

c) Gasförmige Zementationsmittel. Die Wirkung der beiden wichtigsten Elemente gasförmiger Zementiermittel, des Kohlenoxydes und der Kohlenwasserstoffe, wurde bereits beschrieben. Durch Mischen beider Gasarten in geeigneten Mengenverhältnissen läßt sich nach Giolitti und Astorri[2]) ein Gemisch erzielen, dessen Zersetzungsgeschwindigkeit gerade gleich der Diffusionsfähigkeit des Kohlenstoffs im Eisen ist. Noch bequemer ist die Verwendung von Leuchtgas, das selbst ein Gemisch von Kohlenoxyd und Kohlenwasserstoffen darstellt, jedoch in solchen Verhältnissen, daß es noch als schroff wirkendes Zementationsmittel angesehen werden muß. Technisch verwendet wird die Zementation mit gasförmigen Mitteln vorteilhaft bei kleinen Fahrradteilen, deren Einzelbehandlung zu kostspielig würde. Der Machletsche rotierende Ofen der American Gas Furnace Co.[3]) eignet sich für obige Zwecke sehr gut. Zur Zementation großer Stücke geeignet ist der Ofen der Firma Gio. Ansaldo Co.[4])

d) Gemischte Zementationsmittel. Die der Firma Ansaldo[4]) patentierten Öfen eignen sich nach Giolitti speziell zur Anwendung eines gemischten Zementationsmittels. Leitet man über erhitzte pulverisierte Kohle technsiche Kohlensäure, so erhält man nach der Gleichung $CO_2 + C \rightleftarrows 2\,CO$

[1]) Cém. de l'acier, a. a. O. 397.

[2]) A. a. O.

[3]) D. R. P. 191391 Kl. 18c. Gr. 3, 1907, sowie Met. 1911, 724.

[4]) Vgl. Giolitti, Cém. de l'acier, a. a. O. 409.

ein der Temperatur und dem Druck entsprechendes Gleichgewicht von Kohlenoxyd und Kohlendioxyd, dessen Zusammensetzung man durch zweckmäßige Regelung der Geschwindigkeit des Gasstromes so zu wählen imstande ist, daß innerhalb bestimmter Zeiten Zementationsschichten von bestimmter Tiefe erreicht werden können. Bei Anwendung dieses Zementiermittels soll man gleichmäßige, stets zu reproduzierende Ergebnisse erzielen können, wobei die Kosten der Zementation wesentlich zurückgehen. Einzelheiten des Verfahrens teilt Giolitti[1]) mit. Teile von zu zementierenden Gegenständen, die nicht hart zu werden und daher keinen Kohlenstoff aufzunehmen brauchen, bedeckt man zum Schutze gegen Zementation mit Lehm, oder man erzeugt an diesen Stellen festhaftende Kupferniederschläge, oder man stellt, wenn dies wie z. B. bei Zahnrädern angängig ist, die Gegenstände so aufeinander, daß die nicht zu zementierenden Flächen sich berühren.

D. Art der Abkühlung der zementierten Gegenstände.

Giolitti und Tavanti[2]) beobachteten, daß in langsam abgekühlten zementierten Gegenständen schroffe Übergänge von der übereutektoidischen zur eutektoidischen und von dieser zur untereutektoidischen Schicht entstehen, während bei rascher Abkühlung die Übergänge allmählich waren. Man kann diese Erscheinung so erklären, daß bei langsamer Abkühlung der zuerst abgeschiedene, primäre Bestandteil: Zementit oder Ferrit, Gelegenheit hat, eine Keimwirkung auszuüben, und damit eine Anhäufung dieser Gefügebestandteile bewirkt wird, was bei rascher Abkühlung nicht der Fall ist. Wie mehrfach erwähnt wurde, sind wegen der Gefahr des Abspringens der zementierten Kruste beim Härten schroffe Übergänge der Zonen zu vermeiden und es empfiehlt sich daher, der Zementation keine übermäßig langsame Abkühlung folgen zu lassen.

E. Art des zu zementierenden Stahls.

Die zur Zementation meist verwendeten Spezialstähle mit Nickelgehalten bis 3⁰/₀ und Chromgehalten bis 2⁰/₀ weichen bezüglich ihres Verhaltens von dem des nickel- und chromfreien Stahls nicht wesentlich ab.[3]) Mit dem Nickelgehalte nimmt die Zementationstiefe unerheblich zu; ferner verhindert Nickel bis zu einem gewissen Grade das Auftreten schroffer Übergänge in der zementierten Schicht, ein weiterer Vorzug, der für die Anwendung nickelhaltiger Stähle spricht. Die Gegenwart von Chrom dagegen erhöht den maximalen Kohlenstoffgehalt in der zementierten Schicht. Stähle mit Chromgehalten von mehr als 4–5⁰/₀ weisen bei Anwendung eines Kohlenoxyd-Kohlendioxydgemisches in Anbetracht der leichteren Oxydierbarkeit des Chroms oxydierte Oberfläche auf, die bei anderen Stählen nur unter Anwendung höherer Drucke

[1]) A. a. O. 419–463. Laboratoriumsversuche des Verfassers bestätigten die Angaben von Giolitti.

[2]) Gaz. chim. it. **39**, I. 29.

[3]) Vgl. Giolitti und Carnevali, Atti Ac. Tor. 1911, 19. Febr.; Giolitti und Tavanti, Rass. Min. 1911, 21 Juni; Giolitti und Carnevali, Atti Ac. Tor. 1911, 2. April.

zu beobachten ist.[1]) Die von Guillet[2]) hervorgehobene Tatsache, daß perlitische Nickelstähle durch Zufuhr von Kohlenstoff (also bei der Zementation) in den Randschichten martensitisch und demnach hart werden, ohne daß eine besondere Härtung erforderlich ist, wird in Deutschland bisher praktisch wenig ausgenutzt.

Feschtschenko-Tschopowski[3]) stellt Beziehungen auf zwischen dem Volumen des Zementationsmittels und den Abmessungen des zu zementierenden Gegenstandes. Als Zementiermittel benutzte er ein Gemisch von 70 Teilen Holzkohle und 30 Teilen Natriumkarbonat, dessen Vorzüge Billigkeit und rasche, gleichmäßige Wirksamkeit sein sollen. Die Versuche wurden bei 1000° durchgeführt, die Zementationsdauer betrug 4 Stunden. Feschtschenko Tschopowski stellte fest: 1. daß die Zementationstiefe von der Menge des verwendeten Zementationsmittels unabhängig ist. 2. Daß die übereutektoidische Schicht um so dünner, je kleiner das Verhältnis $\frac{v - v_1}{p}$ ist, wo v das Volumen der Zementierkiste, v_1 das Volumen des Gegenstandes, p die Fläche des Gegenstandes bedeutet.

F. Vergüten und Prüfen zementierter Gegenstände.

Durch die meist langandauernde Erhitzung auf ziemlich hohe Temperatur ist das Gefüge zementierter Gegenstände mehr oder minder vergröbert, was mit einer Beeinträchtigung der Festigkeitseigenschaften, insbesondere der Schlagfestigkeit verbunden ist. Um diese zu beheben and andererseits der zementierten Randschicht die erforderliche Härte zu vermitteln, werden zementierte Gegenstände meist vergütet. Die Art der Vergütung richtet sich nach den an das Material zu stellenden Anforderungen.

Man kann sich einen zementierten Gegenstand aus zwei Teilen aufgebaut denken, dem weichen Kern mit 0,1—0,2% und der harten Schale mit 0,9% Kohlenstoff. Um den beiden Teilen die zweckmäßigsten Eigenschaften zu erteilen, wendet man häufig das Verfahren der doppelten Härtung an. Mit der ersten, meist bei 900—920° (Ac_3 des Kerns) vorzunehmenden, regeneriert man den überhitzten und gegen stoßweise Beanspruchung wenig widerstandsfähigen Kern des Stückes und erteilt ihm seine ursprüngliche Schlagfestigkeit w eder, wie aus folgenden an weichem Einsatzmaterial mit Nickel und Chrom gewonnenen Zahlen nach Giolitti[4]) hervorgeht:

	Spez. Schlagfestigkeit mkg/qcm
Ausgangsmaterial bei 925° geglüht, an der Luft abgekühlt . . .	28
Ausgangsmaterial bei 925° in Wasser gehärtet	32
4 Stunden bei 1000° zementiert, nicht gehärtet	10
Desgl. bei 1025° in Wasser gehärtet	30

[1]) Vgl. z. B. über den Einfluß des Nickels und Chroms auf die Zementationstiefe R. R. Abbott, Trans. Am. min. 1913, 2389. S. a. Giesen, C. Sc. M. 1909, 1.

[2]) Ing. civ. (6) 1904, Nr. 2.

[3]) Rev. Mét. 1917, Extr. 90.

[4]) Cém. de l'acier a. a. O. 478.

Bedingung für einen vollen Erfolg ist natürlich Abkühlung des zementierten Gegenstandes unter Ar_3 und Wiedererhitzung auf eine wenig oberhalb Ac_3 gelegene Temperatur zwecks Härtung. Aus bekannten Gründen soll nach dem Zementieren rasch abgekühlt werden. Die erste Härtung erfolgt in Öl oder in Wasser. Im letzteren Falle ist es zweckmäßig, zur Verringerung der Gefahr des Verziehens die Härtung zu unterbrechen, wenn die Temperatur unter die der Rotglut entsprechenden sinkt. Die zweite Härtung dient zur Erzeugung maximaler Härte in der Randschicht und wird daher zweckmäßig bei 750—800° (oberhalb Ac_1 der Randschicht) vorgenommen. Um Spannungen in dieser Schicht zu vermeiden und das Abspringen der Schicht im Betriebe zu verhindern, läßt man zweckmäßig dieser Härtung ein Anlassen auf etwa 200° folgen. Die Gegenwart von Nickel in den gebräuchlichen Nickel- und Nickelchromstählen bewirkt, wie mehrfach erwähnt wurde, daß die mit dem Zementieren verbundene Erhitzung fast ohne Einfluß auf die Gefügevergröberung ist. Man kann daher in diesen Stählen mit einer einzigen Härtung auskommen, was um so vorteilhafter ist, als die wiederholte Härtung das Verziehen der Stücke im Gefolge haben kann, das bei manchen Gegenständen wie Laufringen von Kugellagern, Zahnrädern und dgl. nach Möglichkeit vermieden werden muß. Die erwähnte einfache Härtung kann entweder bei 850° in Öl oder Wasser erfolgen und dient dann gleichzeitig zur Regenerierung des Kerns und zur Härtung der Schale oder man regeneriert durch eine Zwischenglühung (Bismarckhütter Stahl NC 4) und härtet oberhalb Ac_1 (780°) in Öl zur Erzeugung der harten Schale. Die für das Härten und Anlassen entwickelten Grundsätze lassen sich ohne weiteres auf zementierte Gegenstände übertragen, natürlich immer unter Berücksichtigung des Umstandes, daß solche Gegenstände aus zwei Teilen verschiedener Natur bestehen.

Für die Prüfung zementierter Gegenstände gibt es keine einheitlichen Gesichtspunkte. Im allgemeinen wird ein Stahl von bestimmter Festigkeit, Dehnung, häufig auch Kontraktion und Schlagfestigkeit (letzteres bei Automobilteilen) vorgeschrieben, wobei sich die Zahlen auf den geglühten Stahl beziehen. Besondere Proben dieses Stahls, deren Form je nach den Grundsätzen des betreffenden Werkes sehr verschieden sein kann, werden mit dem Gegenstande zementiert und in der Weise behandelt, wie man den fertigen Gegenstand zu behandeln beabsichtigt. Der Erfolg der Zementation (Dicke der Schicht und zweckmäßig auch mikroskopisch Höhe und Verteilung des Kohlenstoffs) wird festgestellt, sodann die Härte der Randschicht und die Eigenschaften der Gesamtprobe oder des von der Randschicht befreiten Kerns bestimmt. Die Härte kann ermittelt werden durch Anfeilen, ein recht grobes und primitives Verfahren; besser durch Bestimmung der Kugeldruck- oder Sprunghärte (Skleroskop). Bei der Ermittlung der Kugeldruckhärte muß in Anbetracht der geringen Dicke der Randschicht vorsichtig verfahren werden bezüglich des Durchmessers der Kugel, um zu vermeiden, daß diese in die nicht zementierte Schicht eindringt und ein falsches Bild der Härte entsteht. Die Anwendung von Kugeln mit 1—2 mm Durchmesser bei Drucken von 500 kg hat sich bewährt. Zur Ermittlung der Eigenschaften des ganzen Stückes wird recht verschieden verfahren. Manche Werke brechen eine an beiden Seiten aufgelagerte Platte unter langsamem Druck, bestimmen letzteren und beobachten die Art und Weise, wie der Bruch erfolgt, etwa den Biegewinkel, sowie die Bruchfläche des Stückes. Andere Werke stellen zementierte Schlagproben (nach Charpy oder anderen) her und messen die spezifische Schlagarbeit, wobei die Ergebnisse natürlich untereinander nur dann vergleichbar sind, wenn die Form der Proben und des Schlagwerkes gleich sind. Giolitti verwirft die Prüfung der Probe einschließlich der zementierten Randschicht und will die Schlagfestigkeit stets am reinen Kernmaterial ermittelt wissen. Wieder andere Werke gehen neuerdings dazu über, zementierte Proben auf einem Dauerschlagwerk zu prüfen. Über den Wert e ner oder der anderen Probe läßt sich nichts aussagen, jedenfalls sind aber diejengien die zuverlässigeren, die ein zahlenmäßiges Ergebnis liefern, wobei natürlich die Erfahrung erst einen Maßstab für die Beurteilung dieser Zahlen liefern kann.

G. Die Zementation mit andern Stoffen als Kohlenstoff.

Außer Kohlenstoff werden auch andere Elemente wie Mangan, Nickel, Chrom und Wolfram durch ein der Zementation ähnliches Verfahren[1]) in das Eisen bis zu einer gewissen Tiefe eingeführt. Diese Verfahren werden hauptsächlich zur Herstellung von Panzerplatten benutzt. Sie beruhen auf der Diffusionsfähigkeit der genannten Elemente im Eisen. Einzelheiten dringen, außer den in der Patentliteratur niedergelegten recht lückenhaften Angaben, nicht an die Öffentlichkeit.

Neuerdings untersuchte Fry[2]) das Diffusionsvermögen von Phosphor, Schwefel, Silizium, Mangan und Nickel im festen Eisen und kam zu den im folgenden gekennzeichneten Anschauungen. Es ist bei der Diffusion im Eisen streng zu unterscheiden zwischen einer Diffusion und einem Vorgang, der als Reaktionsdiffusion gekennzeichnet wird. Die reine Diffusion hat ihre Ursache lediglich in einer Art von osmotischen Druck der festen Stoffe, während die Reaktionsdiffusion dadurch gekennzeichnet ist, daß der diffundierende Stoff mit dem Eisen in Reaktion tritt.

Auf die Diffusionsgeschwindigkeit wirken ein:

a) Der Zustand der Moleküle und der Kristallelemente des aufnehmenden Stoffes (Modifikation, „Porosität" der Kristallelemente).
b) Die Größe der Moleküle des diffundierenden Stoffes.

Auf die durch Diffusion erreichte Höchstkonzentration wirken ein:

a) Die chemische Verwandtschaft des diffundierenden zu dem aufnehmenden Stoffe.
b) Der Höchstgehalt der bei der jeweiligen Temperatur beständigen Mischkristalle.
c) Die Zeit.
d) Die Temperatur.
e) Bei diffundierenden Verbindungen, ihre Zersetzungsfähigkeit unter Berücksichtigung von Druck, Temperatur, Konzentration und chemischer Verwandtschaft.

---

[1]) Vgl. D. R. P. 83093, Kl. 18, 1895; D. R. P. 57729; Fr. P. 327984, 1902; D. R. P. 211201, 231971; vgl. a. Schmitz, Diss. Aachen 1915; s. a. St. E. 1919, 381 über die Zementation mit gasförmigen Verbindungen von Silizium und Phosphor.

[2]) Diss. Breslau, 1919.

Definitionsgemäß kann reine Diffusion also nur bis zum Gehalt der gesättigten Mischkristalle stattfinden. Dagegen läßt sich durch Reaktionsdiffusion bei geeigneten Versuchsbedingungen der Gehalt der höchsten chemischen Verbindung des betreffenden Elements mit dem Eisen erreichen.

Aus den Fryschen Versuchen geht hervor, daß Phosphor, Schwefel, Silizium, Mangan und Nickel in der Lage sind zum Teil in sehr erheblichen Mengen in festes Eisen zu diffundieren, und daß bei Gegenwart mehrerer Elemente diese ihr Eindringen im Eisen gegenseitig unterstützen können. Es läßt sich ferner vermuten, daß auch Elemente, deren Diffusionsfähigkeit noch nicht festgestellt ist, imstande sein werden, in festes Eisen zu diffundieren.

Die Reaktionsdiffusion ist von besonders praktischer Bedeutung, da sie weitgehende Wandlungsfähigkeit besitzt und daher durch Veränderung der Versuchsbedingungen dem jeweiligen Zweck in hohem Maße angepaßt werden kann. Die in der Literatur über Diffusion vorhandenen Widersprüche lassen sich größtenteils mit Hilfe der von Fry vertretenen Anschauung erklären.

XII. Der Einfluß der Temperatur auf die Eigenschaften des schmiedbaren Eisens.

Fig. 343 nach einer Zusammenstellung von P. Goerens[1]) zeigt die Veränderung einiger mechanischer Eigenschaften von weichem Flußeisen mit der Temperatur. Bemerkenswert sind: die Zunahme der Festigkeit und Härte unterhalb 0° verbunden mit schwacher Abnahme der Dehnung, die Minima der Festigkeit, Härte und Dehnung bei 50–150° und endlich die Maxima der Festigkeit und Härte bei 250°, die kein Äquivalent auf der Kurve der Dehnung besitzen. Härte und Festigkeit sinken oberhalb 250° und die Dehnung steigt oberhalb 150° rasch mit steigender Temperatur. Während bezüglich der Maxima und Minima der Festigkeits-, Dehnungs- und Härtekurven bei niedrigen Temperaturen ein Zusammenhang mit Modifikationsänderungen, soweit bisher feststeht, nicht vorhanden ist, gelangen die Umwandlungspunkte des benutzten Flußeisens nach Rosenhain und Humfrey auf der Kurve der Festigkeit deutlich zum Ausdruck.[2])

Die Steigerung der Sprödigkeit des Eisens, soweit sie einen Ausdruck in der Kerbzähigkeit findet, nimmt von Raumtemperatur an sowohl mit sinkender als mit steigender Temperatur zu. Ersteres ist bei der Ausführung des Kerbschlagversuchs zu berücksichtigen, ferner aber sehr wichtig für das Verhalten

[1]) Aus Ullmann, Enzyklopädie der techn. Chemie, Bd. IV, 324. Erläuterung: Zugfestigkeit und Dehnung von −80 bis +600° nach Reinhold, Fer. 1916, 97 Flußeisen mit 0,04% Kohlenstoff, 0,44% Mangan, 0,01% Silizium, 0,05% Phosphor, 0,043% Schwefel; über 600° nach Rosenhain u. Humfrey, Ir. st. Inst. 1913, II, 219; Flußeisen mit 0,106% Kohlenstoff, 0,305% Mangan, Sp. Silizium, 0,05% Phosphor, 0,072% Schwefel. Kerbzähigkeit nach Goerens u. Härtel, An. Chem. 1913, 81, 130; Flußeisen mit 0,07% Kohlenstoff, 0,4% Mangan, Sp. Silizium, 0,07% Phosphor, 0,062% Schwefel. Härte nach Robin, Rev. Mét. 1912, 1083, Flußeisen mit 0,12% Kohlenstoff, 0,26% Mangan, 0,02% Phosphor, 0,033% Schwefel.

[2]) Vgl. Abschn. II, 2.

des Eisens gegen stoßweise Beanspruchung (z. B. bei Schienen) in solchen Gegenden, in denen mit erheblich unter 0° gelegenen Temperaturen zu rechnen ist. Mit steigender Temperatur erreicht die Sprödigkeit bei 470° ein Maximum. In der Umgebung dieser Temperatur laufen die Bruchflächen blau an. Diesem Umstande sowie der längst bekannten Sprödigkeit des Eisens bei 300—500° verleiht die Bezeichnung „Blaubrüchigkeit" Ausdruck. Jede Formänderung innerhalb des genannten Temperaturintervalls soll tunlichst vermieden werden, was insbesondere beim Schweißen, Biegen, Bördeln usw. wohl zu beachten ist. Die Tatsache, daß die Sprödigkeit sich innerhalb des Blaubruch-Temperaturintervalls auf der Schlagfestigkeits-, nicht aber auf der Zugfestigkeits- und Dehnungskurve äußert, veranlaßt Tammann[1]) anzunehmen, daß bei diesen Temperaturen die zur Gleitebenenbildung[2]) erforderliche Zeit beim

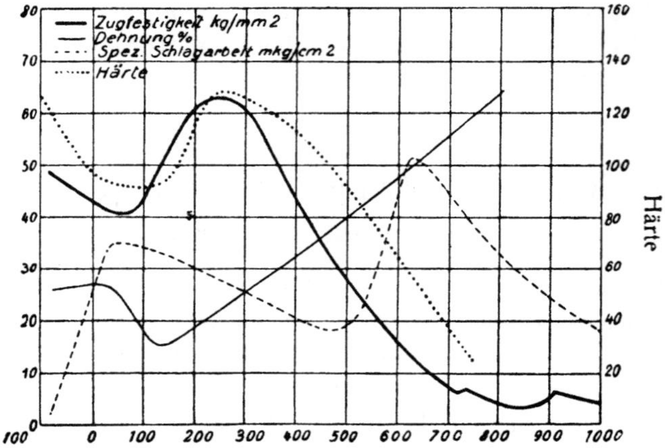

Fig. 343. Abhängigkeit der Festigkeit, Dehnung, spezifische Schlagarbeit und Härte von der Temperatur (nach Goerens).

Schlagversuch nicht vorhanden ist, während beim zeitlich ausgedehnten Zerreißversuch die zur Formänderung notwendige Gleitebenenzahl gebildetwerden kann. Dem Minimum der Schlagfestigkeit bei 470° folgt mit steigender Temperatur ein rasches Anwachsen; bei 630° wird ein Maximum erreicht, dem rasches, endgültiges Sinken der Schlagfestigkeit folgt.

Eine hiervon abweichende Anschauung über die Natur des Blaubruches entwickelt Fettweis[3]) in Anlehnung an eine ältere Theorie von A. Le Chatelier.[4]) Bleibende Deformationen bei Temperaturen unter 500° leiten im schmiedbaren Eisen eine Umwandlung von unbekannter Natur ein, die als Altern bezeichnet wird. Das Altern wirkt im Sinne der Deformation, d. h. Streckgrenze und Festigkeit werden erhöht, Dehnung (und spezifische Schlagarbeit) erniedrigt. Zur vollen Entwicklung des Alterns sind bei gewöhnlicher Temperatur Monate und Jahre erforderlich. Mit steigender Temperatur erfolgt das Altern immer schneller, zuletzt, bei der Temperatur des Blaubruches in

[1]) Metallogr. Leipzig 1914, 105.
[2]) Vgl. Abschn. Kaltverarbeitung.
[3]) St. E. 1919, 1.
[4]) Rev. Mét. 1909, 914.

Bruchteilen von Sekunden, damit die Erscheinung des Blaubruches erzeugend. Im entgegengesetzten Sinne wie das Altern wirkt das Erhitzen deformierten schmiedbaren Eisens (Rekristallisation). Dies macht sich schon bei 100° bemerkbar und ganz allgemein um so schneller, je höher die Temperatur ist. Im nachfolgenden sind nach Fettweis die Erscheinungen beschrieben, die zur Entwicklung der dargestellten Anschauung führten.

1. Die Lage des Festigkeitsmaximums auf der Kurve der Temperaturabhängigkeit dieser Eigenschaft ist von der Versuchsgeschwindigkeit abhängig. Der mit normaler, d. h. niedriger Versuchsgeschwindigkeit durchgeführte Warmzerreißversuch zeigt das Maximum zwischen 200 und 300°. Durch Steigerung der Versuchsgeschwindigkeit[1]) verschiebt es sich nach höheren Temperaturgraden. Der mit hoher Versuchsgeschwindigkeit durchgeführte Schlagversuch zeigt das Minimum erst zwischen 400 und 500°. Wird die Versuchsgeschwindigkeit dadurch erniedrigt, daß das Eisen durch wiederholte Schläge zu Bruch gebracht wird, so tritt das Minimum bereits bei 200 bis 300° auf.

2. Wird Eisen bei Temperaturen unterhalb 500° deformiert und nach dem Abkühlen auf Zimmertemperatur geprüft, so findet sich ein Maximum bzw. Minmum bei denjenigen Proben, die zwischen 200 und 300° deformiert worden waren. Als Beispiel hierfür seien folgende Versuche von Charpy[2]) angeführt: an beiden Enden aufgelagerte Stäbe von 120 mm Länge wurden bei verschiedenen Temperaturen langsam so durchgebogen, daß eine Durchbiegung von 20 mm entstand, sodann zurückgebogen und nach Abkühlung auf Zimmertemperatur auf Schlagfestigkeit geprüft. Die Versuche ergaben folgendes:

Temperatur während der Biegung ° C	Spezifische Schlagarbeit				mkg/qcm	
	Flußeisensorten				Nickelstahl	
Ohne Biegung	44,5	40,0	43,5	26,9	36,0	29,1
15	38,2	23,9	28,4	1,5	34,3	20,4
150	—	—	—	—	35,3	20,4
200	40,4	20,9	12,2	0,5	33,8	17,8
250	39,4	17,0	4,8	0,5	30,5	15,1
300	40,4	19,4	6,2	0,5	31,5	18,5
400	41,5	28,2	10,9	0,5	35,3	28,5

Die Zeit, während der das Material nach der Deformation auf der betreffenden Temperatur bleibt, entspricht derjenigen, die für den Warmzerreißversuch erforderlich ist. Bemerkenswert ist im übrigen bei den drei ersten Flußeisensorten die verschiedene Empfindlichkeit gegen das Altern. In ähnlicher Weise durch den Zerreißversuch erhaltene Ergebnisse teilt Klein[3]) mit.

3. Zu demselben Ergebnisse wie unter 2 gelangt man, wenn man die Deformation bei gewöhnlicher Temperatur vornimmt und die so behandelten Proben auf verschiedene Temperaturen erhitzt. In dieser Weise von Fettweis behandeltes Material (Nickelstahl mit 0,16% C und 6% Ni) zeigt ein

[1]) A. Le. Chatelier, a. a. O.
[2]) St. E. 1914, 845.
[3]) St. E 1914. 136.

Zugfestigkeitsmaximum und ein Minimum der Dehnung bei etwa 250°. Die Streckgrenze verhält sich nach Fettweisschen, die Härte nach Versuchen von Grenet,[1]) die Schlagfestigkeit nach Versuchen von Bauer[2]) und von Baumann[3]) ähnlich. Für die Entstehung der Blaubrüchigkeit ist demnach Deformation bei der Temperatur der blauen Anlauffarbe nicht unbedingt erforderliche Voraussetzung. Diese Tatsache ist praktisch besonders wichtig. Unvorsichtiges, zu bleibenden Deformationen führendes Abklopfen des Kesselsteins bei gewöhnlicher Temperatur kann demnach beispielsweise bei nachfolgender Erhitzung des Kesselwand auf Blaubruchtemperatur zum Blaubruch führen.

4. Um die Blaubrüchigkeit hervorzurufen, ist nicht einmal eine der Deformation nachfolgende Erhitzung nötig, längeres Lagern (Altern) von deformiertem Eisen bei gewöhnlicher Temperatur vermag diejenigen Erscheinungen, die die Blaubrüchigkeit kennzeichnen, hervorzurufen. Über derartige Versuche berichtete zuerst Bauschinger.[4]) Martens[5]) beanspruchte Zerreißproben in der Maschine bis zur Streckgrenze und stellte nach verschiedenen Ruhepausen die neue Streckgrenze fest. Seine Ergebnisse waren folgende:

Beanspruchung kg/qmm	Ruhepause	Neue Streckgrenze kg/qmm	Steigerung kg/qmm
54,9	30 Min.	55,0	0,1
56,1	1 Tag	56,5	0,4
54,9	7 „	56,3	1,4
54,5	30 „	59,6	5,1
54,5	244 „	59,7	5,2

Ähnliche Versuche von Fettweis führten zum gleichen Ergebnis, woraus Fettweis folgert, daß Altern und Blaubruch dieselbe Erscheinung sind. Dann darf aber auch deformiertes und vollständig gealtertes (längere Zeit gelagertes) Eisen z. B. auf der Kurve der Temperaturabhängigkeit der Festigkeit kein Maximum aufweisen, vielmehr muß mit steigender Glühtemperatur die Festigkeit kontinuierlich abnehmen. Der Versuch bestätigte dies.

Fettweis bemerkt ausdrücklich und mit Recht, daß die Natur der mit Altern bezeichneten Umwandlung nicht geklärt und es überhaupt fraglich sei, ob eine Umwandlung im Sinne der bekannten Modifikationsänderungen vorliege. Das Wort Umwandlung werde nur der Kürze des Ausdrucks halber gebraucht. Jedenfalls fügen sich eine ganze Reihe von Beobachtungen zwanglos in den Rahmen der hier erwähnten Erscheinungen, so z. B. die Stromeyerschen,[6]) daß mit der Scher eabgeschnittene Kesselblechstreifen bei sofortiger Vornahme der Biegeprobe sich ohne zu reißen, biegen lassen, während längere Zeit gelagerte Proben reißen.

[1]) Rev. Mét. 1909, 1054.
[2]) St. E. 1918, 457.
[3]) V. d. I. 1915, 628.
[4]) Der Zivilingenieur, 1881.
[5]) Mat.-Kde., I, 207.
[6]) Met. 1907, 385; vgl. a. Scholtz, St. E. 1912, 793.

Der Einfluß des Kohlenstoffgehaltes auf die Temperaturabhängigkeit der Festigkeit, Dehnung und Schlagfestigkeit geht aus den Fig. 344 und 345 nach Versuchen von Reinhold hervor. Die Zusammensetzung der untersuchten Materialien erhellt aus den Figuren. Das in weichem Flußeisen beobachtete Minimum bei etwa 75° und das Maximum bei etwa 200° verschieben sich von 0,5% Kohlenstoff an um rund 100° nach oben. Das gleiche geschieht mit dem Minimum der Dehnung, jedoch tritt von dem genannten Kohlenstoffgehalte an neben diesem ersten ein zweites bei 450 bis 500° und zwischen den beiden Minima ein Maximum bei 400° auf. Der allgemeine Charakter der Schlagfestigkeitskurven wird durch den Kohlenstoffgehalt nicht beeinflußt, d. h. di

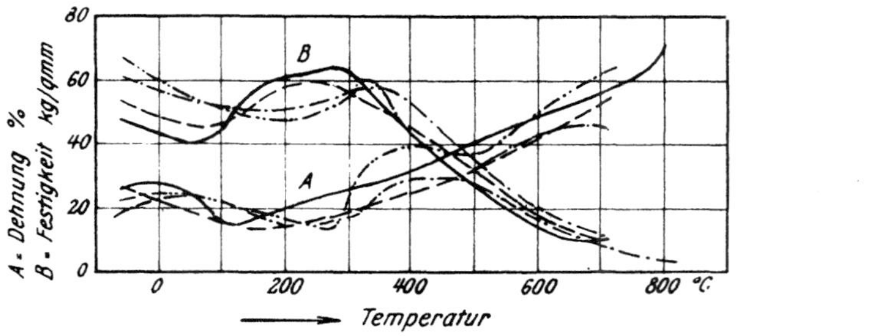

Fig. 344. Abhängigkeit der Festigkeit und Dehnung von der Temperatur (Reinhold).
——— 0,04% C, - - - - - 0,13% C, ······· 0,51% C, -·-·-·- 0,81% C.

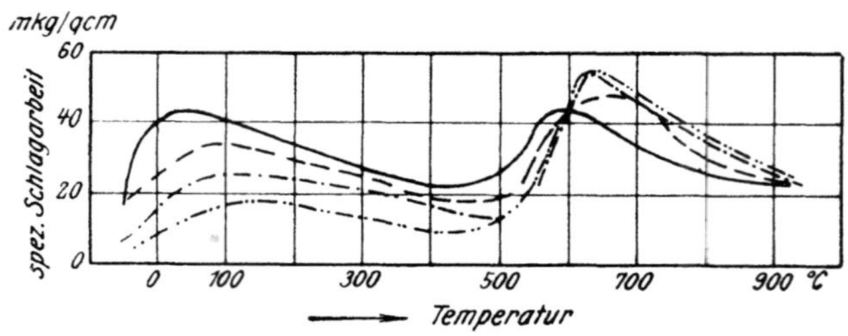

Fig. 345. Abhängigkeit der spezifischen Schlagarbeit von der Temperatur (Reinhold).
——— 0,08% C, - - - - - 0,15% C, ······· 0,25% C, -·-·-·- 0,4% C.

beiden Maxima bei 50—100° bzw. 600—650° und das Minimum bei 450—500° bleiben erhalten, jedoch ist das erstgenannte Maximum um so schwächer, das letztgenannte um so schärfer ausgeprägt, je höher der Kohlenstoffgehalt ist.

Es ist, wie bereits erwähnt wurde, insbesondere wegen des Fehlens von Untersuchungen an reinem Eisen, zurzeit nicht möglich, für die merkwürdigen sprunghaften Eigenschaftsänderungen unterhalb der kritischen Temperaturen befriedigende Erklärungen zu geben. Im übrigen sind es nicht allein die mechanischen Eigenschaften, die sich derartig verhalten, fast alle andern technisch nicht so wichtigen Eigenschaften weisen Ähnliches auf.[1])

[1]) Vgl. die ausführliche Zusammenstellung von F. Robin, Int. Verb. New-York 1912, sowie die Untersuchungen Robins, C. Sc. M. 1911, 125 über die akustischen Eigenschaften des Eisens, die bei 100 bis 150° und bei 200 bis 250° merkwürdige sprunghafte Änderungen aufweisen.

Besondere Eigentümlichkeiten bezüglich der Temperaturabhängigkeit technisch wichtiger Eigenschaften besitzen, soweit Untersuchungen reichen, von den Spezialstählen der Schnelldrehstahl und der austenitische Nickelstahl, ersterer wegen der völligen Unveränderlichkeit der Härte, letzterer des Ausdehnungskoeffizienten innerhalb eines bestimmten Temperaturintervalls. Diese Tatsachen sind an anderer Stelle[1]) näher gewürdigt worden.

Technisch weniger wichtige Eigenschaften wie Ausdehnungskoeffizient, Magnetismus, spezifische Wärme und elektrische Leitfähigkeit sind in ihrer Temperaturabhängigkeit vom wissenschaftlichen Standpunkte zur Klärung von Fragen der Konstitution öfters mit Erfolg untersucht worden. Die wesentlichen Ergebnisse wurden in den Kapiteln über die Konstitution bereits mitgeteilt.

[1]) Vgl. S. 132 bzw. 305.

Autorenverzeichnis.

Sachverzeichnis.

GPSR Compliance

The European Union's (EU) General Product Safety Regulation (GPSR) is a set of rules that requires consumer products to be safe and our obligations to ensure this.

If you have any concerns about our products, you can contact us on ProductSafety@springernature.com

In case Publisher is established outside the EU, the EU authorized representative is:

Springer Nature Customer Service Center GmbH
Europaplatz 3
69115 Heidelberg, Germany

Batch number: 10683525

Printed by Printforce, the Netherlands